普通高等教育国家级重点教材

金属塑性加工学

——轧制理论与工艺

（第3版）

王廷溥　齐克敏　主编

北　京

冶金工业出版社

2024

内 容 提 要

本书对第 2 版内容进行了更新、充实和提高。全书的结构基本保持未变，仍为轧制理论、轧制工艺基础、型线材生产、板带材生产及管材生产共 5 篇 22 章，但更新与增加了许多相关新技术内容，如轧制压力数学模型、控制轧制与控制冷却工艺基础、连铸坯液芯软压下、薄（中）板坯连铸连轧技术、酸—轧联合无头轧制、极薄带材生产、连续轧管机等，重点放在我国自主创新的内容。本书可作为高等教育的专业课教学用书以及广大现场工程技术人员的参考书。

图书在版编目（CIP）数据

金属塑性加工学：轧制理论与工艺/王廷溥，齐克敏主编.—3 版.—北京：冶金工业出版社，2012.6（2024.2 重印）

普通高等教育国家级重点教材

ISBN 978-7-5024-5832-4

Ⅰ.①金…　Ⅱ.①王…　②齐…　Ⅲ.①金属压力加工—轧制理论—高等学校—教材　Ⅳ.①TG331

中国版本图书馆 CIP 数据核字（2012）第 109502 号

金属塑性加工学——轧制理论与工艺（第 3 版）

出版发行	冶金工业出版社	电　话	(010)64027926
地　址	北京市东城区嵩祝院北巷 39 号	邮　编	100009
网　址	www.mip1953.com	电子信箱	service@mip1953.com

责任编辑　程志宏　郭冬艳　美术编辑　彭子赫　版式设计　孙跃红
责任校对　李　娜　责任印制　禹　蕊
三河市双峰印刷装订有限公司印刷
1988 年 5 月第 1 版，2001 年 8 月第 2 版，
2012 年 6 月第 3 版，2024 年 2 月第 10 次印刷
787mm×1092mm　1/16；28.5 印张；692 千字；436 页
定价 48.00 元

投稿电话　(010)64027932　投稿信箱　tougao@cnmip.com.cn
营销中心电话　(010)64044283
冶金工业出版社天猫旗舰店　yjgycbs.tmall.com
（本书如有印装质量问题，本社营销中心负责退换）

序　言

钢材轧制工艺技术是一门古老而又年轻的技术科学。自从人类进入铁器时代以来，钢铁的加工技术就一直伴随着人类社会的进步而不断发展，同时又支撑着人类社会的文明。时至今日，钢铁材料是世界上应用最为广泛、对人类生活和社会发展影响最大的金属材料。我们的生活，时时处处都离不开钢铁材料，我们的建设和发展仰赖钢铁材料的支撑。绝大部分钢铁需要经过轧制变成钢材，提供给国民经济各部门，成为我们工作、生活必需的机器、设施、器材、工具和楼宇等建设、制造的基本原材料。作为世界上最重要金属材料的最主要的加工方法，钢铁轧制技术一直是人们关注、研究及发展的重要领域。

轧制技术发展已经有几百年的历史。1682 年，世界第一台工业应用的轧机，在英国纽卡斯尔投入运行。我国第一台工业应用的轧机是 1907 年张之洞在湖北汉阳的汉冶萍公司建成投产的，后因战乱，迁到重庆。这是一台蒸汽机驱动的轧机，直到今天这台设备还作为重要的历史文物，保存在重庆，成为我国轧制技术发展的见证。

轧制技术真正得到快速发展，还是在二次世界大战之后。在二次大战前，轧制过程的任务是以成型为主，以不断提高产量、满足当时欧美社会发展需要为目标。由单机发展到连轧，规模不断扩大。连续式热轧机、连续式冷轧机相继登上历史舞台。二次大战之后，钢铁工业规模、数量和质量方面的迫切需求，需要自动化技术的支撑。从 20 世纪 50 年代开始，为了保证材料的成型精度和质量，轧制过程自动化、连续化逐渐成为重要的发展趋势。特别是英国的 BISRA 等研究单位，从厚度自动控制技术开始，对轧制过程的控制进行了开创性的工作。随后，作为战后恢复重建的国家，日本在大规模建设钢铁厂的过程中，利用后发的优势，提出了大型化、连续化、自动化的建设目标，并贯彻到轧制过程的建设和研究之中，将轧制技术与自动化技术融合，推动了轧制技术的高速发展。

另一方面，二次大战中焊接舰船发生的脆断事故提醒人们，应当注意材料的性能，特别是韧性。基于这种认识，二次大战后，开始了控制轧制和控制冷却技术研究的征程，轧制技术的研究与发展开始从外形尺寸深入到材料的内在组织性能。到 20 世纪 60 年代，合金元素 Nb 在钢中的作用受到重视。基于 Nb 在钢中应用的研究，人们从控制轧制开始，研究轧制过程对材料性能的影响。轧制过程不仅赋予需要的材料外形尺寸，而且可以改变钢材的组织，提高甚至赋予钢材新的性能，这一点逐渐成为人们的共识。70 年代，控制冷却技术作为控制相变的一项基本技术，应用到轧钢生产中，热轧钢材的组织性能控制进入了崭新的阶段。控制轧制和控制冷却技术，作为一项最重要的控制钢铁材料性能的技术，不断扩展和深化，成为 20 世纪后半叶钢铁技术高速发展的重要支撑。

时至 90 年代乃至世纪之交，随着资源和能源问题、环境问题、全球气候变暖问题日益尖锐，开发节能、节省资源、减少排放、环境友好的轧制技术已经迫在眉睫、刻不容缓，钢铁行业面临脱胎换骨改造的巨大压力，轧制过程要实现减量化，轧制产品要实现高级化，轧制与环境要实现和谐化，而智能化、信息化则是这一进程中极为重要的支撑。在这种新的形势下，为了适应社会发展对轧制技术新的要求，钢铁轧制过程必须进行脱胎换骨的改造，我们需要重新再造一个全新的节约型、低成本、减量化的绿色钢铁轧制过程，这个全新的过程应当能够适应节省资源和能源、减少排放、环境友好、性能优良这一新时代的要求。从这一角度考虑，轧制技术又十分年轻，称钢铁材料为"新材料"也并不为过。

以武钢引进 1700mm 冷热连轧机为开端，直至改革开放之后，通过技术引进和自主创新，我国钢铁轧制技术面貌发生了根本变化。特别是世纪之交以来，我国钢铁产量大幅提升，目前已约占世界钢产量的一半，技术水平也逐渐赶上国际先进水平。由于钢铁需求的强力驱动和轧制工作者不断创新，我国的钢铁轧制技术目前已经跻身于世界先进行列。

从世界钢铁轧制技术发展的历程我们可以深深地体会到，钢材轧制技术与国计民生息息相关，对人类的进步、社会的发展、人们生活的提高做出了巨大贡献。钢材轧制技术同样也是一种冶金技术（物理冶金技术），它可以改变材料的组织和性能，是我们调控钢铁材料性能的重要手段。钢材轧制技术是高度自动化、数字化、智能化、信息化的技术，这支撑着钢铁轧制技术不断攀登到更高的阶段。社会发展没有尽头，社会对钢铁的需求不断提高，因此钢材轧制工艺技术将不断发展、不断前进，没有尽头。作为钢铁轧制工作者，要有一辈子献身钢铁轧制技术发展、攀登一个又一个科学技术高峰的准备和决心。

轧钢工艺学是一门综合性的学科，它以材料加工力学、材料加工金属学、材料加工摩擦学为理论基础，以钢铁产品轧制生产流程为主线，研究各类钢材的生产工艺，实现当今节省资源和能源、环境友好、优质高效的轧制生产过程。轧制工艺学研究的加工对象是钢铁材料，要研究加工过程中材料的应力、应变、温度、组织和性能的变化。加工过程必然涉及加工装备及其自动化方面的创新，必然涉及海量数据的处理，必需有机械、自动化、计算机、信息等学科的支撑。轧制技术的创新，首先需要工艺牵头，提出新的工艺技术思想，而工艺思想的实现，需要轧制设备技术，包括自动化技术的支撑和保证，最后体现在优良的产品组织和性能以及高精度的外形尺寸上。所以轧制技术创新很大程度上是学科交叉的结果。他山之石，可以攻玉。轧制工艺涉及如此众多的学科，我们必须通过学科交叉从兄弟学科中汲取营养，在学科交叉点上产生新的学术思想，开辟新的学术研究方向和学术领域，丰富和发展轧制工艺技术和方法，推进轧制技术的发展。这是我们通过学习轧制工艺学应当学会的极为重要的治学理念。

轧制工艺学是一门实践的科学，它诞生于实践，又必须应用于实践之中。实验室、从事轧制生产的企业，是研究轧制工艺技术的最好基地，也是实现创新轧制工艺技术转化应用的理想平台。在深入企业和实验室的过程中，可以发现生产实践中存在的问题，可以了解用户对轧制产品的新的需求，这是创新的出发点，也是创新的原动力。由此出发，我们可以走上自主创新的健康发展大道。有了新的设计方案、新的工艺规程、新的生产方法，还需要回到实验室、企业中去，进行实际检验和应用，以验证其可行性、正确性，发现存在的问题，得出进一步研究的新构思。所以，深入企业与实验室，从事第一线的工作，掌握第一手的材料，进行第一手的检验，实现不断创新，是学习和发展轧制工艺学的必由之路。

《金属塑性加工学——轧制理论与工艺》一书是王廷溥教授等东北大学（原东北工学院）轧钢教研室教师多年教学、科研工作的结晶。早在我读大学的时候，轧制工艺课的教科书就是当年轧钢教研室撰写的《轧钢工艺学》（1959 年版），至今已经 50 多年了，这是我国相关内容的最早一部统编教材。"文革"之后，1981 年编写出版的新编《轧钢工艺学》，曾获得冶金部高等学校优秀教材二等奖。根据教学改革的新要求，于 1988 年出版了《金属塑性加工学——轧制理论与工艺》，曾获得冶金部高等学校优秀教材一等奖。2001 年出版的《金属塑性加工学——轧制理论与工艺（第 2 版）》被列为我国高等教育"九五"国家级重点教材。2012 年根据钢铁工业迅猛发展的情况，对该书第 2

版进行修订、完善、补充，更新内容，出版了第 3 版。该书曾为我国高等教育重点与优秀教材，是轧制领域受到广大师生和企业技术人员热情欢迎的教科书。最早的《轧钢工艺学》出版时，我国钢产量不过 1070 万吨，到《金属塑性加工学——轧制理论与工艺》第 3 版出版时，我国钢产量已近 7 亿吨。所以，这部书与生俱来的一个突出特点，是它从历史的角度和发展的角度反映了我国轧制工艺技术的发展历程，对年轻一代认识轧制技术的发展驱动力和宏大发展前景、激发他们积极努力钻研轧钢工艺学这门课程具有重要的意义。

随着国际钢铁科技的快速发展，在不断满足我国国民经济发展对钢材需求的过程中，我国钢铁轧制技术也取得了巨大的进步。特别是近年来，改革开放的政策为轧制技术发展提供了极好的机遇，我国的轧制技术已经逐步成为国际钢铁舞台的重要组成部分。而《金属塑性加工学——轧制工艺与理论》一书紧密结合我国轧制技术应用和发展的实际，反映了近代轧制技术的最新进展与成就，承载了具有我国特色的创新轧制工艺技术的理论和实践成果，将被载入近代轧制技术发展的史册，这对于我国年轻一代继承先辈传统、艰苦奋斗、自主创新、发展轧制工艺技术具有很大的激励和引导作用。

在我们读到这部教材的时候，特别感谢王廷溥教授和齐克敏、吴迪、高秀华教授的辛勤而又富有创造性的工作。相信我国的年轻学子们通过本书的阅读和学习会深刻领悟到其中丰富的实践和大胆的创新精髓，激励自己为发展我国自己的创新轧制工艺技术不断做出新的贡献。

有感而发，是以成文为序。

中国工程院院士

2011 年 11 月

第 3 版前言

　　《金属塑性加工学——轧制理论与工艺》自 1988 年出版以来，受到金属塑性成形（压力加工）专业师生和现场工程技术人员的欢迎与好评，迄今已修订两次，印刷已达 12 次之多。1988 年该书第 1 版出版时我国钢年产量为 5800 万吨，2001 年该书第 2 版出版时年产钢为 15090 万吨，到现在第 3 版出版前夕，2010 年的产钢量达到 62670 万吨，占世界钢铁总产量 45%，我国已成为世界第一超级钢铁大国。这期间我国钢材产量和轧钢装备与技术也发生了翻天覆地的变化，这是我国轧钢技术大发展的时期，本书第 3 版正是适应了我国经济发展由学习模仿到自主创新发展时期的需要应运而生的。本书第 3 版在内容上既包括了基本轧制理论，又阐述了钢与有色金属合金的现代轧制工艺技术，既有理论又联系实际，内容充实，系统性强，反映了最新轧制技术的发展成就，适应了高等院校教学的要求。本书曾获得冶金部高等学校优秀教材一等奖并被列为高等教育"九五"国家级重点教材。但进入 21 世纪我国钢铁工业大发展时期之后，本书在使用中逐渐发现其部分内容随着现代轧钢技术的发展而日趋陈旧，有些已不能满足广大读者的需求。为此我们根据国家"十二五"教材出版规划要求，决定对本书进行第三次修订。此次修订本着基本保留原书体系的精神，对一些章节进行了调整、补充，精化并修改、充实了有关内容，反映了当今最新轧制技术成就，尤其是我国自主创新的技术内容。并根据教学内容的需要，在各篇之后补充了习题内容，以供读者学习和巩固学到的知识。

　　本书第 3 版由东北大学王廷溥和齐克敏主编，参加编著的有：于淑娴（第 1 章、第 2 章、第 3 章、第 4 章、第 5 章）、齐克敏（第 1 章、第 2 章、第 3 章、第 4 章、第 5 章、第 6 章、第 9.2 节）、王廷溥（第 7 章、第 8 章、第 9.1 节、第 13 章、第 14 章、第 15 章、第 16 章、第 17 章）、吴迪（第 10 章、第 11 章、第 12 章）、周忠民（第 18 章、第 19 章、第 20 章、第 21 章、第 22 章）、高秀华（第 18 章、第 19 章、第 20 章、第 21 章、第 22 章）。中国工程院王国栋院士为本书撰写了序言和绪论。在本书调研与修订过程中得到中国轧钢学会周积智教授和鞍钢、本钢、宝钢、南京钢厂等单位领导和工程技术人员的热情帮助与支持。编者对此深表感谢。

　　由于编者水平所限，书中不妥之处，敬请读者指正。

编　者

2012 年 2 月

第 2 版前言

本书于 1988 年 5 月出版以来，受到金属压力加工（塑性加工）专业师生和工程技术人员的好评，迄今已印刷 6 次，印数达 15000 余册。该书既包括了基本轧制理论内容，又阐述了钢与有色金属合金的现代轧制工艺技术，既有理论又联系实际，内容充实，系统性强，反映了学科的发展，适应了高等院校教学的要求，为此曾获原冶金部优秀教材一等奖。但在长期的使用中逐渐发现该书的部分内容随着现代轧制技术的发展正日趋陈旧，有些已不能满足广大读者的需求。为此我们根据原冶金部"九五"教材出版规划，决定对本书进行修订。此次修订本着基本保留原书体系的精神，对一些章节进行了调整，精化并修改了有关内容，补充和充实了必要的新内容，如新增加了第 6 章和第 9 章等。并根据教学内容的需要在各篇之后附上了习题，以供读者学习之用。

本书第 2 版由东北大学王廷溥、齐克敏主编，参加本书第 2 版编写的有于淑娴（第一、三篇）、齐克敏（第一、四篇）、王廷溥（第二、四篇）、吴迪（第三篇）、周忠民（第五篇）、高秀华（第五篇）。此外还邀请王国栋教授撰写了本书的绪论。请丁修堃与胡林二教授担任主审，他们对初稿提出了许多宝贵意见。编者对此深表感谢。

由于编者水平所限，书中还可能存在一些不足，敬请读者指正。

编　者
2000 年 11 月

第 1 版前言

《金属塑性加工学——轧制理论与工艺》一书是根据1982年冶金部教材工作会议所制定的1984~1988年教材规划编写的。全书共分轧制理论、轧制工艺基础、开坯及型线材生产、板带材生产及管材生产五篇，共20章，内容包括钢铁和有色金属材料的轧制理论与工艺。按照教学要求，本书尽力做到突出重点、精选内容，并力求反映国内外的先进技术和新成就，理论联系实际，使内容有一定的广度，以便在教学使用中具有一定的灵活性。本书除作为高等学校金属压力加工专业教学用书外，也可供生产、科研和设计部门的工程技术人员参考。

本书由王廷溥（第二篇及第四篇）、于淑娴（第一篇及第三篇）和周忠民（第五篇）编写，王廷溥任主编。由于编者水平所限和时间仓促，书中定会有不少缺点和错误，请读者给予批评指正。

编　者
1986 年 9 月

目　录

第二篇　轧制工艺基础

第三篇 型材和棒线材生产

第四篇　板、带材生产

第五篇　管材生产工艺和理论

绪　论

轧制方法是金属材料成型的主要方法，轧制成型的钢材是数量最大的金属材料制品。冶炼钢的90%以上要经过轧制工艺才能成为可用的钢材。轧制钢材与汽车、建筑、能源、交通、机械制造等国民经济支柱产业密切相关，也与人们的生活紧密相连。由于钢材生产数量大、品种多、广泛应用于国民经济的各个部门，所以冶金工业是国民经济发展的基础产业之一。

20世纪70年代之后，特别是进入21世纪这10多年来，在相关学科和技术发展的基础上，轧制技术发展迅速，面貌日新月异，逐渐形成了现代轧制工艺。当今现代轧制工艺技术的特点和发展趋势基本可以归纳为如下几个方面。

1. 大力开发高精度轧制技术

提高轧制产品的精度是用户的需要，也是轧制技术发展的永恒的目标。产品的精度主要指产品的外形尺寸精度，它是钢材作为产品的最基本条件。

对于板带钢来说，外形尺寸包括厚度、宽度、板形、板凸度、平面形状等等。在所有的尺寸精度指标中，厚度精度指标是最基本、最重要的指标。通过对轧制过程控制计算机的高精度设定和基础自动化的 AGC 控制系统的改进，厚度精度已经达到了很高的水平。为了提高板带钢的板形质量，板形控制技术取得了长足的进步。除了一般的辊形曲线设计、轧制负荷分配等手段之外，硬件水平的提高，特别是轧机本身的改进起到了重要的作用，CVC、PC、HCW、DSR 等新机型的出现使板带钢的板形控制获得了强有力手段，控制质量发生了质的飞跃。平面形状控制，对提高中厚板成材率是一项关键技术。在平面形状控制技术中，利用立辊轧机与 MAS 法配合，可以获得很好的控制效果，能够显著提高中厚板轧机的成材率。

型钢和棒线材轧机的尺寸精度的最新进展是采用高精度精轧技术，即在型钢轧机的精轧机架的后面，装设高精度轧制机组，通过该机组对制品尺寸进一步规整，以实现产品尺寸的高精度成型。该项技术包括 HPR（High Precision Rolling）技术，Tekisun 机组和 PSB（Precision Sizing Block）机组。

随着用户对产品质量要求的不断提高，产品的表面质量问题也已经成为制约市场开拓的严重问题。除了高压水除鳞之外，冷却水系统的质量和保养以及水质的清洁度，润滑技术的改进，都可以大幅度提高钢材的表面质量。近年通过钢材成分合理设计和除鳞工艺优化以及轧制温度制度控制，可以控制钢材表面氧化铁皮的厚度和结构，生产免酸洗和减酸洗钢材，是钢材表面质量控制取得的重要进展。

2. 以物理冶金理论为基础，加强控制轧制和控制冷却研究和应用，提高产品的冶金质量，扩大品种

轧制过程是赋予金属一定的尺寸和形状的过程，同时也是赋予金属材料一定组织和性能的过程。因此，轧制过程也是一个冶金过程。以物理冶金理论为基础，通过材料化学成

分的优化和工艺制度的改进，已经大幅度提高了现有钢种的质量，并开发出大批优良的新钢种。热轧产品实现控制轧制和控制冷却，是提高产品质量和附加值、开发新品种、增加企业经济效益的关键。通过控制轧制和控制冷却，一些重要的钢种，例如管线钢、容器钢、工程机械用钢、桥梁板、造船板、贝氏体钢、双相钢、TRIP 钢等都已经开发出来，为经济发展和社会进步做出了巨大贡献。进入 21 世纪以来，国内外轧钢工作者针对传统控制轧制和控制冷却技术存在的问题，提出了以超快冷为核心的新一代的 TMCP 技术。新一代控制轧制和控制冷却技术采用冷却速度可调、可以实现极高冷却速度、冷却均匀的控制冷却系统，综合采用细晶强化、析出强化、相变强化等多种强化机制，对钢材的相变过程进行控制，可以明显提高钢材的性能，充分挖掘钢铁材料的潜力。已经开发成功的几条热轧带钢、中厚板、H 型钢生产线的大量实践证明，以新一代控制轧制和控制冷却为特征的创新轧制过程可以明显提高钢材的性能，减少合金元素的用量，降低钢材的生产成本，在节省资源和能源、减少排放方面可以发挥重要作用，具有极为广阔的应用前景。

退火工序是冷轧产品质量控制的重要工序。除了传统的罩式退火外，连续退火近年获得较大发展。连续式退火炉板形质量好，板材性能均匀，通过钢板连续退火过程中加热速率、保温温度和时间、冷却速率等的控制，可以在很大的范围内调整钢板的性能，是制造双相钢、TRIP 钢等先进汽车用高强钢的重要设备。采用高氢、全氢喷射冷却、水淬等手段，可以获得高冷却速率。连续退火设备是提高钢板质量、开发新品种的关键设备。

3. 大力推广连铸-连轧工艺及短流程轧制技术

采用连铸技术可以大幅度降低能耗，提高成材率，提高轧制产品的质量。连铸技术的发展，促进了相关轧制技术的进步，特别是连铸和轧制衔接技术的发展，例如热装和直接轧制技术及板坯调宽技术等。

短流程钢铁生产技术是开发应用的热点。在 20 世纪末和进入 21 世纪初，我国结合当时国际上短流程技术的发展趋势，引进了一批紧凑流程热连轧生产线，包括 CSP 和 FTSR，总计 11 套。在引进的基础上，进行了技术创新，研究了短流程生产钢材的力学性能特征、强化机制、析出物特征等重要基础理论问题，开发了具有我国特色的短流程生产线产品生产技术，例如半无头超薄带轧制技术及高强集装箱用钢、微合金化高强钢、双相钢、冷轧基料、电工钢等特色产品，为国际上薄板坯连铸连轧技术的发展做出了重要贡献。

双辊薄带铸轧技术是当今世界上薄带生产的前沿技术，由液态钢水直接制出厚度为 1~5mm 的薄带坯，其特点是金属凝固与轧制变形同时进行，在短时间内完成从液态金属到固态薄带的全部过程。同传统的薄带生产工艺相比，降低设备投资约 80%，降低生产成本 30%~40%，能源消耗仅为传统流程的 1/8，工艺更加环保（例如，CO_2 排放仅为传统流程的 20%）。

位于克劳福兹维尔镇的美国纽柯公司印第安纳厂的 Castrip 设备是世界上首套采用双辊带钢浇铸法生产超薄浇铸带钢（UCS）的工业设备。该设备自 2002 年投产以来已生产出了普通低碳薄钢板和 HSLA 薄钢板。韩国浦项的 poStrip 薄带连铸技术主要用于生产奥氏体不锈钢。我国自 20 世纪 50 年代即开始进行薄带连铸的研究，近年我国开始进行工业化的实用研究，目前正在建设生产线。研究工作重点在于探索哪些材料应用铸轧技术可以得到用普通方法得不到的高性能和新性能，在高磷碳钢、铁素体不锈钢、硅钢、TWIP 钢的薄带连铸方面取得重要进展。

4. 轧制过程连续化的新进展——无头轧制技术

轧制过程的连续化是轧制技术发展的重要方向。无头轧制是连续轧制的新发展。冷轧机组通过轧前焊接、轧后切断以及轧制中的动态改变规格，最早实现了无头轧制技术。20世纪80年代又将冷连轧与酸洗机组连接起来，建立了酸洗-冷轧连续式机组（CDCM）的无头轧制技术。这是近年冷轧机建设的主要机型。

20世纪90年代，日本川崎制铁将热连轧中间坯焊接起来，开发成功常规板坯连续化的热轧无头轧制技术。通过不间断地向热带精轧机组提供温度和轧材断面恒定的坯料，轧制出形状、尺寸、组织、性能几乎恒定不变的热轧带钢，大大简化了热轧的自动控制系统，提高了产品的质量。近年，韩国POSCO在热连轧机精轧机组前通过机械剪切-压合方法将中间坯连接起来，实现热连轧的无头轧制。意大利的ARVEDI在薄板坯连铸连轧技术的基础上开发成功ESP无头轧制技术，韩国POSCO通过对ISP短流程生产线的改造，开发成功poCEM无头轧制技术。无头轧制技术在薄规格热轧带钢轧制和"以热代冷"等方面发挥了巨大的作用。

5. 采用柔性化的轧制技术

在激烈的市场竞争中，为了适应用户多品种、小批量、短交货期的需要，简化炼钢和连铸过程，迫切需要开发柔性化的轧制技术。

在热轧带钢生产过程中，采用自由程序轧制（SFR）可以打破轧制规程的限制。该技术实质上是集成了几乎全部现代热轧板带轧制技术，取消了以往的轧制程序编制中对宽度、厚度、钢种、终轧温度、卷取温度跳跃幅度施加的严格限制，极大地加强了热带轧制过程的柔性。

在炼钢连铸工序通过钢种归并，在轧制阶段优化轧制和热处理工艺，实现针对用户需求的"定制生产"模式。这种生产方式的转变，在简化炼钢、连铸生产和降低管理难度的前提下，通过集约化生产方式实现"一钢多能"的目标，较少钢种的数量和种类。该技术以组织性能预测技术为基础，同时应用人工智能技术进行调优，进行轧制过程参数的反向优化。

型钢和棒线材的自由程序轧制技术更多地依赖于设备和孔型设计。例如采用平辊轧制技术，可以免受粗轧延伸孔型的限制。在H型钢的轧制过程中，为了能够利用同一套孔型轧制多种规格，国外已经开发了可以改变外宽尺寸和内部尺寸及改变H型钢高度的新的轧制方法和新型轧机。在棒钢、扁钢、角钢等的生产中，可以在延伸机组上采用无孔型平辊轧制技术来提高生产的柔性。在棒线材的轧制中，通过合轧制相近的几种规格的产品，扩大了生产的自由度。

6. 轧制过程的自动控制和智能控制

自动化是现代化轧钢厂提高产品质量的最为重要的手段。现代化的轧钢厂采用了多种自动化系统进行产品的质量控制和优化。自动化技术与轧制技术的交叉和融合，将为轧钢厂提高产品质量、降低成本、增加效率提供最为有效的手段。另一方面，在目前实现了自动化的基础上，尽量采用人工智能技术，实现轧制过程的人工智能控制，是一个新的重要的方向。在这方面，利用ANN（人工神经网络）、模糊逻辑（Fuzzy）、专家系统等人工智能技术对过程的诊断、优化、控制进行信息处理，具有非常广阔的发展前景。

7. 深加工

产品的深加工可以用较小的投入带来比较大的效益, 把产品的最终效益留在钢厂, 同时也加强了冶金厂与用户之间密不可分的关系。产品的深加工包括涂镀、裁剪、切分、焊接、冷弯、机械加工、复合等, 方式繁多, 效益明显, 是极有前景的发展领域。近年来, 产品的深加工领域受到人们越来越多的重视。为了提高生产效率和材料的加工性能, 近年汽车用钢的后续加工中, 发展了激光拼焊、热成型、液压管成型等先进的深加工技术, 为汽车工业发展和汽车节能减排做出重要贡献。

本书正是通过对轧制理论的分析讨论以及对各种轧制产品的生产工艺过程、工艺布置、规程制定、数学模型、技术经济等方面的阐述, 让读者掌握现代轧制技术的基本知识及其现状、特点、发展, 具有制定合理轧制工艺、建立先进轧制工艺制度的能力, 为生产优质钢材、发展国民经济做出贡献。

（1）学习本门课程的方法。首先要明确轧制技术的发展前景。轧制工艺技术已经取得了巨大的进步, 它在国民经济中发挥了重要的作用, 但是轧制技术的进步永远不会达到终点。恰恰相反, 这些进步预示着轧制工艺技术在新的世纪里将获得更加蓬勃的发展, 迈入前所未有的新阶段。客观需求无止境的发展和攀升以及相关学科技术和产业发展的牵动及影响, 都为轧制工艺技术的发展提供了充分的发展空间和良好的机遇。面对这样的形势, 作为材料成型与控制工程专业的学习者和未来的从业人员, 应当努力学好本门课程, 全面、深入掌握现代轧制工艺技术。

（2）要从基础开始掌握课程的内容。轧制技术的发展, 需要深厚的理论基础, 其中最为重要的是数学、力学、金属学、控制理论。只有这样, 才能从理论的角度掌握轧制技术的深刻内涵, 才能对轧制技术的核心理论和方法, 如对轧制过程变形规律、轧制过程数学模型、轧制规程制定、控制轧制和控制冷却技术等有深刻的认识。因此, 在学习本课程之前, 应对于相关基础课程给予充分的重视。学习之前和学习过程中, 都应当经常回顾、联系相关的基础课的理论知识, 并将其与本课联系起来, 做到融会贯通。

（3）从学科发展的角度学习本门课程。要想掌握现代轧制工艺技术, 就必须了解该学科的核心以及科研前沿, 因而必须把握现代轧制技术的发展现状和趋势。这就要求我们的在校大学生不仅了解课本的内容, 而且能够通过各种媒体, 例如书刊、杂志、网络、影视等, 了解本学科丰富多彩的世界, 知晓轧制技术的最新发展, 从而与迅速发展的轧制技术前沿保持同步, 共同走向新的发展阶段。

（4）通过实践掌握轧制工艺技术的内容。各种实践活动是知识的源泉, 是创造力的根本。各种教学实践环节, 例如实习、实验、科研、设计、调研等, 都是重要的实践学习活动, 是我们掌握轧制工艺技术和理论的重要课堂。通过实践获得鲜活的生产实践知识, 对深入掌握本课程内容是十分重要的。

（5）从学科交叉的角度学好本门课程。现代轧制工艺技术是现代科学与技术发展的结晶, 离开了现代科学与技术的支撑, 现代轧制工艺技术就无从谈起。作为压力加工专业的大学生, 在学习本课程的同时, 还应当不断拓宽自己的知识面, 广泛地从相关学科汲取精华和营养, 在轧制技术与相关学科的交叉点上产生新的学术思想, 新的技术, 新的方法, 从而推动轧制工艺技术更快地向前发展。

第一篇

轧 制 理 论

1 轧制过程基本概念

轧制过程是靠旋转的轧辊与轧件之间形成的摩擦力将轧件拖进辊缝之间，并使之受到压缩产生塑性变形的过程。轧制过程除使轧件获得一定形状和尺寸外，还必须使组织和性能得到一定程度的改善。为了了解和控制轧制过程，就必须对轧制过程形成的变形区及变形区内的金属流动规律有一概括的了解。

1.1 变形区主要参数

通常在生产实践中所使用的轧机其结构形式多种多样，为说明其共性的问题，轧制原理要首先从简单轧制过程讲起。所谓简单轧制过程，就是指轧制过程上下轧辊直径相等，转速相同，且均为主动辊、轧制过程对两个轧辊完全对称、轧辊为刚性、轧件除受轧辊作用外，不受其他任何外力作用、轧件在入辊处和出辊处速度均匀、轧件本身的力学性质均匀。

理想的简单轧制过程在实际中是很难找到的，但有时为了讨论问题方便，常常把复杂的轧制过程简化成简单轧制过程。

1.1.1 轧制变形区及其主要参数

轧件承受轧辊作用发生变形的部分称为轧制变形区，即从轧件入辊的垂直平面到轧件出辊的垂直平面所围成的区域 AA_1B_1B（图 1-1），通常

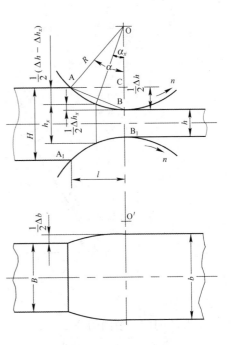

图 1-1 变形区的几何形状

又把它称为几何变形区。轧制变形区主要参数有咬入角和接触弧长度。

1.1.1.1 咬入角

如图 1-1 所示，轧件与轧辊相接触的圆弧所对应的圆心角称为咬入角 α。压下量与

$$\Delta h = 2(R - R\cos\alpha)$$

因此得到

$$\Delta h = D(1 - \cos\alpha) \tag{1-1}$$

又

$$\cos\alpha = 1 - \frac{\Delta h}{D}$$

得

$$\sin\frac{\alpha}{2} = \frac{1}{2}\sqrt{\frac{\Delta h}{R}} \tag{1-2}$$

当 α 很小时（$\alpha < 10° \sim 15°$），取 $\sin\frac{\alpha}{2} \approx \frac{\alpha}{2}$，此时可得

$$\alpha = \sqrt{\frac{\Delta h}{R}} \tag{1-3}$$

式中 D，R——轧辊的直径和半径；

Δh——压下量。

为了简化计算，把 Δh、D 和 α 三者之间的关系绘制成计算图，如图 1-2 所示。这样，已知 Δh、D 和 α 三个参数中的任意两个，便可用计算图很快地求出第三个参数。

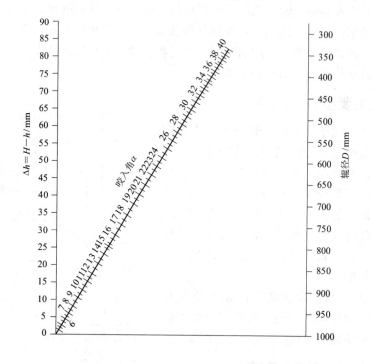

图 1-2 Δh、D 和 α 三者关系计算图

变形区内任一断面的高度 h_x，可按下式求得：

$$h_x = \Delta h_x + h = D(1 - \cos\alpha_x) + h \tag{1-4}$$

或
$$h_x = H - (\Delta h - \Delta h_x)$$
$$= H - [D(1 - \cos\alpha) - D(1 - \cos\alpha_x)]$$
$$= H - D(\cos\alpha_x - \cos\alpha) \tag{1-5}$$

1.1.1.2 接触弧长度

轧件与轧辊相接触的圆弧的水平投影长度称为接触弧长度也叫咬入弧长度 l，即图 1-1 中的 AC 线段。通常又把 AC 称为变形区长度。

接触弧长度随轧制条件的不同而不同，一般有以下 3 种情况：

（1）两轧辊直径相等时的接触弧长度。从图 1-1 中的几何关系可知：

$$l^2 = R^2 - \left(R - \frac{\Delta h}{2}\right)^2$$

所以
$$l = \sqrt{R\Delta h - \frac{\Delta h^2}{4}} \tag{1-6}$$

由于式（1-6）中根号里的第二项比第一项小得多，因此可以忽略不计，则接触弧长度公式就变为：

$$l = \sqrt{R\Delta h} \tag{1-7}$$

用式（1-7）求出的接触弧长度实际上是 AB 弦的长度，可用它近似代替 AC 长度。

（2）两轧辊直径不相等时接触弧长度。此时可按下式确定：

$$l = \sqrt{\frac{2R_1R_2}{R_1 + R_2}\Delta h} \tag{1-8}$$

该式是假设两个轧辊的接触弧长度相等而导出的，即：

$$l = \sqrt{2R_1\Delta h_1} = \sqrt{2R_2\Delta h_2} \tag{1-9a}$$

式中　R_1，R_2——分别为上下两轧辊的半径；

Δh_1，Δh_2——分别为上下轧辊对金属的压下量。

$$\Delta h = \Delta h_1 + \Delta h_2 \tag{1-9b}$$

由式(1-9a)及式(1-9b)便得式(1-8)。

（3）轧辊和轧件产生弹性压缩时接触弧的长度。由于轧件与轧辊间的压力作用，轧辊产生局部的弹性压缩变形，此变形可能很大，尤其在冷轧薄板时更为显著。轧辊的弹性压缩变形一般称为轧辊的弹性压扁，轧辊弹性压扁的结果使接触弧长度增加。另外，轧件在辊间产生塑性变形时，也伴随产生弹性压缩变形，此变形在轧件出辊后即开始恢复，这也会增大接触弧长度。因此，在热轧薄板和冷轧板过程中，必须考虑轧辊和轧件的弹性压缩变形对接触弧长度的影响，见图 1-3。

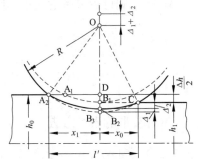

图 1-3　轧辊与轧件弹性压缩时接触弧长度

如果用 Δ_1 和 Δ_2 分别表示轧辊与轧件的弹性压缩量，为使轧件轧制后获得 Δh 的压下量，那么必须把每个轧辊再压下 $\Delta_1 + \Delta_2$ 的压下量。此时轧件与轧辊的接触线为图 1-3 中的 A_2B_2C 曲线，其接触弧长度为：

$$l' = x_1 + x_0 = A_2D + B_1C$$

A_2D 和 B_1C 可分别从图 1-3 的几何关系中找出：

$$\overline{A_2D} = \sqrt{\overline{A_2O}^2 - (\overline{OB_3} - \overline{DB_3})^2} = \sqrt{R^2 - (R - DB_3)^2}$$

$$\overline{B_1C} = \sqrt{\overline{CO}^2 - (\overline{OB_3} - \overline{B_1B_3})^2} = \sqrt{R^2 - (R - B_1B_3)^2}$$

展开上两式中的括号，由于 $\overline{DB_3}$ 与 $\overline{B_1B_3}$ 的平方值与轧辊半径与它们的乘积相比小得多，故可以忽略不计，得：

$$\overline{A_2D} = \sqrt{2R\,\overline{DB_3}}\,; \quad \overline{B_1C} = \sqrt{2R\,\overline{B_1B_3}}$$

因为

$$\overline{DB_3} = \frac{\Delta h}{2} + \Delta_1 + \Delta_2\,; \quad \overline{B_1B_3} = \Delta_1 + \Delta_2$$

所以

$$l' = x_1 + x_0 = \overline{A_2D} + \overline{B_1C}$$

$$= \sqrt{R\Delta h + 2R(\Delta_1 + \Delta_2)} + \sqrt{2R(\Delta_1 + \Delta_2)}$$

或者

$$l' = \sqrt{R\Delta h + x_0^2} + x_0 \tag{1-10}$$

这里

$$x_0 = \sqrt{2R(\Delta_1 + \Delta_2)} \tag{1-11}$$

轧辊和轧件的弹性压缩变形量 Δ_1 和 Δ_2 可以用弹性理论中的两圆柱体互相压缩时的计算公式求出：

$$\Delta_1 = 2q\frac{1 - \gamma_1^2}{\pi E_1}\,; \quad \Delta_2 = 2q\frac{1 - \gamma_2^2}{\pi E_2}$$

式中　q——压缩圆柱体单位长度上的压力，$q = 2x_0\,\bar{p}$（$\bar{p}$ 为平均单位压力）；

γ_1，γ_2——轧辊与轧件的泊松系数；

E_1，E_2——轧辊与轧件的弹性模量。

将 Δ_1 和 Δ_2 的值代入式（1-11）得

$$x_0 = 8R\,\bar{p}\left(\frac{1 - \gamma_1^2}{\pi E_1} + \frac{1 - \gamma_2^2}{\pi E_2}\right) \tag{1-12}$$

把 x_0 的值代入式（1-10），即可计算出 l' 值。金属的弹性压缩变形很小时，可忽略不计，即 $\Delta_2 \approx 0$，则可得只考虑轧辊弹性压缩时接触弧长度的计算公式，即西齐柯克公式。

$$x_0 = 8\frac{1 - \gamma_1^2}{\pi E_1}R\,\bar{p} \tag{1-13}$$

$$l' = \sqrt{R\Delta h + \left(8\frac{1 - \gamma_1^2}{\pi E_1}R\,\bar{p}\right)^2} + 8\frac{1 - \gamma_1^2}{\pi E_1}R\,\bar{p} \tag{1-14}$$

1.1.2　轧制变形的表示方法

1.1.2.1　用绝对变形量表示

用轧制前、后轧件绝对尺寸之差表示的变形量就称为绝对变形量。

绝对压下量为轧制前、后轧件厚度 H、h 之差，即 $\Delta h = H - h$。

绝对宽展量为轧制前、后轧件宽度 B、b 之差，即 $\Delta b = b - B$。

绝对伸长量为轧制前后轧件长度 L、l 之差，即 $\Delta l = l - L$。

用绝对变形不能正确地说明变形量的大小，但由于习惯，前两种变形量常被使用，而绝对延伸量一般情况下不使用。

1.1.2.2　用相对变形量表示

即用轧制前、后轧件尺寸的相对变化表示的变形量称为相对变形量。相对变形量有：

相对压下量：　　　$\dfrac{H-h}{H} \times 100\%$；　　　　$\dfrac{H-h}{h} \times 100\%$；　　　$\ln \dfrac{h}{H}$

相对宽展量：　　　$\dfrac{b-B}{B} \times 100\%$；　　　　$\dfrac{b-B}{b} \times 100\%$；　　　$\ln \dfrac{b}{B}$

相对伸长量：　　　$\dfrac{l-L}{L} \times 100\%$；　　　　$\dfrac{l-L}{l} \times 100\%$；　　　$\ln \dfrac{l}{L}$

前两种表示方法只能近似地反映变形的大小，但较绝对变形表示法则已进了一步。后一种方法导自移动体积的概念，故能够正确地反映变形的大小，所以相对伸长量也叫真变形。

1.1.2.3　用变形系数表示

用轧制前、后轧件尺寸的比值表示变形程度，此比值称为变形系数。变形系数包括：

压下系数：　　　　　　　　　$\eta = \dfrac{H}{h}$

宽展系数：　　　　　　　　　$\beta = \dfrac{b}{B}$

延伸系数：　　　　　　　　　$\mu = \dfrac{l}{L}$

根据体积不变原理，三者之间存在如下关系，即 $\eta = \mu \cdot \beta$。变形系数能够简单而正确地反映变形的大小，因此在轧制变形方面得到了极为广泛的应用。

1.2　金属在变形区内的流动规律

1.2.1　沿轧件断面高向上变形的分布

关于轧制时变形的分布有两种不同理论，一种是均匀变形理论，另一种是不均匀变形理论。后者比较客观地反映了轧制时金属变形规律。均匀变形理论认为，沿轧件断面高度方向上的变形、应力和金属流动的分布都是均匀的，造成这种均匀性的主要原因是由于未发生塑性变形的前后外端的强制作用，因此又把这种理论称为刚端理论。而不均匀变形理论认为，沿轧件断面高度方向上的变形、应力和金属流动分布都是不均匀的，如图 1-4 所示。其主要内容为：

（1）沿轧件断面高度方向上的变形、应力和流动速度分布都是不均匀；

（2）在几何变形区内，在轧件与轧辊接触表面上，不但有相对滑动，而且还有黏着，

所谓黏着系指轧件与轧辊间无相对滑动;

（3）变形不但发生在几何变形区内，而且也产生在几何变形区以外，其变形分布都是不均匀的。这样就把轧制变形区分成变形过渡区、前滑区、后滑区和黏着区，见图1-4;

（4）在黏着区内有一个临界面，在这个面上金属的流动速度分布均匀，并且等于该处轧辊的水平速度。

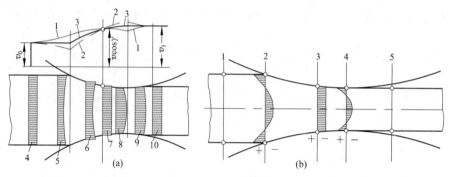

图 1-4　按不均匀变形理论金属流动速度和应力分布

（a）金属流动速度分布：1—表面层金属流动速度；2—中心层金属流动速度；3—平均流动速度；
4—后外端金属流动速度；5—后变形过渡区金属流动速度；6—后滑区金属流动速度；7—临界面金属流动速度；
8—前滑区金属流动速度；9—前变形过渡区金属流动速度；10—前外端金属流动速度

（b）应力分布：+—拉应力；−—压应力；1—后外端；2—入辊处；3—临界面；4—出辊处；5—前外端

近年来大量实验证明，不均匀变形理论是比较正确的，其中以 И. Я. 塔尔诺夫斯基（Тарновский）的实验最有代表性。他研究沿轧件对称轴的纵断面上的坐标网格的变化，证明了沿轧件断面高度方向上的变形分布是不均匀的，其实验研究结果如图1-5所示。图中曲线1表示轧件表面层各个单元体的变形沿接触弧长度 l 上的变化情况，曲线2表示轧件中心层各个单元体的变形沿接触弧长度上的变化情况。图中的纵坐标是以自然对数表示的相对变形。

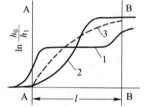

图 1-5　沿轧件断面高向上变形分布

1—表面层；2—中心层；3—均匀变形
A-A—入辊平面；B-B—出辊平面

由图1-5可以看出，在接触弧开始处靠近接触表面的单元体的变形，比轧件中心层的单元体变形要大。这不仅说明沿轧件断面高度方向上的变形分布不均匀，而且还说明表面层的金属流动速度比中心层的要快。

显然图1-5中曲线1与曲线2的交点是临界面的位置，在这个面上金属变形和流动速度是均匀的。在临界面的右边，即出辊方向，出现了相反现象。轧件中心层单元体的变形比表面层的要大，中心层金属流动速度比表面层的要快。

在接触弧的中间部分，曲线上有一段很长的平行于横坐标轴的线段，这说明在轧件与轧辊相接触的表面上确实存在着黏着区。

另外，从图1-5中还可以看出，在入辊前和出辊后轧件表面层和中心层都发生变形，这充分说明了在外端和几何变形区之间有变形过渡区，在这个区域内变形和流动速度也是不均匀的。

　　И. Я. 塔尔诺夫斯基根据实验研究把轧制变形区绘成图1-6，用以描述轧制时整个变形的情况。

　　实验研究还指出，沿轧件断面高度方向上的变形不均匀分布与变形区形状系数有很大关系。当变形区形状系数 $l/\bar{h} > 0.5 \sim 1.0$ 时，即轧件断面高度相对于接触弧长度不太大时，压缩变形完全深入到轧件内部，形成中心层变形比表面层变形要大的现象；当变

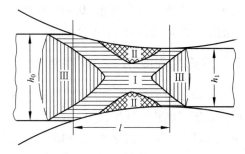

图1-6　轧制变形区（$l/\bar{h} > 0.8$）

Ⅰ—易变形区；Ⅱ—难变形区；Ⅲ—自由变形区

形区形状系数 $l/\bar{h} < 0.5 \sim 1.0$ 时，随着变形区形状系数的减小，外端对变形过程影响变得更为突出，压缩变形不能深入到轧件内部，只限于表面层附近的区域；此时表面层的变形较中心层要大，金属流动速度和应力分布都不均匀，如图1-7所示。

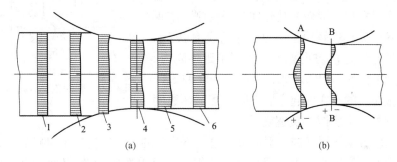

图1-7　$l/\bar{h} < 0.5 \sim 1.0$ 时金属流动速度与应力分布

（a）金属流动速度分布：1，6—外端；2，5—变形过渡区；3—后滑区；4—前滑区

（b）应力分布：A-A—入辊平面；B-B—出辊平面

　　А. И. 柯尔巴什尼柯夫也用实验证明，沿轧件断面高度方向上变形分布是不均匀的。他采用LY12铝合金扁锭分别以2.8%、6.7%、12.2%、16.9%、20.4%和25.3%的压下率进行热轧，用快速摄影对其侧表面坐标网格进行拍照，观察变形分布，其实验结果如图1-8所示。

　　该实验说明，在上述压下率范围内沿轧件断面高度方向上的变形分布都是不均匀的。当压下率 ε 在 2.8% ~ 16.9% 的范围内，$l/\bar{h}$ 在 0.3 ~ 0.92 时，轧件中心层的变形比表面层

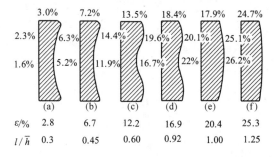

	(a)	(b)	(c)	(d)	(e)	(f)
$\varepsilon/\%$	2.8	6.7	12.2	16.9	20.4	25.3
$l/\bar{h}$	0.3	0.45	0.60	0.92	1.00	1.25

图1-8　热轧LY12时沿断面高度上的变形分布

的变形要小，而压下率等于 20.4% 和 25.3%，$l/\bar{h}$ 等于 1.0 和 1.25 时，轧件中心层的变形比表面层的变形要大。

1.2.2　沿轧件宽度方向上的流动规律

根据最小阻力定律，由于变形区受纵向和横向的摩擦阻力 σ_3 和 σ_2 的作用（见图 1-9），大致可把轧制变形区分成四个部分，即 ADB 及 CGE 和 ADGC 及 BDGE 四个部分。ADB 及 CGE 区域内的金属流沿横向流动增加宽展，而 ADGC 及 BDGE 区域内的金属流沿纵向流动增加延伸。不仅上述四个部分是一个相互联系的整体，它们还与其前后两个外端相互联系着。外端对变形区金属流动的分布也产生一定的影响作用，前后外端对变形区产生张应力。另一方面由于变形区的长度 l 小于宽度 $\bar{b}$，故延伸大于宽展，在纵向延伸区中心部分的金属只有延伸而无宽展，因而使其延伸大于两侧，结果在两侧引起张应力。这两种张应力引起的应力以 σ_{AB} 表示，它与延伸阻力 σ_3 方向相反，削弱了延伸阻力，引起形成宽展的区域 ADB 及 CGE 收缩为 adb 和 cge。事实证明，张应力的存在引起宽展下降。甚至在宽度方向上发生收缩产生所谓"负宽展"。

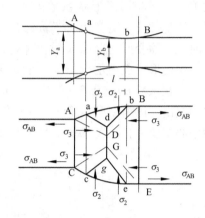

图 1-9　轧件在变形区的横向流动

沿轧件高度方向金属横向变形的分布也是不均匀的，一般情况下接触表面由于摩擦力的阻碍，使表面的宽度小于中心层，因而轧件侧面呈单鼓形。当 $l/\bar{h}$ 小于 0.5 时，轧件变形不能渗透到整个断面高度，因而轧件侧表面呈双鼓形，在初轧机上可以观察到这种现象。

2　实现轧制过程的条件

为了便于研究轧制过程的各种规律，轧制过程要从最简单的轧制条件开始研究其实现轧制过程的条件。下面讨论在简单轧制条件下实现轧制过程的咬入条件和稳定轧制条件。

2.1　咬入条件

依靠回转的轧辊与轧件之间的摩擦力，轧辊将轧件拖入轧辊之间的现象称为咬入。为使轧件进入轧辊之间实现塑性变形，轧辊对轧件必须有与轧制方向相同的水平作用力。因此，应该根据轧辊对轧件的作用力去分析咬入条件。

为易于确定轧辊对轧件的作用力，首先分析轧件对轧辊的作用力。

首先以 Q 力将轧件移至轧辊前，使轧件与轧辊在 A，B 两点上切实接触（图 2-1），在此 Q 力作用下，轧辊在 A，B 两点上承受轧件的径向压力 P 的作用，在 P 力作用下产生与 P 力互相垂直的摩擦力 T_0，因为轧件是阻止轧辊转动的，故摩擦力 T_0 的方向与轧辊转动方向相反，并与轧辊表面相切（图 2-1(a)）。

轧辊对轧件的作用力：根据牛顿力学基本定律，轧辊对轧件将产生与 P 力大小相等，方向相反的径向反作用力 N，在后者作用下，产生与轧制方向相同的切线摩擦力 T，如图 2-1(b) 所示，力图将轧件咬入轧辊的辊缝中进行轧制。

轧件对轧辊的作用力 P 与 T_0 和轧辊对轧件的作用力 N 与 T 必须严格区别开，若将二者混淆起来必将导致错误的结论。

显然，与咬入条件直接有关的是轧辊对轧件的作用力，因上、下轧辊对轧件的作用方式相同，所以只取一个轧辊对轧件的作用力进行分析，如图 2-2 所示。

将作用在 A 点的径向力 N 与切向力 T 分解成垂直分力 N_y 与 T_y 和水平分力 N_x 与 T_x，考虑两个轧辊的作用，垂直分力 N_y 与 T_y 对轧件起压缩作用，使轧件产生塑性变形，而对轧件在水平方向运动不起作用。

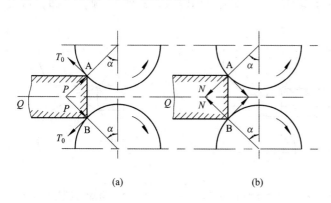

(a)　　　　　　(b)

图 2-1　轧件与轧辊开始接触瞬间作用力图解

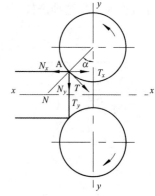

图 2-2　上轧辊对轧件作用力分解图

N_x 与 T_x 作用在水平方向上，N_x 与轧件运动方向相反，阻止轧件进入轧辊辊缝中，而 T_x 与轧件运动方向一致，力图将轧件咬入轧辊辊缝中，由此可见，在没有附加外力作用的条件下，为实现自然咬入，必须是咬入力 T_x 大于咬入阻力 N_x 才有可能。

咬入力 T_x 与咬入阻力 N_x 之间的关系有以下 3 种可能的情况：

$$T_x < N_x \quad 不能实现自然咬入$$

$$T_x = N_x \quad 平衡状态$$

$$T_x > N_x \quad 可以实现自然咬入$$

由图 2-2 得知：

咬入阻力 $$N_x = N\sin\alpha$$

咬入力 $$T_x = T\cos\alpha = Nf\cos\alpha$$

将求得的值代入 N_x 和 T_x 可能的 3 种关系中将得到：

当 $N_x > T_x$ 时 $$N\sin\alpha > Nf\cos\alpha$$

即 $$\tan\alpha > f$$

因 $$\tan\beta = f$$

故 $\alpha > \beta$，此时不能自然咬入。如图 2-3 所示 N 与 T 的合力 F 的水平分力 F_x 逆轧制方向，因此不能自然咬入。

当 $N_x = T_x$ 时 $$N\sin\alpha = Nf\cos\alpha$$

即 $$\tan\alpha = f$$

也就是 $\alpha = \beta$ 属于平衡状态。此时轧辊对轧件的作用力之合力恰好是垂直方向，无水平分力。如图 2-4 所示，咬入力与咬入阻力处于平衡状态，是自然咬入 $\alpha < \beta$ 的极限条件，故常把 $\alpha = \beta$ 称为极限咬入条件。

当 $N_x < T_x$ 时 $$N\sin\alpha < Nf\cos\alpha$$

即 $$\tan\alpha < f$$

所以 $$\alpha \leqslant \beta \qquad (2-1)$$

此时可以实现自然咬入，即当摩擦角大于咬入角时才能开始自然咬入。如图 2-5 所示，当 $\alpha < \beta$ 时，轧辊对轧件的作用力 T 与 N 之合力 F 的水平分力 F_x 与轧制方向相同，则轧件可以被自然咬入，在这种条件下即 $\alpha < \beta$ 实现的咬入称为自然咬入。显然 F_x 愈大，即 β 愈大

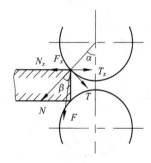

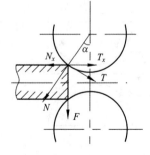

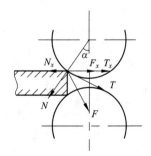

图 2-3　当 $\alpha > \beta$ 时轧辊对轧件作用力合力的方向　　图 2-4　当 $\alpha = \beta$ 时轧辊对轧件作用力合力的方向　　图 2-5　当 $\alpha < \beta$ 时轧辊对轧件作用力合力的方向

于 α，轧件愈易被咬入轧辊间的辊缝中。

2.2 稳定轧制条件

当轧件被轧辊咬入后开始逐渐充填辊缝，在轧件充填辊缝的过程中，轧件前端与轧辊轴心连线间的夹角 δ 不断地减小着，如图 2-6 所示。当轧件完全充满辊缝时，$\delta = 0$，即开始了稳定轧制阶段。

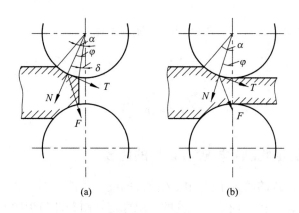

图 2-6 轧件充填辊缝过程中作用力条件的变化图解
(a) 充填辊缝过程；(b) 稳定轧制阶段

表示合力作用点的中心角 φ 在轧件充填辊缝的过程中也在不断地变化着，随着轧件逐渐充填辊缝，合力作用点内移，φ 角自 $\varphi = \alpha$ 开始逐渐减小，相应地，轧辊对轧件作用力的合力逐渐向轧制方向倾斜，向有利于咬入的方向发展。当轧件充填辊缝，即过渡到稳定轧制阶段时，合力作用点的位置即固定下来，而所对应的中心角 φ 也不再发生变化，并为最小值，即

$$\varphi = \frac{\alpha}{K_x}$$

式中 K_x——合力作用点系数。

根据图 2-6 (b) 分析稳定轧制条件轧辊对轧件的作用力，以寻找稳定轧制条件。

由于
$$N_x < T_x$$

$$N_x = N\sin\varphi$$

$$T_x = T\cos\varphi = Nf_y\cos\varphi$$

则得
$$f_y > \tan\varphi$$

将 $\varphi = \dfrac{\alpha_y}{K_x}$ 代入上式，则得到稳定轧制的条件，即

$$f_y > \tan\frac{\alpha_y}{K_x} \tag{2-2}$$

或者
$$\beta_y > \frac{\alpha_y}{K_x} \tag{2-3}$$

式中 f_y, β_y ——稳定轧制阶段的摩擦系数和摩擦角；

α_y ——稳定轧制阶段的咬入角。

一般来说达到稳定轧制阶段时，$\varphi = \dfrac{\alpha_y}{2}$，即 $K_x \approx 2$，故可近似写成 $\beta_y > \dfrac{\alpha_y}{2}$ 或 $2\beta_y > \alpha_y$。

由上述讨论可得到如下结论，假设由咬入阶段过渡到稳定轧制阶段的摩擦系数不变且其他条件均相同时，则稳定轧制阶段的允许的咬入角比咬入阶段的咬入角可大 K_x 倍或近似地认为大 2 倍。

与极限咬入条件同理，可以写出极限稳定轧制条件：

$$\beta_y = \frac{\alpha_y}{K_x}; \quad \alpha_y \leqslant K_x \beta_y$$

或者

$$f_y = \tan \frac{\alpha_y}{K_x}$$

2.3 咬入阶段与稳定轧制阶段咬入条件的比较

求得的稳定轧制阶段的咬入条件与咬入阶段的咬入条件不同，为说明向稳定轧制阶段过渡时咬入条件的变化，将以理论上允许的极限稳定轧制条件与极限咬入条件进行比较并分析之。

已知极限咬入条件 $\qquad\qquad \alpha = \beta$

理论上允许的极限稳定轧制条件 $\qquad \alpha_y = K_x \beta_y$

由此得二者之比值为： $\qquad\qquad K = \dfrac{\alpha_y}{\alpha} = K_x \dfrac{\beta_y}{\beta}$ $\qquad\qquad$ (2-4)

或 $\qquad\qquad\qquad\qquad\qquad \alpha_y = K_x \dfrac{\beta_y}{\beta} \alpha$ $\qquad\qquad$ (2-5)

由上式看出，极限咬入条件与极限稳定轧制条件的差异取决于 K_x 与 $\dfrac{\beta_y}{\beta}$ 两个因素，即取决于合力作用点位置与摩擦系数的变化。下面分别讨论其各因素的影响。

2.3.1 合力作用点位置或系数 K_x 的影响

如图 2-6 所示，轧件被咬入后，随轧件前端在辊缝中前进，轧件与轧辊的接触面积增大，合力作用点向出口方向移动，由于合力作用点一定在咬入弧上，所以 K_x 恒大于 1，在轧制过程产生的宽展愈大，则变形区的宽度向出口逐渐扩张，合力作用点愈向出口移动，即 φ 角愈小，则 K_x 值就愈高。根据式（2-5），在其他条件不变的前提下，K_x 愈高，则 α_y 愈高，即在稳定轧制阶段允许实现较大的咬入角。

2.3.2 摩擦系数变化的影响

冷轧及热轧时摩擦系数变化不同，一般在冷轧时由于温度和氧化铁皮的影响甚小，可近似地取 $\dfrac{\beta_y}{\beta} \approx 1$，即从咬入过渡到稳定轧制阶段，摩擦系数近似不变。而在热轧条件下，根据实验资料可知，此时的 $\dfrac{\beta_y}{\beta} < 1$，即从咬入过渡到稳定轧制阶段摩擦系数在降低，产生此现象的原因为：

（1）轧件端部温度较其他部分低，由于轧件端部与轧辊接触，并受冷却水作用，加之端部的散热面也比较大，所以轧件端部温度较其他部分为低，因而使咬入时的摩擦系数大于稳定轧制阶段的摩擦系数。

（2）氧化铁皮的影响，由于咬入时轧件与轧辊接触和冲击，易使轧件端部的氧化铁皮脱落，露出金属表面，所以摩擦系数提高，而轧件其他部分的氧化铁皮不易脱落，因而保持较低的摩擦系数。

影响摩擦系数降低最主要的因素是轧件表面上的氧化铁皮。在实际生产中，往往因此造成在自然咬入后过渡到稳定轧制阶段发生打滑现象。

由以上分析可见，K 值变化是较复杂的，随轧制条件不同而异。在冷轧时，可近似地认为摩擦系数无变化。而由于 K_x 值较高，所以使冷轧时 K 值也较高，说明咬入条件与稳定轧制条件间的差异较大，一般是：

$$K \approx K_x \approx 2 \sim 2.4$$

所以　　　　　　　　　　　　$\alpha_y \approx (2 \sim 2.4)\alpha$

在热轧时，由于温度和氧化铁皮的影响，使摩擦系数显著的降低，所以 K 值较冷轧时为小，一般是：

$$K \approx 1.5 \sim 1.7$$

所以　　　　　　　　　　　　$\alpha_y \approx (1.5 \sim 1.7)\alpha$

以上关系说明，在稳定轧制阶段的最大允许咬入角比开始咬入时的最大允许咬入角要大，相应地，二者允许的压下量亦不同，稳定轧制阶段的最大允许的压下量比咬入时的最大允许压下量大数倍。在生产实践中有的采用"带钢压下"的技术措施，也就是利用稳定轧制阶段咬入角的潜力。

2.4　改善咬入条件的途径

改善咬入条件是进行顺利操作、增加压下量、提高生产率的有力措施，也是轧制生产中经常碰到的实际问题。

根据咬入条件 $\alpha \leq \beta$，便可以得出：凡是能提高 β 角的一切因素和降低 α 角的一切因素都有利于咬入。下面对以上两种途径分别进行讨论。

2.4.1　降低 α 角

由 $\alpha = \arccos\left(1 - \dfrac{\Delta h}{D}\right)$ 可知，若降低 α 角必须：

（1）增加轧辊直径 D，当 Δh 等于常数时，轧辊直径 D 增加，α 可降低。

（2）减小压下量。

由 $\Delta h = H - h$ 可知，可通过降低轧件开始高度 H 或提高轧后的高度 h，来降低 α，以改善咬入条件。

在实际生产中常见的降低 α 的方法有：

（1）用钢锭的小头先送入轧辊或采用带有楔形端的钢坯进行轧制，在咬入开始时首先将钢锭的小头或楔形前端与轧辊接触，此时所对应的咬入角较小。在摩擦系数一定的条件下，易于实现自然咬入（图 2-7）。此后随轧件充填辊缝和咬入条件改善的同时，压下量逐渐增大，最后压下量稳定在某一最大值，从而咬入角也相应地增加到最大值，此时已过渡到稳定轧制阶段。

图 2-7　钢锭小头进钢

这种方法可以保证顺利地自然咬入和进行稳定轧制，并对产品质量亦无不良影响，所以在实际生产中应用较为广泛。

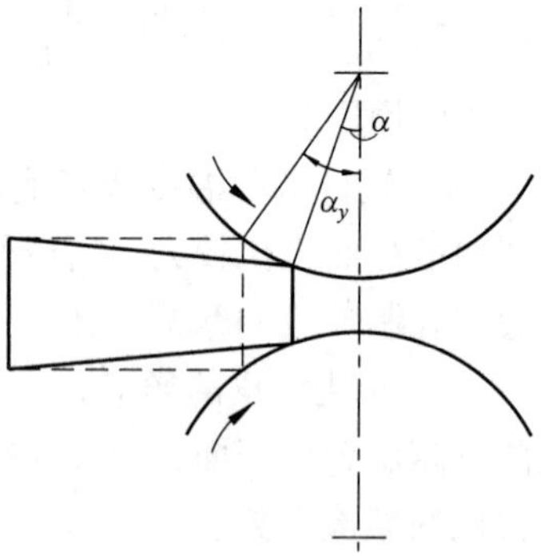

（2）强迫咬入，即用外力将轧件强制推入轧辊中，由于外力作用使轧件前端被压扁。相当于减小了前端接触角 α，故改善了咬入条件。

2.4.2　提高 β 的方法

提高摩擦系数或摩擦角是较复杂的，因为在轧制条件下，摩擦系数决定于许多因素。兹从以下两个方面来谈改善咬入条件。

（1）改变轧件或轧辊的表面状态，以提高摩擦角。在轧制高合金钢时，由于表面质量要求高，不允许从改变轧辊表面着手，而是从轧件着手。于此首先是清除炉生氧化铁皮。实验研究表明，钢坯表面的炉生氧化铁皮，使摩擦系数降低。由于炉生氧化铁皮的影响，使自然咬入困难，或者以极限咬入条件咬入后在稳定轧制阶段发生打滑现象。由此可见，清除炉生氧化铁皮对保证顺利地自然咬入及进行稳定轧制是十分必要的。

（2）合理地调节轧制速度。实践表明，随轧制速度的提高，摩擦系数是降低的。据此，可以低速实现自然咬入，然后随着轧件充填辊缝使咬入条件的好转，逐渐增加轧制速度，使之过渡到稳定轧制阶段时达到最大，但必须保证 $\alpha_y < K_x\beta_y$ 的条件。这种方法简单可靠，易于实现，所以在实际生产中是被采用的。

列举上述几种改善咬入条件的具体方法有助于理解与具体运用改善咬入条件所依据的基本原则。在实际生产中不限于以上几种方法，而且往往是根据不同条件几种方法同时并用。

3 轧制过程中的横变形——宽展

3.1 宽展及其分类

3.1.1 宽展及其实际意义

在轧制过程中轧件的高度方向承受轧辊压缩作用，压缩下来的体积，将按照最小阻力法则沿着纵向及横向移动。沿横向移动的体积所引起的轧件宽度的变化称为宽展。

在习惯上，通常将轧件在宽度方向线尺寸的变化，即绝对宽展直接称为宽展。虽然用绝对宽展不能正确反映变形的大小，但是由于它简单，明确，在生产实践中得到极为广泛的应用。

轧制中的宽展可能是希望的，也可能是不希望的，视轧制产品的断面特点而定。当从窄的坯轧成宽成品时希望有宽展，如用宽度较小的钢坯轧成宽度较大的成品，则必须设法增大宽展。若是从大断面坯轧成小断面成品时，则不希望有宽展，因消耗于横变形的功是多余的，在这种情况下，应该力求以最小的宽展轧制。

纵轧的目的是为得到延伸，除特殊情况外，应该尽量减小宽展，降低轧制功能消耗，提高轧机生产率。不论在哪种情况下，希望或不希望有宽展，都必须掌握宽展变化规律以及正确计算它，在孔型中轧制则宽展计算更为重要。

正确估计轧制中的宽展是保证断面质量的重要一环，若计算宽展大于实际宽展，孔型充填不满，造成很大的椭圆度，如图 3-1（a）所示。若计算宽展小于实际宽展，孔型充填过满，形成耳子，如图 3-1（b）所示。以上两种情况均造成轧件报废。

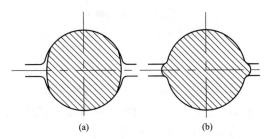

(a)   (b)

图 3-1 由于宽展估计不足产生的缺陷
(a) 未充满；(b) 过充满

因此，正确地估计宽展对提高产品质量，改善生产技术经济指标有着重要的作用。

3.1.2 宽展分类

在不同的轧制条件下，坯料在轧制过程中的宽展形式是不同的。根据金属沿横向流动的自由程度，宽展可分为自由宽展、限制宽展和强迫宽展。

3.1.2.1 自由宽展

坯料在轧制过程中，被压下的金属体积其金属质点在横向移动时，具有沿垂直于轧制方向朝两侧自由移动的可能性，此时金属流动除受接触摩擦的影响外，不受其他任何的阻碍和限制，如孔型侧壁、立辊等，结果明确地表现出轧件宽度上线尺寸的增加，这种情况称为自由宽展，如图 3-2 所示。

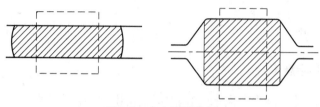

图 3-2 自由宽展轧制

自由宽展发生于变形比较均匀的条件下，如平辊上轧制矩形断面轧件，以及宽度有很大富裕的扁平孔型内轧制。自由宽展轧制是最简单的轧制情况。

3.1.2.2 限制宽展

坯料在轧制过程中，金属质点横向移动时，除受接触摩擦的影响外，还承受孔型侧壁的限制作用，因而破坏了自由流动条件，此时产生的宽展称为限制宽展。如在孔型侧壁起作用的凹型孔型中轧制时即属于此类宽展，如图 3-3 所示。由于孔型侧壁的限制作用，使横向移动体积减小，故所形成的宽展小于自由宽展。

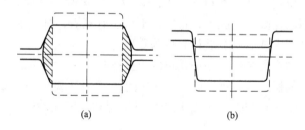

(a) (b)

图 3-3 限制宽展

（a）箱形孔内的宽展；（b）闭口孔内的宽展

3.1.2.3 强迫宽展

坯料在轧制过程中，金属质点横向移动时，不仅不受任何阻碍，且受有强烈的推动作用，使轧件宽度产生附加的增长，此时产生的宽展称为强迫宽展。由于出现有利于金属质点横向流动的条件，所以强迫宽展大于自由宽展。

在凸型孔型中轧制及有强烈局部压缩的轧制条件是强迫宽展的典型例子，如图 3-4 所示。

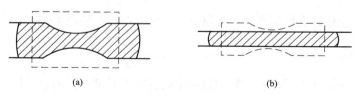

(a) (b)

图 3-4 强迫宽展轧制

如图 3-4（a）所示，由于孔型凸出部分强烈的局部压缩，强迫金属横向流动。轧制宽扁钢时采用的切深孔型就是这个强制宽展的实例。而在图 3-4（b）所示是由两侧部分的强烈压缩形成强迫宽展。

在孔型中轧制时，由于孔型侧壁的作用和轧件宽度上压缩的不均匀性，确定金属在孔型内轧制时的宽展是十分复杂的，尽管做过大量的研究工作，但在限制或强迫宽展孔型内金属流动的规律还是不十分清楚。

3.1.3 宽展的组成

3.1.3.1 宽展沿轧件横断面高度上的分布

由于轧辊与轧件的接触表面上存在着摩擦，以及变形区几何形状和尺寸的不同，因此沿接触表面上金属质点的流动轨迹与接触面附近的区域和远离的区域是不同的。它一般由以下几个部分组成：滑动宽展 ΔB_1、翻平宽展 ΔB_2 和鼓形宽展 ΔB_3，如图 3-5 所示。

（1）滑动宽展是变形金属在与轧辊的接触面产生相对滑动所增加的宽展量，以 ΔB_1 表示，展宽后轧件由此而达到的宽度为：

$$B_1 = B_H + \Delta B_1$$

（2）翻平宽展是由于接触摩擦阻力的作用，使轧件侧面的金属，在变形过程中翻转到接触表面上，使轧件的宽度增加，增加的量以 ΔB_2 表示，加上这部分展宽的量之后轧件的宽度为：

$$B_2 = B_1 + \Delta B_2 = B_H + \Delta B_1 + \Delta B_2$$

（3）鼓形宽展是轧件侧面变成鼓形而造成的展宽量，用 ΔB_3 表示，此时轧件的最大宽度为：

$$b = B_3 = B_2 + \Delta B_3 = B_H + \Delta B_1 + \Delta B_2 + \Delta B_3$$

显然，轧件的总展宽量为：

$$\Delta B = \Delta B_1 + \Delta B_2 + \Delta B_3$$

通常理论上所说的宽展及计算的宽展是指将轧制后轧件的横断面化为同厚度的矩形之后，其宽度与轧制前轧坯宽度之差，即

$$\Delta B = B_h - B_H$$

因此，轧后宽度 B_h 是一个为便于工程计算而采用的理想值。

上述宽展的组成及其相互的关系，由图 3-5 可以清楚地表示出来。滑动宽展 ΔB_1、翻平宽展 ΔB_2 和鼓形宽展 ΔB_3 的数值，依赖于摩擦系数和变形区的几何参数的变化。它们有一定的变化规律，但至今定量的规律尚未掌握。只能依赖实验和初步的理论分析了解它们之间的一些定性关系。例如摩擦系数 f 值越大，不均匀变形就越严

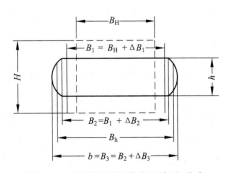

图 3-5　宽展沿轧件横断面高度分布

重，此时翻平宽展和鼓形宽展的值就越大，滑动宽展越小。各种宽展与变形区几何参数之间有如图 3-6 所示的关系，由图中的曲线可见，当 $l/\bar{h}$ 越小时，则滑动宽展越小，而翻平和鼓形宽展占主导地位。这是因为 $l/\bar{h}$ 越小，黏着区越大，故宽展主要是由翻平和鼓形宽展组成。而不是由滑动宽展组成。

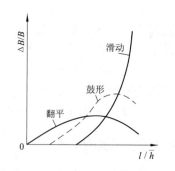

图 3-6　各种宽展与 $l/\bar{h}$ 的关系

3.1.3.2　宽展沿轧件宽度上的分布

关于宽展沿轧件宽度分布的理论，基本上有两种假说：第一种假说认为宽展沿轧件宽度均匀分布。这种假说主要以均匀变形和外区作用作为理论的基础。因为变形区与前后外区彼此是同一块金属，是紧密联结在一起的。因此对变形起着均匀的作用，使沿长度方向上各部分金属延伸相同，宽展沿宽度分布自然是均匀的，它可用图 3-7 来说明。第二种假说，认为变形区可分为四个区域，即在两边的区域为宽展区，中间分为前后两个延伸区，它可用图 3-8 来说明。

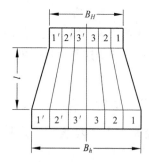

图 3-7　宽展沿宽度均匀分布的假说

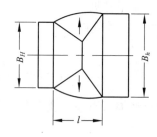

图 3-8　变形区分区图示

宽展沿宽度均匀分布的假说，对于轧制宽而薄的薄板，宽展很小甚至可以忽略时的变形可以认为是均匀的。但在其他情况下，均匀假说与许多实际情况是不相符合的，尤其是对于窄而厚的轧件更不适应。因此这种假说是有局限性的。

变形区分区假说，也不完全准确，许多实验证明变形区中金属表面质点流动的轨迹，并非严格地按所画的区间进行流动。但是它能定性地描述宽展发生时变形区内金属质点流动的总趋势，便于说明宽展现象的性质和作为计算宽展的根据。

总之，宽展是一个极其复杂的轧制现象，它受许多因素的影响。

3.2　影响宽展的因素

影响金属在变形区内沿纵向及横向流动的数量关系的因素很多。但这些因素都是建立在最小阻力定律及体积不变定律的基础上的。经过综合分析，影响宽展诸因素的实质可归纳为两方面：一为高向移动体积，二是变形区内轧件变形的纵横阻力比，即变形区内轧件应力状态中的 σ_3/σ_2 关系（σ_3 为纵向压缩主应力，σ_2 为横向压缩主应力）。根据分析，变形区内轧件的应力状态取决于多种因素。这些因素是通过变形区形状和轧辊形状反映变形区内轧件变形的纵横阻力比的，从而影响宽展。在具体分析各因素对轧件宽展的影响之前，首先对基本因素对轧件变形的影响作一定性的分析。

3.2.1 影响轧件变形的基本因素分析

3.2.1.1 有接触摩擦时金属的宽展与变形区水平投影的几何尺寸的关系

由于有接触摩擦力存在，轧制时在变形区内产生有与摩擦力相平衡的水平压应力和剪应力，阻碍金属的流动。变形区的水平投影的长度和宽度一般不相等，故金属在长度和宽度方向上受到的流动阻力不相等，使金属在宽度和长度方向上变形不一样。为了说明在有接触摩擦存在时金属沿变形区的宽度和长度方向的变形与变形区水平投影的长宽比之间的关系，可考虑在平锤头间镦粗矩形六面体时的变形。就接触摩擦的影响而言，可以认为轧制和镦粗情况相似。

当在接触表面间没有接触摩擦存在时，六面体将产生均匀变形，此时宽展系数和延伸系数相等，即 $\beta = \mu$。由等式 $\ln\mu = \ln\beta$ 关系，再根据体积不变条件得：

$$\ln\beta = \ln\mu = \frac{1}{2}\ln\eta \tag{3-1}$$

若

$$\ln\beta \approx \frac{\Delta b}{B}; \ln\mu \approx \frac{\Delta l}{L}$$

代入式(3-1)则有

$$\Delta b \approx \frac{B}{2}\ln\eta; \Delta l \approx \frac{L}{2}\ln\eta \tag{3-2}$$

式（3-1）的关系如图 3-9 所示，斜线 1 为无接触摩擦存在时，六面体的宽展 Δb 随变形区宽度 b_0 成正比增加，即 $\Delta b/\ln\eta = \frac{1}{2}b_0$；曲线 2 为有接触摩擦存在时，变形区宽度 $b_0 = 1$ 时，$\Delta b/\ln\eta$ 为一常数，即 $\Delta b/\ln\eta = \frac{1}{2}$；曲线 3 为有接触摩擦存在时，$\Delta b/\ln\eta$ 为摩擦系数 f 和变形区宽度 b_0 的函数关系曲线。

当有接触摩擦存在时，由于摩擦力在两长度不同的周边方向上引起的流动阻力不同，六面体的宽展和延伸系数将不再相等。在摩擦系数充分大时，可根据最小阻力定律粗略地将变形区分为四个金属流动方向不同的区域，如图 3-10 所示，当六面体在高度方向受到压缩时，其水平断面将变为图 3-10 中虚线所示的形状。六面体的水平断面在周边两个方向上得到的最大尺寸改变量相等（为 2Δ）。由此，六面体的平均宽展量可表示为

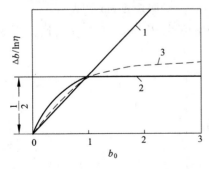

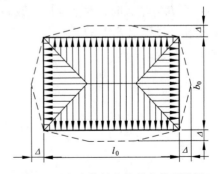

图 3-9 在变形区长度 $l_0 = 1$ 的条件下，
考虑接触摩擦影响时，宽展量
Δb 与变形区宽度 b_0 的关系

图 3-10 在有接触摩擦的条件下镦粗
矩形六面体时的变形图示

$$\Delta b = 2\Delta - \frac{B}{L} \cdot \Delta \qquad (3\text{-}3a)$$

均延，而六面体的平伸量为

$$\Delta l = \Delta \qquad (3\text{-}3b)$$

故有

$$\left. \begin{aligned} \ln\beta &\approx \frac{\Delta b}{B} = \frac{2\Delta}{B} - \frac{\Delta}{L} \\ \ln\mu &\approx \frac{\Delta l}{L} = \frac{\Delta}{L} \end{aligned} \right\} \qquad (3\text{-}4)$$

将式（3-4）代入体积不变方程式 $\ln\mu + \ln\beta - \ln\eta = 0$ 中得：

$$\Delta = \frac{B}{2}\ln\eta$$

再将 Δ 值代入式（3-3）和式（3-4）中，求得在有接触摩擦存在（六面体产生不均匀变形）时，有下列关系

$$\left. \begin{aligned} \Delta b &= \left(B - \frac{B^2}{2L}\right)\ln\eta \\ \Delta l &= \frac{B}{2}\ln\eta \\ \ln\beta &= \left(1 - \frac{B}{2L}\right)\ln\eta \\ \ln\mu &= \frac{B}{2L}\ln\eta \end{aligned} \right\} \qquad (3\text{-}5)$$

如图 3-10 所示，上述公式是在假设 $B \leqslant L$ 的条件下导出的。在此条件下，由上面的式（3-5）可得到如下结论：

（1）在比值 $B/L \leqslant 1$ 的条件下，与无接触摩擦存在的情况相比较，有接触摩擦存在时绝对宽展量 Δb 和对数宽展系数 $\ln\beta$ 增大，绝对伸长量 Δl 和对数延伸系数 $\ln\mu$ 减小。

（2）当 $B =$ 常值时，对于一定的 $\ln\eta$ 值，绝对宽展量 Δb 随长度 L 的增大而增大。

（3）当 $L =$ 常值时，对于一定的 $\ln\eta$ 值，Δb 随宽度 B 的增大而增大。

（4）当 B/L 增大时，对数宽展系数 $\ln\beta$ 减小，而对数延伸系数 $\ln\mu$ 增大。

对于轧制过程中 $B/L \geqslant 1$ 的情况，将式（3-5）中的符号 B 与 L，β 与 μ 对换，即得适合此种情况的公式

$$\left. \begin{aligned} \Delta b &= \frac{L}{2}\ln\eta \\ \Delta l &= \left(L - \frac{L^2}{2\beta}\right)\ln\eta \\ \ln\beta &= \frac{L}{2B}\ln\frac{1}{\eta} \\ \ln\mu &= \left(1 - \frac{L}{2B}\right)\ln\eta \end{aligned} \right\} \qquad (3\text{-}6)$$

由此，对于 $B/L \geqslant 1$ 的情况可得如下结论：

（1）与无接触摩擦的情况相比，Δb 和 $\ln\beta$ 减小，而 Δl 和 $\ln\mu$ 则增大。

（2）绝对宽展量 Δb 与 L 成正比增加，当 L = 常值时，Δb 保持不变。

（3）与前种情况相同，B/L 比值增大时，$\ln\beta$ 减小而 $\ln\mu$ 增大。

根据式（3-5）和式（3-6）中的第 1 式，当以 L 为长度的度量单位（即取 L = 1）时，在摩擦系数很大的情况下仅考虑接触摩擦的影响，绝对宽展量 Δb 与宽度 B 间的关系如图 3-9 的曲线 2。在一般的摩擦条件下，实际的宽展曲线将如图 3-9 的曲线 3 所示。

3.2.1.2　轧辊形状的影响

由于在变形区的纵断面上，轧辊表面是一圆弧，因此作用在金属表面上的径向压力 P 的水平分量不等于零。这一正压力的水平分量，将减小金属沿纵向流动的水平流动阻力。如图 3-11 所示，在变形区第 I 个区域径向压力的水平投影，其方向与在此区域的摩擦力水平投影方向相反。因此，与在平行的平锤间锻造相比，纵向阻力减小，并且在轧制方向上的变形或伸长率增大，而宽展则相应地减小。

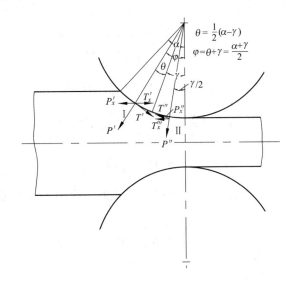

图 3-11　在变形区每个区域内对延伸的阻力图示

因而，轧辊的圆柱体形状严重地影响着轧制时横向和纵向变形间的关系。轧辊的圆柱体形状对于横向和纵向变形间对比关系的影响，可用工具形状系数来加以考虑，此系数 K_G 的表示如下：

$$K_G = \frac{W_x}{W_y} \tag{3-7}$$

式中　W_x——纵向延伸阻力；

　　　W_y——横向宽展阻力。

轧制时，在变形区内轧辊对轧件的作用力如图 3-11 所示，由于第 II 区（前滑区）很小，一般予以忽略，只考虑第 I 区（后滑区）内轧件的受力状态，纵向延伸阻力等于在变形区后滑区的径向压力和摩擦力水平投影的代数和。若设沿变形区后滑区域整个弧长上压力是均匀分布的，则径向压力的合力 P' 将位于与轧辊中心线成 φ 角的地方，而：

$$\varphi = \alpha - \frac{\alpha - \gamma}{2} = \frac{\alpha + \gamma}{2}$$

这样，纵向延伸阻力为：

$$W_x = T'_x - P'_x$$

因为在横向上轧辊是平的，所以横向宽展阻力为：

$$W_y = T'$$

将此二式代入系数 K_G 的方程式中，对于变形区的后滑区得到：

$$K'_G = \frac{T'_x - P'_x}{T'} \tag{3-8}$$

还有：

$$P'_x = P'\sin\varphi = P'\sin\frac{\alpha + \gamma}{2}$$

$$T'_x = T'\cos\varphi = P'f\cos\frac{\alpha + \gamma}{2}$$

将上二式代入式（3-8）之后得：

$$K'_G = \frac{P'f\cos\dfrac{\alpha + \gamma}{2} - P'\sin\dfrac{\alpha + \gamma}{2}}{P'f}$$

或

$$K'_G = \cos\frac{\alpha + \gamma}{2} - \frac{1}{f}\sin\frac{\alpha + \gamma}{2} \tag{3-9}$$

由于

$$\alpha = \phi_1\left(\frac{\Delta h}{D}\right); \qquad \gamma = \phi_2\left(\frac{\Delta h}{D}, f\right)$$

则得

$$K'_G = \phi\left(\frac{\Delta h}{D}, f\right) \tag{3-10}$$

按式（3-9）和式（3-10）绘制相应的图 3-12 中的曲线。由图 3-12 可看出，K'_G 变化于下列范围内：

$$1 > K'_G > 0$$

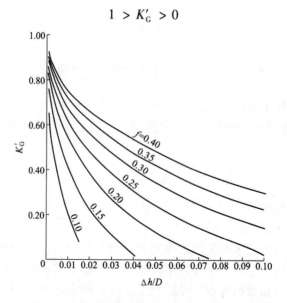

图 3-12 变形区第一个区域工具形状系数图

上式说明由于轧辊形状的影响，使纵向阻力一般小于横向阻力，而极限情况是二者相等，即 $K_G = 1$，而此时轧辊直径 D 无限大，相当于平面状态。按照最小阻力定律可知，在轧制情况下，由于轧辊形状的影响，延伸变形一般是大于宽展，K_G 愈小，说明金属在变形区内纵向阻力愈小。延伸愈大，自然横向变形宽展愈小。当咬入角 α 愈大，轧辊形状影响系数 K_G 愈小，亦愈有利于延伸，宽展相应地愈小。因此，凡是能影响变形区形状和轧辊形状的各种因素都将影响变形区内金属流动的纵横阻力比，自然也都影响变形区内的纵向延伸和横向的宽展。下面讨论具体工艺因素对宽展的影响。

3.2.2　各种因素对轧件宽展的影响

3.2.2.1　相对压下量的影响

压下量是形成宽展的源泉，是形成宽展的主要因素之一，没有压下量宽展就无从谈起，因此，相对压下量愈大，宽展愈大。

很多实验表明，随着压下量的增加，宽展量也增加，如图 3-13（b）所示，这是因为压下量增加时，变形区长度增加，变形区水平投影形状 $\dfrac{l}{b}$ 增大，因而使纵向塑性流动阻力增加，纵向压缩主应力值加大。根据最小阻力定律，金属沿横向运动的趋势增大，因而使宽展加大。另一方面，$\dfrac{\Delta h}{H}$ 增加，高向压下来的金属体积也增加，所以使 Δb 也增加。

应当指出，宽展 Δb 随压下率的增加而增加的状况，由于 $\dfrac{\Delta h}{H}$ 的变换方法不同，使 Δb 的变化也有所不同，如图 3-13（a）所示，当 $H=$ 常数或 $h=$ 常数时，压下率 $\dfrac{\Delta h}{H}$ 增加，Δb 的增加速度快，而 $\Delta h=$ 常数时，Δb 增加的速度次之。这是因为，当 H 或 $h=$ 常数时，欲增加 $\dfrac{\Delta h}{H}$，需增加 Δh，这样就使变形区长度 l 增加，因而纵向阻力增加，延伸减小，宽展 Δb 增加。同时 Δh 增加，将使金属压下体积增加，也促使 Δb 增加，二者综合作用的结果，

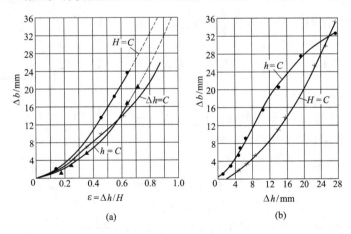

图 3-13　宽展与压下量的关系

（a）当 Δh、H、h 为常数，低碳钢，轧制温度为 900℃ 和轧制速度为 1.1m/s 时，Δb 与 $\dfrac{\Delta h}{H}$ 的关系；

（b）当 H、h 为常数，低碳钢，轧制温度为 900℃，轧制速度 1.1m/s 时，Δb 与 Δh 的关系

将使 Δb 增加得较快。而 Δh 等于常数时，增加 $\dfrac{\Delta h}{H}$ 是依靠减少 H 来达到的。这时变形区长度 l 不增加，所以 Δb 的增加较上一种情况慢些。

图 3-14 所示为相对压下率 $\dfrac{\Delta h}{H}$ 与宽展指数 $\dfrac{\Delta b}{\Delta h}$ 之间关系的实验曲线，对上述道理可以完满地加以解释。当 $\dfrac{\Delta h}{H}$ 增加时，Δb 增加，故 $\dfrac{\Delta b}{\Delta h}$ 会直线增加；当 h 或 H 等于常数时，增加 $\dfrac{\Delta h}{H}$ 是靠增加 Δh 来实现的，所以 $\dfrac{\Delta b}{\Delta h}$ 增加得缓慢，

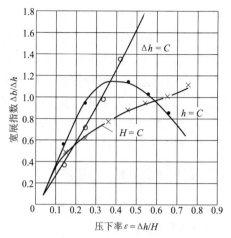

图 3-14 在 Δh、H 和 h 为常数时宽展指数与压下率的关系

而且到一定数值以后即 Δh 增加超过了 Δb 的增大时，会出现 $\dfrac{\Delta b}{\Delta h}$ 下降的现象。

3.2.2.2 轧制道次的影响

实验证明，在总压下量一定的前提下，轧制道次愈多，宽展愈小，如表 3-1 所示的数

表 3-1 轧制道次与宽展量的关系

序 号	轧制温度 $t/℃$	道次数	$\dfrac{\Delta h}{H}/\%$	$\Delta b/mm$
1	1000	1	74.5	22.4
2	1085	6	73.6	15.6
3	925	6	75.4	17.5
4	920	1	75.1	33.2

据可完全说明上述结论，因为在其他条件及总压下量相同时，一道轧制时变形区形状 $\dfrac{l}{b}$ 比值较大，所以宽展较大；而当多道次轧制时，变形区形状 $\dfrac{l}{b}$ 值较小，所以宽展也较小。

因此，不能只是从原料和成品的厚度来决定宽展，而总是应该按各个道次来分别计算。

3.2.2.3 轧辊直径对宽展的影响

由实验得知，其他条件不变时，宽展 Δb 随轧辊直径 D 的增加而增加。这是因为当 D 增加时变形区长度加大，使纵向的阻力增加，根据最小阻力定律，金属更容易向宽度方向流动，如图 3-15 所示。

研究辊径对宽展的影响时，应当注意到轧辊为圆柱体这一特点，沿轧制方向由于是圆弧形的，必然产

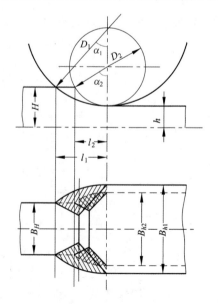

图 3-15 轧辊直径对宽展的影响

生有利于延伸变形的水平分力，它使纵向摩擦阻力减小，有利于纵向变形，即增大延伸。所以，即使变形区长度与轧件宽度相等，延伸与宽展的量也不相等，而受工具形状的影响，延伸总是大于宽展。

3.2.2.4 摩擦系数的影响

实验证明，当其他条件相同时，随着摩擦系数的增加，宽展也增加，如图3-16所示，因为随着摩擦系数的增加，轧辊的工具形状系数增加，因之使 σ_3/σ_2 比值增加，相应地使延伸减小，宽展增大。摩擦系数是轧制条件的复杂函数，可写成下面的函数关系：

$$f = \psi(t, v, K_1, K_3)$$

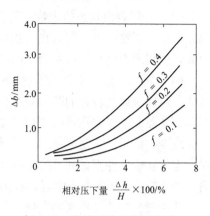

图 3-16　摩擦系数对宽展的影响

式中　t——轧制温度；

　　　v——轧制速度；

　　　K_1——轧辊材质及表面状态；

　　　K_3——轧件的化学成分。

凡是影响摩擦系数的因素，都将通过摩擦系数引起宽展的变化，这主要有：

（1）轧制温度对宽展的影响　轧制温度对宽展影响的实验曲线如图3-17所示。分析此图上的曲线特征可知，轧制温度对宽展的影响与其对摩擦系数的影响规律基本上相同。在此热轧条件下，轧制温度主要是通过氧化铁皮的性质影响摩擦系数，从而间接地影响宽展。从图3-17看出，在较低阶段由于温度升高，氧化皮的生成，使摩擦系数升高，从而宽展亦增。而到高温阶段由于氧化铁皮开始熔化起润滑作用，使摩擦系数降低，从而宽展降低。

（2）轧制速度的影响　轧制速度对宽展的影响规律基本上与其对摩擦系数的影响规律相同，因为轧制速度是影响摩擦系数的，从而影响宽展的变化，随轧速度的升高，摩擦系数是降低的，从而宽展减小，如图3-18所示。

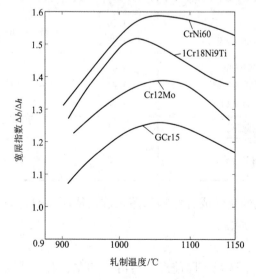

图 3-17　轧制温度与宽展指数的关系

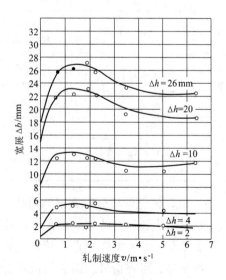

图 3-18　宽展与轧制速度的关系

（3）轧辊表面状态的影响　轧辊表面愈粗糙，摩擦系数愈大，将导致宽展愈大，实践也完全证实了这一点，譬如在磨损后的轧辊上轧制时产生的宽展较在新辊上轧制时的宽展为大。轧辊表面润滑使接触面上的摩擦系数降低，相应地使宽展减小。

（4）轧件的化学成分的影响　轧件的化学成分主要是通过外摩擦系数的变化来影响宽展的。热轧金属及合金的摩擦系数所以不同，主要是由于其氧化皮的结构及物理力学性质不同，从而影响摩擦系数的变化和宽展的变化。但是，目前对各种金属及合金的摩擦系数研究较少，尚不能满足实际需要。有些学者进行了一些研究，下面介绍 Ю. M. 齐日柯夫在一定的实验条件下做的具有各种化学成分和各种组织的大量钢种的宽展试验。所得结果列入表 3-2 中。从这个表中可以看出来，合金钢的宽展比碳素钢大些。

按一般公式计算出来的宽展，很少考虑合金元素的影响。为了确定合金钢的宽展，必须将按一般公式计算所求得的宽展值乘上表 3-2 中的影响系数 m，也就是

$$\Delta b_{合} = m \cdot \Delta b_{计}$$

式中　$\Delta b_{合}$——合金钢的宽展；

　　　$\Delta b_{计}$——按一般公式计算的宽展；

　　　m——考虑到化学成分影响的系数。

表 3-2　钢的成分对宽展的影响系数

组　别	钢　种	钢　号	影响系数 m	平均数
I	普碳钢	10 号钢	1.0	
II	珠光体—马氏体钢	T7A（碳钢）	1.24	1.25 ~ 1.32
		GCr15（轴承钢）	1.29	
		16Mn（结构钢）	1.29	
		4Cr13（不锈钢）	1.33	
		38CrMoAl（合结钢）	1.35	
		4Cr10Si2Mo（不锈耐热钢）	1.35	
III	奥氏体钢	4Cr14Ni14W2Mo	1.36	1.35 ~ 1.46
		2Cr13Ni4Mn9（不锈耐热钢）	1.42	
IV	带残余相的奥氏体（铁素体，莱氏体）钢	1Cr18Ni9Ti（不锈耐热钢）	1.44	1.4 ~ 1.5
		3Cr18Ni25Si2（不锈耐热钢）	1.44	
		1Cr23Ni13（不锈耐热钢）	1.53	
V	铁素体钢	1Cr17Al5（不锈耐热钢）	1.55	
VI	带有碳化物的奥氏体钢	Cr15Ni60（不锈耐热合金）	1.62	

（5）轧辊的化学成分对宽展的影响　轧辊的化学成分影响摩擦系数，从而影响宽展，一般在钢轧辊上轧制时的宽展比在铸铁轧制时为大。

3.2.2.5　轧件宽度对宽展的影响

如前所述，可将接触表面金属流动分成四个区域：即前滑、后滑区和左、右宽展区，用它可以说明轧件宽度对宽展的影响。假如变形区长度 l 一定，当轧件宽度 B 逐渐增加

时，由 $l_1 > B_1$ 到 $l_2 = B_2$，如图 3-19 所示，宽展区是逐渐增加的，因而宽展也逐渐增加，当由 $l_2 = B_2$ 到 $l_3 < B_3$ 时，宽展区变化不大，而延伸区逐渐增加。因此，从绝对量上来说，宽展的变化也是先增加，后来趋于不变，这已为实验所证实如图 3-20 所示。

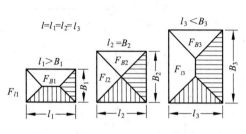

图 3-19　轧件宽度对变形区划分的影响

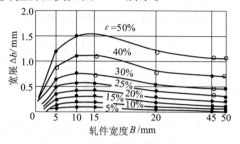

图 3-20　轧件宽度与宽展的关系

从相对量来说，则随着宽展区 F_B 和前滑、后滑区 F_l 的 F_B/F_l 比值不断减小，而 $\Delta b/B$ 逐渐减小。同样若 B 保持不变，而 l 增加时，则前滑、后滑区先增加，而后接近不变；而宽展区的绝对量和相对量均不断增加。

一般说来，当 $l/\overline{B}$ 增加时，宽展增加，亦即宽展与变形区长度 l 成正比，而与其宽度 $\overline{B}$ 成反比。轧制过程中变形区尺寸的比，可用下式表示

$$l/\overline{B} = \frac{\sqrt{R \cdot \Delta h}}{\dfrac{B + b}{2}} \tag{3-11}$$

此比值越大，宽展亦越大。$l/\overline{B}$ 的变化，实际上反映了纵向阻力及横向阻力的变化，轧件宽度 $\overline{B}$ 增加，Δb 减小，当 B 值很大时，Δb 趋近于零，即 $b/B = 1$ 即出现平面变形状态。此时表示横向阻力的横向压缩主应力 $\sigma_2 = \dfrac{\sigma_1 + \sigma_3}{2}$。在轧制时，通常认为，在变形区的纵向长度为横向长度的 2 倍时（$l/\overline{B} = 2$），会出现纵横变形相等的条件。为什么不在二者相等（$l/\overline{B} = 1$）时出现呢？这是因为前面所说的工具形状的影响。此外，在变形区前后轧件都具有外端，外端将起着妨碍金属质量向横向移动的作用，因此，也使宽展减小。

3.3　宽展计算公式

计算宽展的公式很多，但影响宽展的因素也很多，只有在深入分析轧制过程的基础上，正确考虑主要因素对宽展的影响后，才能获得比较完善的公式。

下面介绍几个宽展公式，这些公式考虑的影响因素并不很多，而只是考虑了其中最主要的影响因素，并且其计算结果和实际出入并不太大。现在很多公式是按经验数据整理的，使用起来有很大局限性。目前在实际生产中很多情况是按经验估计宽展。

3.3.1　A. И. 采利柯夫公式

此公式尽管是理论推导，但其结果比较符合实际。

公式导出的理论依据是最小阻力定律和体积不变定律。根据最小阻力定律把变形区分成宽展区、前滑区和后滑区，宽展区的一半可看成如图 3-21 三角形 ABC 所示的区域，根据体积不变定律，在轧制过程中宽展区中的高向移动体积全向横向移动形成宽展。距出口

断面为 $x + \mathrm{d}x$ 的 ac 断面移动一个 $\mathrm{d}x$ 距离，即到了 bd 的位置，这时在宽展区域内的压下体积都向横向流动形成宽展。

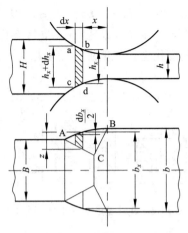

根据体积不变定律其移动体积的平衡式为：

$$\frac{1}{2}h_x\mathrm{d}x\frac{\mathrm{d}b_x}{2} = -\frac{1}{2}z\mathrm{d}x2\frac{\mathrm{d}h_x}{2} \qquad (3\text{-}12)$$

式中　　$\mathrm{d}h_x$——将断面 ac 移动一个 $\mathrm{d}x$ 后，轧件断面高度的减少量；

　　　　$\mathrm{d}b_x$——当 ac 断面移动 $\mathrm{d}x$ 后，宽展方向增加量；

　　　　z——在 bd 断面上轧件边缘到宽展区的边界上的距离。

图 3-21　形成宽展的假定宽展区

平衡式左端为横向增加体积，右端为高向减少体积，右端负号表示 h_x 减小时 b_x 增加，二者方向相反。式（3-12）经过整理后得：

$$\mathrm{d}b_x = -2z\frac{\mathrm{d}h_x}{h_x}$$

积分之　　　　　　　　　$$\int_B^b \mathrm{d}b_x = \int_H^h -2z\frac{\mathrm{d}h_x}{h_x}$$

要解此方程式需要求出 z 与 $\mathrm{d}h_x$ 间的关系式，采利柯夫提出解此方程式的办法：1）把宽展区分成两部分，即临界面前的宽展区和临界面后的宽展区，计算时分别进行；2）宽展区与前滑、后滑区分界面上无金属流动，平均横向应力等于平均纵向应力，即 $\sigma_z = \sigma_x$。经过一系列的数学力学处理得出采利柯夫宽展计算公式。因为此公式计算起来较复杂，不便于应用，若略去前滑区的宽展不计，当 $\frac{\Delta h}{H} < 0.9$ 时，得到简化公式如下：

$$\Delta b = C\Delta h\left(2\sqrt{\frac{R}{\Delta h}} - \frac{1}{f}\right)(0.138\varepsilon^2 + 0.328\varepsilon) \qquad (3\text{-}13)$$

式中　　ε——压下率 $\frac{\Delta h}{H}$；

　　　　C——决定于轧件原始宽度与接触长的比值关系，按下式求出：

$$C = 1.34\left(\frac{B}{\sqrt{R\cdot\Delta h}} - 0.15\right)e^{0.15 - \frac{B}{\sqrt{R\cdot\Delta h}}} + 0.5$$

系数 C 也可由图 3-22 曲线查出。

3.3.2　Б. П. 巴赫契诺夫公式

此公式的导出是根据移动体积与其消耗功成正比的关系，即

$$\frac{V_{\Delta b}}{V_{\Delta h}} = \frac{A_{\Delta b}}{A_{\Delta h}}$$

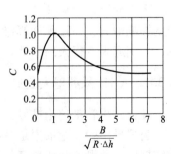

图 3-22　系数 C 与 $\frac{B}{\sqrt{R\cdot\Delta h}}$ 的关系

式中 $V_{\Delta b}$，$A_{\Delta b}$——向宽度方向移动的体积与其所消耗的功；

$\qquad V_{\Delta h}$，$A_{\Delta h}$——高度方向移动体积与其所消耗的功。

从理论上导出宽展公式，忽略宽展的一些影响因素后得出实用的简化公式如下：

$$\Delta b = 1.15\frac{\Delta h}{2H}\left(\sqrt{R\cdot\Delta h} - \frac{\Delta h}{2f}\right) \tag{3-14}$$

巴赫契诺夫公式考虑了摩擦系数，相对压下量，变形区长度及轧辊形状对宽展的影响，在公式推导过程中也考虑了轧件宽度及前滑的影响。实践证明，用巴赫契诺夫公式计算平辊轧制和箱形孔型中的自由宽展可以得到与实际相接近的结果，因此可以用于实际变形计算中。

3.3.3 S. 爱克伦得公式

爱克伦得公式导出的理论依据是：认为宽展决定于压下量及轧件与轧辊接触面上纵横阻力的大小。并假定在接触面范围内，横向及纵向的单位面积上的单位功是相同的，在延伸方向上，假定滑动区为接触弧长的$\frac{2}{3}$，即黏着区为接触弧长的$\frac{1}{3}$。按体积不变条件进行一系列的数学处理后得：

$$b^2 = 8m\sqrt{R\cdot\Delta h}\Delta h + B^2 - 2\times 2m(H+h)\sqrt{R\cdot\Delta h}\ln\frac{b}{B} \tag{3-15}$$

式中，$m = \dfrac{1.6f\sqrt{R\cdot\Delta h} - 1.2\Delta h}{H+h}$。

摩擦系数f可按下式计算：

$$f = k_1 k_2 k_3 (1.05 - 0.0005t) \tag{3-16}$$

式中 k_1——轧辊材质与表面状态的影响系数，见表3-3；

$\qquad k_2$——轧制速度影响系数，其值见图3-23；

$\qquad k_3$——轧件化学成分影响系数，见表3-2；

$\qquad t$——轧制温度，℃。

用这个公式计算宽展的结果也是正确的。

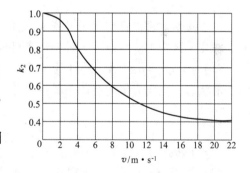

图3-23 轧制速度影响系数

表3-3 轧辊材质与表面状态影响系数 k_1

轧辊材质与表面状态	k_1	轧辊材质与表面状态	k_1
粗面钢轧辊	1.0	粗面铸铁轧辊	0.8

3.3.4 C. И. 古布金公式

此公式正确地反映了各种因素对宽展的影响，通过实验得出公式如下：

$$\Delta b = \left(1 + \frac{\Delta h}{H}\right)\left(f\sqrt{R\cdot\Delta h} - \frac{\Delta h}{2}\right)\frac{\Delta h}{H} \tag{3-17}$$

3.4　在孔型中轧制时宽展特点及其简化计算方法

3.4.1　在孔型中轧制时宽展特点

在孔型中轧制与一般平辊轧制相比具有下列主要特点。

3.4.1.1　沿轧件的宽度上压缩不均匀

如图 3-24 所示，由于轧件各部分之间的内在相互联系及外端的均匀作用，使沿宽度上的高向变形不均匀的轧件获得的是一个共同的平均延伸系数，即

$$\bar{\mu} = \frac{l}{L}$$

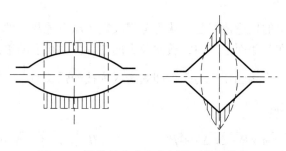

图 3-24　沿轧件宽度方向压缩不均匀情况

由于 $\bar{\mu}$ 对轧件的任何部分均相同，高向变形的不均匀性完全反映在横变形的复杂性上，在变形区中可能有以下 3 种变形条件同时存在：

（1）形成 $\bar{\eta} = \bar{\mu}$ 区域，轧件的压缩体积完全移向纵向形成延伸。而宽展消失，这是平面变形状态，主应力值间有以下关系成立：

$$\sigma_2 = \frac{\sigma_1 + \sigma_3}{2}$$

（2）形成 $\bar{\eta} > \bar{\mu}$ 区域，因此 $\beta > 1$。产生正值宽展，即形成强迫宽展。

（3）形成 $\bar{\eta} < \bar{\mu}$ 区域，则得 $\beta < 1$，产生负值宽展，呈现横向收缩现象。

3.4.1.2　孔型侧壁斜度的影响作用

孔型侧壁斜度主要是通过改变横向变形阻力影响宽展。在平辊上轧制时，横向变形阻力仅为轴向上的外摩擦力，而在孔型中轧制时由于有孔型侧壁，使横向变形阻力不只决定于外摩擦力且与孔型侧壁上的正压力有关，从而影响到轧件的纵横变形比。如图 3-25（a）

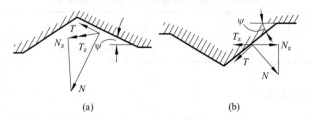

(a)　　　　　　　　　　　　(b)

图 3-25　孔型侧壁斜度的影响作用
（a）凹形孔；（b）切入孔

以凹形孔型为例说明孔型侧壁对宽展的影响作用。由图3-25（a）看出在凹形孔型中的横向阻力为

$$W_z = N_z + T_z$$

比在平辊轧制时的横向阻力大，因此宽展减小，而延伸增加。

凸形孔型的影响如图3-25（b）所示切入孔那样，如同凸形工具一样，在切入孔中，横向变形阻力为 N_z 与 T_z 二者水平分量之差，即

$$T_z - N_z = N(f\cos\psi - \sin\psi)$$

由此可见，在凸形孔型中轧制时，要产生强制宽展。

3.4.1.3 轧件与轧辊接触的非同时性使变形区长度沿轧件宽度是变化的

图3-26清楚地表明了这一点。轧件与轧辊首先在A点局部接触，随着轧件继续进入变形区，B点开始接触，直到最边缘C及D点。因轧件沿变形区宽度与轧辊非同时接触，一般叫做接触非同时性。如图3-26所示，轧件与轧辊接触由A点到B点，由于被压缩部分较小，纵向延伸困难，金属在此处可能得到局部宽展。当接触到C点，压缩面积已比未压缩面积大了若干倍，此时，未受压缩部分金属受压缩部分金属的作用而延伸。相反，压缩部分延伸受未压缩部分的抑制。但是宽展增加得不太明显。当接近D点，由于两侧部分高度很小，可得到大的延伸。

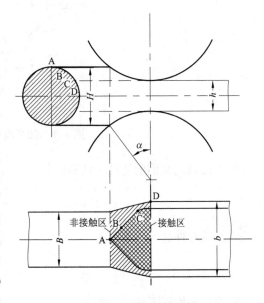

图 3-26　接触的非同时性

3.4.1.4 轧制时速度差对宽展的影响

当在轧辊上刻有孔型时，则轧辊直径沿宽度方向不再相同，如图3-27所示在圆形孔型中，孔型边部的直径为 D_1，孔型底部的辊径为 D_2，两者之差值为：

$$D_1 - D_2 = h - S$$

在同一转数下，D_1 的线速度 v_1 要大于 D_2 的线速度 v_2。这样就形成速度差 $\Delta v = v_1 - v_2$。但由于轧件是一个整体，其出口速度相同，这就必然造成轧件中部和边部的相互拉扯，如果中部体积大于边部的，则边部金属拉不动中部的，就导致宽展的增加，同时这种速度差又引起孔型磨损的不均匀。

从上面分析可知，在孔型中轧制时的宽展不再是自由宽展，而大部分成为强制或限制宽展并产生局部宽展或拉缩。由此看出在孔型中轧制的宽展是极为复杂的，至今尚有很多问题未获解决。

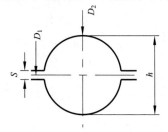

图 3-27　辊径不同的孔型形成速度差

3.4.2 在孔型中轧制时计算宽展的简化方法

在此仅介绍一种实用的简化方法，叫做平均高度法。平均高度法的基本出发点是：将孔型内轧制条件简化成平板轧制，即用同面积，同宽度的矩形代替曲线边的轧件如图 3-28 所示。

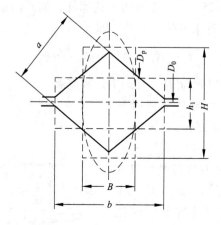

图 3-28 按平均高度法简化图解

未入孔型轧制前的轧件平均高度：

$$\overline{H} = \frac{F_0}{B}$$

轧制后轧件的平均高度：

$$\overline{h} = \frac{F}{b}$$

轧件的平均压下量：

$$\Delta\overline{h} = \overline{H} - \overline{h}$$

轧辊的工作直径：

$$\overline{D}_p = D_0 - \overline{h} = D_0 - \frac{F}{b}$$

然后纳入任意自由宽展公式计算，并认为此宽展就是孔型中的宽展。很显然，由于未考虑孔型中轧制特点的影响，求得的结果与实际相比必然有一定的出入。

4 轧制过程中的纵变形——前滑和后滑

4.1 轧制过程中的前滑和后滑现象

实践证明，在轧制过程中轧件在高度方向受到压缩的金属，一部分纵向流动，使轧件形成延伸，而另一部分金属横向流动，使轧件形成宽展。轧件的延伸是由于被压下金属向轧辊入口和出口两个方向流动的结果。在轧制过程中，轧件出口速度 v_h 大于轧辊在该处的线速度 v，即 $v_h > v$ 的现象称为前滑现象。而轧件进入轧辊的速度 v_H 小于轧辊在该处线速度 v 的水平分量 $v\cos\alpha$ 的现象称为后滑现象。在轧制理论中，通常将轧件出口速度 v_h 与对应点的轧辊圆周速度的线速度之差与轧辊圆周速度的线速度之比值称为前滑值，即

$$S_h = \frac{v_h - v}{v} \times 100\% \tag{4-1}$$

式中 S_h——前滑值；

      v_h——在轧辊出口处轧件的速度；

      v ——轧辊的圆周速度。

同样，后滑值是指轧件入口断面轧件的速度与轧辊在该点处圆周速度的水平分量之差同轧辊圆周速度水平分量之比值来表示，即

$$S_H = \frac{v\cos\alpha - v_H}{v\cos\alpha} \times 100\% \tag{4-2}$$

式中 S_H——后滑值；

      v_H——在轧辊入口处轧件的速度。

通过实验方法也可求出前滑值。将式（4-1）中的分子和分母分别各乘以轧制时间 t，则

$$S_h = \frac{v_h t - vt}{vt} = \frac{L_h - L_H}{L_H} \tag{4-3}$$

事先在轧辊表面上刻出距离为 L_H 的两个小坑，如图 4-1 所示。轧制后，轧件的表面上出现距离为 L_h 的两个凸包。测出尺寸用式（4-3）则能计算出轧制时的前滑值。由于实测出轧件尺寸为冷尺寸，故必须用下面公式换算成热尺寸（L_h）：

$$L_h = L'_h[1 + \alpha(t_1 - t_2)] \tag{4-4}$$

式中 L'_h——轧件冷却后测得的尺寸；

      t_1，t_2——轧件轧制时的温度和测量时的温度；

      α——线胀系数，如表 4-1 所示。

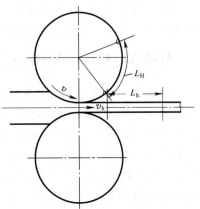

图 4-1 用刻痕法计算前滑值

表 4-1　碳钢的线胀系数

温度/℃	线胀系数 $\alpha/10^{-6}$	温度/℃	线胀系数 $\alpha/10^{-6}$
0～1200	15～20	0～800	13.5～17.0
0～1000	13.3～17.5		

由式 (4-3) 可看出，前滑可用长度表示，所以在轧制原理中有人把前滑、后滑作为纵向变形来讨论。下面用总延伸表示前滑、后滑及有关工艺参数的关系。

按秒流量相等的条件，则：

$$F_H v_H = F_h v_h \quad \text{或} \quad v_H = \frac{F_h}{F_H} v_h = \frac{v_h}{\mu}$$

将式 (4-1) 改写成

$$v_h = v(1 + S_h) \tag{4-5}$$

将式 (4-5) 代入 $v_H = \dfrac{v_h}{\mu}$ 中去，得

$$v_H = \frac{v}{\mu}(1 + S_h) \tag{4-6}$$

由式(4-2) 可知

$$S_H = 1 - \frac{v_H}{v\cos\alpha} = 1 - \frac{\dfrac{v}{\mu}(1 + S_h)}{v\cos\alpha}$$

或

$$\mu = \frac{1 + S_h}{(1 - S_H)\cos\alpha} \tag{4-7}$$

由式(4-5)～式(4-7)可知，前滑和后滑是延伸的组成部分。当延伸系数 μ 和轧辊圆周速度 v 已知时，轧件进出辊的实际速度 v_H 和 v_h 决定于前滑值 S_h，或知道前滑值便可求出后滑值 S_H；此外，还可看出，当 μ 和咬入角 α 一定时前滑值增加，后滑值就必然减少。

前滑值与后滑值之间存在上述关系，所以搞清楚前滑问题，对后滑也就清楚了，因此本章只讨论前滑问题。在轧制过程中，轧件的出辊速度与轧辊的圆周速度不相一致，而且这个速度差在轧制过程中并非始终保持不变，它受许多因素的影响。在连轧机上轧制和周期断面钢材等的轧制中都要求确切知道轧件进出轧辊的实际速度。

4.2　轧件在变形区内各不同断面上的运动速度

当金属由轧前高度 H 轧到轧后高度 h 时，由于进入变形区高度逐渐减小，根据体积不变条件，变形区内金属质点运动速度不可能一样。金属各质点之间以及金属表面质点与工具表面质点之间就有可能产生相对运动。

设轧件无宽展，且沿每一高度断面上质点变形均匀，其运动的水平速度一样，见图 4-2。在这种情况下，根据体积不变条件，轧件在前滑区相对于轧辊来说，超前于轧辊，而且在出口处的速度 v_h 为最大；轧件后滑区速度落后于轧辊线速度的水平分速度，并在入口处的轧件速度 v_H 为最小，在中性面上轧件与轧辊的水平分速度相等，并用 v_γ 表示在中性面上的轧辊水平分速度。由此可得出

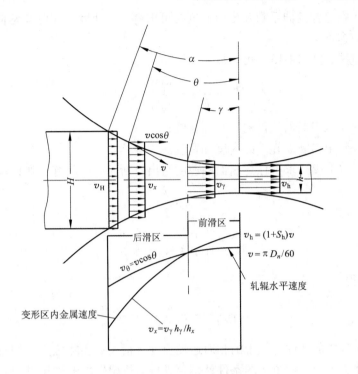

图 4-2　轧制过程速度图示

$$v_\mathrm{h} > v_\gamma > v_\mathrm{H} \qquad (4\text{-}8)$$

而且轧件出口速度 v_h 大于轧辊圆周速度 v，即

$$v_\mathrm{h} > v \qquad (4\text{-}9)$$

轧件入口速度小于轧辊水平分速度，在入口处轧辊水平分速度为 $v\cos\alpha$，则

$$v_\mathrm{H} < v\cos\alpha \qquad (4\text{-}10)$$

中性面处轧件的水平速度与此处轧辊的水平速度相等，即

$$v_\gamma = v\cos\gamma \qquad (4\text{-}11)$$

变形区任意一点轧件的水平速度可以用体积不变条件计算，也就是在单位时间内通过变形区内任一横断面上的金属体积应该为一个常数。也就是任一横断面上的金属秒流量相等。每秒通过入口断面、出口断面及变形区内任一横断面的金属流量可用下式表示：

$$F_\mathrm{H} v_\mathrm{H} = F_x v_x = F_\mathrm{h} v_\mathrm{h} = 常数 \qquad (4\text{-}12)$$

式中　F_H，F_h，F_x——入口断面、出口断面及变形区内任一横断面的面积；
　　　　v_H，v_h，v_x——入口断面、出口断面及任一断面上的金属平均运动速度。

根据式（4-12）可求得：

$$\frac{v_\mathrm{H}}{v_\mathrm{h}} = \frac{F_\mathrm{h}}{F_\mathrm{H}} = \frac{1}{\mu} \qquad (4\text{-}13)$$

式中　μ——轧件的延伸系数，$\mu = \dfrac{F_\mathrm{H}}{F_\mathrm{h}}$。

金属的入口速度与出口速度之比等于出口断面的面积与入口断面的面积之比，等于延伸系数的倒数。在已知延伸系数及出口速度时可求得入口速度，在已知延伸系数及入口速度时可求得出口速度。

如果忽略宽展，式（4-13）可写成

$$\frac{v_{\mathrm{H}}}{v_{\mathrm{h}}} = \frac{F_{\mathrm{h}}}{F_{\mathrm{H}}} = \frac{h_{\mathrm{h}}b_{\mathrm{h}}}{h_{\mathrm{H}}b_{\mathrm{H}}} = \frac{h_{\mathrm{h}}}{h_{\mathrm{H}}} \tag{4-14}$$

式中　h_{H}，b_{H}——入口断面轧件的高度和宽度；

　　　h_{h}，b_{h}——出口断面轧件的高度和宽度。

根据关系式（4-12）求得任意断面的速度与出口断面的速度有下列关系：

$$\frac{v_x}{v_{\mathrm{h}}} = \frac{F_{\mathrm{h}}}{F_x}$$

由此

$$v_x = v_{\mathrm{h}}\frac{F_{\mathrm{h}}}{F_x}; \; v_\gamma = v_{\mathrm{h}}\frac{F_{\mathrm{h}}}{F_\gamma} \tag{4-15}$$

忽略宽展时，则得

$$v_x = v_{\mathrm{h}}\frac{F_{\mathrm{h}}}{F_x} = v_{\mathrm{h}}\frac{h_{\mathrm{h}}}{h_x}; v_\gamma = v_{\mathrm{h}}\frac{h_{\mathrm{h}}}{h_\gamma} \tag{4-16}$$

研究轧制过程中的轧件与轧辊的相对运动速度有很大的实际意义。如对连续式轧机欲保持两机架间张力不变，很重要的条件就是要维持前机架轧件的秒流量和后机架的秒流量相等，也就是必须遵守秒流量不变的条件。

4.3　中性角 γ 的确定

中性角 γ 是决定变形区内金属相对轧辊运动速度的一个参量。由图 4-2 可知，根据在变形区内轧件对轧辊的相对运动规律，中性面 nn' 所对应的角 γ 为中性角。在此面上轧件运动速度同轧辊线速度的水平分速度相等。而由此中性面 nn' 将变形区划分为两个部分，前滑区和后滑区。在中性面和入口断面间的后滑区内，在任一断面上金属沿断面高度的平均运动速度小于轧辊圆周速度的水平分量，金属力图相对轧辊表面向后滑动；在中性面和出口断面间的前滑区内，在任一断面上金属沿断面高度的平均运动速度大于轧辊圆周速度的水平分量，金属力图相对轧辊表面向前滑动。由于在前滑、后滑区内金属力图相对轧辊表面产生滑动的方向不同，摩擦力的方向不同。在前滑、后滑区内，作用在轧件表面上的摩擦力的方向都指向中性面。

下面根据轧件受力平衡条件确定中性面的位置及中性角 γ 的大小。如图 4-3 所示，用 p_x 表示轧辊作用在轧件表面上的单位压力值。用 t_x 表示作用在轧件表面上的单位摩擦力值。不计轧件的宽展，考虑作用在轧件单位宽度上的所有作用力在水平方向上的分力，根据力平衡条件，取此水平分力之和为零，即

$$\Sigma x = -\int_0^\alpha p_x\sin\alpha_x R\mathrm{d}\alpha_x + \int_\gamma^\alpha t_x\cos\alpha_x R\mathrm{d}\alpha_x - \int_0^\gamma t'_x\cos\alpha_x R\mathrm{d}\alpha_x + \frac{Q_1 - Q_0}{2\bar{b}} = 0 \tag{4-17}$$

式中　p_x——单位压力；

　　　t_x——后滑区单位摩擦力；

　　　t'_x——前滑区单位摩擦力；

$\bar{b}$——轧件的平均宽度；

R——轧辊的半径；

Q_0，Q_1——作用在轧件上的后张力和前张力。

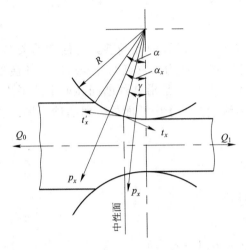 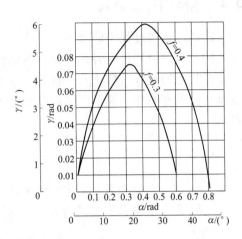

图 4-3　单位压力 p_x 及单位摩擦力 t 的作用方向　　　图 4-4　中性角 γ 与咬入角 α 的关系

假如单位压力 p_x 沿接触弧均匀分布，即 $p_x = \bar{p}$，且令 $t_x = fp_x$ 时，式（4-17）经积分可导出带有前后张力时的中性角公式：

$$\sin\gamma = \frac{\sin\alpha}{2} - \frac{1 - \cos\alpha}{2f} + \frac{Q_1 - Q_0}{4\bar{p}f\,\bar{b}R} \tag{4-18}$$

当 $Q_1 = Q_0$ 或者 $Q_1 = Q_0 = 0$ 时，则可由式（4-18）导出前后张力相等或无张力时的中性角公式：

$$\sin\gamma = \frac{\sin\alpha}{2} - \frac{1 - \cos\alpha}{2f} \tag{4-19}$$

式中　f——摩擦系数。

式（4-19）还可以进一步简化。当 α 角很小时，$\sin\alpha \approx \alpha$，$\sin\gamma \approx \gamma$，$1 - \cos\alpha = 2\sin^2\frac{\alpha}{2}$，将这些关系式代入式（4-19）得中性角 γ 的简化公式：

$$\gamma = \frac{\alpha}{2}\left(1 - \frac{\alpha}{2f}\right) \tag{4-20}$$

利用式（4-20）可以计算出中性角 γ 的最大值，即

$$\frac{\mathrm{d}\gamma}{\mathrm{d}\alpha} = \frac{1}{2} - \frac{\alpha}{2f} = 0 \tag{4-21}$$

当 $\alpha = f \approx \beta$ 时，即当咬入角 α 等于摩擦角 β 时，中性角 γ 有极大值。式（4-21）可写成：

$$\gamma_{\max} = \frac{\beta}{2}\left(1 - \frac{\beta}{2\beta}\right) = \frac{\beta}{4} \tag{4-22}$$

并可由式（4-20）作出 α 与 γ 的关系曲线（图 4-4）。由图可见，当 $f = 0.4$ 和 0.3 时，中

性角最大只有 $4° \sim 6°$。而且当 $\alpha = \beta = f$ 时，$\gamma_{max} = \dfrac{\alpha}{4}$，有极大值。当 $\alpha = 2\beta$ 时，γ 角又再变为零。

4.4 前滑的计算公式

欲确定轧制过程中前滑值的大小，必须找出轧制过程中轧制参数与前滑的关系式。此式的推导是以变形区各横断面秒流量体积不变的条件为出发点的。变形区内各横断面秒流量相等的条件，即 $F_x v_x =$ 常数，这里的水平速度 v_x 是沿轧件断面高度上的平均值。按秒流量不变条件，变形区出口断面金属的秒流量应等于中性面处金属的秒流量，由此得出：

$$v_h h = v_\gamma h_\gamma \quad 或 \quad v_h = v_\gamma \frac{h_\gamma}{h} \quad (4\text{-}23)$$

式中 v_h，v_γ——轧件出口处和中性面的水平速度；

h，h_γ——轧件在出口处和中性面的高度。

因为 $\qquad v_\gamma = v\cos\gamma$；$h_\gamma = h + D(1 - \cos\gamma)$

由式(4-23)得出：

$$\frac{v_h}{v} = \frac{h_\gamma \cos\gamma}{h} = \frac{h + D(1 - \cos\gamma)}{h}\cos\gamma$$

由前滑的定义得到： $\qquad S_h = \dfrac{v_h - v}{v} = \dfrac{v_h}{v} - 1$

将前面式代入上式后得：

$$S_h = \frac{h\cos\gamma + D(1 - \cos\gamma)\cos\gamma}{h} - 1 = \frac{D(1 - \cos\gamma)\cos\gamma - h(1 - \cos\gamma)}{h}$$

$$= \frac{(D\cos\gamma - h)(1 - \cos\gamma)}{h} \quad (4\text{-}24)$$

此式即为 E. 芬克前滑公式。由式(4-24)可看出，影响前滑值的主要工艺参数为轧辊直径 D，轧件厚度 h 及中性角 γ。显然，在轧制过程中凡是影响 D、h 及 γ 的各种因素必将引起前滑值的变化。图 4-5 为前滑值 S_h 与轧辊直径 D，轧件厚度 h 和中性角 γ 的关系曲线。这些曲线是用芬克前滑公式在以下情况下计算出来的。

曲线 1：$S_h = f(h)$，$D = 300\text{mm}$，$\gamma = 5°$；

曲线 2：$S_h = f(D)$，$h = 20\text{mm}$，$\gamma = 5°$；

曲线 3：$S_h = f(\gamma)$，$h = 20\text{mm}$，$D = 300\text{mm}$。

由图 4-5 可知，前滑与中性角呈抛物线的关系；前滑与辊径呈直线关系；前滑与轧件厚度呈双曲线的关系等。

当中性角 γ 很小时，可取：$1 - \cos\gamma = 2\sin^2\dfrac{\gamma}{2} =$

$\dfrac{\gamma^2}{2}$，$\cos\gamma = 1$。

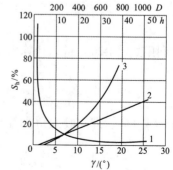

图 4-5 按芬克前滑公式计算的曲线

则式（4-24）可简化为

$$S_h = \frac{\gamma^2}{2}\left(\frac{D}{h} - 1\right) \tag{4-25}$$

此式即为爱克伦得前滑公式。因为 $\frac{D}{h} \gg 1$，故上式括号中之 1 可以忽略不计时，则该式又变为

$$S = \frac{\gamma^2}{2}\frac{D}{h} = \frac{\gamma^2}{h}R \tag{4-26}$$

此即 D. 得里斯顿公式。此式所反映的函数关系与式（4-24）是一致的。这些都是在不考虑宽展时求前滑的近似公式。当存在宽展时，实际所得的前滑值将小于上述公式所算得的结果。在一般生产条件下，前滑值在 2% ~ 10% 之间波动，但某些特殊情况也有超出此范围的。

4.5 影响前滑的因素

很多实验研究和生产实践表明，影响前滑的因素很多。但总的来说主要有以下几个因素：压下率，轧件厚度，摩擦系数，轧辊直径，前、后张力，孔型形状等等，凡是影响这些因素的参数都将影响前滑值的变化。下面分别论之。

4.5.1 压下率对前滑的影响

如图 4-6 所示，前滑随压下率的增加而增加，其原因是由于高向压缩变形增加，纵向和横向变形都增加，因而前滑值 S_h 增加。

4.5.2 轧件厚度对前滑的影响

如图 4-7 所示，轧后轧件厚度 h 减小，前滑增加。因为由式（4-26）可知，当轧辊半径

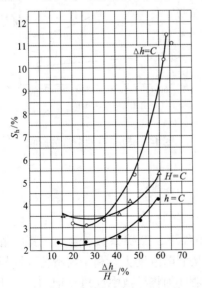

图 4-6　压下率与前滑的关系

（普碳钢轧制温度为 1000℃，D 为 400mm 时）

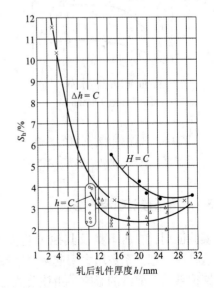

图 4-7　轧件轧后的厚度与前滑的关系

（铅试样：$\Delta h = 1.2mm$；$D = 158.5mm$）

R 和中性角 γ 不变时，轧件厚度 h 越减小，则前滑值 S_h 越增加。

4.5.3 轧件宽度对前滑的影响

如图 4-8 所示的实验曲线，在该实验条件下，轧件宽度小于 40mm 时，随宽度增加前滑亦增加；但轧件宽度大于 40mm 时，宽度再增加时，其前滑值则为一定值。这是因为轧件宽度小时，增加宽度其相应地横向阻力增加，所以宽展减小，相应地延伸增加，所以前滑也因之增加。当大于一定值时，达到平面变形条件，轧件宽度对宽展不起作用，故轧件宽度再增加，宽展为一定值，延伸也为定值，所以前滑值也不变。

4.5.4 轧辊直径对前滑的影响

从 E. 芬克的前滑公式可以看出，前滑值是随辊径增加而增加的，这是因为在其他条件相同的条件下，当辊径增加时，咬入角 α 就要降低，而摩擦角 β 保持常数，所以稳定轧制阶段的剩余摩擦力相应地就增加，由此将导致金属塑性流动速度的增加，也就是前滑的增加。由图 4-9 的实验曲线也说明了这个问题。但应指出，当辊径 $D < 400$mm 时，前滑值随辊径的增加而增加得较快；而当辊径 $D > 400$mm 时，前滑增加得较慢，这是由于辊径增大时，伴随着轧辊线速度的增加，摩擦系数相应降低，所以剩余摩擦力的数值有所减小。另外，当辊径增大时，变形区长度增加，纵向阻力增大，延伸相应地也减少，这两个因素的共同作用，使前滑值增加得较为缓慢。

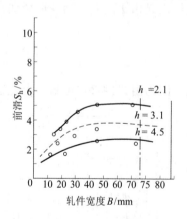

图 4-8 轧件宽度对前滑的影响
（铅试样：$\Delta h = 1.2$mm；$D = 158.3$mm）

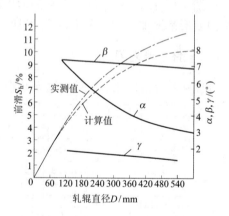

图 4-9 辊径 D 对前滑的影响

4.5.5 摩擦系数对前滑的影响

实验证明，在压下量及其他工艺参数相同的条件下，摩擦系数 f 越大，其前滑值越大。这是由于摩擦系数增大引起剩余摩擦力增加，从而前滑增大。利用前滑公式同样可以证明摩擦系数对前滑的影响，由该公式看出摩擦系数增加将导致中性角 γ 增加，因此前滑也增加。如图 4-10 所示。同时由实验已证明，凡是影响摩擦系数的因素：如轧辊材质，表面状态，轧件化学成分，轧制温度和轧制速度等，均能影响前滑的大小。如图 4-11 所

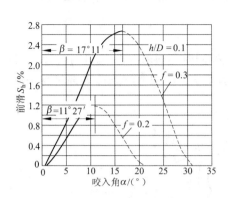

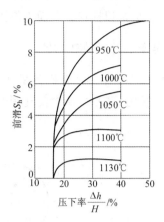

图 4-10   前滑与咬入角、摩擦系数 f 的关系   图 4-11   轧制温度和压下量对前滑的影响

示的曲线为轧制温度对前滑的影响曲线。

4.5.6   张力对前滑的影响

如图 4-12 所示在 $\phi 200\text{mm}$ 轧机上，轧制铅试样，将试样轧成不同厚度，有张力存在时，前滑显著的增加。从图 4-13 可看出，前张力增加时，则使金属向前流动的阻力减少，从而增加前滑区，使前滑增加。反之，后张力增加时，则后滑区增加。

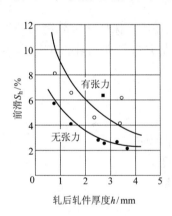

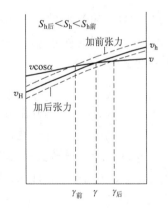

图 4-12   张力对前滑的影响   图 4-13   张力改变时速度曲线的变化

除上述对前滑的诸影响因素外，轧制时所采用的孔型形状对前滑也有影响，因为通常沿孔型周边各点轧辊的线速度不同，但由于金属的整体性和外端的作用，轧件横断面上各点又必须以同一速度出辊。这就必然引起孔型周边各点的前滑值不一样。那么孔型轧制时如何确定轧件的出辊速度，目前尚未很好地解决。

在工程运算中为了粗略估计孔型轧制时轧件的出辊速度，目前很多人采用平均高度法，把孔型和来料化为矩形断面，然后按平辊轧矩形断面轧件的方法来确定轧辊的平均速度和平均前滑值。但这个方法是很不精确的，有待于进一步研究。

4.6   连续轧制中的前滑及有关工艺参数的确定

连续轧制在轧钢生产中所占的比重日益增大，在大力发展连轧生产的同时，对连轧的基本理论也应加以探讨，下面围绕工艺设计方面所必要的参数进行一定的探讨。

4.6.1 连轧关系和连轧常数

如图 4-14 所示，连轧机各机架顺序排列，轧件同时通过数架轧机进行轧制，各个机架通过轧件相互联系，从而使轧制的变形条件、运动学条件和力学条件等都具有一系列的特点。

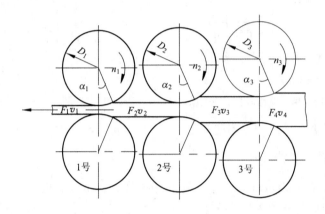

图 4-14 连续轧制时各机架与轧件的关系示意图

连续轧制时，随着轧件断面的压缩轧制其轧制速度递增，保持正常轧制的条件是轧件在轧制线上每一机架的秒流量必须保持相等。连续轧制时各机架与轧件的关系示意见图 4-14，其关系式为：

$$F_1 v_1 = F_2 v_2 = \cdots = F_n v_n \tag{4-27}$$

式中　1, 2, $\cdots$, n——逆轧制方向的轧机序号；

　F_1, F_2, $\cdots$, F_n——轧件通过各机架时的轧件断面积；

　v_1, v_2, $\cdots$, v_n——轧件通过各机架时的轧制速度；

$F_1 v_1$, $F_2 v_2$, $\cdots$, $F_n v_n$——轧件在各机架轧制时的秒流量。

为简化起见，已知

$$v_1 = \frac{\pi D_1 n_1}{60}; \quad v_2 = \frac{\pi D_2 n_2}{60}; \quad \cdots; \quad v_n = \frac{\pi D_n n_n}{60} \tag{4-28}$$

将式（4-28）代入式（4-27）得：

$$F_1 D_1 n_1 = F_2 D_2 n_2 = \cdots = F_n D_n n_n \tag{4-29}$$

式中　D_1, D_2, $\cdots$, D_n——各机架的轧辊工作直径；

　n_1, n_2, $\cdots$, n_n——各机架的轧辊转速。

为简化公式，以 C_1, C_2, $\cdots$, C_n 代表各机架轧件的秒流量，即

$$F_1 D_1 n_1 = C_1; \quad F_2 D_2 n_2 = C_2; \quad \cdots; \quad F_n D_n n_n = C_n \tag{4-30}$$

将式（4-30）代入式（4-29）得：

$$C_1 = C_2 = \cdots = C_n \tag{4-31}$$

轧件在各机架轧制时的秒流量相等，即为一个常数，这个常数称为连轧常数。以 C 代表连轧常数时，则

$$C_1 = C_2 = \cdots = C_n = C \tag{4-32}$$

4.6.2　前滑系数和前滑值

前已述及，轧辊的线速度与轧件离开轧辊的速度，由于有前滑的存在实际上是有差异的，即轧件离开轧辊的速度大于轧辊的线速度。前滑的大小以前滑系数和前滑值来表示，其计算式为：

$$\bar{S}_1 = \frac{v'_1}{v_1}; \quad \bar{S}_2 = \frac{v'_2}{v_2}; \quad \cdots; \quad \bar{S}_n = \frac{v'_n}{v_n} \tag{4-33}$$

$$S_{h1} = \frac{v'_1 - v_1}{v_1} = \frac{v'_1}{v_1} - 1 = \bar{S}_1 - 1; \quad S_{h2} = \bar{S}_2 - 1; \quad \cdots; \quad S_{hn} = \bar{S}_n - 1 \tag{4-34}$$

式中　$\bar{S}_1, \bar{S}_2, \cdots, \bar{S}_n$——轧件在各机架的前滑系数；

$v'_1, v'_2, \cdots, v'_n$——轧件实际从各机架离开轧辊的速度；

$v_1, v_2, \cdots, v_n$——各机架的轧辊线速度；

$S_{h1}, S_{h2}, \cdots, S_{hn}$——各机架的前滑值。

考虑到前滑的存在，则轧件在各机架轧制时的秒流量为：

$$F_1 v'_1 = F_2 v'_2 = \cdots = F_n v'_n \tag{4-35}$$

及　　　　$$F_1 v_1 \bar{S}_1 = F_2 v_2 \bar{S}_2 = \cdots = F_n v_n \bar{S}_n \tag{4-36}$$

此时式（4-29）和式（4-32）也相应成为：

$$F_1 D_1 n_1 \bar{S}_1 = F_2 D_2 n_2 \bar{S}_2 = \cdots = F_n D_n n_n \bar{S}_n \tag{4-37}$$

$$C_1 \bar{S}_1 = C_2 \bar{S}_2 = \cdots = C_n \bar{S}_n = C' \tag{4-38}$$

式中　C'——考虑前滑后的连轧常数。

在孔型中轧制时，前滑值常取平均值，其计算式为：

$$\bar{\gamma} = \frac{\bar{\alpha}}{2}\left(1 - \frac{\bar{\alpha}}{2\beta}\right) \tag{4-39}$$

$$\cos\bar{\alpha} = \frac{\bar{D} - (\bar{H} - \bar{h})}{\bar{D}} \tag{4-40}$$

$$\bar{S}_h = \frac{\cos\bar{\gamma}\left[\bar{D}(1 - \cos\bar{\gamma}) + \bar{h}\right]}{\bar{h}} - 1 \tag{4-41}$$

式中　$\bar{\gamma}$——变形区中性角的平均值；

$\bar{\alpha}$——咬入角的平均值；

β——摩擦角，一般为 21°~27°；

$\bar{D}$——轧辊工作直径的平均值；

$\bar{H}$——轧件轧前高度的平均值；

$\bar{h}$——轧件轧后高度的平均值；

$\bar{S}_h$——轧件在任意机架的平均前滑值。

4.6.3 堆拉系数和堆拉率

在连续轧制时，实际上保持理论上的秒流量相等使连轧常数恒定是相当困难的，甚至是办不到的。为了使轧制过程能够顺利进行，常有意识地采用堆钢或拉钢的操作技术。一般对线材在连续轧机上机组与机组之间采用堆钢轧制，而机组内的机架与机架之间采用拉钢轧制。

拉钢轧制有利也有弊，利是不会出现因堆钢而产生的事故，弊是轧件头、中、尾尺寸不均匀，特别是精轧机组内机架间拉钢轧制不适当时，将直接影响到成品质量使轧材的头尾尺寸超出公差。一般头尾尺寸超出公差的长度，与最末几个机架间的距离有关。因此，为减少头尾尺寸超出公差的长度，除采用微量拉钢（也就是微张力轧制）外，还应当尽可能缩小机架间的距离。

4.6.3.1 堆拉系数

堆拉系数是堆钢或拉钢的一种表示方法。当以 K 代表堆拉系数时：

$$\frac{C_1\overline{S}_1}{C_2\overline{S}_2} = K_1; \quad \frac{C_2\overline{S}_2}{C_3\overline{S}_3} = K_2; \quad \cdots; \quad \frac{C_n\overline{S}_n}{C_{n+1}\overline{S}_{n+1}} = K_n \tag{4-42}$$

式中 K_1, K_2, $\cdots$, K_n——各机架连轧时的堆拉系数。

当 K 值小于1时，表示为堆钢轧制。连续轧制时对于线材机组与机组之间要根据活套大小通过调节直流电动机的转数，来控制适当的堆钢系数。

当 K 值大于1时，表示为拉钢轧制。对于线材连续轧制时粗轧和中轧机组的机架与机架之间的拉钢系数一般控制为 $1.02 \sim 1.04$；精轧机组随轧机结构形式的不同一般控制在 $1.005 \sim 1.02$。

将式（4-42）移项得：

$$C_1\overline{S}_1 = K_1 C_2\overline{S}_2; C_2 S_2 = K_2 C_3\overline{S}_3; \cdots; C_n\overline{S}_n = K_n C_{n+1}\overline{S}_{n+1} \tag{4-43}$$

由式（4-43）得出考虑堆钢或拉钢后的连轧关系式为：

$$C_1\overline{S}_1 = K_1 C_2\overline{S}_2 = K_1 K_2 C_3\overline{S}_3 = \cdots = K_1 K_2; \cdots; K_n C_{n+1}\overline{S}_{n+1} \tag{4-44}$$

4.6.3.2 堆拉率

堆拉率是堆钢或拉钢的另一表示方法，也是经常采用的方法。以 ε 代表堆拉率时

$$\frac{C_1\overline{S}_1 - C_2\overline{S}_2}{C_2\overline{S}_2} \times 100 = \varepsilon_1; \quad \frac{C_2\overline{S}_2 - C_3\overline{S}_3}{C_3\overline{S}_3} \times 100 = \varepsilon_2; \quad \cdots;$$

$$\frac{C_n\overline{S}_n - C_{n+1}\overline{S}_{n+1}}{C_{n+1}\overline{S}_{n+1}} \times 100 = \varepsilon_n \tag{4-45}$$

当 ε 为正值时表示拉钢轧制，当 ε 为负值时表示堆钢轧制。

将式（4-45）移项得：

$$(C_1\overline{S}_1 - C_2\overline{S}_2) \times 100 = C_2\overline{S}_2\varepsilon_1; \quad (C_2\overline{S}_2 - C_3\overline{S}_3) \times 100 = C_3\overline{S}_3\varepsilon_2; \quad \cdots;$$

$$(C_n\overline{S}_n - C_{n+1}\overline{S}_{n+1}) \times 100 = C_{n+1}\overline{S}_{n+1}\varepsilon_n \tag{4-46}$$

$$C_1\overline{S}_1 = C_2\overline{S}_2\left(1 + \frac{\varepsilon_1}{100}\right); \quad C_2\overline{S}_2 = C_3\overline{S}_3\left(1 + \frac{\varepsilon_2}{100}\right); \quad \cdots;$$

$$C_n \bar{S}_n = C_{n+1} \bar{S}_{n+1} \left(1 + \frac{\varepsilon_n}{100} \right) \tag{4-47}$$

由式（4-47）得出考虑堆钢或拉钢后的又一个连轧关系式为：

$$C_1 \bar{S}_1 = C_2 \bar{S}_2 \left(1 + \frac{\varepsilon_1}{100} \right) = C_3 \bar{S}_3 \left(1 + \frac{\varepsilon_1}{100} \right) \left(1 + \frac{\varepsilon_2}{100} \right) = \cdots$$

$$= C_n \bar{S}_n \left(1 + \frac{\varepsilon_1}{100} \right) \left(1 + \frac{\varepsilon_2}{100} \right) \cdots \left(1 + \frac{\varepsilon_{n-1}}{100} \right) \tag{4-48}$$

由式（4-43）和式（4-47）得出 K 与 ε 的关系式为：

$$(K_n - 1) \times 100 = \varepsilon_n \tag{4-49}$$

在讨论了各种情况之后，可以建立如下概念：从理论上讲连续轧制时各机架的秒流量相等，连轧常数是恒定的。在考虑前滑影响后这种关系仍然存在。但当考虑了堆钢和拉钢的操作条件后，实际上各机架的秒流量已不相等，连轧常数已不存在，而是在建立了一种新的平衡关系下进行生产的。在实际生产中采用的张力轧制，就是这个道理。

5 轧制压力及力矩的计算

5.1 计算轧制单位压力的理论

5.1.1 沿接触弧单位压力的分布规律

研究单位压力在接触弧上的分布规律，对于从理论上正确确定金属轧制时的力能参数——轧制力、传动轧辊的转矩和功率具有重大意义。因为计算轧辊及工作机架的主要零件的强度和计算传动轧辊所需的转矩及电机功率，一定要了解金属作用在轧辊上的总压力，而金属作用在轧辊上的总压力大小及其合力作用点位置完全取决于单位压力值及其分布特征。

确定平均单位压力的方法，归结起来有如下三种：

（1）理论计算法。它是建立在理论分析基础之上，用计算公式确定单位压力。通常，都要首先确定变形区内单位压力分布形式及大小，然后再计算平均单位压力。

（2）实测法。即在轧钢机上放置专门设计的压力传感器，将压力信号转换成电信号，通过放大或直接送往测量仪表将其记录下来，获得实测的轧制压力资料。用实测的轧制总压力除以接触面积，便求出平均单位压力。

（3）经验公式和图表法。根据大量的实测统计资料，进行一定的数学处理，抓住一些主要影响因素，建立经验公式或图表。

目前，上述方法在确定平均单位压力时都得到广泛的应用，它们各有优缺点。理论方法虽然是一种较好的方法，但理论计算公式目前尚有一定局限性，还没有建立起包括各种轧制方式、条件和钢种的高精度公式，因而应用起来比较困难，并且计算烦琐。而实测方法若在相同的实验条件下应用，可能得到较为满意的结果，但它又受到实验条件的限制。总之，目前计算平均单位压力的公式很多，参数选用各异，而各公式又都具有一定的适用范围。因此计算平均单位压力时，根据不同情况上述方法都可采用。下面重点介绍应用最广泛的理论计算方法。

5.1.2 计算单位压力的 T. 卡尔曼微分方程

利用卡尔曼微分方程计算单位压力是应用较普遍的一种方法，而且对此方法的研究也比较深入，很多公式都是由它派生出来的。卡尔曼单位压力微分方程是在一定的假设条件下推导的：于变形区内任意取一微分体如图 5-1 所示，分析作用在此微分体上的各种作用力，根据力平衡条件，将各力通过微分平衡方程联系起来，同时运用塑性方程、接触弧方程、摩擦规律及边界条件来建立单位压力微分方程，并求解。

5.1.2.1 卡尔曼微分方程导出的假设条件

（1）变形区内沿轧件横断面高度方向上的各点的金属流动速度、应力及变形均匀分布；

（2）在接触弧上摩擦系数为常数，即 $f = C$；

（3）当 $\dfrac{\bar{b}}{h}$ 很大时，宽展很小，可以忽略，即 $\Delta b = 0$；

（4）忽略轧辊压扁及轧件弹性变形的影响，但是此点在冷轧时有误差；

（5）沿接触弧上的整个宽度上的单位压力相同，故以单位宽度为研究对象；

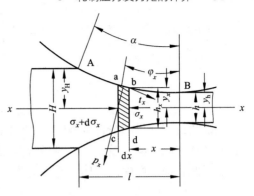

图 5-1　变形区内任意微分体的受力情况

（6）沿接触弧上，金属的平面变形抗力 $K = 1.15\sigma_\varphi$ 值不变化；

（7）轧制过程的主应力 $\sigma_1 > \sigma_2 > \sigma_3$，其中 $\sigma_2 = \dfrac{\sigma_1 + \sigma_3}{2}$ 即为平面变形条件下的主应力条件，故塑性方程式可写成 $\sigma_1 - \sigma_3 = 1.15\sigma_\varphi = K$。

5.1.2.2　单位压力卡尔曼微分方程式的导出

第一步：在变形区取微分体积，由力平衡条件，写出平衡方程式。

在变形区的后滑区先取一微分体积 abcd，其边界为两辊的柱面与垂直于轧制方向的两平面 ac 与 bd，两平面相距无限小距离 dx。

为研究此微分体的平衡条件，将作用在此微分体上的全部作用力都投影到轧制方向（$x-x$ 轴）上。

在微分体的右侧，对微分体 bd 面上的作用力为 $2\sigma_x y$，其中 σ_x 为 bd 截面上的平均压缩主应力；y 为 bd 截面高度的一半。

在此取轧件宽度为 1，而且假定截面宽度与高度之比很大，并忽略宽展的影响。

在 ac 截面上，假设平均正应力为 $\sigma_x + \mathrm{d}\sigma_x$，而截面高度的一半为 $y + \mathrm{d}y$。

则微分体的左侧，对微分体 ac 面上的作用力为

$$2(\sigma_x + \mathrm{d}\sigma_x) \cdot (y + \mathrm{d}y)$$

首先研究在后滑区中微分体的平衡条件，在后滑区中，接触面上金属的质点向着轧辊转动相反的方向滑动，显然轧辊作用在此微分体单位宽度上的合力的水平投影为

$$2\left(p_x \frac{\mathrm{d}x}{\cos\varphi_x}\sin\varphi_x - t_x \frac{\mathrm{d}x}{\cos\varphi_x}\cos\varphi_x \right)$$

式中　p_x——轧辊对轧件的单位压力；

　　　t_x——轧件与轧辊间的单位摩擦力；

　　　φ_x——ab 弧切线与水平面之间的夹角。

作用在微分体上各力水平投影的总和为：

$$\Sigma x = 2(\sigma_x + \mathrm{d}\sigma_x)(y + \mathrm{d}y) - 2\sigma_x y - 2p_x\tan\varphi_x\mathrm{d}x + 2t_x\mathrm{d}x = 0 \qquad (5\text{-}1)$$

x，y 为接触弧的坐标，因此 $\tan\varphi_x$ 可表示为：

$$\tan\varphi_x = \frac{\mathrm{d}y}{\mathrm{d}x}$$

将 $\tan\varphi_x$ 代入式（5-1）中，两边乘以 $\dfrac{1}{dx}$ 及 $\dfrac{1}{y}$，并忽略二阶无限小，则得到后滑区中微分体的平衡方程式为：

$$\frac{d\sigma_x}{dx} - \frac{p_x - \sigma_x}{y} \times \frac{dy}{dx} + \frac{t_x}{y} = 0 \tag{5-2a}$$

在前滑区中（即微分体 abcd 接近 B 点时），微分体上与轧辊接触的质点将力求沿辊面顺轧辊转动方向滑动。显然，此时微分体之平衡条件与在后滑区中相似，只是摩擦力方向相反。因此，前滑区中微分体的平衡方程式为：

$$\frac{d\sigma_x}{dx} - \frac{p_x - \sigma_x}{y} \times \frac{dy}{dx} - \frac{t_x}{y} = 0 \tag{5-2b}$$

第二步：为解方程式（5-2a）和式（5-2b），必须找出单位压力 p_x 与应力 σ_x 之间的关系，为此引用平面变形条件下的塑性方程式：

$$\sigma_1 - \sigma_3 = 1.15\sigma_\varphi = K \tag{5-3}$$

假设所考虑微分体上的主应力 σ_1 及 σ_3 为垂直应力和水平应力，则可写出：

$$\sigma_1 = \left(p_x \frac{dx}{\cos\varphi_x}\cos\varphi_x \pm t_x \frac{dx}{\cos\varphi_x}\sin\varphi_x \right)\frac{1}{dx}$$

上式括号内第二项与第一项比较其值甚小，可予以忽略，于是得：

$$\sigma_1 = p_x \quad 与 \quad \sigma_3 \approx \sigma_x$$

由此，根据式(5-3) 得： $\qquad p_x - \sigma_x = K \tag{5-4}$

将此值代入式（5-2a）和式（5-2b）中，则得单位压力的基本微分方程式

$$\frac{d(p_x - K)}{dx} - \frac{K}{y}\frac{dy}{dx} \pm \frac{t_x}{y} = 0 \tag{5-5}$$

上式第三项前的正号表示后滑区，而负号表示前滑区。

若忽略在变形区中从入口向出口轧件的加工硬化、不同的温度及变形速度的影响，K 值近似为常数，则式（5-5）变为如下形式：

$$\frac{dp_x}{dx} - \frac{K}{y}\frac{dy}{dx} \pm \frac{t_x}{y} = 0 \tag{5-6}$$

微分方程式（5-6）即是单位压力的卡尔曼方程的一般形式。

欲精确求得单位压力微分方程式（5-6）的通解有很大困难。因为 p_x 与 t_x 间的实际关系，不论在理论上或实验上，至今尚未完全弄清，因此至今从理论上确定的单位压力分布规律均是根据 p_x 与 t_x 间的假设关系导出的。

目前，关于轧件与轧辊间的接触摩擦条件基本上有以下 3 种假定的摩擦条件：

（1）干摩擦理论（即卡尔曼理论）。假设在整个接触表面上轧件对轧辊完全滑动，并服从于库仑摩擦定律

$$t_x = fp_x$$

式中 f——滑动摩擦系数。

然后，为简化数学运算过程，以抛物线代替接触弧求解。

（2）定摩擦理论。假设在整个接触表面上单位摩擦力是常数，即：

$$t_x = 常数$$

然后以抛物线代替接触弧求解。

（3）液体摩擦理论。假设在整个接触面上轧件对轧辊完全滑动，并服从于牛顿液体摩擦定律：

$$t_x = \eta \frac{\mathrm{d}v}{\mathrm{d}y}$$

式中　η——黏性系数；

　　$\dfrac{\mathrm{d}v}{\mathrm{d}y}$——在垂直于滑动表面的方向上的速度梯度。

然后，以抛物线代替接触弧求解。

以上 3 种假设的摩擦条件以干摩擦理论应用最为广泛。下面重点讨论之。

5.1.3　单位压力卡尔曼微分方程的 A. И. 采利柯夫解

假设在接触弧上，轧件与轧辊间近于完全滑动，在此情况下，变形区内的接触摩擦条件基本服从于干摩擦定律（库仑摩擦定律）即：

$$t_x = f p_x \tag{5-7}$$

将此 t_x 值代入式（5-6）中，卡尔曼微分方程变成如下形式：

$$\frac{\mathrm{d}p_x}{\mathrm{d}x} - \frac{K}{y}\frac{\mathrm{d}y}{\mathrm{d}x} \pm \frac{f}{y}p_x = 0 \tag{5-8}$$

此线性微分方程式的一般解答为：

$$p_x = \mathrm{e}^{\pm\int\frac{f}{y}\mathrm{d}x}\left(C + \int \frac{K}{y}\mathrm{e}^{\pm\int\frac{f}{y}\mathrm{d}x}\mathrm{d}y \right) \tag{5-9}$$

式中　C——常数，视边界条件而定。

此即单位压力卡尔曼微分方程的干摩擦解。

把精确的接触坐标代入上式，再进一步积分时变得很复杂，计算不方便，考虑到在热轧时咬入角不大于 30°，冷轧时不大于 4°～8°，则可以把接触弧看做是某种曲线，从而比较简化了式（5-9）的解。

采利柯夫把接触弧看做弦，如图 5-2 所示得出式（5-9）的简单解答，此方程式的最后结果对于实际计算比较方便，所得误差较小。

根据采利柯夫的假定，通过 A 与 B 两点的直线方程式显然为：

$$y = \frac{\Delta h}{2l}x + \frac{h}{2} \tag{5-10}$$

此式即为轧制时接触弧对应弦的方程式。

微分后：

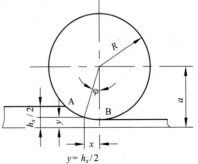

图 5-2　x 和 $\dfrac{h_x}{2}$ 的图形

$$dy = \frac{\Delta h}{2l}dx$$

则
$$dx = \frac{2l}{\Delta h}dy \tag{5-11}$$

将此 dx 的值代入式（5-9）得到：

$$p_x = e^{\pm\int\frac{\delta}{y}dy}\left(c + \int\frac{k}{y}e^{\pm\int\frac{\delta}{y}dy}dy\right) \tag{5-12}$$

式中，$\delta = \frac{2lf}{\Delta h}$。

积分后得到

在后滑区
$$p_x = C_0 y^{-\delta} + \frac{K}{\delta} \tag{5-13}$$

在前滑区
$$p_x = C_1 y^{\delta} - \frac{K}{\delta} \tag{5-14}$$

按边界条件确定积分常数：

在 A 点，当 $y = \frac{H}{2}$，并有后张应力 q_H 时，

$$p_x = K - q_H = \xi_0 K$$

式中，$\xi_0 = 1 - \frac{q_H}{K}$。

在 B 点，当 $y = \frac{h}{2}$，并有前张应力 q_h 时，

$$p_x = K - q_h = \xi_1 K$$

式中，$\xi_1 = 1 - \frac{q_h}{K}$。

将 p_x 及 y 值代入式（5-13）和式（5-14）得到积分常数：

$$C_0 = K\left(\xi_0 - \frac{1}{\delta}\right)\left(\frac{H}{2}\right)^{\delta} \tag{5-15}$$

$$C_1 = K\left(\xi_1 + \frac{1}{\delta}\right)\left(\frac{h}{2}\right)^{-\delta} \tag{5-16}$$

将此积分常数 C_0 与 C_1 和 $y = \frac{h_x}{2}$ 代入式（5-13）和式（5-14）中得到单位压力分布公式的最终结果：

在后滑区
$$p_x = \frac{K}{\delta}\left[(\xi_0\delta - 1)\left(\frac{H}{h_x}\right)^{\delta} + 1\right] \tag{5-17}$$

在前滑区
$$p_x = \frac{K}{\delta}\left[(\xi_1\delta + 1)\left(\frac{h_x}{h}\right)^{\delta} - 1\right] \tag{5-18}$$

若处于无张力轧制，并且轧件除受轧辊作用外，不承受其他任何外力的作用，则 $q_h =$

0；$q_H = 0$，这样式（5-17）与式（5-18）成为如下形式：

在后滑区
$$p_x = \frac{K}{\delta}\Big[(\delta - 1)\Big(\frac{H}{h_x}\Big)^{\delta} + 1\Big] \tag{5-19}$$

在前滑区
$$p_x = \frac{K}{\delta}\Big[(\delta + 1)\Big(\frac{h_x}{h}\Big)^{\delta} - 1\Big] \tag{5-20}$$

根据式(5-17)～式(5-20)可得图5-3所示接触弧上单位压力分布图。由图上看出，在接触弧上单位压力的分布是不均匀的，由轧件入口开始向中性面逐渐增加，并达最大，然后降低，至出口又降至最低。

而切线摩擦力（$t_x = fp_x$）在中性面上改变方向，其分布规律如图5-3所示。分析式(5-17)～式(5-20)可以看出，影响单位压力的主要因素有外摩擦系数、轧辊直径、压下量、轧件高度和前、后张力等。单位压力与诸影响因素间的关系，从图5-4～图5-7中的曲线清楚可见，分析这些定性曲线可得下列结论。

（1）相对压下量对单位压力的影响，如图5-4所示，在其他条件一定的条件下，随相对压下量增加，接触弧长度增加，单位压力亦相应增加，在这种情况下，轧件对轧辊总压力的增加，不仅是由于接触面积增大，并且由于单位压力本身亦增加。

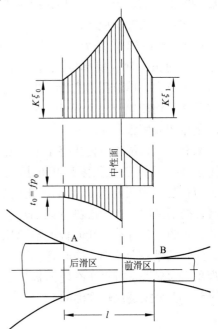

图5-3 在干摩擦条件下（$t_x = fp_x$），接触弧上单位压力分布图

（2）接触摩擦系数对单位压力的影响，如图5-5所示，摩擦系数愈大，从入口、出口

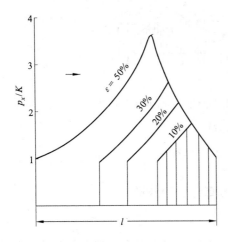

图5-4 平面变形条件下，接触弧上
单位压力分布图
〔当其他条件相同（即$D = 200\text{mm}$，$f = 0.2$，
$h_x = 1\text{mm}$）压下量不同时〕

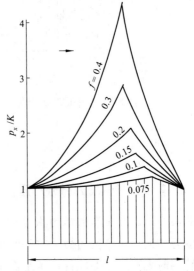

图5-5 平面变形条件下接触弧上单位压力分布图
〔当其他条件相同$\Big(\frac{\Delta h}{H} = 30\%$，$\alpha = 5°40'\Big)$外摩擦系数不同〕

向中性面单位压力增加愈快，显然，轧件对轧辊的总压力因之而增加。

（3）辊径对单位压力的影响，如图 5-6 所示，辊径对单位压力的影响与相对压下量的影响类似，随轧辊直径增加，接触弧长度增加，单位压力亦相应增加。

（4）张力对单位压力的影响，如图 5-7 所示，采用张力轧制使单位压力显著降低，并且张力愈大，单位压力愈小，但不论前张力或后张力均使单位压力降低。因此，在冷轧时是希望采用张力轧制的。

采利柯夫单位压力公式突出的优点是反映了上述一系列工艺因素对单位压力的影响，但在公式中没有考虑加工硬化的影响，而且在变形区内没有考虑黏着区的存在。以直线代替圆弧只有对冷轧薄板的情况比较接近，此时弦弧差别较小，同时冷轧薄板时黏着现象不太显著，所以在冷轧薄板情况下应用采利柯夫公式是比较准确的。

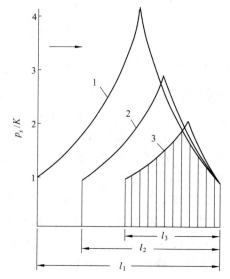

图 5-6   在平面变形条件下，辊径不同时，接触弧上单位压力分布图

$$\left(当 \frac{\Delta h}{H} = 30\%, f = 0.3 时\right)$$

$1—D = 700mm$（$D/h = 350$）；$2—D = 400mm$（$D/h = 200$）；
$3—D = 200mm$（$D/h = 100$）

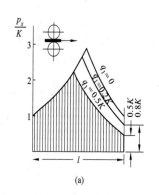
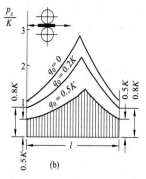

图 5-7   在平面变形条件下，不同张力值对单位压力分布影响曲线

$$\left(\frac{\Delta h}{H} = 30\%, f = 0.2 时\right)$$

（a）有前张力存在；（b）同时有前、后张力存在

5.1.4   E. 奥罗万单位压力微分方程和 R. B. 西姆斯单位压力公式

5.1.4.1   奥罗万单位压力微分方程

奥罗万在推导单位压力微分方程时采用了卡尔曼所做的某些假设。其中主要的是假设轧件在轧制时无宽展，即轧件产生平面变形。奥罗万的假设与卡尔曼的假设最重要的区别在于，不承认接触弧上各点的摩擦系数恒定，即不认为整个变形区都产生滑移，而认为轧件与轧辊间是否产生滑移，决定于摩擦力的大小。当摩擦力小于材料剪切屈服极限 τ_s（即

$t < \tau_s$）时，产生滑移，而当摩擦力 $t = \tau_s$ 时，则不产生滑移而出现黏着的现象。同时认为热轧时存在黏着现象。

由于黏着现象的存在，轧件在高度方向变形是不均匀的，因而沿轧件高度方向的水平应力分布也是不均匀的。奥罗万根据上述条件，提出下面两点假定：

（1）用剪应力 τ 来代替接触表面的摩擦应力；

（2）考虑到水平应力 σ_x 沿断面高向上分布不均匀，因此用水平应力的合力 Q 来代替，见图 5-8。

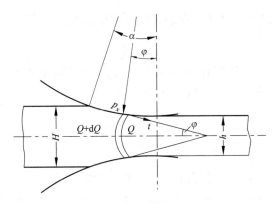

图 5-8　奥罗万理论作用在微分体上的力

根据这两点假设导出了奥罗万单位压力微分方程式：

$$(Q + \mathrm{d}Q) - Q - 2p_x R\mathrm{d}\varphi\sin\varphi \pm 2tR\mathrm{d}\varphi \cdot \cos\varphi = 0$$

整理后得
$$\frac{\mathrm{d}Q}{2} = R(p_x\sin\varphi \mp t\cos\varphi)\mathrm{d}\varphi \tag{5-21}$$

5.1.4.2　R.B. 西姆斯单位压力公式

西姆斯在奥罗万单位压力微分方程式的基础上又做了两点假定：

（1）把轧制看成是在粗糙的斜锤头间的镦粗，利用奥罗万对水平力 Q 分布规律的结论，即 $Q = h_x\left(p_x - \frac{\pi}{4}K\right)$；

（2）沿整个接触弧都有黏着现象，即 $t = \frac{K}{2}$。

同时又以抛物线来代替接触弧，即 $h_x = h_1 + R\varphi^2$，且取 $\sin\varphi = \varphi$，$\cos\varphi = 1$，将这些假定和几何方程式代入式（5-21）得：

$$\frac{\mathrm{d}}{\mathrm{d}\varphi}\left(\frac{p_x}{K} - \frac{\pi}{4}\right) = \frac{\pi R\varphi}{2(h + R\varphi^2)} \mp \frac{R}{h + R\varphi^2}$$

积分上式后，利用边界条件（无张力）：

在后滑区入辊处　　　　　$\varphi = \alpha$，　　$h_x = H$，　　$p_x = \frac{\pi}{4}K$

在前滑区出辊处　　　　　$\varphi = 0$，　　$h_x = h$，　　$p_x = \frac{\pi}{4}K$

则得到西姆斯单位压力公式：

在后滑区　　$\dfrac{p_x}{K} = \dfrac{\pi}{4}\ln\dfrac{h_x}{H} + \dfrac{\pi}{4} + \sqrt{\dfrac{R}{h}}\arctan\left(\sqrt{\dfrac{R}{h}}\alpha\right) - \sqrt{\dfrac{R}{h}}\arctan\left(\sqrt{\dfrac{R}{h}}\varphi\right)$ \hfill (5-22)

在前滑区　　　　　　　　$\dfrac{p_x}{K} = \dfrac{\pi}{4}\ln\dfrac{h_x}{h} + \dfrac{\pi}{4} + \sqrt{\dfrac{R}{h}}\arctan\left(\sqrt{\dfrac{R}{h}}\varphi\right)$ \hfill (5-23)

上面式（5-22）和式（5-23）即为西姆斯单位压力计算公式。

5.1.5 M. D. 斯通单位压力微分方程式及其单位压力公式

5.1.5.1 斯通单位压力微分方程式

斯通把轧制看成平行板间的镦粗见图 5-9，得出单位压力微分方程式。

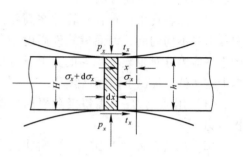

$$\frac{\mathrm{d}\sigma_x}{\mathrm{d}x} = \mp \frac{2t_x}{h_x} \qquad (5\text{-}24)$$

如果接触表面摩擦规律按全滑动来考虑，即 $t_x = fp_x$，并采用近似塑性条件 $p_x - \sigma_x = K$，则式 (5-24) 变成如下形式：

图 5-9 作用在斯通理论微分体上的作用力

$$\frac{\mathrm{d}p_x}{p_x} = \mp \frac{2f}{h_x}\mathrm{d}x \qquad (5\text{-}25)$$

5.1.5.2 斯通单位压力公式

将式 (5-25) 积分，并利用边界条件：

在后滑区入辊处 $x = \dfrac{l}{2}$, $h_x = H$, 则 $p_x = K\left(1 - \dfrac{q_0}{K}\right)$

在前滑区入辊处 $x = -\dfrac{l}{2}$, $h_x = h$, 则 $p_x = K\left(1 - \dfrac{q_1}{K}\right)$

得到斯通单位压力公式为：

在后滑区 $p_x = K\left(1 - \dfrac{q_0}{K}\right)\mathrm{e}^{m\left(1 - \frac{2x}{l}\right)}$ $(5\text{-}26)$

在前滑区 $p_x = K\left(1 - \dfrac{q_1}{K}\right)\mathrm{e}^{m\left(1 + \frac{2x}{l}\right)}$ $(5\text{-}27)$

这里 $m = \dfrac{fl}{\bar{h}}$; $\bar{h} = \dfrac{H + h}{2}$

5.2 轧制压力的工程计算

5.2.1 影响轧件对轧辊总压力的因素

5.2.1.1 总压力计算公式的一般形式

一般情况下，如果忽略沿轧件宽向上的摩擦应力和单位压力的变化，并取轧件宽度等于 1 个单位时，则轧制力可以用下式来表示，见图 5-10。

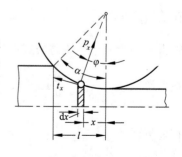

$$P = \int_0^l p_x \frac{\mathrm{d}x}{\cos\varphi}\cos\varphi + \int_r^l t_x \frac{\mathrm{d}x}{\cos\varphi}\sin\varphi - \int_0^{l_r} t_x \frac{\mathrm{d}x}{\cos\varphi}\sin\varphi$$

$$(5\text{-}28)$$

上式右边的第二项和第三项分别为后滑和前滑区摩擦

图 5-10 作用在轧辊上的力

力在垂直方向上的分力，它们与第一项相比其值甚小，可以忽略不计，则轧制力可写成下式：

$$P = \int_0^l p_x \mathrm{d}x \qquad (5\text{-}29)$$

实际上这个数值常用下式计算：

$$P = \bar{p} F \qquad (5\text{-}30)$$

式中 F——轧件与轧辊的接触面积；

$\bar{p}$——平均单位压力，可由下式决定：

$$\bar{p} = \frac{1}{F} \int_0^l p_x \mathrm{d}x \qquad (5\text{-}31)$$

式中 p_x——单位压力。

因此，计算轧制力归根结底在于解决两个基本参数。

（1）计算轧件与轧辊间的接触面积；

（2）计算平均单位压力。

第一个参数，关于接触面积的数值，在大多数情况下，是比较容易确定的，因为它与轧辊和轧件的几何尺寸有关，通常可用下式确定：

$$F = l\bar{b} \qquad (5\text{-}32)$$

式中 l——接触弧长度；

$\bar{b}$——轧件平均宽度，它等于轧辊入辊和出辊处的宽度的平均值，即

$$\bar{b} = \frac{B + b}{2}$$

第二个参数，关于平均单位压力的确定，较为困难，因为它取决于许多影响因素。

5.2.1.2 影响平均单位压力的因素

影响单位压力的因素很多，但诸影响因素从其对单位压力影响的本质上可以分为以下两个方面：

（1）影响轧件力学性能的因素；

（2）影响轧件应力状态特性的因素。

根据研究，属于影响轧件力学性能（简单拉、压条件下的实际变形抗力 σ_φ）的因素有：金属的本性、温度、变形程度和变形速度，可写成下式：

$$\sigma_\varphi = n_T n_\varepsilon n_u \sigma_s \qquad (5\text{-}33)$$

式中 n_T, n_ε, n_u——考虑温度、变形程度和变形速度对轧件力学性能影响的系数；

σ_s——普通静态机械实验条件下的金属屈服临界应力值。

影响轧件应力状态特性的因素有外摩擦力、外端及张力等。因此，应力状态系数 n_σ 可写成下式：

$$n_\sigma = n_\beta n'_\sigma n''_\sigma n'''_\sigma \qquad (5\text{-}34)$$

式中 n_β——考虑轧件宽度影响的应力状态系数，对于平面变形 n_β 可取 1.15；

n'_σ——考虑外摩擦影响的系数；

n''_σ——考虑外端影响的系数；

n'''_σ——考虑张力影响的系数。

根据以上所述，轧制平均单位压力可用下列公式的一般形式表示：

$$\bar{p} = n_\sigma \sigma_\varphi \tag{5-35}$$

或写成

$$\bar{p} = n_\beta n'_\sigma n''_\sigma n'''_\sigma n_\mathrm{T} n_\varepsilon n_\mathrm{u} \sigma_\mathrm{s}$$

式中除 n'''_σ 外，所有系数都大于 1，在有些张力大而外摩擦小的情况下，n'''_σ 可能达到 0.7～0.8。实际上，这一系数对单位压力影响最大，而且随轧制条件与外摩擦的变化，此系数可能在很大范围内发生变化。

综上所述，为确定轧件对轧辊的总压力，必须求出接触面积 F，应力状态系数 n_σ 及反映轧件力学性能的实际变形抗力 σ_φ。

5.2.2　接触面积的确定

根据分析，在一般轧制情况下，轧件对轧辊的总压力作用在垂直方向上，或近似于垂直方向上，而接触面积应与此总压力作用方向垂直，故在一般实际计算中接触面积 F 并非轧件与轧辊的实际接触面积，而是实际接触面积的水平投影。习惯上称此面积为接触面积。

按接触面积的不同情况可分为以下几类：

5.2.2.1　在平辊上轧制矩形断面轧件时的接触面积

板带材轧制及在矩形孔型中轧制矩形断面轧件均属于此类，下面分为三种情况予以讨论。

（1）辊径相同：

一个辊上的接触面积可按下式近似地计算。

$$F = \bar{b} l \tag{5-36}$$

式中　l——变形区长度，$l = \sqrt{R \cdot \Delta h}$；

$\bar{b}$——在变形区轧件的平均宽度，$\bar{b} = \dfrac{B + b}{2}$。

故式(5-36)又可写成

$$F = \frac{B + b}{2} \sqrt{R \cdot \Delta h} \tag{5-37}$$

（2）辊径不同：

若两个轧辊直径不相同（板、带材轧制有此情况），则对每一个轧辊的接触面积按下式计算：

$$F = \frac{B + b}{2} \sqrt{\frac{2 R_1 R_2}{R_1 + R_2} \Delta h} \tag{5-38}$$

（3）考虑轧辊的弹性压扁：

在冷轧较硬合金时，由于轧辊承受轧件的高压作用，产生局部弹性压扁现象，结果使接触弧长度显著增加。

在接触弧长很小的薄板与带材轧制中，此影响非常大，有时，可使接触弧长度增加

30%～50%，考虑轧辊弹性压扁的变形区长度按式（1-14）计算。由该式可得结论，在冷轧条件下，为减小接触面积，必须力求用小辊径轧辊。因为辊径愈大，由于轧辊弹性压扁使变形区长度增加愈显著。当然，此结论对任何轧制情况均成立，但其影响不如冷轧时大。

5.2.2.2　在孔型中轧制时接触面积的确定

在孔型中轧制时，由于轧辊上有孔型，轧件进入变形区和轧辊相接触是不同时的，压下是不均匀的，因而接触面积已不再呈梯形。在这种情况下，接触面积亦可近似地按平均高度法公式（5-39）来计算，此时所取压下量和轧辊半径均为平均值 $\Delta\bar{h}$ 和 $\bar{R}$，即

$$\Delta\bar{h} = \frac{F_{\mathrm{H}}}{B} - \frac{F_{\mathrm{h}}}{b} \tag{5-39}$$

式中　F_{H}，F_{h}——轧前、轧后轧件断面面积；

　　　B，b——轧前、轧后轧件的最大宽度（见图 5-11）。

对菱形、方形、椭圆和圆孔型进行计算时，也可采用下列关系式：

（1）菱形件进菱形孔（图 5-11（a））：

$$\Delta\bar{h} = (0.55 \sim 0.6)(H - h)$$

（2）方形件进椭圆孔（图 5-11（b））：

$$\Delta\bar{h} = H - 0.7h（适用于扁椭圆）$$

$$\Delta\bar{h} = H - 0.85h（适用于圆椭圆）$$

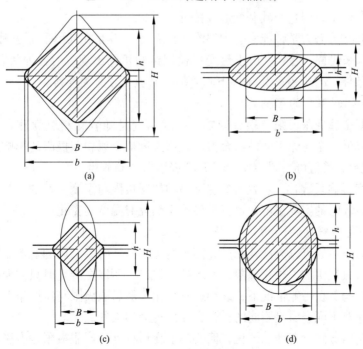

图 5-11　在孔型中轧制的压下量

（3）椭圆件进方形孔（图5-11（c））：

$$\Delta \bar{h} = (0.65 \sim 0.7)H - (0.55 \sim 0.6)h$$

（4）椭圆件进圆形孔（图5-11（d））：

$$\Delta \bar{h} = 0.85H - 0.79h$$

为了计算延伸孔型的接触面积，可采用下列近似式计算：

由椭圆轧成方形　　　　$F = 0.75b\sqrt{R(H-h)}$

由方形轧成椭圆形　　　$F = 0.54(B+b)\sqrt{R(H-h)}$

由菱形轧成菱形或方形　$F = 0.676\sqrt{R(H-h)}$

式中　H, h——在孔型中央位置的轧制前、后的轧件断面高度；

　　　B, b——轧制前、后的轧件断面的最大宽度；

　　　R——孔型中央位置的轧辊半径。

5.2.3　金属实际变形抗力 σ_φ 的确定

由式（5-33）可知，金属及合金的实际变形抗力取决于金属及合金的本性屈服极限 σ_s、轧制温度、轧制速度和变形程度的影响，下面分别予以简单的讨论。

5.2.3.1　金属及合金屈服极限 σ_s 的影响

通常用金属及合金的屈服极限 σ_s 来反映金属及合金本性对实际变形抗力的影响。但应注意，有些金属压缩时的屈服极限大于拉伸时的屈服极限。如钢压缩时的屈服极限比拉伸时约大10%；而有些金属压缩和拉伸时屈服极限相同。因此，在选取 σ_s 时，一般最好用压缩时的屈服极限，因它与轧制变形较接近。

对有些金属在静态力学性能实验中很难测出 σ_s，尤其是在高温下更是困难，这时可以用屈服强度 $\sigma_{0.2}$ 来代替。近年来由于热变形模拟试验机的出现，为各种状态下的 σ_s 的测定提供了有利条件。σ_s 是在一定条件下测得的，其值可查有关资料。

5.2.3.2　轧制温度的影响

轧制温度对金属屈服极限有很大影响。一般情况是随着轧制温度升高，屈服极限下降，这是由于降低了金属原子间的结合力。轧制温度对金属屈服极限的影响用变形温度影响系数 n_T 来表示。其值可由图5-12、图5-13及有关资料查得。

在确定温度影响系数时，一方面要有可靠的屈服极限与温度关系的资料，另一方面还要确定出金属热轧时的实际温度，也就是要确定热轧时温度的变化。

5.2.3.3　变形程度的影响

变形程度影响系数可以分冷轧和热轧两种情况。冷轧时，金属的变形温度低于再结晶温度，因此金属只产生加工硬化现象，变形抗力提高。所以在冷轧时只需要考虑变形程度对变形抗力的影响。在一般情况下，这种影响是用金属屈服极限与压缩率关系曲线来判断的，其变化规律对不同金属是不同的，合金要比纯金属大些。

热轧时，金属虽然没有加工硬化，但实际上变形程度对屈服极限是有影响的。各种钢的实验表明，在较小变形程度时（一般在20%～30%以下），屈服极限随变形程度加大而

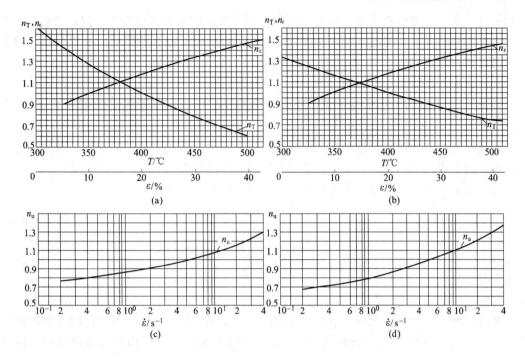

图 5-12 纯铝和 LF21 变形温度、变形程度和变形速度影响系数

（a），（b）纯铝和 LF21 的温度系数 n_T 和变形程度系数 n_ε；

（c），（d）纯铝和 LF21 的变形速度系数 n_u

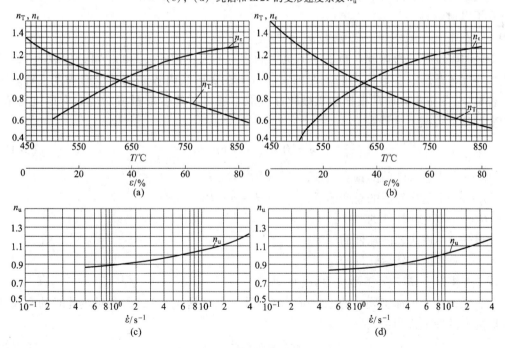

图 5-13 紫铜和 H90 变形温度、变形程度和变形速度影响系数

（a），（b）紫铜和 H90 的温度系数 n_T 和变形程度系数 n_ε；

（c），（d）紫铜和 H90 的变形速度系数 n_u

剧烈提高，在中等变形程度时，即大于 30%，屈服极限随变形程度加大，提高的速度开始减慢，在许多情况下，当继续增大变形程度时，屈服极限反而有些降低。所以在热轧时也必须考虑这种影响。

5.2.3.4　变形速度的影响

根据研究可知，冷轧时由于变形速度的影响小，所以，变形速度影响系数 n_u 可取为 1。

而热轧时，由于在轧制过程中，同时发生加工硬化，恢复和再结晶现象，随变形速度的增加，后者进行得不完全，故使变形抗力提高，因而必须考虑变形速度的影响。

变形速度即为单位时间内完成的相对压缩量，可按下式计算：

$$\bar{u} = \frac{v_h l}{RH} \tag{5-40a}$$

或者

$$\bar{u} = \frac{v_h}{l} \frac{\Delta h}{H} \tag{5-40b}$$

式中　v_h——轧件出口速度。

上式简单，便于实际应用。图 5-12 和图 5-13 也给出了铝合金和铜合金的变形速度影响系数 n_u 与变形速度 u 的关系曲线，计算出平均变形速度 u 便可由有关图曲线中查出速度影响系数 n_u。

5.2.3.5　冷轧及热轧时金属实际变形抗力的确定方法

当确定金属的实际变形抗力时，必须综合考虑上述因素的影响。下面对冷轧和热轧条件分别予以讨论。

A　冷轧时金属实际变形抗力 σ_φ 的确定

冷轧时温度和变形速度对金属变形抗力的影响不大，因此 n_T 和 n_u 可近似取为 1，只有变形程度才是影响变形抗力的主要因素。由于在变形区内各断面处变形程度不等。因此，若取 σ_φ 为常量，通常根据加工硬化曲线取本道次平均变形量所对应的变形抗力值。平均变形量 $\bar{\varepsilon}$ 可按下式计算：

$$\bar{\varepsilon} = 0.4\varepsilon_0 + 0.6\varepsilon_1 \tag{5-41}$$

式中　ε_0——本道次轧前的预变形量，$\varepsilon_0 = (H_0 - H)/H_0$；

　　　ε_1——本道次轧后的总变形量，$\varepsilon_1 = (H_0 - h)/H_0$；

　　　H_0——冷轧前轧件的厚度；

　　　H——本道次轧前轧件的厚度；

　　　h——本道次轧后轧件的厚度。

B　热轧时金属实际变形抗力 σ_φ 的确定

在热轧条件下，加工硬化的影响可忽略不计。也就是 $n_\varepsilon \approx 1$，因此对热轧时的金属实际变形抗力的确定式为：

$$\sigma_\varphi = n_T n_u \sigma_s \tag{5-42}$$

为便于实际应用，用实验方法将上述综合影响反映在一个曲线图中。即式（5-42）中的 σ_φ 值可从曲线中直接查出。在确定 σ_φ 的曲线图中，反映出钢种、变形速度、变形温度和压下量的影响，如图 5-14 ~ 图 5-19 所示为部分金属的平均变形温度、平均变形程度和

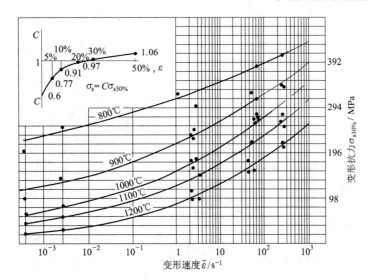

图 5-14 不锈钢 1Cr18Ni9Ti 的变形温度、变形速度
对变形抗力的影响（$\varepsilon = 30\%$）

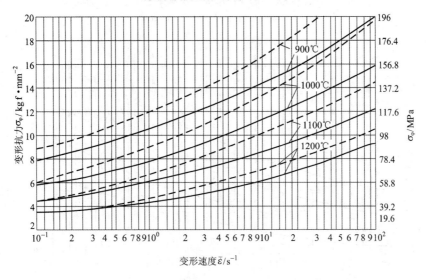

图 5-15 40Cr 钢变形温度、变形速度对变形抗力的影响

——: $\varepsilon = 20\%$ ；– – –: $\varepsilon = 40\%$

平均变形速度之间的关系曲线。有的曲线是在一定变形程度下制作的。因此由图查得的
σ_φ 再乘上压下率影响的修正系数，如图 5-14 上的左上角即为压下率影响的修正系数。

上述 σ_φ 为变形区中金属实际变形抗力的平均值，所以，变形速度、变形温度和压下
率亦必须取变形区长度上的平均值。

平均变形速度的计算方法已如前述，而对平均压下率建议用下述方法计算：

$$\bar{\varepsilon} = \frac{2}{3} \frac{\Delta h}{H} \tag{5-43}$$

平均变形温度的计算为：

$$\bar{T} = \frac{T_0 + T_1}{2}$$

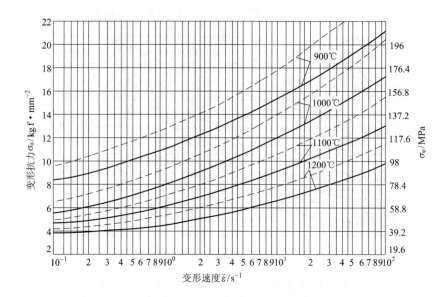

图 5-16　轴承钢 GCr15 的变形温度、变形速度对变形抗力的影响

——: $\varepsilon = 20\%$；　- - -: $\varepsilon = 40\%$

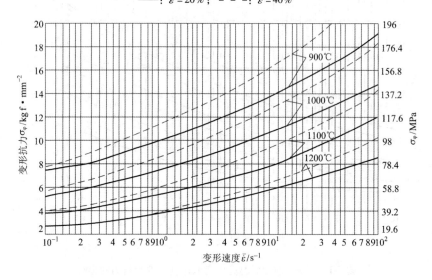

图 5-17　碳钢 Q235 变形速度、变形温度对变形抗力的影响

——: $\varepsilon = 20\%$；　- - -: $\varepsilon = 40\%$

5.2.4　平均单位压力的计算

平均单位压力计算公式很多，比较切合实际的有以下几个公式。

5.2.4.1　计算平均单位压力的 А. И. 采利柯夫公式

根据式（5-35）平均单位压力

$$\overline{p} = n_{\sigma} \cdot \sigma_{\varphi}$$

式中，实际变形抗力 σ_{φ} 的确定已讨论过，下面主要讨论应力状态系数 n_{σ} 的确定。应力状

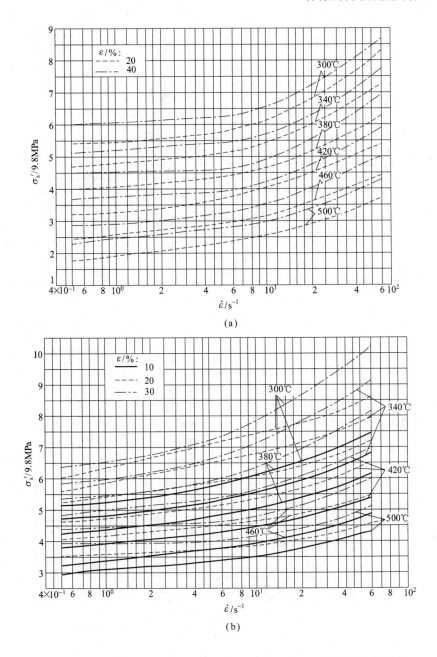

图 5-18 纯铝和 LF21 变形温度、变形程度和变形速度对变形抗力的影响

(a) 纯铝的变形抗力；(b) LF21 的变形抗力

态系数 n_σ 对平均单位压力的影响常常比其他系数更大，因此准确地定出应力状态系数 n_σ 是很重要的。已知应力状态系数是下面 4 个系数的乘积，即

$$n_\sigma = n_\beta n'_\sigma n''_\sigma n'''_\sigma$$

上式当无张力轧制时，张力影响系数 $n'''_\sigma = 1$。

下面讨论其余几个系数的确定。

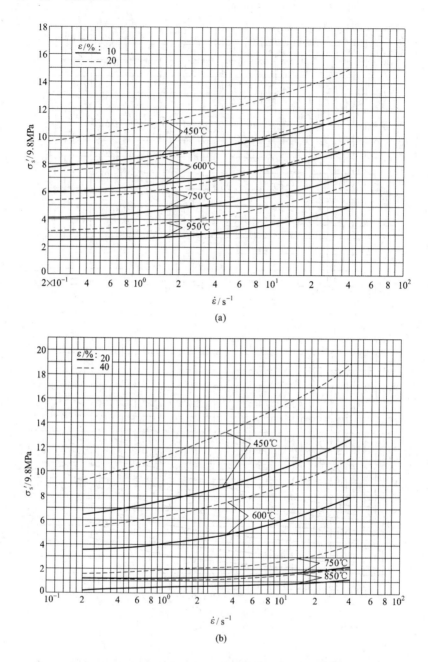

图 5-19 铜及铜合金变形温度、变形程度和变形速度对变形抗力的影响

（a）紫铜的变形抗力；（b）H62 黄铜的变形抗力

A 外摩擦影响系数 n'_σ 的确定

外摩擦影响系数 n'_σ 取决于金属与轧辊接触表面间的摩擦规律，不同的单位压力公式对这种规律考虑是不同的，所以在确定 n'_σ 值上就有所不同。可以说，目前所有的平均单位压力公式，实际上仅仅解决 n'_σ 的确定问题。关于金属与轧辊接触表面间的摩擦规律有3 种不同的看法：全滑动、全黏着和混合摩擦规律，这样就有三种确定 n'_σ 的计算方法，

所得计算平均单位压力公式也是不同的。

而采利柯夫对接触表面摩擦规律按全滑动（$t_x = fp_x$）的规律，导出了仅仅考虑外摩擦影响的单位压力分布方程式（5-19）和式（5-20）。所以，可以作为确定外摩擦影响系数的理论依据。

若不考虑外端的影响，即 $n''_\sigma = 1$，则平均单位压力的通式可写成如下形式：

$$\bar{p} = n_\beta n'_\sigma \cdot \sigma_\varphi$$

由于采利柯夫公式导自平面变形状态，即 $n_\beta = 1.15$。代入上式得：

$$\bar{p} = 1.15 n'_\sigma \cdot \sigma_\varphi$$

由此可得
$$n'_\sigma = \frac{\bar{p}}{1.15\sigma_\varphi}$$

或
$$n'_\sigma = \frac{\bar{p}}{K}$$

根据平均单位压力公式（5-31），把 $\bar{p}$ 值代入上式得：

$$n'_\sigma = \frac{1}{1.15\sigma_\varphi} \frac{1}{l} \int_0^l p_x \cdot \mathrm{d}x \tag{5-44}$$

将式（5-19）和式（5-20）之 p_x 值及式（5-11）之 $\mathrm{d}x$ 值代入式（5-44）中，再根据式（5-11）将 $\mathrm{d}x$ 表示为：

$$\mathrm{d}x = \frac{l}{\Delta h}\mathrm{d}h_x$$

式中，$\mathrm{d}h_x = 2\mathrm{d}y$。

在后滑区积分限乃由 h_γ 到 H，h_γ 为轧件在中性面上的厚度。而在前滑区积分限乃由 h 到 h_γ。由此得到：

$$n'_\sigma = \frac{1}{1.15\sigma_\varphi} \frac{1}{l} \frac{l}{\Delta h} \frac{1.15\sigma_\varphi}{\delta} \left\{ \int_{h_\gamma}^H \left[(\delta - 1)\left(\frac{H}{h_x}\right)^\delta + 1 \right]\mathrm{d}h_x + \int_h^{h_\gamma} \left[(\delta + 1)\left(\frac{h_x}{h}\right)^\delta - 1 \right]\mathrm{d}h_x \right\}$$

积分并简化后得

$$n'_\sigma = \frac{h_\gamma}{\delta \cdot \Delta h}\left[\left(\frac{H}{h_\gamma}\right)^\delta + \left(\frac{h_\gamma}{h}\right)^\delta - 2 \right] \tag{5-45}$$

兹以 $\dfrac{h_\gamma}{h}$ 来表示 $\dfrac{H}{h}$。在中性面上，即 $h_x = h_\gamma$ 时，前滑区和后滑区的单位压力分布曲线交于一点，即按式（5-19）和式（5-20）求得之单位压力相等，由此得到：

$$\frac{1}{\delta}\left[(\delta - 1)\left(\frac{H}{h_\gamma}\right)^\delta + 1 \right] = \frac{1}{\delta}\left[(\delta + 1)\left(\frac{h_\gamma}{h}\right)^\delta - 1 \right] \tag{5-46}$$

由此得出

$$\left(\frac{H}{h_\gamma}\right)^\delta = \frac{1}{\delta - 1}\left[(\delta + 1)\left(\frac{h_\gamma}{h}\right)^\delta - 2 \right]$$

将此$\left(\dfrac{H}{h_\gamma}\right)^\delta$之数值代入式（5-45）后得

$$n'_\sigma = \frac{2h_\gamma}{\Delta h(\delta-1)}\left[\left(\frac{h_\gamma}{h}\right)^\delta - 1\right] \qquad (5\text{-}47)$$

式中 $\delta = \dfrac{2fl}{\Delta h}$。

再根据式（5-46）找出

$$\frac{h_\gamma}{h} = \left[\frac{1+\sqrt{1+(\delta^2-1)\left(\dfrac{H}{h}\right)^\delta}}{\delta+1}\right]^{1/\delta} \qquad (5\text{-}48)$$

按此方程式绘制$\dfrac{h_\gamma}{h}$曲线图见图 5-20，便于实际应用。

为了计算方便，采利柯夫将公式（5-47）绘成曲线，见图 5-21。根据压缩率$\dfrac{\Delta h}{H}$和δ值，便可以从图中查出n'_σ之值。从而可计算出平均单位压力：

$$\bar{p} = n'_\sigma \cdot K$$

或

$$\bar{p} = 1.15 n'_\sigma \cdot \sigma_\varphi$$

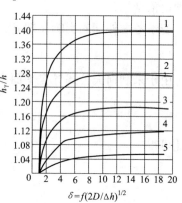

图 5-20　在不同变形程度时中性面高度与δ值的关系

压下率$\dfrac{\Delta h}{H}$分别为：1—50%；2—40%；3—30%；4—20%；5—10%

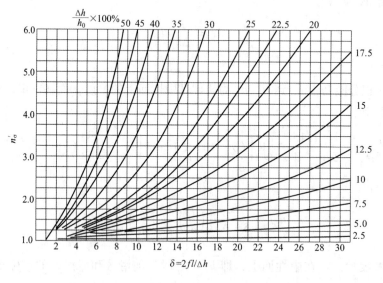

图 5-21　n'_σ与δ和ε的关系（按采利柯夫公式）

从图 5-21 可见，当提高压下率、摩擦系数和辊径时，外摩擦影响系数n'_σ增加，即平均单位压力大为增加。

B　外端影响系数n''_σ的确定

外端影响系数n''_σ的确定是比较困难的，因为外端对单位压力的影响是很复杂的。在一般轧制薄板的条件下，外端影响可忽略不计。实验研究表明，当变形区$\dfrac{l}{h} > 1$时，n''_σ接近于 1；如在 $\frac{l}{h} = 1.5$ 时，n''_σ 不超过 1.04；而在 $\frac{l}{h} = 5$ 时，n''_σ 不超过 1.005。因此，在轧制薄板时，计算平均单位压力可取 $n''_\sigma = 1$，即不考虑外端的影响。

实验研究表明，对于轧制厚件，由于外端存在使轧件的表面变形引起附加应力而使单位压力增大，故对于厚件当 $0.05 < \frac{l}{h} < 1$ 时，可用经验公式计算 n''_σ 值，即

$$n''_\sigma = \left(\frac{l}{h}\right)^{-0.4} \tag{5-49}$$

在孔型中轧制时，外端对平均单位压力的影响性质不变，可按图 5-22 上的实验曲线查得 n''_σ 值。

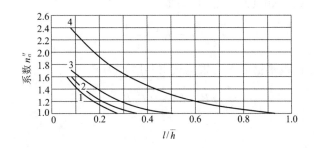

图 5-22 $l/\overline{h}$ 对 n''_σ 的影响
1—矩形断面试样；2—圆形断面试样；3—菱形断面试样；4—平断面试样

C 张力影响系数 n'''_σ 的确定

采用张力轧制能使平均单位压力降低，其降低值比单位张力的平均值 $\frac{q_0 + q_1}{2}$ 大，而单位后张力 q_0 的影响比单位前张力 q_1 影响大。张力降低平均单位压力，一方面由于它能够改变轧制变形区的应力状态，另一方面它能减小轧辊的弹性压扁。因此，不能单独求出张力影响系数 n'''_σ。通常用简化的方法考虑张力对平均单位压力的影响，即把这种影响考虑到 K 里去，认为张力直接降低了 K 值。在入辊处其 K 值降低按 $K - q_0$ 来计算，在出辊处其 K 值降低按 $K - q_1$ 来计算，所以 K 值的平均降低值 K' 为：

$$K' = \frac{(K - q_0) + (K - q_1)}{2} = K - \frac{q_0 + q_1}{2} \tag{5-50}$$

应指出，这种简化考虑张力对平均单位压力的影响方法，没有考虑张力引起中性面位置的变化。这种把张力考虑到 K 值中去的方法是建立在中性面位置不变的基础上，这只有在单位前后张力相等，即 $q_0 = q_1$ 时，应用才是正确的，或者在 q_0 与 q_1 相差不大时应用，否则会造成较大的误差。

5.2.4.2 计算平均单位压力的斯通公式

斯通公式考虑了外摩擦、拉力和轧辊弹性压扁的影响，并假设：（1）由于轧辊的弹性压扁，轧件相当于在两个平板间压缩；（2）忽略宽展的影响；（3）接触表面摩擦规律按

全滑动来考虑，即 $t_x = fp_x$，沿接触弧上 $\sigma_\varphi =$ 常数。

根据上述条件，导出斯通单位压力公式（5-26）和式（5-27）两式，经积分后，得出斯通平均单位压力公式：

$$\bar{p} = n'_\sigma K' = \frac{\mathrm{e}^m - 1}{m}(K - \bar{q}) \tag{5-51a}$$

式中 m——系数，$m = \dfrac{fl'}{\bar{h}}$，$\bar{h} = \dfrac{H + h}{2}$；

l'——考虑弹性压扁的变形区长度；

$\bar{q}$——前、后单位张力的平均值，$\bar{q} = \dfrac{q_0 + q_1}{2}$。

当无前、后张力时，式（5-51a）可写成

$$\bar{p} = K \frac{\mathrm{e}^m - 1}{m} \tag{5-51b}$$

轧辊弹性压扁后的变形区长度 l' 根据式（1-14）为

$$l' = \sqrt{R \cdot \Delta h + (C\bar{p}R)^2} + C\bar{p}R$$

式中，$C = \dfrac{8(1 - \gamma)}{\pi E}$。

对上式两边同乘 $\dfrac{f}{h}$，使其变成 m 和 $\bar{p}$ 的关系，并用 l^2 代替 $R \cdot \Delta h$，则

$$\frac{fl'}{\bar{h}} = \sqrt{\left(\frac{fl}{\bar{h}}\right)^2 + \left(\frac{fCR}{\bar{h}}\right)^2 \bar{p}^2} + \frac{fCR}{\bar{h}}\bar{p}$$

整理后得：

$$\left(\frac{fl'}{\bar{h}}\right)^2 - \left(\frac{fl}{\bar{h}}\right)^2 = 2\left(\frac{fl'}{\bar{h}}\right)\left(\frac{fCR}{\bar{h}}\right)\bar{p} \tag{5-52}$$

将平均单位压力 $\bar{p}$ 代入式（5-52）得：

$$\left(\frac{fl'}{\bar{h}}\right)^2 - \left(\frac{fl}{\bar{h}}\right)^2 = 2CR(\mathrm{e}^{fl'/\bar{h}} - 1)\frac{f}{\bar{h}}K'$$

或

$$\left(\frac{fl'}{\bar{h}}\right)^2 = 2CR(\mathrm{e}^{fl'/\bar{h}} - 1)\frac{f}{\bar{h}}K' + \left(\frac{fl}{\bar{h}}\right)^2 \tag{5-53}$$

设 $x = \dfrac{fl'}{h}$，$y = 2CR\dfrac{f}{h}K'$，$z = \dfrac{fl}{h}$，则上式可写成：

$$x^2 = (\mathrm{e}^x - 1)y + z^2$$

按上式可作出图 5-23 所示的图表。图 5-23 中左边标尺为 $z^2 = \left(\dfrac{fl}{h}\right)^2$，右边标尺为 $y = 2CR\dfrac{f}{h}K'$，图中曲线为 $x = \dfrac{fl'}{h}$，此曲线又称为 S 形曲线。

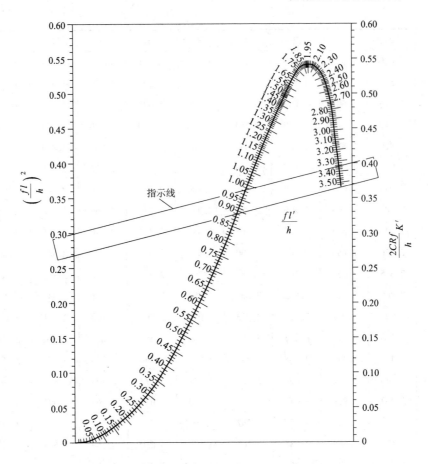

图 5-23 轧辊压扁时平均单位压力图解（斯通图解法）

应用图 5-23 所示曲线时，先根据具体轧制条件计算出 z 和 y 值，并在 z^2 尺和 y 尺上找出两点，连成一条直线，此直线称为指示线，指示线与 S 形曲线的交点即为所求之 $x = \dfrac{fl'}{h}$ 值。再根据 x 值可解出压扁弧 l' 之长度，然后将 x 值代入斯通平均单位压力公式解出平均单位压力 $\bar{p}$ 值。为了计算方便，表 5-1 给出了 $n'_\sigma = \dfrac{\mathrm{e}^m - 1}{m}$ 之值，根据 m 值便可从表中查出 n'_σ 值。

表 5-1 函数值 $n'_\sigma = \dfrac{\mathrm{e}^m - 1}{m}$

m	0	1	2	3	4	5	6	7	8	9
0.0	1.000	1.005	1.010	1.015	1.020	1.025	1.030	1.035	1.040	1.046
0.1	1.051	1.057	1.062	1.068	1.073	1.078	1.084	1.089	1.095	1.100
0.2	1.106	1.112	1.118	1.125	1.131	1.137	1.143	1.149	1.155	1.160
0.3	1.166	1.172	1.178	1.184	1.190	1.196	1.202	1.209	1.215	1.222
0.4	1.229	1.236	1.243	1.250	1.256	1.263	1.270	1.277	1.284	1.290
0.5	1.297	1.304	1.311	1.318	1.326	1.333	1.340	1.347	1.355	1.362
0.6	1.370	1.378	1.386	1.493	1.401	1.409	1.417	1.425	1.433	1.442

m	0	1	2	3	4	5	6	7	8	9
0.7	1.450	1.458	1.467	1.475	1.483	1.491	1.499	1.508	1.517	1.525
0.8	1.533	1.541	1.550	1.558	1.567	1.577	1.586	1.595	1.604	1.613
0.9	1.623	1.632	1.642	1.651	1.660	1.670	1.681	1.690	1.700	1.710
1.0	1.719	1.729	1.739	1.749	1.760	1.770	1.780	1.790	1.800	1.810
1.1	1.820	1.832	1.843	1.854	1.865	1.876	1.887	1.899	1.910	1.921
1.2	1.933	1.945	1.957	1.968	1.978	1.990	2.001	2.013	2.025	2.037
1.3	2.049	2.062	2.075	2.088	2.100	2.113	2.126	2.140	2.152	2.165
1.4	2.181	2.195	2.209	2.223	2.237	2.250	2.264	2.278	2.291	2.305
1.5	2.320	2.335	2.350	2.365	2.380	2.395	2.410	2.425	2.440	2.455
1.6	2.470	2.486	2.503	2.520	2.536	2.553	2.570	2.586	2.603	2.620
1.7	2.635	2.652	2.667	2.686	2.703	2.719	2.735	2.752	2.769	2.790
1.8	2.808	2.826	2.845	2.863	2.880	2.900	2.918	2.936	3.955	2.974
1.9	2.995	3.014	3.032	3.053	3.072	3.092	3.112	3.131	3.150	3.170
2.0	3.195	3.216	3.238	3.260	3.282	3.302	3.322	3.346	3.368	3.390
2.1	3.412	3.435	3.458	3.480	3.503	3.530	3.553	3.575	3.599	3.623
2.2	3.648	3.672	3.697	3.722	3.747	3.772	3.798	3.824	3.849	3.876
2.3	3.902	3.928	3.955	3.982	4.009	4.037	4.064	4.092	4.119	4.146
2.4	4.176	4.205	4.234	4.262	4.291	4.322	4.352	4.381	4.412	4.442
2.5	4.473	4.504	4.535	4.567	4.599	4.630	4.662	4.695	4.727	4.761
2.6	4.794	4.827	4.861	4.895	4.929	5.964	4.998	5.034	5.069	5.104
2.7	5.141	5.176	5.213	5.250	5.287	5.324	5.362	5.400	5.438	5.477
2.8	5.516	5.555	5.595	5.634	5.674	5.715	5.756	5.797	5.838	5.880
2.9	5.922	5.964	6.007	6.050	6.093	6.137	6.181	6.226	6.271	6.316

5.2.4.3 计算平均单位压力的 R. B. 西姆斯公式

西姆斯平均单位压力公式对接触表面摩擦规律按全黏着 $\left(t_x = \dfrac{K}{2}\right)$ 的条件确定外摩擦影响系数 n'_σ。对式（5-22）和式（5-23）积分后，得出西姆斯平均单位压力公式

$$\bar{p} = n'_\sigma K$$

$$= \left(\frac{\pi}{2}\sqrt{\frac{1-\varepsilon}{\varepsilon}}\arctan\sqrt{\frac{\varepsilon}{1-\varepsilon}} - \frac{\pi}{4} - \sqrt{\frac{1-\varepsilon}{\varepsilon}}\sqrt{\frac{R}{h}}\ln\frac{h_\gamma}{h} + \frac{1}{2}\sqrt{\frac{1-\varepsilon}{\varepsilon}}\sqrt{\frac{R}{h}}\ln\frac{1}{1-\varepsilon}\right)K$$

$$(5-54)$$

或写成

$$n'_\sigma = \frac{\bar{p}}{K} = f\left(\frac{R}{h}\varepsilon\right) \qquad (5-55)$$

为了计算方便，西姆斯把 n'_σ 与 ε 和 $\dfrac{R}{h}$ 的关系根据式（5-54）绘成曲线如图 5-24 所

示。根据 ε 和 $\frac{R}{h}$ 之值便可查出 n'_σ 值，进而就可以求出平均单位压力。从对接触表面摩擦规律的考虑来看，西姆斯公式适用于热轧的情况。

5.2.4.4　计算平均单位压力的 S. 爱克伦得公式

爱克伦得公式是用于热轧时计算平均单位压力的半经验公式，其公式为

$$\bar{p} = (1 + m)(K + \eta \bar{\varepsilon}) \qquad (5\text{-}56)$$

式中　m——外摩擦对单位压力影响的系数；

　　　η——黏性系数；

　　　$\bar{\varepsilon}$——平均变形速度。

其中 $(1 + m)$ 是考虑外摩擦的影响，为了决定 m，作者给出以下公式：

$$m = \frac{1.6f\sqrt{R \cdot \Delta h} - 1.2\Delta h}{H + h} \qquad (5\text{-}57)$$

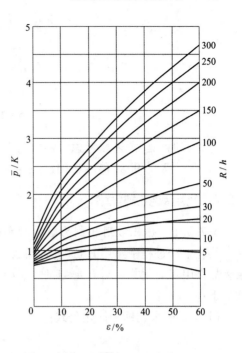

图 5-24　n'_σ 与 ε 和 $\frac{R}{h}$ 的关系（按西姆斯公式）

式（5-56）中的第二个括号里的 $\eta\bar{\varepsilon}$ 是考虑变形速度对变形抗力的影响。其中平均变形速度 $\bar{\varepsilon}$ 用下式计算

$$\bar{\varepsilon} = \frac{2v\sqrt{\dfrac{\Delta h}{R}}}{H + h}$$

把 m 值和 $\bar{\varepsilon}$ 值代入式（5-56）则得出平均单位压力 $\bar{p}$ 值。

爱克伦得还给出计算 K（MPa）和 η（MPa·s）的经验式：

$$K = 9.8(14 - 0.01t)[1.4 + w(C) + w(Mn)]$$

$$\eta = 0.1(14 - 0.01t)$$

式中　t——轧制温度,℃；

　$w(C)$——碳含量（质量分数）,%；

$w(Mn)$——锰含量（质量分数）,%。

当温度 $t \geqslant 800$℃和锰含量 $\leqslant 1.0\%$ 时，这些公式是正确的。

f 用下式计算：

$$f = a(1.05 - 0.0005t)$$

对钢轧辊 $a = 1$，对铸铁轧辊 $a = 0.8$。

近来，有人对爱克伦得公式进行了修正，按下式计算黏性系数：

$$\eta = 0.1(14 - 0.01t)C'$$

式中　C'——决定于轧制速度的系数。

轧制速度/m·s^{-1}	系数 C'
<6	1
6~10	0.8
10~15	0.65
15~20	0.60

计算 K 时，建议还要考虑含铬量的影响

$$K = 9.8(14 - 0.01t)[1.4 + w(\text{C}) + w(\text{Mn}) + 0.3w(\text{Cr})]\text{MPa}$$

5.2.5　常用数学模型举例

5.2.5.1　热轧常用轧制力数学模型

热轧生产过程中常用 Hims 公式和 A.И 采利柯夫公式计算轧制力，由于这两个公式复杂，故常用其简化式。当 $L/h \leqslant 1$ 时，用 A.И 采利柯夫公式的简化式及其他简化式，其公式如下：

（1）A.И 采利柯夫简化公式：

$$n'_\sigma = (L/h)^{-0.4} \tag{5-58}$$

（2）B.M 鲁柯夫斯基根据滑移线推导的简化公式：

$$n'_\sigma = 1.25\left(L/h + \ln\frac{L}{h}\right) - 0.25 \tag{5-59}$$

（3）И.Я 塔韧诺夫斯基用变分法推出的简化公式：

$$n'_\sigma = \frac{0.55}{\varphi}\sqrt{L/h} \tag{5-60}$$

式中，φ 值为 0.4~0.7，其大小与 L/h 无关，故使用不太方便。

上述三式对应力状态系数的计算结果见图 5-25，如图可见当 $L/h \leqslant 1$ 时，计算结果差别不大。

根据公式 $\bar{p} = 1.15 n'_\sigma \sigma_\varphi$，只要变形抗力取值合理，平均单位压力计算结果就能比较吻合实际。

当 $L/h \geqslant 1$ 时，常用的 Hims 简化式如下。

（1）志田茂（日本）简化式：

$$n'_\sigma = 0.8 + C(\sqrt{R/H} + 0.5) \tag{5-61}$$

式中，$C = 0.45\varepsilon + 0.04$；$\varepsilon = \Delta h/H$。

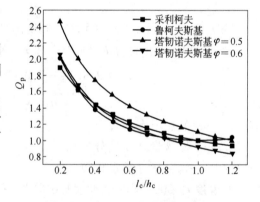

图 5-25　各 n'_σ 公式计算结果图示

（2）斋藤（日本）公式：

$$n'_\sigma = 0.785 + 0.25(L/h) \tag{5-62}$$

（3）克林特里（苏联）公式：

$$n'_\sigma = 0.75 + 0.27(L/h) \tag{5-63}$$

（4）日立（日本）公式：

$$n'_\sigma = 0.8062 - 0.3023\varepsilon + (0.0419 + 0.4055\varepsilon - 0.2246\varepsilon^2)\sqrt{R/h} \tag{5-64}$$

上述四个公式可作为精轧区单位压力的计算。

由平均单位压力公式 $\bar{p} = 1.15n'_\sigma\sigma_\varphi$ 可知，用前面介绍的应力状态影响系数简化公式计算单位压力还需知道变形抗力。变形抗力可以实测，也可以根据所轧材料的化学成分回归的经验式计算出变形抗力。变形抗力一般是变形温度、变形速度和变形程度及化学成分的函数。对于碳素钢有以下常用的公式：

（1）美坂佳助公式（适用于 $c < 1.2\%$，$\dot{\varepsilon} < 100/\mathrm{s}$，$t = 750 \sim 1200℃$）

$$\sigma_\varphi = \exp[0.126 - 1.75c + 0.594c^2 + (2851 + 2968c - 1120c^2)/T_\mathrm{K}]\dot{\varepsilon}^{0.13} \cdot \varepsilon^{0.21} \tag{5-65}$$

式中　$\dot{\varepsilon}$——平均变形速度；

　　　ε——真变形量。

该公式忽略了不同温度下变形速度影响的差异，精度受影响。

（2）志田茂公式（适用于 $c = 0.01\% \sim 1.16\%$，$\dot{\varepsilon} = 0.3 \sim 30/\mathrm{s}$，$t = 700 \sim 1200℃$，$\varepsilon = 0.1 \sim 0.6$）：

该公式考虑了相变区，将温度区域近似分成两个区域，其临界温度为 t_d。

当 $t \geqslant t_\mathrm{d}$ 时

$$\sigma_\varphi = 0.28\exp[5.0/T - 0.01/(c + 0.05)](\dot{\varepsilon}/10)^m[1.3(\varepsilon/0.2)^n - 0.3(\varepsilon/0.2)] \tag{5-66}$$

当 $t \leqslant t_\mathrm{d}$ 时

$$\sigma_\varphi = 0.28g \exp[5.0/T_\mathrm{d} - 0.01/(c + 0.05)](\dot{\varepsilon}/10)^m[1.3(\varepsilon/0.2)^n - 0.3(\varepsilon/0.2)] \tag{5-67}$$

式中　$g = 30.0(c + 0.9)[T - 0.95(c - 0.49)/(c - 0.42)]^2 + (c - 0.06)/(c + 0.09)$；

　　　$m = (0.019c + 0.126)T + (0.075c - 0.050)$，当 $t \geqslant t_\mathrm{d}$；

　　　$m = (0.081c - 0.154)T + (0.207 - 0.019c) + 0.027/(c + 0.320)$，当 $t < t_\mathrm{d}$；

　　　$n = 0.41 - 0.07c$；

　　　$t_\mathrm{d} = 950(c + 0.41)/(c + 0.32) - 273$；

　　　$T = (t + 273)/1000$；

　　　$T_\mathrm{d} = (t_\mathrm{d} + 273)/1000$；

　　　c——含碳量（质量分数），%；

　　　$\dot{\varepsilon}$——变形速度，s^{-1}；

　　　ε——真变形量。

用上述公式可以计算出各种工艺条件下的轧制压力，可以用于工程计算。

5.2.5.2　冷轧常用轧制力数学模型

冷轧轧制压力计算常用公式有 A. И 采利柯夫公式、Bland-Ford 公式和 Stone 公式，其中 Bland-Ford 公式在冷轧中用得较多。由于 Bland-Ford 公式和 A. И 采利柯夫公式较复杂，计算较繁，故 Hill 对 Bland-Ford 公式进行简化，计算结果与原式也很接近；柯洛辽夫对 A. И 采利柯夫公式进行了简化，计算结果与原式也很接近；因此在冷轧过程中常用 Hill 公式、柯洛辽夫公式和 Stone 公式计算轧制力。其中 Stone 公式前已述及，见式（5-51）。以下简介 Hill 公式和科洛辽夫公式。

（1）Hill 公式：

$$n'_\sigma = 1.08 + 1.79 f\varepsilon \sqrt{1 - \varepsilon} \sqrt{\frac{R}{h}} - 1.02\varepsilon \tag{5-68}$$

式中 $\varepsilon = (h_0 - h_1)/h_0$；

　　　　f——摩擦系数。

$$P = Bl', \quad p = Bl'n'_\sigma K$$

式中 $l' = (R'\Delta h)^{\frac{1}{2}}$；

　　　　$K = 1.15\sigma_\varphi$；

　　　　$R' = \left[1 + 2.2 \times 10^{-5} \dfrac{P}{B(H - h)}\right] R$。

（2）科洛辽夫公式：

$$n'_\sigma = \frac{2}{\varepsilon\delta}\left[\left(\frac{1}{1 - \varepsilon}\right)^{\frac{\delta-1}{2}} - \left(1 - \frac{\varepsilon}{2}\right)\right] \tag{5-69}$$

式中 $\delta = \dfrac{2fl'}{\Delta h}$；

　　　　$\varepsilon = (h_0 - h_1)/h_0$；

　　　　f——摩擦系数。

$$P = Bl', \quad p = Bl'n'_\sigma k_t K$$

式中 $l' = (R'\Delta h)^{\frac{1}{2}}$；

　　　　$k_t = 1 - \dfrac{\xi_0 + \xi_1}{2}$；

　　　　$\xi_0 = \dfrac{t_0}{K}$；$\xi_1 = \dfrac{t_1}{K}$；

　　　　t_0——平均后张应力；

　　　　t_1——平均前张应力；

　　　　K——平面变形抗力。

5.3　主电动机传动轧辊所需力矩及功率

5.3.1　传动力矩的组成

欲确定主电动机的功率，必须首先确定传动轧辊的力矩。轧制过程中，在主电动机轴上，传动轧辊所需力矩最多由下面四部分组成：

$$M = \frac{M_z}{i} + M_m + M_k + M_d \qquad (5-70)$$

式中 M_z——轧制力矩，用于使轧件塑性变形所需之力矩；

  M_m——克服轧制时发生在轧辊轴承，传动机构等的附加摩擦力矩；

  M_k——空转力矩，即克服空转时的摩擦力矩；

  M_d——动力矩，此力矩为克服轧辊不均速运动时产生的惯性力所必需的；

  i——轧辊与主电动机间的传动比。

组成传动轧辊的力矩的前三项为静力矩，即

$$M_j = \frac{M_z}{i} + M_m + M_k \qquad (5-71)$$

式（5-71）指轧辊做匀速转动时所需的力矩。这三项对任何轧机都是必不可缺少的。在一般情况下，以轧制力矩为最大，只有在旧式轧机上，由于轴承中的摩擦损失过大，有时附加摩擦力矩才有可能大于轧制力矩。

在静力矩中，轧制力矩是有效部分，至于附加摩擦力矩和空转力矩是由于轧机的零件和机构的不完善引起的有害力矩。

这样换算到主电动机轴上的轧制力矩与静力矩之比的百分数称为轧机的效率：

$$\eta = \frac{\dfrac{M_z}{i}}{\dfrac{M_z}{i} + M_m + M_k} \times 100\% \qquad (5-72)$$

轧机效率随轧制方式和轧机结构不同（主要是轧辊的轴承构造）在相当大的范围内变化，即 $\eta = 0.5 \sim 0.95$。

动力矩只发生于用不均匀转动进行工作的几种轧机中，如可调速的可逆式轧机，当轧制速度变化时，便产生克服惯性力的动力矩 $M_d(\mathrm{N \cdot m})$，其数值可由下式确定：

$$M_d = \frac{GD^2}{375} \cdot \frac{\mathrm{d}n}{\mathrm{d}t} \qquad (5-73)$$

式中 G——转动部分的重量，N；

  D——转动部分的惯性直径，m；

  $\dfrac{\mathrm{d}n}{\mathrm{d}t}$——角加速度。

在转动轧辊所需的力矩中，轧制力矩是最主要的。确定轧制力矩有两种方法：按轧制力计算和利用能耗曲线计算。前者对板带材等矩形断面轧件计算较精确，后者用于计算各种非矩形断面的轧制力矩。

5.3.2 轧制力矩的确定

5.3.2.1 按金属对轧辊的作用力计算轧制力矩

该法是用金属对轧辊的垂直压力 P 乘以力臂 a，见图 5-26。即：

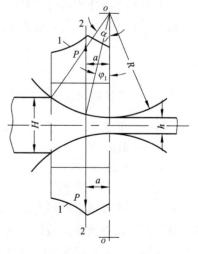

图 5-26 按轧制力计算轧制力矩
1—单位压力曲线；2—单位压图图形重心线

$$M_{z1} = M_{z2} = P \cdot a = \int_0^l x(p_x \pm t_x \tan\varphi)\,\mathrm{d}x \tag{5-74}$$

式中　M_{z1}，M_{z2}——上、下轧辊的轧制力矩。

因为摩擦力在垂直方向上的分力相比很小，可以忽略，所以：

$$a = \frac{\int_0^l x p_x\,\mathrm{d}x}{P} = \frac{\int_0^l x p_x\,\mathrm{d}x}{\int_0^l p_x\,\mathrm{d}x} \tag{5-75}$$

从上式可看出，力臂 a 实际上等于单位压力图形的重心到轧辊中心连线的距离。

为了消除几何因素对力臂 a 的影响，通常不直接确定出力臂 a，而是通过确定力臂系数 ψ 的方法来确定之，即

$$\psi = \frac{\varphi_1}{\alpha_j} = \frac{a}{l_j} \quad 或 \quad a = \psi l_j$$

式中　φ_1——合压力作用角，见图 5-26；

　　　α_j——接触角；

　　　l_j——接触弧长度。

因此，转动两个轧辊所需的轧制力矩为：

$$M_z = 2Pa = 2P\psi l_j \tag{5-76}$$

上式中的轧制力臂系数 ψ 根据大量实验数据统计，其范围为：

热轧铸锭时　　　　　　　　　　$\psi = 0.55 \sim 0.60$

热轧板带时　　　　　　　　　　$\psi = 0.42 \sim 0.50$

冷轧板带时　　　　　　　　　　$\psi = 0.33 \sim 0.42$

5.3.2.2　按能量消耗曲线确定轧制力矩

在很多情况下，按轧制时能量消耗来决定轧制力矩是合理的，因为在这方面有些实验资料，如果轧制条件相同时，其计算结果也较可靠。

轧制所消耗的功 A 与轧制力矩之间的关系为

$$M_z = \frac{A}{\theta} = \frac{A}{\omega t} = \frac{AR}{vt} \tag{5-77}$$

式中　θ——轧件通过轧辊期间轧辊的转角，$\theta = \omega t = \dfrac{v}{R}t$；

　　　ω——角速度；

　　　t——时间；

　　　R——轧辊半径；

　　　v——轧辊圆周速度。

利用能耗曲线确定轧制力矩，其单位能耗曲线对于型钢和钢坯轧制一般表示为每吨产品的能量消耗与总延伸系数间的关系，如图 5-27 所示。而对于板带材一般表示为每吨产品的能量消耗与板带厚度的关系如图 5-28 所示。如图所示，第 $n+1$ 道次的单位能耗为 $a_{n+1} - a_n$（kW·h/t），如轧件重量为 G 吨，在该道次总能耗（kW·h）为：

$$A = (a_{n+1} - a_n)G \qquad (5\text{-}78)$$

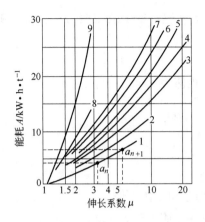

图 5-27　开坯、型钢和钢管轧机的典型能耗曲线
1—1150mm 板坯机；2—1150mm 初轧机；3—250mm 线材连轧机；
4—350mm 棋盘式中型轧机；5—700/500mm 钢坯连轧机；
6—750mm 轨梁轧机；7—500mm 大型轧机；
8—250mm 自动轧管机；9—250mm 穿孔机组

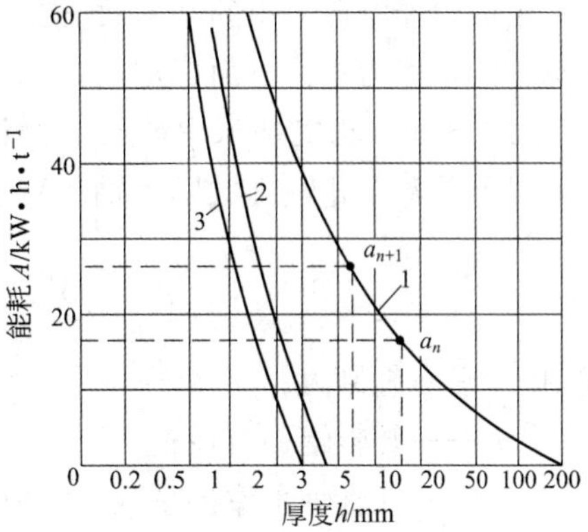

图 5-28　板带钢轧机的典型能耗曲线
1—1700mm 连轧机；2—三机架冷连轧低碳钢；
3—五机架冷连轧铁皮

因为轧制时的能量消耗一般是以电机负荷大小测量的，故在这种曲线中还包括有轧机传动机构中的附加摩擦消耗，但除去了轧机的空转消耗。所以，按能耗曲线确定的力矩（N·m）为轧制力矩 M_z 和附加摩擦力矩 M_m 之总和。

根据式（5-77）和式（5-78）得：

$$\frac{M_z + M_m}{i} = \frac{1000 \times 3600(a_{n+1} - a_n)G \cdot R}{t \cdot v} \qquad (5\text{-}79)$$

如果将 $G = F_h L_h \rho$ 及 $t = \dfrac{L_h}{v_h} = \dfrac{L_h}{v(1 + S_h)}$ 代入式(5-79)整理后得：

$$\frac{M_z + M_m}{i} = 18 \times 10^5 (a_{n+1} - a_n)\rho \cdot F_h \cdot D(1 + S_h) \qquad (5\text{-}80)$$

式中　　G——轧件重量，t；

　　　　ρ——轧件的密度，t/m³；

　　　　D——轧辊工作直径，m；

　　　　F_h——该道次后轧件横断面积，m²；

　　　　S_h——前滑；

　　　　i——传动比。

取钢的 $\rho = 7.8$t/m³，并忽略前滑影响，则

$$\frac{M_z + M_m}{i} = 140.4 \times 10^5 (a_{n+1} - a_n)F_h D \qquad (5\text{-}81)$$

5.3.3　附加摩擦力矩的确定

轧制过程中，轧件通过辊间时，在轴承内以及轧机传动机构中有摩擦力产生，所谓附

加摩擦力矩，是指克服这些摩擦力所需力矩，而且在此附加摩擦力矩的数值中，并不包括空转时轧机转动所需的力矩。

组成附加摩擦力矩的基本数值有两大项，一为轧辊轴承中的摩擦力矩，另一项为传动机构中的摩擦力矩，下面分别论述。

5.3.3.1 轧辊轴承中的附加摩擦力矩

对上下两个轧辊（共四个轴承）而言，该力矩值为：

$$M_{m1} = \frac{P}{2}f_1\frac{d_1}{2}4 = Pd_1f_1$$

式中　　P——轧制力；

　　　　d_1——轧辊辊颈直径；

　　　　f_1——轧辊轴承摩擦系数，它取决于轴承构造和工作条件：

　　　　滑动轴承金属衬热轧时　　$f_1 = 0.07 \sim 0.10$

　　　　滑动轴承金属衬冷轧时　　$f_1 = 0.05 \sim 0.07$

　　　　滑动轴承塑料衬　　　　　$f_1 = 0.01 \sim 0.03$

　　　　液体摩擦轴承　　　　　　$f_1 = 0.003 \sim 0.004$

　　　　滚动轴承　　　　　　　　$f_1 = 0.003$

5.3.3.2 传动机构中的摩擦力矩

该力矩是指减速机座，齿轮机座中的摩擦力矩。此传动系统的附加摩擦力矩根据传动效率按下式计算：

$$M_{m2} = \left(\frac{1}{\eta_1} - 1\right)\frac{M_z + M_{m1}}{i} \tag{5-82}$$

式中　　M_{m2}——换算到主电动机轴上的传动机构的摩擦力矩；

　　　　η_1——传动机构的效率，即从主电动机到轧机的传动效率；一级齿轮传动的效率一般取 $0.96 \sim 0.98$，皮带传动效率取 $0.85 \sim 0.90$。

换算到主电动机轴上的附加摩擦力矩应为：

$$M_m = \frac{M_{m1}}{i} + M_{m2}$$

或

$$M_m = \frac{M_{m1}}{i\eta_1} + \left(\frac{1}{\eta} - 1\right)\frac{M_z}{i} \tag{5-83}$$

5.3.4 空转力矩的确定

空转力矩是指空载转动轧机主机列所需的力矩。通常是根据转动部分轴承中引起的摩擦力计算之。

在轧机主机列中有许多机构，如轧辊、联接轴、人字齿轮及飞轮等等，各有不同重量及不同的轴颈直径及摩擦系数。因此，必须分别计算。显然，空载转矩应等于所有转动机件空转力矩之和，当换算至主电动机轴上时，则转动每一个部件所需力矩之和为：

$$M_k = \sum M_{kn} \tag{5-84}$$

式中 M_{kn}——换算到主电动机轴上的转动每一个零件所需的力矩。

如果用零件在轴承中的摩擦圆半径与力来表示 M_{kn}，则

$$M_{kn} = \frac{G_n \cdot f_n \cdot d_n}{2i_n} \tag{5-85}$$

式中 G_n——该机件在轴承上的重量；

f_n——在轴承上的摩擦系数；

d_n——轴颈直径；

i_n——电动机与该机件间的传动比。

将式（5-85）代入式（5-84）后得空转力矩为：

$$M_k = \sum \frac{G_n \cdot f_n \cdot d_n}{2i_n} \tag{5-86}$$

按上式计算甚为复杂，通常可按经验办法来确定：

$$M_k = (0.03 \sim 0.06)M_H \tag{5-87}$$

式中 M_H——电动机的额定转矩。

对新式轧机可取下限，对旧式轧机可取上限。

5.3.5 静负荷图

为了校核和选择主电动机，除知其负荷值外，尚需知轧机负荷随时间变化的关系图，力矩随时间变化的关系图称为静负荷图。绘制静负荷图之前，首先要决定出轧件在整个轧制过程中在主电机轴上的静负荷值，其次决定各道次的纯轧和间歇时间。

如上所述，静力矩按下式计算

$$M_j = \frac{M_z}{i} + M_m + M_k \tag{5-88}$$

静负荷图中的静力矩可以用式（5-76）加以确定。每一道次的轧制时间 t_n 可由下式确定：

$$t_n = \frac{L_n}{v_n} \tag{5-89}$$

式中 L_n——轧件轧后长度；

$\overline{v_n}$——轧件出辊平均速度，忽略前滑时，它等于轧辊圆周速度。

间隙时间按间隙动作所需时间确定或按现场数据选用。

已知上述各值后，根据轧制图表绘制出一个轧制周期内的电机负荷图。图 5-29 给出几类轧机的静负荷图。

5.3.6 可逆式轧机的负荷图

在可逆式轧机中，轧制过程是轧辊首先在低速咬入轧件，然后提高轧制速度进行轧制，之后又降低轧制速度，实现低速抛出。因此轧件通过轧辊的时间由三部分组成：加速时间、稳定轧制时间及减速时间。

由于轧制速度在轧制过程中是变化的，所以负荷图必须考虑动力矩 M_d，此时负荷图

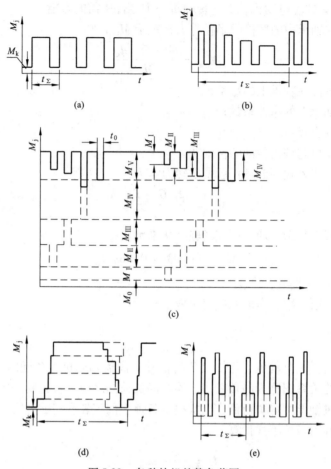

图 5-29　各种轧机的静负荷图

（a）单独传动的连轧机或一道中轧—根轧件者；（b）单机架轧机轧数道者；
（c）同时轧数根轧件者；（d）集体驱动的连轧机；（e）同（d），
但两轧件的间隙时间大于轧件通过机组之间的时间

是由静负荷与动负荷组合而成，见图 5-30。

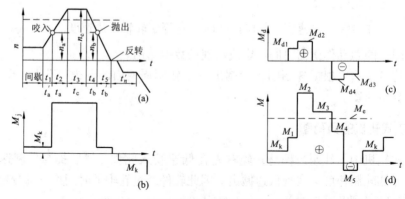

图 5-30　可逆式轧机的轧制速度与负荷图

（a）速度图；（b）静负荷图；（c）动负荷图；（d）合成负荷图

如果主电动机在加速期的加速度用 a 表示，在减速期用 b 表示，则在各期间内的转动总力矩为：

加速轧制期
$$M_2 = M_j + M_d = \frac{M_z}{i} + M_m + M_k + \frac{GD^2}{375} \cdot a \qquad (5\text{-}90)$$

等速轧制期
$$M_3 = M_j = \frac{M_z}{i} + M_m + M_k \qquad (5\text{-}91)$$

减速轧制期
$$M_4 = M_j - M_d = \frac{M_z}{i} + M_m + M_k - \frac{GD^2}{375} \cdot b \qquad (5\text{-}92)$$

同样，可逆式轧机在空转时也分加速期、等速期和减速期。在空转时各期间的总力矩为：

空转加速期
$$M_1 = M_k + M_d = M_k + \frac{GD^2}{375} \cdot a \qquad (5\text{-}93)$$

空转等速期
$$M'_3 = M_k$$

空转减速期
$$M_5 = M_k - M_d = M_k - \frac{GD^2}{375} \cdot b \qquad (5\text{-}94)$$

加速度 a 和 b 的数值取决于主电动机的特性及其控制线路。

5.3.7　主电动机的功率计算

当主电动机的传动负荷图确定后，就可对电动机的功率进行计算。这项工作包括两部分：一是由负荷图计算出等效力矩不能超过电动机的额定力矩；二是负荷图中的最大力矩不能超过电动机的允许过载负荷和持续时间。

如果是新设计的轧机，则对电动机就不是校核，而是要根据等效力矩和所要求的电动机转速来选择电动机。

5.3.7.1　等效力矩计算及电动机的校核

轧机工作时电动机的负荷是间断式的不均匀负荷，而电动机的额定力矩是指电动机在此负荷下长期工作，其温升在允许的范围内的力矩。为此必须计算出负荷图中的等效力矩，其值按下式计算：

$$M_{jum} = \sqrt{\frac{\sum M_n^2 t_n + \sum M'^2_n t'_n}{\sum t_n + \sum t'_n}} \qquad (5\text{-}95)$$

式中　M_{jum}——等效力矩；

$\quad \sum t_n$——轧制时间内各段纯轧时间的总和；

$\quad \sum t'_n$——轧制周期内各段间隙时间的总和；

$\quad M_n$——各段轧制时间所对应的力矩；

$\quad M'_n$——各段间隙时间对应的空转力矩。

校核电动机温升条件为：

$$M_{jum} \leqslant M_H$$

校核电动机的过载条件为：

$$M_{\max} \leqslant K_G \cdot M_H$$

式中　M_H——电动机的额定力矩；

　　　K_G——电动机的允许过载系数，直流电动机 $K_G = 2.0 \sim 2.5$；交流同步电动机，$K_G = 2.5 \sim 3.0$；

　　　$M_{\max}$——轧制周期内最大的力矩。

电动机达到允许最大力矩 $K_G \cdot M_H$ 时，其允许持续时间在 15s 以内，否则电动机温升将超过允许范围。

5.3.7.2　电动机功率的计算

对于新设计的轧机，需要根据等效力矩计算电动机的功率（kW），即：

$$N = \frac{0.105 M_{\text{jum}} n}{\eta} \tag{5-96}$$

式中　n——电动机的转速，r/min；

　　　η——由电动机到轧机的传动效率。

5.3.7.3　超过电动机基本转速时电动机的校核

当实际转速超过电动机的基本转速时，应对超过基本转速部分对应的力矩加以修正，见图 5-31，即乘以修正系数。

如果此时力矩图形为梯形，如图 5-31 所示，则等效力矩为：

$$M_{\text{jum}} = \sqrt{\frac{M_1^2 + M_1 \cdot M + M^2}{3}} \tag{5-97}$$

式中　M_1——转速未超过基本转速时的力矩；

　　　M——转速超过基本转速时乘以修正系数后的力矩。

即　　　　$$M = M_1 \cdot \frac{n}{n_H}$$

式中　n——超过基本转速时的转速；

　　　n_H——电动机的基本转速。

校核电动机过载条件为：

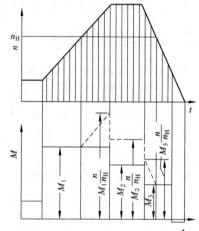

图 5-31　超过基本转速时的力矩修正图

$$\frac{n}{n_H} M_{\max} \leqslant K_G M_H \tag{5-98}$$

6   不对称轧制理论

6.1   异步轧制理论

6.1.1   异步轧制基本概念及变形区特征

异步轧制是指两个工作辊表面线速度不相等的一种轧制方法。异步轧制的突出优点是轧制压力低，轧薄能力强，轧制精度高，适宜轧制难变形金属及极薄带材。实现异步轧制过程有两种方法，其一是两个工作辊辊径相同，转速不同；另一种是两个工作辊转速相同，辊径不同。上述两种方法均可实现工作辊线速度不同，生产中常见前者居多。

根据穿带形式的不同，异步轧制常见的有四种形式，如图 6-1 所示，分别为拉直式异步轧制、"S"式异步轧制、恒延伸式异步轧制和单机连轧式异步轧制。在生产中多见拉直式异步轧制。

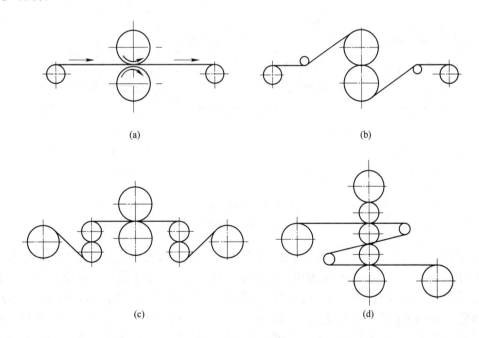

(a)

(b)

(c)

(d)

图 6-1   异步轧制的形式

（a）拉直式异步轧制；（b）"S"式异步轧制；（c）恒延伸式异步轧制；（d）单机连轧式异步轧制

由于两个工作辊的线速度不同，轧制时变形区金属质点的流动规律和应力分布均有别于同步轧制。当异步轧制时，慢速辊侧的中性点向变形区入口侧移动，快速辊侧中性点向变形区出口侧移动，当慢速辊中性点移至入口处、快速辊侧中性点移至出口处时，使变形区内上下表面的摩擦力方向相反，形成了所谓"搓轧区"，如图 6-2 所示，此种状态称为

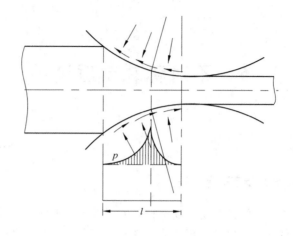

图 6-2 搓轧区受力示意图

全异步轧制。当中性点受某些条件限制不能移到出、入口处时，变形区可能出现后滑区和前滑区，这样，变形区就可能由后滑区和搓轧区二者组成或由后滑区、搓轧区和前滑区三者组成，如图 6-3 中（a）、（b）所示。

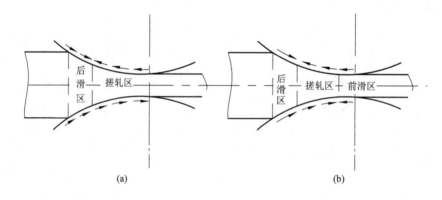

图 6-3 变形区状态

（a）由后滑区和搓轧区组成；（b）由后滑区、搓轧区和前滑区组成

变形区内搓轧区的大小、是否出现前滑区和后滑区及其前滑和后滑区的大小主要取决于异速比 $i = v_K/v_M$（v_K、v_M 分别为快、慢速辊的线速度），轧件的道次延伸系数 μ 和轧件在慢速辊侧的前滑值 $S_M = v_h/v_M - 1$，式中 v_h 为带材出口线速度。当 $\mu > i$，$S_M = i-1 \leqslant \mu - 1$ 时，变形区由后滑区和搓轧区组成；当 $\mu > i$，$i-1 < S_M < \mu - 1$ 时，变形区由后滑区、搓轧区和前滑区组成；当 $\mu = i$，$S_M = i-1$ 时，变形区由搓轧区一区组成；当 $\mu = i$，$S_M < i-1$ 时，变形区由后滑区和搓轧区组成。以上几种状态是生产中常见的。根据 μ、i 和 S_M 的不同可能还会出现若干种变形区组成状态，但生产中并不多见。

6.1.2 异步轧制压力

由于异步轧制时变形区内存在着搓轧区，单位压力沿接触弧的分布曲线削去同步轧制时单位压力峰值（图 6-2 曲线中的阴影部分），使平均单位压力减小，从而使总轧制压力降低。根据轧制时变形区实际状态，作者采用工程法推导出常见的两种变形区平均单位压力公式。当变形区只有搓轧区组成时，平均单位压力为：

$$\bar{p}_{\mathrm{I}} = \frac{K_0 + K_1}{2} - \frac{q_0 + q_1}{2} + \frac{a}{2}\left(\frac{\mu + 1}{\mu - 1}\right)\ln\mu_0 - a \tag{6-1}$$

式中　K_0，K_1——变形区入、出口平面变形抗力；

$\quad\quad$ q_1，q_0——前、后张应力；

$\quad\quad$ $a = \sigma_{\mathrm{s}} + b$，其中 b 为硬化指数，σ_{s} 为变形量为零时的变形抗力；

$\quad\quad$ $K_x = \sigma_{\mathrm{s}} + b\varepsilon_{x'}$，$\varepsilon_x$ 为任意断面处的变形量；

$\quad\quad$ $\mu_0 = H_0/H$，其中 H_0 为软态原料厚度，H 为本道次轧前厚度；

$\quad\quad$ $\mu = H/h$，h 为本道次轧后厚度。

当变形区由搓轧区和后滑区两者组成时：

$$\bar{p}_{\mathrm{II}} = \frac{1}{\mu - 1}\left\{ (i - 1)\left[K_1 - q_1 + \frac{2b}{\mu_0\mu} + \frac{ai}{i - 1}\ln i - a - \frac{b(i - 1)}{\mu_0\mu} \right] + \right.$$

$$\left. (\mu - i)\left[\frac{a}{\delta} - \frac{2b(\mu + i)}{\mu_0\mu(\delta + 1)} \right] + \frac{1}{1 - \delta}\left[K_0 - q_0 - \frac{a}{\delta} + \frac{2b}{\mu_0(\delta + 1)} \right]\left[\frac{\mu - i\left(\frac{\mu}{i}\right)^{\delta}}{\mu - i} \right] \right\}$$

$$\tag{6-2}$$

式中　$\delta = \dfrac{2f\,l}{\Delta h}$；

$\quad\quad$ i——异速比；

$\quad\quad$ l——变形区长度。

异步轧制与同步轧制相比可以明显地降低轧制压力，这已被大量的实验所证实。如图 6-4 所示，在延伸系数一定的条件下，异速比越大，平均单位压力越小；当延伸系数和速比一定时，轧件越薄，轧制压力降低的幅度越大。例如，若 $i = \mu = 1.56$，当 $H = 0.5\mathrm{mm}$ 时，轧制压力降低 20%；当 $H = 0.25\mathrm{mm}$ 时，轧制压力降低 28% 左右（见图 6-4（a）、（b））。

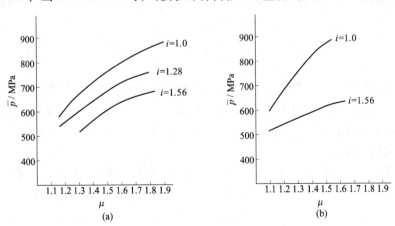

图6-4　不同速比条件下延伸系数与平均单位压力的关系

（a）$H = 0.5\mathrm{mm}$；（b）$H = 0.25\mathrm{mm}$

6.1.3　异步轧制的变形量及轧薄能力

前已述及，由于异步轧制时搓轧区的存在，使轧制压力明显降低，因此，在相同的轧制压力下，异步轧制可以获得比同步轧制更大的道次压下量或道次延伸系数。从图 6-4 可以看出，同样单位压力下，异步轧制压下量比同步轧制大得多，而且轧件越薄，这种现象越明显。由此可以得出异步轧制可以大压下轧制，轧件越薄这种优势越突出。

异步轧制另一突出特点是轧薄能力极强。东北大学曾作过大量的研究工作，并在实验室使用 $\phi 90mm/\phi 200mm \times 200mm$ 四辊异步轧机轧出 0.0035mm 的紫铜箔和 0.005mm 的钢箔，使 D/h 值达 25000 以上。长期以来，很多学者研究过所谓的最小可轧厚度的问题，共同认为当轧件产生塑性变形所需的平均单位压力 $\bar{p}_t$ 小于或等于轧辊所能提供的平均单位压力 $\bar{p}$ 时，轧件就不能产生塑性变形了。D. M. 斯通曾导出了最小可轧厚度公式

$$h_{\min} = \frac{3.58(K - \bar{q})fD}{E}$$

根据轧辊材质 E、轧件的平面变形抗力 K 及平均张应力 $\bar{q}$ 和摩擦系数 f 等实际情况，可算出 $D/h = 1500 \sim 2000$，即当 D/h 值达到 1500 ~ 2000 就已达到所谓的最小可轧厚度，这显然远低于异步轧制时的 D/h 值。因此，异步轧制的轧薄能力远远比同步轧制的高，这一轧制特点也是历史性的重大突破。异步轧制能轧薄的根本原因是变形区内的搓轧区改变了轧件的应力状态，由于剪切变形的存在，使异步轧制的轧薄能力大幅度提高。

6.1.4　异步轧制的轧制精度

根据异步轧制穿带及轧制特点的不同，轧制精度可分为异步恒延伸轧制拉直异步轧制两种情况进行讨论。

6.1.4.1　恒延伸异步轧制的轧制精度

根据体积不变定律，忽略宽展，可以得出：

$$\frac{v_h}{v_H} = \frac{H}{h} = \mu \tag{6-3}$$

当带材出口速度 v_h 与入口速度 v_H 比值保持不变，以及延伸系数 μ 保持恒定时，可得出

$$\frac{\delta H}{H} = \frac{\delta h}{h} = C \tag{6-4}$$

$$\frac{\delta H}{\delta h} = \frac{H}{h} = \mu = C \tag{6-5}$$

由此可见，恒延伸轧制时，随着带材厚度的减薄，可以保持相对厚度差不变或绝对厚差成等比例下降。因此，恒延伸轧制随着厚度的减薄可以明显地提高轧制精度。而在常规轧制中，随着厚度的减薄，受轧辊偏心、油膜厚度变化及变形抗力、厚度波动等因素的影响，其相对厚差会逐渐增大。

实现恒延伸轧制有两种方式，一种为"S"异步轧制，见图 6-1（b），即

$$v_H = v_m ; \quad v_h = v_K$$

亦即

$$\frac{v_H}{v_h} = \frac{v_K}{v_m} = i = \mu \tag{6-6}$$

如能保持异速比 i 恒定，即可实现恒延伸轧制。另一种方式为异步恒延伸轧制，见图 6-1 （c），即异步轧机前后各置一对"S"辊，并且使 $v_H = v_{s0} ; v_h = v_{s1}$，即 $v_h/v_H = v_{s1}/v_{s0} = \mu$，只要能保

持前后"S"辊速比 v_{s1}/v_{s0} 恒定，即可实现恒延伸轧制。

上述两种恒延伸轧制的实现主要是"S"辊的贡献，由于带材包在"S"辊的辊面上（见图6-5），根据欧拉公式可知：

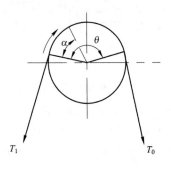

$$\frac{T_1}{T_0} = e^{f\alpha}; 0 \leqslant \alpha \leqslant \theta \qquad (6-7)$$

式中　α——带材与辊面的弹性蠕动角；

　　　θ——带材包角；

　　　f——带材与辊面间的滑动摩擦系数；

T_1，T_0——带材所受拉力。

图6-5　带材包在辊面上

当 T_0 不变时，T_1 只要在 $T_0 \leqslant T_1 \leqslant T_0 e^{f\theta}$ 范围内变化，带材与辊就不发生相对滑动。如此可见，在"S"异步轧制中，带材与轧辊呈"S"形包在辊面上；在异步恒延伸轧制中，轧机前后各设一对"S"辊。两种轧法均因带材与辊面有包角存在，使张力可在一定范围内自动调节，以补偿因辊缝、坯料厚度、变形抗力波动引起的带材入口速度变化，确保带材不与辊面产生滑动，从而使延伸系数恒定。下述异步恒延伸轧制的实验可以证明上述论点。

图6-6是原始辊缝变化与延伸系数的关系，当原始辊缝从0变到0.1mm时，延伸系数仍然恒定在1.36左右，这是因为辊缝增大，轧制压力下降，但靠"S"辊张力自然补偿作用使轧件前后张力增大，维持带材入口速度不变所致。从图6-7看到原料厚度从0.6mm波动到0.72mm，在辊缝不变的条件下，随着厚度的增大，轧制压力亦增大，张力靠"S"辊的自然补偿作用逐渐下降，而延伸系数维持不变（1.36左右）。同样，实验结果亦可表明，当变形抗力波动时，通过"S"辊张力的自然调节作用亦可保持延伸系数恒定。用东北大学研制的异步恒延伸轧机，在无AGC厚控系统情况下，可顺利轧出0.15mm厚，偏差在 ± 0.0035mm 之内的高精度带材。显然异步恒延伸轧制可以大幅度提高轧制精度。

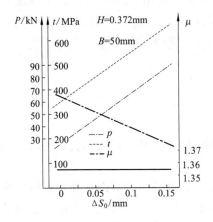

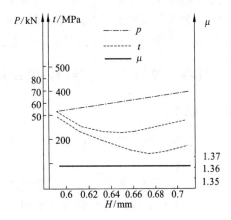

图6-6　原始辊缝变化与延伸系数关系　　　图6-7　原料厚度波动与延伸系数关系

6.1.4.2　拉直异步轧制的轧制精度

带材轧制的精度主要取决于原料厚度、变形抗力、摩擦系数、轧辊偏心及油膜厚度诸因素，其中原料厚度波动是影响产品精度的主要因素。由 $P-h$ 图16-2可以得出

$$\frac{\delta h}{\delta H} = \frac{1}{K/M + 1} \qquad (6-8)$$

与常规轧制相比，异步轧制可以大幅降低轧制压力，因此，拉直异步轧制的塑性曲线斜率 M_y 要明显低于同步轧制的塑性曲线斜率 M_t，由式（6-8）可以得出

$$\frac{\delta h_y}{\delta H_y} < \frac{\delta h_t}{\delta H_t}$$

在原料相同时，$\delta h_y < \delta h_t$，即拉直异步轧制的精度要高于同步轧制。东北工学院（东北大学）为天津市带钢厂设计的（$\phi120mm/\phi320mm$）$\times300mm$ 的四辊轧机，用 0.6mm 的低碳钢为原料经四道次轧至 0.06mm 厚，经测量，其厚度偏差均在 $\pm0.001 \sim 0.003mm$ 范围内，此精度已达到高精度等级。由此证明，拉直异步轧制确能明显地提高轧制精度。

6.1.5　异步轧制的振动问题

如果有关工艺参数选择不当，异步轧制常会出现振动现象，结果会造成沿带材表面横向产生明暗相交的条纹。经过深入研究发现，异步轧制的振动有自激振动和受迫振动两种形式。自激振动频率与轧制速度无关，主要取决于变形参数 μ、异步速比 i、摩擦系数 f 和传动系统的刚度；受迫振动频率与轧制速度相关，它主要取决于传动系统齿轮精度及传动平稳性。针对上述振动特点，提高轧机有关部件的制造精度和刚度、调整轧制工艺参数使 $\mu > i$，采用良好的润滑剂，可以避免振动现象的产生。

6.1.6　异步轧制有关参数的选择

为了保证异步轧制的稳定运行，大量的研究证明，异步速比 i 不能过大，一般应小于 1.4，异步速比过大对稳定性不利。在拉直异步轧制中，应保持延伸系数 μ 大于异步速比 i。同时，轧制时，通常应保持前张应力大于后张应力。大量实验证明，按照上述原则选择参数，异步轧制就能稳定运行。

异步轧制技术目前已成熟，并开始在工业生产中推广使用。1990 年东北工学院（东北大学）为天津市带钢厂设计的 $\phi120mm/\phi320mm \times300mm$ 四辊拉直式异步轧机，可以生产 $0.05mm \times 200mm$ 高精度极薄带，一直正常生产运行，充分证明了该技术的成熟。

6.2　轧辊直径不对称（异径）轧制理论

6.2.1　概述

所谓异径轧制，是指在板带材生产中，两工作辊的线速度基本相同而直径与转速相差很大的轧制状态。

异径轧制利用一个直径很小靠摩擦传动的工作辊，通过减小接触面积和单位压力来大幅度降低轧制压力和能耗。同时又采用另一个足够大的工作辊来传递轧制力矩和提高咬入能力，必要时还可采用侧弯辊以控制板形，因而异径轧制可取得增大压下量、减少道次、提高轧机轧制效率和轧薄能力，提高产品厚度精度和板形质量的效果。

早在 20 世纪 50 年代初期，苏联的机器制造部中央设计局就设计制造了所谓复合式多辊异径轧机，如图 6-8 所示。1985 年，日本新日铁研制的 NMR 轧机也是一种复合式异径多辊轧机（图 6-9）；1971 年，美国出现的泰勒（Talor）轧机（图 16-23）；1982 年，日本出现的 FFC 轧机（图 16-24），都是异径五辊轧机。这些轧机由于采用异径轧制，可使从

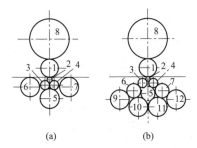

图 6-8 复合式异径多辊轧机

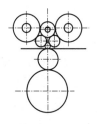

图 6-9 异径多辊式 NMR 轧机

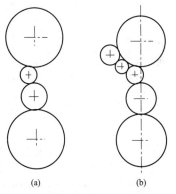

图 6-10 异径单辊传动轧机
（a）异径四辊轧机；（b）ME 轧机

动的小工作辊直径大幅度减小，这不仅大大地降低轧制压力，提高轧制效率，而且还减轻了一般多辊轧机两个工作辊直径都很小时，因工作辊轴线不平行所产生的有害影响，从而简化了轧机调整和板形控制的过程。

1980 年，日本新日铁室兰厂将 1420mm 热带连轧机的最末几架轧机改造成四辊异径单辊传动轧机，如图 6-10（a）所示。1990 年，日本出现的 ME（mininmum edge drop）轧机是一种异径单辊传动的多辊轧机，如图 6-10（b）所示。同径单辊传动轧制时，由于自然的异步作用，虽然轧制压力有所降低，但降低幅度一般只有 5% ~ 15%。单辊传动必须与异径轧制相结合才能收到大幅度降低轧制压力、提高厚度精度和减小边部减薄（edge drop）的显著效果。但 ME 轧机结构仍嫌复杂。而东北工学院（东北大学）1984 年研制的单辊传动异径 4 辊和 5 辊轧机，设备简单，便于对现有轧机进行改造，同样也收到显著效果。这种轧机尤其适合于极薄带材的轧制。

6.2.2 异径轧制原理与工艺特点

异径轧制可以通过将一个游动工作辊的直径大幅度减小，而达到大幅度降低轧制压力和力矩的效果及由此带来厚度精度的提高，降低能耗等效果。根据实测和计算得到如图 6-11 所示的 200mm 异径 5 辊轧机轧制低碳带钢轧制力的实测与理论曲线。由图 6-11 可见，压力下降的幅度，随异径比值（$D_大/D_小$）的增加而稳定地增大，当异径比等于 3 时，轧制压力可下降约 50%。只要异径比值一定，即可稳定地得到一定的降压效果，而与压下量的变化关系不大。异径轧制的降压效果如此之大，主要是由于变形区长度，即接触面积的大幅度缩小和单位轧制压力的显著降低所致。因为在相似的轧制条件下，轧制压下量相同时，异径轧制和对称轧制的变形区长度之比为：

$$l_异 / l_对 = \sqrt{2}/\sqrt{1 + x} \tag{6-9}$$

因而随异径比 x 增大，$l_异/l_对$ 比值减小。当异径比 $x = 3$ 时，在同样压下量下，$l_异 = 0.7l_对$，亦即接触弧长或接触面积减少了 30%。总压力等于接触面积乘单位压力，即使单位压力不变，仅接触面积就已稳定可靠地使总轧制压力下降了 30%。

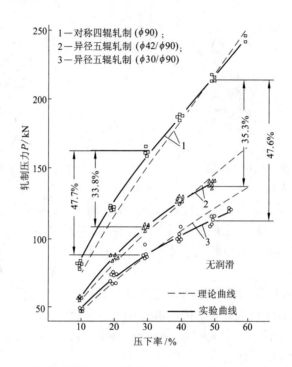

图 6-11　双辊传动不同异径比时轧制压力与压下率的关系（料厚 1.0mm）

　　其次，异径轧制时平均单位压力的降低也很显著，这主要是由于：（1）变形区长度大幅度缩减，使金属流动的纵向摩擦阻力大为减小，从而大大削弱了轧制变形时的体应力状态，降低了其应力状态系数；（2）减小了一个工作辊的直径，使其咬入角增大，因而增大了正压力的水平分量，改变了轧件的应力状态。由于采用了异径轧制，当压下量不变时，大工作辊（与对称轧制的相同）侧的咬入角虽有所减小（$\Delta\alpha_1$），但小辊咬入角却大大增加（$\Delta\alpha_2$），其增加量与减小量之比为：

$$\Delta\alpha_2/\Delta\alpha_1 = \sqrt{2(1+x)} + 1 \qquad (6\text{-}10)$$

可见，α_2 角的增加量是 α_1 角减小量的 $1 + \sqrt{2(1+x)}$ 倍。当 $x = 3$ 时，$\Delta\alpha_2 = 2.83\Delta\alpha_1$。随异径比 x 的增加，使 α_2 增大，甚至使小辊进入超咬入角轧制状态。此时小工作辊上正压力的水平分量增加大大降低了应力状态系数。这种分析可以通过变形区单位压力分布的计算来进一步从理论上得到证实。根据压力分布公式算出的不同异径比轧制时单位压力分布曲线如图 6-12 所示。由图可见，由于采用异径轧制，不仅单位压力峰值下降 20% ~ 40%，而且使变形区内很长部分出现了拉应力成分，其应力状态系数小于 1，即其单位压力 p 值甚至比自然抗

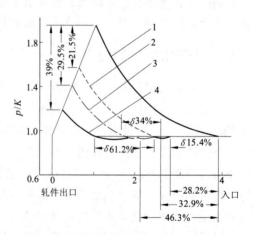

图 6-12　不同异径比值的应力状态系数
（板厚 $H = 0.5$mm，压下率 $p/K = 50\%$，摩擦系数 $= 0.08$）
1—对称四辊，$x = 1$；2—异径五辊，$x = 2.14$；
3—异径五辊，$x = 3$；4—异径五辊，$x = 5$；
异径比 $x = R_大/R_小$；$\delta = \dfrac{(p/K)\text{小于1的长度}}{\text{变形区长度}} \times 100\%$

力 K 还要小。

值得指出的是，理论计算和实验结果都表明，在双辊传动异径轧制时两个传动轴所传递的力矩并不相等，其中连接大工作辊的传动轴总是担负较小的力矩，其与总力矩的比值总是小于0.5，在实验条件下，此比值在0.3 ~ 0.45之间。这种特点在设计异径轧机设备时应加以考虑。

当采用异径单辊传动轧制时，轧制压力降低的幅度就更大了，如图6-13所示。当异径比为1.6 ~ 3.0时，轧制压力可下降30% ~ 60%。例如当异径比为 $\phi 90mm/\phi 42mm$，压下量为50%时，双辊传动压力下降35.3%，而单辊传动则下降50.8%。压力降这么大是由于异径单辊传动轧制时除异径的作用以外，还有异步的效果。因为单辊传动轧制时，由于惰辊丢速而使上下工作辊存在速度差，亦即自然地产生一定的异步值，此异步值随压下率的增加而急剧增大。由此可见，异径单辊传动轧制时大幅度降低轧制压力主要归功于异径的效果。异径单辊传动轧机降低压力效果大，但咬入能力却较差，故最适合于极薄带材轧制，而且还应施以较大的前张力才能充分发挥其效能。

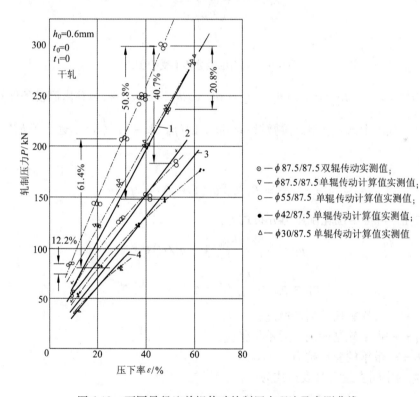

图6-13 不同异径比单辊传动轧制压力理论及实测曲线

异径轧制时轧制压力的分析计算应考虑到异径的特点。为便于理论解析，假设冷轧薄带时两辊变形区长度相等，变形区内各断面纵向速度和纵向应力沿轧件厚度均匀分布，且两辊中性点在同一垂直平面上，即二中性角 γ_1、γ_2 所对应的弧长相等；接触面摩擦系数 μ 为常量，摩擦力 t 遵从库仑定律，即 $t = fp$（p 为单位正压力）；轧辊弹性压扁后仍为圆柱体，其辊径比 x 值不变，即 $x = R_1/R_2 = R'_1/R'_2$ 等。

按以上假设条件，依据图6-14所示力平衡条件，列出力平衡方程式：

$$(\sigma_x + \mathrm{d}\sigma_x)(h_\theta + \mathrm{d}h_\theta) - \sigma_x h_\theta - p_\theta R_1 \sin\theta_1 \mathrm{d}\theta_1 - p_{\theta_2}\sin\theta_2 R_2 \mathrm{d}\theta_2$$

$$\pm p_{\theta_1} R_1 f\cos\theta_1 \mathrm{d}\theta_1 \pm p_{\theta_2} R_2 f\cos\theta_2 \mathrm{d}\theta_2 = 0 \tag{6-11}$$

式中,"+"为前滑区,"-"为后滑区;R_1、R_2 为大、小工作辊辊径。

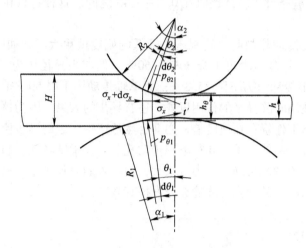

图 6-14 后滑区微分体上受力图

取 $R_1/R_2 = x$, $\sin\theta_1 \approx \theta_1$, $\sin\theta_2 \approx \theta_2 = x\theta_1$, $\cos\theta_1 \approx \cos\theta_2 \approx 1$;并由假设条件 $p_{\theta_1} = p_{\theta_2}$,$p_{\theta_1} - K = \sigma_x$,代入上式。忽略高阶微量 $\mathrm{d}\sigma_x \mathrm{d}h_\theta$;因 $(p_{\theta_1}/K - 1)\mathrm{d}(Kh_\theta)$ 远小于 $h_\theta K \mathrm{d}\dfrac{p_{\theta_1}}{K}$ 亦可忽略。则得:

$$\mathrm{d}\frac{p_{\theta_1}}{K}\Big/\frac{p_{\theta_1}}{K} = R_1/h_\theta \big[\theta_1(1 + x) \mp 2f\big]\mathrm{d}\theta_1 \tag{6-12}$$

解此微分方程,可得单位轧制压力分布式为:

在前滑区 $\qquad\qquad p_2 = p_{\theta_1} = \dfrac{Kh_\theta}{h}(1 - q_1/K)\,\mathrm{e}^{f a_{h\theta}} \tag{6-13}$

在后滑区 $\qquad\qquad p_1 = p_{\theta_1} = \dfrac{Kh_\theta}{H}(1 - q_0/K)\,\mathrm{e}^{f(a_{H\alpha} - a_{h\theta})} \tag{6-14}$

式中 H, h——带钢轧前、后的厚度;

$\quad q_1$, q_0——带钢轧制的前、后单位张应力;

$\qquad K$——带钢的变形抗力。

$a_{h\theta}$, $a_{H\alpha}$ 为中间变量,其表达式为:

$$\left.\begin{array}{l} a_{h\theta} = 2\sqrt{\dfrac{2R_1}{(1 + x)h}}\,\arctan\sqrt{\dfrac{R_1(1 + x)}{2h}}\,\theta_1 \\[4mm] a_{h\theta} = 2\sqrt{\dfrac{2xR_2}{(1 + x)h}}\,\arctan\sqrt{\dfrac{R_2(1 + x)}{2xh}}\,\theta_2 \\[4mm] a_{H\alpha} = 2\sqrt{\dfrac{2R_1}{(1 + x)h}}\,\arctan\sqrt{\dfrac{R_1(1 + x)}{2h}}\,\alpha_1 \\[4mm] a_{H\alpha} = 2\sqrt{\dfrac{2xR_2}{(1 + x)h}}\,\arctan\sqrt{\dfrac{(1 + x)R_2}{2xh}}\,\alpha_2 \end{array}\right\} \tag{6-15}$$

或

或

或

应用辛卜生法对上式进行数值积分，则得总轧制压力 P。

$$P = R'_1 B\left(\int_0^{\gamma_1} p_2 \mathrm{d}\theta_1 + \int_{\gamma_1}^{\alpha_1} p_1 \mathrm{d}\theta_1\right) \tag{6-16}$$

式中 R'_1——大工作辊弹性压扁后的半径；

  B——带钢宽度；

 p_2，p_1——前、后滑区单位轧制压力。

综上所述，不对称轧制具有降低轧制压力，提高轧制板带钢的厚度精度，减少道次及节能等优点。不对称轧制技术日益受到人们的重视，并对我国中、小型板带钢生产的技术改造和发展有重要意义。与此同时也应指出，不对称轧制的自动咬入较困难、力矩分配不均，尤其对于异步轧制易出现轧机颤振，仍须进一步研究、改进、完善。

第一篇练习题

1-1 在 $\phi 650\text{mm}$ 轧机上轧制钢坯尺寸为 $100\text{mm} \times 100\text{mm} \times 200\text{mm}$，第 1 轧制道次的压下量为 35mm，轧件通过变形区的平均速度为 3.0m/s 时，试求：

(1) 第 1 道次轧后的轧件尺寸（忽略宽展）；

(2) 第 1 道次的总轧制时间；

(3) 轧件在变形区的停留时间；

(4) 变形区的各基本参数。

1-2 在 $\phi 650\text{mm}$ 轧机上热轧软钢，轧件的原始厚度为 180mm，用极限咬入条件时，一次可压缩 100mm，试求摩擦系数。

1-3 在辊面磨光并采用润滑的轧机上进行冷轧，当轧入系数为 $\dfrac{\Delta h}{D} = \dfrac{1}{730} \sim \dfrac{1}{410}$ 时，试求最大允许压下量及咬入角。

1-4 已知轧辊的圆周线速度为 3m/s，前滑值为 8%，试求轧制速度。

1-5 在轧制过程中，轧辊直径和轧制温度如何影响轧件的咬入、前滑、宽展及轧制压力。

1-6 试述摩擦系数对轧制过程的影响。

1-7 在实际轧制生产中，对轧制咬入困难的钢材，往往采用"撞车"冲撞轧件尾部的办法来使之咬入，试分析其原因。

1-8 在轧制板材时，随着轧件宽度的增大，宽展量为何逐渐趋于不变？

1-9 在异步轧制中，为充分发挥异步轧制的效果，应如何选择异步速比为宜？

1-10 不对称轧制有几种形式，怎样实现，主要特点是什么？

第二篇

轧制工艺基础

7 轧材种类及其生产工艺流程

7.1 轧材的种类

国民经济各部门所需的各种金属轧材达数万种之多。这些金属轧材按金属与合金种类的不同，可分为各种钢材以及铜、铝、钛等有色金属与合金轧材；按轧材断面形状尺寸的不同，又可分为各种规格的板材、带材、型材、线材、管材及特殊品种轧材等。

7.1.1 按不同材质分类

各种钢材是应用最广泛的轧材，按钢种不同可分为普通碳素钢材、优质碳素钢材、低合金钢材及合金钢材等。普碳钢的钢号是以钢的屈服应力为标号，例如，Q235，表示该钢种的屈服应力为235MPa。优质碳素钢或碳素结构钢即是通常所称的"号钢"，例如45钢即表示碳的质量分数约为0.45%的钢，其钢号的数字表示含碳质量的万分数。合金钢体系包括了合金结构钢、弹簧钢、易切削钢、滚动轴承钢、合金工具钢、高速钢、耐热钢和不锈钢等八大钢类。合金钢在元素符号之前的数字也是表示含碳质量的万分之几，而合金元素的含量则是在元素符号的后面以平均质量的百分之几表示之。例如36Mn2Si即表示 $w(C) \approx 0.36\%$，$w(Mn) \approx 2\%$，$w(Si) \approx 1\%$。但工具钢例外，它是以含碳量的千分之几表示之，如9Mn2V的 $w(C) \approx 0.85\% \sim 0.95\%$。含碳量超过1%时，则不必标出。滚动轴承钢也是例外，其含铬量以千分之几表示，并冠以"G"字，例如GCr15即表示 $w(Cr) \approx 1.5\%$ 的轴承钢。随着生产和科学技术的不断发展，新的钢种钢号不断出现，尤其是普通低合金钢及立足于我国资源的新的合金钢种更得到迅速发展。现在我国已初步建立了自己的普通低合金钢体系，产量已占钢总产量的10%以上。

在有色金属及合金的轧材中，通常应用较广的主要是铝、铜、钛等及其合金的轧材，其价格要比钢材贵得多。纯铝强度较低，要加入其他合金元素制成铝合金才能做结构材料使用。一般轧制铝合金可分为铝（L）、硬铝（LY）、超硬铝（LC）、防锈铝（LF）及特殊铝（LT）等数种；也可按热处理特点不同分为可热处理强化的铝合金和不可热处理强化的铝合金两大类，每类又各有很多不同的合金系。铝合金的比强度大，某些铝合金的比强度及比刚度可赶上甚至超过了钢。铜及其合金一般可分为紫铜、普通黄铜、特殊黄铜、青铜及白铜（铜镍合金）等。它们具有很好的导电、导热、耐蚀及可焊等性能，故和铝材一样广泛应用于各部门。钛及钛合金的力学性能和耐蚀性能高，比强度和比刚度都很大，因而是航空、航天、航海、石油化工等工业部门中极有发展前途的结构材料。

7.1.2　按不同断面形状分类

轧材按断面形状特征可分为板带材、型线材及管材等几大类。板带材是应用最广泛的轧材。板带钢占钢材的比例在各工业先进国家多达 50% ~60% 以上。有色金属与合金的轧材主要也是板带材。板带材按制造方法可分为热轧板带和冷轧板带；按产品厚度可分为厚板、薄板和箔材。各种板带宽度及厚度的组合已超过 5000 种以上，宽度对厚度的比值达10000 以上。异型断面板、变断面板等新型产品不断出现；铝合金变断面板材、带筋壁板等在航空工业中广为应用。板带钢不仅作为成品钢材使用，而且也是用以制造弯曲型钢、焊接型钢和焊接钢管等产品的原料。

钢的型材和线材主要是用轧制的方法生产，在工业先进国家中一般占总钢材的 30% ~35% 。型钢的品种很多，按其用途可分为常用型钢（方钢、圆钢、扁钢、角钢、槽钢、工字钢等）及专用型钢（钢轨、钢桩、球扁钢、窗框钢等）。按其断面形状可分为简单断面型钢和复杂或异型断面型钢，前者的特点是过其横断面周边上任意点做切线一般不交于断面之中，如图 7-1（a）所示；后者品种更为繁多，如图 7-1（b）所示。按生产方法又可分为轧制型钢、弯曲型钢、焊接型钢，如图 7-1（c）所示。而用纵轧、横旋轧或楔横轧等特殊轧制方法生产的各种周期断面或特殊断面钢材，又分为螺纹钢、竹节钢、犁铧钢、车轴、变断面轴、钢球、齿轮、丝杠、车轮和轮箍等。

由于有色金属及其合金一般熔点较低，变形抗力也较低，而尺寸和表面要求较严，故其型材、棒材及管材（坯）绝大多数采用挤压方法生产，仅在生产批量较大，尺寸及表面要求较低的中、小规格的棒材、线坯和简单断面的型材时，才采用轧制方法生产。

钢管一般多用轧制方法或焊接方法以及拉伸方法生产。钢管的用途也很广，一般约占总钢材的 8% ~10% ，苏联当年占 15% 以上。它的规格用外形尺寸（外径或边长）和内径及壁厚来表示。它的断面一般为圆形，但也有多种异型管材及变断面管，如图 7-1（d）所示。钢管一般按用途可分为输送管、锅炉管、钻探用管、轴承钢管、注射针管等；按制造方法可分为无缝管、焊接管及冷轧与冷拔管等。各种管材按直径与壁厚组合也非常多，其外径最小达 0.1mm，大至 4m，壁厚薄的达 0.01mm，厚至 100mm。随着科学技术的不断发展，新的钢管品种也在不断增多。

轧制是生产钢材最主要的方法，其优点是生产效率高、质量好、金属消耗少、生产成本低，并最适合于大批量生产。随着科学技术的进步和社会对金属材料需求量的增加，轧材品种必将日益扩大。

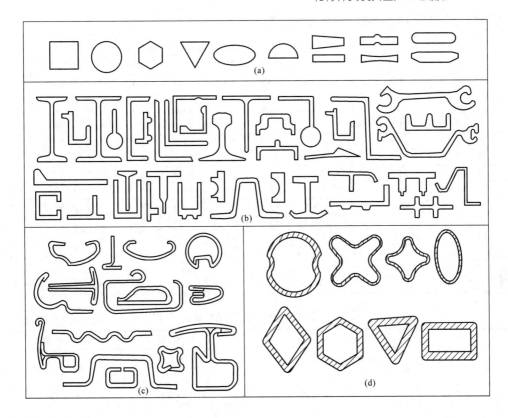

图 7-1　部分型材和管材示例

（a）简单断面型材；（b）复杂断面型材；（c）弯曲型材；（d）异型管材

7.2　轧材生产系统及生产工艺流程

7.2.1　钢材生产系统

　　以模铸钢锭为原料，用初轧机或开坯机将钢锭轧成各种规格的钢坯，然后再通过成品轧机轧成各种钢材。这种传统的生产方法曾在钢材生产中占主要地位，随着连续铸钢技术的发展，现在已很少运用并基本被淘汰。

　　近 30 年来连续铸钢技术得到迅猛发展。与模铸相比，连续铸钢将钢水直接铸成一定断面形状和规格的钢坯，省去了铸锭、均热和初轧等多道工序，大大简化了钢材生产工艺流程，提高金属收得率 8% ~ 15%，并节能 40% ~ 60%，而且便于自动化连续化大生产，显著降低生产成本。连铸坯的偏析也较小，外形更规整。图 7-2 为连铸与模铸生产过程的比较。连铸坯与传统轧坯的比较如表 8-2 所示。由于连铸工艺的明显优点促使连铸生产技术得到了迅速发展。表 7-1 为世界各国连铸比的进展情况。到 2005 年中国连铸比已达 97.9%，达到世界先进水平。表 7-2 则给出了

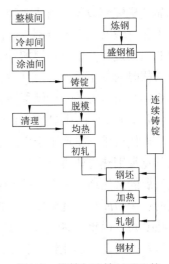

图 7-2　模铸与连铸过程比较

现在各类连铸机所生产的铸坯断面尺寸范围。

表 7-1　近代一些主要产钢国家连铸比进展情况　　　　　（%）

年　份 国　家	1981	1991	2001	2002	2003	2005	2006	2007	2009	2010
法　国	51.4	95	94.7	96.5	96.3	95.8	95.6	95.1	96.4	95.9
德　国	53.6	90	96	96.4	96.2	96.4	96.3	96.8	96.7	96.7
意大利	50.8	95.1	96	96.3	95.6	95.6	95.4	95.4	95.2	95.7
英　国	31.8	85.5	96.2	95.8	96.2	97.8	98.4	98.5	98.6	98.4
美　国	20.3	75.1	96.9	97.2	97.3	96.8	96.7	96.7	97.5	97.4
日　本	70.7	94.4	97.5	97.8	97.7	97.7	97.9	98	98.4	98.2
韩　国	44.3	96.4	98.5	98.6	98.5	98.1	98	97.8	97.7	98
俄罗斯	12.2	17.7	50.9	54.3	53.1	54	68.4	71.2	80.6	80.7
中　国	7.1	26.5	87.8	91.1	93.6	97.9	97.4	96.9	97.4	97.9
世界平均	33.8	63	87.3	89.2	90	91.7	92.2	92.4	94.1	94.7
中国钢产量/Mt			150.9	182	222.4	355.8	422.7	489.9	573.6	626.7
世界钢产量/Mt			852	907	974	1140	1250	1350	1219.7	1413.6

表 7-2　各类连铸机生产的铸坯断面尺寸　　　　　（mm×mm）

机　型	最　大　断　面	最　小　断　面	经常生产断面
板　坯	300×2640（美，大湖） 310×2500（日，水岛）	130×250	180×700 ~ 300×2000
（中）薄板坯	150/90×1680	100/50×900	135/70×1250/1600
大方坯	600×600（日，和歌山）	200×200	250×250 ~ 450×450 240×280 ~ 400×560
小方坯	160×180	55×55	90×90 ~ 150×150
圆　坯	$\phi 450$	$\phi 100$	$\phi 200 ~ \phi 300$
异型钢	工字形：460×460×120 中空坯：$\phi 450/\phi 100$	椭圆形：120×140	

一般在组织生产时，根据原料来源、产品种类以及生产规模的不同，将连铸机与各种成品轧机配套设置，组成各种轧钢生产系统。而每一生产系统的车间组成、轧机配置及生产工艺过程又是千差万别的。因此，在这里只能举几种较为典型的例子，大致说明一般钢材的生产过程及生产系统的特点。考虑到我国由传统铸锭生产方式进步到现代连铸坯生产方式的时间并不很长，而且世界上还有不少发展中国家暂时保有着传统生产方式，故此有必要仍给出传统的生产流程图。

7.2.1.1　板带钢生产系统

近代板带钢生产由于广泛采用了先进的连续轧制方法，生产规模很大。例如一套现代化的宽带钢热连轧机年产量达 300 ~ 600 万吨。采用连铸坯作为轧制板带钢的原料是现代化发展的必然结果，很多厂连铸比已达 100%。但特厚板的生产往往还采用将重型钢锭压成的坯作为原料。近十多年来得到迅速发展的薄板坯连铸连轧工艺生产规模多在 50 ~ 300 万吨之间，以年产 80 ~ 200 万吨者居多，可称为板、带生产的中、小型系统。

7.2.1.2　型钢生产系统

型钢生产系统的规模往往并不很大，就其本身规模而言又可分为大型、中型和小型三种生产系统。一般年产 100 万吨以上的可称为大型的系统，年产 30 ~ 100 万吨的称为中型的系统，而年产 30 万吨以下的可称为小型的系统。

7.2.1.3　混合生产系统

在一个钢铁企业中可同时生产板带钢、型钢或钢管时，称为混合系统。无论在大型、中型或小型的企业中，混合系统都比较多，其优点是可以满足多品种的需要。但单一的生产系统却有利于产量和质量的提高。

7.2.1.4　合金钢生产系统

由于合金钢的用途、钢种特性及生产工艺都比较特殊，材料也较为稀贵，产量不大而品种繁多，故常属中型或小型的型钢生产系统或混合生产系统。由于有些合金钢塑性较低，故开坯设备除轧机以外，有时还采用锻锤。

现代化的轧钢生产系统向着大型化、连续化、自动化的方向发展，生产规模日益增大。但应指出，近年来大型化的趋向已日渐消退，而投资省、收效快、生产灵活且经济效益好的中、小型钢厂在很多国家（如美、日及很多发展中国家）中却有了较快的发展。

一般碳素钢和合金钢基本的典型生产工艺流程，如图 7-3 及图 7-4 所示。

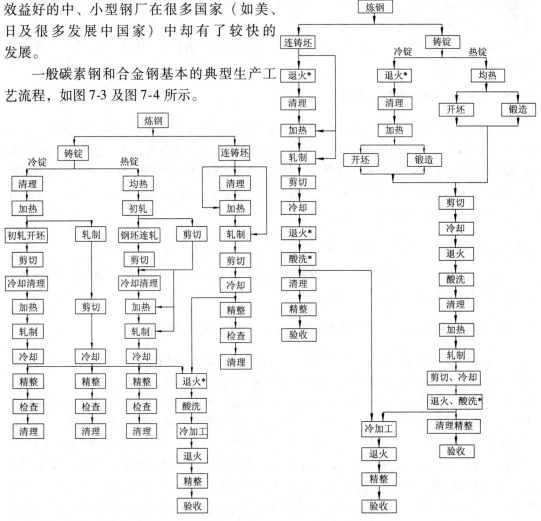

图 7-3　碳素钢和低合金钢的一般生产工艺流程　　　　图 7-4　合金钢的一般生产工艺流程
（带 * 号的工序有时可以略去）　　　　　　　　　　（带 * 号的工序有时可以略去）

7.2.2 碳素钢材的生产工艺流程

碳素钢材生产工艺流程一般可分为 4 个基本类型。

（1）采用连铸坯的工艺过程，其特点是不需要大的开坯机，无论是钢板或型钢一般多是一次加热轧出成品，或不经加热直接轧出成品。显然这是先进的，也是当今最主流的生产工艺，现已得到广泛的应用。

（2）采用铸锭的大型生产系统的工艺过程，其特点是必须有强大的初轧机或板坯轧机，一般采用热锭装炉及二次甚至三次加热轧制方式。

（3）采用铸锭的中型生产系统的工艺过程，其特点是一般有 $\phi 650 \sim 900$ 二辊或三辊开坯机，通常采用冷锭作业（现在也有采用热装的）及二次（或一次）加热轧制方式，这种工艺流程不仅用来生产碳素钢材，也常用以生产合金钢材。

（4）采用铸锭的小型生产系统的工艺过程，其特点是通常在中、小型轧机上用冷的小钢锭经一次加热轧制成材。所有采用铸锭的生产工艺都是落后的，已经或将要遭到淘汰。

不管是哪一种类型，其基本工序都是：原料准备（清理）—加热—轧制—冷却精整处理。

7.2.3 合金钢材的生产工艺流程

合金钢材生产工艺流程可分为冷锭和热锭以及正在发展的连铸坯三种作业方式。由于对合金钢材的表面质量和物理力学性能等技术要求比普通碳素钢高，并且钢种特性也较复杂，故其生产工艺过程一般也比较复杂。除各工序的具体工艺规程会因钢种不同而不同以外，在工序上比碳素钢多出了原料准备中的退火、轧制后的热处理、酸洗等工序，以及在开坯中有时还要采用锻造来代替轧钢等。

7.2.4 钢材的冷加工生产工艺流程

钢材的冷加工生产工艺流程包括冷轧和冷拔，其特点是必须有加工前的酸洗和加工后的退火相配合，以组成冷加工生产线。

7.2.5 有色金属（铜、铝等）及其合金轧材生产系统及工艺流程

有色金属及其合金材料中主要属铜、铝及其合金的轧材应用比较广泛，其生产系统规模却不大，一般是以重金属和轻金属分别自成系统进行生产的，在产品品种上多是板带材、型线材及管材等相混合，在加工方法上多是轧制、挤压、拉拔等相混合，以适应于批量小，品种多及灵活生产的特点和要求。但也有专业化生产的工厂，例如电缆厂、铝箔厂、板带材厂等。有色金属及合金的轧材主要是板带材，至于型材、管材乃至棒材则多用挤压及拉拔的方法生产。板带材轧制方法按轧制温度可分为热轧、温轧和冷轧；按生产方式可分为成块轧制和成卷轧制，这两种轧制方法特点的比较如表 7-3 所示。实际生产中应根据合金、品种、规格、批量、质量要求及设备条件选择生产方法及生产流程。重有色金属及合金板带材常用的生产流程如图 7-5 所示。铝合金板带材及箔材常用的生产流程如图 7-6，图 7-7 所示。

表7-3 有色金属及其合金块式与带式轧制方法特点的比较

生产方式	块 式 法	带 式 法
生产特点	(1) 生产的规格品种较多, 安排生产的灵活性较大; (2) 设备简单, 操作调整较容易; (3) 设备投资少, 建设速度快; (4) 轧制速度低, 劳动强度大; (5) 产品切头, 切尾几何废料损失大, 成品率较低; (6) 中间退火和剪切次数多, 使生产工序增多	(1) 产品性能较均匀, 质量较好; (2) 成品率高, 轧制速度高, 生产周期短, 生产效率高, 生产成本低; (3) 机械化自动化程度高, 劳动强度小; (4) 可轧宽而薄的板带材, 且断面尺寸较均匀; (5) 设备较大, 较复杂; (6) 投资大, 建设周期长
适用范围	(1) 适用于产量小, 板宽在1m以下的工厂; (2) 铸锭主要采用铁模铸造, 也可以采用半连续铸造, 铸锭尺寸及重量较小	(1) 适用于产量较大, 产品质量要求较高的工厂, 板宽可在1m以上; (2) 采用半连续铸造锭坯

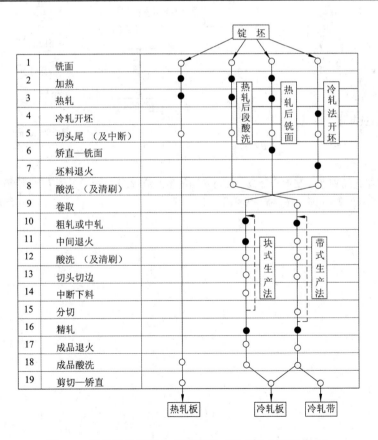

图7-5 板带材常用的生产流程图 (重有色金属及合金)

●—常采用的工序; ○—可能采用的工序; ----—可能重复的工序

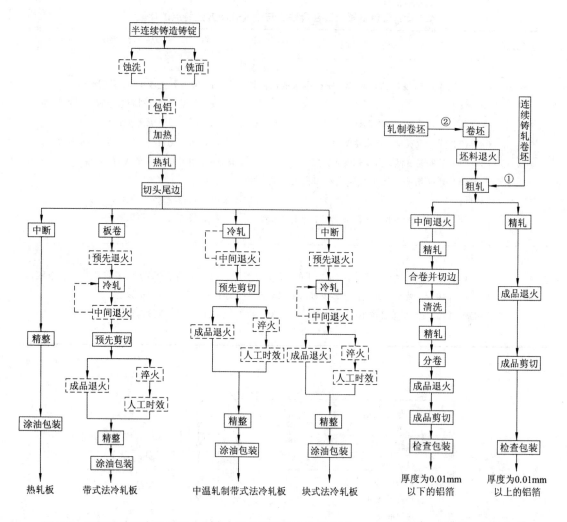

图 7-6 用半连铸锭坯轧制铝合金板、带材常用的生产流程图
实线为常采用的工序；虚线为可能采用的工序

图 7-7 铝箔一般常用的
生产流程

8 轧制生产工艺过程及其制订

将锭或坯轧制成符合技术要求的轧材的一系列加工工序的组合称为轧制生产工艺过程。组织轧制生产工艺过程首先是为了获得合乎质量要求或技术要求的产品，同时也要考虑努力提高产量和降低成本。因此，如何能优质、高产、低成本地生产出合乎技术要求的轧材，乃是制订轧制生产工艺过程的总任务和总依据。

在深入了解轧材技术要求的同时，我们还必须充分掌握金属与合金的内在特性，尤其是加工工艺特性及组织性能变化特性，亦即固有的内在规律。然后，利用这些规律以采取有效的工艺手段，并正确制订生产工艺过程，从而达到生产出合乎技术要求的产品的目标。

8.1 轧材产品标准和技术要求

轧材的技术要求就是为了满足使用上的需要而对轧材提出的在规格和技术性能，例如形状、尺寸、表面状态、力学性能、工艺性能、物理化学性能、金属内部组织和化学成分等方面的要求。它是由使用单位按用途的要求提出，再根据当时实际生产技术水平的可能性和生产的经济性来制定的。它具体体现为产品的标准。轧材的技术要求有一定的范围，并且随着生产技术水平的提高，这种要求及其可能满足的程度也在不断提高。轧制工作者的任务就是不断提高生产技术水平来尽量满足使用上的更高要求。

轧材的产品标准一般包括有品种（规格）标准、技术条件、试验标准及交货标准等方面的内容。

品种标准主要规定轧材形状和尺寸精度方面的要求。形状要正确，不能有断面歪扭、长度上弯曲不直和表面不平等缺陷。尺寸精确度是指可能达到的尺寸偏差的大小，它不仅会影响到使用性能，而且与节约金属材料也有很大关系。所谓负公差轧制，是在负偏差范围内的轧制，实质上就相当于对轧制精确度的要求提高了一倍，这样自然要节约大量金属，并且还能使金属结构的重量减轻。但应该指出，有些轧材（例如工具钢）在使用时还要经过加工处理工序，则常要按正偏差交货。

产品技术要求除规定品种规格要求以外，还规定其他的技术要求，例如，表面质量、钢材性能、组织结构及化学成分等，有时还包括某些试验方法和试验条件等。

产品表面质量直接影响到轧材的使用性能和寿命。产品要求表面缺陷少、表面光整平坦而洁净。最常见的表面缺陷有表面裂纹、结疤、重皮和氧化铁皮等。造成表面缺陷的原因是多方面的，与铸锭（坯）、加热、轧制及冷却都有很大关系。因此要在整个生产过程中加以注意。

轧材性能的要求主要是对轧材的力学性能、工艺性能（弯曲、冲压、焊接性能等）及特殊物理化学性能（磁性、抗腐蚀性能等）的要求。其中最常见的是力学性能（强度性能、塑性和韧性等），有时还要求硬度及其他性能。这些性能可以由拉伸试验、冲击试验及硬度试验来确定。

抗拉强度 σ_b 代表材料在破断前强度的最大值，而屈服点或屈服强度（σ_s 或 $\sigma_{0.2}$）表示开始塑性变形的抗力。这是用来计算结构强度的基本参数。屈强比值（σ_s/σ_b）对于钢材的用途有很大意义。此比值愈小，则当应力超过 σ_s 时钢材的使用可靠性愈高，但太小则又使金属的有效利用率较低；若此比值很高，则说明钢材塑性差，不能作很大的变形。根据经验数据，随结构钢用途的不同，屈强比一般在 0.65 ~ 0.75 之间。

轧材使用时还要求有足够的塑性和韧性，其中伸长率包括拉伸时均匀变形和局部变形两个阶段的变形率，其数值依试样长度而变化，而断面收缩率为拉伸时的局部最大变形程度，可理解为在构件不致破坏的条件下金属所能承受的局部变形能力，它与试样的长度及直径无关，因此，断面收缩率能更好地表明金属的真实塑性，故不少学者建议按断面收缩率来测定金属的塑性。在实际工作中由于测定伸长率较为简便，迄今伸长率仍然是最广泛使用的指标，有时也要求给出断面收缩率指标。材料的冲击韧性（a_K 值及脆性转变温度）以试样折断时所耗之功表示，它是对金属内部组织变化最敏感的质量指标，反映了高应变率下抵抗脆性断裂的能力或抵抗裂纹扩展的能力。金属内部组织的微小改变，在静力试验中难以显出，而对冲击韧性却有很大影响。当变形速度极大时，要想测得应力-应变曲线非常困难，因而往往采用击断试样所需的能量来综合地表示高应变率下金属材料的强度和塑性。必须指出，促使强度提高的因素往往不利于塑性和韧性，欲使材料强度和韧性都得到提高，即提高其综合力学性能，就必须使材料具有细小晶粒的组织结构。

轧材性能主要取决于轧材的组织结构及化学成分，因此，在技术条件中规定了化学成分的范围，有时还提出金属组织结构方面的要求，例如，晶粒度、轧材内部缺陷、杂质形态及分布等。生产实践表明，钢的组织是影响钢材性能的决定因素，而钢的组织又主要取决于化学成分和轧制生产工艺过程，因此通过控制工艺过程和工艺制度来控制钢材组织结构状态，通过对组织结构状态的控制来获得所要求的使用性能，是我们轧制工作者的重要任务。

产品标准中还包括验收规则和需要进行的试验内容，包括做试验时的取样部位、试样形状和尺寸、试验条件和试验方法等。此外，还规定了轧材交货时的包装和标志方法以及质量证明书等内容。某些特殊的轧材在产品标准中还规定了特殊的性能和组织结构等附加要求以及特殊的成品试验要求等。

各种轧材根据用途的不同都有各自不同的产品标准或技术要求。由于各种轧材不同的技术要求，再加上不同的材料特性，便决定了它们不同的生产工艺过程和生产工艺特点。

8.2　金属与合金的加工特性

为了正确制定轧材的生产工艺过程和规程，必须深入了解轧材的加工特征，即其固有的内在规律。下面以钢为主分别叙述与生产工艺过程和规程有关的加工特性。

8.2.1　塑性

纯金属和固溶体有较高的塑性，单相组织比多相组织的塑性高，而杂质元素和合金元素愈多或相数愈多，尤其是有化合物存在时，一般都导致塑性降低（稀土元素等例外），尤其是硫、磷、铜及铅锑等易熔金属更为有害。因此，一般纯铁和低碳钢的塑性最好，含碳愈高，塑性愈差；低合金钢的塑性也较好，高合金钢一般塑性较差。钢的塑性一方面取决于金属本身，这主要是与组织结构中变形的均匀程度，即与组织中相的分布、晶界杂质的形态与分布等有关，同时也与钢的再结晶温度有关，再结晶开始温度高、再结晶速度慢，往往使钢的塑性变差。另一方面，塑性还与变形条件，即与变形温度、变形速度、变形程度及应力状态有关，其中变形温度的影响最大，故必须了解塑性与温度的变化规律，掌握适宜的热加工温度范围。此外，在较低的变形速度下轧制，或采用三向压应力较强的变形过程，如采用限制宽度和包套轧制等，都有利于金属塑性的改善。

8.2.2　变形抗力

一般地说，有色金属及合金的变形抗力比钢的要低，随着合金含量的增加，变形抗力将提高。由加工原理已知，凡能引起晶格畸变的因素都使变形抗力增大。合金元素尤其是碳、硅等元素的增加使铁素体强化。合金元素，尤其是形成稳定碳化物的元素，在钢中一般都能使奥氏体晶粒细化，使钢具有较高的强度。合金元素还通过影响钢的熔点和再结晶温度与速度，通过相的组成及化合物的形成，以及通过影响表面氧化铁皮的特性等来影响变形抗力。在这里还要指出，当高温时，由于合金钢一般熔点都较低，因而合金钢的高温变形抗力可能大为降低，例如，高碳钢、硅钢等在高温时甚至比低碳钢还要软。

8.2.3　导热系数

随着钢中合金元素和杂质含量的增多，导热系数几乎没有例外地都要降低。碳素钢的导热系数一般在摄氏零度时为 $\lambda_0 = 40.8 \sim 60.5 W/(m \cdot K)$，合金钢 $\lambda_0 = 15.1 \sim 40.8 W/(m \cdot K)$，高合金钢 $\lambda_0 < 23.3 \sim 25.6 W/(m \cdot K)$。由此可见随合金元素增多使导热系数显著地降低。钢的导热系数还随温度而变化，一般是随温度升高而增大，但碳钢在大约 800℃ 以下是随温度升高而降低的。铸造组织比轧制加工后的组织的导热系数要小。故在低温阶段，尤其是对钢锭铸造组织进行加热和冷却时，应该特别小心谨慎。此外，合金钢的导热系数愈低，则在铸锭凝固时冷却愈加缓慢，因而使枝晶愈加发达和粗大，甚至横穿整个钢锭，这种组织称为柱状晶或横晶。这种柱状晶组织可能本身并不十分有害，但由于不均匀偏析较重，当有非金属夹杂或脆性组织成分存在时，则塑性降低，轧时易开裂，故在制订工艺规程时应加注意。

8.2.4　摩擦系数

合金钢的热轧摩擦系数一般都比较大，因而宽展也较大。各种钢的摩擦系数的修正系数的试验数据列于表8-1。由该表可见，很多合金钢的摩擦系数要比碳素钢大，因而其宽展也大。这可能主要是因为这些合金钢中大都含有铬、铝、硅等元素。含铬高的钢形成黏固性的氧化铁皮，使摩擦系数增加，宽展加大。同样含铝、硅的钢的氧化铁皮也较粘而且软，因而摩擦系数也较大。但与此相反，含铜、镍和高硫的钢则使摩擦系数降低。合金钢的摩擦系数和宽展的这种变化，在拟订生产工艺过程和制定压下规程时必须加以考虑。

表 8-1　各种合金钢摩擦系数的修正系数

钢　　种	钢　　号	对摩擦系数的修正系数
碳素钢	10	1.0
莱氏体钢	W18Cr4V	1.1
珠光体、马氏体钢	GCr15	1.24 ~ 1.35
奥氏体钢	Cr14Ni14W2MoTi	1.36 ~ 1.52
奥氏体钢（少量 α 铁）	1Cr18Ni9Ti	1.44 ~ 1.53
奥氏体钢（含碳化物）	1Cr17Al5	1.55
铁素体钢	Cr15Ni60	1.56 ~ 1.64

8.2.5　相图形态

合金元素在钢中影响相图的形态，影响奥氏体的形成与分解，因而影响到钢的组织结构和生产工艺过程。例如，铁素体钢和奥氏体钢都没有相变，因而不能用淬火的方法进行强化，也不能通过相变改变组织结构，而且在加热过程中晶粒往往容易粗大。碳素钢及普通低合金钢一般皆属于珠光体钢，不可能是马氏体、奥氏体或铁素体钢。其实碳素钢也可以说是一种合金钢，碳也有升高相图中 A_1 点和降低 A_3 点的作用，所以高碳钢的生产工艺特性一般相近于合金钢，而低合金钢则与碳素钢相接近。由此可见，了解一种相图变化规律和特点，是制订该钢种生产工艺过程及规程的基础。

8.2.6　淬硬性

合金钢往往较碳素钢易于淬硬或淬裂。除钴以外，合金元素一般皆使奥氏体转变曲线往右移，亦即延缓奥氏体向珠光体的转变，降低钢的临界淬火速度，甚至如马氏体钢在常化的冷却速度下也可得到马氏体组织。这样对于塑性较差的钢也就很容易产生冷却裂纹（冷裂或淬裂）。由于合金钢容易淬硬和淬裂，因而在生产过程中便时常采取缓冷、退火等工序，以消除应力及降低硬度，以便于清理表面或进一步加工。

8.2.7　对某些缺陷的敏感性

某些合金钢比较倾向于产生某些缺陷，如过烧、过热、脱碳、淬裂、白点、碳化物不均等。这些缺陷在中碳钢和高碳钢中也都可能产生，只不过是某些合金钢由于合金元素的加入对于某些缺陷更为敏感罢了。例如，不同成分及用不同方法冶炼的钢的过热敏感性也不相同。一般说来，钢中合金元素增多，可在不同程度上阻止晶粒长大，尤其是铝、钛、铌、钒、锆等元素有强烈抑制晶粒长大的作用，故大多数合金钢比碳素钢的过热敏感性要小。但是，碳、锰、磷等由于能扩大奥氏体（γ）区，却往往有促使晶粒长大的趋势。又如含碳较高的钢，其脱碳倾向性也较大。钢中含少量的铬有利于阻止脱碳，但硅、铝、锰、钨却起着促进脱碳的作用。所以通常在硅钢片生产中能利用脱碳退火的方法来降低含碳量，而在生产弹簧钢 60Si2Mn 时则更要注意防止脱碳。白点是分布在钢材内部的一种特殊形式的微细裂纹。碳素钢只有在钢材断面较大（如重轨、轮箍等）且含锰、碳量较高时，才易形成白点。通常对白点敏感性大的钢种多为中合金钢，尤其是合金元素质量含量在8%左右的钢,由于氢的扩散聚集条件适中,钢的组织应力也大,故白点生成的几率较大。必须注意,白点不是在轧制时形成,而是在冷却时产生的,甚或冷却后当时尚不能发现,要到存放一定时间后才出现。任何能促使钢中氢气析出扩散的工序,例如长期的加热、退火、缓冷等,都会减轻或防止白点形成。

以上只是列举几种值得注意的主要钢种特性。实际上各种钢的具体特性都不相同,故在制定其生产工艺过程时,必须对其钢种特性作详细调查或实验研究,求得必要的参数,作为制订生产工艺规程的依据。

8.3 轧材生产各基本工序及其对产品质量的影响

虽然根据产品的主要技术要求和合金的特性所确定的各种轧材的生产工艺流程各不相同,但其最基本的工序都不外是原料的清理准备、加热、轧制、冷却与精整和质量检查等工序。

8.3.1 原料的选择及准备

一般轧制生产常用的原料有铸锭、轧坯及连铸坯三种,有时中、小型企业还采用压铸坯。各种原料的优劣比较如表8-2所示。通过比较可知,采用连铸坯是发展的方向,现正在迅速推广;而以钢锭作为原料的老方法,除某些钢种以外,已处于淘汰之势。原料种类、尺寸和重量的选择,不仅要考虑其对产量和质量的影响(例如考虑压缩比及终轧温度对性能质量及尺寸精度的影响),而且要综合考虑生产技术经济指标的情况及生产的可能条件。为保证成品质量,原料应满足一定技术要求,尤其是表面质量的要求。因而原料一般要进行表面清理,并且对于合金钢锭往往在清理之前还要进行退火。

表 8-2 轧(钢)材所用各种原料的比较

原料	优 点	缺 点	适 用 情 况
铸 锭	不用初轧开坯,可独立进行生产	金属消耗大,成材率低,不能中间清理,压缩比小,偏析重,质量差,产量低	无初轧及开坯机的中小型企业及特厚板生产
轧 坯	可用大锭,压缩比大并可中间清理,故钢材质量好;成材率比用扁锭时高;钢种不受限制,坯料尺寸规格可灵活选择	需要初轧开坯,使工艺和设备复杂化,使消耗和成本增高,比连铸坯金属消耗大得多,成材率小得多	大型企业钢种品种较多及规格特殊的钢坯;可用横轧方法生产厚板
连铸坯	不用初轧,简化生产过程及设备;使成材率提高或金属节约6%~12%以上;并大幅度降低能耗及使成本降低约10%;比初轧坯形状好,短尺少,成分均匀,坯重量可大,生产规模可大可小;节省投资及劳动力;易于自动化	目前尚只适用于镇静钢,钢种受一定限制,压缩比也受一定限制,不太适于生产厚板;受结晶器限制规格难灵活变化,连铸工艺掌握较难	适于大、中、小型联合企业品种较简单的大批量生产;受压缩比限制,适于生产不太厚的板带钢
压铸坯	金属消耗小,成坯率可达95%以上;质量比连铸坯还好,组织均匀致密,表面质量好;设备简单,投资少,规格变化灵活性大	生产能力较低,不太适合于大企业大规模生产,连续化自动化较差	适于中小型企业及特殊钢生产

采用连铸坯也是近代无缝钢管生产技术的重要发展趋势。用连铸坯直接轧管可使钢管成本降低15%以上。生产实践和专门试验证实，连铸坯的内部质量是较好的，内部非金属夹杂、化学成分偏析和铸造组织缺陷比用普通钢锭轧成的管坯少。连铸坯直接轧管的主要技术问题是如何解决钢管外表面质量问题，目前主要是从提高冶炼和连铸技术，改进穿孔方法及加强管坯质量检查和表面清理等几方面着手。

原料表面存在的各种缺陷（结疤、裂纹、夹渣、折叠等），如果不在轧前加以清理，轧制中必然会不断扩大，并引起更多的缺陷，甚至影响钢在轧制时的塑性与成型。因此，为了提高钢材表面质量和合格率，对于轧前的原料和轧后的成品，都应该进行仔细的表面清理，特别是对合金钢要求就更加严格。因而合金钢在铸锭以后一般是采取冷锭装炉作业，让钢锭完全冷却，以便仔细进行表面清理，在清理之前往往要进行退火处理以降低表面硬度。至于碳素钢和低合金钢则为了尽量采用热装炉，或在轧前利用火焰清理机进行在线清理，或暂不作清理而等待轧制以后对成品一并进行清理。近代由于炼钢和连铸技术的进步，使铸坯可不经清理而直接采用连铸连轧方式生产。

原料表面清理的方法很多。对碳素钢一般常用风铲清理和火焰清理；对于合金钢，由于表面容易淬硬，一般常采用砂轮清理或机床刨削清理（剥皮）等。根据情况某些高碳钢和合金钢也可采用风铲或火焰清理，但在火焰清理前往往要对钢坯进行不同温度的预热。每种清理方法都有各自的操作规程。

8.3.2 原料的加热

在轧钢之前，要将原料进行加热，其目的在于提高钢的塑性，降低变形抗力及改善金属内部组织和性能，以便于轧制加工。这就是说，一般要将钢加热到奥氏体单相固溶体组织的温度范围内，并使其具有较高的温度和足够的时间以均化组织及溶解碳化物，从而得到塑性高、变形抗力低、加工性能好的金属组织。一般为了更好地降低变形抗力和提高塑性，加工温度应尽量高一些好。但是高温及不正确的加热制度可能引起钢的强烈氧化、脱碳、过热、过烧等缺陷，降低钢的质量，甚至导致废品。因此，钢的加热温度主要应根据各种钢的特性和压力加工工艺要求，从保证钢材质量和产量出发进行确定。

加热温度的选择应依钢种不同而不同。对于碳素钢，最高加热温度应低于固相线100~150℃；加热温度偏高，时间偏长，会使奥氏体晶粒过分长大，引起晶粒之间的结合力减弱，钢的力学性能变坏，这种缺陷称为过热。过热的钢可以用热处理方法来消除其缺陷。加热温度过高，或在高温下时间过长，金属晶粒除长得很粗大外，还使偏析夹杂富集的晶粒边界发生氧化或熔化，在轧制时金属经受不住变形，往往发生碎裂或崩裂，有时甚至一受碰撞即行碎裂，这种缺陷称为过烧。过烧的金属无法进行补救，只能报废。过烧实质上是过热的进一步发展，因此防止过热即可防止过烧。随着钢中含碳量及某些合金元素的增多，过烧的倾向性亦增大。高合金钢由于其晶界物质和共晶体容易熔化而特别容易过烧。过热敏感性最大的是铬合金钢、镍合金钢以及含铬和镍的合金钢。某些钢的加热及过烧温度如表8-3所示。

表 8-3 某些钢的加热与过烧理论温度

钢 种	加热温度/℃	过烧温度/℃
碳素钢 $w(C)=1.5\%$	1050	1140
碳素钢 $w(C)=1.1\%$	1080	1180
碳素钢 $w(C)=0.9\%$	1120	1220
碳素钢 $w(C)=0.7\%$	1180	1280
碳素钢 $w(C)=0.5\%$	1250	1350
碳素钢 $w(C)=0.2\%$	1320	1470
碳素钢 $w(C)=0.1\%$	1350	1490
硅锰弹簧钢	1250	1350
镍钢 $w(Ni)=3\%$	1250	1370
$w(Ni,Cr)=8\%$ 镍铬钢	1250	1370
铬钒钢	1250	1350
高速钢	1280	1380
奥氏体镍铬钢	1300	1420

此外，加热温度愈高（尤其是在 900℃ 以上），时间愈长，炉内氧化性气氛愈强，则钢的氧化愈剧烈，生成氧化铁皮愈多。氧化铁皮的一般组成结构如图 8-1 所示。氧化铁皮除直接造成金属损耗（烧损）以外，还会引起钢材表面缺陷（如麻点、铁皮等），造成次品或废品。氧化严重时，还会使钢的皮下气孔暴露和

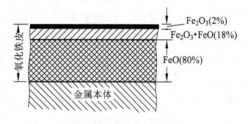

图 8-1 氧化铁皮组成

氧化，经轧制后形成发裂。钢中含有铬、硅、镍、铝等成分会使形成的氧化铁皮致密，它起到保护金属及减少氧化的作用。加热时钢的表层含碳量被氧化而减少的现象称为脱碳。脱碳使钢材表面硬度降低，许多合金钢材及高碳钢不允许有脱碳发生。加热温度愈高，时间愈长，脱碳层愈厚；钢中含钨和硅等也促使脱碳的发生。

确定钢的加热速度时，必须考虑到钢的导热性。这一点对于合金钢和高碳钢坯（尤其是钢锭）显得更加重要。很多合金钢和高碳钢在 $500\sim600℃$ 以下塑性很差。如果突然将其装入高温炉中，或者加热速度过快，则由于表层和中心温度差过大而引起的巨大热应力，加上组织应力和铸造应力，往往会使钢锭中部产生"穿孔"开裂的缺陷（常伴有巨大响声，故常称为"响裂"或"炸裂"）。因此，加热导热性和塑性都较差的钢种，例如高速钢、高锰钢、轴承钢、高硅钢、高碳钢等，应该放慢加热速度，尤其是在 $600\sim650℃$ 以下要特别小心。加热到 700℃ 以上的温度时，钢的塑性已经很好，就可以用尽可能快的速度加热。应该指出，大的加热速度不仅可提高生产能力，而且可防止或减轻某些缺陷，如氧化、脱碳及过热等。允许的最大加热速度，不仅取决于钢种的导热性和塑性，还取决于原料的尺寸和外部形状。显然，尺寸愈小，允许的加热速度愈大。此外，生产上的加热速度还常常受到炉子结构、供热能力及加热条件的限制。对于普碳钢之类的多数钢种，一般只要加热设备许可，就可以采用尽可能快的加热速度。但是，不管如何加热，一定要保

证原料各处都能均匀加热到所需要的温度，并使组织成分较为均化，这也是加热的重要任务。如果加热不均匀，不仅影响产品质量，而且在生产中往往引起事故，损坏设备。因此，一般在加热过程中往往分为三个阶段，即预热阶段（低温阶段）、加热阶段（高温阶段）及均热阶段。在低温阶段（700 ~ 800℃以下）要放慢加热速度以防开裂；到 700 ~ 800℃以上的高温阶段，可进行快速加热。达到高温带以后，为了使钢的各处温度均化及组织成分均化，而需在高温带停留一定时间，这就是均热阶段。应该指出，并非所有的原料都必须经过这样三个阶段。这要看原料的断面尺寸、钢种特性及入炉前的温度而定。例如，加热塑性较好的低碳钢，即可由室温直接快速加热到高温；加热冷钢锭往往低温阶段要长，而加热冷钢坯则可以用较短的低温阶段，甚至直接到高温阶段加热。

　　为了提高加热设备的生产能力及节省能源消耗，生产中应尽可能采用热装炉的操作方式。热锭及热坯装炉的主要优点是：（1）充分利用热能，提高加热设备的生产能力，并节省能耗，降低成本；根据实测，钢锭温度每提高 50℃，即可提高均热炉生产能力约 7%；（2）热装时由于减少了冷却和加热过程，钢锭中内应力较少。热锭坯装炉的主要缺点是钢锭表面缺陷难以清理，不利于合金钢材表面质量的提高。对于大钢锭、大钢坯以及碳素钢或低合金钢，应尽量采用热锭或热坯装炉；对于小钢锭（坯）及合金钢，一般采用冷装炉。此外，当锭只经一次加热轧成成品（往往是小钢锭），不能进行钢坯的中间清理时，往往也采用冷锭装炉，以便清理钢锭的表面缺陷，提高钢材表面质量。近年，在连铸坯轧制生产中采用了"连铸连轧"工艺，这对节约能耗、降低成本非常有成效。

　　原料的加热时间长短不仅影响加热设备的生产能力，同时也影响钢材的质量，即使加热温度不过高，也会由于时间过长而造成加热缺陷。合理的加热时间取决于原料的钢种、尺寸、装炉温度、加热速度以及加热设备的性能与结构等。原料热装炉时的加热时间往往只占冷装时所需加热时间的 30% ~ 40%，所以只要条件可能，应尽量实行热装炉，以减少加热时间，提高产量和质量。这里，热装炉应是指在原料入炉后即可进行快速加热的原料温度下装入高温炉内。一般碳钢的热装温度取决于其含碳量，碳质量分数大于 0.4% 的钢，原料表面温度一般应高于 750 ~ 800℃，若碳质量分数小于 0.4%，则表面温度可高于600℃。允许不经预热即可快速加热的热装温度则取决于钢的成分及钢种特性。一般含碳及合金元素量愈多，则要求热装温度愈高。关于加热时间的计算，用理论方法目前还很难满足生产实际的要求，现在主要还是依靠经验公式和实测资料来进行估算。例如，在连续式炉内加热钢坯时，加热时间（t）可用下式估算。

$$t = CB \quad \text{h}$$

式中　B——钢料边长或厚度，cm；

　　　C——考虑钢种成分和其他因素影响的系数（表8-4）。

表8-4　各种钢的系数 C 值

钢　种	C	钢　种	C
碳素钢	0.1 ~ 0.15	高合金结构钢	0.20 ~ 0.30
合金结构钢	0.15 ~ 0.20	高合金工具钢	0.30 ~ 0.40

　　加热设备除初轧及特厚板厂采用均热炉及室状炉以外，大多数钢板厂和型钢厂皆采用

连续式炉，钢管厂多采用环形炉。近年兴建的连续式炉多为步进式的多段加热炉，其出料多由抽出机来执行，以代替过去利用斜坡滑架和缓冲器进行出料的方式，可减少板坯表面的损伤和对辊道的冲击事故。过去常用的热滑轨式加热炉虽然和步进式炉一样能大大减少水冷黑印，提高加热的均匀性，但它仍属推钢式加热炉，其主要缺点是板坯表面易擦伤和易于翻炉，这样使板坯尺寸和炉子长度（炉子产量）受到限制，而且炉子排空困难，劳动条件差。采用步进式炉可避免这些缺点，但其投资较多，维修较难，且由于支梁妨碍辐射，使板坯或钢坯上下面仍有一些温度差。热滑轨式没有这些缺点。这两种形式的加热炉加热能力皆可高达 150 ~ 300t/h。

8.3.3 钢的轧制

轧钢工序的两大任务是精确成型及改善组织和性能，因此轧制是保证产品质量的一个中心环节。

在精确成型方面，要求产品形状正确、尺寸精确、表面完整光洁。对精确成型有决定性影响的因素是轧辊孔型设计（包括辊型设计及压下规程）和轧机调整。变形温度、速度规程（通过对变形抗力的影响）和轧辊工具的磨损等也对精确成型产生很重要的影响。为了提高产品尺寸的精确度，必须加强工艺控制，这就不仅要求孔型设计、压下规程比较合理，而且也要尽可能保持轧制变形条件稳定，主要是温度、速度及前后张力等条件的稳定。例如，在连续轧制小型线材和板带钢时，这些工艺因素的波动直接影响到变形抗力，从而影响到轧机弹跳和辊缝的大小，影响到厚度的精确。这就要求对轧制工艺过程进行高度的自动控制。只有这样，才可能保证钢材成型的高精确度。

对改善钢材性能方面有决定影响的因素是变形的热动力因素，这其中主要是变形温度、速度和变形程度。所谓变形程度主要体现在压下规程和孔型设计，因此，压下规程、孔型设计也同样对性能有重要影响。

8.3.3.1 变形程度与应力状态对产品组织性能的影响

一般说来，变形程度愈大，三向压应力状态愈强，对于热轧钢材的组织性能就愈有利，这是因为：（1）变形程度大、应力状态强有利于破碎合金钢锭的枝晶偏析及碳化物，即有利于改变其铸态组织。在珠光体钢、铁素体钢及过共析碳素钢中，其枝晶偏析等还比较容易破坏；而某些马氏体、莱氏体及奥氏体等高合金钢钢锭，其柱状晶发达并有稳定碳化物及莱氏体晶壳，甚至在高温时平衡状态就有碳化物存在，这种组织只依靠退火是无法破坏的，就是采用一般轧制过程也难以完全击碎。因此，需要采用锻造和轧制，以较大的总变形程度（愈大愈好）进行加工，才能充分破碎铸造组织，使组织细密，碳化物分布均匀。（2）为改善机械性能，必须改造钢锭或铸坯的铸造组织，使钢材组织致密。因此对一般钢种也要保证一定的总变形程度，即保证一定的压缩比。例如，重轨压缩比往往要达数十倍，钢板也要在 5 ~ 12 倍以上。（3）在总变形程度一定时，各道变形量的分配（变形分散度）对产品质量也有一定影响。从产量、质量观点出发，在塑性允许的条件下，应该尽量提高每道的压下量，并同时控制好适当的终轧压下量。在这里，主要考虑钢种再结晶的特性，如果是要求细致均匀的晶粒度，就必须避免落入使晶粒粗大的临界压下量范围内。

8.3.3.2 变形温度、速度对产品组织性能的影响

轧制温度规程要根据有关塑性、变形抗力和钢种特性的资料来确定，以保证产品正确

成型不出裂纹、组织性能合格及力能消耗少。轧制温度的确定主要包括开轧温度和终轧温度的确定。钢坯生产时，往往并不要求一定的终轧温度，因而开轧温度应在不影响质量的前提下尽量提高。钢材生产往往要求一定的组织性能，故要求一定的终轧温度。因而，开轧温度的确定必须以保证终轧温度为依据。一般来说，对于碳素钢加热最高温度常低于固相线 $100 \sim 200$℃（图8-2）。开轧温度由于从加热炉到轧钢机的温度降，一般比加热温度还要低一些。确定加热最高温度时，必须充分考虑到过热、过烧、脱碳等加热缺陷产生的可能性。

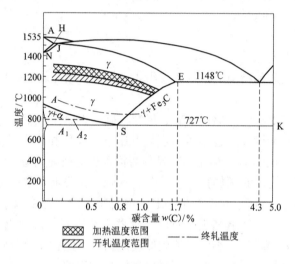

图 8-2 铁碳平衡图

轧制终了温度因钢种不同而不同，它主要取决于产品技术要求中规定的组织性能。如果该产品可能在热轧以后不经热处理就具有这种组织性能，那么终轧温度的选择便应以获得所需要的组织性能为目的。在轧制亚共析钢时，一般终轧温度应该高于 A_{r3} 线约 $50 \sim 100$℃，以便在终轧以后迅速冷却到相变温度，获得细致的晶粒组织。若终轧温度过高，则会得到粗晶组织和低的力学性能。反之，若终轧温度低于 A_{r3} 线，则有加工硬化产生，使强度提高而伸长率下降。究竟终轧温度应该比 A_{r3} 高出多少？这在其他条件相同的情况下主要取决于钢种特性和钢材品种。对于含 Nb、Ti、V 等合金元素的低合金钢，由于再结晶较难，一般终轧温度可以提高（例如 >950℃）；如果采用控制轧制或进行形变热处理，其终轧温度可以从大于 A_{r3} 到低于 A_{r3}，甚至低于 A_{r1}，这主要取决于钢种特性和所要求的钢材的组织和性能。

如果亚共析钢在热轧以后还要进行热处理，终轧温度可以低于 A_{r3}。但一般总是尽量避免在 A_{r3} 以下的温度进行轧制。

轧制过共析钢时热轧的温度范围较窄，即奥氏体温度范围较窄，其终轧温度应不高于 SE 线（图8-2）。否则，在晶粒边界析出的网状碳化物就不能破碎，使钢材的力学性能恶化。若终轧温度过低，低于 SK 线，则易于析出石墨，呈现黑色断口。这是因为渗碳体分解形成石墨需要两个条件：一是缓慢冷却以满足渗碳体分解所需时间；二是钢的内部有显微间隙或周围介质阻力小，以满足石墨形成和发展时钢的密度减小和体积变化的要求。终轧温度过低，有加工硬化现象，且随变形程度的增加，显微间隙也增加，这就为随后缓冷及退火时石墨的优先析出和发展创造了条件。因此过共析钢的终轧温度应比 SK 线高出 100～150℃。

8.3.3.3　变形速度或轧制速度对产品组织性能的影响

变形速度或轧制速度主要影响到轧机的产量，因此，提高轧制速度是现代轧机提高生产率的主要途径之一。但是，轧制速度的提高受到电机能力、轧机设备及强度、机械化自动化水平以及咬入条件和坯料规格等一系列设备和工艺因素的限制。要提高轧制速度，就必须改善这些条件。轧制速度或变形速度通过硬化和再结晶的影响也对钢材性能质量产生一定的影响。此外，轧制速度的变化通过摩擦系数和轧制压力的影响，还经常影响到钢材尺寸精确度等质量指标。总的说来，提高轧制速度不仅有利于产量的大幅度提高，而且对提高质量、降低成本等也都有益处。

1960 年以来大力发展的所谓"控制轧制"工艺，是严格控制非调质钢材的轧制过程，运用变形过程热动力因素的影响，使钢的组织结构与晶粒充分细化，或使在一定碳含量时珠光体的数量减少，或通过变形强化诱导有利夹杂沉淀析出，从而提高钢的强度和冲击韧性，降低脆性转变温度，改善焊接性能，以获得具有很好综合性能的优质热轧态钢材。根据轧制中细化晶粒方法的不同，控制轧制可分为再结晶控制轧制法、未再结晶控制轧制法及两相区控制轧制法三种，第一种是在 γ 区间使轧制变形和再结晶不断交替发生，让奥氏体晶粒随温度降低而逐步细化，在重结晶后得到细小的铁素体晶粒；第二种则是对某种成分的钢，在 γ 区内一定温度（难再结晶的温度）以下轧制，虽经大变形量而再结晶难以发生，使奥氏体晶粒充分细化，直至通过重结晶而转变为铁素体，得到极其细小的晶粒，从而大大提高钢的综合性能；而第三种即是双相区控制轧制，是将加热至奥氏体化温度的轧制冷却到两相区，在 A_1 以上的温度继续进行轧制，轧后冷至一定温度进行热处理，以获得所需的组织和性能。

合金钢锭开坯除采用轧制方法以外，有时还采用锻造方法。一般常在钢锭塑性很差、初生脆性晶壳及柱状晶严重时，或者在车间没有较大的开坯机时，采用锻造方法进行开坯。合金钢之所以往往利用锻造开坯，有以下主要原因。

（1）锻造时再结晶过程进行得比较充分。锻造的操作速度一般很慢，全锭锻打一遍需较长的时间，因而有充分的时间进行再结晶恢复过程。由于塑性差的高合金钢再结晶温度往往较高及再结晶速度往往较慢，故这一点对塑性的恢复便非常有利。除此以外，在锻造时还可以多次回炉加热以提高塑性，比轧制时要灵活得多。

（2）锻造时三向压应力状态一般较轧制时要强，这也有利于塑性。还可以采用圆弧形或菱形锤头，像轧制时的孔型一样，以防止自由宽展所形成的锻裂缺陷。

（3）在锻造过程中发现裂纹等缺陷时便于及时铲除掉，而轧制时则不能铲除，只能任其自由发展扩大。此外，锻打时还可连续不断地进行翻钢，使各部分都能受到加工，有利于提高成型质量。

（4）用于锻造的钢锭，其锥度可以大到 4.5% 以上，亦即钢锭锥度不像轧制所用钢锭一样受到限制。因而为了改进合金钢锭质量便可采用较大的锥度，这对于高合金钢来说尤其重要。

因此，对于低塑性合金钢锭的开坯往往采用锻造的方法。而在钢锭经过开坯以后，组织已较致密，塑性大有提高，一般便可比较顺利地进行轧制。由于锻造生产力低且劳动条件差，故应尽量以轧制来代替。

8.3.4 钢材的轧后冷却与精整

如前所述，某种钢在不同的冷却条件下会得到不同的组织结构和性能，因此，轧后冷却制度对钢材组织性能有很大的影响。实际上，轧后冷却过程就是一种利用轧后余热的热处理过程。实际生产中就是经常利用控制轧制和控制冷却的手段来控制钢材所需要的组织性能的。显然，冷却速度或过冷度，对奥氏体转化的温度及转化后的组织会产生显著的影响。随着冷却速度的增加，由奥氏体转变而来的铁素体-渗碳体混合物也变得愈来愈细，硬度也有所增高，相应地形成细珠光体、极细珠光体及贝氏体等组织。

对于某些塑性和导热性较差的钢种，在冷却过程中容易产生冷却裂纹或白点。白点和冷裂的形成原因并不完全相同，前者的形成虽然是由于钢中内应力（组织应力）的存在，但主要还是由于氢的析出和聚集造成的；而后者却主要是由于钢中内应力的影响。钢的冷却速度愈大，导热性和塑性愈差，内应力也愈大，则愈容易产生裂纹。凡导热性差的钢种，尤其是高合金钢如高速钢、高铬钢、高碳钢等，都特别容易产生冷裂。但如前所述，这些高合金钢却并不易产生白点。

根据产品技术要求和钢种特性，在热轧以后应采用不同的冷却制度。一般在热轧后常用的冷却方式有水冷、空冷、堆冷、缓冷等数种。钢材冷却时不仅要求控制冷却速度，而且要力求冷却均匀，否则容易引起钢材扭曲变形和组织性能不均等缺陷。

钢材在冷却以后还要进行必要的精整，例如，切断、矫直等，以保证正确的形状和尺寸。钢板的切断多采用冷剪。钢管多用锯切，简单断面的型材多用热剪或热锯，复杂断面多用热锯、冷锯或带异型剪刃的冷剪。钢材矫直多采用辊式矫直机，少数也用拉力或压力矫直机。各类钢材采用的矫直机型式也各不一样。按照表面质量的要求，某些钢材有时还要进行酸洗、镀层等。按照组织性能的要求，有时还要进行必要的热处理或平整。某些产品按要求还需要进行特殊的精整加工。

8.3.5 钢材质量的检查

生产工艺过程和成品质量的检查，对于保证成品质量具有很重要的意义。现代轧钢生产的检查工作可分为熔炼检查、轧钢生产工艺过程的检查及成品质量检查三种。熔炼检查和轧钢过程的检查主要应以生产技术规程为依据，特别应以技术规程中与质量有密切关系的项目作为检查工作的重点。

现代轧机的自动化、高速化和连续化使得有必要和有可能采用最现代化的检测仪器，例如，在带钢连轧机上采用 X 射线或 γ 与 β 射线对带钢厚度尺寸进行连续测量等。依靠这些连续检测信号和数学模型，对轧机调整乃至轧件温度调整，实现全面的计算机自动控制。

对钢材表面质量的检查要予以很大注意，为此要按轧制过程逐工序地进行取样检查。为便于及时发现缺陷，在生产流程线上近代采用超声波探伤器及 γ 射线探伤器等对轧件进行在线连续检测。

最终成品质量检查的任务是确定成品质量是否符合产品标准和技术要求。检查的内容取决于钢的成分、用途和要求，一般包括化学分析、机械和物理性能检验、工艺试验、低倍组织及显微组织的检验等。产品标准中对这些检查一般都作了规定。

8.4 制订轧制产品生产工艺过程举例

8.4.1 制订轧钢产品生产工艺过程举例

现在以滚珠轴承钢为例来进一步说明制订钢材生产工艺过程和规程的步骤和方法。

滚珠轴承钢的主要技术要求（详见 YB9—68）为：

（1）滚珠轴承钢应具有高而均匀的硬度和强度，没有脆弱点或夹杂物，以免加速轴承的磨损；

（2）钢材表面脱碳层必须符合规定的要求，例如，$\phi 5 \sim 15mm$ 的圆钢脱碳层深度应小于 0.22mm，$\phi 100 \sim \phi 150mm$ 者应小于 1.25mm；

（3）尺寸精度要符合一定的标准，表面质量要求较高，表面应光滑干净，不得有裂纹、结疤、麻点、刮伤等缺陷；

（4）化学成分：滚珠轴承钢（GCr9、GCr15、GCr15MnSi）一般含碳量为 $w(C) = 0.95\% \sim 1.15\%$，含铬量为 $w(Cr) = 0.6\% \sim 1.5\%$，含铬低时含碳高，例如 GCr15 成分为：$w(C) = 0.95\% \sim 1.05\%$；$w(Mn) = 0.2\% \sim 0.4\%$；$w(Si) = 0.15\% \sim 0.35\%$；$w(Cr) = 1.30\% \sim 1.65\%$；$w(S) \leq 0.020\%$；$w(P) \leq 0.027\%$；

（5）在钢材组织方面，显微组织应具有均匀分布的细粒状珠光体，钢中碳化物网状组织不得超过规定级别，钢中碳化物带状组织也不得超过规定级别，低倍组织必须无缩孔、气泡、白点和过烧过热现象，中心疏松偏析和夹杂物级别应小于一定级别等。

滚珠轴承钢的钢种特性主要为：

（1）滚珠轴承钢属于高碳的珠光体铬钢，钢锭浇铸和冷却时容易产生碳和铬的偏析，因此钢锭开坯前应采用高温保温或高温扩散退火；

（2）导热性和塑性都较差，变形抗力不大，与碳钢相差不多，故应缓慢加热升温，以防炸裂；

（3）脱碳敏感性和白点敏感性都较大，也易于产生过热和过烧；

（4）轧后缓慢冷却时，有明显的网状碳化物析出，依过冷度不同，碳化物析出的温度也不同。一般在终轧温度低于 800℃时，碳化物开始析出，且随轧件的延伸而被拉长为带状组织；

（5）热轧摩擦系数比碳素钢要大，因而宽展也大。

根据滚珠轴承钢的技术要求和钢种特性来考虑它的生产工艺过程和规程。滚珠轴承钢主要是轧成圆钢，由很小的直径（$\phi 6mm$）到很大的直径，且大部分作为冷拉钢原料，因而对于其表面质量的要求很严格。考虑到这一点，轧制时以采用冷锭装炉加热较为合适（或热装炉时须经热检查及热清理），这样在装炉之前可以进行细致的表面清理，从而可使钢材表面质量得到改善。

钢坯在清理之前要进行酸洗。可采用砂轮清理或风铲清理。由于导热性差，不宜用火焰清理冷钢坯。

为了减少碳化物偏析，如前所述可以在钢锭开坯前采用高温保温或高温扩散退火。考虑到扩散退火需时间太长，在经济上不合算且产量低，故以采用高温保温为宜，即加热到高温阶段给予较长保温时间。

轴承钢的加热必须小心地进行。考虑到这种钢容易脱碳，而对于脱碳这方面的技术要求又很严格，并且此种钢还易于过热过烧（开始过烧温度1220~1250℃），因而钢锭加热温度不应超过1180~1200℃。钢锭由于轴心带疏松且有低熔点共晶碳化物存在，故更易于过烧。钢坯经轧制后尺寸变小，更易脱碳，故应使加热温度更低一些。故小型钢坯加热温度不应高于1050~1100℃。

要制定轧制规程，应依据滚珠轴承钢的塑性和变形抗力的研究资料以及对轧后金属组织性能的要求，去设计孔型和压下规程以及确定轧制温度规程。看情况可以采用轧制，也可采用锻造进行开坯。由于滚珠轴承钢有相当高的塑性，在各轧制道次中可采用很大的压下量。滚珠轴承钢的变形抗力与碳钢差不多，其摩擦系数为碳钢的1.25~1.35倍，宽展也约比碳钢大20%。在设计孔型和压下规程时应该考虑到这些特点。考虑到对表面提出的严格要求，因而在设计孔型和压下规程时要采用适当的孔型（例如箱形孔型与菱形孔型），以便于去除氧化铁皮，并借助合理的孔型设计来减少轧制过程中可能产生的表面缺陷。

滚珠轴承钢轧制后不应有网状碳化物存在。众所周知，轧制终了温度愈高，在高碳钢中析出的网状渗碳体便愈粗大。因此终轧温度应该尽可能低一些。如果开轧温度比较高，则为了保证较低的终轧温度，可在送入最后1~2道之前，稍作停留以降低温度。但若终轧温度过低，例如若低于800℃时，碳化物开始析出，且随轧件的延伸而被拉长为带状组织，这也是不允许的。此外，终轧道次的压下量也应较大，以便更好地使碳化物分散析出，防止网状碳化物形成，同时也能使晶粒尺寸因之减小。

在许多情况下，尤其当轧制大断面钢材时，甚至在较低的终轧温度下也可能在最后冷却时产生网状碳化物。这时冷却速度很为重要。冷却速度愈大，网状碳化物愈少。考虑到这一点，除了使终轧温度足够低以外，还应使钢材尽可能地快速冷却到大约650℃的温度。

由于有白点敏感性，故轧后钢材应该在很快冷却到650℃以后，便进行缓冷。缓冷之后，进行退火以降低硬度，便于以后加工；然后进行酸洗，清除氧化铁皮，以便于检查和清理，并提高表面质量。

综上所述，可将滚珠轴承钢的生产工艺过程归纳为：

钢锭→清理→加热→轧制→切断————————————→缓冷→退火→酸洗→检查清理

　　　　　└→锻造→缓冷→酸洗→清理→加热→轧制→切断↑

8.4.2 制订有色金属轧材生产工艺过程举例

现以紫铜板带材为例说明制订有色金属与合金轧材生产工艺过程的方法。

紫铜的主要加工特性是塑性很好，变形抗力较低，表面较软而易刮伤，变形后有明显的方向性，氧化能力强，导电性及导热性很高；另一方面对紫铜板带的主要技术要求，例如对其表面质量、板形质量、尺寸（厚度）精度及组织性能等方面的要求一般也比较高。

紫铜锭坯的表面缺陷较多时，热轧前要进行铣面，以防止锭坯的表面缺陷热轧时压入轧件里层。但采用石墨结晶器的紫铜半连续锭坯表面有较薄的一层细晶粒，表面缺陷较少，热轧前锭坯不宜铣面，否则热轧时易产生表面裂纹及加剧表面氧化。

热轧后坯料可以采用铣面,也可以采用酸洗除去热轧时产生的表面缺陷。目前国内中、小工厂大多采用酸洗,热轧时产生的表面缺陷可以在酸洗及随后冷轧与中间退火等中间工序暴露、分散及清除。对于产品表面质量要求较高的产品,也有同时采用锭坯铣面及热轧后坯料铣面的工艺,但两次铣面引起的几何损失会大大影响成材率。

紫铜表面氧化能力很强,热轧坯料酸洗后大多被清刷。有的工厂生产中出现热轧氧化皮轻微压入时,采用氧化退火使表层氧化皮爆裂并随后酸洗去除,这种办法可以提高表面质量,但相应增加了金属的氧化损失。紫铜的成品退火趋向于采用保护性气体退火及真空退火,以免除成品退火后的酸洗工序。通常软态板带材成品在成品退火前要进行成品矫直和剪切,以避免表面划伤。

紫铜的软、硬板带材成品冷轧加工率大多在30%~50%,由于紫铜塑性好且变形抗力低,为了提高生产率,有的工厂将成品冷轧加工率加大到60%~90%。对于有产品性能要求的热轧板带,应注意控制热轧时的轧制温度。如果热轧前加热温度超过950℃时,终轧温度相应也较高,轧后呈完全再结晶状态,但表面氧化较严重;如果加热温度低于750℃,则终轧温度也较低,会出现不完全再结晶组织,使表面及中心层出现晶粒组织不均和性能不匀。故一般加热温度应在750~950℃之间,以保证合适的终轧温度。

根据不同的生产设备条件和产品技术要求,紫铜板带可采用不同的生产工艺流程。例如某厂采用带式法生产硬态紫铜带,由100mm×400mm×440mm的锭坯直接热轧及冷轧成0.5mm厚的带材,由于二辊轧机能力小,故采用了如下的工艺流程:

铸坯→热轧(6mm)→酸洗→冷轧(1.8mm)→退火→酸洗→冷轧(0.9mm)→退火→酸洗→冷轧(0.5mm)→剪切矫直→检查。

而另一工厂,由于有强大的四辊轧机,采用180mm×620mm×1100mm铸坯生产软态紫铜雷管带的工艺流程则为:

铸坯→加热→热轧(12mm)→铣面→冷轧(2辊轧机,至5.5mm)→冷轧(4辊轧机,至1.7mm)→冷轧(4辊轧机,至0.5mm)→剪切矫直→退火→检查。

前一流程的优点是充分利用了铸造后的余热,进行直接热轧;而后一流程的优点则为充分利用了紫铜的良好塑性,不经中间退火进行了大压下量(>90%)冷轧加工,简化了生产工序。

9　轧材生产新工艺及其技术基础

近代出现的轧材生产新工艺新技术很多，其中影响最广泛而深远的是连续铸造与轧制的衔接工艺（连铸连轧工艺）以及控制轧制与控制冷却工艺。

9.1　连续铸造及其与轧制的衔接工艺

9.1.1　连续铸钢技术

连续铸钢是将钢水连续注入水冷结晶器，待钢水凝成硬壳后从结晶器出口连续拉出或送出，经喷水冷却，全部凝固后切成坯料或直送轧制工序的铸造坯料，称为连续铸坯。与传统的铸锭法相比，连续铸坯具有增加金属收得率、节约能源、提高铸坯质量、简化工艺、改善劳动条件、便于实现机械化和自动化等优点。连续铸坯在冶金学方面的特点是：

（1）钢水在结晶器内得到迅速而均匀的冷却凝固，形成较厚的细晶表面凝固层，无充分时间生成柱状晶区；

（2）连续浇铸可避免形成缩孔或空洞，无铸锭之头尾剪切损失，使金属收得率大为提高；

（3）整罐钢水的连铸自始至终的冷却凝固时间接近，连铸坯纵向成分偏差可控制在10%以内，远比模铸钢锭为好；

（4）在塑性加工时为消除铸态组织所需的压缩比也可以相对减小，铸坯的组织致密，有良好的力学性能。近代开发了近终形连铸技术，使铸坯断面尽量接近于轧成品尺寸，以便采用连铸连轧工艺进行生产。

连续铸坯的发展过程是悠久而曲折的。金属的连续铸坯技术，从发展上大体可归纳为铸坯与结晶器壁间有相对滑动（即采用固定振动式结晶器）和无相对滑动（即结晶器与铸坯同步移动）两种类型的连铸方法。前者多用于铸粗坯和厚坯，铸造速度较慢，应用于生产较早，后者多应用于铸造细品和薄坯，速度较快，现在虽然在有色金属生产中已得到推广应用，但在钢铁生产方面尚处于开发研究阶段。对钢的连铸而言，远在 1857 年英国贝塞麦曾提出用两个轧辊连续铸轧金属的方案，随后在前苏联和美国虽都曾作过详细的研究，但限于条件都未能获得成功。直至 20 世纪 40 年代德国密汉斯（S. Junghans）和美国罗西（J. Rassi）利用固定振动式结晶器在连续铸钢方面取得工业规模的成功，直到 50 年代连续铸钢才逐渐应用于生产。但由于连续铸钢工艺仍未完全过关，使其推广应用受到一定的影响。直至 70 年代由于炼钢技术和连铸技术的进步，使钢水质量和铸坯质量大幅度提高，连续铸钢才得到比较广泛的发展和应用。进入 80 年代以来，由于出现了世界能源危机，全世界连续铸钢技术得到飞快的发展和推广应用。全世界在 2001 ~ 2010 年连续铸钢产量由 852×10^6 t 增至 1414×10^6 t。钢的连铸比由 89.3% 上升到 94.7%。世界主要产钢国家在 2001 ~ 2010 年期间连铸比的变化情况见表7-1。我国钢产量 2010 年已达 6.26 亿吨，连铸比由 1987 年的 12.9% 到 2005 年增至 97.9%，达到世界先进水平。

9.1.1.1　连铸机类型

连铸机可以按铸坯断面形状分为厚板坯、薄板坯、大方坯、小方坯、圆坯、异型钢坯及椭圆形钢坯连铸机等，也可按铸坯运行的轨迹分为立式、立弯式、垂直-多点弯曲形、垂直-弧形、多半径弧形（椭圆形）、水平式及旋转式连铸机（见图 9-1）。立式连铸机出现最早，其优点是钢中夹杂易于上浮排除，凝壳冷却均匀对称，不受弯曲矫直应力，适用于裂纹较敏感钢种的连铸，但缺点是设备高度大，建设投资大，且钢水静压力大易使钢坯产生鼓肚变形，铸坯断面和长度都不能过大，拉速也不宜过高。立弯式连铸机为降低设备高度，将完全凝固的铸坯顶弯成 90°角，在水平方向出坯，消除了定尺长度的限制，降低了设备的投资，但缺点是铸坯受弯曲矫直应力，易产生裂纹。弧形连铸机大大降低了设备的高度，仅为立式的 1/2～1/3，投资少，操作方便，利于拉速的提高，但缺点是存在设备对弧较难，内外弧冷却欠均匀，弯曲矫直应力较大及夹杂物在内弧侧聚集的缺点，故对钢水纯净度要求更高。椭圆形连铸机为分段改变弯曲半径，故设备更低，称为超低头铸机。垂直-弧形和垂直-多点弯曲形连铸机采用直结晶器并在其下部保留 2m 左右的直线段，使铸机的高度增加不多，而有利于克服内弧侧夹杂物富集的缺点。水平式铸机设备高度更低，更轻便且投资少，但尚不能制成大生产适用机型。目前世界各国弧形铸机占主导地位，达 60% 以上。其次为垂直-多点弯曲形。板坯和方坯多采用垂直弧形，而垂直-多点弯曲形则呈增加趋势。

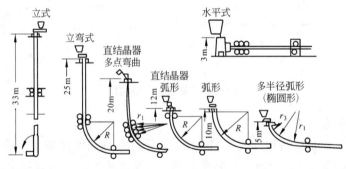

图 9-1　连铸机示意图

9.1.1.2　连铸机的组成

一般连铸机由钢水运载装置（钢水包、回转台）、中间包及其更换装置、结晶器及其振动装置、二冷区夹持辊及冷却水系统、拉引矫直机、切断设备、引锭装置等组成（图 9-2）。中间包起缓冲与净化钢液的作用，容量一般为钢水包容量的 20%～40%，铸机流数越多，其容量愈大。结晶器是连铸机的心脏，要求有良好的导热性、结构刚性、耐磨性及便于制造和维护等特点。一般由锻造紫铜或铸造黄铜制成。其外壁通水强制均匀冷却。结晶器振动装置的作用是使结晶器作周期性振动，以防止初生壳与结晶器壁产生黏结而被拉破。振动曲线一般按正弦规律变化，以减少冲击。其振幅和频率应与拉速紧密配合，以保证铸坯的质量和产量。二冷装置安装在紧接结晶器的出口处，其作用是借助喷水或雾化冷却以加速铸坯凝固并控制铸坯的温度，夹辊和导辊支撑着带液心的高温铸坯，以防止鼓肚变形或造成内裂，并可在此区段进行液芯压下，以提高铸坯质量和产量。要求二冷装置水压、水量可调，以适应不同钢种和不同拉速的需要。拉矫机的作用是提供拉坯动力及对弯曲的铸坯进行矫直，并推动切割装置运动。拉坯速度对连铸产量、质量皆有很大的影响。引锭装置的作用是在连铸开始前，用引锭头堵住结晶器下口，待钢水凝固后将铸坯引拉出铸机，再脱开引锭头，将引锭杆收入存放装置。铸坯切割设备则将连续运动中的铸坯切割成定尺，常用的切割设备有火焰切割器或液压剪与摆动剪。

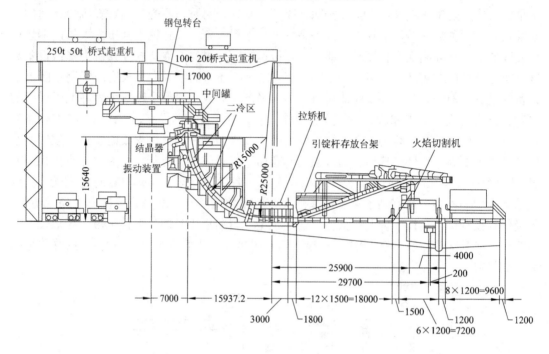

图 9-2　连铸机的组成结构

9.1.1.3　连铸生产工艺

连铸工艺必须保证连铸坯的质量和产量。连铸坯常见的内部和表面缺陷如图 9-3 及图 9-4 所示。形状缺陷有鼓肚变形、菱形变形等。与模铸相比，连铸对钢水温度及钢的成分

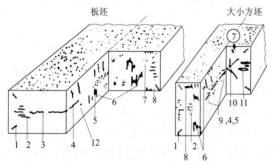

图 9-3　连铸坯内部缺陷示意图

1—内部角裂；2—侧面中间裂纹；3—中心线裂纹；4—中心线
偏析；5—疏松；6—中间裂纹；7—非金属夹杂物；
8—皮下鬼线；9—缩孔；10—中心星状裂纹及
对角线裂纹；11—针孔；12—半宏观偏析

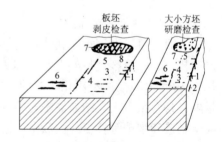

图 9-4　连铸坯表面缺陷示意图

1—角部横裂纹；2—角部纵裂纹；
3—表面横裂纹；4—宽面纵裂纹；
5—星状裂纹；6—振动痕迹；
7—气孔；8—大型夹杂物

与纯净度有更严格的要求。浇注温度通常控制在钢的液相线温度以上 30℃±10℃ 范围内。温度偏高会加剧其二次氧化和对钢包等耐火材料的侵蚀，使铸坯内非金属夹杂增多，并使坯壳变薄，易使菱变、鼓肚、内裂、中心偏析及疏松等缺陷产生。而钢水温度偏低又易使铸坯表面质量恶化，造成夹杂、重皮等缺陷。近来开发的中间包感应加热法和等离子加热法可保持铸温基本稳定。钢水成分控制对连铸坯的组织、性能有决定意义。$w(C) = 0.1\%$ ~ 0.2% 钢的连铸易产生缺陷，故要严格控制含碳量，多炉连浇时要求各包次间含碳量差别小于 0.02%。其他成分控制也较严，并尽可能提高 Mn/Si 比值（>3.0）。硫含量过高会造成连铸坯热裂纹，故要求硫含量尽量低及 Mn/S 比值大于 25。对高质量钢要求将 S、P 的质量含量控制在 0.005% 以下。为尽量减少钢中夹杂含量，可采用挡渣出钢技术、高质量耐火材料、钢水净化处理及保护浇注、保护渣与浸入式水口等措施。保护渣除可对钢水起绝热保温和防止氧化作用以外，还可流入坯壳与结晶器壁之间起良好的润滑作用，对减少摩擦防止裂纹十分有利。适时地加入性能优异的保护渣是改善铸坯表面质量的重要措施。连铸的拉速快慢对铸坯质量和产量有很大影响。拉速高不仅生产率高，而且可改善表面质量，但拉速过高容易造成拉裂甚至拉漏。基于液芯长度等于冶金长度的设计原则，最大拉坯速度 v_{max} 可由下式计算：

$$v_{max} = 4L(K/d)^2 \tag{9-1}$$

式中　K——平均凝固系数，对碳钢板坯可取为 27mm/min，对方坯可取为 30mm/min，合金钢比碳钢小 2~4mm/min；

　　　L——连铸机冶金长度，m；

　　　d——铸坯厚度，m。

二冷区冷却强度对裂纹、疏松、偏析等有直接影响，应根据不同钢种确定。一般普碳钢和低合金钢的冷却强度为每 1kg 钢 1~1.2L 水，中、高碳钢、合金钢为每 1kg 钢 0.6~0.8L 水，热敏感性强的钢种为每 1kg 钢 0.4~0.6L 水。采用汽水或雾化冷却等弱冷手段有利于提高出坯温度和实现铸坯热装直接轧制。电磁搅拌有利于均匀成分、细化晶粒，加速铸坯凝固，使气体和夹杂上浮，改善铸坯表面质量。为保证铸坯质量防止内外裂纹，近年来采用使铸坯曲率逐渐变化的多点矫直和压缩浇注的技术。后者是在矫直区前设一组驱动辊，给铸坯一定推力，而在矫直区后设一对制动辊（惰辊），给铸坯一定的反推力，使其在受压缩应力的条件下矫直，减少了易导致裂纹的拉应力，从而可改进了质量及提高了拉速和产量。

总之，通过改进连铸工艺和设备，即可生产出无缺陷的连铸坯，为连铸坯实现热装和直接轧制工艺创造了基础条件。

9.1.2　连铸坯液芯软压下技术

所谓连铸坯液芯压下（Liquid Core Reduction）又称软压下（Soft Reduction），就是在连铸坯出结晶器后其芯部仍未凝固时便对其坯壳进行缓慢压下，经二冷扇形段使液态芯部不断压缩并凝固，直至铸坯全部凝固。图 9-5 表示液芯压下位置与拉坯速度的关系，液芯压下就是在连铸坯液芯末端以前对铸坯施以压下加工。此项技术在短流程工艺，如薄板坯和中厚板坯连铸连轧工艺中已得到了广泛的应用，在方坯和扁坯连铸工艺中也有应用。连

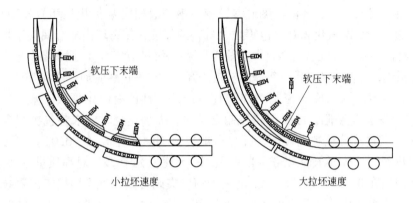

图 9-5　液芯压下位置与拉坯速度的关系

铸坯液芯压下的主要功能和优点为：

（1）可以提高连铸坯出机温度，即可提高铸坯直接热装炉的温度，以充分实现连铸连轧生产过程，大大节约热能及原材料等的消耗；

（2）可以提高连铸机的连铸速度，相应提高连铸坯的产量，并改善与轧机速度的匹配度；

（3）改善铸坯内部质量，减小中间偏析和疏松，破碎柱状晶和枝晶，使晶粒细化且组织致密。研究表明连铸薄板坯经液芯压下者细化晶粒的效果比不经液芯压下大出约 4 倍之多。采用液芯压下比相应减薄结晶器厚度带来的效果更佳；

（4）改善表面质量。因为这样可使结晶器的厚度得以增大，不仅有利于长水口的插入，而且使铸坯在结晶器内具有较好的弯月面稳定性和更好的保护渣润滑效果，使表面质量得到提高；

（5）增大了生产的灵活性，合理解决了铸坯与轧坯的厚度匹配问题，使铸坯连铸连轧过程得以最合理的方式进行生产。

因为在钢材连铸连轧工艺中，从连铸角度考虑，希望铸坯要厚一些即结晶器内腔要宽一些，才有利于浸入式水口插入及提高水口的使用寿命，减少结晶器内钢液流动的冲击，促使液态保护渣层的稳定形成及均匀流动和润滑，降低浇铸操作的难度，提高连铸机的作业率和铸坯质量。但从连轧的角度考虑，则希望连铸坯要尽可能薄一些细一些，从而可减少轧制道次和热连轧机组的机架数，对生产薄和细的轧材有利。这样不仅可节约投资及降低生产成本，而且还可扩大产品生产规格，增大生产的灵活性。

由此可见，连铸坯带液芯压下已是成熟的技术，对实现连铸连轧生产过程，提高铸坯的质量、产量和降低生产成本很有必要。此项技术最早为 MDH 公司在 ISP 工艺中所开发应用，以后推广到 FTSC 工艺、CSP 工艺及 Conroll 工艺等所有中、薄板连铸工艺。但连铸坯液芯压下又是崭新的工艺，自有其实施的规程，必须根据拉坯速度、钢种、钢水过热度、结晶器与冷却强度等多工艺参数来计算凝固坯壳厚度、冶金长度等，以决定压下位置与变形率的关系。必须注意液芯压下的厚度（压下量）要小于铸坯产生裂纹的最大压下量，多次小（轻）压下后的叠加应变应低于产生裂纹的临界应变，而通过扇形段对弧可以有效地降低较大压下量产生的拉伸应变。为了得到铸坯的目标厚度，液芯压下最好在上部扇形段完成。在上部施以大压下量对完成压下和减小应变都有利。但压下不能集中在很短的区段或一点，而应尽可能将压下区段设计得长一点，以使叠加应变更小些。压下位置及压下量通过液芯量及凝固壳厚等模型计算进行控制。

9.1.3 连铸与轧制的衔接工艺

钢铁生产工艺流程正在朝着连续化、紧凑化、自动化的方向发展。实现钢铁生产连续化的关键之一是实现钢水铸造凝固和变形过程的连续化，亦即实现连铸-连轧过程的连续化。连铸与轧制的连续衔接匹配问题包括产量的匹配、铸坯规格的匹配、生产节奏的匹配、温度与热能的衔接与控制以及钢坯表面质量与组织性能的传递与调控等多方面的技术，其中产量、规格和节奏匹配是基本条件，质量控制是基础，而温度与热能的衔接调控则是技术关键。

9.1.3.1 钢坯断面规格及产量的匹配衔接

连铸坯的断面形状和规格受炼钢炉容量、轧机组成及轧材品种规格和质量要求等因素的制约。铸机的生产能力应与炼钢及轧钢的能力相匹配，铸坯的断面和规格应与轧机所需原料及产品规格相匹配（见表9-1及表9-2），并保证一定的压缩比（见表9-3）。

表9-1 铸坯的断面和轧机的配合

轧 机 规 格		铸坯断面/mm×mm
高速线材轧机		方坯：$(100×100)\sim(150×150)$
400/250mm 轧机		方坯：$(90×90)\sim(140×140)$
		矩形坯：$<100×150$
500/350mm 轧机		方坯：$(100×100)\sim(180×180)$
		矩形坯：$<150×180$
650mm 轧机		方坯：$(140×140)\sim(180×180)$
		矩形坯：$<140×260$
中厚板轧机	2300mm 轧机	板坯：$(120\sim180)×(700\sim1000)$
	2450mm 轧机	板坯：$(120\sim180)×(700\sim1000)$
	2800mm 轧机	板坯：$(150\sim250)×(900\sim2100)$
	3300mm 轧机	板坯：$(150\sim350)×(1200\sim2100)$
	4200mm 轧机	板坯：$(150\sim350)×(1200\sim1600)$
热轧带钢轧机	1450mm 轧机	板坯：$(50\sim200)×(700\sim1350)$
	1700mm 轧机	板坯：$(60\sim350)×(700\sim1600)$
	2030mm 轧机	板坯：$(70\sim350)×(900\sim1900)$

表9-2 铸坯的断面和产品规格的关系

铸坯断面/mm×mm	最终产品规格
$≥200×2000$ 板坯；$(60\sim150)×1600$ 薄板坯	厚度 4~76mm 板材；厚度 1.0~12mm 板材
$250×300$ 大方坯	56kg/m 钢轨
$460×400×120$ 工字梁铸坯	可轧成 7~30 种不同规格的平行翼缘的工字钢
$240×280$ 矩形坯	热轧型钢 DIN1025I 系列的工字梁 I400

铸坯断面/mm × mm	最终产品规格
225 × 225 方坯	热轧型钢 DIN1025I 系列的工字梁 I300
194 × 194 方坯	热轧型钢 DIN1025I_{PB} 系列的工字梁 I200
260 × 310 矩形坯	热轧工字梁系列 I_{PB} 系列的 I_{PB}260
100 × 100 方坯	热轧 DIN1025 系列工字梁 I120
560 × 400 大方坯	轧 ϕ406.4mm 无缝钢管
(250 × 250) ~ (300 × 400) 铸坯	轧 ϕ21.3 ~ 198.3mm 无缝管
180 × 180 18/8 不锈钢方坯	先轧成 ϕ100mm 圆坯, 再轧成 ϕ6mm 仪器用钢丝

表 9-3　各种产品要求的压缩比

最 终 产 品	无缝钢管	型 材	厚 板	薄 板
连铸坯	连铸圆坯	连铸方坯	连铸板坯	连铸板坯
满足产品力学性能所要求的压缩比	1.5 ~ 3.2	3.0	2.5 ~ 4.0	3.0
有一定安全系数的最小压缩比	4.0	4.0	4.0	4.0
目前用户使用的压缩比	≥4.0	≥8	≥4.0	≥35

连铸机生产能力计算一般可用下列方法:

连铸单炉浇注的时间 T 为:

$$T = \frac{G}{A\rho v_g N} \tag{9-2}$$

式中　G——每炉产钢量;

　　　A——铸坯断面积;

　　　ρ——钢的密度;

　　　v_g——拉坯速度;

　　　N——铸机的流数。

铸机日产量 Q_d(t) 为

$$Q_d = (1440/T) G\eta_1\eta_2$$

式中　1440——一天的分钟数;

　　　η_1——铸坯收得率;

　　　η_2——铸坯合格率, 一般取 96% ~ 99%。

铸机年产量 Q_y(t) 为

$$Q_y = 365 \times CQ_d$$

式中, C 为铸机有效浇钢作业率。可见要提高连铸机生产能力, 就必须提高铸机的作业率。

为实现连铸与轧制过程的连续化生产, 应使连铸机生产能力略大于炼钢能力, 而轧钢能力又要略大于连铸能力 (例如约大 10%), 才能保证产量的匹配关系。

9.1.3.2 连铸与轧制衔接模式及连铸-连轧工艺

A 连铸与轧机的衔接模式

从温度与热能利用着眼,钢材生产中连铸与轧制两个工序的衔接模式一般有如图9-6所示的五种类型。方式1′为连续铸轧工艺,铸坯在铸造的同时进行轧制。方式1称为连铸坯直接轧制工艺(CC—DR),高温铸坯不需进加热炉加热,只略经补偿加热即可直接轧制。方式2称为连铸坯直接热装轧制工艺(CC—DHCR或HDR),也可称为高温热装炉轧制工艺,铸坯温度仍保持在A_3线以上奥氏体状态装入加热炉,加热到轧制温度后进行轧制。方式3、4为铸坯冷至A_3甚至A_1线以下温度装炉,也可称为低温热装工艺(CC—HCR)。方式2、3、4皆须入正式加热炉加热,故亦可统称为连铸坯热装(送)轧制工艺。方式5即为常规冷装炉轧制工艺。可以这样说,在连铸机和轧机之间无正式加热炉缓冲工序的称为直接轧制工艺;只有加热炉缓冲工序且能保持连续高温装炉生产节奏的称为直接(高温)热装轧制工艺;而低温热装工艺,则常在加热炉之前还有缓冷坑或保温炉缓冲,即采用双重缓冲工序,以解决铸、轧节奏匹配与计划管理问题。从金属学角度考虑,方式1和2都属于铸坯热轧前基本无相变的工艺,其所面临的技术难点和问题也大体相似:它们都要求从炼钢、连铸到轧钢实现有节奏的均衡连续化生产。故我国常统称方式1(1′)和2两类工艺为连铸-连轧工艺(CC—CR)。

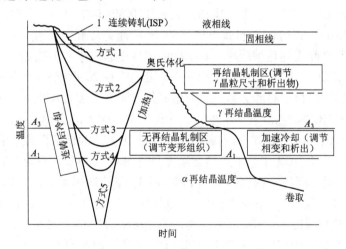

图9-6 连铸与轧制的衔接模式

B 连铸连轧工艺的优点

连铸坯热送热装和直接轧制工艺的主要优点是:

(1)利用连铸坯冶金热能,节约能源消耗,其节能量与热装或补偿加热入炉温度有关,例如,铸坯在500℃热装时,可节能0.25×10^6 kJ/t,600℃热装时可节能0.34×10^6 kJ/t,800℃热装时可节能0.514×10^6 kJ/t,即入炉温度越高,则节能越多,而直接轧制可比常规冷装炉加热轧制工艺节能80%～85%;

(2)提高成材率,节约金属消耗,由于加热时间缩短使铸坯烧损减少,例如高温直接热装(DHCR)或直接轧制,可使成材率提高0.5%～1.5%;

(3)简化生产工艺流程,减少厂房面积和运输各项设备,节约基建投资和生产费用;

(4)大大缩短生产周期,从投料炼钢到轧出成品仅需几个小时;直接轧制时从钢水浇铸到轧出成品只需几十分钟，大大增强生产调度及流动资金周转的灵活性；

（5）提高产品的质量，大量生产实践表明，由于加热时间短，氧化铁皮少，CC—DR工艺生产的钢材表面质量要比常规工艺的产品好得多。CC—DR工艺由于铸坯无加热炉滑道冷却痕迹，使产品厚度精度也得到提高。同时能利用连铸连轧工艺保持铸坯在碳氮化物等完全固溶状态下开轧，将会更有利于微合金化及控制轧制控制冷却技术作用的发挥，使钢材组织性能有更大的提高。但这里应强调指出，由于连铸连轧工艺属于无相变工艺，铸坯在轧制前的原始奥氏体晶粒比较粗大，故必须配合控制轧制和控制冷却技术，增大压下与变形积累，充分细化晶粒组织，才能保证产品组织性能的提高；

（6）减少人员编制：棒线材连铸连轧生产可减员20%，薄板坯连铸连轧生产定员仅为常规热轧带钢厂的13%。

C　连铸连轧工艺技术的发展概况

从节能节材及提高生产效率出发，随着连续铸钢技术的推广应用，人们很自然地会想到连铸连轧技术的开发与利用。钢的连铸连轧工艺，在20世纪70年代以前就已进行了广泛研究试验，试验线前后多达50余套，但真正在工业生产上成功应用的还是在20世纪80年代初以后。在长型材生产方面首先是美国纽柯公司达林顿厂及诺福克厂于1980年和1981年先后将CC—DR工艺正式应用于大工业生产。在板带材生产方面则分别是1981年日本新日铁堺厂将CC—DR工艺和美国纽柯公司于1989年将CC—DHCR工艺先后正式应用于厚板坯（200mm）连铸连轧和薄板坯（60mm）连铸连轧大工业生产。由于CC—DR工艺在连铸与轧制之间无加热炉缓冲，其生产的柔性度远小于有加热炉缓冲的CC—DHCR工艺，更大大小于CC—HCR工艺，故CC—DR工艺除在20世纪80年代日本、美国、意大利等国于厚板坯生产板带材和方扁坯生产型棒材方面有较多发展以外，近代发展得最多最快的还是CC—DHCR工艺。表9-4对CC—DR、CC—DHCR及CC—HCR三种工艺作了比较，由表可以看出，CC—HCR工艺实际是连铸连轧工艺的低级阶段。我国在传统厚板坯热带生产方面，目前HCR工艺平均热装温度只有500~600℃，平均热装比为40%，比DHCR工艺差得很远。而日本钢管福山厂1780mm轧机用DHCR工艺，其热装比为65%，热装温度达1000℃，且DR直轧率为30%，即其连铸连轧率达95%，日本住友鹿岛厂的直轧率为65%，热装温度在850℃以上，连铸连轧比率为85%。故在厚板坯连铸连轧热带生产方面国外主要发展DHCR工艺和DHCR+DR工艺。但在厚板厂由于产品规格钢种品种及批量等变化大，生产计划管理难度大，使很多厚板生产尚停留在CC—HCR阶段。然而由于近代CC—DHCR工艺的优点和近终形连铸在高速连铸薄细铸坯技术的进步，必然会促使薄板坯连铸连轧（CC—DHCR）工艺和棒线长材连铸连轧（CC—DHCR）工艺得到快速发展。

表9-4　CC—DR、CC—DHCR、及CC—HCR三种工艺比较

序号	CC—DR	CC—DHCR	CC—HCR
1	连铸坯只经简短补热，即直接进入轧机轧制，在铸-轧之间无中间缓冲属刚性衔接，故生产计划安排与管理难度大，各工序设备操作可靠性要求高（事故要极少而小）	有储坯能力较大的加热炉做中间缓冲，显著增加了生产计划管理的灵活性，增大了处理事故的时间，便于生产的良性顺利运行	有加热炉和保温坑等缓冲工序和设备，大大增加了生产的灵活性与柔性，十分便于生产计划管理的安排

序号	CC—DR	CC—DHCR	CC—HCR
2	只适于铸坯和轧制产品断面形状规格和钢种变换少，即生产中停轧时间很少的工厂生产应用，轧机产量与铸机产量必须相互衔接平衡匹配，形成连续流水生产线	适于产品断面形状规格和钢种变换较多的工厂生产应用，可二流或多流连铸共轧机，也必须铸轧产量衔接匹配平衡，形成铸轧连续流水生产线	适于产品断面形状规格和钢种变换多而大的工厂生产应用，可多流连铸及远距离连铸共轧机
3	有前述连铸连轧的6大优点即最大地节能节材节约投资和生产费用，缩短生产周期降低成本	也有前述6大优点，只是效益较CC—DR工艺稍差，但仍明显优于CC—HCR工艺	与冷装炉方式相比，也有一定的前述6项优点，但效益次于连铸连轧工艺
4	由于铸坯断面较薄细且属于无相变工艺，轧前原始奥氏体晶粒较粗大，故需较大压缩比及控轧控冷技术才能保证高端产品的优异组织性能	与CC—DR工艺一样属于无相变工艺，但铸坯经加热均热后温度均匀，经控轧控冷后能保证产品组织性能	属于有相变工艺，铸坯的原始铸态组织得到改善，且表面可经清理，故更能保证产品质量

　　（1）薄（中）板坯连铸连轧生产方面，全世界到2010年底已建成生产线约70条，年生产能力达1.2亿吨，其中我国约20条，年生产能力达4300万吨，约占我国热轧宽带钢生产能力的三分之一，我国已成为全球拥有薄（中）板坯连铸连轧生产线最多、产能最大的国家。世界生产工艺主要有CSP（conpact strip production）、ISP（ESP, in line strip production）、FTSR（flexible thin slab rolling）、QSP（quality strip production）、TSP（tinppins samsung process）及CONROLL（ANGANG strip production，简称ASP）等多种，生产中应用最多的是CSP工艺，约占生产线的一半（35条），其次是FTSR占9条，ISP（ESP）8条，CONROLL为4条及ASP 9条。我国采用的连铸连轧工艺主要是CSP、FTSR、ASP三种，可参见表14-7。其最新发展是由ISP改进而来的ESP（endless strip production）工艺，即钢水经连铸机液芯压下及3道次大压下铸轧以后，不进热卷箱，而直接经感应加热后进入5架精轧机轧成薄板卷。这实际又是CC—DR工艺。

　　（2）长材连铸连轧生产工艺也已达到很完善的程度。除常用的CC—DHCR工艺在全球与我国得到广泛发展以外，无头连铸连轧（ECR—endless cast rolling）工艺也得到发展，这是一种铸-轧刚性连接形式的工艺，世界第一套长材无头连铸连轧生产线LunaECR于2000年10月在意大利ABS钢厂正式投产，直接由钢水经连铸→淬火→隧道式炉均热→17架轧机轧制→在线热处理→表面精整→在线检查生产出最终产品，使吨钢成本降低40美元以上，取得很好的经济效益。这种工艺不仅适用于特殊钢生产，也适用于普碳钢生产。该工艺对铸坯在出连铸机后立即入淬火槽进行淬火，及时进行表面组织控制（SSC）冷却处理，以防止先析铁素体及CN化合物（AlN等）在晶界析出，影响钢的塑性，形成微裂纹。

　　D　连铸连轧工艺的主要关键技术

　　按照传统的常规工艺，炼钢、铸钢、轧钢三大生产工序是相对独立安排生产计划的，各工序（厂）之间有充分的缓冲时间，几乎可以互不相干。但是在连铸连轧生产中，炼—铸—轧各工序受到钢的温度和热能的严格限制，被捆绑在一条连续生产的流水线上，很少有缓冲和自由的余地，因而生产计划管理技术要求高，全线生产设备工作的稳定可靠性要求高，并由一个在线适时系统来进行计划检查管理和生产控制。钢材生产中的热履历迥异于常规工艺，铸坯不能冷却和表面清理，这就首先要求生产的铸坯是高温的无缺陷的铸坯或能进行表面缺陷的高温在线检测和清理。故连铸连轧工艺的主要关键技术包括有：

（1）铸坯质量及产品质量的保证技术是在连铸中保证铸坯免除表面缺陷，并采用控制轧制与控制冷却等技术保证钢材的质量；

（2）保证生产计划管理安排的技术，根据订货产品钢种品种及生产特点等与炼钢厂统一规划做出计划安排；

（3）柔性生产与柔性轧制技术，如灵活控制改变铸坯宽度、自由程序轧制及生产工艺制度的计算机自动控制等技术；

（4）保证机组可靠性的技术，如生产线设备的在线检查与计划检修等；

（5）铸坯温度的保证技术，这包括保证铸坯出连铸机的出坯温度、输送温度、装炉温度、加热（补热）温度与开轧温度等多项技术，这是保证连铸连轧工艺正常进行的最关键技术。鉴于前几项技术在以后有关章节还将述及，故以下只对此温度保证技术加以叙述。

E 铸坯温度保证技术

提高铸坯温度主要靠充分利用其内部冶金热能，其次靠外部加热。

为确保连铸连轧工艺要求，其板坯所采用的一系列温度保证技术如图9-7所示。由图可知，保证板坯温度的技术主要是在连铸机上争取铸坯有更高更均匀的温度（保留更多的冶金热源和凝固潜热）、在输送途中绝热保温及外部加热等。

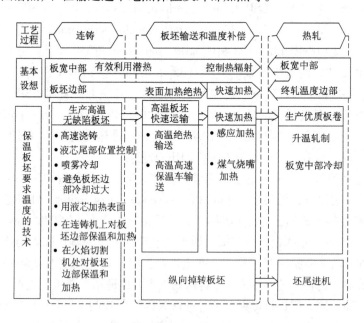

图 9-7 铸坯温度保证技术

（1）争取铸坯保持更高更均匀的温度，用液芯凝固潜热加热表面的技术，或称为未凝固再加热技术。

以前多考虑钢坯连铸的过程，为了可靠地进行高效率生产，自然要充分冷却铸坯以防止拉漏；现在则又要考虑在连铸之后直接进行轧制，因此为了保证足够的轧制温度，就不能冷却过度。温度控制中这两个矛盾的方面给连铸连轧增加了操作和技术上的难度。在保证充分冷却以使钢坯不致拉漏的前提下，应合理控制钢流速度和冷却制度，以尽量保证足够的铸坯温度。

在连铸机上尽量利用来自铸坯内部的热能主要靠改变钢流速度（拉坯速度或连铸速度）和冷却制度来加以控制。由于改变钢流速度要受到炼钢能力配合和顺利拉引的限制，故变化冷却制度（冷却方法、流量及分布等）便成为控制钢坯温度的主要手段。日本的一些钢厂在二冷段上部采取强冷以防鼓肚和拉漏，在中部和下部利用缓冷或喷雾冷却对凝固长度进行调整，在水平部分利用液芯部分对凝固的外壳进行复热，并利用连铸机内部的绝热进行保温。这就是"上部强冷，下部缓冷，利用水平部液芯进行凝固潜热复热"的冷却制度。通过采用这种制度及保温措施，可使板坯出连铸机时的温度比一般连铸大约高180℃，如图9-8所示。

为了使铸坯在其凝固终点处具有较高的表面温度，必须将铸坯完全凝固的时刻控制在连铸机冶金长度的末端，否则铸坯从完全凝固处到铸机末端区这一区间还要降温。为了将铸坯的完全凝固终点控制在铸机的末端，可采用电磁超声波检测的方法（EMUST）。采用此种检测方法可以 ±0.5m 的精度将铸坯的完全凝固终点控制在铸机的末端处。

液芯尾端在板坯宽度中心处通常呈凸形，但为保证板坯边部的高温以提高铸坯断面温度的均匀性，该液心尾端两侧应呈凸起形。因此，专家对二次冷却方案进行了专门的研究。该方案的要点是，不对板坯的边部喷水，以使其保持较高的温度。用 EMUST 技术测定的液芯尾部形状如图9-9所示。

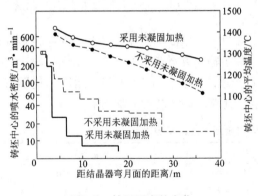

图9-8　铸坯温度的变化

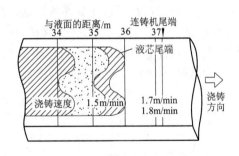

图9-9　用 EMUST 技术测定的液芯尾端形状

在不采用连铸连轧工艺的常规连铸中，板坯的边角部温度远比中心部为低，如图9-10所示，在距离液面50m处边部要比中部低约300℃。为了保证铸坯边角部温度较高且均匀，在二冷段对宽度方向的冷却也进行了控制。即在容易冷却的边部减少冷却水量，在中部适当加大水量，用不均匀的人工冷却来抵偿不均匀的自然冷却。同时还使板坯中部冷却区段的宽度与其总宽度之比保持一定。这样，由于板坯宽度变化引起的边部温度差也就可以消除。但边角部的温度只靠液芯复热尚不能满足要求。还必须在铸机下部乃至切断机前后，另外采用板坯边角部温度补偿器和绝热罩才能得到所要求的边角部温度。从而使板坯各处温度达到均匀，以满足直接轧制的要求。

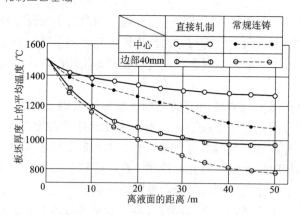

图 9-10　连铸机内板坯的计算平均温度

（2）连铸钢坯的输送保温技术。在连铸生产过程中，为了减少铸坯边角部的散热，在二次冷却区的后面对铸坯的两侧采取了保温措施，即用保温罩将铸坯的两侧罩起来。经采用保温措施后，铸坯两侧表面的温度达到 1000℃ 以上。

为防止连铸坯在连铸机外部的运送过程中的散热降温，使用了如图 9-11 所示的固定保温罩和绝热辊道，所谓绝热辊道是指用绝热材料包覆了 50% 表面的辊道，它可以防止因辊道传热而引起的铸坯散热。

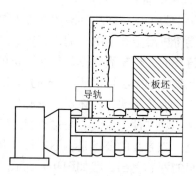

图 9-11　防止铸坯散热的固定保温罩

近年来，为了满足连铸连轧工艺的温度要求，研制了可以迅速将定尺高温板坯从连铸机运往热带轧机的板坯运输保温车。表 9-5 为连铸板坯从连铸机到带钢厂运输距离超过 1000m 时的辊道和运输车方案进行的比较。由于运输车可使板坯边部在高温绝热箱内得到均热，因此，对于远距离连铸-连轧工艺，运输车优于辊道。日本新日铁八幡厂已完成了高温板坯运输车的研制，早已投入工业化生产。

表 9-5　在板坯运距超过 1000m 时辊道和运输车的比较

项　　目	辊　　道	运　输　车
运输速度/m·min^{-1}	最高：90 平均：70	最高：250 平均：200
距离/m	1000	1000
时间/min	14.5	5
绝热效果（传热系数 h）/kJ·(m²·h·℃)$^{-1}$	平均：$h = 81 \times 4.18$	平均：$h = 10 \times 4.18$
距板坯边部 40mm 处的温度降/℃	平均：-180	平均：-4
板坯剪切断面的温度降	大	小
氮化铝沉淀	有	无

（3）方坯及板坯边部补偿加热技术，可采用如下几种技术。

1）连铸机内绝热技术已被广泛采用，以提高板坯边部温度，这种绝热技术与烧嘴加热技术相结合，就可以防止板坯边部过分冷却。该项技术对必须严格控制氮化铝（AlN）

沉淀的钢种特别有效。另外，与常规连铸相比其板坯边部温度提高约200℃（见图9-12）。

2）在火焰切割机附近采用板坯边部加热装置。如果在火焰切割前对铸态的板坯加热，则其边部可被来自板坯中间部分的热量有效加热，从而防止氮化铝在边部沉淀，而且其纵向横向温度的不均匀分布可得到缓解。另外，热轧前的边部加热效率也得到提高，而且包括火焰切割前后板坯边部加热所需能量在内的总能耗还可降低，因此可以缩短边部加热系统的长度。板坯边部可以采用电磁感应加热或煤气烧嘴加热，两种方法的比较见表9-6。电磁感应加热装置开、关快速灵便、加热快、效率高、操作

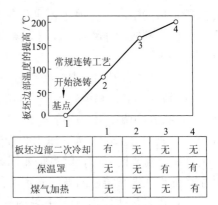

	1	2	3	4
板坯边部二次冷却	有	无	无	无
保温罩	无	无	有	有
煤气加热	无	无	无	有

图9-12 机内冷却、保温与加热对板坯温度降的影响

维修方便、环境污染少、铁皮损失小，在CC—DR工艺中最适于用作板坯边部补偿加热器。这种感应补偿加热器由三个电磁感应线圈组成，它们分别安装在铸坯边部的上面、侧面和下面，当感应电流通过线圈时所产生的热量可高效率地加热铸坯的边角部。此法加热铸坯边角部非常灵便，可按照所需要的温度进行加热。使用这种电磁感应加热装置，可在铸坯的输送速度为4m/min的情况下，使铸坯的边角部平均升温110℃以上。

表9-6 感应加热和煤气烧嘴加热的比较

项 目	感 应 加 热	煤气烧嘴加热
设 备	加热线圈 板坯 板坯的加热部分	烧嘴 板坯 辊子
加热时间、效率	短时加热（快），效率高	在高温下加热时间长（慢），效率低
加热控制方法	通过铁芯配置和功率控制	通过煤气燃烧控制
对板坯宽度变化的灵活性	通过铁芯配置控制	通过煤气火焰控制
对切割断面加热	不 利	有 利
维护、修炉（换炉）	方便、快	不方便、慢
操 作	开、停快速灵便	开停缓慢不便
环境、空气污染（NO₂）	无污染、环境干净、劳动条件好	污染较重，劳动条件较差
氧化铁皮损失	小	较 大

3）方、圆坯连铸连轧（CC—DR）工艺中成功地采用了电磁感应加热技术，如图11-1及图11-9所示。

（4）铸坯加热（均热）技术。连铸连轧工艺将连铸和轧制这两个大生产工序联成一体，由于两个工序存在固有的不匹配不协调因素，如温度、速度、节奏、产量及换辊和设

备故障造成的事故等，因此必须在两工序之间设置一个衔接段，以协调解决这些不匹配因素，才能顺利实现连铸连轧工艺。采用加（均）热炉是最有效最常用的衔接设备技术，其作用主要为：

1）铸坯的升温和均温。必须将铸坯均匀地加热到要求的轧制温度以上才能连轧；

2）铸坯的储存和铸轧工序之间的缓冲。在换辊和出事故时提供足够的缓冲时间；

3）物流协调作用。连铸速度一般较低，如薄板坯连铸速度一般只 4 ~ 6m/min，而热轧机入口速度可达 60m/min 以上，加热炉可协调铸轧之间的物流速度，特别是采用二流或多流连铸共轧机配置时，就更是非用大加热炉不可。因此加热炉便因其大大提高了连铸连轧生产的柔性度和铸坯温度的稳定均匀度而得到广泛的应用。

近代在 CC—DHCR 工艺中采用的加热炉主要有辊底隧道式和步进式加热炉两种，二者的优缺点比较如表9-7所示。由表9-7可见，对于中等厚度（100 ~ 150mm）以上的板坯以采用步进式加热炉为宜，而对于薄（50 ~ 90mm）板坯则以辊底式为宜，实际上此时也只能采用辊底式，因板坯较长（40 ~ 60m），步进式炉的宽度根本放不下。此外对于板坯、方坯和圆坯还可以采用电磁感应加热炉加热，其优点已如表9-6所示，可见也是一种值得推广应用的高效加热方式。我国东北大学在 20 世纪 90 年代初与沈阳钢厂合作完成方形铸坯连铸连轧（CC—DR）工业生产试验，采用的是 2100kW 中频加热炉就取得了很好的成效，并通过了冶金部主持的鉴定与验收。

表 9-7　辊底式和步进式两种加热炉的比较

序　号	辊底（直通）式加热炉	步进式加热炉
1	铸坯长度和重量不受限制，适于厚度小于100mm的薄板坯加热，可进行无头或半无头大卷重轧制	铸坯长度和重量受加热炉宽度的限制，适于厚度大于100mm的板坯、方坯加热，不能进行无头和半无头及大卷重轧制
2	加热炉储坯量小，容存板坯量少，即中间缓冲能力小，生产柔性远不如步进式加热炉	加热炉储坯量很大，容存坯量大，即中间缓冲能力大，生产柔性大，最适于（多流）连铸连轧工艺生产
3	加热温度范围小，一般在1150℃以下，均热时间不长，但铸坯温度均匀（尤其是长度方向），利于超薄带的轧制。辊道表面易粘铁皮铁屑损害铸坯和板材的表面质量。能耗高，热效率仅35%，排放高、不环保	加热温度可达1250℃以上，均热时间较长，铸坯温度也较均匀，适于加热的钢种多于辊底式加热炉。对铸坯和钢板表面质量无损害。能耗较低，热效率高达70%，吨钢能耗较辊底式炉约减少10kg标煤。蓄热式步进炉更适于高温板坯直接热装 DHCR 的工况
4	加热炉长达150 ~ 300m，占用厂房面积很大的一部分，炉底150 ~ 300根耐热合金钢辊道需定时检修更换，基建设备投资大，且此项技术我国多靠引进	对步进式加热炉的设计建造和使用，我国已有丰富的经验，可完全自主开发，占用厂房面积较少、投资省、维护检修操作简便、运行费用较低

9.2 控制轧制与控制冷却基础

控制轧制与控制冷却是 20 世纪后期出现的热轧新技术，经过多年的理论研究，现已成功地在热轧型材、板带和管材生产领域广泛应用，并取得十分可喜的经济和社会效益。所谓控制轧制和轧制冷却就是在调整化学成分的基础上，通过控制加热温度、控制轧制温度、控制变形量、控制变形速度以及控制冷却速度、控制冷却温度达到控制钢材的组织性能、力学性能从而提高钢材的强韧性和焊接性能。欲通过控制轧制与控制冷却提高钢材的强韧性，首先要了解钢材的强化机能。

9.2.1 钢材的强化机制

金属材料强韧化的基本途径是：

（1）制成无缺陷的完整晶体，使金属材料的晶体强度接近理论强度；

（2）在有缺陷的金属晶体中设法阻止位错的运动。

控制轧制中常见的强韧化措施有固溶强化、位错强化、晶界强化、亚晶强化、析出强化和相变强化。

9.2.1.1 固溶强化

一种金属与另一种金属（或非金属）形成固溶体，其强度通常高于单一纯金属的强度，这种添加溶质元素使固溶体强度升高的现象称之为固溶强化。根据溶质元素在基体元素中的溶解度，固溶强化可分为间隙式固溶强化和置换式固溶强化。

（1）间隙式固溶强化。溶质元素在基体中饱和溶解度很小时，形成间隙式固溶体。如 C、N、B 等元素在 Fe 中溶解度有限，在间隙式固溶体中，随溶质元素溶解度增加，强化增加，塑性和韧性明显下降。通常饱和溶解度愈小的元素其强化基体的效果愈好，因此间隙式固溶强化比置换式固溶体效果好。

（2）置换式固溶强化。当溶质原子置换基体中的原子形成置换式共溶体，置换式原子与基体原子半径相近，溶解度可以很大，造成的基体畸变都是对称的。例如 Mn、Si、Cr、Ni、Cu、P 等元素在基体 Fe 中均可形成置换式固溶体，其固溶强化较间隙式固溶体效果差，属弱强化，其强化基体可使强度平稳增加，同时对基体的韧性、塑性损害也相对较小。

9.2.1.2 位错强化

金属变形主要是通过原有位错和产生许多附加位错而进行的，位错在运动中受邻近位错的阻碍，使其他位错依次塞积，从而增加了继续变形所需的切应力。位错强化本身对金属强度有很大的贡献，同时位错的运动也是造成固溶强化、晶界强化和第二相沉淀及析出强化的主要原因。

位错对金属的塑性和韧性有双重作用：一方面，位错的合并以及在障碍处的塞积会促使裂纹形核，而使塑性和韧性降低；另一方面，由于位错在裂纹尖端塑性区内的移动可缓解尖端的应力集中，又可使塑性和韧性升高。

9.2.1.3 晶界强化

在多晶体金属内存在大量晶界，晶粒越细晶界量越多，晶界上的原子排列由于杂质元素多、且存在大量晶格缺陷，因而很难与相邻晶粒内原子排列的取向相同，同时相邻晶粒内原子排列取向也不尽相同。当多晶体变形时，由于有晶界存在，各晶粒变形是不均匀的，滑移难以从一个晶粒直接传播到另一有取向差异的晶粒。为使临近的晶粒也发生滑移，就必须加大外力。另外，多晶体晶粒的变形必须满足连续性的条件，当一个晶粒的形状发生变化时必须要有邻近晶粒的协同动作，因此，即使当外力对某一自由晶粒已达使其变形的临界切应力时，如果这个晶体是多晶体内的一个晶粒，受周围晶界和晶粒的束缚，同样大小外应力就不一定造成该晶粒的变形。即使某一个滑移系开动了也会在晶界附近停止下来，欲使多晶体变形就必须施加更大的外力。实践证明，晶界可使金属强化，晶粒愈细，晶界占的体积愈大，金属强度也愈高。

晶界是位错运动的障碍，细化晶粒可使钢的屈服强度提高。晶界可把塑性变形限定在一定的范围内，使变形趋于均匀化，因此细晶可提高钢材的塑性。晶界又是裂纹扩散的阻力，所以，细化晶粒可以改善钢材的韧性。晶粒愈细韧性愈高，脆性转变温度亦愈低。由于细晶可以既提高强度又可改变塑性和韧性，所以控制轧制目的之一是获得细小均匀的铁素体组织。

9.2.1.4　沉淀强化和弥散强化及微量元素的作用

在低合金钢中为提高钢的综合性能经常加入微量元素 Nb、V、Ti。这些元素在钢中溶解度很低，且与 C、N 亲和力强，极易形成碳氮化物。这些碳氮化物会在轧制中或冷却时析出，在一定区域内聚集沉淀组成第二相，使基体强化。对此强化称之为第二相析出强化或沉淀强化。第二相引起的强化效果与质点的平均直径成反比，质点愈小且其体积百分数愈大，第二相引起的强化效果愈大。此外沉淀相的部位、沉淀相的形状对强度均有影响，一般沉淀颗粒分布在基体中比在晶界处沉淀效果好，颗粒为球状比片状有利于强化。

控制轧制时，钢中加入微量元素 Nb、V、Ti 的作用：

（1）可以在加热时抑制奥氏体晶粒长大、提高奥氏体晶粒粗化温度；

（2）在轧制过程中可抑制奥氏体再结晶、细化奥氏体晶粒；

（3）提高再结晶的临界变形量和所需最低温度、扩大未再结晶温度区间，使得未再结晶区的控制轧制更易实现；

（4）细化铁素体晶粒；

（5）促进第二相析出的形核点增多，使第二相质点分布趋于弥散，有利于第二相质点的沉淀弥散强化。

因此，微量元素 Nb、V、Ti 的加入可以起到细晶强化和沉淀强化的双重作用；但对强韧性的影响各不相同。

图 9-13 是 Heisterkamp 等人对含 Nb、V、Ti 三种钢控制轧制后得到的细晶强化和沉淀

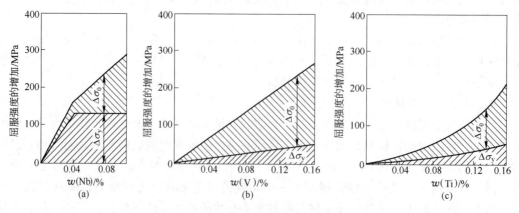

图 9-13　晶粒细化和碳化物沉淀对分别含铌、钒、钛钢屈服强度的影响

（a）含铌钢；（b）含钒钢；（c）含钛钢

$\Delta\sigma_0$—析出强化增量；$\Delta\sigma_y$—细晶强化增量

强化对屈服强度增加量的影响规律图。如图看到，Nb、V、Ti 对屈服强度的贡献均有两部分，即细晶强化增量 $\Delta\sigma_y$ 和沉淀强化增量 $\Delta\sigma_0$，但增量大小差异很大；Nb 钢细晶强化增量最大，沉淀强化增量居中；V 钢的沉淀强化贡献大于细晶强化；Ti 的细晶强化和沉淀强化均最弱。

实践证明，晶粒细化可以提高强度，降低脆性转变温度，而析出沉淀强化使钢材强度提高，脆性转变温度也提高，脆性断裂的倾向性增大。图 9-14 是 Nb、V、Ti 钢晶粒细化和碳氮化物沉淀对钢的脆性转变温度的影响规律，图 9-14 中 $\Delta T_{\sigma0}$ 是沉淀强化引起的脆性转变温度上升增量；ΔT_y 是细晶强化引起的脆性转变温度下降增量。如图可见，Nb 对脆性转变温度的综合作用使脆性转变温度降低，有利于提高韧性；而 V、Ti 的细晶贡献小，综合作用使脆性转变温度上升，韧性下降。

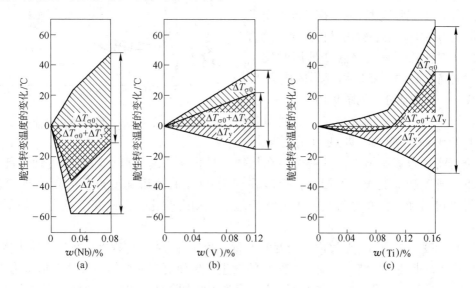

图 9-14　晶粒细化和碳化物沉淀对分别含铌、钒、钛钢脆性转变温度的影响
(a) 含铌钢；(b) 含钒钢；(c) 含钛钢
$\Delta T_{\sigma0}$—沉淀强化引起脆性转变温度变化量；ΔT_y—细晶强化引起脆性转变温度的变化量

9.2.1.5　亚晶强化

在奥氏体未再结晶区轧制时，会因动态、静态恢复形成亚晶，如果此时立即淬火，这些亚晶被低温转变产物所继承，对钢起强化作用；若不立即淬火，在铁素体、珠光体转变中，原来的奥氏体亚晶会消失。在（$\gamma + \alpha$）两相区或在 A_{r1} 以下的 α 区轧制时形成的亚晶将会保留在室温组织中，对钢起强化作用。亚晶的数量、大小与变形温度、变形量有关。变形越大，亚晶的数量越多，尺寸也更细小；变形温度愈低同样亚晶尺寸愈细小。亚晶强化的原因是位错密度增高，亚晶本身就是位错墙，亚晶细小、位错密度也高，且有些亚晶间的位向差稍大，也如同晶界一样阻止位错运动。亚晶的形成不仅使屈服强度提高，而且使脆性转变温度下降。材料的强韧性亦可得到改善。

9.2.1.6　相变强化

热轧后的钢材在冷却过程中会产生相变，根据原始组织状态和冷却速度快慢可以生成马氏体、贝氏体、珠光体、铁素体。相变后产生马氏体和贝氏体是可以强化基体，使钢材强度提高的。钢的高温相变热处理就是要制定合理的冷却制度,充分利用马氏体和贝氏体强化的规律以获得综合力学性能优良的材料;同时可以控制夹杂物的形状分布规律。因此,相变强化是控制轧制和控制冷却工艺中很重要的强化机制。

9.2.2 钢材热变形过程中的再结晶和相变行为

9.2.2.1 钢材热变形过程中的奥氏体再结晶行为

塑性加工变形过程是加工硬化和回复、再结晶软化过程的矛盾统一体。高温奥氏体的钢随着变形量增加,加工硬化过程和高温动态软化过程(动态回复和动态再结晶)同时进行,最终两个过程的平衡情况决定了材料的变形抗力。动态软化过程使变形抗力降低,动态软化过程是伴随变形即时发生的。根据高温条件下奥氏体变形的应力-应变曲线可分为三部分,见图9-15。

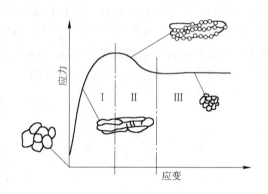

图9-15 典型的真应力-真应变曲线

(1)第一阶段变形量小时,随变形量增加其变形抗力增加,即变形量逐渐增加,位错密度也逐渐增大,这些位错在热加工过程中通过交滑移和攀移运动,部分消失,重新排列造成奥氏体的回复,反应在应力-应变曲线后期变形抗力随变形量增加而变得缓慢增加,但总趋势其加工硬化仍超过了动态软化,因此变形抗力还是不断增加的。

(2)随变形量增加,金属内部畸变能不断上升,当达到一定程度后在奥氏体中将发生另一种转变,即动态再结晶。动态再结晶的发生发展使更多的位错消失,变形抗力下降,从动态再结晶开始,变形抗力在逐渐下降,直到再结晶全部完成,变形抗力不再下降,形成了应力-应变曲线第二阶段。

(3)第三阶段,发生动态再结晶后,随着变形持续进行,加工硬化和再结晶软化达到平衡,应力-应变曲线出现两种状态,一种是应力基本不变,呈稳态;另一种情况是曲线呈非稳态,应力随变形量增加呈波浪式变化。其原因是发生动态再结晶必须有足够的变形量,只有达到一定变形量才能发展动态再结晶。发生动态再结晶的最低变形量称为临界变形量,记为 ε_D。动态再结晶开始到完成所需的变形量为 ε_r,当 $\varepsilon_D < \varepsilon_r$ 时发生连续式动态再结晶,即应力呈稳态不变;当 $\varepsilon_D > \varepsilon_r$ 时,发生间断式动态再结晶,应力呈波浪式非稳态。

动态回复的特点是高温,小变形,形成亚晶。动态回复出现亚晶时最低变形量 ε_m 与变形速度 $\dot{\varepsilon}$ 和变形温度 T 密切相关,$\dot{\varepsilon}$ 高则 ε_m 也大;而变形温度高,则 ε_m 小。

动态再结晶的临界变形量 ε_D 大小与钢的奥氏体成分、变形温度和变形速度 $\dot{\varepsilon}$ 有关,当发生动态再结晶时 ε_D 接近于应力-应变曲线上峰值应力对应的变形程度 ε_p。通常 $\varepsilon_D \approx (0.7 \sim 0.83)\varepsilon_p$。含 Nb 钢的 ε_D 比普通钢大,原始奥氏体晶粒粗大时临界变形量 ε_D 增大;变形温度高,ε_D 降低;变形速度 $\dot{\varepsilon}$ 小,则临界变形量 ε_D 也低。可见在高温、低变形速度条件下容易出现动态再结晶；变形温度低、变形速度高，ε_D 变大，甚至不能发生动态再结晶。

9.2.2.2 钢材热变形后的静态再结晶行为

热加工过程中的任何阶段都不可能完全消除奥氏体的加工硬化，在热变形中形成的动态回复和动态再结晶组织，仍是不稳定的，因而它总是力图向稳态转变。在热变形的道次间或高温区缓冷过程中会继续软化以消除加工硬化，这种软化即是静态回复和静态再结晶过程。这一过程包括静态回复、静态再结晶和亚动态再结晶三个阶段。图 9-16 所示为当变形速率 $\dot{\varepsilon}$ 一定时，碳钢在各种变形区域高温变形后于 780℃ 保温不同时间的软化曲线。例如当 $\dot{\varepsilon} = 1.3 \times 10^{-3}/s$ 时，图 9-16 (a) 真应力-真应变曲线中 a、b、c、d 点对应的真应变分别为 0.055、0.096、0.34 和 0.41；图 9-16 (b) 的 a、b、c、d 曲线分别表示各点变形后于 780℃ 保温不同时间后的软化情况。从图 9-16 可以看出：

（1）当变形量 ε 小于发生静态再结晶的临界变形量 ε_j（对应图 9-16 (a) 曲线的 a 点）时，变形停止后软化立即发生，约 100s 内软化结束。经测量有 30% 的加工硬化得到软化，剩余 70% 的加工硬化尚未消除。该软化是静态回复，未有清晰亚晶界。未消除的加工硬化对下道次轧制有叠加作用。

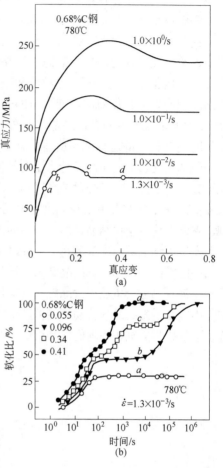

图 9-16 变形量和保温时间对 $w(C) = 0.68\%$ 钢软化行为的影响

（2）当变形程度小于动态再结晶的临界变形量但大于静态再结晶的临界变形量 ε_j，即 $\varepsilon_D > \varepsilon > \varepsilon_j$ 时，对应曲线 b 点。变形停止后 100s 内静态回复的软化率达 45%。连续保持高温，经较长时间孕育期后进入第二阶段的软化，软化率达 100%。加工硬化组织全部消除，形成了静态再结晶晶粒。

（3）当 $\varepsilon > \varepsilon_j > \varepsilon_D$ 时，（对应图 9-16 (a) 曲线的 c 点），软化曲线如图 9-16 (b) 的曲线 c。此软化过程分三个阶段，即静态回复阶段、亚动态再结晶阶段（所谓亚动态再结晶系指热变形中已形成但尚未长大的动态再结晶核，变形停止、但变形温度足够高时，这些晶核不需要孕育期而继续长大的静态软化过程）和静态再结晶阶段。

（4）当变形量连续增加 $\varepsilon \gg \varepsilon_D$，达到图 9-16 (a) 的 d 点时，此时应力超过峰值，应力与应变呈一直线稳态，即加工硬化率与动态再结晶产生的软化率处于平衡，当变形停止后保持高温，其软化过程由二段组成（见图 9-16 (b) 的 d 线），首先在动态再结晶的基础上软化开始，接着进入静态回复阶段和亚动态再结晶阶段。由于这一阶段变形量很大，发生动态再结晶的核心很多，变形停止后这些核心很快长大，全部消除加工硬化。

9.2.2.3　静态再结晶的临界变形量

静态再结晶发生的条件是必须在一定的温度和一定的变形速度条件下有一定的变形量，这一变形量称之为静态再结晶的临界变形量 ε_j。图 9-17 是 Si-Mn 钢和含 Nb 钢的变形温度、原始奥氏体晶粒度与静态再结晶临界变形量的关系。由图 9-17 可以看到，Si-Mn 钢临界变形量很小，同时原始晶粒度和变形温度对临界变形量影响也很小。而含 Nb 钢的变形温度和原始晶粒度对临界变形量的影响很大。随变形温度降低临界变形量急剧增大，在 950℃ 以下很难发生静态再结晶。另外，奥氏体初始晶粒越大，临界变形量越大；变形后停留时间越长，静态再结晶所需的临界变形量亦越小。

热加工变形后的再结晶行为受变形量、变形温度的影响很大，按变形量和轧制温度的变化可分为再结晶区、部分再结晶区和未再结晶（回复）区。图 9-18 是含 Nb 钢单次轧制一道后停留 3s 时，变形量和变形温度对奥氏体再结晶行为的影响规律，由图可见，在再结晶区轧制，整体上均发生再结晶，形成均匀的再结晶组织，原始晶粒细小，轧后亦细小。轧制温度高，发生再结晶的道次变形量低，反之变形温度低，再结晶所需的道次变形量要高；在部分再结晶区轧制时，形成再结晶和未再结晶的混合组织；在未再结晶区轧制时，多数晶粒发生回复，部分晶粒会生成粗大晶粒。这就是说，在未再结晶区轧制变形量不适当（较小）就会引起因应变诱发的晶界移动而局部产生粗大晶粒。这种粗大晶粒在随后的变形中非常难以消除，会形成粗大细小不均的混晶组织，对钢材组织性能是十分不利的。

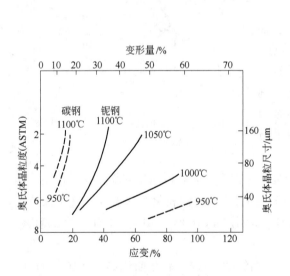

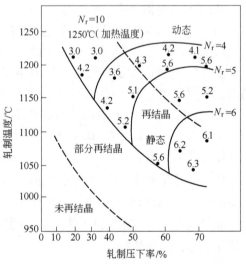

图 9-17　形变温度和初始晶粒大小对
再结晶临界变形量的影响

图 9-18　含铌钢轧制后停留 3s 时的奥氏体组织
（材料：0.16C-0.36Si-1.41Mn-0.03Nb；
图中数字：奥氏体晶粒度的级别 N_r）

9.2.2.4　钢材热变形后的相变行为

钢材热变形后在冷却过程中，因工艺条件不同，即热变形后的奥氏体晶粒大小、形态不同，则奥氏体向铁素体转变时的相变开始温度不同、铁素体形核机制不同，所以相变后生成的组织形态也截然不同。图 9-19 是普碳钢和加铌、钒微合金钢热变形工艺与奥氏体/

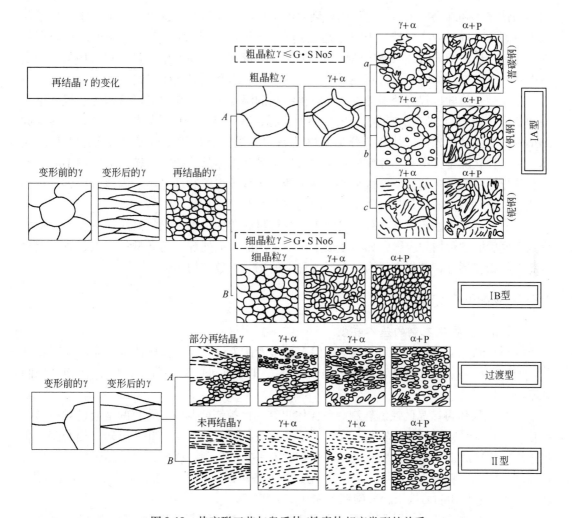

图 9-19 热变形工艺与奥氏体/铁素体相变类型的关系

铁素体相变类型的关系。由图可以归纳几种基本相变类型：

ⅠA 型：热轧过程中奥氏体开始发生再结晶，且再结晶后奥氏体晶粒有明显长大趋势，当相变前粗化的奥氏体晶粒度小于或等于 5 级时，在冷却过程中先共析的铁素体晶粒主要在奥氏体晶界上形核，并以片状或针状的方式向晶粒内长大而形成魏氏组织，魏氏组织将降低钢材的韧性和塑性，含铌钢形成魏氏组织的倾向最为强烈，普碳钢次之，而含钒钢形成魏氏组织的倾向较弱。

ⅠB 型：热轧过程中奥氏体始终都发生再结晶，但与ⅠA 型不同的是相变后奥氏体晶粒度大于 6 级或晶粒更细小，此时奥氏体晶界是铁素体的主要形核位置，由于奥氏体晶粒细小，所以奥氏体晶界的有效面积大，形核位置多，相变后可以得到等轴铁素体加少量珠光体的均匀组织，相变前晶粒越细小，相变后的铁素体晶粒越细。

Ⅱ 型：热轧过程处于奥氏体未再结晶温度区域，轧制变形后的奥氏体不再发生再结晶，如果是多道变形则道次间的应变可以累积叠加，相变过程中铁素体不仅在晶界形核而且在变形带上亦形核，因此形核速度显著增大。由于形核位置不同，相变后可以获得均匀细小的铁素体和珠光体组织，也可能得到粗细不均的混晶组织。这里的关键在于未再结晶区中得到的、均匀的变形带。未再结晶区内总变形量小，得到的变形带就少，且分布不均。在总变形量相同时，一道次的压下率愈大，变形带愈容易产生，且分布易均匀。相变后得到的组织亦越均匀细小，相变后不会产生魏氏组织和上贝氏体组织。

过渡型：热轧过程中处于奥氏体部分再结晶的温度区域，轧制变形后相变过程介于 I 型和 II 型转变之间，其相变可能会出现两种状况，其一是部分奥氏体晶粒按 I B 型转变成细小的铁素体和珠光体，其余部分是未再结晶的奥氏体晶粒相变后形成魏氏组织和珠光体；另一种状况是其中一部分变形量大的未再结晶奥氏体晶粒按 II 型转变形成细小的铁素体和珠光体，而另一部分变形量小奥氏体则转变成魏氏组织和珠光体。因此看出，无论哪种状况，最终形成的都是晶粒大小不均匀的混合组织。

上面提到的 I 型相变是一种不局限于轧制钢材的相变组织，钢材离线加热和冷却也能得到相变后的细化均匀组织，如中厚板生产中常用的正火处理；而 II 型相变则是热轧钢材所特有的相变形态，其相变行为与变形过程中的工艺参数密切相关。

9.2.3 钢材的控制轧制

9.2.3.1 控制轧制的基本类型

控制轧制分类尽管目前尚不统一，但多数学者认为可分为：奥氏体再结晶区控制轧制（I 型控制轧制）、奥氏体未再结晶区控制轧制（II 型控制轧制）和（$\gamma + \alpha$）两相区控制轧制。

（1）奥氏体再结晶区控制轧制。奥氏体再结晶区控制轧制的主要目的是通过对加热时粗化的初始 γ 晶粒进行反复轧制，反复再结晶使晶粒细化，由 γ/α 相变可知，相变前 γ 晶粒越细，相变后得到的 α 晶粒也越细，但细化有一定的极限，因此，再结晶区轧制只是通过再结晶使 γ 晶粒细化，实际上是控制轧制的准备阶段。奥氏体再结晶轧制的温度范围，通常含 Nb 钢为 1000℃以上，普碳钢为 950℃以上。

（2）奥氏体未再结晶控制轧制。在奥氏体未再结晶区进行控轧时，γ 晶粒沿轧制方向被压扁、伸长，晶粒扁平化使晶界有效面积增加，同时在 γ 晶粒内产生形变带，这就显著地增加了 α 晶粒的形核密度，并且随着在未再结晶区的总压下率增加，形核率进一步增加，相变后获得的 α 晶粒越细。由此可以得出，在未再结晶区总压下率越大，应变累积效果越好。奥氏体的晶内缺陷、形变硬化以及残余应变所诱发的奥氏体相变到铁素体的细晶机制越强，在轧后的冷却过程中越容易形成细小的铁素体加珠光体组织。含 Nb 钢的未再结晶温度区间大体在 950℃与 A_{r3} 之间。

（3）（$\gamma + \alpha$）两相区控制轧制。在 A_{r3} 温度以下两相区轧制，未相变的 γ 晶粒更加抽长，在晶粒内形成更多的变形带，大幅度地增加了相变后 α 晶粒的形核率；另外，已相变的 α 晶粒在变形时，在晶内形成了亚结构。在轧后的冷却过程中，前者相变后形成微细的多边形铁素体晶粒，而后者因回复变成内部含亚晶的 α 晶粒，因此两相区轧制后的组织为大倾角晶粒和亚晶粒的混合组织。两相区轧制与 γ 单相区轧制相比，钢材的强度有很大提高，低温韧性也有很大改善。但两相区轧制可能会产生织构，使钢板在厚度方向的强度降低。

在控制轧制中通常可以把以上三种控制方式一起进行连续控制轧制，亦可根据需要选择合适的控轧技术路线。

9.2.3.2 控制轧制工艺参数的选择

控制轧制工艺参数的选择是根据钢种特性和最终产品性能的要求，选定加热制度和轧制制度，即选择加热温度、轧制的道次变形量、变形温度和变形速度等工艺参数。通过选定工艺参数来控制钢材轧后的组织形态，进而通过冷却来控制最终产品的性能。

A 加热制度的控制

钢坯加热要控制加热速度、加热温度和加热时间，同时要考虑表面氧化、脱碳、断面温差等因素，这些已在第 8 章中详述，这里主要阐述一下与控制轧制关系密切的加热温度。

确定加热温度应充分考虑钢坯高温加热时的原始奥氏体晶粒尺寸和碳、氮化物的溶解程度，同时考虑开轧温度和终轧温度。采用控制轧制时的原始奥氏体晶粒越小越有利，在满足轧制温度历程和终轧温度的条件下应尽量降低加热温度，通常比常规加热温度降低 50~100℃ 左右，在轧机能力允许的条件下，普碳钢加热温度可以控制在 1050℃ 或更低，对含 Nb 的钢，1050℃ 时，Nb 的（C，N）化物刚开始分解或固溶，1150℃ 时奥氏体晶粒长大且较均匀，1200℃ 开始晶粒粗化，因此 1150℃ 对细化晶粒有利。当然如果轧制能力大也可以加热至 950℃ 左右。采用低温轧制轧后更利于提高强韧性和降低脆性转变温度。

B 轧制温度控制

轧制温度是影响钢材组织和力学性能的重要工艺参数。轧制温度控制包括开轧温度控制、终轧温度的控制，亦即要对热轧机组各机组的开轧和终轧温度控制。粗轧机通常是高温区奥氏体再结晶轧制，反复轧制、反复再结晶获得均匀细小的奥氏体晶粒，为精轧阶段控制轧制提供理想的组织。再结晶轧制的温度区间依钢材成分等因素的不同而各异，精轧阶段控制轧制通常应在未再结晶区或两相区轧制，未再结晶温度区间大体为 950℃ ~ A_{r3} 之间；两相（$\gamma + \alpha$）区，温度区间在 A_{r3} ~ A_{r1} 之间。控轧终轧温度依钢材成分和性能要求不同而各异。值得注意的是无论是在未再结晶区轧制还是在两相区轧制，必须有足够的总变形量，最大限度地发挥精轧阶段的应变累积效应，这样也必须严格控制精轧区的开轧温度和终轧温度。例如，中厚板轧制 Q345B 钢在相同的变形条件下，以不同的精轧开轧和终轧温度轧制，三种不同的精轧温度区间轧制后空冷材的力学性能见表 9-8。由表中数值可见精轧温度区间为 880~822℃ 时，综合力学性能指标最好，室温下横向冲击项达到 117J，纵向冲击项达到 229.5J，该值比 950~884℃ 区间提高 100%。800~756℃ 温度区间的性能居中。由此可见，精轧温度区间的确定对提高钢材的韧性指标和力学性能是至关重要的。

表 9-8 Q345B 钢在三种不同精轧温度区间轧制后空冷的力学性能

序 号	开轧温度/℃	终轧温度/℃	σ_s/MPa	σ_b/MPa	A_{KV}/J	
					横	纵
1	800	756	371.39	548.12	106	193
2	880	822	396.17	568.92	117	229.5
3	950	884	389.74	544.41	58	116.5

同样精轧温度区间对线棒材控制轧制及其他轧材的性能提高也是很重要的。线材精轧区间，通常因变形速率高有温升，因此硬线材在精轧区的控制温度会更低，通常在 800℃以下才能达到预定的性能目标值。详见后面的型材轧制工艺。

C 变形制度控制

变形制度控制就是控制热轧过程中的总变形量、道次变形量和变形速度。对型材而言，孔型系确定后，每道次和总变形量即已确定，控制变形参数只有变形速率。对管材热加工，通常也很难大幅度调整控制变形量，因此型、管热加工只能控制变形速度以调节变形温度；只有板带轧制的道次变形量是可控的。板带轧制过程中，在加热制度，开轧和终轧温度一定的条件下，合理地设定各道次变形量和道次间隔时间，通过再结晶区和未再结晶区及两相区控轧，可以得到所需的均匀细小的组织，从而提高钢材的综合力学性能和韧性。一般在高温区的再结晶轧制即是动态和静态再结晶轧制，只要轧机能力允许应尽量增加道次压下量，避免道次变形量小于临界变形量以下，防止出现粗大晶粒。在这一温度范围，经多道次轧制，通过反复的静态再结晶或动态再结晶，可使奥氏体晶粒细化。为避免特大粗晶粒出现，此段的道次变形量不能小于 10%、最好达到 15% ~ 20%。

中温区轧制即在未再结晶区轧制，根据钢的化学成分不同，这一区域温度范围在 950℃ ~ A_{r3} 之间，该区轧制的特点主要是在轧制过程中不发生奥氏体再结晶现象。塑性变形使奥氏体晶粒拉长，形成变形带和 Nb、V、Ti 微量元素碳氮化物的应变诱发沉淀。变形奥氏体晶界是由奥氏体向铁素体转变时铁素体优先形核的部位，奥氏体晶粒被拉长，将阻碍铁素体晶粒长大，随着变形量增大，变形带的数量也增加，且分布更加均匀。这些变形带提供了相变时的形核地点，因而相变后的铁素体晶粒更加均匀细小。

未再结晶区轧制导致钢的强度提高和韧性改善，主要是由于铁素体晶粒细化。且随变形量加大，钢的屈服强度提高，脆性转变温度下降。

在拉长的奥氏体晶粒边界，滑移带优先析出铌的碳化物颗粒，因而弥散微粒在 $\gamma \rightarrow \alpha$ 相变前主要沿原奥氏体晶界析出，可以阻止晶粒长大。

在未再结晶区加大变形使 $\gamma \rightarrow \alpha$ 相变开始温度提高，累积变形量的加大也促使 A_{r3} 温度提高，相变温度提高，促使相变组织中多边形铁素体数量增加，珠光体数量相应减少。

由于未再结晶区轧制不发生再结晶变形且有变形累加效应，为达细化晶粒的目的，总变形应不小于 50%。

奥氏体和铁素体两相区轧制时，一般在再结晶区、未再结晶区进行控制轧制，接着可能在奥氏体和铁素体两相区的温度上限进行一定压下变形，在这一温度范围，变形使奥氏体结晶粒继续拉长，在晶粒内部形成新的滑移带，并在这些部位形成新的铁素体晶核。而先析铁素体，经变形后，使铁素体晶粒内部形成大量位错，并由于温度相对较高（两相区上限）这些位错形成了亚结构。亚结构促使强度提高，脆性转变温度降低。强度急剧提高，亚结构是引起强度迅速增加的主要原因。

9.2.4 钢材轧后控制冷却及直接淬火工艺

钢材热轧后控制冷却的目的是改善钢材的组织状态，提高钢材性能，缩短轧材冷却生产周期，提高轧机的生产能力；轧后控制冷却也可以防止钢材在冷却过程中由于冷却不均而产生不均变形，致使过程产生扭曲或弯曲。

9.2.4.1 控制冷却可改善与控制轧后钢材的组织和性能

钢材热轧后组织状态由于采用了控制轧制，组织多由细小均匀的奥氏体晶粒或由细小的奥氏体和少量铁素体晶粒组成。由于热变形因素影响，促使钢的变形奥氏体向铁素体转变温度 A_{r3} 点提高，因而铁素体是在较高温度下提前析出。如果在高温终轧，在 $\gamma \to \alpha$ 相变前奥氏体是处在完全再结晶状态时，轧后空冷、或堆冷则变形奥氏体晶粒将在冷却过程中长大，相变后得到粗大铁素体组织；同时由于 A_{r3} 提高，铁素体处于高温段时间增加，已经粗大的铁素体还将继续长大形成更加粗大的铁素体组织；另外由于奥氏体粗大，A_{r1} 点上升，珠光体尺寸粗大，片层间距加厚，力学性能明显降低。

如果变形奥氏体终轧时处于部分再结晶区，轧后慢冷容易引起奥氏体晶粒严重不均。如果终轧后处于未再结晶区，则轧后很快相变，析出铁素体，慢冷时铁素体晶粒长大，且冷至常温时组织不均匀，因而这些都会降低钢材的强韧性能。

由此可见，热轧或控轧后的钢材必须配合控制冷却，防止奥氏体晶粒长大，降低 $\gamma \to \alpha$ 的相变温度，并控制铁素体晶粒长大，细化珠光体组织，控制轧制与控制冷却结合将更好地提高控制低碳钢、低合金钢和 Nb、V、Ti 微合金化钢的强韧性能。

热轧后钢材的冷却一般分为三个阶段，即为一次冷却、二次冷却和空冷。三个阶段冷却目的和要求不同，故采用的控制轧制冷却工艺也不同。

一次冷却是指从终轧后开始到奥氏体向铁素体开始转变温度 A_{r3} 点这个温度范围内控制其开始快冷温度、冷却速度和控冷终止温度。这一段冷却的目的是控制变形奥氏体的组织状态，亦即控制奥氏体晶粒度、阻止碳氮化物析出固定由于变形而引起的位错、降低相变温度，为 $\gamma \to \alpha$ 相变做组织上的准备。相变前的组织状态直接影响相变机制和相变产物的形态，晶粒粗细大小和钢材性能。一次冷却的开始快冷温度越接近终轧温度，细化变形奥氏体的效果越好。因此，若提高钢材的强韧性就必须在接近终轧温度处开始快速冷却以获得细小均匀的奥氏体晶粒；若钢材在热工以后继续冷加工，则为降低强度而应在此段温度范围减缓冷却速度。

二次冷却是指从相变开始温度到相变结束温度范围内的冷却控制。二次冷却的目的是控制钢材相变时的冷却速度和停止控冷的温度，即控制相变过程，以保证钢材快冷后得到所要求的金相组织和力学性能。对于低碳钢及含 Nb、V、Ti 的低碳合金钢第二阶段的冷却速度快慢将对钢材最终性能起决定作用，根据所轧钢材的动态 CCT 曲线，不同的冷却速度可以得到 F + P、F + B 组织。二次冷却终冷温度应在 600℃ 左右。对低碳钢而言，冷至 600℃ 以后相变基本全部结束。因此 600℃ 以下的冷速已对组织状态没有影响；而对含 Nb 钢，空冷过程中会发生碳氮化物析出，对生成的贝氏体有轻微回火效果。

对高碳钢和高碳合金钢轧后控冷的第一阶段也是为控制细化变形奥氏体，降低二次碳化物的析出温度，甚至阻止碳化物由奥氏体中析出，降低网状碳化物析出量，降低网状碳化物级别，减小珠光体球团尺寸。而二次冷却的目的是改善珠光体的形貌和片层间距。二次冷却的终冷温度因钢的成分及最终性能要求不同而各异，如轴承钢通常控制在 650℃ 左右。

空冷阶段则是在快冷阶段碳化物来不及析出，仍固溶在 γ 相中，相变后空冷时将继续弥散析出，改善强韧性。

9.2.4.2 控制冷却的方法与工艺路线

控制热轧材轧后冷却的方法大体可分快冷、超快冷、空冷和缓冷。根据产品最终性能的技术要求可以选取不同的相应的冷却方法，也可选取几种冷却方法柔性组织在一起以控制最终产品的组织性能。空冷即在空气中自然冷却；缓冷即将轧后材堆放或埋放在保温材料中冷却，这里不做详述。重点介绍快速冷却和超快速冷却。

A　快速冷却工艺

快速冷却是指在控制轧制后，奥氏体向铁素体相变的温度区间进行快速冷却，使相变组织更加细化，以获得更高的强韧性。快速冷却的介质一般是用水，当水滴最初冲击到热钢材的表面时会迅速形成一层蒸气膜，而随后喷来的水滴会被这层蒸气膜所排斥，使热传导效果下降，导致冷却效果急剧下降。采用棒状水流保持水流连续性的层流冷却系统和水幕冷却系统使冷却水连续冲击在一个特定面上，该表面很难形成稳定的蒸气膜，表面温度下降迅速。层流冷却和水幕冷却水压力为 0.6~0.7MPa，小压力，流量大，冷却效果好。该冷却方式已广泛应用在板带生产线上。

B　超快速冷却系统

层流冷却和水幕冷却系统的冷却最大能力在 10℃/s 左右，有时满足不了热轧钢材快速冷却的需要。为此 1998 年日本 NKK 福山厂开发了加速冷却系统，亦称之超速冷却系统，最大冷却速率可达 65℃/s。该系统的最大特点是避开了冷却过程中的过度沸腾和膜沸腾阶段，实行了全面的核沸腾，具有很高的冷却速率和很高的均匀性。超快冷却系统的喷嘴与钢板的距离较近，以一定角度沿轧制方向将一定压力的水喷射到板面上，将板面残存水与钢板之间形成的蒸气膜吹扫掉，从而达到钢板和冷却水之间完全接触，实行核沸腾，提高了钢材与冷却水之间的热交换，达到较高的冷却速率且可以使钢板冷却均匀，抑制了因冷却不均产生的钢板翘曲。

东北大学轧制技术及连轧自动化国家重点实验室（RAL）近年来对轧后钢材超快冷却技术做了大量开发研究工作，针对中厚板开发了倾斜喷射超快冷+层流冷却系统，可均匀地将板面残存水与板面形成的气膜清除，达到钢板与水均匀接触的全面核沸腾，提高了冷却速率且使板面冷却均匀，这种冷却系统既可对轧后钢板进行超快速冷却，也可以直接淬火；针对棒线材 RAL 开发了超快冷水冷器，水冷器由多节水冷管组成，每节水冷管在轧件入口端由环状缝隙喷射一定压力的冷却水，冷却水与轧件同向运动，速度高于轧件，冷却水在轧件出口端流出，冷却速度均匀；针对 H 型钢开发了超快冷却系统，可以对 H 型钢翼缘和模板进行均匀快速冷却。这些系统已在现场投产使用，取得良好控冷效果，提高了钢材的强韧性。

9.2.4.3　直接淬火工艺简介

直接淬火工艺是指钢板热轧终了后在轧制作业线上实现直接淬火、回火的新工艺，这种工艺有效地利用了轧后余热，有机地将变形与热处理工艺相结合，从而有效地改善钢材的综合性能，即在提高强度的同时，又可保持较好的韧性。

近年来，直接淬火、回火工艺在中厚钢板生产中的应用逐渐增多，促进了中厚钢板生产方法由单纯依赖合金化和离线调质的传统模式转向了采用微合金化和形变热处理技术相结合的新模式。这不仅可使钢材的强度成倍提高，而且在低温韧性、焊接性能、抑制裂纹扩展、钢板均匀冷却以及板型控制等方面都比传统工艺更优越。

图 9-20 是直接淬火工艺与传统工艺的比较。由图可见，直接淬火-回火（DQ-T）工艺和传统再加热淬火-回火（RQ-T）工艺相比，直接淬火工艺省去了离线再加热工序，缩短

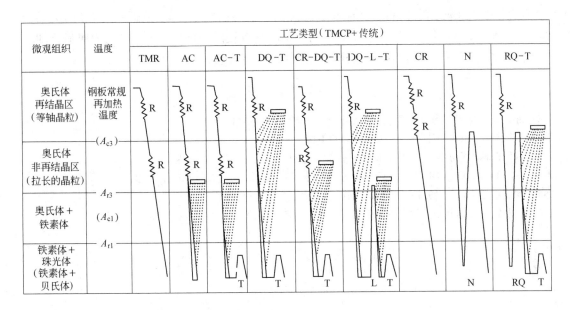

图 9-20　直接淬火工艺与传统工艺的对比

TMR—热机械轧制；L—两相区淬火；R—热轧；AC—加速冷却；CR—控制轧制；
N—正火；DQ—直接淬火；RQ—再加热淬火；T—回火

了工艺流程，节约了能源，降低了生产成本；另外，通过对化学成分的调整和直接淬火前轧制条件的控制，还可以获得再加热淬火所得不到的强度和韧性组合。同时采用直接淬火工艺还有助于提高钢材的淬透性，在生产相同力学性能的产品时可大幅度减少合金元素含量从而降低碳当量，改善焊接等工艺性能，收到高效、节材、节能和降耗的多重效果。由此可见，直接淬火工艺在中厚板生产中具有非常广阔的发展前景。

9.2.4.4　直接淬火工艺的类型

如图 9-20 所示，区别于离线的再加热淬火-回火（RQ-T）工艺，直接淬火工艺根据控制轧制温度的不同可以分为再结晶控轧直接淬火（DQ-T）、未再结晶控轧直接淬火（CR-DQ-T）和再结晶控轧直接淬火 + 两相区淬火（DQ-L-T）三种不同的工艺类型。

（1）再结晶控轧直接淬火-回火（DQ-T）工艺是在轧后的再结晶温度区间直接淬火随后回火。与普通的再加热淬火-回火钢相比，直接淬火钢的强度略有下降，这是因为再结晶区控轧直接淬火钢的加工温度较高，淬火前的奥氏体晶粒为等轴状且尺寸相对较大所致。但是，钢材轧前的加热温度比离线再加热时的温度要高得多，却有利于更多的合金元素溶入奥氏体，会使直接淬火钢的淬透性得到提高。

（2）未再结晶控轧直接淬火-回火（CR-DQ-T）工艺是将钢材在奥氏体未再结晶区轧制后直接淬火-回火工艺。因其终轧温度低于再结晶温度，奥氏体晶粒在没有发生再结晶的情况下受到变形后沿着轧制方向被拉长，即淬火前的组织为位错密度较高的扁平状形变奥氏体，所以可能因形变热处理效应而获得用普通的再加热淬火-回火（RQ-T）和直接淬火-回火（DQ-T）所得不到的强度和韧性组合。

（3）再结晶控轧直接淬火-两相区淬火-回火（DQ-L-T）工艺是在奥氏体再结晶区轧制

后直接淬火得到全马氏体/贝氏体组织，经过回火后，最终获得软相的铁素体和回火马氏体/贝氏体的复合组织。经 DQ-L-T 处理后的钢材具有较高的抗拉强度、较低的屈强比和优良的低温冲击韧性，并且对抑制可逆回火脆性具有显著效果。

第二篇练习题

2-1　连铸及连铸-连轧工艺与传统模铸热轧工艺比较有何优越性？

2-2　连铸与轧制的衔接模式及主要关键技术有哪些？

2-3　试依据轴承钢的主要技术要求与钢种特性，分析拟订其生产工艺过程。

2-4　CC—HCR、CC—DHCR 及 CC—DR 三种工艺各有何优缺点、适用于何种情况？

2-5　辊底式、步进式及感应式加热炉对连铸-连轧工艺各有何优缺点？

2-6　控制轧制及控制冷却技术主要优点有哪些，为何对连铸-连轧工艺很有必要？

第三篇

型材和棒线材生产

经过塑性加工成型、具有一定断面形状和尺寸的直条实心金属材称为型材。通常将复杂断面型材和棒线材统称型材。

世界最早出现轧制型材是在 1783 年，由英国人科特（H. Cort）创造的第一台带孔型二辊式轧机轧制出各种规格的扁钢、方钢、圆钢和半圆钢。到 19 世纪中叶，由于工业革命的兴起，大量修建铁路，需要很多的钢轨及其配件，进一步促进轧制型材的迅速发展。自 20 世纪 30 年代开始，在世界上轧制板带材的产量和生产技术水平逐渐超过了型材。但由于型材品种繁多、规格齐全、用途广泛，在很多领域内都是不可替代和生产方式最经济的，所以在金属材料的生产中型材占有非常重要的地位。目前在世界上，工业发达国家轧制型材的总产量约占轧材总产量的 1/3。

在我国，型材的工业化轧制生产最早始于 1907 年汉阳的汉冶萍钢铁厂，以后在大连、鞍山、太原、重庆、沈阳、上海、天津等地相继建厂生产大中小型各类型材。1949 年以前，中国的型材生产异常薄弱，发展速度也十分缓慢，只能生产少量简单断面型材。1949 年以后，中国的型材生产得到了迅速发展，从 50 年代开始，鞍山钢铁公司大型厂恢复生产并扩建，在此基础上又相继建成了武汉钢铁公司大型厂、包头钢铁公司轨梁厂和攀枝花钢铁公司轨梁厂等大型型材生产基地，与此同时，地方中小型型材生产也迅速发展，建成了鞍钢中型厂、唐钢中型厂、马钢二轧厂等一批骨干生产厂，型材的品种、规格和质量基本上满足了国内经济建设的需求。20 世纪 90 年代，随着中国现代化建设发展需求的提高，具有当时国际先进水平的马鞍山钢铁公司 H 型钢厂和莱芜钢铁总厂万能连轧机等一批现代化型钢轧机也相继投产。

由于以汽车工业为代表的某些行业的生产能力明显小于工业发达国家，故我国的钢材市场对板带的需求小于型材。在产钢大国中，只有中国的型材总产量超过板带的总产量，占轧材总产量的 50% 以上。以往中国在建筑等使用钢材的行业，一直执行节约钢材或不使用钢材的政策，所以钢结构的使用远远少于工业化国家，因此，在型材总量中，钢结构用的 H 型钢、槽钢和钢桩等有代表性的型钢产品比例明显低于其他产钢大国。

在大、中型型钢生产领域，我国已经有一些企业拥有了代表目前国际先进水平的设备和工艺，产品质量也达到了国际先进水平。但这种企业的数量很少，故从总体上看，我们的大、中型型钢生产在今后抓紧技术进步和技术创新还是一个重要的任务。现存的主要问题是：（1）生产能力大于市场需求，在中型材的范围内表现得尤为突出；（2）经济断面型钢，如 H 型钢和轻型薄壁型钢等品种的市场开发缓慢；（3）型材品种数远远低于工业先进国家；（4）装备水平落后的企业所占的比例过大。

10　大、中型型材及复杂断面型材生产

10.1　生产特点、用途及典型产品

10.1.1　型材的生产特点

大、中型型材和复杂断面型材的品种、规格繁多，并广泛应用于国民经济的各个领域，如：机械制造、工业和民用建筑、公路和铁路桥梁、汽车、拖拉机、铁路车辆制造、造船业、矿山支护、海洋工程和输电工程建设等。从材料本身的使用特征来划分，型材可以分成钢结构用材、交通运输用材和机械工程用材等几大类。在钢结构用材中用量最大的品种依次为 H 型钢（工字钢）、角钢和槽钢。交通运输用材中用量最大且对产品质量要求最高的当属重轨。复杂断面型材又称异型断面型材，它们的生产具有如下特点。

（1）品种规格多。目前已达万种以上，而在生产中，除少数专用轧机生产专门产品外，绝大多数型材轧机都在进行多品种多规格生产。

（2）断面形状差异大。在型材产品中，除了方、圆、扁钢断面形状简单且差异不大外，大多数复杂断面型材（如工字钢、H 型钢、Z 字钢、槽钢、钢轨等）不仅断面形状复杂，而且互相之间差异很大，这些产品的孔型设计和轧制生产都有其特殊性，在生产中，必须采用相应的技术措施。

（3）断面形状复杂。在轧制过程中各部分金属变形不均匀，断面各处温度不均匀，工具磨损也不均匀，轧件尺寸难以精确计算，轧机调整和导卫装置的安装复杂。由于以上原因，及复杂断面型材的单个品种或规格通常都批量较小，故复杂断面型材的连轧技术发展缓慢。

（4）轧机结构和轧机布置形式多种多样。在结构形式上有二辊式轧机、三辊式轧机、四辊万能孔型轧机、多辊孔型轧机、Y 型轧机、45°轧机和悬臂式轧机等。在轧机布置形式上有横列式轧机、顺列式轧机、棋盘式轧机、半连续式轧机、连续式轧机等。

10.1.2　型材的分类、用途及市场对型材的要求

10.1.2.1　分类及用途

常用的分类方法有以下 5 种：

（1）按生产方法分类。型材按生产方法可以分成热轧型材、冷弯型材、冷轧型材、冷

拔型材、挤压型材、锻压型材、热弯型材、焊接型材和特殊轧制型材等。现今生产型材的主要方法是热轧。因为热轧具有生产规模大、生产效率高、能量消耗少和生产成本低等优点。

（2）按断面特点分类。型材按其横断面形状可分成复杂断面型材和简单断面型材。复杂断面型材又叫异型断面型材，其特征是横断面具有明显凸凹分枝，因此又可以进一步分成凸缘型材、多台阶型材、宽薄型材、局部特殊加工型材、不规则曲线型材、复合型材、周期断面型材和金属丝材等等。

（3）按使用部门分类。型材按使用部门分类有铁路用型材（钢轨、鱼尾板、道岔用轨、车轮、轮箍）、汽车用型材（轮辋、轮胎挡圈和锁圈）、造船用型材（L型钢、球扁钢、Z字钢、船用窗框钢）、结构和建筑用型材（H型钢、工字钢、槽钢、角钢、吊车钢轨、窗框和门框用材、钢板桩等）、矿山用钢（U型钢、π型钢、槽帮钢、矿用工字钢、刮板钢）、机械制造用异型材等。

（4）按断面尺寸大小分类。型材按断面尺寸可分为大型、中型和小型型材，其划分常以它们适合在大型、中型或小型轧机上轧制来分类。大型、中型和小型的区分实际上并不严格。另外还有用单重（kg/m）来区分的方法。一般认为，单重在5kg/m以下的是小型材，单重在5~20kg/m的是中型材，单重超过20kg/m的是大型材。

（5）按使用范围分类。有通用型材、专用型材和精密型材。

型材的断面形状、尺寸范围及用途见表10-1。

表10-1　型材的断面形状、尺寸范围及用途

品　种	尺寸范围/mm×mm	用　途
H型钢	高度×宽度：宽边500×500，中边900×300，窄边600×200	土木建筑、矿山支护、桥梁、车辆、机械工程
钢板桩	有效宽度：U型500，Z型400，直线型500	港口、堤坝、工程围堰
钢轨	单重：重轨30~78kg/m，轻轨5~30kg/m，起重机轨120kg/m	铁路、起重机
工字钢	高度×宽度：（100×68）~（630×180）	土木建筑、矿山支护、桥梁、车辆、机械工程
槽钢	高度×宽度：（50×37）~（400×104）	土木建筑、矿山支护、桥梁、车辆、机械工程
角钢	高度×宽度：等边（20×20）~（200×200），不等边（25×16）~（200×125）	土木建筑、铁塔、桥梁、车辆、船舰
矿用钢	工字钢、槽帮钢	支护、矿山运输
T型钢	高度×宽度：（150×40）~（300×150）	土木建筑、铁塔、桥梁、车辆、船舰
球扁钢	宽×厚度：（180×9）~（250×12）	船舰
钢轨附件	单重：6~60kg/m	钢轨垫板、接头夹板
异型材		车辆、机械工程、窗框等

10.1.2.2　市场对型材的要求

市场对型材的要求各种各样，总的趋势是要求越来越严格，因此要求型材生产技术必须不断且迅速发展与进步。

（1）建筑用材要求：1）提高强度，如常用建筑螺纹钢筋要求强度为400~500MPa，

而最新的要求是 600 ~ 1000MPa。对 H 型钢的强度要求也提高到 600MPa；2）增加功能，如具有耐火性能、具有耐腐性能、轻型薄壁、具有较高尺寸精度、方便使用等。

（2）钢板桩要求耐腐蚀。

（3）铁路用材要适应高速重载的要求。高速铁路要求重轨具有高尺寸精度，高平直度并具有良好的组织性能和焊接性能。重载要求耐磨。

（4）造船用材要求具有良好的焊接性能和耐腐蚀性能。

（5）各个部门都要求使用高效钢材，从尺寸上说，要求型材轻型薄壁，并可以充分发挥其形状效能。

10.1.3 典型产品

10.1.3.1 H 型钢和工字钢

H 型钢是断面形状类似于大写拉丁字母 H 的一种经济断面型材，它又被称为万能钢梁、宽边（缘）工字钢或平行边（翼缘）工字钢。H 型钢的断面形状与普通工字钢的区别参见图 10-1。H 型钢的断面通常分成为腰部和边部两部分，有时也称为腹板和翼缘。

H 型钢的边部内侧与外侧平行或接近于平行，边的端部呈直角，平行边工字钢由此得名。与腰部同样高度的普通工字钢相比，H 型钢的腰部厚度小，边部宽度大，因此又叫宽边工字钢。由形状特点所决定，H 型钢的截面模数、惯性矩及相应的强度均明显优于同样单重的普

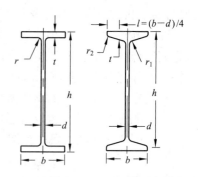

图 10-1 H 型钢和普通工字钢的区别

通工字钢。H 型钢用在不同要求的金属结构中，不论是承受弯曲力矩、压力负荷还是偏心负荷都显示出它的优越性能，比普通工字钢具有更大的承载能力，并且由于它的边宽、腰薄、规格多、使用灵活，故节约金属 10% ~ 40%。由于其边部内侧与外侧平行，边端呈直角，便于拼装组合成各种构件，从而可节约焊接和铆接工作量达 25% 左右，因而能大大加快工程的建设速度，缩短工期。

由于具有上述优点，H 型钢的应用广泛，用途完全覆盖普通工字钢。它主要用于：各种工业和民用建筑结构；各种大跨度的工业厂房和现代化高层建筑，尤其是地震活动频繁地区和高温工作条件下的工业厂房；要求承载能力大、截面稳定性好、跨度大的大型桥梁；重型设备；高速公路；舰船骨架；矿山支护；地基处理和堤坝工程；各种机械构件等。

H 型钢的产品规格很多，可以进行如下几种分类。

（1）按产品边宽分类可分为宽边、中边和窄边 H 型钢。宽边 H 型钢的边宽 b 大于或等于腰高 h，中边 H 型钢的边宽 b 大于或等于腰高 h 的 $1/2$，窄边 H 型钢的边宽 b 等于或小于腰高 h 的 $1/2$。

（2）按用途分类可分为 H 型钢梁、H 型钢柱、H 型钢桩、厚边 H 型钢梁。有时将平行腿槽钢和平行边 T 字钢也列入 H 型钢。一般以窄边 H 型钢作为梁材，宽边 H 型钢作为柱材。故又有梁型 H 型钢和柱型 H 型钢之称。

（3）按生产方式分类可分为焊接 H 型钢和轧制 H 型钢。

（4）按尺寸规格划分可分为大、中、小号 H 型钢。通常将腰高在 700mm 以上的产品称

为大号、腰高在 300～700mm 的产品称为中号、腰高小于 300mm 的产品称为小号 H 型钢。

国际上 H 型钢的产品标准分为英制系统和公制系统两大类。美、英等国采用英制，中国、日本、德国和俄罗斯等国采用公制。尽管英制和公制采用的计量单位不同，但对 H 型钢大都使用四个尺寸表示它们的规格，即腰高 h、腰厚 d、边宽 b 和边厚 t。各国对 H 型钢尺寸规格大小的表示方法不同，但所生产的产品尺寸规格范围及尺寸公差相差不大。

H 型钢可用焊接和轧制两种方法生产。焊接 H 型钢是将厚度合适的带钢裁成合适的宽度，在连续式焊接机组上将边部和腰部焊接在一起。焊接 H 型钢有金属消耗大、生产的经济效益低、不易保证产品性能均匀等缺点。因此，H 型钢生产多以轧制方式为主。H 型钢和普通工字钢在轧制上的主要区别是，工字钢可以在两辊孔型中轧制，而 H 型钢则需要在万能孔型中轧制。使用万能孔型轧制，H 型钢的腰部在上下水平辊之间进行轧制，边部则在水平辊侧面和立辊之间同时轧制成型。由于仅有万能孔型尚不能对边端施加压下，这样就需要在万能机架后设置轧边端机，俗称轧边机，以便加工边端并控制边宽。在实际轧制生产中，可以将万能轧机和轧边端机组成一组可逆连轧机，使轧件往复轧制若干次，如图 10-2（a），或者是将几架万能轧机和 1～2 架轧边端机组成一组连轧机组，每道次施加相应的压下量，将坯料轧成所需规格形状和尺寸的产品。在轧件边部，由于水平辊侧面与轧件之间有滑动，故轧辊磨损比较大。为了保证轧辊重车后的轧辊能恢复原来的形状，除万能成品孔型外，上下水平辊的侧面及其相对应的立辊表面都有 3°～10°的倾角。成品万能孔型，又叫万能精轧孔，其水平辊侧面与水平辊轴线垂直或有很小的倾角，一般在 0°～0.3°，立辊呈圆柱状，见图 10-2（d）。

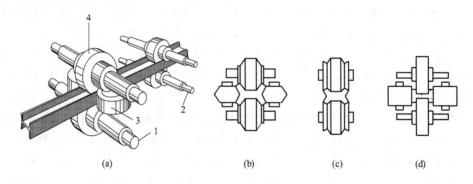

图 10-2   用万能轧机轧制 H 型钢

（a）万能-轧边端可逆连轧；（b）万能粗轧孔；（c）轧边端孔；（d）万能成品孔

1，4—水平辊；2—轧边端辊；3—立辊

用万能轧机轧制 H 型钢，轧件断面可得到较均匀的延伸，边部内外侧轧辊表面的速度差较小，可减轻产品的内应力及外形上的缺陷。适当改变万能孔型中的水平辊和立辊的压下量，便能获得不同规格的 H 型钢。万能孔型的轧辊几何形状简单，不均匀磨损小，寿命大大长于两辊孔型，轧辊消耗可大为减少。万能孔型轧制 H 型钢，可以方便地根据用户要求的产品尺寸量材使用，即同一尺寸系列，除了腰厚和边厚变化外，其余尺寸均可固定。因此，同一万能孔型所轧出的同一系列 H 型钢可具有多种腰厚和边厚尺寸，使产品的规格数量大大增加，为用户选择最节材的尺寸规格提供了极大的方便。

在无万能轧机的情况下，有时为了满足生产建设的急需，也可将普通二辊式轧机加装立辊框架，组成万能孔型轧制 H 型钢。用这种方式轧制 H 型钢，产品尺寸精度较低，腰部和边部之间难以形成直角，成本高，规格少，而且轧制柱形 H 型钢极为困难，故只适用于小批量的应急生产。

1902 年德国建成了世界上第一台带旋转立辊和单独设置轧边端机的 H 型钢轧机。这台轧机的出现奠定了 H 型钢轧机的基本形式。万能轧机的发展可分为三个阶段。1950 年以前为第一阶段。1950 年至 1970 年为第二阶段，在此阶段万能轧机在数量上得到了迅速发展。自 1970 年以后，由于计算机技术在轧制工业上的成功应用，轧制工艺和轧机结构都得到了进一步的完善。世界各国纷纷建设各种新式万能轧机，万能轧机的建设跃入第三阶段，并出现了连续式万能轧机。使用万能轧机除轧制 H 型钢外，还进一步扩大了生产品种，如轧制钢轨、槽钢、角钢、T 型钢和钢桩等。由此带来了型钢生产技术的重大发展。

从工业先进国家的情况看，H 型钢的出现使普通工字钢、槽钢和角钢三大结构型材的用量发生了极大的变化。到 1973 年，日本 H 型钢的产量开始跃居结构型材之首，其产量占全部型钢产量的 45%。其他工业发达国家结构型材的构成比例也大体相似。从几个主要产钢国家的统计数据看，1980 年以来，H 型钢的产量约占钢材总产量的 4%～7%。

到 2000 年，世界上约有上百套万能型钢轧机。H 型钢的产量和用量最大的国家是日本，1991 年曾达 700 万吨。在品种上，除常规 H 型产品外，还有腰部带波浪的浪腰 H 型钢，边部外侧带凸起花纹的 H 型钢和耐候 H 型钢，以满足各种特殊条件下的建筑构件的需求。腰高大于 900～1200mm，或更大的规格用尖角厚扁钢 (10～50)mm×(900～1200)mm 焊接而成。有一种新的生产工艺，H 型钢和尖角厚扁钢可在一套万能连轧机上生产。

中国的轧制 H 型钢生产开始于 20 世纪 70 年代，当时在包钢轨梁厂曾用二辊孔型加装立辊框架的方式生产过少量腰高为 300mm 的 H 型钢，以满足国内建设急需。后来，武汉、上海、鞍山、宝鸡和山海关等地的金属结构厂和桥梁厂均可生产焊接 H 型钢。中国的国产轧制 H 型钢生产线于 1991 年在马鞍山钢铁公司投产。该生产线由一组可逆式万能-轧边端连轧机组和一台万能精轧机组成。采用长尺冷却和长尺矫直工艺。根据设计，可按国际标准生产腰高 200mm 以下的梁型 H 型钢和腰高 150mm 以下的柱型 H 型钢。从德国和日本引进，具有当时国际先进水平的马鞍山钢铁公司 H 型钢厂和莱芜钢铁总厂万能连轧机等一批现代化 H 型钢轧机分别于 1998 年和 1999 年相继投产。前者可生产腰高 700mm，边宽 400mm 的 H 型钢，一期设计产量 60 万吨/年。后者可生产腰高 360mm，边宽 200mm 的 H 型钢，设计产量 40 万吨/年。

10.1.3.2　钢轨

钢轨作为铁路运行轨道的重要组成部分，与铁路具有同样悠久的历史。1840 年就开始了钢轨的轧制生产。钢轨的横截面可分为轨头、轨腰和轨底三部分。轨头是与车轮相接触的部分；轨底是接触轨枕的部分。最早的钢轨断面形状为圆形，很快就演变成现在的形状。英国曾出现过 L 型钢轨和双头钢轨。在现代化铁路运输生产中，世界各国对钢轨的技术条件有不同的要求，但钢轨的横截面形状都是一致的。钢轨的规格以每米长的重量来表示。普通钢轨的重量范围为 5～78kg/m，起重机轨重可达 120kg/m。常用的规格有 9kg/m、12kg/m、15kg/m、22kg/m、24kg/m、30kg/m、38kg/m、43kg/m、50kg/m、60kg/m、75kg/m。通常将 30kg/m 以下的钢轨称为轻轨。在此重量以上的钢轨称为重轨。轻轨主要用于森林、矿山、盐场等工矿内部的短途、轻载、低速专线铁路。重轨主要用于长途、重载、高速的干线铁路。也有部分钢轨用于工业结构件。现代化的铁路，载重量不断增长，时速越来越高，因此对钢轨的强度、韧性和耐磨性等均提出越来越高的要求。为保证钢轨有较大的纵向抗弯截面模数而不断提高轨底宽度和轨腰高度，从而使钢轨单重达到70kg/m以上。以重型钢轨代替较轻型钢轨是20世纪后30年间世界各国干线铁路发展的共同趋势。高速铁路的发展又对重轨提出了高尺寸精度和高平直度的要求。

钢轨的损坏形式主要有断裂、踏面磨损、踏面剥离、压溃等等。为适应铁路运输高速、重载的需要，除使用大断面钢轨外，还要求提高重轨的强韧性。提高强韧性有两个途径：合金化和热处理。俄罗斯、美国和日本等国主要采用钢轨热处理的方法提高强韧性，即对钢轨进行全长淬火。西欧等一些国家则采用合金化钢轨以提高强韧性。

由于使用性能的要求，重轨生产的工艺比一般型钢更复杂，要求进行轧后冷却、矫直、轨端加工、热处理和探伤等等工序。图10-3为重轨工艺流程的例子。

步进炉加热→除鳞→轧制→热锯→打印→冷却→辊矫直→检查→探伤
　　　　　　　└─→打印→冷却→辊矫直→冷锯─┘

→端头加工→检查截面→取样检验→轨端淬火→淬火检查→取样→端头淬火轨

→全长淬火→淬火检查→压力矫直→检查弯曲→取样→全长淬火轨

图10-3　重轨生产的工艺流程举例

重轨的轧制方法分为两辊孔型法和万能孔型法。两辊孔型法又分为直轧法和斜轧法两种，在一般二辊或三辊轧机上采用箱形-帽形-轨形孔型系统进行轧制。万能孔型法是利用万能轧机轧制重轨。轧制方法类似于H型钢轧制。由于万能孔型轧制法不存在闭口槽，为上下对称轧制，故轧件尺寸精确，轧件内部残余应力小，轨底加工好，轧机调整灵活。轧制高速铁路用重轨的效果优于二辊孔型。工业先进国家主要的大、中型型材轧机都是万能轧机，故重轨也是由万能孔型轧制为主。两辊孔型法和万能孔型轧法的孔型系统如图10-4所示。

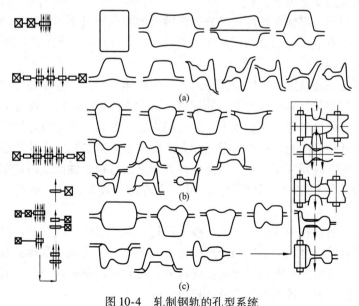

图10-4　轧制钢轨的孔型系统
（a）斜轧孔型系统；（b）直轧孔型系统；（c）万能孔型系统

重轨的轧后冷却分为自然空冷和缓冷两种方式。当炼钢厂采用无氢冶炼方法时，重轨轧后可直接在冷床上冷却，而在其他情况下，为去除钢轨中的氢，防止冷却过程氢析出而造成的白点缺陷，将重轨放在缓冷坑中冷却，或在保温炉中进行保温，以使氢从重轨中缓慢析出。

采用自然空冷时，为使轧件冷却均匀，防止由于重轨头、底温度不均产生收缩弯曲，影响矫直质量，重轨在上冷床时要求侧卧，使相邻重轨头、底相接，冷却至200℃以下时，方可吊下冷床进行矫直。矫直温度要求低于100℃。

采用缓冷工艺时，重轨在冷床上冷却至磁性转变点温度以下，便由侧卧翻正，用磁力吊车成排吊往缓冷坑。重轨入坑温度一般为550~600℃，每排重轨间用隔铁隔开，以保证缓冷均匀，有的车间在缓冷坑内还设置辅助煤气烧嘴，以补充热量维持应保持的温度。重轨装满缓冷坑后立即加盖盖好，缓冷时间一般为5~6h，待坑温降至300℃左右揭盖，然后在坑内仍停留1.5h，以减少可能产生的温度应力，重轨出坑后在100℃温度以下进行矫直。

火车车轮在通过两根重轨接头处会产生较大的振动和冲击，因此要求轨端有足够的强度、韧性和耐磨性，避免轨端过早报废而影响整根重轨寿命，因此轨端需要淬火以提高其力学性能。轨端的淬火工艺如下，将重轨两端80~100mm长的一段放在2500Hz的感应加热器内快速加热至880~920℃，然后喷冷却水淬火至450~480℃，再利用自身余热回火，从而得到均匀的索氏体组织，使重轨端部得到所要求的力学性能。这种方法简单易行，可以在生产线上实现自动化。但由于只对重轨端局部淬火，因此钢轨还难以满足弯道、隧道等地段的特殊性能要求，加上干线铁路上的钢轨已由短轨焊接为长轨，故轨端淬火已逐渐为钢轨全长淬火所替代。

钢轨全长淬火的目的在于提高整根重轨头部的强度、韧性和耐磨性，以适应高速重载列车运行线路和弯道、隧道等特殊地段的要求。经过钢轨全长淬火的重轨，其使用寿命比未经处理的重轨提高2倍以上。

按淬火工艺不同，钢轨全长淬火可分为轧后余热淬火和重新加热淬火两类。后者按其加热方式不同，又有电感应加热和火焰加热两种，淬火介质可为水、汽水混合物或油，淬火后利用自身余热回火。

钢轨全长淬火的要求是：重轨头部踏面下呈索氏体组织，并呈帽形分布，有一定的淬透深度，各部冷却均匀，残余应力小，处理后重轨的弯曲度小，便于矫直。

轧后余热淬火的设备置于轧制线上，并利用终轧后的温度对重轨进行淬火，该工艺生产效率高，成本低并且占地面积小。但这种方法要求生产节奏稳定，并能够根据来料的温度波动自动调节淬火时间和用水量，以保证得到稳定的组织和性能，因此常采用计算机自动控制。淬火后轧件利用自身余热回火，要求在冷床上均匀冷却，然后矫直、钻眼、检查、入库。

重新加热淬火可以在单独的淬火生产线上进行，生产组织比较灵活，但需要有中间仓库、再加热设备和淬火之前和之后的处理设备，能耗较高，占地面积和投资均较大。由于钢轨全长淬火时，重轨受热不均要产生纵向弯曲，故有时在淬火前将其反向预弯，也有时采用夹持防弯装置，或在淬火冷却后重新矫直。

轨端加工包括铣头、钻眼等工序，因此连同轨端高频淬火组成专用加工线。有的生产线采用高效能的联合加工机床，利用冷锯代替铣床，可同时进行锯头、钻孔和倒棱作业。

10.1.3.3　经济断面型材和深加工型材

经济断面型材是指断面形状类似于普通型材，但断面上各部分的金属分布更加合理，使用时的经济效益高于普通型材的型材。H 型钢由于其腰薄、边宽、高度大、规格多、边部内外侧平行和边端平直的特点，是一种用途广泛的经济断面型材。在经济断面型材中，重点发展的品种有轻型薄壁型材和专用经济断面型材。

自 20 世纪 60 年代起，随着轧制设备和工艺技术的进步，特别是低合金高强度钢的发展与应用，为了提高金属的利用率、降低建筑结构和机器的重量与成本，轻型薄壁型材得到了迅速发展。轻型薄壁型材与普通型材相比，其厚度减少，边（腿）宽增大，既节约金属，又减少用户的加工费用，因此具有较好的社会经济效益。

专用经济断面型材是指用于专一用途的型材。开发专用经济断面型材，对于提高金属利用率和创造良好的社会经济效益具有重要意义。常见的专用经济断面型材有铁路钢轨垫板、鱼尾板、道岔用轨、车轮、轮箍、汽车轮辋、轮胎挡圈和锁圈、造船用 L 型钢、球扁钢、Z 字钢、船用窗框钢、U 型钢、π 型钢、槽帮钢、帽形钢、叶片钢等等。

深加工型材是指用冷轧、冷拔、冷弯和热弯等加工方法，用板带、热轧型材或棒线材做原料而制成的各种断面形状的型材。深加工型材一般具有光滑表面（0.8 μm）、高尺寸精度、优良的力学性能或者是具有热轧型材所不能获得的断面形状。它比热轧型材的材料利用率高、并且重量小、强度大、性能好，可以满足许多特殊需要，因此得到了广泛的应用和迅速发展。深加工型材应用于国民经济的许多部门，已经成为现代轻工业、建筑业、机械制造业、汽车和船舶等交通工具制造业的重要原材料，如制造摩托车、自行车构架、电冰箱和洗衣机等家用电器及仪器仪表的外壳，建筑业用的冷拉预应力钢筋、轻型房屋构架用的冷弯型钢，钢丝绳、钢丝网等均属深加工型材。它在现代工业所需钢材中所占的比重将会继续增大，故其生产也必将会得到迅速发展。

10.1.3.4　有色金属型材

有色金属型材中产量比较大的是铜材和铝材。铜、铝型材主要用挤压方法生产，也可用轧制的方法生产，其中产量比较大的是各种异型断面的棒材和电气工业用材。由于这些材料的塑性好，变形抗力比钢材低，故轧制的难度小，工艺和设备比钢材轧制简单，采用冷轧的情况较多，其孔型设计的方法与钢材轧制大同小异。因此无需专门叙述。

10.2　轧机规格、轧制工艺和轧机布置

10.2.1　轧机命名原则、轧机尺寸和轧机形式

型材轧机一般用轧辊名义直径命名，例如 650 型材轧机即指轧机轧辊名义直径（或传动轧辊的人字齿轮节圆直径）为 $\phi650mm$。一个轧钢车间，往往有若干列或若干架轧机，通常以最后一架精轧机的轧辊名义直径作为轧钢机的标称。型材轧机按其作用和轧辊名义直径不同分为轨梁轧机、大型型材轧机、中型型材轧机、小型型材轧机、线材轧机或棒、线材轧机等。各类轧机的轧辊名义直径尺寸范围见表 10-2 所列，一般情况下小断面的型材在小辊径的轧机上轧制，大断面的型材在大辊径的轧机上轧制。各种规格的轧机均有一

个合适的产品范围，在此范围内轧机的生产率高、产品质量好、轧辊强度和设备能力均能
得到充分发挥。

表 10-2　型材轧机按轧辊名义直径分类

轧机名称	轨梁轧机	大型轧机	中型轧机	小型轧机	线材轧机
轧辊直径/mm	$\phi750 \sim 950$	$\phi650$ 以上	$\phi350 \sim 650$	$\phi250 \sim 300$	$\phi150 \sim 280$

　　型材轧机通常由一个或数个机列组成，每个机列都包括工作机构（工作机），传动机构（传动装置）和驱动机构（主电机）3 个部分组成。先进的型材轧机上还设有自动控制部分。当轧制过程中不要求调速时，主电机可采用交流电机，在轧制过程中要求调速时，主电机可采用直流或交流调速电机。传动装置是将主电机的动力传给轧辊的机构设备，其组成形式与轧机形式、轧机工作制度有关。型材轧机的传动装置一般由电动机联轴节、飞轮、减速机、齿轮机座、主联轴节和联接轴等组成，如图 10-5 所示。工作机座由轧辊、轧辊轴承、轧辊调整装置、轧辊平衡装置、机架、导卫装置和轨座等组成。轧辊是工作机座中最重要的部件，用以直接完成金属的塑性变形。型材轧机的轧辊在辊身上刻有轧槽，上、下轧辊的轧槽组成孔型。坯料经过一系列孔型轧制而轧成型材，故孔

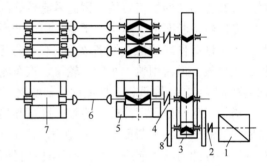

图 10-5　三辊式型材轧机主机列简图
1—主电机；2—电机联轴节；3—减速机；4—主联轴节；
5—齿轮机座；6—万向接轴；7—轧辊；8—飞轮

型设计是型材生产技术工作中的核心。型材轧机一个机列中安装的机架数，要根据轧机的布置形式而定。横列式轧机一个机列通常安装 1~5 个机架，最多可达 9 架。连续式轧机和万能轧机通常一个机列只安装 1 个机架。型材轧机按轧制钢材品种不同有专业化轧机和综合性轧机之分，专业化轧机是仅适于生产某一类型产品的轧机，如 H 型钢轧机等等，综合性轧机是生产多品种规格的轧机，通常以三辊式轧机最为常见。

10.2.2　型材轧制工艺

10.2.2.1　开坯

　　型钢在材质上的要求一般并不特殊，在目前的技术水平下，几乎可以全部使用连铸坯。连铸坯的断面形状可以是方形、矩形，连铸技术水平高的使用异型坯。坯料的检查一般依靠肉眼，采用火焰清理。用连铸坯轧制普通型钢，绝大多数可以不必检查和清理，从这个角度说，大、中型型钢最容易实现连铸坯热装热送，甚至直接轧制。开坯工艺流程如图 10-6 所示。

精炼→连铸————————→检查清理→轧制→
└———→模铸→初轧开坯→检查清理————┘

图 10-6　型钢轧制的开坯工艺

10.2.2.2　加热、轧制

现代化型材生产的加热一般是使用步进炉，以避免水印对产品质量的不利影响。

通用型材的轧制工艺并不复杂，工艺流程的例子如图10-7所示。型材轧制分为粗轧、中轧和精轧。粗轧的任务是将坯料轧成适用的雏形中间坯。在粗轧阶段，轧件温度较高，应该将不均匀变形尽可能放在粗轧孔型轧制的阶段。中轧的任务是令轧件迅速延伸，接近成品尺寸。精轧是为保证产品的尺寸精度，延伸量较小，成品孔和成前孔的延伸系数一般为 1.1～1.2 和 1.2～1.3。现代化的型钢生产对轧制过程有以下要求。

坯料→加热→除鳞→粗轧————→中轧———→精轧→精整
　　　　　　　（两辊孔型）　（两辊孔型或万能孔型）

图 10-7　通用型材加热、轧制的工艺流程举例

（1）一种规格的坯料在粗轧阶段轧成多种尺寸规格的中间坯。型钢的粗轧一般都是在两辊孔型中进行。如果型钢坯料全部使用连铸坯，从炼钢和连铸的生产组织来看，连铸坯的尺寸规格是愈少愈好，最好是只要求一种规格。而型钢成品的尺寸规格却是愈多，企业开拓市场的能力就愈强，这就要求粗轧具有将一种坯料开成多种坯料的能力。粗轧既可以对异型坯进行扩腰扩边轧制，也可以进行缩腰缩边轧制。在这方面一个较典型的例子是用板坯轧制 H 型钢。

（2）对于异型材，在中轧和精轧阶段尽量多使用万能孔型和多辊孔型。由于多辊孔型和万能孔型有利于轧制薄而高的边，并且容易单独调整轧件断面上各部分的压下量，可以有效地减少轧辊的不均匀磨损，提高尺寸精度。原则上，轧制凸缘型钢，多使用万能孔型和多辊孔型是有好处的。

（3）到 20 世纪末，在两辊孔型中进行异型材的连轧在理论和实践上都尚未完全解决。而日本的教科书上较多地提到的型钢连轧，有一个前提就是其中的型钢生产，是以万能轧机轧制 H 型钢为主的，在万能轧机上实现型钢连轧在设备上和技术上都是成熟的。型钢连轧，由于轧件的断面截面系数大，不能使用活套，机架间的张力控制一般是采用驱动主电机的电流记忆法或者是力矩记忆法进行。

（4）对于绝大多数型钢，在使用上一般都要求低温韧性好和具有良好的可焊接性，为保证这些性能，在材质上就要求碳当量低。对这些钢材，实行低温加热和低温轧制可以细化晶粒，提高材料的力学性能。在精轧后进行水冷，对于提高材料性能和减少在冷床上的冷却时间也有明显好处。

10.2.2.3　精整

型材的轧后精整有两种工艺，一种是传统的热锯切定尺，定尺矫直工艺。一种是较新式的长尺冷却、长尺矫直、冷锯切工艺，工艺流程的例子如图10-8所示。

轧制→热锯→冷却→辊矫直————→检查清理→补矫直→包装
　　　└──→长尺冷却→辊矫直→冷锯切──┘

图 10-8　型材的精整工艺流程

型钢精整，较突出之处就是矫直。型材的矫直难度大于板材和管材，原因是其一因在冷却过程中，由于断面不对称和温度不均匀造成的弯曲大；其二是型材的断面系数大，需

要的矫直力大。由于轧件的断面比较大，因此矫直机的辊距也必须大，矫直的盲区大，在有些条件下，对钢材的使用造成很大影响，例如：重轨的矫直盲区明显降低了重轨的全长平直度。减少矫直盲区，在设备上的措施是使用变节距矫直机，在工艺上的措施就是长尺矫直。

10.2.3　型材轧机的典型布置形式

型钢轧机的布置形式，绝大多数是横列式和串列式布置，以生产 H 型钢为主的万能轧机有少量的半连续式布置，中、小型型材轧机则有全连续式和棋盘式的布置。

10.2.3.1　串列式

典型的串列式大型型钢轧机多数是万能轧机，其轧机组成最常见的方式是：粗轧机为一台或两台二辊可逆开坯机（简称 BD 机），中轧机是一组万能-轧边端-万能 3 机架可逆连轧机组（简称 UEU 机组）或者是一组或两组万能-轧边端可逆连轧机组（简称 UE 机组），精轧机是一台成品万能轧机（简称 U_f 轧机），如图 10-9 所示。

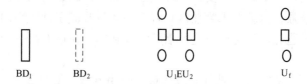

图 10-9　串列式大型型钢轧机的典型布置

大型型钢轧机在布置形式上近年来有以下发展：

（1）各架万能轧机可根据需要很方便地转换成两辊轧机；

（2）以生产 H 型钢为主时，不设置万能精轧机，UEU 机组形成 X-H 孔型系统，在 H 孔型直接轧出成品，优点是大大缩短厂房长度。

10.2.3.2　横列式

横列式大型型钢轧机以一列式和两列式最多，见图 10-10。这种布置的历史最悠久。

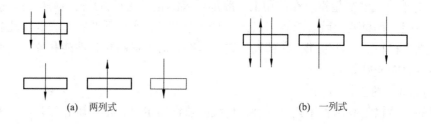

图 10-10　横列式大型型钢轧机的两种布置

两列式布置，其 BD 机一般为两辊可逆开坯机，第二列的轧机为三辊轧机。一列式布置的机架一般是三辊轧机。横列式布置的优点是：厂房的长度短；产品灵活；设备简单；造价低。操作方便，便于生产断面形状复杂的产品，对小批量、多品种的生产适应性强。对于产品品种较多的情况，横列式大型轧机有其优越性，即使在工业先进国家，这种布置形式也还是有广阔的生存空间。如果在多列的横列式布置的轧机中再装备 1～2 架万能轧机，则横列式布置的轧机将具有很强大的市场竞争力。

10.2.3.3 半连续式

大型型钢半连续式布置的轧机多见于万能连轧机，其布置如图 10-11 所示。在万能连轧机组前有一台或两台二辊可逆开坯机，万能连轧机由 5~9 架万能轧机（U）和 2~3 架轧边端机（E）组成，万能轧机数目较多时，则分成两组。从设备条件上看，万能连轧机由于是连续布置，应该最适合于生产轻型薄壁的 H 型钢。但实际上，H 型钢在连轧时，由于轧件形状的限制，在整个连轧线的长度上，轧辊冷却水充满了由轧件腰部、两条上腿和上、下游轧辊所组成的空间，无法排出，轧件腰部温降很快，故万能连轧机轧制轻型薄壁型材的优点并不明显。另外，由于型材的市场常常要求多规格、小批量，因此连续式布置满足这种要求既有困难也不经济。故在世界范围内，万能型钢连轧机的数量并不多。

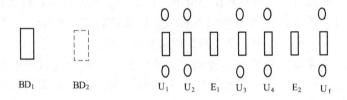

图 10-11 半连续式万能型钢轧机的典型布置

10.2.3.4 中型型钢轧机的典型布置形式

中型型钢轧机的布置形式主要有横列式、顺列式和连续式 3 种布置形式，此外还有所谓的棋盘式、半连续式等布置形式，后者可视为前者的变种或者组合。前三种布置形式的机架排列如图 10-12 所示。

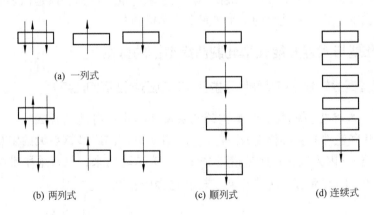

(a) 一列式

(b) 两列式

(c) 顺列式

(d) 连续式

图 10-12 中型型钢轧机的典型布置示意图

以上各种布置形式各有优、缺点，简述如下。

（1）横列式。大多数用一台交流电机同时传动数架三辊式轧机。在一列轧机上进行多道次穿梭轧制。其优点与大型横列式轧机相同。其缺点为：1）产品尺寸精度不高，由于横列式布置，换辊一般由机架上部进行，故多采用开口式或半闭口式机架，由于每架排列的孔型数目较多，辊身较长，辊身长与辊直径比 $L/D \approx 3$，因而轧机刚度不高，这不但影响产品尺寸精度，而且也难以轧制宽度较大的产品；2）轧件需要横移和翻钢，故长度不能大，间隙时间长，轧件温降大，因而轧件长度和壁厚均受限制；3）不便于实现自动化，第一架轧机受咬入条件限制，希望轧制速度低，末架轧机为保证终轧温度和减少轧件头尾温差，又希望轧制速度高，而各架轧机辊径差受接轴的倾角限制不能过大。这种矛盾只有在速度分级后才能解决，从而促使横列式轧机向二列式、多列式发展。产品规格越小，轧机列数就越多。

（2）顺列式。各架轧机顺序布置在 1~3 个平行纵列中，各架轧机单独传动，每架只轧一道，但机架间不形成连轧。这种布置的优点是：各机架的速度可单独设置或调整，使轧机能力得以充分发挥。由于每架只轧一道，故轧辊 $L/D = 1.5~2.5$，且机架多为闭口式，刚度大，产品尺寸精度高。由于各架轧机互不干扰，故机械化，自动化程度较高，调整亦比较方便。其缺点为：轧机布置比较分散，由于不连轧，故随轧件延伸，机架间的距离加大，厂房很长，因此，轧件温降仍然较大。机架数目多，投资大。为了弥补上述缺点，可采用顺列布置，可逆轧制，从而减少机架数和厂房长度。

（3）连续式。各架轧机纵向紧密排列成为连轧机组，每架轧机可单独传动或集体传动，每架只轧一道。一根轧件可在数架轧机上同时轧制，各机架间的轧件秒流量保持相等。其优点是：轧制速度快，产量高；轧机紧密排列，间隙时间短，轧件温降小，可尽量增大坯料重量，提高轧机产量和金属收得率。其缺点是：机械和电器设备比较复杂，投资大，并且所生产的品种受限制。目前，产量较高的中型连轧车间的年产量可达 160 万吨。

各种布置形式都有明确的优、缺点。为了兼顾，在各种不同的条件下，可采用棋盘式、半连续式布置等形式。

10.2.3.5　生产小型异型材的轧机布置形式

以生产小型异型材为主的轧机一般都不是以追求产量为目标，而是以多品种、小批量来填补市场空白的，故这种轧机的适用布置形式是横列式。

10.3　二辊孔型与四辊万能孔型轧制凸缘型钢的区别

10.3.1　凸缘型钢的轧制特点及使用万能孔型轧制凸缘型钢的优点

10.3.1.1　二辊孔型轧制凸缘型钢的轧法及轧不出平行边的原因

由轧辊形状和轧件的变形特性所决定，两辊孔型轧制凸缘型钢最大的困难在于轧出薄而且高的边（腿），因为边和辊面是相互垂直的。为了轧出来，只有采用带所谓开、闭口边的孔型，如图 10-13 所示。这种孔型在轧制过程中存在以下问题：

（1）除腰部外，孔型横断面上各处变形程度不同；

（2）轧件的边部必须带有一定的斜度，不能轧出内外侧均无斜度的平行边；

（3）轧辊消耗大，其原因一是辊环直径大，二是斜度小时轧辊的车修量大，三是辊面上线速度差大；

（4）动力消耗大；

（5）产品尺寸精度低；

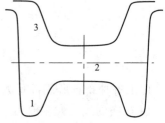

图 10-13　两辊轧机轧制普通
工字钢的孔型

1—闭口边；2—腰；3—开口边

（6）轧制效率低，对轧边部来说，两道才能顶一道；

（7）闭口边的楔卡使轧件边宽拉缩严重。

这种孔型是轧不出来带平行边、宽边的薄腰 H 型钢的。轧不出平行边主要是由于孔型的侧壁不能无斜度，无斜度则轧辊不能车修，轧件难以脱槽。轧不出宽边的原因是辊径差太大。例如 650 轧机轧制边宽为 150mm 的产品，最大的辊径为 $\phi850mm$，而最小的辊径为 $\phi480mm$，在实际生产中，使用 $\phi850mm$ 的大轧辊，而强度却只能按 $\phi480mm$ 计算，工具费用消耗很大。辊径差大的另外两个后果，一是沿着轧件的边部轧辊的线速度差大，轧辊磨损严重，二是边高拉缩严重。轧不出薄腰的原因主要在于二辊轧机总是要多配几个孔型，辊身长度大，弹跳大，故腰部不能轧薄。要轧制出边部薄而高的凸缘型钢，从孔型方面来考虑，使用万能孔型是最有效的。

10.3.1.2 使用万能孔型轧制凸缘型钢的优点

（1）立辊从左右方向直接压下，可直接轧制薄而高的平行边。

（2）轧制过程中轧件的边高拉缩小，要求的坯料高度小，因此可以不用或少用异型坯。粗轧的道次数可以减少，在万能孔型中轧制时可以直接对边部施加以较大的压下量，得到较大的延伸，减少总道次数。

（3）只简单地改变压下规程（辊缝），就可以轧出厚度不同的产品。另外通过轧边端孔型的调整，可以同时改变边部的宽度。

（4）孔型中的辊面线速度差小，轧辊的磨损较小并且均匀。另外由于轧辊的几何形状简单，容易使用具有高耐磨性能的新型材料轧辊。轧辊的加工和组装也比较简单。

（5）轧制过程一般是在对称压下的情况下进行，变形相对较均匀。

（6）不依靠孔型的侧压和楔卡使轧件变形，因此轧件的表面划伤较小，轧制动力消耗小。

10.3.2 轧件在万能孔型和轧边端孔型中的变形特点

H 型钢的轧制要使用万能孔型和轧边端孔型。前者的作用是将边部和腰部轧薄，使轧件延伸。后者的作用是加工边端。在这两种孔型中轧件的变形都有各自的特点。

10.3.2.1 轧件在万能孔型中的变形特点

（1）腰部和边部的变形区形状近似于平辊轧板。水平辊轧腰的变形区形状就是平辊轧板，但轧件的变形受到边部的影响。边部变形区，水平辊侧面是一个半径极大的双曲面，接近于平板，立辊是一个圆或者是一个接近圆的椭圆，相当于在一个平板和圆辊之间轧板。由变形区形状所决定，在万能孔型中轧件的变形较均匀，远远好于两辊孔型轧制工字钢。所以辊耗、能耗都比较小，是一种较经济的轧制方式。

（2）边部和腰部的变形互相影响。边部的变形大，将对腰部产生拉延；反之，则腰部拉延边部。对宽边产品，边部拉腰部的现象明显，因为边部的断面积远大于腰部。用 F_y 和 F_b 分别表示腰部和边部的断面积

$$F_b = 2tb$$

式中，t 为边厚；b 为边宽。考虑到腰厚 d，一般是边厚的 0.75 以下，并且 b 不小于腰高 h，于是

$$F_y = d(h - 2t) = 0.75t(h - 2t) = 0.75th - 1.5t^2$$

$$\frac{F_b}{F_y} = \frac{2tb}{0.75th - 1.5t^2} = \frac{2b}{0.75h - 1.5t} \geq 3$$

这种情况下，如果边部的压下大，则腰部很容易拉薄，甚至不接触轧辊，腰部的表面质量很差。

反之，腰部也拉边部，虽然情况不会有边部拉腰部那么严重，但也不可忽略。尤其是对于窄边的产品，腰部压下大将把边宽拉小，边宽是很不容易轧出来的，除非是特殊情况，应避免拉小。在孔型设计时应充分考虑这一点。

（3）腰部全后滑。推导非常麻烦，在此略去。从定性上说，立辊是被动的，水平辊侧面从边根向上立辊辊面上各点的线速度越来越小，所以轧件的出口速度低于水平辊的名义线速度。

（4）边部的变形区长，立辊先接触轧件。如果轧件咬入端是一个平断面，腰部无舌头，则咬入将出现困难。在生产中要注意切头后是否影响万能孔型的咬入。日本最早建设的万能轧机，曾经将轧边端机放在万能轧机之前，以保证咬入。设计万能孔型时，最好使来料的内腔比水平辊的宽度小 1 ~ 2mm，以保证咬入。

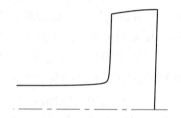

图 10-14　万能孔型轧后
轧件边端的形状

（5）轧制后边端不齐，外侧宽展大，见图 10-14。造成这种现象的主要原因一是水平辊侧面对边部内侧的金属质点作用有向下的摩擦力；二是边部内侧轧辊的线速度差大，轧件出辊时要保持一个整体，边端受到边根的拉缩，类似于轧件闭口边的拉缩；三是边部外侧立辊的压下量大，宽展也大。由于边端不齐，所以为了保证产品质量，轧边端孔型是必不可少的。

10.3.2.2　轧件在轧边端孔型中的变形特点

（1）从变形区形状参数 l/h 可知（l 是变形区投影长度，h 是变形区的平均高度），轧边端过程是典型的高件轧制。轧制时变形深入不下去，宽展集中在轧辊接触面附近，形成明显的双鼓变形，造成轧件边端局部增厚。双鼓局部增厚的边部在后续的万能孔型中产生不均匀压下，一是造成强迫宽展，边宽又得到恢复，二是造成水平辊侧面和立辊的不均匀磨损，对应双鼓局部增厚处出现槽沟。因此，轧边端的压下量应尽量小，只要轧平边端即可。

（2）轧边端时变形区内轧件的断面形状是窄而高，边根不能横向移动，边端受到摩擦力的约束，压下量一旦过大，轧件边部会出现塑性失稳而弯曲，将达不到轧边端的目的。由于这一原因，轧边端压下量也不能过大，一般情况下，轧边端道次的压下率不应大于 5%。

（3）由于轧边端时轧件与轧辊的接触面很窄，压下量小，接触面积很小，所以在万能-轧边端往复可逆轧制时存在着张力饱和现象。张力一旦加大，轧边端孔型中的轧件将被拉住或者拔出。可以自动调节张力。

由变形特点所决定，轧制 H 型钢时孔型设计一般应遵守以下原则：

（1）在万能孔型中，轧件边部的压下率应略大于腰部，原因是边部的断面积大于腰部,边部的变形所产生的影响大于腰部,且边部压下率大于边部也可避免出现拉缩边宽的现象,但压下率不能相差太多,一般在 1% ~3% 之间,如果差值较大,将影响腰部表面的质量;

(2) 轧边端的压下量应尽量小,只要轧平即可;

(3) 为保证咬入,万能孔型前的来料内腔应略小于水平辊的宽度,差值为 1~2mm;

(4) 一般常规轧制,成品孔型侧面的斜度在 0~20′ 之间,其他万能孔型侧壁的斜度在 4°~10° 之间。

10.3.3 横列式轧机与两辊开坯机接万能轧机轧制凸缘型钢的区别

这里以 650×1/650×3 横列式轧机(以下简称 650)和 650×1(BD) + 万能 – 轧边 – 万能(UEU)往复可逆连轧(以下简称 UEU) + 万能精轧(U_f)轧机两种不同的布置形式为例,比较二者轧制 20 工字钢的区别。设坯料为 200mm 方坯。使用 650 轧机轧制 12 道次,按最小的备辊量计算,即使一根备辊也不用,需用 11 根轧辊,根据前文所述可知,需用的轧辊直径在 800mm 以上,单根辊重约 8t,轧辊总重 88t。加上轧辊加工,每开发一个新品种,轧辊费用约 200 万元。按轧制万吨计,每吨成本 200 元。且由于车削轧辊的需要,辊的材质不能太硬,成品孔的寿命仅几百吨。轧机弹跳大,轧件温降大,产品尺寸精度无法提高。

UEU 轧机需轧制 10 道次,即使也轧制 12 道次,可以在 650 开坯机上轧制 5 道次,UEU 机组往复可逆 3 次,轧 6 道次,成品 1 道次。这种情况下所用的 650 开坯孔型可以是对称切深孔,不用大辊环,新轧辊直径为 φ690mm。所用的最小轧辊总重量为:3 根 φ690mm 轧辊,每根约 5t,4 架 U 和 E 机架,共需用直径为 φ800~850mm,宽 200mm 左右的辊片 8 片,总重约 7t,辊轴是公用的,轧辊总重约 22t。即 UEU 轧机用辊量仅为 650 轧机的 1/4 左右。并且万能轧机的轧辊形状简单,可以磨削,所以可使用高耐磨材料。即使采用普通的冷硬球墨铸铁辊,根据国内某轧钢厂的生产实践,轧制工字钢时,万能成品孔轧辊的寿命也能达到二辊孔型的 3 倍。

万能轧机相对于 650 两辊孔型轧机还有以下优点:产品可以更新换代,生产 H 型钢、平行边槽钢和 T 型钢等产品。可轧制轻型薄壁型钢。轧件尺寸精度高。

650×1 + UEU + U_f 布置形式的建设投资要大于 650 横列式轧机。

10.3.4 轧制重轨时万能孔型的作用分析

如果使用万能孔型轧制重轨,最常见的想法就是利用一套万能轧机既轧制 H 型钢,又轧制重轨。但轧制重轨,与轧制 H 型钢的万能轧机在轧机规格上并不兼容。国外的多数万能轧机也并不轧制重轨。

10.3.4.1 万能孔型轧制重轨的优点分析

按万能孔型轧制 H 型钢的情况分析,用该孔型轧制重轨,与二辊孔型相比应该有以下优点:(1) 轧件尺寸精确,形状准确,对称性好;(2) 轨头、轨底方向加工量大;(3) 无闭口槽和开口槽的区别,轧辊磨损小;(4) 因不均匀变形小,轧制电能消耗小。但是,仔细分析 H 型钢和重轨的区别,可以看出,实现上述优点是有条件的,并非简单调换万能孔型即可实现。

由于适用于生产 H 型钢的万能轧机的水平辊径大，轧制力大，主电机功率大，故轧制时电能消耗小的说法根据不足。

至于轧辊磨损，由于国内轧制重轨的大多数孔型均使用铸铁辊，有的工厂则全部使用铸铁辊，相对于万能轧机 $\phi 1300mm$ 以上的水平辊大辊环，尤其是当国内不能配套使用时，后者的价格远远超过前者，故这一优点在国内也很难体现。

轨头轨底方向加工量大，产品质量好。如果坯料尺寸不变，从二辊孔型改成万能孔型，也只是将箱形孔或帽形孔中的轨头轨底方向的压下量挪到了万能孔型中而已。欲真正加大轨头轨底方向的加工量，必须在换孔型的同时改变坯料。同样，不使用万能孔型，只要开坯机的辊身长度足够，也可以通过加大轨形孔前箱形孔或帽形孔中的压下量来加大轨头轨底方向的加工量。

重轨没有薄而高的边部，轨底内侧有较大的斜度。轨腰厚度相对较厚。在开口槽与闭口槽中的变形差别远远小于 H 型钢，用万能孔型取代二辊孔型，在延伸变形阶段，优势相对并不明显。

根据以上分析可知，采用万能孔型轧制重轨较实用的优点只有一个，即提高产品的尺寸精度和形状精度。轨高、轨头宽、轨底宽、轨内腔尺寸和形状、轨头和轨底形状、轨对称性的精度都得到提高。

10.3.4.2　万能延伸孔型数量

万能延伸孔型从上、下、左、右四个方向轧制，见图 10-15。为了实现轨腰、轨底和轨头的延伸均匀或较均匀，轨头在轨高方向上的绝对压下量很大，与二辊孔型相比，要求中间坯在轨高方向上尺寸要大得多。故要求万能轧机前的开坯机辊身总长度较大，以配备相应的开坯孔型。

轨头在轨高方向上的尺寸也限制了轧件在万能孔型中的总延伸系数和相应的孔型数量，一般在万能孔型中，重轨的总延伸系数不大于 2.5，道次数不大于 4。否则就要求万能孔型前的帽形孔切深槽，而且开坯机的总辊身长度大，因此轧制困难较多。

10.3.4.3　重轨成品万能孔型的形状

国外现有的轧制重轨成品万能轧机大都使用半万能孔型，见图 10-16。半万能孔型轨头开口处于自由展宽的状态。一旦调整轨腰压下量或者来料腰厚有波动时，将明显影响轨高尺寸和轨头踏面形状。而对重轨的尺寸要求是允许腰厚有一定波动，即允许尺寸公差较大，考虑到轨腰厚度的绝对值只有 16.5mm，故 1mm 的腰厚波动就将导致腰部在万能成品孔中的压下率有较大变化，该变化足以导致轨头出现受迫宽展和拉伸变形，使轨头形状和高度出现变化。

半万能孔型实际上不是一个精轧孔型，它只有与万能成品前孔相结合才能起作用。为

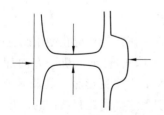

图 10-15　轧制重轨的万能孔型

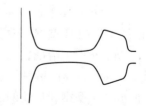

图 10-16　重轨成品半万能孔型

了确保提高产品的尺寸精度，应使用万能成品孔型。在使用万能孔型成品孔时无论对轧机的结构还是轧机的调整能力都有特殊要求，要求轧机的上、下水平辊具有以下能力：（1）辊缝中心线与立辊孔型轴向中心线对正；（2）具有动态轴向调整功能。如果轧机是按轧制 H 型钢的普通要求设计的，则只能使用半万能孔型轧制重轨，牺牲一定的尺寸精度。若使用万能成品孔型，由于不具备上述的辊缝中心线对正动态轴向调整能力，将导致轨头中心线与轨腰中心线不重合，见图 10-17。

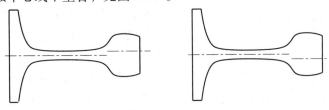

图 10-17 轨头与轨腰中心线不重合的情况

10.4 初轧开坯生产的历史、现状及改造方向

10.4.1 初轧生产的历史和现状

在连铸技术成熟之前，炼钢生产出来的钢水只能铸成钢锭。由于钢锭浇注、脱模和运输的特点所决定，钢锭形状只能是方形断面或是矩形断面，并且是上大下小的几何体。这种几何体不可能同时适用于板材轧制、型材轧制和管材轧制，在这三种钢材轧制厂和炼钢厂之间需要有一个中间环节，将钢锭按轧材厂的要求轧成板坯、型材坯或管坯。这种轧制钢锭开坯的生产工序就叫做初轧。

按老式的钢铁生产体系布局，一个大型钢铁联合企业，应该是板材、型材和管材都能生产，当一个或几个炼钢厂的钢锭分别供应板材厂、型材厂和管材厂时，初轧厂是整个生产体系的咽喉，一旦咽喉不畅，后果是可想而知的。由此可以说明在老式的钢铁生产体系初轧的地位是非常重要的。

按新式的钢铁生产体系，钢铁生产应分成板材系统、型材系统和管材系统，没有必要在一个大型钢铁联合企业同时生产板材、型材和管材。

而连铸技术成熟之后，由于各工业先进国家的连铸比已经逐步达到95%以上，有些国家甚至达到了100%。我国在20世纪末，连铸比也已经达到了80%以上，2003年底已达到90%以上。应该说，传统的初轧开坯生产方式即将成为历史。目前，钢铁生产所用的坯料绝大部分都已是连铸坯，即用连铸板坯、方坯和矩形坯、异型坯和管坯等供给成品轧机，成品轧机再轧制成各种型材，板材和管材等。

自20世纪80年代起，世界上就没有新建过大型初轧机，我国宝钢的初轧机是世界上最后建设的一台大型板坯和管坯初轧机。

对于大型初轧机当前最最迫切的问题是：全部实现连铸生产后，初轧机怎么办？

目前轧制普通钢材的绝大多数都使用连铸坯，只有在用连铸法浇铸有困难时，才用钢锭经初轧机轧成钢坯。例如生产超出规定压缩比的极厚、极大钢材；生产高合金钢等特殊钢坯，用连铸法还难以保证质量。

我国到20世纪末，尚有初轧机20多套，总开坯生产能力约在3000万吨/年以上。轧

机规格在 $\phi700 \sim 1300mm$ 之间，其中 $\phi1300mm$ 一套，$\phi1150mm$ 六套，$\phi1000mm$ 一套。上述轧机中除个别的轧机还可以轧制一些钢材外，主要的任务就是开坯，小部分轧机带有钢坯连轧机。除 $\phi1300mm$ 轧机的设备较为先进外，其他初轧机的装备水平基本上都是 50 年代的水平。

我国初轧机大部分为单机架，适用于使用大钢锭，轧制大坯，它们可以为下游的热宽带钢轧机、中厚板轧机、轨梁轧机、大型轧机、大直径无缝管轧机等供应坯料。如果为小型轧机供坯，往往还需要二次开坯。在前述开坯机中，个别为双机架或者是带钢坯连轧机，可以为中小型轧机、线材轧机、小无缝管轧机等供坯，有的也可以少量直接轧制成品钢材。

值得特别提出的是：我国还有 $\phi500 \sim 650mm$ 三辊开坯轧机 100 套以上，总生产能力在 3000 万吨/年以上。由于设备简单，投资少，技术易掌握，所以建设容易，其生产能力适应年产 30 ~ 50 万吨钢材的小型钢铁联合企业，在其中充当着类似初轧机的角色，对 103 ~ 254mm 的钢锭开坯。20 世纪 50 年代末期，我国曾经建设了大量的这类小型钢铁联合企业，所以也就出现了这种开坯机大量存在的特有现象。随着各企业的发展和壮大，这种小开坯机在生产能力上早已不适应生产的需要，即使没有连铸技术的成熟发展，这些小开坯机也面临着何去何从的问题。

总体上说，我国初轧机的装备落后，产品品种受到相当大的制约，且产品质量较低，仅可以满足当时那个时期的一般需要。只是由于我国的连铸技术起步较晚，因此相应地延长了这些初轧机的寿命。自 20 世纪 90 年代以来，我国的连铸生产能力有了迅速的发展，用初轧机供坯已经成为辅助方式。初轧机面临着被淘汰或是必须加以改造以适应新的生产形式的局面。我国初轧机的生产能力巨大，存量资产巨大，实现全连铸后全部淘汰损失很大。在轧材总能力大于市场需求的今天，这些轧机的去留或改造都是一个困难的课题。

10.4.2　初轧机的类型及生产特点

初轧机按其结构形式可分为以下几种。

（1）二辊可逆式初轧机。又可分为方坯初轧机和方-板坯初轧机。轧机大小以轧辊公称直径表示。方坯初轧机的上辊升高量较小，辊身上刻有数个轧槽，采用方形或矩形断面钢锭，经多次翻钢轧成方坯、矩形坯、异型坯或圆坯。为扩大品种，提高生产能力，在方坯初轧机后面往往设 1 ~ 2 组钢坯连轧机，用以生产较小规格的方坯、管坯、异型坯和薄板坯。方-板坯初轧机既轧方坯又轧板坯，生产比较灵活。辊身上刻有平轧孔和立轧孔，轧制板坯时需用立轧孔轧侧边。由于有立轧道次，故上辊升降量大，又称大开口度初轧机，其后亦常跟 1 ~ 2 组水平-立式交替布置的钢坯连轧机。

（2）万能板坯初轧机。属板坯专用初轧机，在水平方向上有两个轧辊，在垂直方向上有两个立辊。与大开口度的板坯初轧机相比，在初轧过程中不需翻钢，所以效率较高。在水平轧辊具有相同动力的情况下，万能初轧机与大开口度初轧机相比轧制时间约可缩短 30%，而且对轧件的侧面有良好的锻造效果。在万能初轧机的水平轧辊上切出的孔型，也能进行大方坯的轧制。

（3）三辊开坯机。该轧机有三个轧辊，轧辊不用逆转，轧机建设费较低，而且能耗低。其运转动力 70% 使用于钢锭的变形。由于孔型是一定的，所以产品规格灵活性小，产品范围比较窄。此外，在轧机前后都必须配备摆动升降台。三辊式开坯机主要应用于中小型企业。

（4）钢坯连轧机。这种轧机是几台二辊式轧机的串列布置，轧辊转动方向不变。它的坯料及成品的适应性较差，但可以对需要量大且断面形状一定的中小型钢坯或薄板坯进行高效率轧制。钢坯连轧机一般配置在初轧机后，钢锭先初轧成大钢坯后，再进入连轧机。对于水平辊和立辊平立交替的连轧机，机架之间不必翻钢，故能接受断面较大的初轧方坯，解决了因翻钢导致拉应力的出现而引起的钢坯表面裂纹及翻钢机的磨损等问题。

初轧机开坯生产的主要特点有以下几点。

（1）初轧机所用的原料是具有铸造组织的钢锭，其内部晶粒粗大且有方向性，化学成分亦不均匀。均热和初轧可以破碎铸造组织，使晶粒细化，成分趋于均匀，各项性能均得以改善和提高。但由于断面较大，加热时容易产生较大的温度应力，故冷锭加热应慎重。对某些合金钢锭还需要有较长的保温时间，以均匀其组织和成分。

（2）轧制中钢锭断面高度与轧辊直径之比 H/D 较大，头几道的压下量 $\Delta h/H$ 又小，因此变形不深透，必然形成表面变形。除表面延伸形成"鱼尾"外，轧件侧表面还产生双鼓形，轧件中心会承受拉应力，容易产生拉裂，或使原有缺陷扩大。为此在咬入时和电机能力允许的条件下，应尽可能增大压下量，并适当增加翻钢道次以保证产品质量。

（3）可逆轧制的特点。在一台轧机上的有限几个孔型内，要把大小，形状不同的钢锭迅速轧成多种规格的钢坯，就必须采用能快速逆转轧辊的可逆轧法，并采用共用性较大的平轧孔或箱形孔。初轧机采用的是每台电机通过万向接轴直接驱动一个轧辊的传动方式，还有的采用双转子电动机以减小传动系统的 GD^2，以缩短电机正反转的时间。

（4）压下量和轧制扭矩大。初轧是联结炼钢和成品轧钢车间的"咽喉"，因此提高初轧机的生产能力极为重要。从提高生产率角度亦希望增大压下量，减少轧制道次。方坯和方-板坯初轧机道次压下量已分别达 130～150mm 和 80～100mm。轧制压力可达 20000～40000kN。轧制扭矩达 $(63 \sim 89) \times 10^4 \mathrm{N \cdot m}$。因此，必须采用粗大的辊径，大断面的牌坊立柱，大功率的主电机。目前方坯和 H 型钢初轧机的轧辊直径已分别达 1270mm 和 1500mm，板坯初轧机辊径达 1370mm。板坯初轧机主电机功率大至为 9000～14000kW。由于压下量大，咬入困难，常采用轧辊刻痕，钢锭小头进钢和低速咬入等方法。

（5）钢锭重量大。目前方坯初轧机的锭重已达 10～16.5t，板坯初轧机的锭重已达 30～70t。要求上辊升高量大，升降速度快，轧辊、辊道强度高，且耐冲击。

10.4.3 初轧生产工艺

初轧是位于炼钢和成品材轧制的中间环节，其生产工序主要分为钢锭的均热，初轧轧制、剪切及钢坯精整。初轧生产的一般工艺流程如图 10-18 所示。

（1）钢锭的加热。钢锭脱模后运往初轧均热跨，用钳式吊车装入均热炉内加热。小于 3t 的钢锭，可用连续式加热炉。均热炉由 2～4 个炉坑组成，每坑最多可装 250t。为提高生产能力，应提高钢锭平均入炉温度，每提高 50℃，均热炉生产能力可提高 7%。为充分

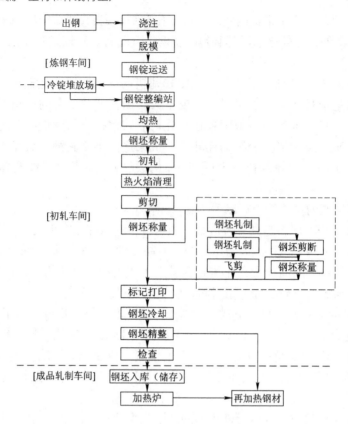

图 10-18 初轧生产的一般工艺流程

利用热能，曾采用钢锭液芯加热法。按常规，钢锭脱模前的凝固率应达 80% ，装炉时达 100% 。而钢锭液芯加热法、脱模时凝固率仅为 50%～60% ，装炉时为 60%～80% 。在钢锭入炉后，其内部热量向外散发，同时外部少量供热，使钢锭内外温度趋于均匀，用较短时间即可达到出炉温度。这样提高了均热炉生产能力，节约了大量能源。

（2）初轧轧制工序。初轧轧制工序的作用是用轧制的方法改善钢锭表面层气泡，树枝状组织及中心缩孔，使其压合，轧制成规定的形状和尺寸。为此，必须合理地制订压下规程，孔型设计和速度制度，这是保证初轧轧制生产优质、高产、低消耗的关键。

初轧轧制过程通常分为三个阶段：1）初期压下阶段，其目的是将均热后的钢锭表面层氧化铁皮剥落，并对表面层的铸造组织进行破碎，同时碾平钢锭的锥度；2）中期轧制阶段，进行内部组织的破碎与成型，可采用较大的压下量；3）精轧阶段，轧制出满足要求的断面形状和尺寸，压下则相应小一些。

初轧轧制要制订合理的压下规程，确定轧制道次，翻钢次数及程序和宽展量，并验算咬入、轧制压力和力矩是否允许。

（3）钢坯精整。为了提高初轧坯的质量，目前普遍加强了初轧坯精整的研究，一般在初轧机和大剪之间设火焰清理机，可自动地对钢坯四面进行普遍清理或重点清理。初轧大剪多为电动式，最大剪切力达 4000kN，开口度达 650mm，并有快速换剪刀装置。有的车间还采用了步进剪。在钢坯连轧机后常设电动飞剪。

钢坯的冷却方式主要有水冷，空冷和缓冷，其冷却方式的选择是根据钢种而定的。钢坯冷却缺陷主要有裂纹、弯曲、瓢曲等，按裂纹形成原因，可分成在冷却过程中产生的应力裂纹、相变裂纹、时效裂纹和白点裂纹等。应力裂纹是由热应力和相变应力等形成残余应力所导致的裂纹，主要是由钢坯的内外温差所引起的；相变裂纹是由于相变时的膨胀和收缩而产生的裂纹，是冷却时通过相变点发生的；时效裂纹是把温度很高的钢坯，急冷后放置在室温或比室温稍高的温度环境下所产生裂纹，该现象被认为是由于碳化物和氮化物从过饱和固溶体中析出而引起的；白点裂纹是由于钢中含有氢、残余应力、偏析、夹渣等，由这些因素的单独或复合作用所引起的裂纹。

（4）钢坯质量检查。钢坯的质量对钢材的质量有很大影响，因此钢坯的质量管理是提高钢材质量的重要保证。如能将关于钢坯表面和内部质量情况及时反馈至前道工序，则能立即采用改善质量的措施，提高钢坯的质量。

10.4.4 我国初轧机的前景和可能的改造方案

目前连铸可以提供大方坯、小方坯、异型坯、板坯和无缝管坯，并涵盖碳钢及大部分的合金钢。用初轧机供坯的方式已趋于淘汰。但是对于以下情况，初轧机还是有保留和使用价值的，例如：

（1）ϕ1000mm 以上初轧机采用连铸-初轧联合开坯工艺。主要用于成品轧机套数多、所需坯料尺寸规格多的情况。工业先进国家，很多企业是采用这样的工艺路线，并且多采用热装，节省了能源。这样做的好处是：充分发挥连铸收得率高、质量好的优点，连铸可以只铸造一种固定断面的大方坯，容易组织生产，作业率高，而且又可以实现对下游轧钢厂灵活供坯。其缺点是两火成材。

对于有些特殊钢种，坯料断面大可以更有效地保证产品质量，例如轮胎钢帘线对坯料的要求极严。为保证质量，使用连铸大方坯，开坯后进行清理检查，再轧成材对提高产品的合格率有明显的优越性。这时采用连铸-初轧联合开坯工艺是有好处的。

（2）合金钢厂内的初轧机也可以考虑继续保留。由于目前一些钢种，如马氏体合金工具钢、阀门钢等连铸尚未过关，用连铸坯生产轴承钢的技术也还存在问题，故生产这些钢材的模铸还需要保留。在工业先进国家里，合金钢厂的连铸比较普通钢厂低大约10%。因此合金钢厂保留初轧机还是必要的。另外，由于产量的关系，合金钢厂内的初轧机一般不超过 ϕ1000mm，以 ϕ850mm 轧机为多，而合金钢材的上限规格尺寸偏大，故有条件的轧机可考虑一火成材生产一些大规格成品材，如碳素结构钢、合金结构钢和齿轮钢等。

由于我国初轧机的生产能力巨大，这部分存量资产有很大的利用价值，对部分初轧机应考虑改造加以利用，不能全部淘汰，可考虑的改造方案有以下几种。

（1）改造为棒材轧机。在原初轧机后增设一组紧凑式连轧机组，可一火生产棒材。此改造方案主要适用于较小规格的初轧机。紧凑式轧机机架间距小，占地距离短，设备轻、投资少，比较适用于老车间的改造。例如：在原初轧机后增设一套 ϕ550mm×5 紧凑式轧机，可以生产 ϕ60~90mm 的圆钢。

（2）改造为中厚板轧机。利用现有初轧机，增建一架四辊精轧机，同时进行一些必要改造，建设矫直机、冷床等设备可生产中厚板。例如：ϕ850~1000mm 初轧机，使用连铸坯作为原料，可以生产 (5~30)mm×(1500~1800)mm 中厚板。

（3）改造为 H 型钢轧机。H 型钢轧机的开坯机就是二辊可逆开坯机，因此原初轧机可以利用，在初轧车间的后面继续建设万能粗轧机和万能精轧机即可。由于 H 型钢对原料的要求在尺寸上比中厚板苛刻，并且建设 H 型钢车间，原有的初轧厂房面积不够，因此得接长，从而占用场地大，投资较多，故该项改造的难度很大。

以上的改造设想仅仅是从技术的可行性上考虑，实际上初轧机的改造更重要的还应该考虑市场的可行性。我国钢材生产的总形势是生产能力远大于市场需求。故初轧机实行改造的前景还是困难重重。

10.5　三辊中型型钢轧机在我国的现状及改造的设想

10.5.1　我国中型型钢轧机及生产简况

我国中型轧机有 300 多套，生产能力将近 1500 万吨/年。其中达到国际水平的仅有 2~3 套，达到国内先进水平的有 19 套，生产能力约为 700 万吨/年。以小钢锭为原料的 ϕ650mm 轧机近百套，开坯 800~900 万吨/年，成材 200 万吨/年。我国中型材的最高年产量是在 1993 年，约 500 万吨。1995 年仅生产中型材不到 300 万吨。据国际上通行的标准预测，我国中型材的需求量应为钢材总产量的 5%~7%，现在消耗量还达不到这个比例。中型材的市场还有开发潜力，但我国的中型材总生产能力大于市场需求也是事实。

三辊中型型钢轧机利用上、下轧制线实现双向轧制。由于不需要改变轧辊的转向和转速，所以可以用交流电机驱动。其特点是，设备简单，造价低廉，可以进行上、下轧制线交叉轧制，操作简单，适应性强，产品品种灵活。在驱动电机和轧辊强度允许的情况下可实现数道次同时轧制。通常的轧制方式是，坯料从驱动侧的下轧制线开始轧制，然后经升降台进入上轧制线轧制，回到机前再经 S 形翻钢板依靠重力翻钢。为避免在升降台上翻钢，开轧的三个孔型是平箱-平箱-立箱。

对于小型钢铁联合企业，在实现连铸前，中型轧机除少量轧材外，主要是为小型车间、叠轧薄板车间和 76 无缝钢管车间供坯的开坯机。由于我国的钢铁企业多数是由小型钢铁联合企业发展而来，故导致中型型钢轧机数量和生产能力远远大于市场需求，需要进行淘汰和改造。

利用中型轧机开坯，使用的原料一般是 103~254mm 的小钢锭，开坯后供各轧材车间做原料，因而形成两火成材。这种工艺的最大弊病是能耗大。另外由于使用小钢锭，钢材质量差，金属收得率低，线材的盘重小，轧机的作业率低。使用连铸坯后在生产工艺上的一个重要成就就是一火成材。

一火成材具有明显的经济效益。对于普通碳钢，如只考虑燃料和电力两项，两火成材开坯的燃料消耗约为 2.0GJ/t，电力约为 40kW·h（0.48GJ/t），轧材的燃料消耗约为 1.38GJ/t，电力约为 70kW·h（0.84GJ/t），合计为 4.7GJ/t。而采用连铸坯一火成材，即使不采用热装，轧材的燃料消耗约为 1.45GJ/t，电力约为 110kW·h（1.32GJ/t），合计为 2.77GJ/t。由此可知，一火成材可节能约为 1.93GJ/t。此外因减少一次加热可提高收得率 1%。按此计算，每吨产品可降低生产成本 70~80 元。

由于近年来原来依赖 ϕ650mm 轧机开坯的小型轧机及线材轧机纷纷改造使用连铸坯做原料一火成材，因此 ϕ650mm 之类的开坯机已失去了存在的价值，对这些轧机进行淘汰或改造已是势在必行。

10.5.2 改造中型型钢轧机的必备条件

（1）中型轧机的产品——中型材，主要应定位在本地区和相近地区的市场需求，其改造后的轧机设计产量应等于或略大于市场需求量。这样在市场竞争中，至少可降低运费以取得价格的优势。

（2）轧机所在企业应有连铸坯的生产能力，并能创造连铸直轧或连铸坯热装炉的条件。这是因为连铸坯热装一火成材要比连铸坯冷装一火成材吨钢加热能耗可降低 15kg 标煤，相当节能 30%，可降低成本，提高市场竞争力。

（3）改造后应能够节能节材、降耗、提高产品质量、提高劳动生产率。

（4）有的轧机在改造时，考虑了国际市场，若能生产特殊的中型材，具有较强的市场竞争能力，方向是对的。但应注意到国际市场上中型材的生产能力也远大于需求。

我国的中型轧机较多，而且在不少省市较为集中。因此各地区对中型轧机的改造应进行控制，以确定应改造的中型轧机和应淘汰的中型轧机。

10.5.3 中型型钢轧机的改造方案

由于各个中型轧机的现有条件、所在企业和地区的不同，因此改造方案也各异。下面是一般常见的改造方案。

10.5.3.1 平面布置的改造方案

由于中型轧机有的是以开坯为主，有的是既开坯也生产中型材，有的以生产中型材为主。因此设备布置的改造方案也应不同。

A 仍然开坯的中型轧机

过去是以钢锭为原料，现在以连铸坯为原料。这种中型轧机的改造应与使用其坯料的小型轧机改造统一考虑。在设备布置上既要为连铸坯的直轧或热装炉创造条件，也要为从连铸坯到小型材的一火成材创造条件。

B 生产中型材的轧机

生产中型材轧机的改造主要是在节能、降耗、提高产品质量、扩大品种、缩短生产周期、提高劳动生产率方面。对于扩大生产能力的改造，一要注意所在地区的市场；二要注意本企业连铸坯的生产能力；三要努力扩大生产品种。

C 考虑深加工的中型轧机改造

这类轧机的改造有以下几种方案。

（1）结合 650mm 轧机改造，万能轧机中的一架采用辊径可变式数控轧机，以轧制出传统上是用机械切削方式生产的各种零件。改变中型轧钢厂以产量定效益的生产模式，追求高附加值。一吨轧制零件的产值可顶几吨乃至更多的普通钢材。对轧钢厂，轧 1t 普通材，加工费收入不过几百元。但轧制零件，例如：叉车立柱型钢、桥梁伸缩缝型钢，高速铁路新型道岔垫板、各种杆件、齿轮等，市场价格远远超过建筑型钢，这些钢在材质上并无特殊之处，主要是形状，可考虑轧钢厂是否能加工。

欲轧制出零件，主要需解决两个问题。第一是多品种、小批量。理想的解决方法是实现带人工智能的带钢数控自动压下和模糊控制，进行单孔型多道次可逆柔性轧制。使用短辊身、高刚度的可装配组合式轧辊，节约轧辊费用。二是克服那种用传统方式根本不能轧制零件的观念。例如，铁路道岔用尖轨的生产，该产品的断面在长度方向上有很大变化。如用轧制的方法生产尖轨，经济效益巨大。在满足零件轧制要求的同时，轧机还能进行小变形量定径轧制：设法实现两辊、三辊和四辊轧制；要根据各类零件的形状，设计适用的封闭成型孔型。

使用万能型钢数控轧机，结合专门的孔型设计技术，实现变断面型钢的柔性轧制和各种零件的直接轧制，达到百吨以上的产品即可安排生产，可创造巨大的经济效益。

（2）小批量、高精度圆钢。除成品和成品前孔外，采用无孔型轧制，在成品孔后增设高精度规圆机。生产机械行业用的各种规格圆钢，尺寸公差应在 ±0.1~0.2mm 以下，在生产的范围内，可提供用户要求的任一规格。

（3）楔横轧。如果型钢厂能生产优质圆钢，则可用本厂的原料，通过楔横轧机轧出各种轴类件和圆断面的周期断面型材。

进行各种深加工对提高企业效益颇为重要。

10.5.3.2 设备改造方案

（1）加热炉。加热炉最好采用步进梁式加热炉，但它的投资较大。推钢式加热炉应采用综合节能技术，有炉外短滑坡技术，多段突起扼流式炉顶结构，自启动汽化冷却技术，高温高强度耐火浇注料，计算机模糊控制。

（2）轧机。不少中型轧机的下调整失灵，对轧制型钢十分不利，应加强其密封，使之调节灵活。有的轧机的成品机架仍为三辊式，但仅使用中下辊，轧机的弹跳大，对成品尺寸精度不利，应改为二辊式。

（3）冷床。为了使轧件在冷却过程中不产生划伤和附加弯曲，应采用步进式冷床，对于不对称断面型钢在轧件进入冷床时进行预弯，以保证冷却后较平直。

（4）矫直机。为适应多品种、多规格产品的需要，生产中最好采用变辊距的矫直机，以低速咬入，高速矫直（5~8m/s），以实现在线矫直。

（5）切断设备。热锯切长尺和试样，冷锯切定尺以提高定尺率和产品的长度公差。

（6）自动堆垛打捆机。实现包装打捆自动化。

10.5.3.3 工艺的改造方案

（1）总的工艺流程应为：连铸坯直轧或热装炉→加热炉补热→轧制→热切长尺→长尺冷却→长尺矫直→冷切定尺→自动包装→出厂。

（2）轧制工艺：1）对于为生产螺纹钢筋的成材轧机开坯可考虑采用切分轧制；2）对生产多品种规格型钢的轧机，应考虑轧辊孔型最大限度的共用或无孔型轧制。对某些异型钢采用少异型孔或者单异型孔轧制，以便减少轧辊消耗和储备。采用定径机架，对各种型钢定径，以提高其尺寸精度。

10.6 大、中型型钢生产新技术

10.6.1 连铸异型坯及连铸坯直接热装轧制（CC-DHCR）

过去，由于技术水平的限制，连铸只能生产断面形状简单的坯料。生产大型工字钢、槽钢、钢板桩和 H 型钢等产品所需的异型坯只能通过轧制的方法得到。近年来，近终形连铸技术有了迅速发展，连铸异型坯已经可以满足大生产的要求。使用连铸异型坯可以大大缓解型钢轧制中开坯机的压力，明显减少开坯机的异型孔型数量，减少轧制道次，例如，使用连铸板坯轧制 H 型钢，在开坯机往往需要轧制 19～23 道次，而使用异型坯则只需7～9 道次。开坯道次减少，可以降低坯料的加热温度；减少轧辊消耗；缩短轧制周期；减少切头、尾量，有明显的经济效益。我国于 1997 年投产的某大型万能轧机使用连铸异型坯，生产从 H200mm 到 H700mm 的 H 型钢，在生产线上只配置了一台开坯机，运行情况良好，而连铸坯直接热装轧制（CC-DHCR）的新工艺我国尚未启动。

10.6.2　在线控轧控冷和余热淬火

在线控制轧制、控制冷却和余热淬火的目的是在不明显增加生产成本的前提下提高钢材的使用性能，减少氧化，防止和减轻型钢的翘曲和变形，降低残余应力。在大型钢材生产的领域内，有代表性的两个例子是重轨的余热淬火和 H 型钢的控制冷却。

（1）重轨轧后余热淬火。轧后余热淬火是在轧制线上，利用终轧后的温度进行的淬火，生产效率高，成本低并且占地面积小。要保证得到稳定的组织和性能，淬火后轧件要利用自身余热回火，在冷床上均匀冷却，然后矫直、钻眼、检查、入库。国产的重轨轧后余热淬火生产线于 1998 年投产，产品质量达到了当时的国际先进水平。

重新加热淬火则在单独的生产线上对重轨再次加热，生产组织比较灵活，但需要有中间仓库、再加热设备和淬火前后的处理设备，能耗较高，占地面积和投资均较大。

（2）H 型钢的控制冷却。H 型钢在轧制过程中，边部和腰部的温度有明显差别，如果自然冷却，冷却后轧件的残余应力很大，影响产品的使用性能。为了提高产品性能质量和发挥钢的性能潜力，提高冷却速度，在成品机架后要设有控制冷却系统，在冷床上根据 H 型钢的规格尺寸利用喷水进行立冷或平冷，边部和腰部的冷却强度可根据需要进行调整。

10.6.3　长尺冷却和长尺矫直

长尺冷却和长尺矫直，是在精轧机出口处不锯切轧件，在长尺冷床上冷却后再进行矫直、锯切。此举的优点是：提高轧件的平直度；减少矫直盲区；提高产品定尺率。某些产品例如重轨，实现长尺冷却和长尺矫直对提高产品质量具有特殊的意义。长尺冷却和长尺矫直对车间长度、冷床和冷锯有专门的要求。我国已经有多套长尺冷却和长尺矫直生产线投入使用，但是在整个大、中型型钢生产中采用该工艺的比例尚需进一步提高。

10.6.4　机械工程用钢

我国型钢的品种只有千余种，而工业发达国家型钢的品种可达上万种，其中最主要的区别在于机械工程用钢的生产方式，是以机械加工为主，还是以塑性加工为主。例如前边提到的叉车门柱型钢，国内不能生产，用户只有进口。价格是同材质普通型钢的 2～3 倍。国内不生产或很少生产机械工程用钢的主要原因在于批量。在钢材用户方面的表现是生产规模过小，以叉车生产为例，几十家甚至上百家生产厂，哪一个也达不到经济规模，材料采购又不可能统一。在钢材生产方面表现的则是观念落后，生产技术也落后，因此对生产的最低批量要求大，如订货批量小，则轧辊的一次投入巨大，长时间内难以收回成本。

10.6.5 热弯型钢

热弯是用钢坯先热轧成厚度不等并有适当凸凹的扁钢或异型断面的型钢，在轧后余热的条件下，连续弯曲成为开式、半封闭式或封闭式的异型断面型钢。这种工艺优点是：该成型方式既可以生产出热轧方法无法生产的型钢，也能生产出冷弯方法不能生产的型钢，而且利用余热成型，能耗小，材料塑性好，其断面上的力学性能均匀，避免了冷弯加工硬化和弯曲处的微裂纹等。

国外近几年开始了一些断面形状简单的热弯型钢的研究和试生产。在美国对一些低塑性的钛板进行了热弯成型的研究。

由于热弯型钢比冷弯型钢可节材10%左右，故每年节材可达几十万吨，再加上节能的经济效益明显，因此值得大力进行研究和开发。

热轧热弯不等壁厚矩形管与相同外形尺寸的冷弯焊接钢管相比较，其断面上的金属分布更为合理，而且产品力学性能指标有所提高，因此可以达到节约金属的目的。冷弯矩形管和热弯不等壁厚矩形管的形状及尺寸如图10-19所示。

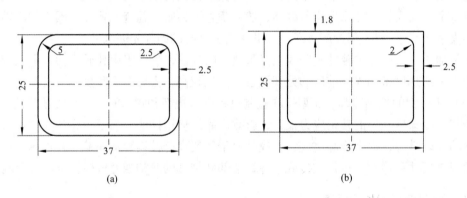

图 10-19　冷弯矩形管和热弯矩形管形状及尺寸的比较
（a）冷弯矩形管；（b）热弯矩形管

10.6.6 H 型钢生产新技术

H 型钢新品种主要包括：耐候 H 型钢；表面带涂层的耐腐蚀 H 型钢；外表面带凸棱的 H 型钢；小残余应力 H 型钢；外部尺寸一定的 H 型钢；以低屈服比和屈服点变化小为特征的高性能 H 型钢；腰厚与边厚之比小于1/3 的薄腰 H 型钢；高焊接性能的 H 型钢产品；高尺寸精度和形状精度的 H 型钢产品等。

在生产技术上实行高度自动化，以达到无人化控制，并对整个生产线的多规格 H 型钢使用一种坯料。对外部尺寸一定的 H 型钢，采用宽度可调的水平辊，用扩腰轧法和缩腰轧法进行生产。

11 棒、线材生产

11.1 棒、线材的种类和用途

11.1.1 棒、线材的种类和用途

棒材是一种简单断面型材，一般是以直条状交货。棒材的品种按断面形状分为圆形、方形和六角形以及建筑用螺纹钢筋等几种，后者是周期断面型材，有时被称为带肋钢筋。线材是热轧产品中断面面积最小，长度最长而且呈盘卷状交货的产品。线材的品种按断面形状分为圆形、方形、六角形和异型。棒、线材的断面形状最主要的还是圆形。

国外通常认为，棒材的断面直径是 9~300mm，线材的断面直径是 5~40mm，呈盘卷状交货的产品最大断面直径规格为 40mm。国内在生产时约定俗成地认定为：棒材车间的产品范围是断面直径为 10~50mm，线材车间的产品断面直径为 5~10mm。棒、线材的分类及用途见表 11-1。

表 11-1 棒、线材的产品分类及用途

钢 种	用 途
一般结构用钢材	一般机械零件、标准件
建筑用螺纹钢筋	钢筋混凝土建筑
优质碳素结构钢	汽车零件、机械零件、标准件
合金结构钢	重要的汽车零件、机械零件、标准件
弹簧钢	汽车、机械用弹簧
易切削钢	机械零件和标准件
工具钢	切削刀具、钻头、模具、手工工具
轴承钢	轴 承
不锈钢	各种不锈钢制品
冷拔用软线材	冷拔各种丝材、钉子、金属网丝
冷拔轮胎用线材	汽车轮胎用帘线
焊条钢	焊 条

棒、线材的用途非常广泛，除建筑螺纹钢筋和线材等可直接被应用的成品之外，一般都要经过深加工才能制成产品。深加工的方式有热锻、温锻、冷锻、拉拔、挤压、回转成型和切削等，为了便于进行这些深加工，加工之前需要进行退火、酸洗等处理。加工后为保证使用时的力学性能，还要进行淬火、正火或渗碳等热处理。有些产品还要进行镀层、

喷漆、涂层等表面处理。

11.1.2　市场对棒、线材的质量要求

由于棒、线材的用途广泛，因此市场对它们的质量要求也是多种多样的，根据不同的用途，对力学强度、冷加工性能、热加工性能、易切削性能和耐磨耗性能等也各有所偏重。总的要求是：提高内部质量，根据深加工的种类，材料本身应具有合适的性能，以减少深加工工序，提高最终产品的使用性能。

用作建筑材料的螺纹钢筋和线材，主要是要保证化学成分并具有良好可焊性，要求物理性能均匀、稳定，以利于冷弯，并有一定的耐蚀性。

作为拔丝原料的线材，为减少拉拔道次，要求直径较小，并保证化学成分和物理性能均匀、稳定，金相组织尽可能索氏体化，尺寸精确，表面光洁，对脱碳层深度、氧化铁皮等均有一定要求。脱碳不仅使线材的表面硬度下降，而且使其疲劳强度也降低。减少热轧线材表面氧化不但可提高金属收得率，而且还可以减少二次加工前的酸洗时间和酸洗量。近年来，线材轧后冷却较普遍地采用了控制冷却法，使氧化铁皮厚度大大减少，降低了金属消耗，从而提高了成材率。

市场对一般棒、线材产品的质量要求见表11-2。

表 11-2　市场对棒、线材产品的质量要求及生产的对策

钢　种	市场需求、发展动向	对应的生产措施
建筑用螺纹钢筋	高强度、低温韧性、耐盐蚀	严格控制成分
机械结构用钢	淬火时省去软化退火，调质可以提高强度	软化材料（控制成分，控制轧制，控制冷却） 减少偏析
弹簧钢	高强度，耐疲劳	严格控制成分 减少夹杂
易切削钢	提高车削效率和刀具寿命	控制夹杂物
冷加工材	减少冷锻开裂 减少拉拔道次 省略软化退火	消除表面缺陷 高精度轧制 软化材料
硬线、轮胎用线材	减少断线 提高强度	消除表面缺陷和内部偏析 控制冷却 严格控制成分

11.2　棒、线材的生产特点和生产工艺

11.2.1　棒、线材的生产特点

棒、线材的断面形状简单，用量巨大，适于进行大规模的专业化生产。我国棒、线材的总产量在钢材总量中的比例超过40%，在世界上是最高的。预计随着我国经济现代化程度的逐渐提高，棒、线材在钢材总量中的比例将会逐步降低。

线材的断面尺寸是热轧材中最小的，所使用的轧机也应该是最小型的。从钢坯到成

品，轧件的总延伸非常大，需要的轧制道次很多。线材的特点是断面小，长度大，要求尺寸精度和表面质量高。但增大盘重、减小线径、提高尺寸精度之间是有矛盾的。因为盘重增加和线径减小，会导致轧件长度增加，轧制时间延长，从而轧件终轧温度下降，头、尾温差加大，结果造成轧件头、尾尺寸公差不一致，并且性能不均。正是由于上述矛盾，推动了线材生产技术的发展。

11.2.2 棒、线材的生产工艺

11.2.2.1 坯料

棒、线材的坯料现在各国都以连铸坯为主，对于某些特殊钢种有使用初轧坯的情况。为兼顾连铸和轧制的生产，目前生产棒、线材的坯料断面形状一般为方形，边长 120 ~ 150mm。连铸时希望坯料断面大，而轧制工序为了适应小线径、大盘重，保证终轧温度，则希望坯料断面尽可能小。生产棒、线材的坯料一般较长，最长达 22m。

连铸可以明显节能、提高产品质量和收得率，有巨大的经济效益，这已经在普通钢种上得到了广泛应用，也正在向高档钢材和特殊钢种的生产迅速扩大。对硬线产品和机械结构用钢，由于中心偏析和延伸比等问题，连铸质量较难保证，由于电磁搅拌、低温铸造等技术的明显进步，使这些钢种也可以采用连铸坯进行生产了。

当采用常规冷装炉加热轧制工艺时，为了保证坯料全长的质量，对一般钢材可采用目视检查，手工清理的方法。对质量要求严格的钢材，则采用超声波探伤、磁粉或磁力线探伤等进行检查和清理，必要时进行全面的表面修磨。棒材产品轧后还可以探伤和检查，表面缺陷还可以清理。但是线材产品以盘卷交货，轧后难以探伤、检查和清理，因此对线材坯料的要求应严于棒材。

采用连铸坯热装炉或直接轧制工艺时，必须保证无缺陷高温铸坯的生产。对于有缺陷的铸坯，可进行在线热检测和热清理，或通过检测将其剔除，形成落地冷坯，进行人工清理后，再进入常规工艺轧制生产。

11.2.2.2 加热和轧制

加热和轧制的工艺流程如下：

$$冷坯加热 \longrightarrow 粗轧 \rightarrow 中轧 \rightarrow (预精轧) \rightarrow 精轧 \rightarrow 冷却 \rightarrow 精整$$
$$连铸坯热装加热 \longrightarrow \qquad\qquad (线材)$$

（1）加热。在现代化的轧制生产中，棒、线材的轧制速度很高，轧制中的温降较小甚至还出现升温，故一般棒、线轧制的加热温度较低。加热要严防过热和过烧，要尽量减少氧化铁皮。对易脱碳的钢种，要严格控制高温段的停留时间，采取低温、快热、快烧等措施。对于现代化的棒、线材生产，一般是用步进式加热炉加热，由于坯料较长，炉子较宽，为保证尾部温度，采用侧进侧出的方式。为适应热装热送和连铸直轧，有的生产厂采用电感应加热、电阻加热以及无氧化加热等。

（2）轧制。为提高生产效率和经济效益，适合棒、线材的轧制方式是连轧，尤其在采用 CC-DHCR 或 CC-DR 工艺时，就更是如此。连轧时一根坯料同时在多机架中轧制，在孔型设计和轧制规程设定时要遵守各机架间金属秒流量相等的原则。在棒、线材轧制的过程中，前后孔型应该交替地压下轧件的高向和宽向，这样才能由大断面的坯料得到小断面的

棒、线材。轧辊轴线全平布置的连轧机在轧制中将会出现前后机架间轧件扭转的问题，扭转将带来轧件表面易被扭转导卫划伤，轧制不稳定等问题。为避免轧件在前后机架间的扭转，较先进的棒材轧机，其轧辊轴线是平、立交替布置的，这种轧机由于需要上传动或者是下传动，故投资明显大于全平布置的轧机。生产轧制道次多，而且连轧，一架轧机只轧制一个道次，故棒、线材车间的轧机架数多。现代化的棒材车间机架数一般多于18架。线材车间的机架数为21~28架。

（3）线材的盘重加大，线材直径加大。线材的一个重要用途是为深加工提供原料，为提高二次加工时材料的收得率和减少头、尾数量，生产要求线材的盘重越大越好，目前1~2t的盘重都已经算是较小的了，很多轧机生产的线材盘重达到了3~4t。由于这一原因，线材的直径也越来越粗，到2000年后，国外已经出现了直径60mm的盘卷线材。

（4）控制轧制。为了细化晶粒，减少深加工时的退火和调质等工序，提高产品的力学性能，采用控制轧制和低温精轧等措施，有时在精轧机组前设置水冷设备。

11.2.2.3 棒、线材冷却和精整

棒材一般的冷却和精整工艺流程如下：

精轧→飞剪→控制冷却→冷床→定尺切断→检查→包装
（余热淬火） （探伤）

由于棒材轧制时轧件出精轧机的温度较高，对优质钢材，为保证产品质量，要进行控制冷却，冷却介质有风、水雾等等。即使是一般建筑用钢材，冷床也需要较大的冷却能力。

有一些棒材轧机在轧件进入冷床前对建筑用钢筋进行余热淬火。余热淬火轧件的外表面具有很高的强度，内部具有很好的塑性和韧性，建筑钢筋的平均屈服强度可提高约1/3。

线材一般的精整工艺流程如下：

精轧→吐丝机(线材)→散卷控制冷却→集卷→检查→包装

线材精轧后的温度很高，为保证产品质量要进行散卷控制冷却，根据产品的用途有珠光体型控制冷却和马氏体型控制冷却。

11.3 棒、线材轧制的发展方向

11.3.1 连铸坯热装热送或连铸直接轧制

由于实现了连铸，棒、线材生产可以不经过开坯工序。目前，即使是对于高档钢材也可以使用连铸坯生产，但是连铸还是无法保证提供无缺陷坯料，为了保证产品质量，需要在冷状态下对坯料进行表面缺陷和内部质量检查。因此加热炉还要对冷坯重新加热再进行轧制。今后随着精炼技术、连铸无缺陷坯技术、坯料热状态表面缺陷和内部质量检查技术的发展，连铸坯热装热送将会很快应用于生产实践，以充分利用能源。对于一般材质以及高档钢材的棒、线材连铸坯直接轧制技术仍在研究之中。连铸坯以650~800℃热装热送，可提高加热炉的能力20%~30%，比冷装减少坯料的氧化损失0.2%~0.3%，节约加热能耗30%~45%。同时可减少钢坯的库存量，减少设备和操作人员，缩短生产周期，加快资金周转，可见有巨大的经济效益。

11.3.2 柔性轧制技术

实现了连铸热装热送甚至连铸坯直接轧制等先进的工艺以后，对于小批量、多品种的生产，在规格和品种改变时，会增加轧机停机的时间。为减少停机，人们研究了柔性轧制技术，该技术利用无孔型轧制、共用孔型等手段迅速改变轧制规程，改变产品规格。随着三维轧制过程解析手段的进步，柔性轧制技术已经达到实用阶段。另外，长寿命轧辊、快速换辊技术等的日趋成熟都为棒线材的柔性轧制提供了条件。

11.3.3 高精度轧制

棒、线材的直径公差大小对深加工的影响较大，故用户对棒线材的尺寸精度要求越来越高。棒、线材在轧制时，轧件高度上的尺寸是由孔型控制，可以有保证，但宽度上的尺寸却是算出来的或者是根据经验确定的，孔型不能严格限制宽度方向的尺寸。另外机架间的张力和轧件的头、尾温差也会明显地对轧件的尺寸产生影响。为确保轧件的尺寸精度，目前常见的办法是采用真圆孔型和三辊孔型严格控制轧件的高向和宽向尺寸，或在成品孔型后设置专门的定径机组以及采用尺寸自动控制 AGC 系统等。棒、线材产品的尺寸精度目前可以达到 ±0.10mm。发展的目标是使棒、线材产品的尺寸精度达到 ±0.05mm。

11.3.4 继续提高轧制速度

线材要求盘重大，但是其断面积又很小，因此一卷线材的长度很长。如此之长的小断面轧制产品为保证头、尾温差，只有采用高速轧制，先进线材轧机的成品机架的轧制速度一般都超过了 100m/s，高者则超过 120m/s。如此高的轧制速度，对轧制设备提出了一些特殊要求。小辊径而又要求高轧速，因此线材轧机的转速很高，高者可达 9000r/min 以上。

先进棒材轧机的终轧速度一般是 17~18m/s，线材的终轧速度一般是 100~120m/s，随着飞剪剪切技术、吐丝技术和控制冷却技术的完善，棒、线材的终轧速度还有继续提高的趋势。线材的终轧速度达到 150m/s 的研究已在进行中。

11.3.5 低温轧制

在棒、线材连轧机上，从开轧到终轧，轧件温降很小，甚至会升温。在生产实践中经常出现因终轧温度过高而导致产品质量下降或螺纹钢成品孔型不能顺利咬入等问题，故棒、线材连轧机具有实现低温轧制的条件。低温轧制不仅可以降低能耗，并且还可以提高产品质量，可创造很大的经济效益。

棒线材的低温轧制规程一般有两种。一种是利用连轧机轧件温降很小或升温的特点，降低开轧温度，从 1050~1100℃ 降至 850~950℃，终轧温度与开轧温度相差不大，主要目的是节能。在扣除因变形抗力增大导致电机功率消耗增加的因素，节能可达到 20% 左右。另一种是不仅降低开轧温度，并且将终轧温度降至再结晶温度（700~800℃）以下，除节能外，还明显提高产品的力学性能，效果优于任何传统的热处理方法。目前对低温轧制实施的主要限制是，由于轧机和驱动主电机是按传统的设计参数设计的，因此设备能力不足。

11.3.6　无头轧制

在传统的轧制生产线上，坯料是一根一根地由加热炉出来至1号轧机，坯料之间有几秒钟的间隔。多年来，在棒、线材轧制方面，人们一直都在致力于如何提高轧机生产率、金属收得率以及生产的自动化，诸如提高终轧速度或采用多线切分轧制技术等，这些方法已经在棒、线材生产中得到了充分的应用。提高轧机产量和金属收得率的另一个途径是增大轧件的重量，具体可从以下两个方面操作：

（1）采用更大断面尺寸的坯料，但这会增加轧线机架数目，另外这样做还受到另一些因素的限制，如：车间场地限制，加热炉能力限制，过低的1号轧机轧制速度等；

（2）采用更长的坯料，但这会增加坯料运输、储存设备的投资，以及增加加热炉的投资等。

显而易见，上述两种方法都是着眼于坯料的实物尺寸方面的，而这又恰恰限制了这种技术的广泛应用。20世纪50年代，苏联人就开发出了棒、线材无头轧制技术，但由于相关的技术没有跟上，因此没有得到有效的应用。由于技术螺旋式的发展特性，具体地说是由于连铸和连轧技术的成熟，近年来，又重新刺激了棒、线材无头轧制技术的发展。无头轧制的优点是：（1）减少切损：棒、线材连轧需多次切头，第一次切头断面较大，若不切头可提高成材率1%~2%；（2）100%定尺；（3）生产率提高；（4）对导卫和孔型无冲击，不缠辊；（5）尺寸精度高。据意大利DANIELI公司测算，采用方坯无头轧制技术，年产38万吨棒、线材的车间，年增效益约合人民币为1600万元。方坯焊接的位置是设在出炉辊道上，在进入粗轧机组前。

要实现棒、线材的无头轧制，焊接部位具有与成品同样的品质是必要条件。日本钢管公司（NKK）从1992年开始着手研究开发棒、线材的无头轧制技术，1997年开发成功后命名为EBROS（Endless Bar Rolling System），并为东京制铁（株）高松工厂设计制造了世界上第一条棒、线材无头轧制生产线。该生产线1998年3月投产，设备布局如图11-1所示。

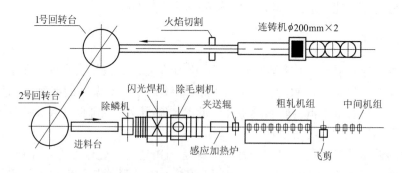

图11-1　东京制铁(株)高松工厂无头轧制生产线

该生产线采取连铸坯热送直接轧制的生产方式，坯料为 $\phi200$ mm 圆坯。因为炼钢生产线和轧制线的位置原因，从连铸机出来的坯料须经两个回转台转180°后进入轧制线。轧制线的进料台有高压水除鳞装置，清除焊接部位和焊机夹钳的氧化铁皮。焊机随钢坯一起运动，将前面一根已进入粗轧机组轧制的坯料尾部和后面一根刚从进料台出来的坯料头部焊接起来。焊接毛刺由布置在焊机后面的清毛刺装置来清除，该装置也是移动式，随钢坯一起运动。在除鳞机和感应加热炉之间是活动的坯料支撑辊道。感应加热炉在坯料通过的同时，将坯料快速加热到开轧温度。坯料通过夹送辊进入 1 号粗轧机。除日本外，意大利的棒、线材无头轧制技术也已经达到了实用水平。

11.3.7　切分轧制

目前切分轧制的主要方法是轮切法和辊切法。轮切法是用特殊的孔型将轧件轧成预备切分的形状，在轧机的出口安装不传动的切分轮，利用侧向力将轧件切开，这种方法在连轧机上普遍采用。辊切法是利用特殊设计的孔型，在变形的同时将轧件切开。

切分轧制的优点如下：

（1）大幅度提高产量，如轧制 $\phi 8mm$ 和 $\phi 10mm$ 的单产比单根轧制提高 88% ~91%；

（2）扩大产品规格范围，如原有最小生产规格为 $\phi 14mm$，采用切分后可生产 $\phi 10mm$；

（3）在相同条件下，采用切分轧制可将钢坯的加热温度降低 40℃ 左右，燃料消耗可降低 15% 左右，轧辊消耗可降低 15% 左右。

11.4　棒、线材轧机的布置形式

棒、线材适于进行大规模的专业化生产。在现代化的钢材生产体系中，棒、线材都是用连轧的方式生产的。在我国棒、线材的生产也已经转化成以连轧的方式生产为主。棒、线材车间的轧机数目一般都比较多，分成粗轧、中轧和精轧机组。

11.4.1　棒、线材轧机的发展过程

（1）横列式轧机。最早的棒线材轧机都是横列式轧机。横列式轧机有单列式和多列式之分，见图 11-2。单列横列式轧机是最传统的轧制方法，在大规模生产中已遭淘汰，仅存于拾遗补缺的生产中。单列式轧机由一台电机驱动，轧制速度不能随轧件直径的减小而增加，这种轧机轧制速度低，线材盘重小，尺寸精度差，产量低。

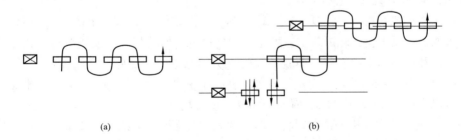

(a)　　　　　　　　　　　　(b)

图 11-2　单列式和多列式棒、线材轧机的布置示意图
（a）单列式；（b）多列式

为了克服单列式轧机速度不能调整的缺点，出现了多列式轧机，各列的若干架轧机分别由一台电机驱动，使精轧机列的轧制速度有所提高，盘重和产量相应增大，列数越多，情况越好。一般线材轧机多超过 3 列。即使是多列，终轧速度也不会超过 10m/s，盘重不大于 100kg。

（2）半连续式轧机。半连续轧机是由横列式机组和连续式机组组成的。早期的形式见图11-3。其初轧机组为连续式轧机，中、精轧机组为横列式轧机，是横列式轧机的一种改良形式。其连续式的粗轧机组是集体传动，设计指导思想是：粗轧对成品的尺寸精度影响很小，可以采用较大的张力进行拉钢轧制，以维持各机架间的秒流量，这种方式轧出的中间坯的头尾尺寸有明显差异。

改进的半连续式线材轧机为复二重式轧机，其粗轧机组可以是横列式、连续式或跟踪式轧机，中、精轧机组为复二重式轧机，见图11-4。复二重式线材轧机按其工艺性质属于半连续式轧机。它的特点是：在轧制过程中既有连轧关系，又有活套存在，各机架的速度靠分减速箱调整，取消了横列式轧机的反围盘，活套长度较小，因而温降也小，终轧速度可达12.5~20m/s，多线轧制提高了产量，一套轧机年产量可达15~25万吨，盘重为80~200kg。

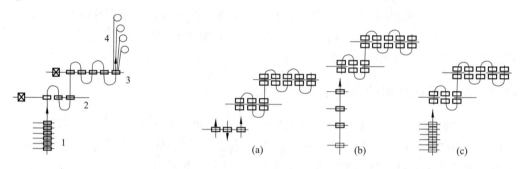

图11-3　半连续式轧机
1—粗轧机组；2—中轧机组；
3—精轧机组；4—卷线机

图11-4　复二重式线材轧机布置示意图
（a）粗轧机为横列式；（b）粗轧机为跟踪式；（c）粗轧机为连续式

复二重式轧机是两两一组，一组内的两台轧机连轧，为避免机架间堆钢并保证小断面轧件的稳定轧制，在两机架间应人为地造成拉钢，实现微张力轧制。而相邻两组间保持微堆钢。为提高轧制效率和保证稳定，复二重式线材轧机适于使用延伸系数较大的孔型系统，例如：椭圆-方或六角-方孔型系统。

相对于横列式线材轧机，复二重式轧机是一个进步，它基本上解决了轧件温降问题，并且由于取消了反围盘，轧制时工艺稳定，便于调整。但是与高速无扭线材轧机相比，其工艺稳定性和产品精度都较差，而且劳动强度大，盘重小。因此，它已经退出了大生产。1960~1980年间，我国的复二重式轧机曾经在技术上和产量上达到一个高峰。根据我国的技术政策规定，在2003年已取消横列式和复二重式轧机。

（3）传统连续式轧机。棒、线材轧制从横列式过渡到连续式是从20世纪40年代开始的。与横列式轧机相比，连续式轧机的优点是：轧制速度高，轧件沿长度方向上的温差小，产品尺寸精度高，产量高，线材盘重大。连续式轧机一般分为粗、中、精轧机组，线材轧机常常有预精轧机组，预精轧机组其实也是一组中轧机。

20世纪40年代的连续式轧机主要是集体传动的水平辊机座，对线材则是进行多线连轧。其基本形式见图11-5（a）。在中轧机组和精轧机组间设置两台单独传动的预精轧机。由于这类轧机在轧制过程中轧件有扭转翻钢，故轧制速度不能高，一般是20~30m/s，年产量为20~30万吨。20世纪50年代中期开始采用直流电机单独传动和平、立辊交替布置的连轧机进行多路轧制，见图11-5（b）。线材的平、立辊交替精轧机组，轧制速度可提高到30～35m/s，盘重可达800kg。由于机架间距大，咬入瞬间各架电机有动态速降，影响了其速度的进一步提高。到20世纪末，传统连轧机在棒材生产中还常见，但线材生产从20世纪60年代起逐渐被45°高速无扭精轧机组和Y型精轧机所取代。

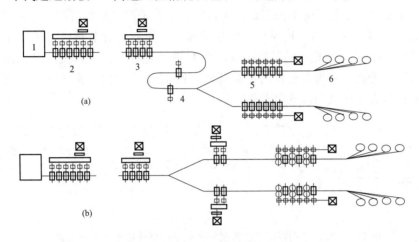

图 11-5　连续式线材轧机布置示意图

（a）20世纪40年代连续式轧机；（b）20世纪50年代精轧平、立交替连续式轧机

1—加热炉；2—粗轧机组；3—中轧机组；4—预精轧机组；5—精轧机组；6—卷线机

（4）Y型三辊式线材精轧机组。Y型精轧机组由4～14架轧机组成，每架由3个互成120°角的盘状轧辊组成，相邻机架相互倒置180°。轧制时轧件无需扭转，轧制速度可达60m/s。Y型轧机由于轧辊传动结构复杂，不用于一般钢材轧制，多用于难变形合金和有色金属的轧制。Y型三辊式线材精轧机组的孔型系统如图11-6所示。一般是三角形-弧边三角形-弧边三角形-圆形。对某些合金钢亦可采用弧边三角形-圆形孔型系统，轧件在孔型内承受三面加工，其应力状态对轧制低

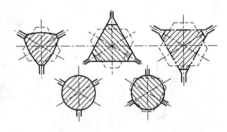

图 11-6　Y型线材精轧机组的孔型系统

塑性钢材有利。进入Y型轧机的坯料一般是圆形，也有六角形坯。轧件的变形比较均匀，在孔型的断面面积较为准确，因此各机架间的张力控制也较为准确。轧制中轧件角部位置经常变化，故各部分的温度比较均匀，易去除氧化铁皮，产品表面质量好，而且轧制精度也高。

11.4.2　现代化棒、线材轧机

11.4.2.1　现代化棒材轧机

近年来，国外新建的棒材轧机大都采用平、立交替布置的全线无扭轧机。同时在粗轧机组采用易于操作和换辊的机架，中轧机组采用短应力线的高刚度轧机，电气传动采用直流单独传动或交流变频传动。采用微张力和无张力控制，配合于合理的孔型设计，使轧制速度提高，产品的精度提高，表面质量改善。在设备上，进行机架整体更换和孔型导卫的

预调整并配备快速换辊装置，使换辊时间缩短到 5~10min，轧机的作业率大为提高。

11.4.2.2 型、棒材一体化连铸-连轧节能型轧机

型、棒材短流程节能型轧机是当今型、棒材一体化轧机发展的重要趋势。在这方面意大利、德国等均开展了大量的研制工作。至今，意大利达涅利公司已生产了 4 台这种类型的轧机，其中 1 台建于我国某钢铁厂。这 4 台轧机的布置形式虽各有不同，但其基本设计思想是一致的。图 11-7 示出了我国某厂所建的型、棒材一体化轧机、它采用了直接热装（DHCR）的短流程节能型轧机的设备布置。图 11-8 为达涅利公司开发的"黑匣子"式直接热装的长型材短流程节能型轧机的布置简图。图 11-9 为美国纽柯公司诺福克厂直接轧制（CC-DR）节能型轧机的布置简图。

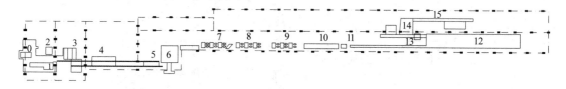

图 11-7　我国某钢铁厂型、棒材一体化节能型轧机车间平面布置图

0—钢包炉；1—钢包回转台；2—连铸机；3—钢坯冷床；4—热存储装置；5—冷上料台架；6—步进式加热炉；7—粗轧机；8—中轧机；9—精轧机；10—水冷装置；11—分段剪；12—冷床；13—多条矫直机和连续定尺冷飞剪；14—非磁性全自动堆垛机；15—打捆机和称重装置

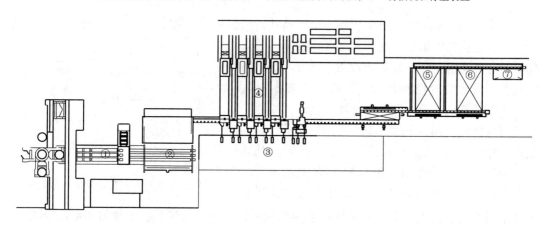

图 11-8　"黑匣子"式长型材短流程节能型轧机的布置简图

①—3 流连铸机；②—补热炉；③—850/750mm 平立轧机；④—快速换辊装置；⑤，⑥—冷床；⑦—收集台架

在图 11-7 所示的厂房设备布置的主要参数为，原料规格：120mm × 120mm × 12000mm，150mm × 150mm × 12000mm。产品规格：圆钢 ϕ12~60mm，螺纹钢 ϕ10~50mm，扁钢（25 × 5）mm~（120 × 12）mm，角钢（25 × 5）mm~（100 × 12）mm，（45 × 28mm × 4mm）~（100mm × 80mm × 10mm），槽钢（50 × 37）mm~（126 × 74）mm，六角钢 13~53mm，方钢 12~50mm，工字钢 100~126mm。钢种：低碳钢、中碳钢、低合金钢、弹簧钢、齿轮钢。年产量：40 万吨。

连铸机为 4 流（预留第 5 流），拉速 2.2m/min，产量 90.8t/h。步进式加热炉，燃料为重油，炉底有效面积 12000mm × 14500mm，最大生产能力 120t/h。

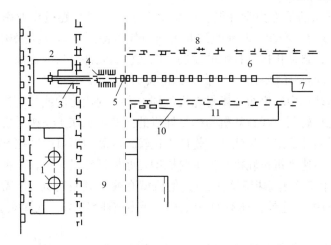

图 11-9　纽柯公司诺福克厂直接轧制（CC-DR）节能型轧机的布置简图

1—电弧炉；2—连铸机；3—剪切机；4—钢坯配置台；5—感应补偿加热器；6—13 架连续式轧机；

7—冷床；8—轧辊车间；9—铸坯存放区；10—感应加热器电源；11—控制电机

　　粗轧机；6 架悬臂式，轧辊尺寸 $\phi685/590\text{mm} \times 300\text{mm}$（1～3 架），$\phi585/590\text{mm} \times 300\text{mm}$（4～6 架），电机功率 450kW。中轧机：6 架短应力线式，轧辊尺寸 $\phi470/405\text{mm} \times 700\text{mm}$，电机功率 750kW。精轧机：6 架短应力线式（13～18 架），轧辊尺寸 $\phi470/405\text{mm} \times 700\text{mm}$（13～15 架），$\phi370/320\text{mm} \times 600\text{mm}$（16～18 架），电机功率 750kW，轧机产量约为 100t/h。全部机架配有辊缝自动控制装置（AGC），出口装有余热淬火-回火装置。齿条步进式冷床尺寸为 $96\text{m} \times 14.6\text{m}$，配有堆垛退火装置。具有一套全目标自动化系统，保证恒定的产量和产品质量。

　　连铸坯被切成长度为 12m 的定尺后送至加热炉。运输辊道带有可开启的保温罩。可根据不同的条件将隔热罩打开或关闭，以控制入炉温度。在运送过程中通过红外测温仪对连铸机进行温度测量和控制。用光电测长装置测量坯料长度，对其中不符合要求者剔除，使进入加热炉的坯料完全满足温度和长度的要求。加热炉配有先进的优化燃料系统，使加热炉能在不同坯料入炉温度条件下，不降低炉子的产量。加热好的坯料用高压水除鳞后，经粗轧、中轧和精轧，轧成所需的规格。粗轧机只有一套孔型系统，共用于全部产品。中、精轧机的孔型系统是按产品分组对应的。每一组轧机后设有飞剪，对轧件进行切头和切尾。由精轧机后的飞剪切成定尺。在精轧机后设有在线淬火-回火装置，对钢筋轧后进行余热淬火-回火处理。步进式冷床对轧件进行冷却，并同时对轧件进行矫直。在冷床的堆垛缓冷装置上，使弹簧扁钢缓慢冷却，使其最终硬度适合冷剪。冷却后轧件经全自动的多条矫直，连续定尺飞剪，非磁性堆垛，棒材计数，短尺收集，打捆，称重和贴标签等一系列现代化处理。

　　综上可述，这种型、棒材一体化节能型轧机在生产中具有设备先进，自动化程度高，在一台轧机上可以生产质量高的多种产品，金属的收得率高，生产率高，生产周期短，操作人员少。

11.4.2.3　现代化线材轧机

线材生产发展的总趋势是在提高轧速，增加盘重，提高尺寸精度及扩大规格范围的同时，向实现改善产品的最终力学性能，简化生产工艺，提高轧机作业率的方向发展。20世纪的后 30 年，线材生产在不断地改进和更新换代，特别是 20 世纪 80 年代以来由于各项制造技术的进步，自动化控制技术的发展，以及检测元件质量的提高，线材的精轧出口速度已经达到 120m/s。坯料断面尺寸扩大到边长 150 ~ 200mm。

线材轧机的粗轧和中轧机组与棒材轧机区别不大。现代化的线材轧机大都采用平、立交替布置的全线无扭轧制。线材轧机与棒材轧机的主要区别在于高速无扭精轧机组。

高速无扭线材精轧机组是指轧制时轧件不扭转，成品的出口速度在 50m/s 以上，成组配置的线材轧机。高速无扭精轧机组的主要机型是摩根型轧机，在目前世界上已建成的约350 套线材轧机中有 2/3 是摩根型轧机。其他机型有德马克型轧机、阿希洛型轧机、Y 型轧机以及泊米尼型等。此外，还有克虏伯型、摩格斯哈玛型、达涅利型和台尔曼型等机组。

提高线材精轧机组的轧制速度可以得到很高的经济效益：

（1）大幅度提高产量，随轧制速度提高，线材的小时产量增加，线材轧机成品轧制速度与产量的关系见表 11-3；

（2）可提高质量，高速线材轧机采用的单线轧制以保证线材成品精度，成品尺寸偏差可控制在 ±0.1mm；

（3）可增大盘重，线材坯料断面尺寸是成品线速度的函数，坯料断面与其重量又是平方关系，故提高轧制速度是增大盘重的重要途径；

（4）能降低产品成本，由于产量和质量的提高以及盘重和坯料断面尺寸的增加，因而降低了产品的成本。

表 11-3 轧制速度与产量的关系表

轧制速度/m·s⁻¹	收得率/%	小时产量/t	年产量/万吨		
			单 线	双 线	四 线
30	80	22 ~ 28	10	20	40
40	80	30 ~ 37	13	25	50
50	80	37 ~ 46	16	32.5	65
60	80	45 ~ 56	19	37.5	75
70	75	50 ~ 66	21	42.5	85
80	75	58 ~ 76	25	50	100
90	70	60 ~ 85	25	50	100
100	70	66 ~ 94	27.5	55	100

注：ϕ6.5mm 线材，每年有效作业时间为 4200h。

摩根（Morgan）45°精轧机组的发展分为 4 个阶段：第一代摩根 45°轧机始于 1966 年，设计速度为 50m/s；第二代是从 1971 年开始，设计速度为 65m/s；第三代从 1976 年开始，设计速度为 75m/s；第四代是从 1979 年开始，设计速度为 95m/s 以上，现在的摩根型 45°轧机最高设计速度为 140m/s。摩根型 45°精轧机组是由 8 ~ 10 架（多为 10 架）轧机组成的整体机组，各架轧机以很短的中心距（400～600mm）成直线组合排列，机组总长只有 5m 左右。所有机架由一台或两台直流电机成组传动，电机经增速器、三联齿轮箱、上下主轴、精密伞齿轮和斜齿轮带动轧辊转动，取消了普通轧机的接轴和联轴器，使各回转部分得到动平衡，保证轧机在高速下运行平稳，消除了振动，因而可进行高速无扭轧制。使用由合金钢辊轴和耐磨性好的碳化钨辊套组成的组合式小辊径轧辊，以液压螺母无键连接方式将辊套固定在辊轴上，装卸方便。碳化钨辊套上刻有 2～4 个轧槽，当一个磨损后可使用另一个，且每对轧辊可重磨 19～20 次，显著提高了轧辊的使用寿命。采用小辊径轧辊，提高了道次伸长率和产品尺寸精度。使用液体摩擦轴承或静压轴承，摩擦系数低，寿命长，抗振性好，不发热，无噪声。采用油雾润滑的滚动导板，可在高速下连续工作。相邻机架轧辊轴线互相垂直，并与地面成 45°交角，不仅便于消除氧化铁皮，而且可实现高速无扭轧制。

德马克（Demag）型精轧机组。有两种机型，一种为 45°轧机，另一种为 15°/75°轧机。这两种机型都是由 2 台（或 3 台）串联的主电机由一根输入轴带动立式增速器，增速同步齿轮的两根输出轴上下布置，各带动 5 架轧机。这两种机型，轧辊与箱体密封较好，水和氧化铁皮不容易进入箱体。各机架均采用双摇臂斜楔机构调整辊缝，利用油压缸平衡。德马克型高速线材精轧机组主要缺点是箱体内有一对圆柱齿轮，使齿轮箱复杂，箱体增大，不利于制造。德马克型的两种机型轧制速度都可达到 100m/s。其中 15°/75°精轧机组由 10 架轧机组成，相邻两架轧机轧辊轴线相互垂直，一对轧辊轴线与水平面成 15°交角，相邻的一对轧辊轴线与水平面成 75°交角，交替布置。机架间距为 800mm。单号机架前装椭圆滚动入口导卫，双号机架入口及所有机架出口装滑动导板。滚动导卫采用油气润滑。整个机组由 2～3 台直流电机集体传动。轧辊采用碳化钨，辊环直径为 210mm。与 45°轧机相比，15°/75°机型上轴标高较低，机组顶高下降，轧制稳定，换辊方便，可节省人力与时间，提高了生产率。轧机底座与基础直接连在一起，高速运转时震动小、噪声低。德马克型机组与摩根型机组的主要异同如表 11-4 所示。

表 11-4　摩根型与德马克型轧机比较表（生产 5.5mm 线材）

项　　目	摩 根 型	德 马 克 型
最大轧制速度/m·s^{-1}	140	117
进入精轧机的轧件尺寸/mm	17～20	17～21
成品规格/mm	5.5～13	5.5～13
成品尺寸公差/mm	≤±0.13	≤±0.13
轧辊名义直径/mm	ϕ200，ϕ150	ϕ210
辊环材质	碳化钨	碳化钨
压下调整方式	偏心套	楔形块
机架间距/mm	635～750	800
辊缝调整量/mm	16	20

11.5　棒、线材轧制的控制冷却和余热淬火

11.5.1　概述

为提高钢材的使用性能，控制冷却和余热淬火是既行之有效又经济效益好的措施。对合金钢采用精轧前后控制冷却，可使轴承钢的球化退火时间减少，网状组织减少。奥氏体不锈钢可进行在线固溶处理，对齿轮钢可细化晶粒。

经余热淬火的钢筋其屈服强度可提高 150～230MPa。采用这种工艺还有很大的灵活性，同一成分的钢通过改变冷却强度，可获得不同级别的钢筋（3～4 级）。余热淬火用于碳当量较小的钢种，在淬火后，钢筋在具有良好屈服强度的同时还具有良好的焊接性能、延伸性能和弯曲性能。与添加合金元素的强化措施相比较，余热淬火的生产成本低，并且可以提高产品的合格率。

随着高速轧机的发展，线材控制冷却技术也得到了迅速的发展。从轧后穿水冷却发展到成圈的散圈冷却，把轧制过程中的塑性变形加工和热处理工艺结合起来，控制冷却已从人工调节和控制发展到能根据钢种和终轧温度实现计算机控制。

线材控制冷却的主要优点是：（1）提高了线材的综合力学性能，并大大改善了其在长度方向上的均匀性；（2）改善了金相组织，使晶粒细化；（3）减少氧化损失，缩短酸洗时间；（4）降低线材轧后温度，改善劳动条件；（5）提高了产品质量，有利于线材二次加工。

11.5.2　螺纹钢筋轧后余热淬火处理工艺的特点及其原理

11.5.2.1　余热淬火处理原理

轧后余热淬火处理工艺的原理是：在钢筋（棒材）终轧组织仍处于奥氏体状态时，利用其本身的余热在轧钢作业线上直接进行热处理，将热轧变形与热处理有机结合在一起，通过对工艺参数的控制，有效地挖掘出钢材性能的潜力，获得热强化的效果。

钢筋轧后余热淬火处理工艺具有以下特点。

（1）可以在轧制作业线上，通过控制冷却工艺，强化钢筋，代替重新加热进行淬火、回火的调质钢筋。利用控制冷却强化钢筋与一般热处理强化钢筋比较，不仅由于利用轧制余热，不需要重新加热，节约了热量消耗，缩短了生产周期，提高了生产率，降低了生产高强度钢筋的成本，而且还提高了综合力学性能。钢材性能提高的原因在于：利用轧制余热淬火之前已发生奥氏体再结晶，使晶粒细化，奥氏体晶界的位置已经改变，新晶界的形成时间又很短，杂质还未来得及向晶界偏聚，因而改善了低温力学性能。在轧制后淬火前尚未发生奥氏体再结晶情况下，保持着低温形变热处理对低温力学性能会有良好的影响。

（2）选用碳素钢和低合金钢，采用轧后控制冷却工艺，可生产不同强度等级的钢筋，从而可能改变用热轧按钢种分等级的传统生产方法，节约合金元素，降低成本以及方便管理。

（3）设备简单，不用改动轧制设备，只需在精轧机后安装一套水冷设备。为了控制终轧温度或进行控制轧制，可在中轧机或精轧机前安装中间冷却或精轧预冷装置。

（4）在奥氏体未再结晶区终轧后快冷的余热强化钢筋在使用性能上存在一个缺点，即

应力腐蚀开裂倾向较大。裂纹主要是在活动的滑移带上位错堆积的地方形核。具有低温形变热处理效果的轧制余热淬火，提高了位错密度，阻止了位错亚结构的多边形化，因而形成了促进裂纹的核心。但是，在奥氏体再结晶区终轧的轧制余热强化钢筋，由于再结晶过程消除了晶内位错，而不出现应力腐蚀开裂倾向。

11.5.2.2 余热淬火的工艺过程

钢筋的余热淬火工艺是首先在表面生成一定量的马氏体（要求不大于总面积的33%，一般控制在10%~20%之间），然后利用心部余热和相变热使轧材表面形成的马氏体进行自回火。余热淬火工艺根据冷却的速度和断面组织的转变过程，可以分为三个阶段：

第一阶段为表面淬火阶段（急冷段），钢筋离开精轧机后以终轧温度尽快地进入高效冷却装置，进行快速冷却。其冷却速度必须大于使表面层达到一定深度淬火马氏体的临界速度。钢筋表面温度低于马氏体开始转变点（M_s），发生奥氏体向马氏体相转变。该阶段结束时，心部温度还很高，仍处于奥氏体状态。表层则为马氏体和残余奥氏体组织，表面马氏体层的深度取决于强烈冷却的持续时间。第二阶段为空冷回火阶段，钢筋通过快速冷却装置后，在空气中冷却。此时钢筋截面上的温度梯度很大，心部热量向外层扩散，传至表面的淬火层，对已形成的马氏体进行自回火。根据回火温度不同，其表面组织可以转变为回火马氏体或回火索氏体，表层的残余奥氏体转变为马氏体，同时邻近表层的奥氏体根据钢的成分和冷却条件不同而转变为贝氏体、屈氏体或索氏体组织，而心部仍处在奥氏体状态。该阶段的持续时间随着钢筋直径和第一阶段冷却条件而改变。第三阶段为心部组织转变阶段，心部奥氏体发生近似等温转变，转变产物根据冷却条件可分为铁素体和珠光体或铁素体、索氏体和贝氏体。心部组织产生的类型取决于钢的成分、钢筋直径、终轧温度和第一阶段的冷却效果和持续时间等。

11.5.3 线材控制冷却的基本原理

国内外提出的各种控制冷却方法，其工艺参数的选取主要是基于得到二次加工所需的良好的组织和性能。根据轧后控制冷却所得到的组织不同，线材控制冷却可以分为珠光体型控制冷却和马氏体型控制冷却。珠光体控制冷却是在连续冷却过程中使钢材获得索氏体组织，而马氏体型控制冷却则是通过轧后淬火-回火处理，得到中心索氏体，表面为回火马氏体的组织。

11.5.3.1 珠光体型控制冷却

为了获得有利于拉拔的索氏体组织，线材轧后应由奥氏体温度急冷至索氏体相变温度下进行等温转变，可得到索氏体组织，图11-10为碳质量分数等于0.5%钢的等温转变曲线。由图可见，为了得到索氏体组织，理论上应使相变在630℃左右发生（曲线a）。而实际生产

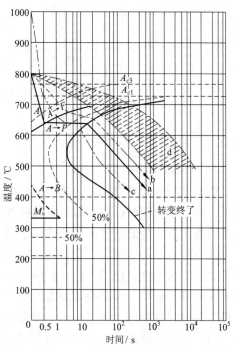

图 11-10 $w(C) = 0.5\%$ 钢的等温转变曲线
$w(C) = 0.5\%$，$w(Si) = 0.53\%$，$w(Mn) = 0.23\%$

中完全的等温转变是难以达到的。铅淬火（曲线 b）近似上述曲线，但由于线材内外温度不可能与铅浴淬火槽的温度立即达到一致，故其实际组织内就有先共析铁素体的残余和一部分稍大的珠光体。线材控制冷却（曲线 c）则是根据上述原理将终轧温度高达 1000 ~ 1100℃ 的线材立即通过水冷区急冷至相变温度。此时加工硬化的效果被部分保留，被破碎的奥氏体晶粒晶界成为相变时珠光体和铁素体的结晶核心，从而使珠光体和铁素体细小。此后减慢冷却速度，使冷却速度类似等温转变，从而得到索氏体、较少铁素体和片状珠光体的组织。图中曲线 d 是通常未经控制冷却的线材。其组织内部存在相当数量的先共析铁素体和粗大的层状珠光体，因此性能差且晶粒不均匀，氧化铁皮厚且不均。控制冷却的斯太尔摩法，施罗曼法等都是根据上述原理设计的。

11.5.3.2 马氏体型控制冷却

如图 11-11 所示，线材轧后以很短的时间进行强制冷却，使线材表面温度急剧降至马氏体开始转变温度以下，使钢的表面层产生马氏体，在线材出冷却段以后，利用中心部分残留热量以及由相变释放出来的热量使线材表面层的温度上升，达到一个平衡温度，使表面马氏体回火。最终得到中心为索氏体、表面为回火马氏体的组织。

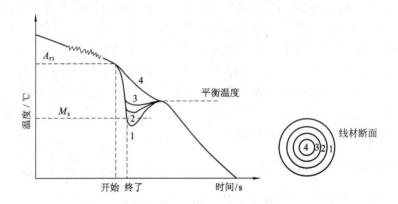

图 11-11 穿水冷却线材断面温度的变化简图

11.5.4 线材控制冷却方法简介

11.5.4.1 轧后穿水冷却

线材轧后的温度常高达 1000 ~ 1100℃，使线材在高温下迅速穿水冷却（图 11-11），该工艺具有细化钢材晶粒，减少氧化铁皮并改变铁皮结构使之易于清除，改善拉拔性能等优点。线材穿水冷却的效果主要取决于冷却形式，冷却介质，以及冷却系统和控制等等。

其中冷却器的形式有双套管式、环型喷嘴式及旋流式冷却器等。冷却介质大都以普通水为介质，价格低，使用方便。但由于线材通过冷却管时，表面形成一层蒸气膜，会大大减弱水冷却的效果。因此必须加大冲水压力或改变水流方式以利蒸气膜的破裂，增加冷却效果。为此，有的国家用磨粒法，即在冷水中添加磨粒不仅有利于线材表面氧化铁皮的清除，而且可以打碎线材表面的蒸气膜从而强化冷却效果。也有用雾化法的，也就是用水-气混合作介质，这种介质冷却的导热系数基本与水的压力无关。因此不需要高压水和精确的水压力调节。

11.5.4.2 斯太尔摩法

线材出成品轧机通过水冷套管快速冷却至接近相变温度后，经导向装置引入线圈形成器（吐丝机），线材在成圈的同时陆续落在连续移动的链式运输机上，使每圈相隔一定距离而成散圈。视钢种不同，在运输过程中可用鼓风机强制冷却，或自然空冷，或加罩缓冷，以控制线材组织性能。为了上述目的，运输机速度可调。当线材圈冷却至相变完成温度（450~550℃）后，通过集卷器收集并打捆。其布置如图11-12所示。

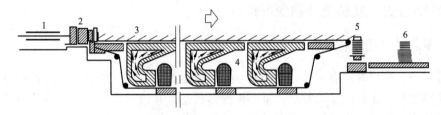

图 11-12 斯太尔摩控制冷却法
1—水冷套管；2—吐丝机；3—运输机；4—鼓风机；5—集卷器；6—盘条

11.5.4.3 施罗曼法

与斯太尔摩法不同，它强调在水冷带上控制冷却，而在运输机上自然空冷。其作用是线材出精轧机后经环型喷嘴冷却器冷却至620~650℃。然后，经卧式吐丝机成圈并先垂直后水平放倒在运输链上，通过自由的空气对流冷却，而不附加鼓风，冷却速度为2~9℃/s。为了适应不同的要求，通过改变在运输带上的冷却型式而发展了各种型式的施罗曼法，如图11-13为5种类型的施罗曼法控制冷却示意图。其1型适于普碳钢；2型适于要求冷却速度较慢的钢种；3型在运输带的上部加一罩子，适于要求较长转变时间的特殊钢种；4型适于要求低温收卷的钢种；5型适于合金钢。

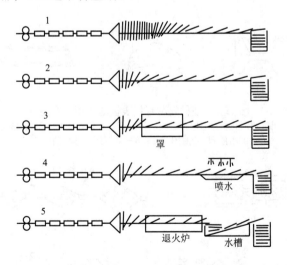

图 11-13 施罗曼冷却线的5种形式

12 型材和棒、线材轧制及其轧制过程的自动化控制

12.1 轧制方法、轧制条件和变形特点

12.1.1 轧制特征和轧制方法

型材和棒、线材轧制有一个共同的基本特征就是都要在孔型中轧制。轧件的变形特征是除了延伸之外，还有明显的宽展，呈三维变形状态。在进行变形过程的理论分析时，不能简化成忽略宽展的平面变形，或者是简化成轴对称变形。

对于简单断面型钢，一般是使用两辊孔型，从上、下两个方向压下轧件。在有特殊要求时，也使用三辊孔型或者四辊孔型。对于复杂断面型钢，尤其是具有薄而高的边部的轧件，例如 H 型钢，在中轧和精轧阶段，为提高轧制效率和轧件的尺寸精度使用四辊万能孔型，有些品种则使用三辊孔型。使用多辊孔型时，从上、下、左、右多个方向压下轧件。

坯料形状有方坯、矩形坯和异型坯。从坯料到成品，根据情况不同，最少要经几个道次，多则经二十几道次的反复轧制，随着轧件逐渐延伸，坯料断面积逐渐减少，直到所规定的断面形状和尺寸精度。图 12-1 和图 12-2 是轧制型材和棒线材所用的有代表性的孔型示意图。

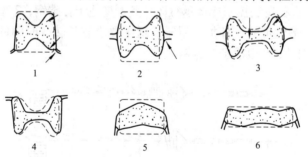

图 12-1 型材轧制有代表性的孔型示意图
1—闭口切深孔；2—开口切深孔；3—开口扩腰孔；4—闭口扩腰孔；
5—角钢压下加弯曲闭口孔；6—槽钢压下加弯曲闭口孔

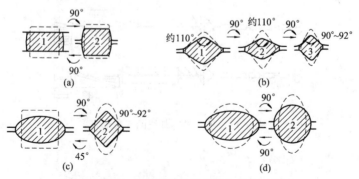

图 12-2 棒、线材轧制有代表性的孔型示意图
（a）扁箱-方箱；（b）菱-方；（c）椭圆-方；（d）椭圆-立椭圆

对棒、线材等简单断面型材轧制，在延伸过程中应尽量保持轧件的断面形状是正方形或者是圆形，即等轴断面。但是轧件的轧制变形特征是，高向被压下，沿轧制方向延伸以及宽向上宽展。等轴断面的轧件轧后即为矩形断面，为恢复等轴断面，矩形断面轧件必须在长轴方向被压下恢复等轴断面。因此，简单断面型钢的延伸孔型系统是一个等轴孔型接一个不等轴孔型，形成所谓的扁箱-方箱、菱-方、椭圆-方和椭圆-立椭圆等孔型系统。生产要求这些孔型系统具有以下功能：（1）每道次的延伸大；（2）孔型侧壁可约束轧件的无效宽展，扁轧件进等轴孔型时要夹持轧件，避免倾倒；（3）减少或避免表面伤痕，即使产生伤痕也容易消灭；（4）孔型侧壁增加摩擦，咬入条件好；（5）轧槽的局部不均匀磨损小。

迄今为止，真正完全达到上述要求的孔型还没有找到，只能根据具体情况，实现优先保证某些指标或选择适用的孔型系统。

对于型钢轧制，由于产品的断面形状与坯料有明显区别，轧制追求的最主要目标是成型。从理论上说，延伸只要达到可以保证材料性能的程度即可。不过，只要轧制就不可避免地出现延伸，所以在轧制型材时，轧件的延伸也很大。

轧制型材时，粗轧孔型的主要任务是利用轧件温度较高，塑性较好的有利条件，尽快完成不均匀变形。轧制凸缘型钢时，粗轧孔型主要是切分孔，利用切分楔将坯料切成狗骨状的异形中间坯。中轧孔型的主要任务是，在使边部和腰部变薄延伸的同时调整腰高。中轧孔型延伸较大，腰部楔宽逐渐增大。精轧孔型的主要任务是小压下，控制尺寸精度。

在这些孔型中，轧件的变形与平辊轧板不一样，尤其沿宽度方向上，它们具有如下特征：（1）压下率不一致；（2）轧辊的工作直径和辊面线速度不一致；（3）轧辊与轧件的接触弧长不一致，呈现出复杂的三维变形状态。存在明显的不均匀变形。

为减少在孔型中的不均匀变形，可使用三辊孔型和万能孔型。图12-3所示的是用三辊孔型轧制棒、线材和用万能孔型轧制H型钢时轧件的变形。

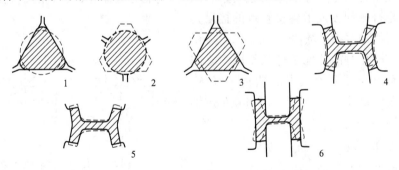

图12-3 三辊孔型轧制棒、线材和用万能孔型轧制H型钢时轧件的变形
1—圆进六角；2—六角进圆；3—六角进六角；4—万能粗轧；5—轧边端；6—万能精轧

用三辊孔型可以在三个方向压下，减少了无效宽展，易于控制尺寸精度。万能孔型可以直接压下边厚，比两辊孔型的侧压轧制效率高。

12.1.2 轧制变形参数

轧制型材时，轧件的厚度，工作辊径和压下率在沿宽度方向上是变化的，只有在确定了孔型形状和轧件形状后，才能像平辊轧板一样，确定轧件的宽厚比（件宽/厚度）、辊件厚比（轧辊工作直径/件厚）、压下率等轧制参数和孔型轴比（孔高/宽度）。当零件进菱孔时，轧件的宽厚比 B_0^*/H_0^*，孔型轴比 H_1^*/B_k，辊件厚比 D_c/H_0 及压下率 $(H_0 - H_1)/H_0$ 的定义见图 12-4。计算压下率时，件厚用轧制前后的平均厚度 $\overline{H_0}$，$\overline{H_1}$，轧辊直径用孔型内的平均直径 $\overline{D}$。这种对应平辊轧制的平均值叫做"等效平均值"，将孔型中轧制的复杂变形参数换算成平辊轧制的参数的方法叫做矩形换算法。

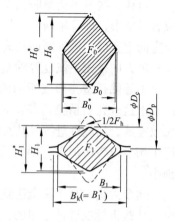

图 12-4 孔型轧制时各参数
的定义（零件进菱孔）

表示型材的轧制条件和轧制特征的参数有：轧槽内轧件的形状、速度分布、应力分布、温度分布，以及由这些参数所决定的轧件宽展、孔型充满度、延伸、出口速度、轧制力和轧制力矩等等。

在这些参数中，孔型特有的参数是孔型的充满度，轧件应该按照合适的程度充满孔型，过充满及欠充满都将造成轧件的断面形状不良，过充满将出现"耳子"，在后续轧制过程中形成折叠。充满程度用充满率 B_1/B_c 表示。B_1 是轧后件宽，B_c 是允许极限值，常用轧槽宽 $B_k = B_c$。

轧件的宽展，常用宽展系数 $\beta = B_1/B_0$ 和宽展率 $\beta - 1$ 表示。同样，伸长系数 $\lambda = F_0/F_1$，伸长率为 $\lambda - 1$。轧件出口速度 v_1、轧辊转速 N 和轧辊工作直径的 D_w 的关系为 $D_w = v_1/(\pi N)$。基础辊径为 D_c，前滑系数为 D_w/D_c，前滑率为 $f = D_w/D_c - 1$。

12.1.3 咬入条件

在孔型轧制时，轧件与轧辊的最初接触点，因轧制方式而异，良好的孔型设计应实现多点接触。是否顺利咬入由各接触点的接触角和轧件与轧辊间的摩擦系数决定。图 12-5 表示的是方件进椭圆孔时的几何条件和作用力之间的关系。接触角 α，由咬入点的轧辊半径 R，该点的 z 轴坐标 h_0 及同一圆周上出口点的 z 轴坐标 h_1 根据下式确定：

$$R(1 - \cos\alpha) = h_0 - h_1$$

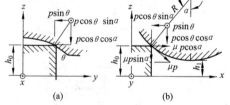

图 12-5 孔型轧制时咬入条件
（a）从出口方向看；（b）从横向看

设在出口平面上，对应咬入点处，轧槽轮廓的切线与水平轴（y 轴）的夹角为 θ，摩擦系数为 μ，则轧辊对轧件的作用力在轧制方向（x 方向）的分量 K_x 为

$$K_x = p(\mu\cos\alpha - \cos\theta\sin\alpha)$$

与简单轧制的情况一样，咬入条件是 $K_x \geq 0$，因此有

$$\tan\alpha \leq \mu/\cos\theta$$

热轧条件下，$\mu = 0.3 \sim 0.5$，$\theta = 45°$，$\alpha \leq 35°$。从上式可以看出，摩擦系数越大，孔型的侧壁倾角 θ 越大，咬入条件越好。

12.1.4 延伸与宽展

为了比较，首先看平辊轧方件的情况，见图 12-6。在这种情况下，轧件的横向变形无限制，宽展受到轧辊与轧件之间的摩擦应力 τ_f 和变形区入口、出口侧的刚性区，准确地说是弹性区的约束。用 ε_h、ε_l 和 ε_b 表示压下真应变、延伸真应变和宽展真应变，有：

$$\varepsilon_h = -\ln(H_0/H_1)$$

$$\varepsilon_b = \ln(\bar{B}_1/B_0)$$

$$\varepsilon_l = \varepsilon_h - \varepsilon_b$$

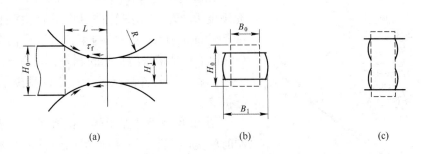

图 12-6 平辊轧制方件时的辊缝和轧件宽展
(a) 辊缝；(b) 矮件宽展；(c) 高件宽展

在矮件轧制 $L/H_0 > 1$，即轧件变形受轧辊与轧件之间的摩擦约束的情况下，宽展和压下之间根据经验有如下关系：

$$\frac{\varepsilon_b}{\varepsilon_h} \approx \frac{2\mu L}{2B_0 + H_0} = \frac{2\mu(L/H_0)}{2(B_0/H_0) + 1}$$

式中，μ 是轧辊接触面上的摩擦系数，对于型材热轧 $\mu \approx 0.5$。从上式可看出，随 $\mu L/H_0$ 增大，B_0/H_0 减小，宽展变大。原因是 $\mu L/H_0$ 越大，辊面的摩擦对延伸的阻力越大，B_0/H_0 越小，摩擦对宽展的阻力越小。

在棒、线材轧制中，延伸孔型追求的是迅速延伸，因此延伸效率 f_w，即延伸应变占压下应变的比例是很重要的一个轧制参数。根据前述公式，可知：

$$f_w = \frac{\varepsilon_l}{\varepsilon_h} \approx 1 - \frac{2\mu(L/H_0)}{2(B_0/H_0) + 1}$$

$$L/H_0 = \sqrt{\frac{1}{2}\left(\frac{D}{H_0}\right)\left(\frac{H_0 - H_1}{H_0}\right)}$$

从上两式可看出，对于平辊轧方件，摩擦系数 μ 越小，辊件比 D/H_0、压下率越小，轧件宽高比 B_0/H_0 越大，延伸效率 f_w 越大。

图 12-7 所示为平辊热轧（$\mu = 0.5$）时，B_0/H_0 和 L/H_0 对延伸效率 f_w 的影响。从图可知，对于 B_0/H_0 为 1 的方件轧制，如果 L/H_0 很小，那么随着

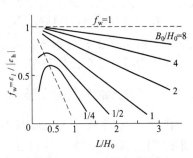

图 12-7 平辊轧制的延伸效率

L/H_0 的增加，延伸效率 f_w 将迅速减小。对于 $B_0/H_0 < 1$，$L/H_0 < 1$ 的情况，前两式不适用。

变形区入口、出口侧刚性区的约束将使轧件产生如图 12-6（c）所示的双鼓形。即在 $L/H_0 \ll 1$ 时，变形很难到达材料中心，因此中心部将阻碍延伸。B_0/H_0 和 L/H_0 有一个不阻碍延伸的最优值。

在孔型中轧制，由于沿宽向压下不均匀和孔型侧壁的约束作用，延伸效率 f_w 与平辊轧制有明显区别，一般是，不均匀压下会使 f_w 下降，而孔型侧壁的约束使 f_w 上升。在轧制棒线材时，为提高 f_w 采用中心两侧压下均匀，侧壁约束较大的孔型。

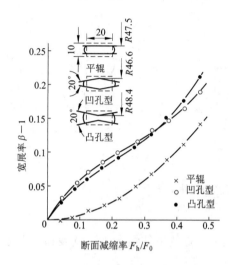

图 12-8 平辊和孔型轧制的宽展比较

孔型的高宽比 H_1^*/B_k 大，侧壁大，孔型中的充满度 B_1/B_k 大，则轧件侧面的自由表面小，这些条件都加强了宽向的约束，可以提高延伸效率 f_w。除了孔型带来的特殊问题外，还有与平辊轧制一致的就是：辊件高比 D_c/H_0 小，摩擦系数 μ 小，f_w 提高。

图 12-8 是铅件在平辊、凸孔型、凹孔型中轧制时的宽展比较。三种情况的轧件尺寸和平均工作辊径相同，断面减缩率相同。从图中可看出，凸孔型和凹孔型的宽展大，延伸小。由此可推论出，压下不均匀的孔型将加大宽展。在压下量较小时，凹孔型的宽展大于凸孔型，随延伸增加，孔型两侧的约束作用逐渐增强，有利于延伸，凹孔型的宽展逐渐小于凸孔型。在小压下时宽展大，主要原因是由于压下的不均匀分布，特别是两边大压下。

棒、线材轧制时的宽展用如下经验公式计算具有较好的精度：

$$\frac{(B_1/B_0) - 1}{F_h/F_0} \approx \frac{\alpha' L_m}{2B_0 + H_0}$$

式中，L_m 是按矩形换算法得到的平均投影接触长，α' 是因轧制方式而异的常数，其值为 0.8 ~ 1.1。对于型材轧制，目前宽展尚无较准确的计算方法，有些人根据矩形换算法，按平辊轧制计算，算出后再利用经验进行修正。近年来，由于有限元等数值模拟方法和计算机技术的迅速发展，为型材轧制的分析提供了一种很好的方法。预计该方法将会得到更广泛的利用。

12.1.5 在轧槽内轧件的变形

孔型中轧件的变形如图 12-9 所示，变形过程类似于令棒状材料在上、下平砧中或者是在与孔型轧槽一样的砧面上

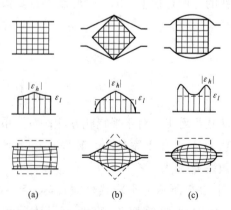

图 12-9 平辊和孔型轧制的轧件变形比较
(a) 方件进平孔；(b) 方件进菱孔；(c) 方件进椭圆孔

压缩。为形象地了解压缩时材料的变形，将轧件的断面分成若干单元，研究各单元在变形前后的变化。曾有人用塑料泥等模拟材料做过这种实验。其结果可供孔型设计参考。

图 12-9 表示三种有代表性的方件轧制，最上面的 3 个图表示压下开始时轧辊与轧件的接触情况，最下面的图表示轧后单元的变形情况，中间一排图表示位于水平对称面之上的单元的压下应变 ε_h。图中的虚线表示轧后方件延伸均匀时的延伸应变 ε_l。由于各单元的压下应变 $\varepsilon_h < 0$，各单元都有：

$$\varepsilon_b = |\varepsilon_h| - \varepsilon_l$$

如果给定 ε_l，根据 $|\varepsilon_h|$ 的分布，也可以求出 ε_b。

在压下均匀分布的平辊轧制条件下，变形区内 $|\varepsilon_h|$ 和 ε_b 的不均匀分布较小，辊与件之间的摩擦是断面中间大，靠近辊边部小。在方件进菱孔时，宽向的中间处压下量最大。因此 $|\varepsilon_h|$ 和 ε_b 也是越靠近中间越大，两边部 $\varepsilon_b < 0$。在这种孔型中，孔型的轴比 H_1/B_k 和孔型充满度 B_1/B_k 越大，应变分布越均匀。方件进椭圆孔是从两端开始压下，越靠近两端压下率越大。应变也是越靠近端部越大，越接近中间越小，中间部 $\varepsilon_b < 0$。在这种孔型中，孔型的轴比 H_1/B_k 和孔型充满度 B_1/B_k 越大，应变分布越不均匀。

除垂直应变外，单元还要产生剪应变。在变形区的横断面上，剪应变 γ_{hb} 沿宽向不均匀，造成水平网格线弯曲。另外，由于接触摩擦也不均匀，在其作用下垂直网格线出现弯曲。方件进菱孔，$|\varepsilon_h|$ 在宽向上的分布比较均匀，剪应变 γ_{hb} 小。方件进椭圆孔，在孔型的边部，$|\varepsilon_h|$ 和金属的塑性流动最大，在二者的综合作用下，尖角处的单元产生很大的剪应变 γ_{hb}。

轧制过程中，在与轧制方向垂直的任意横断面上网格线将出现弯曲。弯曲说明除 γ_{hb} 外还有两个剪应变 γ_{hl} 和 γ_{bl}。图 12-10 是前述三种方件轧制，变形区水平投影图上网格线的变形。进入入口后，直线在宽向上不再是平行的直线，说明在咬入线上有剪应变 γ_{bl}。

方件进椭圆孔，宽向中间处和两端处的材料在纵断面上的网格弯曲见图 12-11。直线弯曲说明存在剪应变 γ_{hl}。在端部，由于压下率大，轧件的纵向流动速度较快，所以中立点向出口移动。表面附近产生很大的剪应变 γ_{bl}。

从以上例子可以说明，一般在孔型内轧制，由轧件断面和孔型形状所决定，压下呈不均匀分布。所以咬入线的形状、轧辊圆周速度等参数均变得比较复杂。

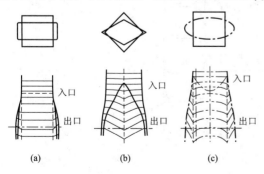

图 12-10　轧制时从投影平面上看直线的变形
（a）方件进平辊；（b）方件进菱孔；（c）方件进椭圆孔

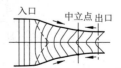

图 12-11　轧制时沿轧制方向上直线的变形

12.1.6 前滑和后滑

对于型材和棒、线材的连轧，为保持各机架间的金属秒流量相等，避免轧件受拉或者堆钢，必须调节各机架的轧辊转速。为准确控制机架间张力，需要研究轧辊的名义线速度及轧件出口速度的前滑和轧件入口速度的后滑。控制前后张力要考虑前滑和后滑。根据经验，简单的方法是，将平均轧辊圆周速度 $\bar{v} = \pi \bar{N} \bar{D}$ 作为基准，平均前滑率 $\bar{f} = v_1 / \bar{v} - 1$ 与伸长率、前张力和后张力有关。伸长率越大，前张力越大，前滑也越大。后张力越大，则前滑越小。

12.1.7 型材轧制的孔型系统举例

图 12-12 是轧制角钢的孔型系统实例。图 12-13 是轧制槽钢的孔型系统。图 12-14 是轧制钢板桩的孔型系统。图 12-15 是轧制几种异型材的孔型系统。使用万能轧机孔型轧制异形材的效果优于两辊轧机孔型，用万能轧机孔型轧制重轨、U 型钢板桩、槽钢和某些特殊型钢的孔型系统的例子见图 12-16 ~ 图 12-19。

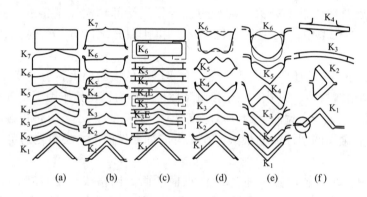

图 12-12 轧制角钢的孔型系统
（a）蝶式；（b）切分式；（c）平轧式；（d）W 式；（e）斜切式；（f）弯曲轧法

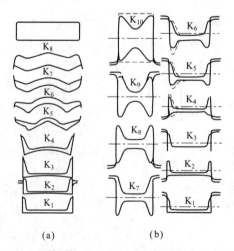

图 12-13 轧制槽钢的孔型系统
（a）蝶式轧法；（b）直轧法

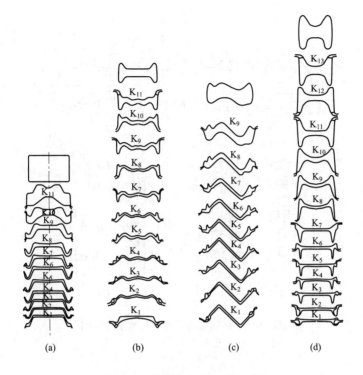

图 12-14　轧制钢板桩的孔型系统

（a），（b）U 型；（c）Z 型；（d）直线形

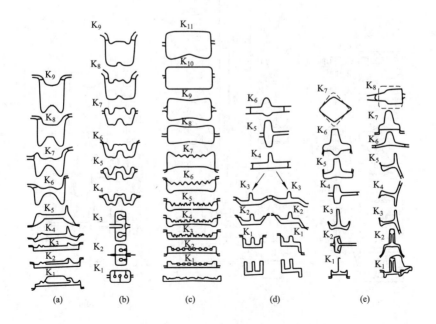

图 12-15　轧制异型材的孔型系统举例

（a）轨枕扣件；（b）缓冲元件；（c）运输机械用齿条；（d）机械零件；（e）窗框

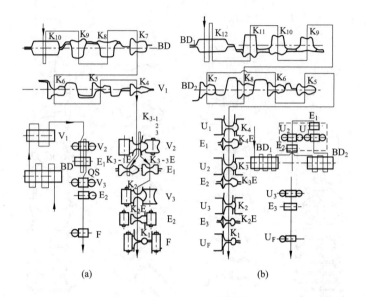

图 12-16　轧制重轨的万能孔型系统举例

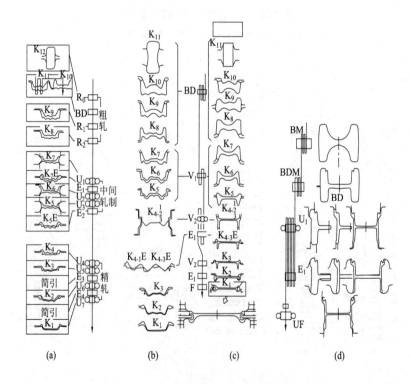

图 12-17　轧制钢板桩的万能轧机孔型系统
（a）U 型（连轧）；（b）U 型；（c）Z 型；（d）H 型

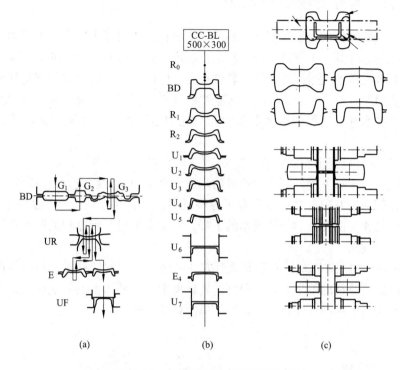

图 12-18　轧制槽钢的万能孔型系统

（a）串列式轧机；（b）连轧；（c）万能轧机孔型系统

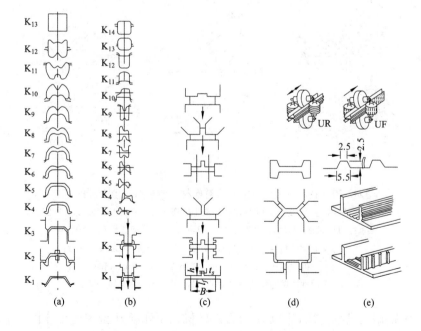

图 12-19　轧制异型材的万能轧机孔型系统举例

（a）铁轨枕；（b）船用钢；（c）T 型钢；（d）带凸台的 π 型钢；（e）带凸台的 H 型钢

12.2 在孔型中轧件变形的数值模拟

在孔型中轧制轧件的变形很复杂，从理论上进行解析有很大难度。为了简化，常常采用经验公式或简化计算。由于这些经验算法的精度不高，因此应用范围受很多限制。到 20 世纪末，轧制理论尚不能对任意条件下轧件在孔型中的变形进行有效的理论解析，尤其是对轧件的充满情况、应变、应力和温度等参数的分布进行定量预测。从 20 世纪 80 年代开始，数值分析技术和计算机的迅速发展为孔型轧制过程的分析和模拟提供了一种有效的手段。

到 20 世纪末，已经证明的最有效方法是三维有限元（FEM）分析法，有限元分析法是根据能量法建立求解方程，利用计算机的高速计算能力对方程进行数值解析。还有一些学者在有限元解法的基础上进一步开发了各种近似解法，例如三维能量法、上界法等等。随着计算机计算速度的提高和计算成本的下降，对复杂型材轧制过程的三维有限元分析将可以得到更大的发展。

图 12-20 是利用三维刚塑性有限元法对方件进椭圆孔、方件进菱孔和圆件进椭圆孔的轧制过程进行数值分析的结果。求解得到的轧件变形、横断面上的等效应变分布和辊面上接触压力分布均与实测结果相符合，证明结果的精度较高。

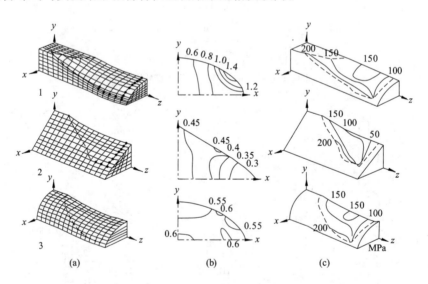

图 12-20 利用刚塑性有限元法对棒材轧制进行数值模拟的结果

（a）在变形区内轧件的变形；（b）出口断面上的等效应变；（c）辊面接触压力分布

实验条件：温度 1000℃，摩擦系数 $\mu = 0.35$，轧辊平均直径 $D_p = 805mm$

1—方件进椭圆孔（坯料 60mm 方，孔型尺寸 42mm×84mm）；

2—方件进菱孔（坯料 60mm 方，孔型尺寸 60mm×104mm）；

3—圆件进椭圆孔（坯料 64mm 圆，孔型尺寸 42mm×84mm）

图 12-21 是用三维刚塑性有限元法对万能轧机孔型轧制 H 型钢进行分析的结果。算出的轧制力能参数和轧件的边部宽展值与实测值也吻合。

在对型材轧制过程进行数值分析方面，继续发展的方向是将应变场、应力场的分析与温度场的分析耦合，将应变场、应力场、温度场的分析与轧制中材料的组织变化分析耦合。可以同时实现对轧后轧件的应变场、应力场、温度场和材料的组织性能的预报。

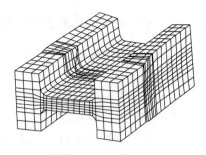

图 12-21　万能孔型轧制 H 型钢的
刚塑性有限元法分析结果

12.3　连轧的张力特性及张力控制

型材和棒、线材连轧，机架间张力的控制方式与板材连轧的控制方法有明显不同。原因是：在很多情况下，机架间轧件的断面大或者是断面的刚度较大，不能形成活套，或者是不能通过控制活套来控制秒流量。因此对棒、线材和型材连轧的张力和张力控制需要专门研究。

12.3.1　棒、线材连轧的机架间张力特性

在不能利用活套和无活套的棒、线材连轧时，常常实行微张力轧制。在微张力的条件下连轧，就应该了解张力对轧制参数的影响。在张力微小的情况下，其对轧件的宽展、轧制力和前滑等的影响是呈线性的。其影响程度可以用如下经验公式描述：

宽展系数：$\quad\quad\quad \beta_t = \beta(1 + \alpha_f \sigma_f/K_{fm} + \alpha_b \sigma_b/K_{fm})$

轧制力影响系数：$\quad Q_t = Q(1 + \zeta_f \sigma_f/K_{fm} + \zeta_b \sigma_b/K_{fm})$

前滑系数：$\quad\quad 1 + \phi_t = (1 + \phi)(1 + k_f \sigma_f/K_{fm} + k_f \sigma_b/K_{fm})$

式中，σ_f，σ_b 为前、后张力；K_{fm} 为单向平均变形抗力。如果前后张力大于某一定值，如 σ_f/K_{fm} 或 σ_b/K_{fm} 大于 0.3 时，则影响就不是线性的，因此上面的式子误差很大。

图 12-22 是方件进菱形孔时张力对宽展、轧制力和前滑的影响。前张力的影响总是小于后张力的。

对连轧的情况，应该掌握各机架的轧制状态的变化，避免张力的波动传到成品机架，以保持成品的尺寸精度和实现高速轧制。

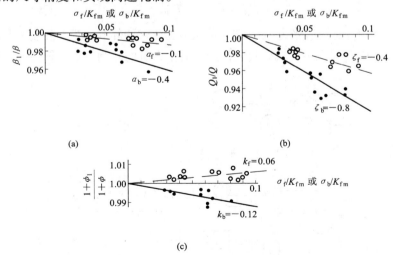

图 12-22　方件进菱形孔时前后张力对轧制参数的影响
（a）宽展；（b）轧制力；（c）前滑

12.3.2　棒、线材连轧的张力控制

机架间张力对轧件的尺寸有很大影响，实验证明，1MPa 的张力变化将使轧件的出口尺寸产生约 0.2% 的变化。为了实现高精度轧制，需要时刻测量机架间张力的变化和预测张力，一旦张力超过预定值，即应调整轧辊转速，以保持无张力轧制或微张力轧制。棒、线材连轧的张力控制方法有以下几种：

（1）机架间轧件可以形成活套时，通过测量的活套高度或者活套对活套挑的压力变化，可以测量张力，进而调节轧辊转速，控制秒流量。这时棒、线材连轧的张力控制与板材连轧的张力控制类似，技术已经很成熟。控制精度较高。困难的是不能形成活套时的张力测量和控制。

（2）如果张力可以直接测量，则张力直接测定法应该是最有效的控制方法，但是张力的直接测量困难很大。有人利用如下两种原理来试验直接测量张力。一是如果机架间产生张力，会使机架出现倾翻力矩，测量该力矩可测出张力。二是将轧辊轴承座制成小摩擦可动式，测量在张力作用下轴承座的移动来测量张力。由于张力难以直接测量，较实用的张力控制还是使用间接张力控制法。

（3）用间接张力控制法，即轧制中的张力变化会使轧机主电机的电流或者轧制力矩出现波动，这种变化或波动是可以测量的，通过控制它们可以控制机架间张力。但是采用这种方法，由于轧件尺寸变化和轧件温度波动对电流或者轧制力矩的影响往往大于张力，故测量精度并不高。为提高精度，人们将无张力时的轧制力矩 G 和轧制力 P 的比值（$G/P = 2a$）规定为力臂系数，该系数对轧件温度和轧制力的变化不敏感，利用控制它来保持张力恒定。

施加张力时的轧制力矩，可以看成是在张力作用下的力矩，如果设这时的轧制力和力臂系数与张力无直接关系，则参照图 12-23，前张力 T_{fi} 可表示为：

$$c_i T_{fi} = 2a_i P_i - G_i + b_i T_{bi}$$

$$2a_i P_{i0} = G_{i0} - b_i T_{bi0}$$

式中，G_{i0}、P_{i0} 和 T_{bi0} 是在后张力 T_{bi} 已知，前张力为 0 时的轧制力矩、轧制力和后张力推算值；G_i、P_i、T_{bi} 和 T_{fi} 是在下一机架咬入，产生前张力时的轧制力矩、轧制力、后张力和前

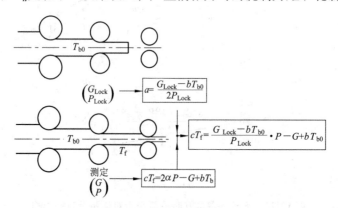

图 12-23　求解第 i, $i+1$ 机架间的张力 T_f 的说明图

张力；c_i 和 b_i 是前、后张力的力臂系数。

采用这种方法，首先需要确定在张力作用下的力臂系数。为了去掉轧制温度和轧制力对力臂系数的影响，还要利用轧制力函数法。另外，使用这种方法要利用上游机架的情报来求解闭环值，每时每刻都要计算张力值，因此对后续机架的推算误差比较大。为提高精度，有人提出了一些改进的算法，例如根据所有机架的情报对力臂系数进行统计计算。

在带张力轧制时，如果第 i 机架的轧辊转数发生变化，这时控制系统如果根据初期设定的速度比对上游或者是下游机架均依次发出速度变更指令，伴随着前后张力的变化，各机架的秒流量都出现变化，控制难度加大，秒流量失控。为避免这种问题，有人提出了非干涉控制法，其核心思想是：只调整相关机架的转数。

12.3.3 型材轧制的张力特性及张力控制

型材连轧，在设备上要求使用高刚度轧机、长寿命轧辊和快速换辊等条件，并且机架间的张力控制是非常重要的，控制的难度较大。连轧型材时，张力失控对产品尺寸的不利影响要大于板材和棒、线材。

中小型型材的张力控制可以利用机架间轧件的活套，测量活套的高度就可以调节轧辊转数。当型材断面增大，不能形成活套或者形成活套会影响产品的断面形状，降低产品质量时，张力控制则难度加大。

大、中型型钢一般是采用电流记忆法进行连轧自动张力控制的，也称其为 AMTC 法（Automatic Minimum Tension Control）。这种控制方法的基本原理是：测量轧机主电机的电流值，机架间的张力变化将造成电流变化，根据电流的变化来控制轧辊转数。

轧机主电机的电流变化 ΔI 和机架之间的张力有如下关系式：

$$\Delta I = \beta R_w (1/\lambda T_b - T_f)$$

式中　β——依电机而定的常数；

T_f，T_b——前、后张力；

λ——轧件伸长系数；

R_w——轧辊工作半径，$R_w = R_m$（平均轧辊半径）$\times f$（前滑系数）。

这里，前滑系数 f_{obs} 由下式求得

$$f_{obs} = 1 + 0.1(\lambda - 1)^{1/3}$$

由于轧制温度对张力的影响大，因此控制常数要考虑温度。到 20 世纪 80 年代，已经实现了万能轧机对 H 型钢和钢板桩的稳定连轧。为实现其他的一般型材连轧，设定各机架的轧辊转数要求准确地给出各孔型的工作辊径和前滑系数。另外，除张力外，由于温度等因素的变化造成轧制力波动也会引起电机的电流变化，这些因素的变化比较大时，电流记忆法的精度就会下降。

为了提高张力的控制精度，人们还使用了其他方法。有的方法是在轧辊轴承座间设置张力传感器，目的是直接测量机架间的张力。另一种方法是与控制棒、线材连轧张力所用的方法相同，将轧制力 P 和轧制力矩 G 作为基本参数，通过计算来间接地测量张力。该法认为，力臂系数 $l = G/2P$ 是基本不变的，力臂的变化在连轧时就是由于张力的作用。还有的对轧件速度进行测量，认为张力将使测出的速度出现波动。

12.4 型材和棒、线材轧制的自动控制

12.4.1 型材和棒、线材的尺寸自动测量

由于产品的形状复杂，型材轧制的尺寸自动测量是比较困难的。厚度可以采用放射线测量，边宽可以用光学方法检测。在生产中已得到应用的 H 型钢边厚、腰厚尺寸测量仪器见图 12-24，对边宽自动测量的仪器见图 12-25。利用激光对钢板桩等复杂断面型钢进行形状测量的方法和仪器也正在研究中。

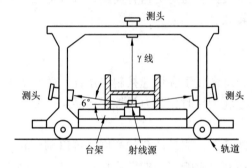

图 12-24 H 型钢的厚度自动检测

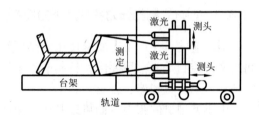

图 12-25 H 型钢边宽自动检测

在轧件冷却后进行常温形状和组织性能检测的仪器已经达到了实用的水平。在线实测的结果可以作为轧制规程设定和轧辊调整的依据。有些先进的轧机还在轧辊轴承座上安装了可以产生静电容量变化的装置，根据电容量的变化测量轧辊位置。安装电视摄影机，测量轧件的弯曲。

利用上述测量仪器，型材轧机的 AGC 已经投入使用。厚度的控制方式与板材轧制相似。在万能轧机上是从两个方向上轧制的，其轧制力互相影响，在控制上要考虑其特殊性。

型钢的尺寸自动测量落后于板材，随着多规格小批量生产方式的增多、对产品尺寸精度要求的提高和 AGC 技术应用的日渐扩大，对型钢尺寸测量的要求也越来越高，不仅要测量厚度和宽度，还要测量腰浪、弯曲、各部分之间的夹角等等。

在轧制过程中连续测量棒、线材直径最常见的是利用光学法，其原理见图 12-26。

被测物体的影像由 CCD（Charge Coupled Device）接收，根据其影像数计算直径。这种

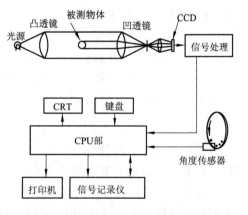

图 12-26 棒、线材直径连续测量的原理图

在热轧条件下连续测量棒、线材直径的精度可以达到 ±0.1mm。为适应更高精度的要求或者是测量更细的产品，还需要研究更有效的方法。

12.4.2 轧件尺寸自动控制

伴随轧机性能的提高、控制轧制和精密轧制的增加及线材盘重的增大，对轧件尺寸精

度的要求也日益提高。在孔型中轧制，不像轧板材那样，只在一个方向压下，是需要在高向和宽向交替压下的，前一机架的高向尺寸成为后一机架的宽向尺寸。轧件宽向变化也会影响压下率，而压下率又影响宽展，各个机架的尺寸变化将互相影响。在这种条件下，要想提高尺寸精度，需要控制的因素较多，见表12-1。在轧制中，要使用适当的孔型，调整好辊缝和轧辊转速，在一根轧件上避免出现轧制秒流量的变化，如果出现变化，也要通过张力调节迅速调整过来。

表12-1　影响尺寸精度的因素和提高尺寸精度的措施

项　目	影响尺寸精度的因素	为提高尺寸精度应采取的措施
材　料	材料特性（热变形抗力） 材料温度（均匀程度、氧化和脱碳）	1. 提高温度均匀性（控制装炉时间和装炉间隔） 2. 减少氧化和脱碳（控制气氛）
轧　机	轧机刚度	
孔　型	孔型形状 压下规程 孔型磨损	1. 提高圆度（合适的孔型设计，合适的压下规程） 2. 减少孔型磨损（检查磨损，使用高耐磨性能的材料）
张　力	张力变化	实行无张力或微张力轧制（自动张力控制）
导　卫	轧件倾倒	轧件导入、导出稳定
尺寸管理	尺寸在线测量	提高测量精度 实施自动控制

在型材和棒线材的高精度轧制过程中，均借助于前述的测量仪器进行 AGC 闭环控制。

除以上控制方法外，为提高尺寸精度，在孔型中轧制还有一个特殊的手段，就是利用成品孔型来约束变形，因此，在型材的高精度轧制中，合适的成品孔型设计也是一个重要的课题。下面举两个例子。

（1）使用真圆成品孔。在设计圆孔型时，一般情况下，为调整方便，圆孔型的侧壁总是要留有一定的开口度，使孔型宽度大于孔型高，以容纳多余金属，避免过充满。但这样做也就降低了尺寸精度。在高刚度的轧机和可以精确计算轧件宽展的情况下，为提高尺寸精度，即可以使用真圆成品孔，以约束轧件的宽展。

（2）三辊圆孔型。三辊孔型，见图12-2，从三个方向压下，可有效控制轧件的宽展。三辊孔型的断面积准确，用在连轧机上张力的波动小，这种孔型更适于精密轧制。

（3）精轧定径孔型。在异形材高精度轧制时，采用小辊径，短辊身，高刚度机架，小压下量精轧，尺寸 AGC 控制系统等技术措施，使用专门的精轧定径孔型可以明显提高轧件的尺寸精度。定径是提高型钢尺寸精度的最有效手段，已经为国内外的生产实践所证实。因为承担延伸的轧机与提高轧件尺寸精度为目的的精轧机在结构上是不一致的，故功能不能兼顾。

12.4.3　型材和棒、线材轧制的计算机控制

由于型材轧制的轧件变形复杂，轧件的尺寸测量困难也比较大。因此型钢轧制计算机控制的发展落后于板材轧制。自20世纪80年代以后，以 H 型钢万能连轧为代表的型钢轧制也逐渐完善了计算机控制生产。其计算机控制生产的框图和各部分的功能见图12-27。

在型材轧制中计算机控制的管理项目和检测仪器如表12-2所示。

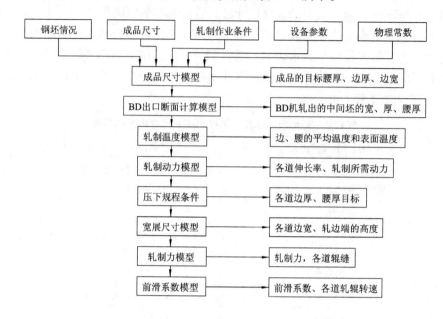

图 12-27 计算机控制模型的组成和各部分的功能图

表 12-2 在型钢轧制过程中的管理项目和检测仪器

工　程	质量特征	管理项目	检测仪器
加　热		加热温度和时间	温度测量仪
轧　制	产品尺寸	压下规程、压下量、伸长率、轧制温度	厚度仪、宽度仪和热金属检测器
切断、冷却	产品长度	锯切时的产品温度	轧件长度测量仪
矫　直	产品弯曲	产品温度、矫直压下量	弯曲测量
检　查	表面质量、各部分的尺寸	表面状态、各种尺寸、弯曲	探伤和各种尺寸及形状测量仪器
力学性能检验	力学性能	屈服强度、拉伸强度、伸长率	拉伸机
入　库			

　　棒、线材轧制，在钢种改变时，变形抗力可能有很大区别，另外有时轧制温度有很大的变化，导致轧制力有明显区别，此时不能忽视因轧机弹跳而造成的轧件尺寸变化。棒、线材轧机抵抗轧机弹跳的能力没有板带轧机大。在该情况下，应对轧制力进行预测，以补偿轧机的弹跳。这种工作只有依靠计算机控制系统才能完成，确定补偿值要计算轧辊间隙和轧辊转速。其计算机控制的框图见图12-28。在因钢种和轧制温度的变化而导致宽展有明显变化时，也要修正轧辊间隙，其控制方式基本相同。

　　为提高产品的尺寸精度，在计算机控制方式中，要将轧制过的前一根轧件的情报记录下来，并对下一根轧件的设定值进行修正。轧制后，轧件宽向和高向的尺寸变化，主要是由于轧辊间隙的变化、入口轧件宽向和高向尺寸变化所造成，在上述数据变化很小时，可以用线性关系表述。由于各道次前后的轧件宽向和高向尺寸变化有交互影响，每一道次的轧件尺寸波动会影响到最终的产品尺寸，应逐步修正各机架的轧辊间隙，轧件尺寸波动与这些间隙值可以简化成一次逼近式。

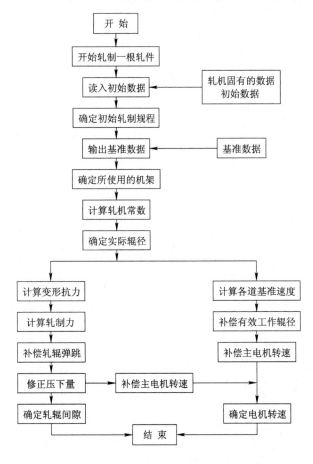

图 12-28 棒、线材连轧补偿轧机弹跳的计算机控制模型框图

第三篇练习题

3-1 型材生产的特点是什么？

3-2 根据什么参数确定型材轧机的大小？

3-3 分析横列式型材轧机与连续式型材轧机的特点。

3-4 二辊轧机孔型与四辊万能轧机孔型轧制凸缘型钢有什么区别？

3-5 在万能轧机孔型中轧制时，轧件有什么样的变形特点？

3-6 在什么情况下还要使用铸锭？

3-7 初轧机共有几种形式？

3-8 我国的中型型材轧机有什么特点？

3-9 棒、线材的生产特点是什么？

3-10 棒、线材轧制的发展方向有哪些？

3-11 简述螺纹钢筋余热淬火原理。

3-12 简述线材轧后控制冷却原理。

3-13 型材轧制的咬入条件和平辊轧制有什么区别？

3-14 孔型对轧件的延伸有什么影响？

3-15 孔型对轧件的宽展有什么影响？

第四篇

板、带材生产

13　板、带材生产概述

13.1　板、带产品特点、分类及技术要求

13.1.1　板、带产品的外形、使用与生产特点

板、带产品外形扁平，宽厚比大，单位体积的表面积也很大，这种外形特点带来其使用上的特点：

（1）表面积大，故包容覆盖能力强，在化工、容器、建筑、金属制品、金属结构等方面都得到广泛应用；

（2）可任意剪裁、弯曲、冲压、焊接、制成各种制品构件，使用灵活方便，在汽车、航空、造船及拖拉机制造等部门占有极其重要的地位；

（3）可弯曲、焊接成各类复杂断面的型钢、钢管、大型工字钢、槽钢等结构件，故称为"万能钢材"。

板、带材的生产具有以下特点：

（1）板、带材是用平辊轧出，故改变产品规格较简单容易，调整操作方便，易于实现全面计算机控制和进行自动化生产；

（2）带钢的形状简单，可成卷生产，且在国民经济中用量最大，故必须而且能够实现高速度的连轧生产；

（3）由于宽厚比和表面积都很大，故生产中轧制压力很大，可达数百万至数千万牛顿，因此轧机设备复杂庞大，而且对产品厚、宽尺寸精度和板形以及表面质量的控制也变得十分困难和复杂。

13.1.2　板、带材的分类及技术要求

13.1.2.1　板、带材产品分类

　　一般将单张供应的板材和成卷供应的带材总称为板、带材。板、带材品种规格繁多。按材料种类粗分有钢板钢带、铜板铜带和铝板铝带等，每类又可按尺寸规格和材料及用途细分为很多种。例如板、带钢按产品尺寸规格一般可分为厚板（包括中板和特厚板）、薄板和极薄带材（箔材）三类。我国一般称厚度在 4.0mm 以上者为中、厚板（其中 4～20mm 者为中板，20～60mm 者为厚板，60mm 以上者为特厚板），4.0～0.2mm 者为薄板，而 0.2mm 以下者为极薄带钢或箔材。目前箔材最薄可达 0.001mm，而特厚板可厚至 500mm 以上，最宽可达 5000mm。板、带材的这种分类虽然也是基于各类产品相似的技术要求和生产工艺与设备特点，但实际上各国习惯并不一样，其间也无固定的明显界限，如日本规定 3～6mm 为中板，6mm 以上为厚板。板带钢按用途又可分为造船板、锅炉板、桥梁板、压力容器板、汽车板、镀层板（镀锡、镀锌板等）、电工钢板、屋面板、深冲板、焊管坯、复合板及不锈、耐酸耐热等特殊用途钢板等。有关品种规格可参看国家标准。

13.1.2.2　板、带材技术要求

　　对板带材的技术要求具体体现为产品的标准。板、带材的产品标准一般包括有品种（规格）标准、技术条件、试验标准及交货标准等。根据板、带材用途的不同，对其提出的技术要求也各不一样，但基于其相似的外形特点和使用条件，其技术要求仍有共同的方面，归纳起来就是"尺寸精确板型好，表面光洁性能高"。这两句话指出了板带钢主要技术要求的四个方面。

　　（1）尺寸精度要求高。尺寸精度主要是厚度精度，因为它不仅影响到使用性能及连续自动冲压后步工序，而且在生产中的控制难度最大。此外厚度偏差对节约金属影响也很大。板、带钢由于 B/H 很大，厚度一般很小，厚度的微小变化势必引起其使用性能和金属消耗的巨大波动。故在板、带钢生产中一般都应力争高精度轧制以及按负公差轧制。

　　（2）板型要好。板型要平坦，无浪形瓢曲才好使用。例如，对普通中厚板，其每米长度上的瓢曲度不得大于 15mm，优质板不大于 10mm，对普通薄板原则上不大于 20mm。因此对板、带钢的板型要求是比较严的。但是由于板、带钢既宽且薄，对不均匀变形的敏感性又特别大，所以要保持良好的板型就很不容易。板、带越薄，其不均匀变形的敏感性越大，保持良好板型的难度也就越大。显然，板型的不良来源于变形的不均匀，而变形的不均又往往导致厚度的不均，因此板型的好坏往往与厚度精确度也有着直接的关系。

　　（3）表面质量要好。板、带钢是单位体积的表面积最大的一种钢材，又多用作外围构件，故必须保证表面的质量。无论是厚板或薄板，表面皆不得有气泡、结疤、拉裂、刮伤、折叠、裂缝、夹杂和压入氧化铁皮，因为这些缺陷不仅损害板制件的外观，而且往往败坏性能或成为产生破裂和锈蚀的策源地，成为应力集中的薄弱环节。例如，硅钢片表面的氧化铁皮和表面的光洁度就直接败坏磁性，深冲钢板表面的氧化铁皮会使冲压件表面粗糙甚至开裂，并使冲压工具迅速磨损，至于对不锈钢板等特殊用途的板、带，还可提出特殊的技术要求。

　　（4）性能要好。板、带钢的性能要求主要包括力学性能、工艺性能和某些钢板的特殊物理或化学性能。一般结构钢板只要求具备较好的工艺性能，例如，冷弯和焊接性能等，

而对力学性能的要求不很严格。对甲类钢钢板，则要保证性能，要求有一定的强度和塑性。对于重要用途的结构钢板，则要求有较好的综合性能，除要有良好的工艺性能、一定的强度和塑性以外，还要求保证一定的化学成分，保证良好的焊接性能、常温或低温的冲击韧性，或一定的冲压性能、一定的晶粒组织以及各向组织的均匀性等等。

除了上述各种结构钢板以外，还有各种特殊用途的钢板，如高温合金、不锈钢板、硅钢片、复合板等，它们或要求特殊的高温性能、低温性能、耐酸耐碱耐腐蚀性能，或要求一定的物理性能（如磁性）等。

13.2　板、带轧制技术的辩证发展

轧件变形和轧机变形是在轧制过程中同时存在的。我们的目的是要使轧件易于变形和轧机难于变形，亦即发展轧件的变形而控制和利用轧机的变形。由于板、带轧制的特点是轧制压力极大，轧件变形难，而轧机变形及其影响又大，因而使这个问题就成为左右板、带轧制技术发展的主要矛盾。

要使板、带在轧制时易于变形，主要有两个途径：一是努力降低板、带本身的变形抗力（可简称内阻），其最有效的措施就是加热并在轧制过程中抢温保温，使轧件具有较高而均匀的轧制温度；二是设法改变轧件变形时的应力状态，努力减小应力状态影响系数，减少外摩擦等对金属变形的阻力（可简称外阻），甚至化害为利以进一步降低金属变形抗力。至于控制和利用轧机的变形，则包括了增强和控制机架的刚性和辊系的刚性、控制和利用轧辊的变形以及采用液压弯辊与厚度和板形自动控制等各种实用技术措施。

13.2.1　围绕降低金属变形抗力（内阻）的演变与发展

板材最早都是成张地在单机架或双机架轧机上进行往复热轧的。这种轧制方法只适宜于轧制不太长及不很薄的钢板，因为这样才有利于轧制温度的保持，使轧制时有较低的变形抗力。对于轧制厚度 4mm 以下的薄板，由于温度降落太快及轧机弹跳太大，采用单张往复热轧十分困难。为了生产这种薄板，便只好采用叠轧的方法。因为只有通过叠轧使轧件总厚度增大，并采用无水冷却的热辊轧制，才能使轧制温度容易保持及克服轧机弹跳的障碍，以保证轧制过程的顺利进行。这种叠轧方法统治着薄板生产达三百年之久，直到现今在很多工业落后的国家还仍然采用。这种轧制方法的金属消耗大、产品质量低、劳动条件差、生产能力小，显然满足不了国民经济发展日益增长的需要。鉴于单层轧制薄而长的钢板时温度降落得太快，如果不叠轧，便必须快速操作和成卷轧制，才能争取有较高的和较均匀的轧制温度。这样，人们便很自然地想到采取成卷连续轧制的方法。

第一台板、带钢半连续热轧机在 1892 年建立，但由于受当时技术水平的限制，轧制速度太低（2m/s），使轧件温度降落太快，故并不成功。直到 1924 年第一台宽带钢连轧机在美国以 6.6m/s 的速度正式生产出合格产品。自 20 世纪 30 年代以后，板、带钢成卷连续轧制的生产方法得到迅速发展，在工业先进国家中很快占据了板带钢生产的统治地位。根据 1964 年日本统计资料（表 13-1），将热连轧机和叠轧薄板轧机进行比较，便可看出连轧方法的巨大优点。

表 13-1 热连轧机与叠轧薄板轧机经济指标比较

轧机类型	劳动生产率 /t·(人·h)⁻¹	成材率 /%	轧机生产率 /t·h⁻¹	每吨设备产量 /t·(t·年)⁻¹	热量消耗 /4.18kJ·t⁻¹	电力消耗 /kW·h·t⁻¹	轧辊消耗 /kg·t⁻¹
叠轧轧机	58	84.2	4.1	40	1156	205	22
热连轧机	1336	96.5	235	145	452	87	1.4

连轧方法是一种高效率的先进生产方法，虽然它的出现在很大程度上解决了优质板、带钢的大规模生产问题，但其建设投资大、设备制造难、生产规模只适合于大型钢铁企业的大批量生产。对于批量不大而品种较多的中小型企业，若想采用先进的成卷轧制方法，还必须另寻道路。显然，可逆式轧机更加适合于这方面的用途。为了在轧制过程中抢温保温，人们便很自然地提出将板卷置于加热炉内边轧制边加热保温的办法，因而于 1932 年在美国创建了第一台试验性炉卷轧机，到 1949 年终于正式应用于工业生产。这种轧机的主要优点是可用较少的设备投资和较灵活的工艺道次生产出批量不大而品种较多的产品，尤其适合于生产塑性较差、加工温度范围较窄的合金钢板带。但由于它有着单机轧制的特点，故产品表面质量及尺寸精度都较差，其单位产量的投资要比连轧方法大一倍以上。

为了寻求更好的高效率轧制方法，20 世纪 40 年代以后人们又开始进行着各种行星轧机的试验研究。行星轧机的基本特点是利用分散变形的原理实现金属的大压缩量变形。由于大量变形热使轧件在轧制过程中不仅不降低温度，反而可升温 50~100℃，这就从根本上彻底解决了成卷轧制带钢时的温度降落问题。用行星轧机生产带钢与其他板、带钢生产方法的比较如表 13-2 及图 13-1 所示。由此可知行星轧机每吨产品的投资和成本与连续式轧机相比都大大地降低了，在经济上行星轧机不仅要比炉卷轧机优越得多，而且甚至有赶上和超过连续式轧机的希望。显而易见，对中小型企业生产热轧板卷而言，行星轧机应该是大有发展前途的。

表 13-2 各种轧机经济指标比较

项 目	半连轧机（190 万吨）	连续轧机（300 万吨）	行星轧机（72 万吨）
全部投资/万美元	6300	8900	960
其中机械设备投资/万美元	1450	2450	415
每吨产品投资/美元	33.2	29.7	13.3
每吨产品生产成本/美元	16.4	14.8	9.9

行星轧机虽有很多优点，但也还存在一些有待解决的问题。例如，它的设备结构较为复杂，制造与维护较难，要求上、下的各工作辊都必须严格保持同步，轧件严格对中，加之轴承易磨损，因而事故较多，作业率不高。此外，这种轧机的原料和产品都较单一，生产灵活性差，并且难以轧得太宽太薄。20世纪 60 年代出现的单行星辊轧机，免除了上下工作辊严格同步的麻烦，轧机结构大为简化，且使轴承座圈的结构更加强固，能承受

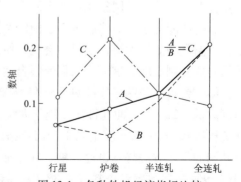

图 13-1 各种轧机经济指标比较
A—设备总投资；B—生产能力；C—单位产量的投资

更大的离心力，因而提高了轧制速度和生产能力。这种轧机若采用连铸薄板坯为原料，其生产灵活性也可增大。

随着所轧板、带钢厚度的不断减小，当厚度小于 0.8～1.0mm 以下时，若仍成卷热轧，则轧制温度很难保持，并且轧制薄板还必须前后施加较大的张力，才能使板形平直及轧制过程正常进行，因而便只好放弃热轧而采用冷轧的方法。虽然在冷轧之前及冷轧过程中，往往也采用退火来消除加工硬化，以降低钢的变形抗力，但就冷轧生产而言，占主要地位的技术措施已经不是去降低内阻，而是要努力降低外阻，例如努力减小工作辊直径及辊面摩擦系数等。

但是冷轧毕竟是金属变形抗力更大、耗能更多而且工序复杂的加工方式。能否不用冷轧而继续采用热轧或温轧的方法生产出厚度在 1mm 以下的薄带钢，这也是近代板、带钢生产技术的一个发展方向，并且一些工业发达的国家已经在着手研究。其生产试验方案之一如图 13-2 所示。在通常的热轧以后追加水冷装置和温轧机架，于铁素体珠光体领域，最好是铁素体单相区进行低温热轧或温轧，由追加的近距离卷取机进行卷取。试验表明，将这种板卷进行再结晶退火以后，具有与通常一次冷轧退火方法所得产品相同的深冲性能，而价格更为便宜。当进行通常的热轧时则停止附加喷水，在附加机列上进行奥氏体领域的热轧，经水冷后进行卷取。近年采用无头轧制技术的热连轧机和薄板坯连铸连轧机都能热轧 1.0mm，甚至 0.8mm 厚的带钢卷，并可以取代大部分的冷轧带钢。

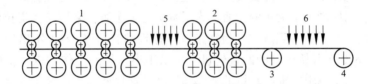

图 13-2　试验轧机布置举例

1—热轧精轧机列；2—附加机列；3—近距离卷取机；4—远距离卷取机；5，6—喷水

从降低金属变形抗力、降低能源消耗及简化生产过程出发，近代还出现了连铸连轧及无锭轧制（连续铸轧）等生产方法。这些新工艺在有色金属板、带及线材生产方面早已广泛应用，现正向钢铁生产领域延扩。早在 20 世纪 50～60 年代，苏联和中国即已采用连续铸轧的生产方法生产铁板及试验生产钢板了。1981 年日本堺厂实现了宽带钢的连铸-直接轧制。1989 年及 1992 年德国 SMS 及 DMH 公司分别在美国和意大利实现了薄板坯连铸连轧和连续铸轧，就是明显例证。图 13-3 为各种金属连续铸轧机示意图。

13.2.2　围绕降低应力状态影响系数（外阻）的演变与发展

板带钢热轧时重点在降低内阻，但随着产品厚度减小，降低外阻也愈趋重要。轧制厚度更薄而又不加热的板、带钢，不仅内阻大，而且外阻更大，此时若不致力于降低外阻的影响，要想轧出合格产品就极其困难。故冷轧板、带时重点在降低外阻。通常降低外阻的主要技术措施就是减小工作辊直径、采用优质轧制润滑液和采取张力轧制，以减小应力状态影响系数。其中最主要、最活跃的是减小轧辊直径，由此而出现了从二辊到多辊的各种形式的板、带钢轧机。

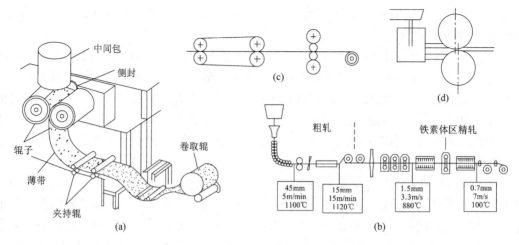

图 13-3　各种连续铸轧机示意图

(a) 带材双辊直接铸轧机；(b) 薄板坯连续铸轧、连铸-连轧生产线；(c) 双带式铸轧机；(d) 铝板铸轧机

　　板、带生产最初都是采用二辊式轧机。为了能以较少的道次轧制更薄更宽的钢板，必须加大轧辊的直径，才能有足够的强度和刚度去承受更大的压力，但是轧辊直径增大又反过来使轧制压力急剧增大，从而使轧机弹性变形增大，以致在轧辊直径与板厚之比达到一定值以后，就使轧件根本不可能实现延伸。这样，在减小轧制压力和提高轧辊强度及刚度的两方面要求之间便产生了尖锐的矛盾。为了解决这个矛盾，采用了大支撑辊与小工作辊分工合作的办法，使矛盾得到解决，最初带有支撑辊的轧机是 1864 年出现的三辊劳特轧机，接着就是 1870 年开始出现的四辊轧机。它采用小直径的工作辊以降低压力和增加延伸，采用大直径的支撑辊以提高轧机的强度和刚度。这样便大大提高了轧制效率和板、带钢的质量，能生产出更宽更薄的钢板。因此，无论是热轧还是冷轧，这种四辊轧机都能得到广泛的应用。通常四辊轧机多是采用工作辊传动，较大的轧制扭转力矩限制了工作辊直径的继续减小。因而在轧制更薄的板带钢时，还可以采用支撑辊传动，以便进一步减小工作辊直径，降低轧制压力，提高轧制效率。

　　四辊轧机纵然采用支撑辊传动，但其工作辊也不可能太小。因为当直径小到一定限度时，其水平方向的刚度即感不足，轧辊会产生水平弯曲，使板形和尺寸精度变坏，甚至使轧制过程无法进行。这样，在四辊轧机上轧制极薄带钢时，降低压力与保证轧辊刚度之间又产生了新的矛盾。因而为了进一步减小轧辊直径，就必须设法防止工作辊水平弯曲。六辊式轧机本来就是为解决这一矛盾而产生的。但由图 13-4 (d) 可以看出，六辊轧机由于几何上的原因，其工作辊直径若小于支撑辊直径的四分之一时，将使工作辊不能接触轧件，因而使工作辊直径的减小受到限制。为了达到更进一步减小工作辊直径的目的，1925年以后出现了罗恩（Rohn）型多辊轧机。但是罗恩型轧机对于宽板带钢的生产还嫌刚性不足，于是 1932 年以后，主要是第二次世界大战末期，又迅速发展了森吉米尔（Sendizimir）型多辊轧机。以 12 辊、20 辊轧机为代表的多辊轧机虽然能较好地满足了极薄带钢生产的要求，但也存在着缺点，主要是结构复杂，制造安装及调整都较难，一般轧制速度也不高。为了减轻制造和调整操作上的困难，于是又出现不对称式的多辊轧机，它采用直径相差很大的两个工作辊，如图 13-4(g) 所示，以减小轧辊交叉所产生的影响，简化轧机

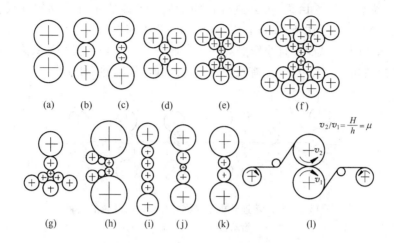

图 13-4 各种结构轧机的发展

(a) 二辊式；(b) 三辊式；(c) 四辊式；(d) 六辊式；(e) 十二辊式；(f) 二十辊式；(g) 不对称八辊；
(h) 偏八辊；(i) HC 轧机；(j) 异径五辊及泰勒轧机；(k) 不对称异径四辊；(l) 异步二辊

的调整和板形控制。但它毕竟还相当复杂，一般多辊轧机的缺点并未在本质上得到改善。

1952 年出现的偏八辊轧机是生产中行之有效并受欢迎的轧机，其主要特点是在采用支撑辊传动的四辊冷轧机的工作辊一侧增加了侧向支撑辊，并将工作辊的轴线偏移于支撑辊轴线的一侧，以防止工作辊的旁弯，从而可使工作辊直径大大减小，如图 13-4（h）所示。这种轧机由于工作辊游动而使咬入能力减弱，轧辊受力稳定性往往也嫌不够。不对称异径辊轧机采用游动的小工作辊负责降低压力，而用大工作辊提供咬入和传递力矩，避免了上述缺点；如图 13-4（j）、(k) 所示，由于一个工作辊直径的减小，便大大减小了变形区长度和单位压力，从而不仅大幅度降低了轧制压力，而且还大幅度减小了轧制力矩和能耗，并显著改善了产品厚度精度和板形质量。

1971 年苏联发表了 B. H. Выдрин 等人的拔轧（ПВ）式异步轧机专利，轧制过程如图 13-4 (l) 所示，其要点为两辊速度不等，其速度之比等于伸长率，并且轧件对上、下辊有包角，其前、后加张力。上下两辊对接触表面上的摩擦力大小相等、方向相反，快速辊的前滑为零，即其接触弧上全为后滑区，而慢速辊则全为前滑区。再加上前后张力的影响，此时将减轻或消除摩擦力对应力状态的有害影响，在变形区造成相符于平面压缩-拉伸的异步轧制。由塑性变形原理已知，最有利的平面应力状态为所谓"纯剪"，该状态的主应力绝对值相等而符号相反，纯剪时变形抗力理论上约为金属平均屈服极限的 60%，从而使轧制薄板时的压力得以大幅度降低，异步轧制还可以减少薄边和裂边，可进行良好的板形控制，提高厚度精度及轧机的轧薄能力，并可大大简化自动控制系统和提高其快速响应性。近代日本和中国在 ПВ 轧制法的基础上进一步研究，在普通四辊带钢轧机上实现了异步轧制，并取得成功。

其实，采用单传动辊轧制（例如，叠轧薄板）也自然地要使两工作辊产生一定的速度差，从而使轧制压力有所降低。例如，当单辊传动轧制两辊速度差 5%～10% 时，将在一定的变形区长度上出现搓轧区，一般可能使轧制压力下降约 5%～20%。由于单传动辊轧制时上下辊速度的配合是自然的，过程简单易行，无需复杂的控制系统，因而也很值得研

究。日本新日铁室兰厂将 1420mm 热连轧机组最后三架改成单辊传动的异径辊轧机（图
13-5），其工作辊的直径由 665mm 改成 408mm，为游动辊。试验表明，轧制压力减少
20% ~40%，薄边大为减少，且小辊磨耗并无明显增加，取得了很好的效果。这主要是由
于采用异径辊轧制的作用，与现代有意控制速比的异步轧制并不相同。

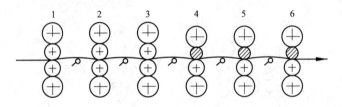

图 13-5　某厂热连轧机不对称异径轧制时轧辊的配置

◎—游动的小工作辊（φ408mm）

在改进轧制润滑效率以降低外摩擦影响方面，值得指出的是热轧润滑的发展。如图
13-6 所示，热轧采用润滑后可使轧制压力减小约 10% ~20%，同时使所轧带钢的断面形
状和表面质量也得到改善。此外，还可使轧辊的磨损消耗减少约 30%（图 13-7），增长了
轧辊的使用寿命，减少了轧辊消耗及换辊的时间。热轧润滑在油种选择上的要求基本上与
冷轧相似，即要求其摩擦系数小，难以热分解，价格便宜和来源广阔。在给油的方法上要
使油给到轧辊上不被水冲走，以充分发挥润滑效果。一般多在支撑辊出口侧给油，但也可
在工作辊入口侧尽量靠近带钢的地方给油，都可收到较好的效果。

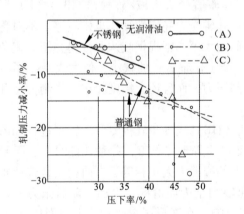

图 13-6　轧制润滑油对压力的影响

（A）—矿物油＋菜籽油 0.2%；（B）—矿物油＋
菜子油 0.3%；（C）—牛油 0.1%

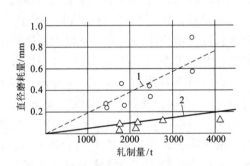

图 13-7　轧制润滑油对轧辊磨耗的影响

1—无润滑油；2—牛油润滑

13.2.3　围绕减少和控制轧机变形的演变与发展

要减少轧机变形的不利影响，除上面所述的减小轧制压力的种种措施以外，主要就是
增强及控制轧机（轧辊）的刚度和变形。

增大轧机刚度包括加大机架牌坊的刚度和辊系的刚度，例如，增大牌坊立柱断面、加
大支撑辊直径、采用多辊及多支点的支撑辊、提高轧辊材质的弹性模量及辊面硬度等。由
于钢板愈宽愈薄愈难轧，故薄带钢多辊轧机和宽厚板轧机便集中反映了这些特点。多辊轧

机的工作机座为矩形整体铸成，既短又粗，刚性很强。宽厚板轧机牌坊立柱断面现已达 $10000cm^2$ 以上，牌坊重达 $250 \sim 450t$，轧机刚度系数增至 $8000 \sim 10000kN/mm$，支撑辊直径达 $2400mm$。冷轧机的刚度系数则最大达 $30000 \sim 40000kN/mm$。因此，为了提高轧机刚度，使得板、带钢轧机变得愈来愈粗大而笨重。

应该指出，为了提高板、带钢的厚度精度，并不总是要求提高轧机的刚度，而是要求轧机最好做到刚度可控。按此，在连轧机上最好采用所谓"刚度倾斜分配"的轧机，即在来料厚度不均影响较强烈的前几架轧机采用大的刚度，而在以板形和精度要求为主的后几机架，特别是末架，则采用较小的刚度。例如，某厂五机架冷连轧采用了如图 13-8 所示的刚度分配，结果使板厚精度比一般连轧机有显著的提高。某一轧机的自然刚度系数虽然是不变的，但由于增设了液压装置，实际发生作用的轧机刚度系数随辊缝调节量的不同而不同，故称其为刚度可变，而此时的轧制称为变刚度轧制（此刚度为等效或当量刚度）。

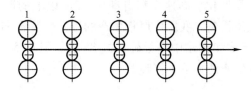

机架号	1	2	3	4	5
刚度系数/kN·mm^{-1}	35000	35000	7000	7000	2000

图 13-8　刚度倾斜分配的冷连轧机

轧机的刚度不论如何提高，轧机的变形也只能减小而不能完全消除。因而在提高轧机刚度的同时，还必须采取措施来控制和利用这种变形，以减小其对板、带钢厚度的影响。这就是要对板、带钢的横向和纵向厚度进行控制。如前所述，板、带钢纵向厚度的自动控制问题迄今可以说已基本解决。近年着重研究发展的是横向厚度和板形的控制技术。控制板形和横向厚差的传统方法是正确设计辊型和利用调辊温、调压下来控制辊型，但它们的反应缓慢而且能力有限。为了及时而有效地控制板形和横向厚差，近代广泛采用了"弯辊控制"技术。本来辊型快速调整装置在冷轧薄板的多辊轧机早已采用，例如，采用机械式调支撑辊弯曲变形（弯辊）的装置，使用效果很好。但对大型四辊轧机，辊型快速调整系统却只是 20 世纪 60 年代以来采用了液压弯辊技术以后才发展起来的。到 20 世纪 70 年代新建的大型四辊板带轧机几乎全都装设了液压弯辊装置，这样不仅可有效地提高了精度和保证了板形，而且还可以延长轧辊寿命，减少换辊次数，提高轧机产量。这种方法存在的问题是在对宽板带钢轧制时，工作辊的弯辊效果不大，而支撑辊的弯辊设备又过于庞大，轧辊轴承和辊颈要承受较大的反弯力，影响其寿命和精度，此外液压装置的使用和维护也较复杂，并且由于板形检测技术尚未过关，目前还很难实现自动控制。因此，人们又进一步研究新的控制板形和厚度的方法，近代出现的 HC 轧机以及很多控制板形的新技术和新轧机就是要更好地解决这个问题。这部分内容将在第 17 章中详细叙述。

14   热轧板、带材生产

14.1   中、厚板生产

近代由于船舶制造业、桥梁建筑业、石油化工等工业迅速发展，使得钢板焊接构件、焊接钢管及型材广泛应用，因而需要大量宽而长的优质厚板，使中、厚板生产得到很快发展。我国中、厚板生产为世界之冠，2008 年产量达 5971 万吨。中、厚板生产日益趋向合金化和大型化，轧机日趋重型化、高速化和自动化，3m 以上的巨型四辊宽厚板轧机目前已成为生产中、厚板的主流设备，我国中厚板生产的工艺、装备和产品已逐步达到世界先进水平，到 2008 年我国已建和在建中厚板轧机共 85 套，其中 5m 级的 8 套，4m 级的 15 套，3m 级的 36 套，具备生产能力近 1 亿吨。

14.1.1   中、厚板轧机的型式及其布置

中、厚板轧机的型式不一，从机架结构来看有二辊可逆式、三辊劳特式、四辊可逆式、万能式和复合式之分；就机架布置而言又有单机架、顺列或并列双机架及多机架连续或半连式轧机之别。

二辊可逆式轧机是一种旧式轧机，由于其辊系的刚度较差，轧制精度不高，目前已不再单独兴建，只是有时作为粗轧或开坯机之用。三辊劳特式轧机也是一种过时的中板轧机，其上、下轧辊直径 700 ~ 850mm，中辊直径 500 ~ 550mm，辊身长度 1800 ~ 2300mm，它可以采用交流电机传动以实现往复轧制，这种轧机投资少，建厂快，但由于辊系刚度仍不够大，轧机咬入能力较弱，前后升降台等设备也比较笨重复杂，故已逐渐为四辊轧机所代替。四辊可逆式轧机是现代应用最广泛的中、厚板轧机，适于轧制各种尺寸规格的中、厚板，尤其是轧制精度和板形要求较严的宽厚度，更是非用它不可。万能式轧机现在主要的形式是在主机架的一侧（或两侧）安装了一对（或两对）立辊的四辊（或二辊）可逆式轧机。这种轧机的本意是要生产齐边钢板，不用剪边，以降低金属消耗，提高成材率。但理论和实践表明：立辊轧边只是对于轧件宽厚比（B/H）小于 60 ~ 70 时才能产生作用，而对于可逆式中、厚板轧机，尤其是宽厚板轧机，由于 B/H 太大，用立辊轧边时钢板很容易产生纵向弯曲，不仅起不到轧边作用，反而使操作复杂，容易造成事故，并且立辊与水平辊要实现同步运行还会增加电气设备和操作的复杂性。一句话，就是"投资大、效果小、麻烦多"。因此，自 20 世纪 70 年代以来，新建轧机一般已不采用立辊机架。值得指出的是近年来为了提高成材率对于厚板的 V-H 轧制（立辊加水平辊轧制）又在进行积极研究开发，其目的是想用其生产不用切边的钢板和对板带宽度进行更有效的控制。这当然是很有意义和前途的研究。总之，厚板轧制技术发展很快。现代新建的厚板轧机轧辊尺寸可达（$\phi 1200/2400$）mm × 5500mm，最大轧制压力达 45000 ~ 100000N，牌坊重量达 250 ~ 450t，最大轧制速度为 5 ~ 7.5m/s，主传动电机功率达 18000kW。采用全面计算机控制。

年产量达 180~240 万吨。

中厚板轧机的布置早期多为单机架式，后发展为双机架式和多机架式。当前，单机架式虽仍占一席之地，而占主导地位的已是双机架式轧机了，它是把粗轧和精轧两个阶段的不同任务和要求分别放到两个机架上去完成。其主要优点是：不仅产量高，而且表面质量、尺寸精度和板形都较好，并可延长轧辊寿命，缩减换辊次数等。其粗轧机可采用二辊可逆式、四辊可逆式，早期也采用三辊劳特式，而精轧机则一般皆用四辊可逆式。我国目前已将原有大多数 2300mm 三辊劳特式轧机改造成四辊单机架或双机架轧机。而双机架式还是以二辊粗轧机加四辊精轧机的顺列布置较普遍。美国、加拿大等多采用二辊加四辊式，而欧洲和日本则多采用四辊加四辊式。后者的优点是：粗、精轧道次分配较合理，产量高；可使进入精轧机的来料断面较均匀，质量好；粗、精轧可分别独立生产，较灵活。缺点是粗轧机工作辊直径大，因而轧机结构笨重而复杂，使投资增大。

连续式或半连续式多机架轧机是生产宽带钢的高效率轧机，实际也是一种中、厚板轧机。因其成卷生产的板带厚度已达 25mm 或以上，这就是说几乎所有的中板，或者说几乎 2/3 的中、厚板，都可在连轧机上生产。但其宽度一般不大，而且轧制较厚的中板时常导致终轧温度过高。由于轧制中、厚板一般用不着抢温保温，故不一定要专门采用昂贵的连轧机来生产，只用单、双机架可逆式轧机即可满足一般要求。

图 14-1 为我国鞍钢新建的 5500mm 宽厚板厂的平面布置。该厂采用双机架四辊可逆式轧机，轧辊尺寸为（$\phi 1240/2400$）mm × 5500mm，最大轧制力 105MN，粗、精轧机电机容量均为 10000kW（交流），年产 230 万吨。

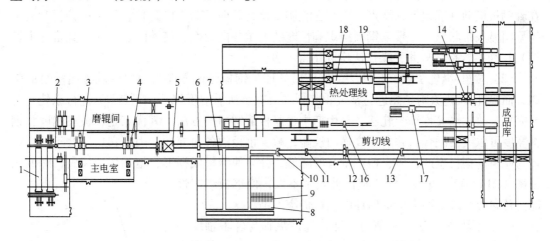

图 14-1　鞍钢鲅鱼圈 5500mm 宽厚板厂平面布置图

1—加热炉；2—除鳞箱；3—粗轧机（预留）；4—精轧机；5—加速冷却装置；6—热矫直机；7—冷床；
8—横移台架；9—翻板机；10—切头剪；11—在线超声波探伤装置；12—双边剪；13—定尺剪；
14—预堆垛机；15—冷矫直机；16—压平机；17—抛丸机；18—热处理炉；19—淬火机

14.1.2　中、厚板生产工艺

轧制中、厚板所用的原料可采用连铸板坯，特厚板也可用扁锭。使用连铸坯已是主流。为了保证板材的组织性能轧制应该具有足够的压缩比，美国认为 4~5 倍的压缩比已够，日本则要求在 6 倍以上，而德国则认为 3.1 倍即可。图 14-2 为不同板厚（压缩比）

与铁素体晶粒度的关系。可见提高压缩比有利于组织性能的保证。我国生产实践表明，采用厚 150mm 的连铸坯生产厚 12mm 以下的钢板较为理想。实际上对一般用途的钢板宜取 6~8 倍以上，而重要用途者宜在 8~10 倍以上更为可靠。

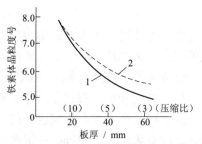

图 14-2　铁素体晶粒度与板厚的关系
1—1/2 板厚，中部；2—1/2 板厚，边部

中厚板的轧制过程可分为除鳞、粗轧和精轧几个阶段。除鳞是要将炉生铁皮和次生铁皮除净以免压入表面产生缺陷。这必须在轧制开始趁铁皮尚未压入表面时进行。除鳞方法有多种，例如投以竹枝、杏条、食盐等，或采用辊压机、钢丝刷，或用压缩空气、蒸汽吹扫，或用除鳞机和高压水等等。实践表明，现代工厂只采用投资很少的高压水除鳞箱及轧机前后的高压水喷头即可满足除鳞要求，其水压过去为 12MPa 左右，嫌低，现已采用 15~25MPa 以上，合金钢则需更高的水压值。

粗轧阶段的主要任务是将板坯或扁锭展宽到所需要的宽度并进行大压缩延伸，为此而有多种操作方法，主要的有纵轧法、横轧法、角轧法、综合轧法以及最近日本开发的平面形状控制法（MAS）等。

（1）全纵轧法。所谓纵轧即钢板轧制的延伸方向与原料（锭、坯）纵轴方向相重合的轧制。当板坯宽度大于或等于钢板宽度时，即可不用展宽而直接纵轧成成品，这可称之为全纵轧操作方式。其优点是产量高，且钢锭头部的缺陷不致扩展到钢板的长度上，但存在着钢板横向性能太低的缺点，因其在轧制中始终只向一个方向延伸，使钢中偏析和夹杂等呈明显条带状分布，带来钢板组织和性能的严重各向异性，使横向性能（尤其是冲击韧性）往往不合格。故此种操作法实际用得不多。

（2）横轧-纵轧法或综合轧法。所谓横轧即是钢板延伸方向与原料纵轴方向垂直的轧制，而横轧-纵轧法则是先进行横轧，将板坯展宽至所需宽度以后，再转 90° 进行纵轧，直至完成。故此法又称综合轧法，是生产中、厚板最常用的方法。其优点是：板坯宽度和钢板宽度可以灵活配合，并可提高横向性能，减少钢板的各向异性，因而它更适合于以连铸坯为原料的钢板生产，但它使产量有所降低，并易使钢板成桶形，增加切边损失，降低成材率（图 14-3）。此外，由于横向伸长率不大，使钢板组织性能的各向异性改善不多，横向性能往往仍嫌不足。

（3）角轧-纵轧法。所谓角轧即让轧件纵轴与轧辊轴线呈一定角度将轧件送入轧辊进行轧制的方法（图 14-4）。其送入

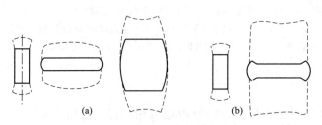

图 14-3　综合轧制及横轧变形情况比较
（a）综合轧制；（b）横轧

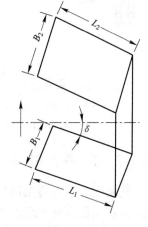

图 14-4　角轧

角 δ 一般在 $15°\sim45°$ 范围内。每一对角线轧制 $1\sim2$ 道后，即行更换另一对角线进行轧制，其目的是使轧件迅速展宽而又尽量保持正方形状。每道轧后宽度按下式求出：

$$B_2 = B_1 \frac{\mu}{\sqrt{1 + \sin^2\delta(\mu^2 - 1)}} \tag{14-1}$$

式中　B_1，B_2——轧制前、后钢板的宽度；

　　　δ，μ——该道送入角及延伸系数。

角轧的优点是可以改善咬入条件、提高压下量和减少咬入时产生的巨大冲击，有利于设备的维护；板坯太窄时还可防止轧件在导板上"横搁"。缺点是需要拨钢，使轧制时间延长，降低产量，且送入角及钢板形状难以正确控制，使切损增大，使成材率降低；劳动强度大，操作复杂，难以实现自动化。故只在轧机较弱或板坯较窄时才采用。

（4）全横轧法。此法是将板坯进行横轧直至轧成成品，显然，这只有当板坯长度大于或等于钢板宽度时才能采用。若以连铸坯为原料，则全横轧法与全纵轧法一样都会使钢板的组织和性能产生明显的各向异性。但当使用初轧坯为原料时，则横轧法比纵轧法具有更多优点：首先是横轧大大减轻了钢板组织和性能的各向异性，显著提高钢板横向的塑性和冲击韧性（图14-5），因而提高了钢板综合性能的合格率。例如，我国某厂根据热轧 4C 船板生产检验数据的统计分析结果，表明横轧比纵轧的 $-40℃$ 冲击韧性合格率要高 24.5%；某研究所采用同一罐号钢的板坯，在其他轧制工艺条件基本相同时，进行 4C 船板的纵、横轧对比试验，结果是横轧比纵轧的综合性能合格率高 50%。横轧之所以能改善力学性能，

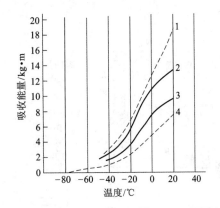

图 14-5　横轧效果举例（2mmV 形缺口冲击值）
1，4—纵轧纵向及横向；2，3—横轧纵向及横向

是因为随着金属大量横向延伸，钢锭中纵向偏析带的硫化物夹杂等沿横向铺开分散了，硫化物的形状不再是纵轧时的细长条状，而是粗短片状和点网状，片状组织随之减轻，晶粒也趋于等轴，因而改善了钢板的横向性能，减少了各向异性。为了使钢板得到较为均一的综合性能，应该在由铸锭（或钢坯）算起的总变形中使其纵、横变形之比趋近相等。此外，横轧比综合轧制可以得到更齐整的边部，钢板不成桶形，因而减少切损，提高成材率。还由于减少一次转钢时间，使产量也有所提高。因此横轧法经常应用于以初轧坯为原料的厚板厂。

（5）平面形状控制轧法。即 MAS 轧制法及差厚展宽轧制法，综合轧制法是中、厚板常用的轧法，一般可分为三步，首先是纵轧 $1\sim2$ 道以平整板坯，称为整形轧制，然后转 $90°$ 进行横轧展宽，最后再转 $90°$ 进行纵轧成材。综合轧制易使钢板成桶形，增加切损，降低成材率。日本新开发的平面形状控制轧法就是在整形轧制或展宽轧制时改变板坯两端的厚度形状，以达到消除桶形，提高成材率的目的。

MAS 轧制法是日本川崎制铁所水岛厂钢板平面形状自动控制轧法的简称，由于坯形似狗骨，故又称狗骨头轧制（DBR）法。它就是根据每种尺寸的钢板在终轧后桶形平面形状的变化量，计算出粗轧展宽阶段坯料厚度的变化量，以求最终轧出的钢板平面形状矩形

化。其过程如图 14-6 所示。轧制中为了控制切边损失，在整形轧制的最后一道中沿轧制方向给予预定的厚度变化，称为整形 MAS 轧法；而为了控制头尾切损，在展宽轧制的最后道次沿轧制方向给予预定的厚度变化，则称为展宽 MAS 轧法。

之后日本又开发出新的平面形状控制法称为差厚展宽轧制法，其过程和原理如图 14-7 所示。如图 14-7（a）在展宽轧制中平面形状出现桶形，端部宽度比中部要窄 ΔB，令窄端部的长度为 αL（其中 α 为系数，取 0.1 ~ 0.12，L 为板坯长度即轧件宽度），若把此部分展宽到与中部同宽，就可得到矩形，纵轧后边部将基本平直。为此进行如图 14-7（b）那样的轧制，即将轧辊倾斜一个角度 θ，在端部多压下 Δh_e 的量，让它多展宽一点，使其成矩形。取微分单元 dx 加以考虑（令 $B=1$），由相似三角形及体积不变原则可求得 Δh_e 为：

$$\Delta h_e = h\Delta B/B$$

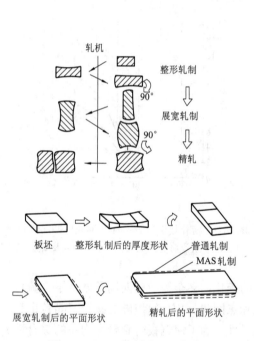

图 14-6　MAS 轧制过程示意图

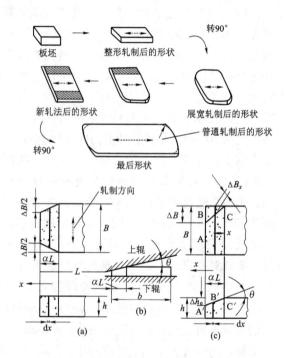

图 14-7　差厚展宽轧制法过程及原理示意图
（a）展宽轧制后的形状；（b）轧辊倾斜轧端部；
（c）新轧制法轧后的形状

因此轧辊倾角 θ 的正切为

$$\tan\theta = \Delta h_e/\alpha L = h\Delta B/\alpha LB \tag{14-2}$$

由此 $\tan\theta$ 即可按下式求出两个压下螺丝的位置：

$$S_1 = h + \left(\frac{L'+L}{2} - \alpha L\right)\tan\theta$$

$$S_2 = h - \left(\frac{L'-L}{2} + \alpha L\right)\tan\theta \tag{14-3}$$

式中 L'——两压下螺丝中心距。其余符号见图 14-7。

采用 MAS 轧制法或差厚展宽轧制法可以明显减少切边切头损失，提高了成材率。日本水岛制铁所第二厚板厂用 MAS 法可提高成材率 4.4%。在普通轧制法中展宽比愈大，切损愈大，而在 MAS 法中切损与展宽比无关。

但是在采用这些新的轧制方法，尤其是 MAS 轧制法时，要求轧机必须高度自动化，并利用平面形状预测数学模型，通过计算机自动控制才能实现。现代厚板轧机都设有液压 AGC 系统来控制厚度精度，一些厂家还利用 AGC 技术生产楔形板或变厚度板。很多中厚板轧机采用工作辊交叉（PC）或窜辊技术（HCW 或 CVC）控制钢板的凸度和板形。

中、厚板的粗轧和精轧阶段并无明显的界限。通常双机架式轧机的第一架称为粗轧机，第二架为精轧机。粗轧的主要任务是整形、展宽和延伸，精轧则是延伸和质量控制，包括厚度、板形、性能及表面质量的控制，后者主要取决于精轧辊面的精度和硬度。

中、厚板轧后精整包括矫直、冷却、划线、剪切、检查及清理缺陷乃至热处理和酸碱洗等。现代化厚板厂所有精整工序多是布置在金属流程线上，由辊道及移送机进行转运，机械化自动化水平日益提高。

为使板形平直，钢板轧后须趁热进行矫直。矫直机已由二重式进化为 9 ~ 11 辊四重式。终矫温度常为 500 ~ 750℃。对特厚钢板采用压力机进行矫直更为合适。为矫直高强度钢板还须设置高强冷矫机。为了冷却均匀并防止刮伤，近代多采用步进式运载冷床，并在冷床中设置了雾化冷却甚至喷水冷却装置。厚板冷至 200 ~ 150℃ 以下便可进行检查、划线和剪切了。除表面检查以外，现在还采用在线超声探伤以检查内部缺陷。现代采用自行式自动量尺划线机和利用测量辊的固定式量尺划线机，与计算机控制系统相结合，使精整操作更为合理。厚度 26mm 以下的钢板采用圆盘剪，速度可达 100 ~ 120m/min，美国还打算采用连续双圆盘剪剪切厚至 40mm 的钢板，以提高效率及切边质量。厚至 50mm 的钢板采用双边剪进行切边。横切剪形式由侧刀剪和摇摆剪改进为滚切剪。1968 年日本开发了一种双边剪-横剪接近布置的所谓"联合剪切机"，使厚板剪切线布置又有新的发展。这种新布置的剪切机不仅大大减小了剪切区厂房的面积（减少 80% 以上），而且可使剪切过程实现自动化。与现代化剪切机相配合的辅助装置还有剪切线板形形状测量装置（PSG），它可以测定钢板自动喷印的位置及划线的位置、给联合剪发送切头长度指示以及确定不规则长度，并一次判断是否产生剩余材以及剩余长度，同时向轧机操作室反馈定尺实际情况。PSG 板形识别系统还可以与钢板平面控制方法配合，在线控制钢板平面形状。由于用重型剪切机来剪切数量不多的 50mm 以上厚度的钢板是不经济的，故对此种特厚钢板常用连续气割甚至刨床进行切断。

如果对钢板力学性能有特殊要求，还需要进行热处理。近年来在中厚钢板生产中虽已广泛采用控制轧制与控制冷却新工艺，可提高钢板的力学性能，取代部分产品的常化工艺的效果，但控轧、控冷工艺还不能完全取代热处理。一些优质产品及合金与低合金高强度钢板仍需要常化或调质处理。并且热处理以后具有整批产品性能稳定的优点。因此现代化厚板厂一般都具有热处理设备。例如采用无氧化辊底式炉或同步运转的步进梁式炉（对不锈钢）等设备进行正火或淬火处理，采用直火式辊底炉进行回火处理。淬火在辊式，压力或槽式淬火机内进行，以辊式淬火机最为常用。对于一些质量要求高的产品如桥梁板等还要求进行探伤检查。现代厚板厂普遍安装离线连续超声波探伤仪，探伤温度在100℃以下探伤速度最大为60m/min。

国外中、厚板轧机在20世纪60年代已基本实现了局部自动化。到70年代新建的厚板轧机，几乎都采用了计算机自动控制。中、厚板轧机计算机在线控制的主要功能有：从板坯入炉到成品入库对钢料进行跟踪；按轧制节奏控制板坯装炉、出炉并设定和控制加热炉温度；计算最佳轧制制度，设定压下规程；进行厚度自动控制；计算液压弯辊设定值；控制轧制道次和停歇时间，以控制终轧温度等以及精整线中各工序的程序控制。在生产管理方面，由计算机根据订货单编制生产计划、原材料计划，进行生产调度，收集生产数据并显示和打印数据报表。由于采用计算机控制，减少了厚度及宽度偏差，提高了质量和金属收得率，取得了很好的经济效益。例如，美国共和钢铁公司加兹登厂3400mm轧机采用计算机控制后，厚度偏差减少到0.11~0.156mm，宽度偏差由38~51mm减少到7.6mm以下，金属收得率提高了1.57%~3.1%。日本川崎厂的5490mm厚板轧机采用计算机控制后，厚度精度由0.40mm提高到0.15mm，宽度偏差由50mm减到15mm，收得率提高2%~4%，生产率提高15%~20%。取得明显效果。

14.2　热连轧带钢生产

自1924年第一台带钢热连轧机投产以来，连轧带钢生产技术得到很大的发展。特别是20世纪60年代以来由于晶闸管供电电气传动及计算机自动控制等新技术的发展，液压传动、升速轧制、层流冷却等设备新工艺的利用，热连轧机的发展更为迅速。由表14-1可以看出热连轧机的历史发展概况。现代热连轧机的发展趋势和特点是：

表14-1　第1、第2、第3代轧机特征参数

轧机类别及代表轧机	投产年份	最高速度/m·s⁻¹	板卷单重/kg·mm⁻¹	最大卷重/t	成品厚度/mm	主电机总容量/10⁴kW	年产能力/10⁴t	控制方式及水平厚差 δh、宽差 Δb、卷温差 δt
第一代热连轧机	1960 年以前	10~12	4~11	~10	2~10	≤5	100~200	手控机械化
鞍钢2800/1700mm 半连轧	1958 年	10.2	8.6	10.5	2~8	3.5	80	±0.15mm、±15mm、±50℃
第二代热连轧机	20 世纪60 年代	15~21	12~21	~30	1.5~12.7	6~8	250~350（400）	局部自控
敦刻尔克2050mm 连轧	1964 年	16.7	18.5	33	1.5~12.7	7.1	400	±0.08~0.10mm、±5~10mm、±30℃
第三代热连轧机	1970 年以后	23~30	23~36	45	0.9~25	≥10(15)	350~600	全线计算机控制 20世纪70 年代：±0.05mm、<±5mm、±10~15℃
君津2286mm 全连轧	1969 年	28.6	36	45	0.9~25	12.7	600	20 世纪80 年代：±0.03mm、<±5mm、<±10℃
宝钢2050mm 3/4 连轧	1989 年	25.1	23.6	44.5	1.2~25.4	10.21	400	

（1）为了提高产量而不断提高速度，加大卷重和主电机容量、增加轧机架数和轧辊尺寸、采用快速换辊及换剪刃装置等，使轧制速度普遍超过 15～20m/s，甚至高达 30m/s 以上，卷重达 45t 以上，产品厚度扩大到 0.8～25mm，年产可达 300～600 万吨；但到最近，大厂追求产量的势头已见停滞，而转向节约消耗，提高质量方向发展；

（2）当前降低成本，提高经济效益，节约能耗和提高成材率成为关键问题，为此而迅速开发了一系列新工艺新技术，突出的是普遍采用连铸坯及热装和连铸连轧工艺、无头轧制工艺、低温加热轧制、热卷取箱和热轧工艺润滑及车间布置革新等；

（3）为了提高质量而采用高度自动化和全面计算机控制，采用各种 AGC 系统和液压控制技术，开发各种控制板形的新技术和新轧机，利用升速轧制和层流冷却以控制钢板温度与性能，使厚度精度由过去人工控制的 ±0.2mm 提高到 0.05mm，终轧和卷取温度控制在 ±15℃ 以内。

在工业发达国家中，热连轧带钢已占板带钢总产量的 80% 左右，占钢材总产量的 50% 以上，因而在现代轧钢生产中占着统治地位。现代板带热连轧生产还出现了很多新技术，例如，薄板坯连铸连轧生产技术、无头轧制技术等，全面提高了产量、质量和成材率（表 14-2）。

表 14-2 板带热连轧机生产技术（新技术）

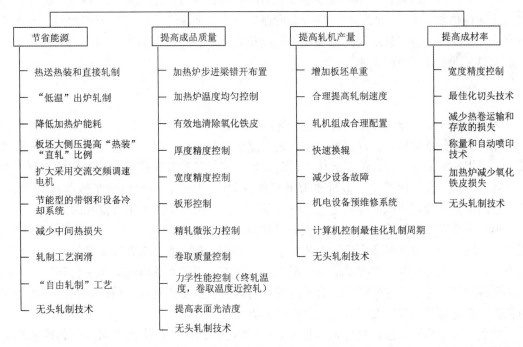

节省能源	提高成品质量	提高轧机产量	提高成材率
热送热装和直接轧制	加热炉步进梁错开布置	增加板坯单重	宽度精度控制
"低温"出炉轧制	加热炉温度均匀控制	合理提高轧制速度	最佳化切头技术
降低加热炉能耗	有效地清除氧化铁皮	轧机组成合理配置	减少热卷运输和存放的损失
板坯大侧压提高"热装""直轧"比例	厚度精度控制	快速换辊	称量和自动喷印技术
扩大采用交流交频调速电机	宽度精度控制	减少设备故障	加热炉减少氧化铁皮损失
节能型的带钢和设备冷却系统	板形控制	机电设备预维修系统	无头轧制技术
减少中间热损失	精轧微张力控制	计算机控制最佳化轧制周期	
轧制工艺润滑	卷取质量控制	无头轧制技术	
"自由轧制"工艺	力学性能控制（终轧温度，卷取温度近控轧）		
无头轧制技术	提高表面光洁度		
	无头轧制技术		

我国自 20 世纪 80 年代后，热连轧带钢生产得到迅速发展，到 2007 年我国宽带钢热轧机已有 70 余套，总生产能力 19500 万吨。其中宽 2000mm 以上热连轧机 11 套，1700～2000mm 的 16 套，1200～1700mm 的 20 套，薄（中）板坯连铸连轧机 20 套及炉卷轧机 4 套。我国热轧带钢生产技术已接近世界先进水平。

热轧带钢生产工艺过程主要包括原料准备、加热、粗轧、卷板、焊接、精轧、冷却及飞剪、卷取等工序。

14.2.1 原料选择与加热

热连轧带钢所用的原料主要是初轧板坯和连铸板坯。由于连铸坯的前述优点，加之比初轧坯物理化学性能均匀，且便于增大坯重，故对热带连轧更为合适，其所占比重亦日趋增大，很多工厂连铸坯已达100%。热带连轧机所用板坯厚度一般为150~300mm，多数为200~250mm，最厚达350mm。近代连轧机完全取消了展宽工序，以便加大板坯长度，采用全纵轧制，故板坯宽度要比成品宽度大，由立辊轧机控制带钢宽度，而其长度则主要取决于加热炉的宽度和所需坯重。板坯重量增大可以提高产量和成材率，但也受到设备条件、轧件终轧温度与前、后允许温度差，以及卷取机所能容许的板卷最大外径等的限制。目前板卷单位宽度的重量不断提高，达到15~30kg/mm，并准备提高到33~36kg/mm。

关于板坯加热工艺及其所采用的连续加热炉形式，基本上与中厚板相类似，但由于板坯较长，故炉子宽度一般比中厚板要大得多，其炉膛内宽达9.6~15.6m。为了适应热连轧机产量增大的需要，现代连续式加热炉，无论是热滑轨式或步进式，一方面都采用多段（6~8段以上）供热方式，以便延长炉子高温区，实现强化操作快速烧钢，提高炉底单位面积产量；另一方面尽可能加大炉宽和炉长，扩大炉子容量。为了增加炉长，最好采用步进式炉，它是现代热连轧机加热炉的主流。

为了节约热能消耗，近年来板坯热装和直接轧制技术得到迅速发展。热装是将连铸坯或初轧坯在热状态下装入加热炉，热装温度越高，则节能越多。热装对板坯的温度要求不如直接轧制严格。直接轧制则是板坯在连铸或初轧之后，不再入加热炉加热而只略经边部补偿加热，即直接进行的轧制。

14.2.2 粗轧

热带轧制和中、厚板轧制一样，也分为除鳞、粗轧和精轧几个阶段，只是在粗轧阶段的宽度控制不但不用展宽，反而要采用立辊对宽度进行压缩，以调节板坯宽度和提高除鳞效果。立辊轧机采用上传动的形式比下传动要好，前者又是万向接轴式较滑键式为好。万向接轴式的大立辊结构简单，造价较滑键式便宜7%~15%，但它使吊车轨面标高加大，甚至超出由轧机决定的轨面标高之上，若受条件所限，也可采用上传滑键式的大立辊。

板坯除鳞以后，接着进入二辊或四辊轧机轧制（此时板坯厚度大，温度高，塑性好，抗力小，故选用二辊轧机即可满足工艺要求）。随着板坯厚度的减薄和温度的下降，变形抗力增大，而板形及厚度精度要求也逐渐提高，故须采用强大的四辊轧机进行压下，才能保证足够的压下量和较好的板形。为了使钢板的侧边平整和控制宽度精确，在以后的每架四辊粗轧机前面，一般皆设置有小立辊进行轧边。

现代热带连轧机的精轧机组大都是由6~8架组成，并没有什么区别，但其粗轧机组的组成和布置却不相同，这正是各种形式热连轧机主要特征之所在。图14-8为几种典型轧机的粗轧机组布置形式示意图。由图可知，热带连轧机主要区分为全连续式、半连续式和3/4连续式三大类，不管是哪一类，实际上，其粗轧机组都不是同时在几个机架上对板坯进行连续轧制的，因为粗轧阶段轧件较短，厚度较大，温度降较慢，难以实现连轧，也不必进行连轧。因此各粗轧机架间的距离须根据轧件走出前一架以后再进入下一机架的原则来确定，其数值一般如下：

机架名称	立辊～粗1	粗1～粗2	粗2～粗3	粗3～粗4
间距/m	15～17	18～23	25～30	36～42
机架名称	粗4～粗5	粗5～粗6	粗6～精轧	精轧机架间
间距/m	48～64	73～79	115～135	5.5～6
轧机形式	布置形式　结构形式　轧制道次			

连续式

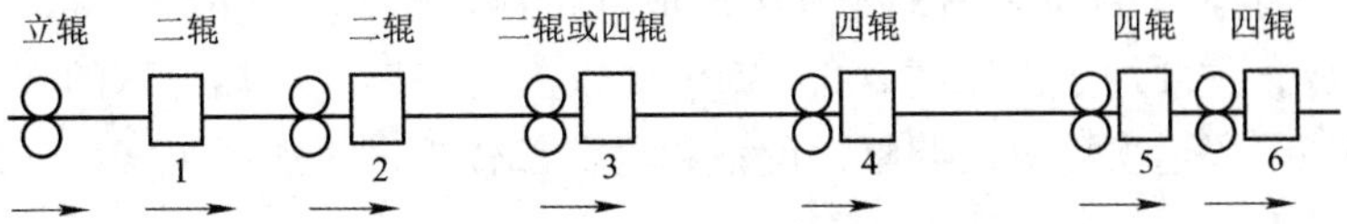

(a)

半连续式

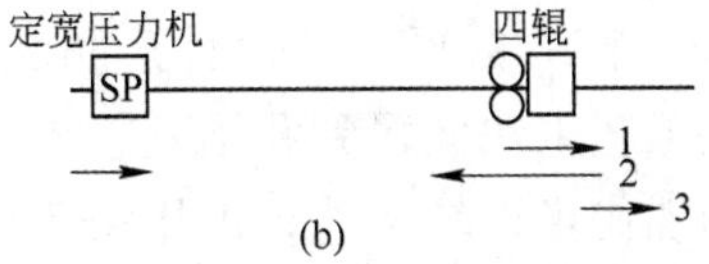

(b)

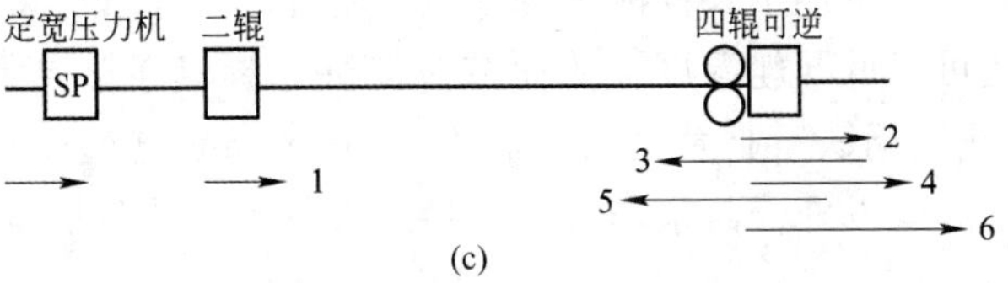

(c)

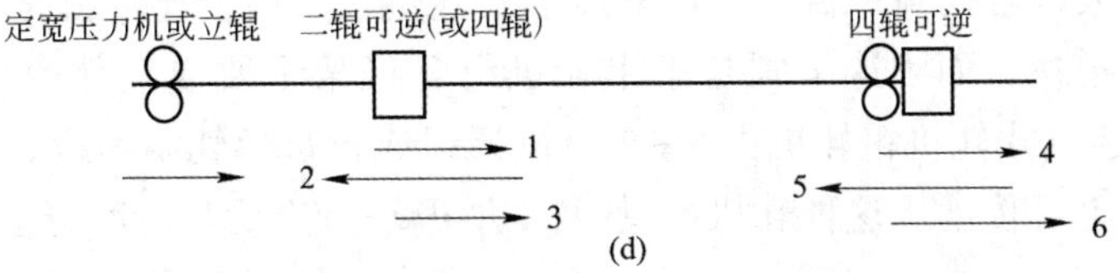

(d)

$\frac{3}{4}$连续式

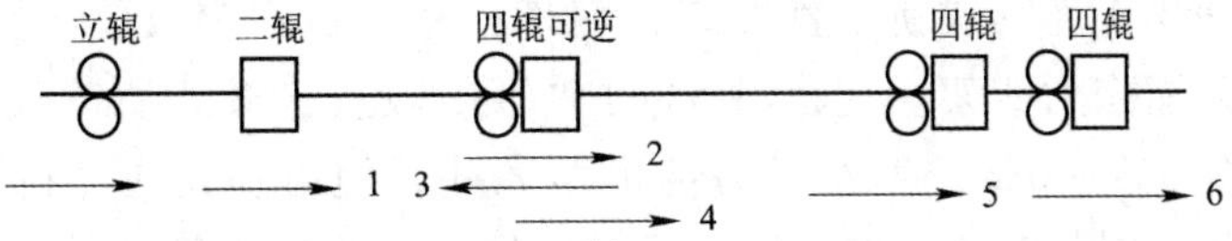

(e)

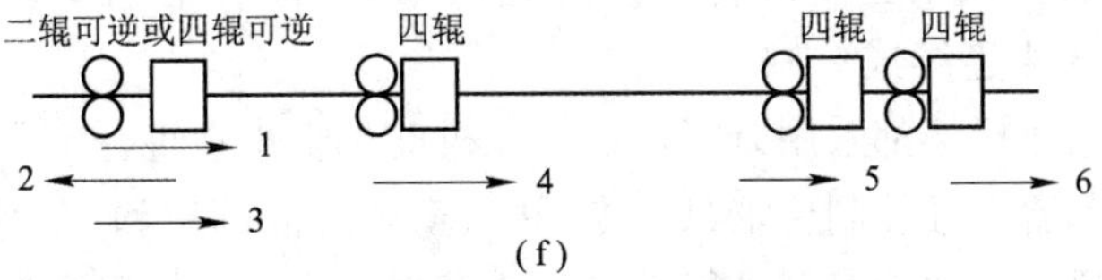

(f)

图 14-8　粗轧机组轧制 3～6 道时的典型布置形式

随着板坯厚度减小和长度的增加，必然引起粗轧机架间距的增大，使轧制流程线延长，轧件温度降增大，次生铁皮增多，带来很多不利。为了缩短机架之间的距离，粗轧机组最后两架采用了连续式布置，其中一架用交流电机传动，另一架用直流电机传动，以调节轧制速度，满足连轧要求。其两架中心距离约为 10m。

半连续式轧机有三种形式：如图 14-8（b）只采用一架强力四辊可逆粗轧机，轧制 3 或 5 道，主要适用于中等厚度（100～150mm）板坯连铸连轧生产线或连铸坯生产能力不足的情况；图 14-8（c）中粗轧机组由一架不可逆式二辊机架和一架可逆式四辊机架组成，主要用于将厚 200mm 左右的铸坯生产成卷带钢；图 14-8（d）中粗轧机组是由两架可逆式轧机组成，主要用于由厚度 200～250mm 以上的铸坯生产热带钢的生产线，这样半连续式轧板粗轧阶段道次可灵活调整，设备和投资都较少，故适用于产量要求不太高，品种范围又广的情况。

20 世纪末我国宝钢和鞍钢分别从日本引进了 1580mm 和 1780mm 现代半连续工艺技术装备，将粗轧机的数量减少到 1～2 架强力四辊轧机。实践证明，现代半连续工艺生产能力更强、投资更省、轧线更短，其设计产量仍然可达全连续式和 3/4 连续式的水平。故这种现代半连轧工艺很快便得到我国轧钢界的认同而获得飞速发展。在生产中我国又创新发展了优化的现代半连轧工艺，即用第 3 代无芯轴卷取移送热卷取箱对中间坯进行保温均热，基本实现恒温恒速轧制，解决了现代半连续工艺存在的中间坯温度不均、头尾温差大，带钢全长性能不均匀、不稳定，不能批量稳定轧制高强超薄规格的问题。该工艺还可降低开轧温度，从而减少能耗，提高了生产线的工艺能力和工艺效果。近 10 年来，我国钢铁工业大发展，新建了 80 余条热连轧生产线，除 16 条薄（中）板坯连铸连轧生产线以外，其余均为现代半连续轧制生产线，而优化的现代半连轧生产线约占 50%。

为了大幅度提高产量，采用全连续式轧机。所谓全连续就是指轧件自始至终没有逆向轧制的道次，而半连续则是指粗轧机组各机架主要或全部为可逆式而言。如图 14-8（a），全连续式轧机粗轧机由 5～6 个机架组成，每架轧制一道，全部为不可逆式，大都采用交流电机传动。这种轧机产量可高达 400～600 万吨/年，适合于大批量单一品种生产，操作简单，维护方便，但设备多，投资大，轧制流程线或厂房长度增大。近代还广泛发展一种 3/4 连续式新布置形式，它是在粗轧机组内设置 1～2 架可逆式轧机，把粗轧机由六架缩减为四架。（图 14-8（e）、（f））较全连续式所需设备少，厂房短，总的建设投资要少 5%～6%，生产灵活性也稍大些，但可逆式机架的操作维修要复杂些，耗电量也大些。对于年产 300～400 万吨左右规模的带钢厂，采用 3/4 连轧机一般较为适宜。我国没有建设全连续式轧机，但武钢 1700mm、宝钢 2050mm 及本钢 1700mm 三条生产线均为 3/4 连续式。

粗轧机组各机架都采用万能轧机，轧机前都带小立辊，主要目的是用以控制板卷的宽度，同时也起着对准轧制中心线的作用。各水平辊机架和立辊机架的压下规程或轧辊开度，由计算机通过数学模型进行设定，速度规程也按一定程序进行控制，由于立辊与水平辊形成连轧关系，为了补偿水平辊辊径变化及适应水平辊压下量的变化，立辊必须能进行调速。随着板卷重量和板坯厚度的增加，要求增加每道的压下量，为此便要求增大电机功率和轧辊直径，以提高咬入能力和轧辊的扭转和弯曲强度。现代热连轧机工作机架轧辊直径范围如表 14-3 所示。

表14-3　现代热带连轧机各机架轧辊直径

机 架 轧 辊	辊身长度/mm		
	1700	2300	2800
	轧辊直径/mm		
粗轧二辊或可逆轧机工作辊	1250～1350		1350～1450
粗轧机工作辊	1100～1200		1200～1300
支撑辊	1550～1600		1700～1800
破鳞机立辊	1200～1300		1200～1300
万能机架立辊	650～950		1000～650
精轧机工作辊	650～900		1000～800

　　在粗轧机组最后一个机架后面，设有带坯测厚仪、测宽仪、测温装置及头尾形状检测系统，利用此处较好的测量环境和条件，得出必要的精确数据，以便作为计算机对精轧机组进行前馈控制和对粗轧机组与加热炉进行反馈控制的依据。

　　为了减少输送辊道上的温度降以节约能耗，近年来很多工厂还采用在输送辊道上安置绝热保温罩或补偿加热炉（器），或在轧件出粗轧机组之后采用热卷取箱进行热卷取等新技术。辊道保温罩绝热块的结构如图14-9所示，它利用逆辐射原理，以耐火陶瓷纤维做成绝热毡，受热的一面覆以金属屏膜，受热时金属膜（0.05～0.5mm 厚）迅速升至高

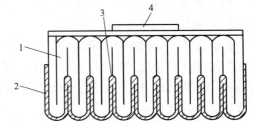

图14-9　辊道保温罩逆辐射绝热块结构示意图
1—绝热毡；2—金属屏；3—金属屏的
折叠部分；4—安装件

温，然后作为发热体将热量逆辐射返回给钢坯。这种保温罩结构简单，成本低，效率高，采用它以后可降低加热炉出坯温度达75℃，从而提高成材率0.15%，节约燃耗14%，还可提高板带末端温度约100℃，使板带温度更加均匀，可轧出更宽更薄重量更大及精度性能质量更高的板卷，并可使带坯在中间辊道停留达8min而仍保持可轧温度，便于处理事故，减少废品，提高成材率。这种保温隔热罩自1982年在英国BSC的纳肯特厂投产应用以来，已被德国、法国、美国等很多工厂采用，取得了显著效益。此外，为防止板料在轧制过程中其横向边角部的温降，还研究成功了多种在精轧机入口处加热板坯边角部的技术，主要有电磁感应加热法、煤气火焰加热法和保温罩加热法等。日本新日铁堺厂为实现CC—DR工艺而采用煤气火焰加热法后，使厚2.0mm的带钢在精轧机出口处的温度（距边缘40mm处）升高约18℃，使带钢质量得到明显提高。热卷取箱结构如图14-10所示，其主要优点为：

　　（1）粗轧后在入精轧机之前进行热卷取，以保存热量，减少温度降，保温可达90%以上；

　　（2）首尾倒置开卷，以尾为头喂入轧机，均化板带的头尾温度，可以不用升速轧制而大大提高厚度精度；

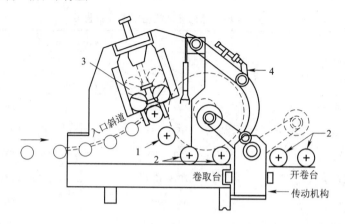

图 14-10　热卷取箱结构示意图
1—支撑辊；2—托辊；3—弯曲辊；4—推杆

（3）起储料作用，这样可增大卷重，提高产量；

（4）可延长事故处理时间约 8 ~ 9min，从而可减少废品及铁皮损失，提高成材率；

（5）可使中间辊道缩短约 30% ~ 40%，节省厂房和基建投资。

因此在热轧带钢生产中采用热卷取箱是发展的方向。采用这些新技术都可使板坯加热与出炉温度得以降低。若采用低温轧制技术使板坯出炉温度由 1250℃ 降至 1150℃，可节能 $(16.7 ~ 29.3) \times 10^7 J/t$，远大于轧机电耗的增加值 $(2.1 \times 10^7 J/t)$，并对减少烧损和提高成材率十分有利。

若是采用无头轧制工艺，则板坯在热卷及开卷之后经切头（尾）剪，进入移动式焊接机（川崎为感应加热镦锻焊接机，大分厂为激光焊接机），焊接后用滚削式刮刺机进行刮削毛刺（图 14-13），再经高压水除鳞进行精轧。

14.2.3　精轧

由粗轧机组轧出的带钢坯，经百多米长的中间辊道输送到精轧机组进行精轧。精轧机组的布置比较简单，如图 14-11 所示。带坯在进入精轧机之前，首先要进行测温、测厚并接着用飞剪切去头部和尾部。切头的目的是为了除去温度过低的头部以免损伤辊面，并防止"舌头"、"鱼尾"卡在机架间的导卫装置或辊道缝隙中。有时还要把轧件的后端切去，以防后端的"鱼尾"或"舌头"给卷取及其后的精整工序带来困难。现代的切头飞剪机一般装置有两对刀刃，一对为弧形刀，用以切头，这有利于减小轧机咬入时的冲击负荷，也有利于咬钢和减小剪切力；另一对为直刀，用于切尾。两对刀刃在操作上比较复杂，实际上往往都是一对刀刃，切成钝角形或圆弧形。据现场反映，这样做，在尾部轧制后并没有出现燕尾。甚至有的工厂对厚而窄的带钢根本不剪尾部。飞剪形式有曲拐式和转鼓式两

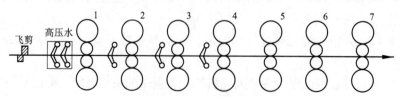

图 14-11　精轧机组布置简图

种，二者各有利弊，应按其具体情况选型。

带钢钢坯切头以后，即进行除鳞。现代轧机已取消精轧水平辊破鳞机，只在飞剪与第一架精轧机之间设有高压水除鳞箱以及在精轧机的前几机架之前设高压水喷嘴，利用高压水破除次生氧化铁皮即可满足要求。除鳞后进入精轧机轧制。精轧机组一般由6~7架组成连轧，有的还留出第八架、第九架的位置。增加精轧机架数可使精轧来料加厚，提高产量和轧制速度，并可轧制更薄的产品。因为粗轧原料增加和轧制速度提高，必然减少温度降，使精轧温度得以提高，减少头尾温差，从而为轧制更薄的带钢创造了条件。

过去精轧机组速度的提高，主要受穿带速度及电气自动控制技术的限制。为了稳妥安全防止事故，精轧机穿带速度不能太高，并且在轧件出末架以后，入卷取机以前，轧件运送速度也不能太高，以免带钢在辊道上产生飘浮，故在20世纪60年代以前轧制速度长期得不到提高。只有随着电气控制技术的进步，出现了升速轧制、层流冷却等新工艺新技术以后，采取了低速穿带然后与卷取机同步升速进行高速轧制的办法，才使轧制速度大幅度提高。

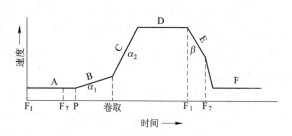

图14-12 一般精轧速度图

现在一般的精轧速度变化如图14-12所示，图中A段从带钢进入$F_1 \sim F_7$机架，直至其头部到达计时器设定值P点（0~50m）为止，保持恒定的穿带速度；B段为带钢前端从P点到进入卷取机为止，进行较低的加速；C段从前端进入卷取机卷上后开始到预先给定的速度上限为止，进行较高的加速，此加速主要取决于终轧温度和提高产量的要求；D达到最高速度后，至带钢尾部离开减速开始机架F_1为止，维持最高速度；E带钢尾端离开最末机架后，到达卷取机前要使带钢停住，但若减速过急，则会使带钢在输出辊道上堆叠，因此当尾端尚未出精轧机组之前，就应提前减速到规定的速度；F带钢离开最末架F_7以后，立即将轧机转速回复到后续带钢的穿带速度。总之，由于采取升速轧制，可使终轧温度控制得更加精确和使轧制速度大为提高，现在末架的轧制速度一般已由过去的10m/s左右提高到24m/s，最高可达28m/s，甚至30m/s。可以轧制的带钢厚度薄到1.0~1.2mm，甚至到0.8mm。

提高精轧机组的轧制速度，要求相应增加电机功率。目前，精轧机每架电机功率为6000~12000kW。由于精轧机架数增多，头几架压下量和轧制力矩增大，为保证扭转强度，要求增大精轧工作辊辊径，而对于后面的轧机，由于压下量变小，可采用较小的工作辊径。日本最近在热连轧机上进行试验，将后几架轧机的上工作辊直径由650mm改成408mm，采用单辊传动的异径辊轧制，使轧制压力降低20%~40%。近年国外研究采用将粗轧后的带坯进行卷取再进入精轧机轧制的技术，用以代替升速轧制，已取得良好的经济效果。

为适应高速度轧制，必须相应地有速度快，准确性高的压下系统和必要的自动控制系统，才能保证轧制过程中及时而准确地调整各项参数的变化和波动，得出高质量的钢板。精轧机压下装置的形式最常见的是电动蜗轮蜗杆式。近代发展的液压压下装置在热带连轧机上也已开始采用，它的调节速度快，灵敏度高，惯性小，效率高，其响应速度比电动压下的快七倍以上，但其维护比较困难，并且控制范围还受到液压缸的活塞杆限制。因此，有的轧机把它与电动压下结合起来使用，以电动压下作为粗调，以液压压下作为精调。

在精轧机组各机架之间设有活套支持器。其作用，一是缓冲金属流量的变化，给控制调整以时间，并防止成叠进钢，造成事故；二是调节各架的轧制速度以保持连轧常数，当各种工艺参数产生波动时发出信号和命令，以便快速进行调整；三是带钢能在一定范围内保持恒定的小张力，防止因张力过大引起带钢拉缩，造成宽度不均甚至拉断。最后几个精轧机架间的活套支持器，还可以调节张力，以控制带钢厚度。因此，对活套支持器的基本要求便是动作反应要快，而且自动进行控制，并能在活套变化时始终保持恒张力。活套支持器可分为电动、气动、液压及气-液联合的几种。过去的电动恒力矩活套支持器的缺点是张力变化较大，动作反应慢，控制系统复杂。但近来采用了晶闸管供电并改进了控制系统，出现的恒张力电动活套支持器，其反应灵活，便于自动控制，故在新建的热带连轧机上得到应用。液压的活套支持器反应迅速，工作平稳，但维护困难；气-液联合驱动的活套支持器，可用在精轧机组最后两台轧机之间调节带钢张力。

为了灵活控制辊型和板形，现代热带连轧机上皆设有液压弯辊装置，以便根据情况实行正弯辊或负弯辊。

近代热连轧机一般约每4小时换工作辊一次，全年换辊达2000次以上。因此为了提高产量，必须进行快速换辊以缩短换辊时间，过去的套筒换辊方式已被淘汰。现在以转盘式和小车横移式换辊机构比较盛行，后者比前者结构简单，工作可靠，但在换支撑辊时需将小车吊走或移走。

为了使带钢厚度及力学性能均匀，必须使带钢首尾保持一定的终轧温度。而控制调整精轧出口速度则是控制终轧温度的最重要、最活跃和最有效的手段。实践表明，只需采用 $0.025 \sim 0.125 \mathrm{m/s^2}$ 的加速度，即可使终轧温度维持恒定范围。除调整轧制速度以外，在各机架之间还设有喷水装置，也可起一定的作用。

为测量轧件的温度，在精轧入口和出口处都设有温度测量装置。为测量带钢宽度和厚度，精轧后设有测宽仪和X射线测厚仪。测厚仪和精轧机架上的测压仪、活套支持器，速度调节器及厚度计式厚度自动调节装置组成厚度自动控制系统，用以控制带钢的厚度精度。

当采用无头轧制工艺时，其工艺流程与传统轧制工艺的比较如图14-13所示。无头轧

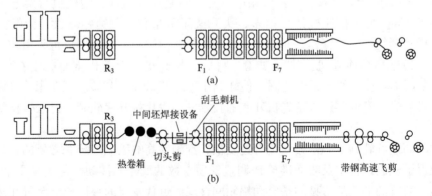

图 14-13　无头轧制与传统轧制的工艺流程比较
(a) 传统轧制工艺；(b) 无头轧制工艺

制是在传统轧制机组上，仅将经粗轧后的中间坯进行热卷、开卷、剪切头尾、焊接及刮削毛刺，然后进行精轧，精轧后再经飞剪切断然后卷取，其优点是：

（1）无穿带问题，按一定速度及恒定张力进行轧制，不受传统轧法的速度限制，不仅可使生产率提高15%，而且提高厚度精度及改善板形，使成材率也提高0.5%~1.0%；

（2）无穿带、甩尾、飘浮等问题，带钢运行稳定，可生产0.8~1.0mm薄带材；

（3）有利于润滑轧制、大压下量轧制及进行强力冷却，为生产表面与性能质量好的板带创造了条件；

（4）减少轧辊冲击和粘辊，延长轧辊寿命。

14.2.4 调宽轧制（AWC）及自由程序轧制（SFR）

现代化的钢铁工业生产要求提高产量、质量、节省能源、降低消耗及成本，因而向着高度连续化、自动化的方向发展。尤其是为了实现炼钢-连铸-轧钢等多工序同期性连续生产，就必然要求轧制技术的高度灵活和可靠，也就是要求高度柔性生产。尽可能不在或少在更换产品与铸坯原料的规格品种，更换轧辊与导卫等装置，改变轧制工艺条件及处理事故等方面耽误时间，以保证过程的节奏性和连续性不受影响和破坏，这在热连轧带钢生产中主要包括有灵活变更宽度的技术，自由程序（或随意计划）轧制技术及缩减换辊的次数与时间等。

14.2.4.1 调宽轧制（AWC）

现代化的板坯连铸机一般具有在线调宽技术，但即使连铸机具有快速调宽装置，为了稳定浇铸作业，稳定炼钢与连铸的节奏均衡及减少锥形板坯的长度，也应尽量减少结晶器宽度的调节变化，亦即结晶器宽度的改变应该是越少越好，而将调宽改变板坯规格的任务主要交给轧钢去承担。在轧钢车间调控板坯的宽度采用的技术主要有以下几种。

（1）设立定宽（径）轧机或大立辊破鳞机，实现宽度大压下，如日本大分厂设立了立平立（VHV）三联可逆式定径轧机，道次压下量可达150mm，总减宽量可达1050mm。由于前端和尾端宽度缩小而增加剪切损失，使金属收得率降低，为此大分厂采用了宽度自动控制和挤压轧制技术，使收得率达99%以上。日本堺厂为了提高轧机的宽度压下能力，将立辊破鳞机改造成一架可逆式轧机，经5道次压下，可使侧边总压下量达150mm。

（2）一些工厂（如堺厂等）由于使用M机架的立辊轧边，提供了一种宽度自动控制（AWC）功能。这种功能在大压下量轧制或轧制因结晶宽度改变而形成的锥形板坯时，能使宽度得到较精确的控制。板坯的宽度用宽度计进行测量。利用测出的板坯宽度，计算出立辊的开口度（辊缝），再根据测量辊测得的数据，定时进行立辊开口度的调整。当不使用AWC时，带钢宽度变化达5.5mm，而当使用AWC时，则宽度差得到消除，使板宽精度大大提高。在堺厂，锥度达140mm的板坯可直接送往热带轧机进行轧制。

（3）采用定宽压力机以大压下量有效地调整板坯宽度，如我国宝钢1580mm、鞍钢1780mm轧机即是如此。

除此之外，原来常规热带轧制中采用的一些板宽控制技术在连铸连轧生产中仍然可以使用，对调控板、带宽度精度也可起较大的作用。

14.2.4.2 自由程序（或随意计划）轧制技术（SFR）

在常规连铸与轧钢生产工艺中，板坯出连铸机后进行冷却，送板坯存放场进行检查清理及堆垛存放，再运往轧钢车间按照轧钢生产管理计划编组，按每套轧辊先轧宽板后逐渐轧制窄板的一定程序进行轧制生产。连铸与轧钢是两个独自编制生产计划的互不相干的工厂。但在连铸-连轧生产中，铸坯不经冷却，直接热送到加热或补热装置，然后立即直接进行热轧，炼钢、连铸与轧钢三者连成一个整体，服从于统一的全厂总生产计划。在这里轧钢机再也不能强调自己的独立计划，不能再按先宽后窄的生产程序独自安排选择了，而必须服从炼钢与连铸计划安排。这样对轧钢必须是来什么料就得刻不容缓地轧什么料，产品必然是宽窄相混，即进行所谓"锯齿形"生产，也就是进行板宽不规则的或程序自由的生产。自由程序轧制与常规轧制的情况比较如图 14-14 及表 14-4 所示。

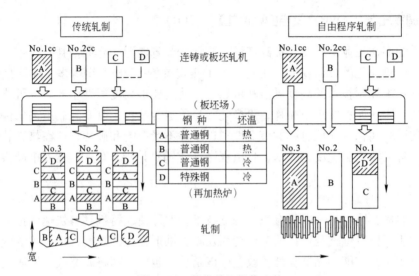

图 14-14　热带轧机操作比较

表 14-4　自由程序轧制与常规轧制的比较

项　目	常规轧制	自由程序轧制
产品由窄到宽的推移	0mm	自由
产品厚度的改变	0.5 ~ 2 倍	0.25 ~ 4 倍
同一宽度的带钢的轧制长度	23km	90km
工作辊辊型曲线种数	8	1
连铸坯的宽度组数	30	11
不同钢种混合轧制数	0	5

为了实现自由程序或随意计划轧制，必须增长轧辊的使用寿命，减少及均化轧辊的磨损，保证板带的板形平坦度和厚度精度质量，并加强自动控制及快速换辊技术。

（1）改进轧辊材质，减少轧辊磨损。开发新钢种轧辊（如高碳高速钢轧辊等）及采用热轧润滑以减少轧辊磨损，降低轧制压力。

（2）均化轧辊磨损的技术：1）采用在线磨辊（ORG）技术，以及时修复不均匀磨损的辊型；2）采用移辊轧制技术（HCW 或 WRS）。在生产过程中，板宽边部的温度比中部要低，而宽度方向的金属流动在边部又较大，因此与板材边部接触的轧辊表面局部磨损也大。为了解决边部磨损问题，在轧制中采用移动工作辊技术，以使磨损得以分散，使其影响得以缩小。

HCW 移动工作辊的轧制技术首先是日本日立制作所开发，并于 1982 年在新日铁八幡厂热带轧机精轧机上得到应用（图 14-15（a））以后，仅三年内就很快得到推广应用。以后日本川崎钢铁公司又进一步开发了 K-WRS 工作辊移动轧制技术，其不同点是将工作辊身一端做成锥形（图 14-15（b）、（c））再进行轴向移动，在热带轧机上得到应用。这些轧制技术不仅特别适用于连铸连轧生产，而且适用于常规热轧板、带生产。它们不仅可以减少和均化轧辊磨损，延长轧辊使用寿命，灵活轧制任意宽度的板带，而且可明显提高带钢的板形平坦度和厚度精度质量。WRS 轧机开发的新轧制法如图 14-15 所示：（a）为往复移动法，即是使带凸度的工作辊轴向移动，防止因轧辊局部磨损而导致带钢表面出现局部高点或凸峰，使轧辊保持均匀磨损的外形和热凸度，以便能进行随意计划轧制，这也就是HCW 轧制技术；（b）为锥体调节法，即一侧车成锥度的工作辊做轴向移动，以减少凸度和边部减薄；（c）为锥体振荡法，即一侧车成锥度的工作辊辊作短行程的振荡窜动，以减少带钢凸度，并防止轧制带钢边缘产生异常磨损。一侧带有锥度的工作辊之所以能减少带钢边部变薄，其原理如图 14-16 所示。HCW 轧机和 WRS 轧机都是除工作辊做轴向移动以外，还配有工作辊弯辊装置。

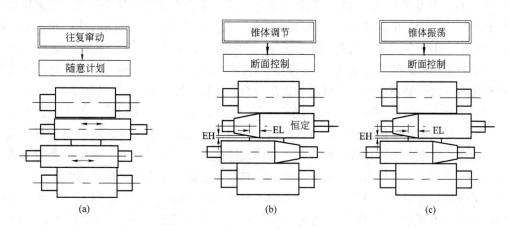

图 14-15　移动工作辊的轧制技术
（a）HCW 技术（平辊）；（b），（c）K-WRS 技术（辊身-端锥形）

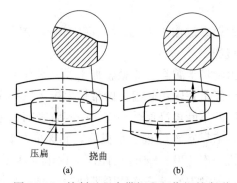

图 14-16　轧制过程中带钢和工作辊的变形
（a）一般四辊平辊轧机；（b）侧锥形辊的 K-WRS 轧机

HCW 轧机的基本特性如图 14-17 所示。HCW 轧机工作辊轴向移动的方法按其目的与效果可分为以下 3 种：1）周期移动法（CS 法）；2）板带凸度控制法（HCδ 法）；3）单侧锥形辊位置控制法（TA 法），这实质即是 K-WRS 法。

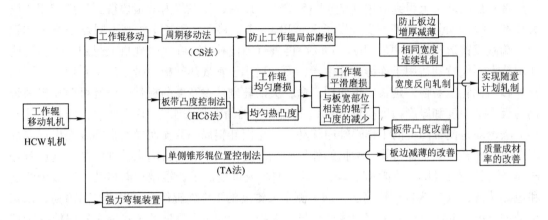

图 14-17　HCW 轧机的基本特性

（3）其他免受板形及厚度精度限制的技术。为了实现自由程序轧制，除必须采用减少轧辊磨损并使之均匀化的技术外，还必须采用下列多项技术：1）产品的凸度和平直度同时控制技术，由于采用了六辊轧机，凸度控制的能力大为加强，在连轧机上进行凸度控制，必须分析前机架的凸度变化对于后机架凸度变化的影响，这种凸度变化可用凸度的遗传性和轧辊形状的复制现象进行整理和定量分析，实行在线控制；2）高精度轧制技术。

（4）自动控制及快速换辊技术。随着连铸-直接轧制和 SFR 轧制技术的实现，产品品种多样化，产品精度质量严格化，从而使热带轧制作业更趋复杂，这就更加要求有精确的设定和监视，要求全面计算机自动控制，并实现超过人类感觉器官的、对诸设备运动状况的监视，实现对产品各种指标的迅速而准确的判断，才能维持连续而稳定的生产。

为了维持连续而稳定的生产，必须尽量减少轧机设备的事故和停工时间，必须采用最快的速度换辊和变换产品规格和钢种，当然快速操作要求自动化，自动化才能保证快速度。

14.2.5　轧后冷却及卷取

精轧机以高速轧出的带钢经过输出辊道，要在数秒钟之内急冷到 600℃ 左右，然后卷成板卷，再将板卷送去精整加工。

从前在连轧机后的输出辊道上曾经设立精整加工线，或在最后一架之后设置飞剪，直接将带钢剪成定尺，或者将停留在输出辊道上的带钢由拖运机移至旁边辊道上进行矫直和剪切。这些都随着轧出速度的不断增高而受到淘汰。实践表明：采用轧后卷取的方法是先进、可靠而又经济的方法，依靠它才能进一步提高轧制速度和轧件长度，保证高生产率。从最后一架精轧机到卷取机只有 120 ~ 190m 的距离，由于轧速很高，要在 5 ~ 15s 之内急速冷到卷取温度曾经是一个限制着轧速提高的困难问题。并且对热轧带钢组织和性能的要求也必须在较低的卷取温度和很高的冷却速度下才能得到满足。为此，近年出现了高冷却效率的层流冷却方法，它采用循环使用的，流量达 $200m^3/min$ 低压大水量的高效率冷却系统。

经过冷却后的带钢即送往 2 ~ 3 台地下卷取机卷成板卷。卷取机的数量一般是三台，交替进行工作。由于焊管的发展，要求生产 16 ~ 20mm 甚至 22 ~ 25mm 的热轧板卷，因此目前卷取机卷取的带钢厚度已达 20mm。带钢厚度不同，冷却所需要的输出辊道长度亦不同。故目前有的轧机除了考虑在距末架精轧机 190m 处装置三台厚板卷取机以外，还在 60m 近处再装设 2 ~ 3 台近距离卷取机，用以卷取厚度 2.5 ~ 3mm 以下的薄带钢。当然也有不少轧机只在距精轧末架约 120m 处装设三台标准卷取机。卷取机形式按抱紧辊数量来分，有二辊式、三辊式或四辊式等多种。二辊式适于卷取厚度 1 ~ 2mm 的板卷，对卷取 10mm 以上的带钢，质量很差，卷得不紧。三辊式卷取机对厚带和薄带都很合适，而其结构与维修又比四辊式简易，故为人们所乐用。

带钢出精轧末架以后和在被卷取机咬入以前，为了在输出辊道上运行时能够"拉直"，辊道速度应比轧制速度高，即超前于轧机的速度，超前率约为 10% ~ 20%。当卷取机咬入带钢以后，辊道速度应与带钢速度（亦即与轧制和卷取速度）同步进行加速，以防产生滑动擦伤。加速段开始用较高加速度以提高产量，然后用适当的加速度来使带钢温度均匀。当带钢尾部离开轧机以后，辊道速度应比卷取速度低，亦即滞后于带钢速度，其滞后率为 20% ~ 40%，与带钢厚度成反比例。这样可以使带钢尾部"拉直"。卷取咬入速度一般为 8 ~ 12m/s，咬入后即与轧机等同步加速。考虑到下一块带钢将紧接着轧出，故输出辊道各段在带钢一离开后即自动恢复到穿带的速度以迎接下一块带钢。

卷取后的板卷经卸卷小车、翻卷机和运输链运往仓库，作为冷轧原料，或作为热轧成品，继续进行精整加工。精整加工线有纵切机组、横切机组、平整机组、热处理炉等设备。

14.2.6 热带连轧机工艺流程与车间布置

我国某 1700mm 热带连轧机工艺过程及平面布置如图 14-18 所示。该厂所用板坯最大重量 30t，其尺寸为（150 ~ 250）mm ×（500 ~ 1600）mm ×（4000 ~ 10000）mm，热轧板卷厚度为 1.2 ~ 12.7mm，宽 500 ~ 1550mm，最大单位宽度重量 19.6kg/mm。采用 3 座步进式加

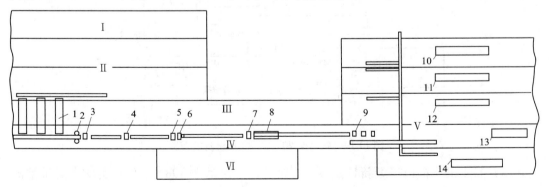

图 14-18 我国某 1700mm 热带连轧机车间平面布置图

Ⅰ—板坯修磨间；Ⅱ—板坯存放场；Ⅲ—主电室；Ⅳ—轧钢车间；Ⅴ—精整车间；Ⅵ—轧辊磨床

1—加热炉；2—大立辊机架；3—R_1，二辊不可逆；4—R_2，四辊可逆；5—R_3，四辊交流；6—R_4，四辊直流；

7—飞剪；8—精轧机组，F_1 ~ F_7；9—卷取机；10 ~ 12—横剪机组；13—平整机组；14—纵剪机组

热炉，其生产能力各为270t/h。采用大立辊轧机及高压水除鳞。轧机为3/4连续式，设有粗轧机4架（$R_1 \sim R_4$），精轧机7架（$F_1 \sim F_7$）。轧机主要技术性能见表14-5。

表14-5　我国某1700mm热连轧机主要技术性能

轧　机	大立辊	R_1	R_2	R_3	R_4	$F_1 \sim F_3$	F_4	$F_5 \sim F_6$	F_7
型　式	上传动式	二辊不可逆	四辊可逆	四辊	四辊	四辊	四辊	四辊	四辊
工作辊直径/mm	1180	1270	1200	1200	1200	800	760	760	760
支撑辊直径/mm			1550	1550	1550	1570	1570	1570	1570
轧制速度/m·min⁻¹	70	102	152/246	150/300	300	103/251 171/417 260/633	358/873	442/1075 513/1395	573/1395
电机容量/kW	1250 交流	4600 交流	10000 直流	7500 直流	6500 交流	7600×3 直流	7600 直流	7350×2 直流	5000 直流

14.2.7　厚板坯连铸连轧（DHCR + DR）工艺流程与车间布置

（1）日本新日铁堺厂于1981年7月首次实现了宽带钢的连铸坯直接轧制（CC—DR），其车间设备布置如图14-19所示。该厂为改建而成的CC—DR工艺，新建连铸车间在连轧机近旁140m，与轧制线成垂直布置，与炼钢车间相距600m，用铁路运送钢水包。高温连铸坯用保温辊道输送，并设有边部补偿感应加热器（ETC），用以补偿加热板坯边部，然后经转盘送入轧制线，经立轧机轧边及除鳞，再经粗轧机组由厚250mm压缩到50～60mm，进入设有煤气补偿加热器的运送辊道，送到精轧机组轧制。轧机为1420mm全连续式，粗轧为2台二辊加4台四辊式（$R_1 \sim R_6$），其R_3经改造后已移至精轧机组前作为M机架，紧接着是6架四辊精轧机（$F_1 \sim F_6$），产品尺寸为（1.2～1.6）mm×（600～1300）mm板卷，重约20t。该厂现已转卖给中国梅山钢厂。

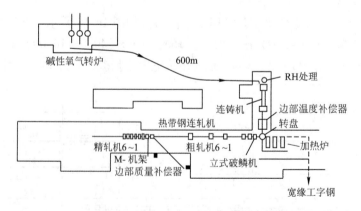

图14-19　新日铁堺厂CC—DR设备的布置

（2）日本钢管福山厂继新日铁堺厂、室兰厂等之后于1984年9月实现了宽带钢的CC—DR工艺，其布置如图14-20所示。该厂将连铸机安装在距炼钢设备630m的1780mm宽带钢轧机的头部200m处，钢水包经铁路运送来进行连铸。生产线上装有二流板坯连铸机。连铸板坯厚220mm、宽700～1650mm、长5900～14500mm。采用长32m、容量为225720×10^3kJ/h的板坯边缘部加热器及2400kW，500～1000Hz可变频板料边部感应加热

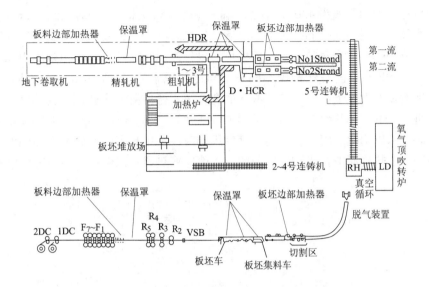

图 14-20　日本钢管福山厂连铸与热带轧机布置示意图

器，精轧前使板坯边部温度由 1070℃ 提高到 1250℃ ~ 1270℃，以保持板坯断面温度均匀。为使连铸与轧机生产能力相匹配，连铸速度必须保持在 2.0 ~ 2.5m/min 的范围内。热轧成品尺寸为厚 1.0 ~ 12.7mm，宽 600 ~ 1630mm，卷重 30t。设有在线缺陷检测器，把一部分有缺陷的板坯检出，经清理后与一部分冷坯装入加热炉，进行加热和轧制。该厂建厂当时月产量 24 万吨，直接轧制量 15 万吨，直轧率达 62.5%。该厂现在 DR 直轧率为 30%，DHCR 直接热装轧制率为 65%，热装温度高达 1000℃。

　　为实现自由程序轧制，该厂精轧机组均采用移辊轧制技术，并配以强力弯辊系统，还装有板形仪和断面仪，以适应生产多品种高质量宽带钢的要求。

　　连铸连轧大大减少了重新加热所需要的热量，与常规轧制相比，节约热能消耗 80% 以上。

　　(3) 近年来，连铸-连轧技术的一项重要新进展是开发应用了远距离 CC—DR 工艺。在现有的钢铁企业里，连铸机一般都与轧钢机相距较远，铸坯在连铸后运往轧机需要较长时间，使铸坯温度下降太大，因而往往认为远距离 CC—DR 是不可行的。为了实现远距离 CC—DR 工艺，必须采用如下技术：1) 提高铸坯边部温度的技术，要使铸坯的液心尾端尽可能靠近铸机出口，以便利用凝固潜热获得高温铸坯；二冷制度不对铸坯边部喷水以保持边部的较高温度；连铸机内采用绝热技术并在切割机附近采用感应加热或煤气烧嘴加热，使板坯边部温度提高约 200℃，以有效地控制 AlN 的沉淀析出；2) 采用高速保温输送车运输铸坯，日本新日铁八幡厂研制出板坯保温高速输送车，结论是远距离 (1000m 以上) 输送车优于辊道输送。由于保温车可使铸坯在高温保温箱内得到均热，且保温箱的保温效果远远大于长程保温辊道的效果，故对于远距离连铸连轧工艺必须采用保温车输送。图 14-21 为八幡厂远距离 CC—DR 工艺中连铸与热带轧机衔接部分的平面布置图。图 14-22 为八幡厂远距离 CC—DR 工艺流程示意图。该厂连铸机距离热连轧机 620m，以前用辊道连接只能实行热装炉轧制 (CC—HCR) 工艺。1987 年该厂采用高速保温车输送铸坯和火焰式边部加热器等措施，开发了远距离直接轧制技术 (CC—DR)。从连铸出口到轧机前板坯边部加热器的距离为 430m，保温车输送速度 15km/h，运送时间约为 2min。采用喷流火焰式边部加热器经 6～7min 边部加热后送轧机轧制。与过去辊道输送进行热装炉轧制工艺相比，节约燃料约合每吨钢 5.7kg 标煤，以年产 300 万吨计，可节煤 17100t。连铸直接轧制（CC—DR）工艺对轧钢操作的要求与该厂原来的（CC—DR）工艺是差不多的，即是都必须能宽度大压下，灵活改变板坯的宽度及实行自由程序轧制。为此该厂具有一台大立辊轧机（VSB）和几台轧边机（粗轧机前）可完成宽度压下量达 300mm 以上；采用了移辊轧制技术以均化轧辊磨损，延长其使用寿命；采用 6 辊式精轧机有很强的凸度控制能力，还采用了热轧润滑技术和精轧前的板边感应加热器，以保证产品精度和板形质量。

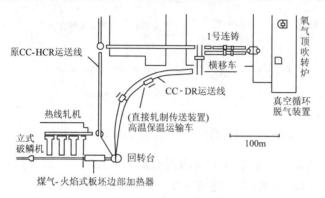

图 14-21 新日铁八幡厂连铸—热带钢轧机的布置

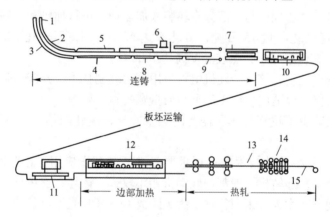

图 14-22 八幡厂远距离 CC—DR 工艺流程

1—结晶器；2—板坯；3—喷雾冷却；4—连铸机内保温；5—通过液芯加热表面；6—火焰切割；
7—板坯；8—切割前保温；9—切割后保温；10—保温车；11—旋转台；12—边部
加热系统；13—辊道保温装置；14—热轧机；15—层流冷却及卷取

14.3 中小型企业薄板带钢生产

高速连续轧制的方法无疑是当前生产薄板带钢的主要方向，但它不是唯一的方向。宽带连轧机的投资大、建厂慢、生产规模太大，受到资源和需要等条件的限制，也有不利的一面。随着发展中国家的兴起，随着工业先进国家废钢的日益增多，随着较薄板坯的铸造技术的提高，中小型企业板带钢生产的方法又将日益得到重视和发展。

14.3.1 叠轧薄板生产

叠轧薄板是最古老的热轧薄板生产方式。顾名思义，叠轧薄板就是把数张钢板叠放在一起送进轧辊进行轧制。它的优点是设备简单，投资少，生产灵活性大，能生产厚度规格范围在0.28~1.2mm之间的薄板。目前除冷轧外，一般再无其他轧制方法可以代替叠轧提供这一厚度范围的板材。叠轧薄板的缺点是产量、质量与成材率均很低，且劳动强度大，产品的成本也高。因此在薄板生产的发展中，它已让位于现代的冷轧薄板生产。但对于小批量生产某些低塑性特种合金薄板，仍有其灵活可取之处。

叠轧薄板所用的轧制设备为单辊驱动的二辊不可逆式轧机，其特点是设备简易，只传动下轧辊，而上轧辊则靠下轧辊摩擦带动，因此不需要配备造价高而维护要求较严的齿轮机架与上轧辊的平衡装置，所用的传动设备是带飞轮的交流电动机，亦属简单而经济。

轧制的工艺特点就是采用"叠轧"。叠轧之所以必要，是因为产品所要求的厚度往往小于轧机反映在辊缝上的弹性变形的数值（弹跳值）。二辊不可逆式叠板轧机的弹跳值一般在2.0~2.5mm左右，所以轧制厚度小于2.0~2.5mm的产品就必须多片叠起来轧制，否则是轧不出的。现多采用2~8片叠轧，还有用12片叠轧的，具体的叠轧片数方案如下：

成品厚度/mm:	3.0~2.5	2.0	1.5	1.0~1.25
叠轧片数/片:	1	1~2	2~3	2~4
成品厚度/mm:	0.75	0.6~0.5	0.35~0.5	<0.35
叠轧片数/片:	3~4	4~6	6	8~12

薄板在叠轧过程中的黏结往往造成大量的废品和次品；有些工厂采用白泥等涂料以防止黏结取得一定效果。叠板剥离工序迄今尚未能完全实现机械化，还主要依靠繁重的体力劳动。叠轧薄板生产方式的弱点，在这方面也突出地表现出来。该轧制工艺的特点之二是经常需要回炉再加热，由于轧件开轧温度低而单位面积的散热面积又大，温度下降很快，故产品在一般情况下难以一火轧成。但对于如电工硅钢片等产品，我国也成功地创造了一火轧成的经验。该轧制工艺的特点之三，是采用热辊轧制，为了防止轧件冷却过快，轧辊不用水冷。辊身中部温度高达400~500℃，由此带来的后果之一便是辊颈的润滑必须采用熔点及闪点均较高的润滑油，常用的是经过特制的石油沥青，使劳动条件与环境卫生恶化。

图14-23中所示即为叠轧薄板车间的几种典型产品的工艺流程。

14.3.2 炉卷轧机热轧带钢生产

成卷热轧薄板的一个重要问题是如何解决钢板

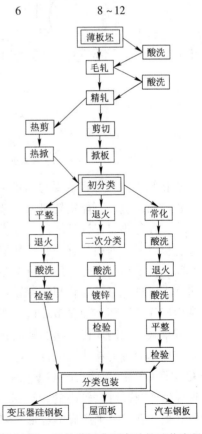

图14-23 叠轧薄板典型产品的工艺流程

温度降落太快的问题。因而为了在轧制过程中抢温保温，便很自然地提出将板卷放置于加热炉内，一边加热保温（实际只能保温难以加热），一边轧制的方法，这就是所谓炉卷轧制方法。这种轧机简称炉卷轧机，国外叫做 Stekel 轧机，如图 14-24 所示。1932 年创建于美国的第一台试验性炉卷轧机，到 1949 年才正式应用于工业生产。据初步统计，迄今全世界已建约 42 台，除部分改建或拆除的以外，现在正在生产的约 20 台。这种轧机的主要优点是在轧制过程中可大大减少钢板温度的降落，因而可用较灵活的工艺道次和较少的设备投资（与连轧相比）生产出各种热轧板卷，并由于可以采用钢锭做原料，故适合于生产批量不大而品种较多的产品，更适合于生产加工温度范围较窄的特殊带钢。这种轧机的缺点是：（1）产品质量比较差，由于带钢头、尾轧速慢、散热快，使其厚度偏差较大，又由于精轧具有单机轧制的特点，且精轧时间长，二次铁皮多，故表面质量也较差；（2）各项消耗较高，技术经济指标较低，在现有成卷轧制的各种方法中，其单位产量的设备投资最大，比连轧方法或行星轧制要大一倍以上；它还需要大型直流电机和高温卷取设备，这在中小型企业也不容易解决；（3）工艺操作比连轧还要复杂，轧机自动化较难，受操作水平的影响较大，轧辊易磨损使换辊很频繁。由于有这些缺点，限制了它的发展。在大型企业中它当然赶不上连轧方法，但对中小型企业，在目前缺乏更先进生产方法的情况下，它仍然不失为生产板卷的有效方法之一。

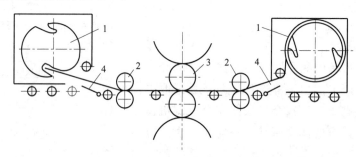

图 14-24　炉卷轧机轧制过程
1—卷取机；2—拉辊；3—工作辊；4—升降导板

炉卷轧机组合形式主要为二机架式，其次也有采用三机架式及复合式的。三机架式包括二辊式粗轧机和万能粗轧机各一架。炉卷精轧机一架。由于轧制流程线太长，轧件温度降落大，往往难以保证精轧所需温度，给工艺操作带来很大的困难。二机架式即除四辊式炉卷轧机以外，前面只有一台粗轧机，一般为二辊式或二辊万能式或四辊万能式轧机。有的车间除生产板卷以外，还设有中厚板加工线以生产中厚板，这种轧机可称为复合式炉卷轧机。由于这种布置使轧制流程线延长，很难保证精轧温度和正确的辊型，对炉卷轧机的正常生产往往不利。炉卷精轧机一般为四辊单机架，但也有用双机架可逆式连轧机的。

近年来，利用现代成熟的轧制新技术如弯辊、移辊技术、高灵敏厚度控制技术、轧制中除鳞技术等对炉卷轧机进行改造，使炉卷轧机的声誉得到提高。特别是美国蒂平斯公司开发出了 TSP 工艺，利用电炉炼钢、连铸中等厚度（125mm）板坯配一台炉卷轧机组成连铸连轧生产线，可以较小的年产量（40～200 万吨）生产厚 1.5～20mm 的各种带钢。其投资和生产费用及生产成本都低于其他薄板坯连铸连轧方法。美国俄勒冈公司 1998 年投产一套 3759mm 最大型炉卷轧机，年产 100～120 万吨。卷重达 40t 可生产厚 4.76～

20.3mm 宽达 3454mm 的钢板。美国蒙特利埃钢厂 1996～2000 年投产一套 3400mm 和一套 3750mm 大型炉卷轧机，采用中等厚度（130～150mm）连铸坯和 CC—DHCR 工艺，成卷生产厚 2.29～19mm 宽板卷，切成中板块，其成材率比传统厚板轧机单块生产中板提高 6%～8% 以上，故为中板生产的发展方向。我国现有炉卷轧机 5 套，其中南京钢铁公司从奥钢联引进的 3500mm 炉卷轧机采用转炉炼钢连铸中等厚度（150mm）板坯的连铸连轧（DHCR）工艺，实现了负能炼钢、使轧钢热能耗降低 50%，具有高生产效率、高产品质量、高成材率和低能耗及低生产成本的诸多优势。该轧机于 2004 年 10 月投产以来表明与常规热连轧相比，它更适合于小批量、多规格、多品种和多钢种的生产。

14.3.3　行星轧机热轧带钢生产

行星轧机的设计思想出现于 1941 年，但直到 1950 年第一台工业性轧机才正式建成。迄今为止英国、加拿大、意大利、苏联、日本、瑞典、德国及中国等都已建立了 400～1450mm 行星轧机。行星轧机的主要优点是：

（1）轧制压力很小，而总变形量却很大，即利用分散变形的原理，逐层多次地实现金属的压缩变形，由于工作辊直径以及每个工作辊的压下量都很小，所以轧制压力便大大减小，仅为一般轧机的 1/5～1/10；而总的压下率却可以很大，达到 90%～98%；

（2）由于很大的变形率，使轧件在轧制过程中不但不降低温度，反而可升高温度 50～100℃，这就从根本上彻底解决了成卷轧制带钢时的温度降落问题，这不仅可使带钢始终保持一定的轧制温度，有利于加工温度要求较严的特殊钢生产，而且也有利于提高带钢厚度精确度和产品质量；

（3）采用行星轧机大大简化了薄板带钢的生产过程，降低了各项消耗，节约了劳动力，大大节省了轧制设备和生产面积，减少了建设投资，从而使生产成本大为降低；

（4）在生产规模上适合于中小型企业生产的需要，一般一台 700～1200mm 行星轧机即可年产约 15～25 万吨热轧板卷。但行星轧机结构复杂，生产事故较多，轧机作业率不高是其缺点。

行星轧机动作原理也较为复杂，实现轧制过程的条件及变形的特点也与普通的轧机很不相同。行星轧机机组通常由立辊轧边机、送料辊、行星轧机及平整机所组成（图 14-25）。而行星轧机则是由上、下两个支撑辊及围绕支撑辊圆周的很多对（一般 12～24 对）工作辊所组成。支撑辊按轧制方向旋转，工作辊则靠与支撑辊间的摩擦力带动，并围绕支撑辊中心按轧制方向作行星式公转。这些工作辊的轴承安置在套于支撑辊两端的轴承座圈内，轴承座圈可以围绕支撑辊作相对转动。工作辊靠轴承座圈内的弹簧紧压在支撑辊上，主要用以抵消高速运转时的离心力，并在支撑辊和工作辊之间产生足够的摩擦力。轧机工作时严格要求上、下两支撑辊所带动的工作辊互相同步运转，使其运动位置上、下对称，轴线保持在同一平面内，保证每对工作辊同时与金属接触或离开。为此而采用了同步装置，使上、下轴承座圈以同样的速度绕支撑辊回转。近代行星轧机还采用了预应力支架，以提高轧机的刚度和吸收轧制时产生的巨大振动，并也减少了牌坊的重量。

行星轧机工作时，其支撑辊、工作辊与轧件之间不应产生滑动，即保持滚动关系。工作辊作行星运转，它们之间的速度关系可以用一般行星轮系的传动公式表示

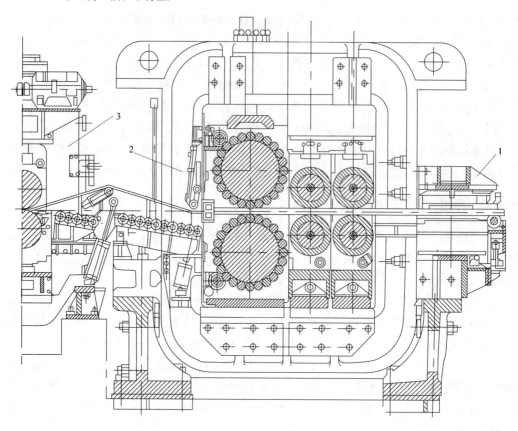

图 14-25　行星轧机

1—轧边机；2—行星轧机（包括送料辊）；3—平整机

$$n_1 = (n_0 - n_2)\frac{D}{d}$$

式中　n_0，n_1，n_2——分别为支撑辊、工作辊及工作辊轴承座圈的转速，r/min；

D，d——支撑辊及工作辊直径。

如图 14-26 所示，工作辊通过变形区，沿金属
表层滚动时，接触点 o 为瞬时中心，则

$$v_2 = \frac{1}{2}v_1 = \frac{1}{2}v_0$$

由 $v = \pi D n/60$，可得

$$n_2 = \frac{n_0 D}{2(D + d)}$$

代入上式，则得

$$n_1 = \frac{n_0 D(D + 2d)}{2d(D + d)}$$

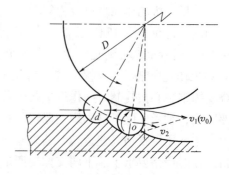

图 14-26　行星轧机速度关系

式中　v_0，v_1，v_2——分别为支撑辊、工作辊及其轴承座圈的线速度。

这是接近轧制过程的理论公式。实际上轧制过程中坯料是以一定送料速度（v_s）前

进，即工作辊与金属接触点 o 的切线速度 v' 不为零。这时轴承座圈的切线速度可由梯形速度关系来确定，即由 $v_2 = (v_0 + v')/2$ 或 $\pi n_2 (D + d) = (\pi D n_0 + v')/2$

可得出 $n_2 = (\pi D n_0 + v')/2\pi(D + d)$ 代入前式，可得

$$n_1 = \frac{D(D + 2d)}{2d(D + d)}\left[n_0 - \frac{v'}{\pi(D + 2d)}\right]$$

式中 v'——工作辊与金属接触点 o 的切线速度 $v' = v_s\cos\alpha$，其中 α 为行星辊体与坯料的接触角，一般约 $20°$，即 $v' \approx 0.94 v_s$。

由 v_s 可求出每个工作辊的轧件送进量 s 为

$$s = v_s/n_2 z$$

式中，z 为工作辊的数目。实际上 s 值一般很小，例如，约 1mm 左右，由于每个工作辊的轧件送进量很小，故所受的轧制压力并不大。

在通常的轧机中，轧辊靠摩擦力咬入轧件进行轧制，而在行星轧机上轧制时，轧件则完全靠推力进入轧辊，取消了推力，便不能进行轧制，但这不是说在行星轧制中摩擦力没有作用，因为轧件在轧制中得到的极大压下量，实际只是由于通过变形区时受到数十至数百对工作轧辊连续压下的总积累的结果。由于每对工作辊的实际压下量小，产生与初轧机上轧高件时相类似的双鼓形的不均匀变形，而使轧件出现凹形侧面，轧后变成折叠或毛边。为了避免这种现象，要求板坯边部呈凸形，或经立辊轧边机轧成凸形，使轧后能得到较平的侧边。

为了保证行星轧制过程的正常进行，必须遵循它所特有的轧制规律。例如，必须保证建立正常的行星运转速度关系，防止轴承座圈速度偏高或降低影响轧件质量；必须使轧件与轧制中心线对中及必须使上、下工作辊严格同步，否则出现"手风琴"、"厚尾巴"等事故，使轧制过程不能正常进行。前后轧件均须紧密衔接，连续送进，不得中断，关键要控制好板坯的出炉周期。

如上所述，双行星轧机虽然具有很多优点，但其设备结构过于复杂，使其制造、使用、调整和维修都较难，事故较多，作业率不高。因此行星轧机必须向简化设备的方向发展。而 20 世纪 60 年代以后，单行星辊轧机的出现，便是行星轧制技术的一个革新和进步。

单行星轧机只采用一个行星辊与另一普通平辊进行轧制。在轧件较厚时，轧制过程是不对称的，轧出的带钢边部倾斜呈梯形。为了使带钢边部齐整，在入轧机之前及出轧机之后，都设有轧边机加工边部。单行星轧机的普通平辊可以为游动辊，也可用小功率电机加以传动，这样有利于轧件的咬入，可减少送料辊的推力，还可减轻平辊的磨损。根据国内外生产的实际经验，单行星辊轧机除具有与双行星辊轧机相同的优点以外，还具有如下的优点：（1）采用单行星辊使行星工作辊减少了一倍，并取消了上、下辊组的同步系统，取消了传动设备的齿轮机架及万向接轴，这就大大简化了设备；（2）采用单行星辊，工作辊不再有同步的要求，由于工作辊同步失调而产生的事故缺陷便可从根本上消除；（3）采用单行星辊轧制，也大大简化了工艺操作和轧机调整，轧件对中和轧辊轴线平行的要求不像双行星辊轧机那么严格，并且由于不对称变形的特点，使带钢出口总是偏向平辊一侧，使轧制过程平稳；（4）上辊采用大直径平辊有利于轧机调整和板形控制；（5）单行星辊轧

机轧制速度可比双行星辊高，缩短轧制时间，提高产量，减少温度降，并提高了表面质量；（6）生产经验表明，单行星辊轧机的咬入系数（咬入弧角与工作辊辊距所对角节之比）可在较宽范围内变化，亦即能够把厚度范围较大的板坯轧成厚度范围较宽的带钢，生产灵活性较大。

单行星辊轧机的主要缺点是，当行星辊组尺寸相同时，总压下量比双行星辊要小一些，也就是坯料厚度要小一些。这一点在坯料厚度相同时，只要将行星辊组的尺寸适当加大一些就可以解决。而且在薄板坯连铸已能顺利生产的今天，这一缺点反而成为优点，使它能在薄板坯连铸连轧生产中得到推广应用。

14.4 薄（中厚）板带坯连铸连轧及薄带铸轧技术

14.4.1 概述

所谓薄板坯是指普通连铸机难以生产的，厚度在 50~90mm 的连铸板坯，而厚度在 100~170mm 的连铸板坯，则有时称为中等厚度板坯，有时也算在薄板坯之列。这两类铸坯因其薄而宽且连铸速度较快，因而不仅可能而且必须采用连铸连轧工艺进行热带生产。如前所述，近20年来薄板坯连铸连轧技术在全世界，尤其是在我国已得到广泛发展，到2010年全世界已有薄板坯连铸连轧生产线约70条，年产约1.2亿吨。薄板坯连铸连轧技术有 CSP、ISP、FTSR、CONROLL、QSP、TSP 等多种（表14-6）。中国有生产线20条，年产约4600万吨，其中 ASP 为9条产能约2400万吨，我国已是世界钢铁第一连铸连轧大国，但还不能算技术强国，因为除 ASP 部分技术以外，主要技术设备大都由外国引进（尤其是连铸部分）。由表14-7可见，我国现在所用薄板坯连铸连轧技术主要为 CSP、FTSR 及 ASP（CONROLL）三种。除珠江钢厂的 CSP 工艺采用电炉炼钢以外，其余的大型企业都是接转炉炼钢。

表 14-6 世界各主要国家薄板坯连铸连轧生产线（条）和年产能统计 （万吨）

国 家	CSP	FTSR	ISP	ESP	QSP	CONROLL	ASP	TSP	合计	年生产能力
美 国	9			2	1			2	14	2100
中 国	8	3					9		20	4500
印 度	5								5	800
意大利	1		1	1					3	310
韩 国	1	1	1	1					4	830
其 他	11	5	4		1	3			24	3300
总 计	35	9	6	2	3	4	9	2	70	11840

表 14-7 我国薄（中）板坯连铸连轧生产线情况统计

序 号	企业名称	工艺类型	轧机型式	铸坯厚度/mm	产品厚度/mm	生产能力/×10^4t	投产时间
1	珠 钢	CSP	6F，1450	50~60	1.2~12.7	180	1999.08
2	邯 钢	CSP	1R+6F，1900	60~90	1.2~12.7	250	1999.12
3	包 钢	CSP	7F，1750	60~90	1.2~20.0	200	2001.08
4	马 钢	CSP	7F，1800	50~90	1.0~12.7	200	2003.09
5	涟 钢	CSP	7F，1800	50~70	1.0~12.7	240	2004.02

序　号	企业名称	工艺类型	轧机型式	铸坯厚度/mm	产品厚度/mm	生产能力/×10⁴t	投产时间
6	酒　钢	CSP	6F, 1830	50~70	1.5~25.0	200	2005.05
7	武　钢	CSP	7F, 1780	50~90	1.0~12.7	250	2009.02
8	唐　钢	FTSR	2R+5F, 1900	70~90	0.8~12.0	250	2002.12
9	本　钢	FTSR	2R+5F, 1900	70~90	0.8~12.0	250	2004.11
10	通　钢	FTSR	2R+5F, 1700	70~90	1.0~12.0	220	2005.12
11	鞍　钢	ASP	1R+7F, 2150	135~170	1.5~25.0	500	2005
12	鞍　钢	ASP	1R+6F, 1700	100~135	1.5~25.0	200	2000.07
13	济　钢	ASP	1R+6F, 1700	135~150	1.2~12.7	250	2006.11
14	凌　钢	ASP	1R+6F, 1700	100~135	1.2~20.0	250	2005
15	国　丰	ASP	1R+7F, 1450	100~135	1.2~12.7	200	2006
16	迁　安	ASP	1R+6F, 1250	100~135	1.2~12.7	150	2007
17	日　照	ASP	1R+6F, 1580	100~135	1.2~20.0	200	2007
18	汉　中	ASP	1R+6F, 1500	100~135	1.2~20.0	220	2008
19	海　鑫	ASP	1R+6F, 1500	100~135	1.2~12.7	220	2008
20	唐钢（二）	CSP	6F, 1700	50~70	1.2~12.7	200	2008
合　计						4630	

14.4.2　几种薄板坯连铸连轧工艺技术及其比较

目前已投入工业化生产的薄板坯连铸连轧技术有：西马克公司的 CSP 技术、达涅利公司的 FTSR 技术、德马克公司的 ISP 技术、鞍钢的 ASP（CONROLL）技术、TSP 技术及 QSP 技术等。各种技术各具特色，同时又相互影响、相互渗透，并在不断地发展和完善。

（1）CSP 技术是最早投入工业化生产和应用最广泛的薄板坯连铸连轧技术，以 1989 年投产的美国纽柯公司克劳福兹维尔厂 CSP 生产线为代表的第一代 CSP 技术，采用电炉炼钢、4~6 架轧机，由厚 50~60mm 连铸坯以 DHCR 工艺轧成厚 2~12mm 的带钢。以后经多年改进发展到前接氧气转炉炼钢、带液芯压下连铸、后接 6~7 架连轧机，由厚 60~70mm 连铸坯轧成 0.8~12.7mm 的带钢。其工艺布置如图 14-27 所示。我国现有 CSP 生产线 9 条，其中包括台湾烨联公司的 1 条。

（2）ISP 技术是由德马克公司开发的、较早投入工业化生产的薄板坯连铸连轧技术。

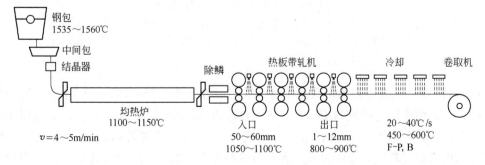

图 14-27　一般 CSP 工艺生产线示意图

第一条 ISP 生产线于 1992 年 1 月在意大利阿维迪钢厂建成投产，年产 50 万吨。连铸坯经液芯压下由厚 60mm 降低至 40mm，在全凝固高温状态下经 3 机架粗轧机将厚 40mm 铸坯轧成 15~25mm 的带坯，经感应加热后入克日莫那炉卷取，然后再开卷送至 4 机架精轧机轧成 2~3mm 的带卷，全线布置紧凑（图 14-28）。德马克公司在薄板坯连铸连轧技术领域开拓性地提出了一些新思路，如液芯压下、感应加热、在线大压下轧制等。全生产线长度仅为 175mm，是迄今长度最短的薄板坯连铸连轧生产线。该技术在生产中不断发展和完善，如其铸坯厚度开始为 60mm 以后改为 75~100mm，经液芯压下后为 50~80mm；加热和衔接段由感应加热和克日莫那炉后改为热卷箱，后又改用辊底式均热炉。最近又改进为感应加热并取消热卷箱，而革新成为 ESP 先进生产新技术，它可以在经连铸机中的铸轧后出连铸机剪切成中板成品，经正火处理生产出合格中板。

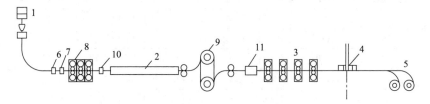

图 14-28　Demag Arvedi ISP 生产线示意图

1—连铸；2—感应均热炉；3—精轧机；4—层流冷却；5—卷取机；6—矫直（除鳞）；
7—边部加热；8—轧机；9—热卷取机；10—切断机；11—除鳞

（3）FTSR 技术是达涅利公司开发的应用于配转炉炼钢的薄板坯连铸连轧生产线，它采用直结晶器弧形连铸机和 H 漏斗型结晶器，采用动态液芯压下技术。衔接段采用辊底式均热炉，轧机按 1~2R+6F 的模式配置，其工艺布置如图 14-29 所示。在粗轧机后设保温辊道，轧机分粗、精轧两段便于进行控制轧制及控制冷却，具有较大的灵活性。产品范围较宽，可浇铸包晶钢。设置了 3 台除鳞机，故产品具有良好的表面质量。我国现已有三条FTSR 生产线，见表 14-7。

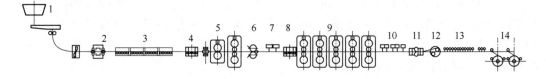

图 14-29　埃及已兹的 FTSR 机组示意图

1—连铸机；2——次除鳞；3—辊底式均热炉；4—二次除鳞；5—粗轧机；6—事故飞剪；
7—快速冷却装置 1；8—三次除鳞；9—精轧机；10—快速冷却装置 2；11—高速飞剪；
12—轮盘式卷取机；13—层流冷却；14—地下卷取机

（4）CONROLL 技术是奥钢联开发的、采用中等厚度（75~150mm）连铸板坯的连铸连轧技术，采用弧形连铸机和步进式加热炉。轧机和传统板带生产线一样，分为粗轧和精轧两部分，粗轧一般为 1~2 架，精轧 5~6 架，其工艺布置如图 14-30 所示。粗轧与精轧之间可以设置调温辊道，热轧设备一般采用热连轧机，也可采用炉卷轧机。但采用炉卷轧机的中厚板坯连铸连轧工艺有时也称为 TSP 工艺或技术。

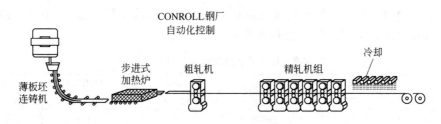

图 14-30 阿姆科·曼斯菲尔德钢厂 CONROLL 工艺平面布置示意图

（5）ASP 技术是鞍钢公司在奥钢联连铸技术的基础上利用自己的加热、轧制和热卷取等技术进行自主集成的技术，其工艺布置如图 14-31 及图 14-32 所示。ASP 技术的主要特点为：1）采用中等厚度（100 ~ 170mm）连铸板坯，从而提高了铸坯质量和产量，并因而便于采用有较大缓冲能力的步进式加热炉，为实现短流程连铸连轧工艺创造了条件，使 ASP 技术具有前述连铸连轧工艺的诸多优点；2）采用鞍钢首创的多流合一流的物流技术，以连铸为中心，合理平衡炼钢、连铸、轧钢工序之间的能力，保证连铸坯流线有序衔接，使铸坯以最短时间和较高温度直接热装进炉，达到 500 万吨/年的物流能力；3）采用步进式加热炉在线缓冲，加热炉配置长行程装钢机，使加热炉缓冲时间可达 30min 以上，当轧线出大故障时还可以将铸坯下线送入板坯库进行离线缓冲，待轧线恢复以后再上线装炉加热轧制；4）将连铸坯的厚度扩展到 100 ~ 170mm，在粗轧和精轧之间采用热卷取箱技术或保温罩，其轧制工艺基本采用了常规的现代半连续热带轧制的工艺，分粗轧和精轧两段，粗轧机只用一架强力可逆式轧机，较 3/4 热连轧机线减少 2 架大轧机及辅线长度，节约了投资，而产量却有所提升；5）采用动态生产计划编制技术。为了充分提高铸坯的直接热装率，ASP 生产线开发了一套特殊的生产组织管理模式，即：对于月、周和日计划以连轧生产为主导，以用户需求（合同）为导向；对于短期的生产计划以连铸生产为主导，配以轧制计划的动态调整。一个轧制计划对连铸提出供料计划，再根据供料计划和库存板坯情况组织炼钢与连铸的生产，在生产中根据实际情况的变化进行动态调整。

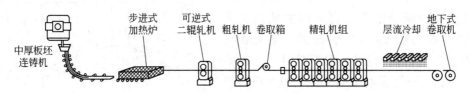

图 14-31 鞍钢 1700mm ASP 工艺流程示意图

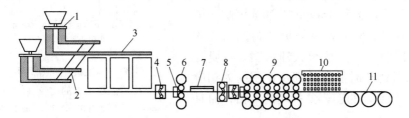

图 14-32 鞍钢 2150mm ASP 工艺流程
1—连铸机；2—横移段；3—加热炉；4—除鳞装置；5—立辊轧机；6—四辊粗轧机；
7—保温罩；8—飞剪；9—精轧机组；10—层流冷却装置；11—卷取机

此外，还有日本住友金属公司开发的 QSP 技术等，我国没有采用，在此不作细述。几种薄板坯连铸连轧技术的比较如表 14-8 所示。

表 14-8   几种薄板坯连铸连轧技术的比较

项　目	CSP	ISP（ESP）	FTSR	CONROLL	ASP
铸坯厚/mm	70/50	90/70	90/70	100～125	100/170
连铸机型	立弯式	直弧形	直弧形	直弧形	直弧形
结晶器	漏斗型结晶器	平行板型直结晶器	H 结晶器	平行板型直结晶器	平行板型直结晶器
冷　却	水冷，气-水	气-水	气-水	气-水	气-水
弧形半径/m	顶弯半径 3～3.25	5～6	5	5	5
冶金长度	6～9.7	11～15.1	约15	14.6	22.4
液芯压下	后采用	最先采用	采　用	采　用	采　用
拉坯速度/m·min^{-1}	4～6	3.5～5	3.5～5.5	3～4	2.8～3.5
均热炉	辊底式	感应加热(辊底式)	辊底式	步进梁式	步进梁式
轧机组成	5～7F	2～3R+5F	1～2R+6F	1～2R+5～6F	1R(可逆)+6F
轧制方式	连轧，可半无头	铸轧连轧，可无头	连轧，可半无头	单卷连轧	单卷连轧

薄（中）板坯连铸连轧技术由于具有前述连铸连轧的诸多优点而能得以迅速发展，但在发展中也显露出一些问题和不足。首先，由于连铸结晶器变薄与浇铸速度提高，影响钢液和保护渣流动的稳定均匀和夹杂的凝浮与清除，以及由于很长的辊底式加热炉的脏坯辊面常伤及铸坯表面，以致在生产超低碳钢（如 IF 钢）、低合金钢（如管线钢）等高端产品时，显示表面性能的不足，往往要下线清理；其次当生产产品批量小、品种规格多时，生产计划安排难度大，影响热装温度和热装率的提高；此外炼-铸-轧全连续生产刚性太强，一出故障，影响全线，影响作业率提高。当采用 ASP 工艺时由于增大了连铸板坯厚度和采用步进式加热炉等技术措施，提高了铸坯的质量，增大了生产的柔性，使这些问题大为减轻，但仍难以根除。

14.4.3   轧材的组织性能特点

按照曼内斯曼钢管公司采用的轧制工艺（该工艺是控制轧制或控轧后急冷），在轧板机和曼内斯曼研究所的试验轧机上把 Mn-Nb 钢的厚 70mm 薄板坯轧成厚 16mm 板。加热炉加热温度在 800～1200℃。

与一般的厚板坯相比，薄板坯晶粒非常细，如图 14-33 所示。大约 1min 的快速凝固防止了晶粒长大，而以 200mm 厚的板坯为例，在约 16min 的凝固时间中晶粒长大却很明显。研究表明，带液芯铸轧时晶粒的细化作用约为相应较薄（相同厚度）的连铸薄板坯的 4 倍，而且与钢种无关。

由于降低了加热温度，使轧制后轧材保持了较细的组织结构，保证了屈服点和抗拉强度

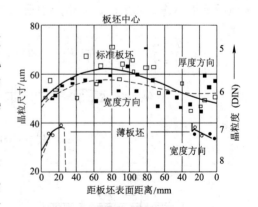

图 14-33   标准板坯和薄板坯（浇铸）空冷后晶粒尺寸的比较（API-X60）

□.■— 分别为 200mm×1200mm 板坯厚度和宽度方向的晶粒尺寸

○.●— 分别为 53mm×1200mm 薄板坯厚度和宽度方向的晶粒尺寸

不变。同时，细晶粒也有助于大大改善韧性，见图14-34。在普通板坯情况下转变温度为
−25℃，而在薄板坯情况下降至−60℃。实际上当抗拉强度相同时，薄板坯的韧性明显
优越。

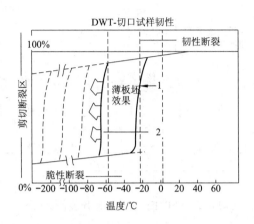

图 14-34 薄板坯对轧制板材转变温度降低的影响

1—转变温度：−20 ~ −30℃，板坯厚度 $h_o = 250mm$；板厚 $h_c = 15.9mm$；变形率 $h_o/h_c = 15.7$；X70；

σ_s：482MPa；σ_b：565MPa；2—转变温度：≤ −60℃；板坯厚度 $h_o = 70mm$；板厚 $h_c = 15.9mm$；

变形率 $h_o/h_c = 4.4$；X70；σ_s：510MPa；σ_b：590MPa

由于薄板坯初始厚度小及较细的原始组织，有可能使用较低的加热温度。加热温度低
使轧出的厚板韧性较好。因此，当采用薄板坯铸轧工艺时，应该重新考虑目前所使用的合
金系统。这意味着新工艺不仅扩大了浇铸和轧制范围，而且对冶炼操作也有影响。也就是
说，在不改变成品质量的条件下，与常规生产相比可以降低合金化成本。

对同一炉钢的普通板坯和薄板坯的冷轧板对比调查表明，薄板坯的深加工性能较好。
薄板坯的冷轧显示了较好的无方向性。

业已证明，薄板坯凝固期间不发生 AlN 析出，而普通厚板坯凝固时则发生这种情况。
当连铸机与轧机连接时，这种效果（可归因于薄板坯的迅速凝固及冷却）具有很大的优
点，设计炉温时不必再考虑解决 AlN 析出问题。

ISP、ESP 工艺在连铸-轧制过程中铸流（坯）减薄产生晶格变形而引起再结晶，原浇
铸组织转变为轧制组织。导致其性能接近于成品中板的性能，这为在连铸机上直接生产成
品中板提供了可能性。

14.4.4 薄板坯无头高速连铸连轧（ESP）技术的新发展

意大利阿维迪（Arvedi）公司现有 ISP、ESP 生产线各 1 条。ISP 生产线于 1992 年 1 月
建成投产，至 2009 年已达 100 万吨/年。新建的 ESP 生产线于 2009 年 2 月投产，2010 年
产量达 150 万吨，该生产线主要装备包括：1 台 250t 电炉、2 台 250t LF 炉、单流（70 ~
110mm）薄板坯连铸机、3 机架在线大压下粗轧机、摆动剪、中板推送堆垛装置、滚切
剪、感应加热器和 5 机架精轧机及 3 台地下卷取机，其生产流程如图 14-35 所示。该技术
已被韩国 POSCO 钢铁公司采用，以改造原有的 ISP 生产线。其第一期工程已于 2009 年 5
月完成投产，效益良好。ESP 技术的主要优势包括：

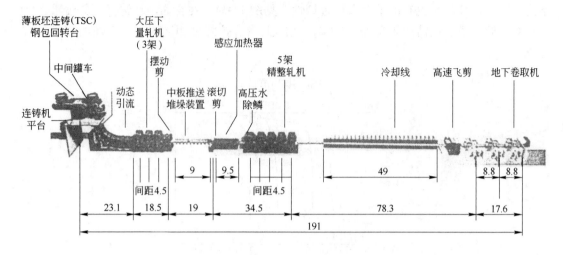

图 14-35　ESP 工艺生产线流程装备示意图

（1）低能耗、低排放。能耗比传统板带钢轧机少 40%，比 ISP 生产线少 20%；

（2）大大提高产量、质量和成材率，尤其是生产热轧超薄规格（~0.8mm）带钢更经济，由于废、次品和切损的减少，高达 97% 的钢水成为高质量的带钢；

（3）实现了带钢几何尺寸和冶金性能的全面控制和稳定，避免带钢头、尾的典型尺寸超差，特别适合生产多相钢；

（4）ESP 和 ISP 工艺中铸坯在连铸机上经液芯压下及 3 道大压下粗轧，使原铸造组织转变成轧制组织，致使具有接近成品的组织性能，这为在连铸机上直接生产中板提供了可能性。通过轧后正火、回火热处理还可进一步保证钢板的组织性能。

ESP 工艺的主要关键技术为：

（1）高速度连铸，最大拉速达 6~8m/min，增大了生产产能；铸坯经液芯压下由厚 100mm 压至 80mm；

（2）在线大压下连轧，将厚 80mm、平均温度 1200℃ 以上刚出连铸机的高温铸坯，经 3 道连轧减小到 12~19mm，充分利用铸坯余热，大大减小了变形抗力；

（3）在线感应加热技术。它不仅使生产线更加紧凑高效（全线长仅 125m），而且具有加热时间短、加热速度快而灵活、钢种适应性强等优点；

（4）无头轧制技术，紧接 5 架精轧机，可以带负荷窜辊调整板形，可以进行动态变规格，从而实现了超薄规格带钢的连续、稳定、高效化生产。

14.4.5　薄（中）板坯连铸连轧（TSCR）技术的发展趋势

纵观近 20 年来薄板坯连铸连轧技术的发展历程以及目前市场对薄板坯连铸连轧技术产品的需求可知，今后薄板坯连铸连轧技术发展的趋势主要有以下几方面。

（1）薄板坯连铸连轧技术产品的品种范围不断扩大，质量、产量不断提高，接近传统生产技术的产品。如我国唐钢的 FTSR 机组 2 流生产能力达 300 万吨/年；鞍钢 ASP2150 机组产能达 500 万吨/年；产品范围也由普碳钢扩大到高碳钢、不锈钢、硅钢、管线钢等，质量不断提高。

（2）TSCR 技术不仅能与电炉炼钢结合，而且进化到可与传统的高炉-转炉炼钢技术相结合，使之具有更广阔的市场前景。转炉工艺为 TSCR 生产提供了优质纯净和低成本的钢水，保证了 TSCR 生产线可以大规模地生产高质量、低成本且更具竞争力的产品。

（3）各种 TSCR 技术互相渗透，互相借助，大有殊途同归之势。例如采用漏斗型结晶器、加大铸坯厚度、采用液芯压下、采用 6~8 架连轧或半连轧等技术已逐渐成为共识。

（4）提高连铸与轧制速度，开发超薄轧制及半无头、无头轧制新技术。充分发挥 TSCR 技术中铸坯温度均匀性极佳的优势，批量生产薄及超薄规格的产品，以代替部分冷轧带钢产品，取得了很好的经济效益。据统计冷轧带钢厚度在 0.6~1.2mm 者占其中的 60%，而 0.8~1.2mm 的热轧超薄带就可替代 50%~60% 的冷轧带；而占薄板总量 50% 的汽车板若减薄 0.1mm，则使汽车减轻 12%，即可节油 12%，故要求大量超薄的高质量钢板，如 IF 钢，用铁素体轧制技术和半无头轧制技术轧成 1.0~0.8mm 以下的薄板，将可取得显著经济效益。但轧制超薄板需一套专用设备，即在精轧后、卷取前要设置高速飞剪、高速通板装置以及导入卷取前夹送辊的高速切换开闭机构。

（5）发展和完善 ASP 技术。增大连铸坯厚度、改进炼钢和中厚板坯连铸技术（减少夹杂、提高表面质量及增加液芯压下量等）、采用先进的步进式均热炉和优化的现代半连续轧制工艺，并结合现代控制轧制和控制冷却技术及加强表面除鳞技术，这样就不仅可以克服薄板坯连铸连轧技术对高端产品在品种质量（主要是表面质量和综合机械性能等）方面的不足，而且可更充分发挥连铸连轧技术的优势。这是因为：1）众所周知，传统连铸厚板坯质量明显优于连铸的薄板坯，而中厚板坯在质量上与传统板坯十分接近，奥钢联 VAI 公司的生产实践表明，在 5m 弯曲半径的弧形连铸机上连铸厚 100~150mm 坯时，连铸板坯的内部和表面质量是最佳的，而只有好的铸坯质量，才能保证好的产品质量。目前 ASP 工艺的冶炼与连铸技术还有待进一步提高，这样就可以改善铸坯夹杂与表面质量；2）步进式加热炉有较高温度范围和较长均热时间，可适应较多钢种的加热及改善铸坯的铸态组织。如前所述步进炉在多流连铸连轧工艺中有很多既经济又方便的优点，更重要的是它没有辊底式炉损害钢板表面质量的缺点；3）铸坯厚度增大意味着提高了钢板轧制的压缩比，当然也有利于产品质量的提高。轧机分为粗轧与精轧两段，粗轧机为可逆式。这也比全连续轧机式更便于采用控制轧制和控制冷却技术来保证钢板组织性能的提高。目前粗轧后钢坯温度偏高，不便于控制轧制，但这是通过采取新技术措施可以改进的。而如前所述，采用控制轧制和控制冷却对于无相变的连铸连轧工艺来说是非常必要的产品质量保证技术。ASP 技术是我国自主集成开发的新技术，近 10 年来我国已建成 9 条生产线，产能约占我国薄（中）板坯连铸连轧总产能的 52%，可见其发展潜能之大，因而应加强技术研究以促其发展完善。

14.4.6 薄带连续铸轧技术

自 1857 年英国 H. 贝塞麦（Bessemer）提出双辊铸机（又称无锭轧机）以后，很多人对此种以重压大变形为特征的铸轧机（图 14-36（a））进行过详细试验研究，都因其产品质量低劣而未能成功。二次世界大战后前苏联利用以轻压小变形为特征的倾斜式异径双辊无锭轧机（图 14-36（b））大批量生产铸铁板，取得成功。与此同时，美、法等国开发研究铝板带等有色金属的各种双辊铸轧机也取得显著成就，在工业生产上推广应用。但在钢

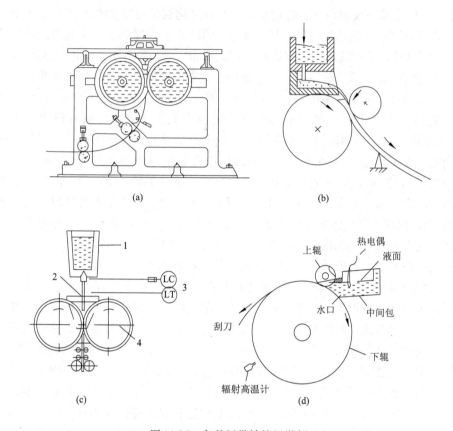

图 14-36 各种板带铸轧机举例

(a) H. 贝塞麦式铸机；(b) 倾斜式异径双辊铸轧机（斜注）；(c) 上铸式同径双辊铸轧机（CSM. 川崎等多数厂家用）；(d) 下铸式异径双辊铸轧机（日金属工业、德克虏伯等厂家）

1—中间罐；2—水口；3—自动液位控制；4—辊式结晶器

带连铸（铸轧）方面，由于人们将注意转向于常规厚板坯连铸技术的开发，而未受到应有的重视。1958 年我国原东北工学院曾利用异径双辊铸轧机（图 14-36（b）），采取轻压快速铸轧的工艺路线在实验室铸轧出硅钢板和铸铁板，以后受到国家科委支持，在长春建立了我国第一条钢铁无锭轧制，即板带连铸试验生产线，于 1960 年铸轧出宽 600mm、厚 2~3mm 的钢板和铁板各百余吨，取得当时国际领先的成就，以后由于国家经济困难而被迫中途停顿。70 年代末期，受能源危机的冲击，带钢连铸重新引起了人们的兴趣，单辊和双辊连铸在非晶技术的带动下又重新得到发展。到 80 年代中、末期，美国、日本、德国等许多厂家都宣布采用双辊或单辊铸造不锈钢或硅钢成功。1984 年日本川崎制铁采用双辊法（图 14-36（c））铸轧出 0.2~0.6mm 厚、500mm 宽的高硅钢及碳钢带。1986 年日本金属工业公司也宣布研制用以铸轧厚 1~4mm 不锈钢薄带的新型异径双辊铸轧机成功（图 14-36（d）），以后德国克虏伯钢公司也采用这种铸轧机于 1990 年铸轧出厚 1~5mm、宽达 1000mm 的不锈钢带。到 90 年代，美国阿·路德卢姆钢公司、澳 BHP 钢公司、韩国浦项钢铁公司等多个厂家都宣称铸轧宽 1200~1400mm 以上、重 10~25t 以上的不锈钢带卷成功。但他们都认为距离实现工业化生产还需要一段时间。20 世纪 80 年代初，我国东北工学院（东北大学）也恢复了对钢带连续铸轧的试验研究，用异径双辊铸轧机于 1985 年铸轧出 2×150mm 的高速钢带，制作出一批组织性能优异的铣刀片。以后，上海钢铁研究所和东北工学院（东北大学）分别承担了铸轧不锈钢带和高速钢带的国家科研任务，并分别通过了国家验收和技术鉴定。现在，世界各国正处于试验研究接近成品形状的薄带连铸的高潮，预计不久的将来即可取得工业化生产的成就，实现钢带生产工艺流程的技术革命。据报道，由新日铁和三菱重工共同开发的世界首套带钢连铸机已于 1998 年开始工业化试生产。钢水可直接铸成厚 2～5mm、宽 700～1330mm 的不锈钢带，铸速 20～75m/min，生产线长仅 68.9m。进入 21 世纪后，主要有欧洲的 Eurostrip 和美国纽柯公司的 Castrip 两套试验生产线继续深入进行试验研究，据有关报道都取得突破性成就。Castrip 设备自 2002 年投产以来已批量生产出普碳钢薄板和 HSLA 薄钢板，板厚达 1.1～1.6mm，最薄达 0.84mm，但迄今未见商业营运的报道，可见要想在商业营运上达到物美而价廉，是很不容易的，尽管薄带铸轧技术确是当今薄带生产的前沿技术，具有大幅降低建设投资与生产成本、大幅降低能源消耗（达 85%）且工艺更环保等诸多优点。

钢带直接铸轧（DSC）工艺是接近成品形状的连铸和半凝固轧制加工的综合过程，其主要技术关键在于：

（1）钢水熔炼和净化技术。保证钢液优质纯净是铸轧成功的基础。

（2）钢流浇注技术。控制熔池液面，保证供钢要恒流、恒温、层流稳静、无污染。

（3）铸轧温度、轧制压力、铸轧速度和冷却强度必须自动检测，由计算机通过数学模型进行自动调控，这是防止变形区产生前滑、后滑引起裂纹缺陷、防止产生负偏析及保证成型质量的关键。

（4）研究侧挡技术。精巧设计侧挡板，保证边部整齐、无飞翅，便于后部精轧加工及提高成材率。

（5）铸轧机的轧辊凸度和板凸度调整技术及板形控制技术。因为铸轧出的钢带必须经精轧加工，才能保证表面和尺寸精度质量，故铸轧机必须能调整板凸度和板形，才能适应后部的精轧加工。同时，由于铸造与轧制技术的固有不足与精轧变形量小，使薄板表面质量的提高成为关键技术之一。

（6）铸轧半凝固加工变形理论研究，包括高温塑性、抗力、裂纹及负偏析形成机理等，这与提高钢带质量密切相关。

（7）研究铸轧工艺、精轧及热处理制度对钢带组织性能的影响，配合微合金化技术与控轧控冷技术，开发可能产生的新材料特性。

（8）研究铸轧辊的材料和制造方法，提高铸轧辊的寿命。

此外，还应开发研究新的铸轧技术。例如日本石川岛播磨重工公司将半凝固技术引入到双辊法连铸工艺中，使钢液在中间包搅拌成半凝固金属浆，然后注入辊缝，既有利于侧挡，又提高了铸带质量。应该指出，钢带直接铸轧技术不仅是为了简化工艺、缩短流程、提高效益，而且可能创造出新机能材料，大大提高材料的组织性能。因为带液芯半凝固轧制加工使晶粒和析出物变细的效果比急冷效果还要大，因此对提高材料性能很有利。例如直接铸轧的高速钢带平均晶粒直径只有 3.5μm，碳化物颗粒只有 1.5～2μm，比常规工艺产品细一倍以上，其红硬性及耐磨性都大为提高。

15　冷轧板、带材生产

15.1　冷轧板、带材生产工艺特点

薄板、带材当其厚度小至一定限度（例如 <1mm）时，由于保温和均温的困难，很难实现热轧，并且随着钢板宽厚比的增大，在无张力的热轧条件下，要保证良好的板形也非常困难。采用冷轧方法可以较好地解决这些问题。首先，它不存在温降和温度不均的毛病，因而可以生产很薄、尺寸公差很严和长度很大的板卷。其次，冷轧板、带材表面光洁度可以很高，还可根据要求赋予各种特殊表面。这一优点甚至使得某些产品虽然从厚度来看还可采用热轧法生产，但出于对表面光洁度的要求却宁可采用冷轧。此外，近来从降低板卷的热轧和冷轧所需总能耗的观点出发，还有人主张加大冷轧原料板的厚度，扩大冷轧的范围，以便在热轧时实现低温加热轧制，大幅度节约能源的消耗。

冷轧板、带材不仅表面质量和尺寸精度高，而且可以获得很好的组织和性能。通过冷轧变形和热处理的恰当配合，不仅可以比较容易地满足用户对各种产品规格和综合性能的要求，还特别有利于生产某些需要有特殊结晶织构和性能的重要产品，例如硅钢板、深冲板等。

较之热轧，冷轧板、带材的轧制工艺特点主要有以下 3 个方面。

15.1.1　加工温度低，在轧制中将产生不同程度的加工硬化

由于加工硬化，使轧制过程中金属变形抗力增大，轧制压力提高，同时还使金属塑性降低，容易产生脆裂。当钢种一定时，加工硬化的剧烈程度与冷轧变形程度有关。当变形量加大使加工硬化超过一定程度后，就不能再继续轧制。因此板、带材经受一定的冷轧总变形量之后，往往需经软化热处理（再结晶退火或固溶处理等），使之恢复塑性，降低抗力，以利于继续轧制。生产过程中每两次软化热处理之间所完成的冷轧工作，通常称之为一个"轧程"。在一定轧制条件下，钢质愈硬，成品愈薄，所需的轧程愈多。

由于加工硬化，成品冷轧板、带材在出厂之前一般也都需要进行一定的热处理，例如最通常的再结晶退火处理，以使金属软化，全面提高冷轧产品的综合性能，或获得所需的特殊组织和性能。

15.1.2　冷轧中要采用工艺冷却和润滑

15.1.2.1　工艺冷却

冷轧过程中产生的剧烈变形热和摩擦热使轧件和轧辊温度升高，故必须采用有效的人工冷却。轧制速度愈高，压下量愈大，冷却问题愈显得重要。如何合理地强化冷却成为发展现代高速冷轧机的重要研究课题。

实验研究与理论分析表明，冷轧板带钢的变形功约有 84% ~ 88% 转变为热能，使轧件

与轧辊的温度升高。我们关心的是在单位时间内发出的热量，即变形发热率 q，以便采取适当措施及时排除或控制这部分热量。变形发热率是直接正比于轧制平均单位压力、压下量和轧制速度的。因此，采用高速、大压下的强化轧制方法将使发热率大为增加。如果此时所轧的又是变形抗力较大的钢种，如不锈钢、变压器硅钢等，则发热率就增加得更加剧烈。因而必须加强冷轧过程中的冷却，才能保证过程的顺利进行。

水是比较理想的冷却剂，因其比热大，吸热率高且成本低廉。油的冷却能力则比水差得多。表 15-1 中给出了水与油的一些吸热性能的比较资料。由表可知，水的比热要比油大一倍，热传导率水为油的 3.75 倍，挥发潜热水比油大 10 倍以上。由于水具有如此优越的吸热性能，故大多数轧机皆采用水或以水为主要成分的冷却剂。只有某些特殊轧机（如 20 辊箔材轧机），由于工艺润滑与轧辊轴承润滑共用一种润滑剂，才会采取全部油冷，此时为保证冷却效能，需要供油量足够大。

表 15-1 水与油的吸热性能比较

项目\n种类	热容/J·(kg·K)$^{-1}$	热导率/W·(m·K)$^{-1}$	沸点/℃	挥发潜热/J·kg^{-1}
油	2.093	0.146538	315	209340
水	4.197	0.54847	100	2252498

应该指出，水中含有百分之几的油类即足以使其吸热能力降低三分之一左右。因此，轧制薄规格的高速冷轧机的冷却系统往往就是以水代替水油混合液（乳化液），以显著提高吸热能力。

增加冷却液在冷却前后的温度差也是充分提高冷却能力的重要途径。在老式冷轧机的冷却系统中，冷却液只是简单地喷浇在轧辊和轧件之上，因而冷却效果较差。若用高压空气将冷却液雾化，或者采用特制的高压喷嘴喷射，可大大提高其吸热效果并节省冷却液的用量。冷却液在雾化过程中本身温度下降，所产生的微小液滴在碰到温度较高的辊面或板面时往往即时蒸发，借助蒸发潜热大量吸走热量，使整个冷却效果大为改善。但是在采用雾化冷却技术时，一定要注意解决机组的有效通风问题，以免恶化操作环境。

实际测温资料表明，即使在采用有效的工艺冷润的条件下，冷轧板卷在卸卷后的温度有时仍达到 130～150℃，甚至还要高，由此可见在轧制变形区中的料温一定超过该温度。辊面温度过高会引起工作辊淬火层硬度的下降，并有可能促使淬火层内发生组织分解（残余奥氏体的分解），使辊面出现附加的组织应力。

另外，从其对冷轧过程本身的影响来看，辊温的反常升高以及辊温分布规律的反常或突变均可导致正常辊型条件的破坏，直接有害于板形与轧制精度。同时，辊温过高也会使冷轧工艺润滑剂失效（油膜破裂），使冷轧不能顺利进行。

综上所述，为了保证冷轧生产的正常，对轧辊及轧件应采取有效的冷却与控温措施。

15.1.2.2 工艺润滑

冷轧采用工艺润滑的主要作用是减小金属的变形抗力，这不但有助于保证在已有的设备能力条件下实现更大的压下，而且还可使轧机能够经济可行地生产厚度更小的产品。此外，采用有效的工艺润滑也直接对冷轧过程的发热率以及轧辊的温升起到良好影响。在轧制某些品种时，采用工艺润滑还可以起到防止金属粘辊的作用。

　　生产与试验表明，采用天然油脂（动物与植物油脂）作为冷轧的工艺润滑剂在润滑效果上优于矿物油，这是由于天然油脂与矿物油在分子的构造与特性上有质的差别所致。图15-1 即为采用不同的润滑剂的轧制效果比较。由图可知，当冷轧机工作辊直径为 $\phi88mm$，带钢原始厚度为 0.5mm，并用水作工艺润滑剂时，轧至厚度为 0.18mm 左右就难于再轧薄了，而采用棕榈油作润滑剂时，则可用 4 道轧至 0.05mm 的厚度。为了便于比较各种工艺润滑剂的轧制效果，在图中设棕榈油的润滑效果为 100，润滑性能较差的水作为零（见图15-1 中右侧的竖标，称为"润滑效果指标"）。由图可知，矿物油的润滑效果指标介于 0 ~ 100 之间。此数愈接近 100，说明其润滑效果愈接近于棕榈油。

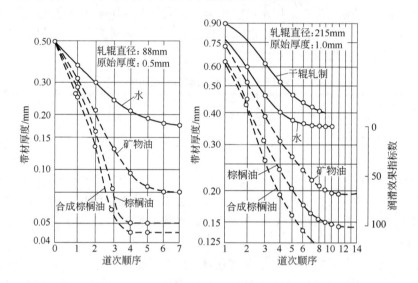

图 15-1　不同润滑剂的轧制效果比较

　　冷轧润滑效果的优劣诚然是衡量工艺润滑剂的重要指标，但是一种真正有经济实用价值的工艺润滑剂还应具有来源广、成本低、便于保存（化学稳定），并且易于从轧后的板面去除，不留影响质量的残渍等特点。目前还只有为数不多的几种工艺润滑剂能够较全面地满足上述要求。

　　生产实际表明，在现代冷轧机上轧制厚度在 0.35mm 以下的白铁皮、变压器硅钢板以及其他厚度较小而钢质较硬的品种时，在接近成品的一、二道次中必须采用润滑效果相当于天然棕榈油的工艺润滑剂，否则即使增加道次也难于轧制出所要求的产品厚度。棕榈油来源短缺，成本高昂。事实上，使用其他天然油脂，只要配制适当，也可以达到接近天然棕榈油的润滑效果。例如，一些冷轧机就曾经使用过棉子油代替天然棕榈油生产冷轧硅钢板与白铁皮，效果也不错；用豆油或菜子油甚至氢化葵花籽油做工艺润滑剂也同样能满足要求。此外，国外有些工厂还使用一些以动、植物为原料经过聚合制成的组合冷轧润滑剂（如所谓的"合成棕榈油"），其润滑效果甚至优于天然棕榈油。

　　实验研究表明，为保证冷轧顺利进行，钢板表面上只需带上很薄的一层油膜就够用了。这一必要而最小的油膜厚度因轧机的型式、轧制的条件与所轧品种的不同而异，可以通过实测大致确定。例如，国外某冷轧机根据实测结果，证明在冷轧马口铁时，耗油量只需达到 0.5 ~ 1.0kg/t 左右，油量再多对进一步减小轧制中的摩擦已无显著效果。这样，实际上只需事先用喷枪往板面上喷涂一层薄薄的油层就能满足要求。尽管如此，在大规模的冷轧生产中，油的耗用量还是相当的可观的，进一步节约用油仍然大有可为。

通过乳化剂的作用把少量的油剂与大量的水混合起来，制成乳状的冷却液（简称"乳化液"）可以较好地解决油的循环使用问题，在这种情况下，水是作为冷却剂与载油剂而起作用的。对这种乳化液的要求是：当以一定的流量喷到板面和辊面之上时，既能有效地吸收热量，又能保证油剂以较快的速度均匀地从乳化液中离析并粘附在板面与辊面之上，这样才能及时形成均匀、厚度适中的油膜。油剂从乳化液中往板面及辊面的这一吸附过程受许多因素影响，其中乳化剂或其他表面活性剂的含量便是重要因素之一。乳化剂含量过高将妨碍油滴的凝聚与离析。究竟用量以多少为宜则需要结合具体的轧制条件通过生产实验确定。

矿物油的化学性质比较安定，不像动植物油容易酸败，而且来源丰富，成本低廉。如能设法使其润滑性能赶上天然油脂，则采用矿物油作代用品当不失为冷轧工艺润滑剂的一个重要发展方向。纯矿物油的缺点是其所形成的油膜比较脆弱，不能耐受冷轧中较高的单位压力。加入适量的天然油脂与抗压剂（又称极压剂）之后，油膜强度增加了，润滑效果亦因之而有相应的提高。此外，也可在以矿物油为基的冷轧润滑液中加入其他添加剂，以改善其综合性能。和天然油脂一样，以矿物油为基的冷轧工艺润滑油也可以调制乳化液（一般采用含油量为2%～5%），并保证循环使用。循环供液系统必须很好地解决乳化液的净化问题。在冷轧过程中，乳化液不断受到金属碎屑、氧化铁皮碎末等的污染，杂质含量愈来愈多。块度较大的杂质可以通过网眼或过滤器予以滤除。但约占杂质总量60%的较微细的物质透过过滤器而沉积在管道与喷嘴之中，还有一部分形成一种黏性的泥状物沉积在滤网之上，使液体难以透过，清除起来也异常困难，以致经常造成乳化液喷嘴堵塞，破坏正常操作的进行，而且要清除过滤器、导管及喷嘴的沉积物也需要停产较长时间，影响轧机产量。为此，近年来发展了一种采用离心分离与磁性分离相结合的高效净化系统，并且采用自动反冲式过滤器，当滤网因堵塞而出现两面压差较大时，采用蒸汽反冲排污，从而大大提高了乳化液的净化效率。

典型的五机架冷轧机有三套冷润系统，对厚度在0.4mm以上的产品来说，第一套为水系统，第二套为乳化液系统，第三套为清净剂系统。由酸洗线送来的原料板卷表面上已涂上一层油，足够连轧机第一架润滑之用，故第一架喷以普通冷却水即可；中间各架采用乳化液冷却系统；末架可喷清洗剂以清除残留润滑油，使轧出的成品带钢可不经电解清洗就可不出现油斑，这种产品因而亦有"机上净"板材之称。

15.1.3　冷轧中要采用张力轧制

所谓"张力轧制"就是轧件的轧制变形是在一定的前张力和后张力作用下实现的。张力的作用主要有：（1）防止带材在轧制过程中跑偏；（2）使所轧带材保持平直和良好的板形；（3）降低金属变形抗力，便于轧制更薄的产品；（4）可以起适当调整冷轧机主电机负荷的作用。

轧制带材时在张力作用下，若轧件出现不均匀延伸，则沿轧件宽向上的张力分布将会发生相应的变化，即延伸较大一侧的张力减小，而延伸较小的一侧则张力增大，结果便自动地起到纠正跑偏的作用。这种纠偏作用是瞬时反应的，同步性好，无控制时滞，在某些情况下，它可以完全代替凸形辊缝法与导板夹逼法，使轧件在基本上平行的辊缝中轧制时仍有可能保证稳定轧制。这就有利于轧制更精确的产品，并可简化操作。张力纠偏的缺点是张力分布的改变不能超过一定限度，否则会造成裂边，轧折甚至引起断带。

由于轧件的不均匀延伸将会改变沿带材宽度方向上的张力分布，而这种改变后的张力分布反过来又会促进延伸的均匀化，故张力轧制有利于保证良好的板形。此外，在轧制过程中，当未加张力时，不均匀延伸将使轧件内部出现残余应力。加上张力后，可以大大削减甚至消除压应力，这就大大减轻了在轧制中板面出现浪皱的可能，保证冷轧的正常进行。当然，所加张力的大小也不应使板内拉应力超过允许值。

带材在任何时刻下的张应力 σ_z 可用下式表示

$$\sigma_z = \sigma_{z0} + \frac{E}{l_0}\int_{t_0}^{t_1}\Delta v \mathrm{d}t \tag{15-1}$$

同理，设带材断面积为 A，则总张力 $Q = A\sigma_z$ 或

$$Q = A\sigma_{z0} + \frac{AE}{l_0}\int_{t_0}^{t_1}\Delta v \mathrm{d}t \tag{15-2}$$

式中　l_0——带材上 a、b 两点间的原始距离；

　　　σ_{z0}——带材原始张应力；

　　　Δv——b 点速度 v_b 与 a 点速度 v_a 之差，$\Delta v = v_b - v_a$；

　　　E——带材的弹性模量。

若把 a、b 两点分别看成是连轧机中前架的出口点与后架的入口点，l_0 近似地视为机架间的距离，则式（15-1）、式（15-2）即表示了机架间张力的建立与变化的规律。当原始张力 σ_{z0} 等于零，则式（15-1）表示张力的建立过程；若 σ_{z0} 不为零，则该式即反映张力从一个稳定态到另一个稳定态的变化规律。由式（15-1）可知，σ_z 与 v_a 及 v_b 的绝对大小无关，而仅与其差值有关。当 $\Delta v = 0$，则张力无从建立或者不会发生变化，若 Δv 一旦出现并总保持为正值，则 σ_z 将随时间而增加，很快达到允许值，引起拉"细"或断片。张力从一个稳定值（包括零值）变至另一稳定值必须经历一个 Δv 由产生到消失的过渡过程。Δv 的产生是张力赖以建立或发生改变的推动力；$\Delta v \rightarrow 0$ 则是达到新的平衡状态（新的张力稳定值）的必要条件。

由此可见，张力 σ_z 的产生与变化最终归结为 Δv 的产生与变化的规律。无论是单机可逆式轧机或多机连轧，甚至任何张力装置，其张力的产生与变化在本质上均与此相同。

由于张力的变化会引起前滑及轧辊速度在一定程度的反向改变，故连轧过程有一定的自调稳定作用。但是这种作用是有限的，不能代替轧制过程的自动控制。通过改变卷取机、开卷机、轧机的电机转速以及各架的压下，可以使轧制张力在较大的范围内变化。借助准确可靠的测张仪并使之与自动控制系统结成闭环，可以按要求实现恒张力控制。配备这种张力闭环控制系统是现代冷轧机的起码要求，最好是用电子计算机对不同轧制条件下的张力设定和闭环增益进行计算。

生产中张力的选择主要指平均单位张力 σ_z。从理论上讲，σ_z 似乎应当尽量选高一些，但不应超过带材的屈服极限 σ_s。实际 σ_z 应取多大数值要视延伸不均匀的情况、钢的材质与加工硬化程度以及板边情况等因素而定。根据以往的经验，$\sigma_z = (0.1 \sim 0.6)\sigma_s$，变化范围颇

大。不同的轧机，不同的轧制道次，不同的品种规格，甚至不同的原料条件，皆要求有不同的 σ_z 与之相适应。一般在可逆轧机的中间道次或连轧机的中间机架上，σ_z 可取 $(0.2 \sim 0.4)$ σ_s，一般不超过 $0.5\sigma_s$。为防止退火黏结卷取张力可小一些。开卷张力则更小，几乎可忽略。一般做法是先按经验选择一定的 σ_z 值，然后再行校核。例如某厂 5 机架连轧机前张力分别为 1MPa、110MPa、140MPa、150MPa 及 200MPa，卷取张力为 30MPa。

15.2 冷轧板、带材生产工艺流程

15.2.1 冷轧板、带材的主要品种、工艺流程与车间布置

具有代表性的有色金属板、带产品是铝、铜及其合金的板、带材和箔材。

铝箔生产的技术难度较大，工艺流程较为复杂。例如厚度为 0.007mm 的纯铝箔材的生产工艺流程为：

坯料带卷→重卷或剪切→坯料退火→粗轧→精轧→合卷并切边→中间退火→清洗→双合轧制→分卷→成品退火→剪切→检查→包装

而铝合金箔材（LF21，LF2，LY12 合金）的生产工艺流程为：

坯料卷筒→重卷或剪切→坯料退火→粗轧→精轧→切边→中间退火→清洗→精轧→剪切→成卷退火→检查→包装

铝和铝合金塑性好，轧制时加工率大，轧纯铝箔材时总加工率可达99%，且其变形抗力也低，故轧制时一般多采用二辊或四辊轧机，很少选用多辊轧机，箔材轧制时对辊型要求极为精确，轧制不同厚度的坯料，需要采用不同的辊型，否则将产生各种缺陷甚至拉断。在一台轧机上往往只轧一道，只有在粗轧（厚 0.8 ~ 0.04mm）时，才在一台轧机上进行多道次轧制。但也有的粗轧精轧各道次全在一台轧机上进行。或粗轧一台，而精轧各道分别在几台或一台轧机上进行。由于塑性高，对于厚 0.007mm 以上的产品可不用中间退火。纯铝箔材一般中间退火在 150 ~ 180℃ 范围，达到温度后即出炉，不用保温，这样强度降低不大，有利于张力轧制，若温度过高及进行保温，则强度降低太多反而不利于轧制。故计算轧制时的总加工率时可不考虑中间退火的影响。为使箔材表面不留下润滑剂残余物，成品退火的保温要久些（4 ~ 8h）。当采用低闪点润滑剂时，在双合前可不进行清洗。清洗工序也有很小的加工率（<7%），但对这点小加工率往往忽略不计。

具有代表性的冷轧板、带钢产品是：金属镀层薄板（包括镀锡板与镀锌板等）、深冲钢板（以汽车板为其典型）、电工用硅钢板与不锈钢板等。

镀锡板是镀层钢板中厚度最小的品种。过去曾经一度流行的热浸镀锡法被较先进的电镀锡工艺所取代。电镀锡板的锡层厚度较小而且外表美观。镀锌板厚度大于镀锡产品，其抗大气腐蚀性能相当好。连续镀锌工艺适于处理成卷带钢，表面美观，铁锌合金过渡层很薄，故加工性能很好。镀锌板经辊压成瓦垄形后作为屋面瓦使用；其他用途还有用来制造日用器皿，汽油桶，车辆用品以及农机具等。

非金属镀层的薄钢板除搪瓷板外，还有塑料覆面薄板以及各种化学表面处理钢板，其用途甚广。前者可以代替镍、黄铜、不锈钢等制造抗腐蚀部件或构件，多用于车辆、船舶、电气器具、仪表外壳以及家具的制造。

深冲钢板的典型代表是汽车钢板，它是薄钢板的另一重要类型，其厚度多在 0.5 ~

0.6mm范围内。在汽车工业发达的国家中，此类钢板的产量约占全部薄钢板的三分之一以上。汽车钢板的特点是宽度较大（达2000mm以上），并且对表面质量与深冲性能要求较高，是需求量庞大而且生产难度也较高的优质板品种。

镀层钢板和深冲钢板两大类产品，再加上其他一些作一般结构用途的普通薄钢板，在产量上占了全部薄板的大部分。余下的便是各种特殊用钢与高强钢等品种。这主要包括电工用硅钢板（电机、变压器钢板），纯铁电工薄板，耐热、不锈钢板等。这些品种虽然需要量不算很大，却多是国民经济发展与国防现代化所急需的关键性产品。

一般可以认为冷轧薄板、带钢中有四大典型产品，即涂镀层板、汽车板、不锈钢板与电工硅钢板，其生产工艺流程大致如图15-2所示。图15-3则为现代冷轧车间的平面布置一例。由图可见，在冷轧薄板生产中，表面处理（即酸洗、清洗、除油、镀层、平整、抛光等）与热处理工序占有显著地位。事实上在冷轧薄板车间中，占地面积最大并且种类最为繁多的也正是表面处理与热处理设备。主轧跨间在整个厂房面积中占不大的一部分。

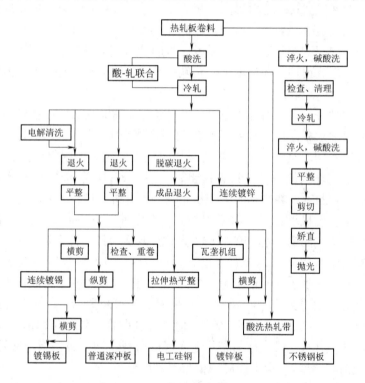

图15-2 冷轧板带钢生产工艺流程

15.2.2 原料板卷的酸洗与除鳞

为了保证板带的表面质量，带坯在冷轧前必须去除氧化铁皮，即除鳞。除鳞的方法目前还是以酸洗为主，其次为喷砂清理或酸碱混合处理。近年还在试验研究无酸除鳞的新工艺，在高温下利用H_2将氧化铁皮还原成铁粉和水，并被水冲洗掉，但生产能力较低。此外，日本利用高压水喷铁矿砂以除铁皮（NID法），已取得了很好的效果。

热轧带钢盐酸酸洗的机理有别于硫酸酸洗之处，首先在于前者能同时较快地溶蚀各种不同类型的氧化铁皮，而对金属基体的侵蚀却大为减弱。因此，酸洗反应可以从外层往里

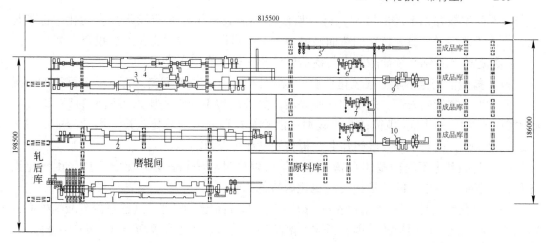

图 15-3 本钢浦项冷轧薄板有限责任公司平面布置图

1—酸洗轧机联合机组；2—连续退火机组；3—1 号连续热镀锌机组；4—2 号连续热镀锌机组；
5—彩色涂层机组；6—1 号重卷检查机组；7—重卷/剖分机组；8—2 号重卷检查机组；
9—1 号半自动化包装机组；10—2 号半自动化包装机组

进行。其化学反应式为：

$$Fe_2O_3 + 4HCl \longrightarrow 2FeCl_2 + 2H_2O + \frac{1}{2}O_2 \uparrow$$

$$Fe_3O_4 + 6HCl \longrightarrow 3FeCl_2 + 3H_2O + \frac{1}{2}O_2 \uparrow$$

$$FeO + 2HCl \longrightarrow FeCl_2 + H_2O$$

$$Fe + 2HCl \longrightarrow FeCl_2 + H_2 \uparrow (甚弱)$$

因此，盐酸酸洗的效率对带钢氧化铁皮层的相对组成并不敏感，它不像硫酸酸洗那样，在酸洗反应速率方面相当程度受制于氧化铁皮层在酸洗前的松裂程度。实验表明，盐酸酸洗速率约等于硫酸酸洗的两倍，而且酸洗后的板带钢表面银亮洁净，深受欢迎。

为了提高生产效率，现代冷轧车间一般都设有连续酸洗加工线。20 世纪 60 年代以前，由于盐酸酸洗的一些诸如废酸的回收与再生等技术问题未获解决，带钢的连续酸洗几乎毫无例外地均采用硫酸酸洗。以后，随着化工技术的发展，盐酸酸洗在大规模生产中应用的主要关键技术已被攻克，故新建的冷轧车间普遍采用效率高而且质量好的盐酸酸洗工艺。现有的许多冷轧厂亦争相改建连续盐酸酸洗加工线，以取代原来的硫酸酸洗线。两种酸洗虽然在机理与效果上有所区别，但在酸洗线的组成上却有许多的共同之处。

宽带钢的连续盐酸酸洗线分为卧式（图 15-4）与塔式两类。从酸洗线的组成来看，

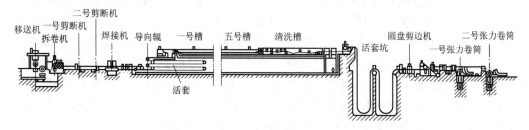

图 15-4 带钢连续盐酸酸洗线（卧式）

它与硫酸酸洗线并无本质的区别，但入口段因取消破鳞作业而使设备大为简化。也就是说，取消了诸如平整机，特殊的弯曲破鳞装置等昂贵设备，因而也使原始投资大为节省。

归纳起来，带钢连续盐酸酸洗与硫酸酸洗相比较，有以下特点：

（1）盐酸能完全溶解三层氧化铁皮，因而不产生什么酸洗残渣。而在硫酸酸洗的情况下，就必须经常清刷酸槽，并中和这些黏液。另外硫酸不能除去压入板面上的 Fe_2O_3（因此不免产生相应的表面缺陷），而盐酸则可以溶解这种轧入的氧化铁皮。因盐酸能溶解全部的氧化铁皮，因而不需要破鳞作业，板材硬度亦可保持不变。

（2）盐酸基本不腐蚀基体金属，因此不会发生过酸洗和氢脆，化学酸损（因氧化铁皮及金属溶于酸中引起的铁量损失）也比硫酸低 20%。

（3）氯化铁很易溶解，易于除去，故不会引起表面出现酸斑，这也是盐酸酸洗板面特别光洁的原因之一。而硫酸铁因会形成不溶解的水化物，往往有表面出现酸斑等毛病。

（4）钢中含铜也不会影响酸洗质量，在盐酸中铜不形成渗碳体，故板面的银亮程度不因含铜而降低。而在硫酸酸洗中，因铜渗碳体的析出而使板面乌暗，降低了表面质量。

（5）盐酸酸洗速率较高，特别在温度较高时更是如此。

（6）可实现无废液酸洗，即废酸废液可完全再生为新酸，循环使用，解决了污染问题。

早期带钢酸洗生产线采用深槽酸洗，酸液深达 1000～1200mm，槽高近 2000mm；20世纪 70 年代中期发展了浅槽酸洗，酸液深为 400～600mm；1983 年德国 MDS 公司开发了紊流酸洗，酸液深仅 150mm，槽高只有 1000mm 左右，带钢在酸洗槽中处于张力状态，酸液在带钢表面上形成急速紊流，流向与带钢运动方向相反。由于酸洗效率高、酸洗时间短、酸洗质量好、带钢表面洁净、废酸少、设备轻、投资少等诸多优点。近代连续浅槽紊流盐酸酸洗技术得到迅速普遍的发展。而正是由于有了高效的浅槽紊流酸洗，便有现代酸洗与冷连轧连成一体进行无头轧制的可能。

15.2.3　冷轧

现代冷轧机按辊系配置一般可分为四辊式与多辊式两大类型，按机架排列方式又可分为单机可逆式与多机连续式两种。前者适用于多品种、小批量或合金钢产品比例大的情况，虽其生产能力较低，但投资小、建厂快、生产灵活性大，适宜于中小型企业。连续式冷轧机生产效率与轧制速度都很高，在工业发达国家中，它承担着薄板、带材的主要生产任务。相对来说，当产品品种较为单一或者变动不大时，连轧机最能发挥其优越性。从 20世纪 60 年代以后，轧制较薄规格产品的冷连轧机逐渐形成通用五机架式、专用六机架式及供二次冷轧用的三机架与双机架式等数种。通用五机架式的产品规格较广，厚为 0.25～3.5mm，辊身长为 1700～2135mm。专用六机架式冷连轧机专门用来生产镀锡原板，产品厚度可小至 0.09mm，辊身长一般不大于 1450mm。为生产特薄镀锡板（厚 0.065～0.15mm），近年来在冷轧车间还专门设置了二机架式或三机架式的"二次冷轧"用的轧机，由 5～6 机架的冷连轧机供坯，总压下率不超过 40%～50%，其辊身长很少超过 1400mm。厚度较小的特殊钢及合金钢产品则经常在多辊（如二十辊）式轧机上生产，或为单机轧制，或为多机连轧，甚至近代还出现完全连续式的多辊轧机。

轧制速度决定着轧机的生产能力，也标志着连轧的技术水平。通用五机架式冷连轧机末架轧速约为 25~27m/s，六机架末架最大轧速一般为 36~38m/s，个别轧机的设计速度达 40~41m/s。现代冷连轧机的板卷重量一般均 30~45t，最大达 60t。

一般冷连轧机的操作过程也较复杂。板卷经酸洗工段处理后送至冷连轧机组的入口段，在此处于前一板卷轧完之前要完成剥带、切头、直头及对正轧制中心线等工作，并进行卷径及带宽的自动测量。之后便开始"穿带"过程，这就是将板卷前端依次喂入机组的各架轧辊之中，直至前端进入卷取机芯轴并建立起出口张力为止的整个操作过程。在穿带过程中，操纵工必须严密监视由每架轧机出来的轧件的走向有无跑偏和板形情况。一旦发现跑偏或板形不良，则必须立即调整轧机予以纠正。在人工监视穿带过程的条件下，穿带轧制速度必须很低，否则发现问题就来不及纠正，以致造成断带、勒辊等故障；穿带操作自动化至今尚未获得完满解决，经常还离不开人工的干预。

穿带后开始加速轧制。此阶段任务是使连轧机组以技术上允许的最大加速度迅速地从穿带时的低速加速至轧机的稳定轧制速度，即进入稳定轧制阶段。由于供冷轧用的板卷是由两个或两个以上的热轧板卷经酸洗后焊接而成的大卷，焊缝处一般硬度较高，厚度亦多少有异于板卷的其他部分，且其边缘状况也不理想，故在冷连轧的稳定轧制阶段，当焊缝通过机组时，一般都要实行减速轧制（在焊缝质量较好时可以实现过焊缝不减速）。在稳定轧制阶段中，轧制操作及过程的控制已完全实现了自动化，轧钢工人只起到监视的作用，很少有必要进行人工干预。

板卷的尾端在逐架抛钢时有着与穿带过程相似的特点，故为防止事故和发生操作故障，亦必须采用低速轧制。这一轧制阶段称为"抛尾"或"甩尾"。甩尾速度一般相同于穿带速度，这样一来，当快要到达卷尾时，轧机必须及时从稳轧速度降至甩尾速度。为此必须经过一个与加速阶段相反的减速轧制阶段。冷连轧的这几个轧制阶段可由图 15-5 中所示的轧制图表及速度图清楚地看出。

当前，冷轧板、带钢生产的主流是采用连轧，其最大特点就是高产。近年来由于实现

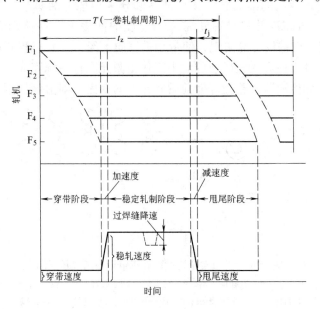

图 15-5 冷连轧轧制阶段

了计算机控制，改变轧制规格的轧机调整也有可能在高速与可靠的基础上实现，冷连轧机所能生产的规格范围也不像开始发展时期那样受到较大的限制了。此外，围绕着轧制速度的不断提高，冷连轧机在机电设备性能的改善以及高效 AGC 系统和板形控制系统的发明和发展等方面也取得了飞速的发展，同时还促进了各种轧制工艺参数改进，产品质量的检验与各种机、电参数检测仪表的发展。所有这些给薄板生产解决了很大的问题，基本上满足了国民经济在相当长的一段时期里对薄板带钢在产量上与质量上的要求。常规的冷轧生产于是也就经历了一段相对稳定的发展阶段。

常规的冷连轧生产由于并没有改变单卷生产的轧制方式，故虽然就所轧的那一个板卷来说构成了连轧，但对冷轧生产过程的整体来讲，还不是真正的连续生产。事实上，在相当长的一段时期内，常规冷轧机的工时利用率只有65%（或者稍高一些），这就意味着还有35%左右的工作时间轧机是处于停车状态，这与冷连轧机所能达到的高轧速是极不相称的。一些年来，通过采用双开卷、双卷取，以及发明快速的换辊装置等技术措施，卷与卷间的间隙时间已经缩减了很多，换辊的工时损失也大为削减（缩减至原来指标的1/3强），这就使轧机的时间利用率提高到了76%～79%，然而，上述的措施并不能消除单卷轧制所固有的诸如穿带、甩尾、加减速轧制以及焊缝降速等过渡阶段所带来的不利影响。为了控制一个过渡阶段而采用非常复杂和昂贵的控制系统看来并非根本之计，与其费尽心机，千方百计加以控制或补偿，不如创造条件一举取消之。全连续冷轧的出现解决了这个难题，并为冷轧板带钢的高速发展提供了广阔的前景。

图 15-6 所示即为某厂的一套五机架式全连续冷轧机组的设备组成。其中五机架式冷连轧机组中所有各机架均采用全液压式轧机，第一机架刚性系数调至无限大，最末两机架之刚性系数则很小，这样有利于厚度自动控制。原料板卷经高速盐酸酸洗机组处理后送至开卷机，拆卷后经头部矫平机短平及端部剪切机剪齐在高速闪光焊接机中进行端部对焊。板卷焊接连同焊缝刮平等全部辅助操作共需90s左右。在焊卷期间，为保证轧钢机组仍按原速轧制，需要配备专门的活套仓。该厂的活套仓采用地下活套小车式的，能储存超过300m 以上的带钢，可在连轧机维持正常入口速度的前提下允许活套仓入口端带钢停走150s。在活套仓的出口端设有导向辊，使带钢垂直向上经由一套三辊式的张力导向辊给第一机架提供张力，带钢在进入轧机前的对中工作由激光准直系统完成。在活套储料仓的入口与出口处装有焊缝检测器，若在焊缝前后有厚度的变更，则由该检测器给计算机发出信

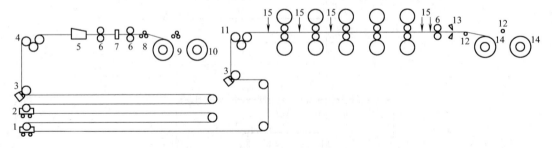

图 15-6 五机架全连续冷轧机组设备组成示意图

1，2—活套小车；3—焊缝检测器；4—活套入口勒导装置；5—焊缝机；6—夹送辊；
7—剪断机；8—三辊矫平机；9，10—开卷机；11—机组入口勒导装置；
12—导向辊；13—分切剪断机；14—卷取机；15—X 射线测厚仪

号，以便对轧机作出相适应的调整。这种轧机不停车调整的先进操作称为"动态规格调整"，它只有借助计算机的控制才能实现。进行这种动态规格调整后不同厚度的两卷间的调整过渡段为 3～10m 左右。

与常规冷连轧相比较，全连续式冷轧的优点为：（1）由于消除了穿带过程、节省了加减速时间、减少了换辊次数等，从而大大提高了工时利用率；（2）由于减少首尾厚度超差和剪切损失而提高了成材率；（3）由于减少了辊面损伤和轧辊磨损而使轧辊使用条件大为改善，并提高了板带表面质量；（4）由于速度变化小，轧制过程稳定而提高了冷轧变形过程的效率；（5）由于全面计算机控制并取消了穿带、甩尾作业而大大节省了劳动力，并进一步提高了全连续冷轧的生产效率，充分发挥计算机控制快速、准确的长处，可实现机组的不停车换辊（即动态换辊），这些将使连轧机组的工时利用率突破90%的大关。

把酸洗机组与连续冷连轧机近距离布置在同一条生产线上，组成酸洗-轧机联合全连续式冷轧机，简称酸-轧连续式冷轧机，如图15-7所示。

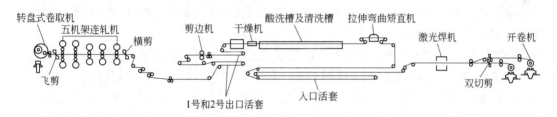

图 15-7 酸洗-轧机联合全连续式冷轧机

轧机由平槽紊流酸洗工艺及设备的连续式酸洗机组和五机架冷连轧机组成。在两个机组之间设有活套装置储存一定数量的带钢，协调酸洗机组和冷连轧机之间的速度；在连轧机的入口侧设有张力装置和事故剪；在连轧机组的出口设有高速分卷飞剪和双卷筒转盘式卷取机。

酸洗-轧连续式冷轧机的优点是：

（1）与全连续式冷轧机一样，只需要一次穿带和甩尾的操作，提高了轧机的作业率和生产能力；提高了产品质量和金属成材率；降低了轧辊消耗，减少了换辊次数；并且酸-轧联合全连续式冷轧机进一步减少了酸洗后的一次剪切、一次切头切尾，使金属成材率进一步提高；

（2）减少了酸洗机组出口段和连轧机入口段的卷取机、开卷机等诸多设备，不需要酸洗和轧制之间的中间仓库，减少了起重和运输设备，缩短了工厂的厂房，大大降低了设备和厂房的总投资；

（3）在酸洗和轧制之间不需要任何中间工序，缩短了生产周期，提高了生产效率；

（4）由于生产的连续化和自动化，减少了操作人员。

酸-轧连续式冷轧机对生产管理、操作、维护检修提出了更高的要求：1）高水平的生产管理和组织是大型连续化、自动化机组的生产保证；2）任何的操作失误所造成的后果，都对全作业带来影响；3）高水平的设备维护检修才能保证最低的故障率，发挥出联合机组的优势；4）对热轧带卷提出了更为严格的要求，不允许有严重缺陷的热轧带卷进入联合机组。

由于酸-轧连续式冷轧机所具有的巨大优势，自20世纪80年代以来，世界上迅速改造和新建了20余套。我国21世纪以后所建的冷连轧机几乎皆为这种酸-轧全连续式冷轧机。

15.2.4 冷轧板、带钢的精整

冷轧板、带钢的精整一般主要包括表面清洗、退火、平整及剪切等工序。

板、带钢在冷轧后进行清洗的目的在于除去板面上的油污（故又称"脱脂"），以保证板带退火后的成品表面质量。清洗的方法一般有电解清洗、机上洗净与燃烧脱脂等数种。前者采用碱液（苛性钠、硅酸钠、磷酸钠等）作为清洗剂，外加界面活性剂以降低碱液表面张力，改善清洗效果。通过使碱液发生电解，放出氢气与氧气，起到机械冲击作用，可大大加速脱脂进行的过程。对于一些使用以矿物油为主的乳化液作冷润剂的冷轧产品，则可在末道喷以除油清洗剂，这种处理方法称为"机上洗净法"。

退火是冷轧板带生产中最主要的热处理工序，冷轧中间退火的目的一般是通过再结晶消除加工硬化以提高塑性及降低变形抗力，而成品热处理（退火）的目的则除开通过再结晶消除硬化以外，还可根据产品的不同技术要求以获得所需要的组织（如各种织构等）和性能（如深冲、电磁性能等）。

在冷轧板、带钢热处理中应用最广的是罩式退火炉。罩式炉的退火周期太长（有的长达几昼夜），其中又以冷却时间占比例最大，采用"松卷退火"代替常用的紧卷退火可以大大缩短退火周期，但其工序繁琐，退火前后都需重卷，故未能推广应用。近年紧卷退火本身也经历了很多革新，例如采用了平焰烧嘴以提高加热效率，采用了快速冷却技术以缩短退火周期。快速冷却法主要有两种：一种是使保护气体在炉内或炉外循环对流实现一种热交换式的冷却，它可使冷却时间缩短为原来的三分之一；另一种是在板卷之间放置直接用水冷却的隔板，它可使退火时间较原来缩短二分之一。

冷轧带钢成品退火的另一新技术便是在20世纪后期发展起来的连续式退火，其特点是把冷轧后的带卷要进行的脱脂、退火、平整、检查和重卷等多道工序合并成一个连续作业的机组。实现了生产连续化，使生产周期由原来的10天缩短到1天，使物流运转大为加速，节能降耗，避免中间储存生锈。图15-8为近代连续式退火机组工艺流程布置图。应用初期，带钢连续退火后，硬度与强度偏高而塑性与冲压性能则较低，故很长时期内连续退火不能用于处理深冲钢板和汽车钢板。日本通过对连续退火的大量工业研究，证明用连续退火方法处理铝镇静深冲用钢是可能的，条件是需要十分准确地保证锰和硫含量的比例，并且热轧后卷取温度应高于700℃。实验表明，经连续退火处理的带钢力学性能同于甚至优于罩式退火处理者，连续退火生产出来的深冲板的特点是塑性变形比 R 值特别高。

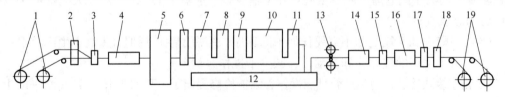

图 15-8 连续式退火机组工艺流程和设备布置图

1—开卷机；2—双层剪；3—焊接机；4—脱脂；5—活套塔；6—预热段；7—加热段；8—均热段；
9——次冷却段；10—过时效段；11—二次冷却段；12—活套车；13—平整机；14—拉伸
矫直机；15—圆盘剪；16—检查台；17—涂油机；18—飞剪；19—卷取机

这样一来，冷轧板、带钢的主要品种（如镀锡板、深冲板直到硅钢片与不锈钢带），甚至许多过去罩式退火炉难以生产或不能生产的品种都可以采用经济、高效的连续退火处理，这也是近年在冷轧薄板热处理技术方面的一个突破。

在冷轧板、带材的生产工序中，平整处理占有重要的地位。平整实质上是一种小压下率（1%～5%）的二次冷轧，其功能主要有三点：

（1）供冲压用的板带钢事先经过小压下率的平整，就可以在冲压时不出现"滑移线"（亦即吕德斯线），以一定的压下率进行平整后，钢的应力-应变曲线即可不出现"屈服台阶"，而理论与实验研究证明，吕德斯线的出现正是与此屈服台阶有关的；

（2）冷轧板、带材在退火后再经平整，可以使板材的平直度（板形）与板面的光洁度有所改善；

（3）改变平整的压下率，可以使钢板的力学性能在一定的幅度内变化，这可以适应不同用途的镀锡板对硬度和塑性所提出的不同要求。除此之外，经过双机平整或三机平整还可以实现较大的冷轧压下率，以便生产超薄的镀锡板。

值得特别指出的是，近年国外不仅已将酸洗与冷轧过程联结起来实现了全连续生产，而且已将酸洗-冷轧-脱脂-退火-平整等所有这些生产工序串联起来，实现了整体的全过程连续生产线，使板、带钢生产效益得到了更大幅度的提高。图 15-9 为日本新日铁广畑厂1986 年投产的世界第一套酸洗-冷轧-连续退火及精整的全过程联合无头连续生产线（FIPL）示意图。冷轧段由四架六辊式 HC 轧机组成，总压下率达到一般六机架四辊轧机的水平。平整机亦为六辊式。该厂 FIPL 线投产后产量激增，工时利用率达 95%，收得率达96.9%，能耗降低 40%。

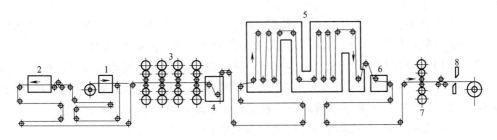

图 15-9　酸洗-冷轧-连续退火全过程连续生产线（FIPL）

1—入口段；2—酸洗除鳞段；3—冷轧段；4—清洗段；5—连续退火段；

6—后部处理段；7—平整段；8—出口段

15.3　极薄带材生产

厚度为 0.001～0.05mm 的极薄带材大量用于仪器仪表、电子、电讯、精密仪器及电视、电脑等工业技术部门。

15.3.1　关于轧机最小可轧厚度问题

在轧机上轧制板带最薄能轧到多薄？这是一个对生产有重大理论和实际意义的问题。实践表明，在同一轧机上轧制板带时，随着轧件变薄，变形抗力在增大，使压下越来越困难，当厚度薄到某一限度时，不管如何加大压力和反复轧制多少次，也不可能再使产品轧薄，这一极限厚度称为轧机最小可轧厚度。这是生产现场客观存在的现象。通常实际生产中工作辊径（D）与成品带材厚度（h）的比例关系为

$$D \leqslant 1000h$$

在理论上根据 M. D. Stone 的平均单位压力公式及轧辊弹性压扁的变形区长度可找出最小可轧厚度的定量关系式：

$$h_{\min} = \frac{Df(1.15\sigma_{s} - \bar{q})}{E}c \qquad (15\text{-}3)$$

式中　$h_{\min}$——最小可轧厚度，mm；

　　　　D——工作辊直径，mm；

　　　　E——轧辊弹性模量，MPa；

　　　　f——轧辊与带材间的摩擦系数；

　　　　$\bar{q}$——带材平均张应力，MPa；

　　　　σ_{s}——平均屈服极限，MPa；

　　　　c——比例常数，M. D. Stone 提出 $c = 3.58$，也有人认为过大或过小。

此关系式明确指出，最小可轧厚度正比于工作辊直径、摩擦系数及轧件的变形抗力，而反比于轧辊材质的弹性模量和前后张力。这是完全符合实际的。

15.3.2　极薄带材轧制的特点

根据以上分析，要想轧制更薄的带材，显然应从以下几方面入手，而这也就构成为极薄带材轧制的特点：

（1）大力减小工作辊直径，采用多辊轧机，多辊轧机工作辊与支持辊直径之比可达 1：10，而 4 辊轧机仅为 1：5，从而可大大减小变形区长度，降低轧制力；

（2）采用大的张力轧制，实质上，多辊轧机轧制时，金属的变形是靠轧辊压下和张力拉拔共同进行的，实现稳定的轧制过程必须有较高的单位张力，因而要求在多辊轧机上安装有较大功率的卷取机，其功率值约为轧机主传动功率的 70%～80%；

（3）采用高效率的工艺润滑剂以降低摩擦系数；

（4）适当对带材进行退火软化处理，减小金属变形抗力；

（5）增加轧辊刚性，如采用碳化钨工作辊，其弹性模量 E 值约为一般合金锻钢辊的三倍；

（6）采用高刚度的轧机，如短应力线轧机或六辊、十二辊、二十辊、三十辊、三十六辊多辊轧机及异步异径不对称轧机等，多辊轧机具有精确装配的支撑辊系、整体铸造的机架、特殊的辊型调整系统等，故轧机的刚性很高，有利于提高带材厚度精度和获得良好的板形，并且轧机体积小、重量轻，减少设备及厂房的投资；但其加工制造、安装、调整的精度要求高，且轧辊冷却较困难，限制了轧制速度的提高。

15.3.3　极薄带材轧制生产工艺

极薄带材的轧制大多在多辊冷轧机上进行，其产品主要有冷轧硅钢、不锈钢、精密合金及高温合金等特种合金带材，故其生产工艺亦有其独自的特点。其生产工艺过程一般也

由原料准备、（退火）酸洗、冷轧、热处理、精整等几个基本工序组成。

（1）带坯准备。准备机组一般由开卷机、夹送矫直辊、液压剪、张力辊、焊机、圆盘剪、卷取机等设备组成。其任务是把几个热轧板卷拼成大的带卷坯，以提高生产率。在带坯的两端还要焊上引带，以提高成材率。硅钢板卷采用二氧化碳保护焊接，而不锈钢、精密合金、高温合金的焊接一般都采用氢弧焊。铬不锈钢的焊缝尚需进行退火，以消除焊接应力。

（2）带坯退火与酸洗。为了消除热轧残余应力，热轧带需进行预处理，为冷轧作好组织准备。一般奥氏体不锈钢通过连续淬火炉进行淬火软化，而铁素体和马氏体不锈钢则需在罩式炉内进行退火。但前者退火后要在空气中迅速冷却，以防脆化。退火后进行酸、碱洗或中性盐电解和 $HNO_3 + HF$ 混合酸酸洗，然后冷轧。除高磁感取向硅钢外，现代热轧硅钢带多采用直接进行抛丸、酸洗和冷轧。精密合金带一般不再退火。

（3）冷轧。由于变形抗力大且需轧得极薄，故通常要在多辊轧机上进行冷轧，而且往往要进行多次冷轧。在每一次轧程后要进行中间退火（或淬火）和酸洗（或碱洗、混合酸洗），以消除加工硬化及清理表面，然后再进行冷轧。中间退火常用保护性气体（如氢）保护以防表面氧化。为防止表面划伤，卷取时常须在每层间垫上塑料丝或纸带以防相互擦伤。

（4）退火。轧成成品后要进行最终热处理，一般在保护气氛下或真空中进行退火。处理硅钢时，除要进行再结晶外，还要进行脱碳，故采用湿氢气氛，露点为 $+(30 \sim 50)℃$；而硅钢最后的高温退火则是在干的保护气氛中进行的。

（5）精整。不锈钢带最后进行平整、抛光修磨；硅钢带则要经拉伸矫直及涂绝缘膜。最后，成卷或切成单张供应用户。

16　板、带材高精度轧制和板形控制

板、带材的高精确度主要是指厚度（纵向和横向）的精确度。既然板、带材是由轧辊辊缝中轧出来的，辊缝的大小和形状决定了板、带材纵向和横向厚度的变化（后者又影响到板形），那么要提高产品的厚度精度，就必须研究轧辊辊缝大小和形状变化的规律。

16.1　板、带材轧制中的厚度控制

16.1.1　$P\text{-}h$图的建立与运用

板、带材轧制过程既是轧件产生塑性变形的过程，又是轧机产生弹性变形（即所谓弹跳）的过程，二者同时发生。由于轧机的弹跳，使轧出的带材厚度 h 等于轧辊的理论空载辊缝 S'_0 再加上轧机的弹跳值。按照虎克定律，轧机弹性变形与应力成正比，故弹跳值应为 P/K，此时

$$h = S'_0 + P/K \tag{16-1}$$

式中　P——轧制力；

　　　K——轧机的刚度，即 1 单位弹跳所需轧制力的大小，又称轧机的刚度系数，表示轧机抵抗弹性变形的能力。

式（16-1）为轧机的弹跳方程，据此在图 16-1 中绘成曲线 A 称为轧机弹性变形线，它近似一条直线，其斜率 $\tan\alpha = K$ 就是轧机的刚度。但实际上在压力较小时，弹跳和压力的关系并非线性，且压力愈小，所引起的变形也愈难精确确定，亦即辊缝的实际零位很难确定。为了消除这一非线性区段的影响，实际操作中可将轧辊预先压靠到一定程度，即压到一定的压力

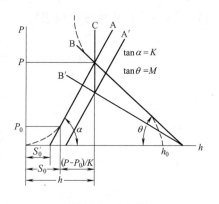

图 16-1　$P\text{-}h$ 图

P_0，然后将此时的辊缝指示定为零位，这就是所谓"零位调整"。以后即以此零位为基础进行压下调整。由图 16-1 可以看出：

$$h = S_0 + \frac{P - P_0}{K} \tag{16-2}$$

式中　S_0——考虑预压变形后的空载辊缝。

另一方面，给轧件以一定的压下量（$h_0 - h$），就产生一定的压力 P，当料厚 h_0 一定，h 愈小即压下量愈大，则轧制压力也愈大，通过实测或计算可以求出对应于一定 h 值（即

Δh 值）的 P 值，在图 16-1 上绘成曲线 B，称为轧件塑性变形线。曲线 B 的斜率即图 16-1 中的 $\tan\theta = M$，M 表示轧件产生单位压下量所需的轧制压力值，称为轧件的塑性刚度系数，M 的大小反映轧件变形的难易与软硬程度。线 B 与线 A 交点的纵坐标即为轧制力 P，横坐标即为板带实际厚度 h。塑性变形线 B 实际是条曲线，为便于研究，其主体部分可近似简化成直线。

由 P-h 图可以看出，如果 B 线发生变化（变为 B′），则为了保持厚度 h 不变，就必须移动压下螺丝，使线 A 移至 A′，使 A′与 B′的交点的横坐标不变，亦即须使线 A 与线 B 的交点始终落在一条垂直线 C 上，这条垂线 C 称为等厚轧制线。因此，板带厚度控制实质就是不管轧制条件如何变化，总要使线 A 与线 B 交到线 C 上，这样就可得到恒定厚度（高精度）的板、带材。由此可见，P-h 图的运用是板、带材厚度控制的基础。

16.1.2　板、带材厚度变化的原因和特点

由式（16-1）可知，影响带材实际轧出厚度的主要有 S_0、K 和 P 三大因素。其中轧机刚度 K 在既定轧机上轧制一定宽度的产品时，一般可认为是不变的。影响 S_0 变化的因素主要有轧辊的偏心运转、轧辊的磨损与热膨胀及轧辊轴承油膜厚度的变化，它们都是在压下螺丝位置不变的情况下使实际辊缝发生变化，从而使轧出的板、带材厚度发生波动。

轧制力 P 的波动是影响板带轧出厚度的主要因素。因而所有影响轧制力变化的因素都必将影响到板、带材的厚度精度。这些因素主要有：

（1）轧件温度、成分和组织性能的不均。对热轧板、带材最重要的是轧件温度的波动；对冷轧则主要是成分和组织性能的不均。这里应该指出，温度的影响具有重发性，即虽在前道消除了厚度差，在后一道还会由于温度差而重新出现。故热轧时只精轧道次对厚度控制才有意义。

（2）坯料原始厚度的不均。来料厚度有波动实际就是改变了 P-h 图中线 B 的位置和斜率，使压下量产生变化，自然要引起压力和弹跳的变化。厚度不均虽可通过轧制得到减轻，但终难完全消除，且轧机刚性愈低愈难消除。故为使产品精度提高，必须选择高精度的原料。

（3）张力的变化。它是通过影响应力状态及变形抗力而起作用的。连轧板、带材时头、尾部在穿带和抛钢的过程中，由于所受张力分别是逐渐加大和缩小的，故其厚度也分别逐段减小和增大。此外，张力还会引起宽度的改变，故在热连轧板带时应采用不大的恒张力。冷连轧板带时采用的张力则较大，并且还经常利用调节张力作为厚度控制的重要手段。

（4）轧制速度的变化。它主要是通过影响摩擦系数和变形抗力，乃至影响轴承油膜厚度来改变轧制压力而起作用的。速度变化一般对冷轧变形抗力影响不大，而显著影响热轧时的抗力；对冷轧时摩擦系数的影响十分显著，而对热轧则影响较小。故对冷轧生产速度变化的影响特别重要。此外速度增大则油膜增厚，致使压下量增大并使带钢变薄。

上述各个因素的变化与板厚的关系绘成 P-h 图，列于表 16-1 中。

表 16-1 各种因素对板厚的影响

变化原因	金属变形抗力变化 $\Delta\sigma_s$	板坯原始厚度变化 Δh_0	轧件与轧辊间摩擦系数变化 Δf	轧制时张力变化 Δq	轧辊原始辊缝变化 ΔS_0
变化特性	$\sigma_s - \Delta\sigma_s$	$h_0 - \Delta h_0$	$f - \Delta f$	$q - \Delta q$	$S_0 - \Delta S_0$
轧出板厚变化	金属变形抗力 σ_s 减小时板厚变薄	板坯原始厚度 h_0 减小时板厚变薄	摩擦系数 f 减小时板厚变薄	张力 q 增加时板厚变薄	原始辊缝 t_0 减小时板厚变薄

16.1.3 板、带材厚度控制方法

在实际生产中为提高板、带材厚度精度，采用了各种厚度控制方法。

16.1.3.1 调压下（改变原始辊缝）

调压下是厚度控制最主要的方式，常用以消除由于影响轧制压力的因素所造成的厚度差。图 16-2（a）为板坯厚度发生变化，从 h_0 变到 $h_0 - \Delta h_0$，轧件塑性变形线的位置从 B_1 平行移动到 B_2，与轧机弹性变形线交于 C 点，此时轧出的板厚为 h_1'，与要求的板厚 h 有一厚度偏差 Δh。为消除此偏差，相应地调整压下，使辊缝从 S_0 变到 $S_0 + \Delta S_0$，亦即使轧机弹性线从 A_1 平行移到 A_2，并与 B_2 重新交到等厚轧制线上的 E' 点，使板厚恢复到 h。

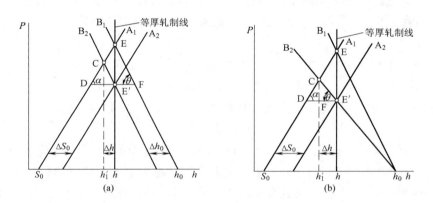

图 16-2 调整压下改变辊缝控制板厚原理图
（a）板坯厚度变化时；（b）张力、速度、抗力及摩擦系数变化时

图 16-2（b）是由于张力、轧制速度、轧制温度及摩擦系数等的变化而引起轧件塑性线斜率发生改变的，同样用调整压下的办法使两条曲线重新交到等厚轧制线上，保持板厚不变。

由图 16-2（a）可以看出，压下的调整量 ΔS_0 与料厚的变化量 Δh_0 并不相等，由图可

以求出：

$$\Delta S_0 = \Delta h_0 \tan\theta / \tan\alpha = \Delta h_0 M/K \tag{16-3}$$

其中，$M = \tan\theta$ 为轧件塑性线的斜率，称为轧件塑性刚度。上式称为预控方程，它说明，当料厚波动 Δh 时，压下必须调 $\Delta h_0 M/K$ 的压下量才能消除产品的厚度偏差。这种调厚原理主要用于前馈即预控 AGC，即在入口处预测料厚的波动，据以调整压下，消除其影响。

由图 16-2（b）可以看出，当轧件变形抗力发生变化时，压下调整量 ΔS_0 与轧出板厚变化量 Δh 也不相等，由图可求出：

$$\Delta h / \Delta S_0 = K/(M + K) \tag{16-4}$$

式（16-4）称为反馈方程，其 $\Delta h / \Delta S_0$ 是决定板厚控制性能好坏的一个重要参数，称为压下有效系数或辊缝传递函数，它常小于 1，轧机刚度 K 愈大，其值愈大。

近代较新的厚度自动控制系统，主要不是靠测厚仪测出厚度进行反馈控制，而是把轧辊本身当作间接测厚装置，通过所测得的轧制力计算出板带厚度来进行厚度控制的，这就是所谓的轧制力 AGC 或厚度计 AGC。其原理就是为了厚度的自动调节，必须在轧制力 P 发生变化时，能自动快速调整压下（辊缝）。可由 $P\text{-}h$ 图求出压力 P 的变化量（ΔP）与压下调整量 ΔS_0 之间的关系式为：

$$\frac{\Delta S_0}{\Delta P} = -\frac{1}{K}\Big(1 + \frac{M}{K}\Big) \tag{16-5}$$

由于 P 增加，S_0 减小，即 ΔP 为正时，ΔS_0 为负，故符号相反。

由图 16-2 及式（16-4）可以看出，如果轧件变形抗力很大即 M 很大，而轧机刚度 K 又不大时，则通过调压下来调厚的效率就很低。因此，对于冷连轧薄钢板的最后几机架，为了消除厚差，调压下就不如调张力效率大，响应快。此外调压下对于轧辊偏心等高频变化量也无能为力。

16.1.3.2 调张力

调张力是利用前后张力来改变轧件塑性变形线 B 的斜率以控制厚度（图 16-3）。例如，当来料有厚差而产生 δH 时，便可以通过加大张力，使 B_2 斜率改变（变为 B_2'），从而可以在 S_0 不变的情况下，使 h 保持不变。这种方法在冷轧薄板时用得较多。热轧中由于张力变化范围有限，张力稍大即易产生拉窄、拉薄，使控制效果受到限制。故热轧一般不采用张力调厚。但有时在末架也采用张力微调来控制厚度。采用张力厚控法的优点是响应性快，因而可以控制得更为有效和精确；缺点是在热轧带钢和冷轧较薄的品种时，为防止拉窄和拉断，张力的变化不能过大。因此，目前即使在冷轧时的厚度控制上往往也并不倾向于单独应用此法，而采用调压下与调张力相互配合的联合方法。当厚度波动较小，可以在张力允许变化范围内能调整过来时则采用张力微调，而当厚度波动较大时则改用调压下的方法进行控制。这就是说，在冷连轧中，张力厚控也只适用于后几架的精调 AGC。

16.1.3.3 调轧制速度

轧制速度的变化影响到张力、温度和摩擦系数等因素的变化。故可以通过调速来调张力和温度，从而改变厚度。例

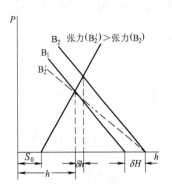

图 16-3 调整前后张力来改变轧件塑性变形线 B 的斜率

如，近年来新建的热连轧机，都采用了"加速轧制"与 AGC 相配合的方法。加速轧制的目的，是为了减小带坯进入精轧机组的首尾温度差，保证终轧温度的一致，从而减小了因首尾温度差所造成的厚度差。

依实际轧制情况之不同，可采用各种不同的厚度控制方案。在实际生产中为了达到精确控制厚度的目的，往往是将多种厚控方法有机地结合起来使用，才能取得更好的效果。其中最主要、最基本、最常用的还是调压下的厚度控制方法。特别是采用液压压下，大大提高响应性，具有很多优点。近年来广泛地应用带有"随动系统"（采用伺服阀系统）的轧辊位置可控的新液压压下装置，利用反馈控制的原理实现液压自动调厚，即液压 AGC。值得指出的是近年发展的电气反馈液压压下系统，除具有上述定位和调厚的功能以外，还可通过电气控制系统常数的调整来达到任意"改变轧机刚度"的目的，从而可以实现"恒辊缝控制"，即在轧制中保持实际辊缝值 S 不变，也就保证了实际轧出厚度不变。这种厚控方法目前在热连轧中还用得不多，但在冷轧带钢中，由于轧辊偏心运转对厚差影响较大，不能忽视。因此为了消除这种高频变化的厚度波动，必须采用这种液压厚控系统。

前面提到的用厚度计的方法测量厚度，虽然可以避免时滞，提高了灵敏度，但它对某些因素，例如，油膜轴承的浮动效应、轧辊偏心、轧辊的热膨胀和磨损等，却难以检测出来，从而会使结果产生误差。因此，实际生产中都是两种方法同时并用，亦即还必须采用 X 射线测厚仪来对轧制力 AGC 不断进行标定或"监控"。换句话说，为了提高测厚精度，在弹跳方程中还需增加几个补偿量，这主要是轧辊热膨胀与磨损的补偿和轴承油膜的补偿。由轧辊热膨胀和磨损所带来的辊缝变化以 G 表示之，这可以利用成品 X 射线测厚仪所测得的成品厚度，以及利用由此实测成品厚度按秒流量相等原则所推算出的前面各架的厚度，把它们和用厚度计方法所测算出的各架厚度值进行比较，从而求得各架的 G 值。因此，可以将这种功能称之为"用 X 射线测厚仪对各架轧机的 AGC 系统进行标定和监视"。油膜补偿即是由于轧制速度的变化使支撑辊油膜轴承的油膜厚度发生变化，最终影响到辊缝值。设其影响量为 δ，则最终轧出厚度应为：

$$h = S_0 + \frac{P - P_0}{K} - \delta - G \tag{16-6}$$

在轧机速度变化时，AGC 系统应根据此式对所测厚度进行修正。

16.2 横向厚差与板形控制技术

16.2.1 板形与横向厚差的关系

板、带材横向厚差是指沿宽度方向的厚度差，它决定于板、带材轧后的断面形状，或轧制时的实际辊缝形状，一般用板、带材中央与边部厚度之差的绝对值或相对值来表示，因而是一种借助厚度测定便可得出的具体指标。它对于成材率的提高也有重要的意义。

从用户的角度看，最好是断面厚差为零。但这是在目前的技术条件下还不可能达到的。此外，在无张力或小张力轧制时，为了保证轧件运动的稳定性，使操作稳定可靠，轧件不致跑偏和刮框，也要求轧制时实际工作辊缝稍具凸形，亦即要有一定的"中厚量"。当然从技术上还是要求尽量减少这种断面的厚度差。

板形是指板、带材的平直度，即是指浪形，瓢曲或旁弯的有无及程度而言。在来料板形良好的条件下，它决定于伸长率沿宽度方向是否相等，即压缩率是否相同。若边部伸长率大，则产生边浪，中部延伸大，则产生中部浪形或瓢曲。一边比另一边延伸大，则产生"镰刀弯"。浪形和瓢曲缺陷尚有多种表现形式，如图 16-4 所示。对于所有板、带材都不允许有明显的浪形或瓢曲，要求其板形良好。板形不良对于轧制操作也有很大影响。板形严重不良会导致勒辊、轧卡、断带、撕裂等事故的出现，使轧制操作无法正常进行。

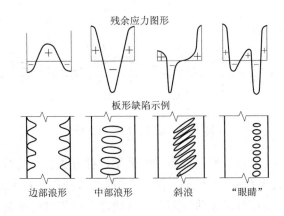

图 16-4　板形缺陷

常见的板形表示方法如下：

（1）相对长度表示法。将轧后的板材 L_0 长，沿板材横向均匀裁成若干条并铺平，如图 16-5 所示，可以看出横向各条长度不同。这样横向最长和最短的相对长度差 $\Delta L/L$ 可以作为板形的一种表示方法。加拿大铝业公司利用相对长度差定义板形单位，称为 I 单位，一个 I 单位相当于相对长度差为 10^{-5}，即 ΣI 为

$$\Sigma I = 10^5 \times \frac{\Delta l}{L} \tag{16-7}$$

通常 ΣI 称为板形指数，为保证板形良好，热轧板控制在 100 个 I 单位之内，冷轧板要控制在 50 个 I 单位之内。

（2）波形表示法。在翘曲的钢板上测量相对长度来求出相对长度差很不方便，所以人们采用了更为直观的方法，即以翘曲波形来表示板形，称之为翘曲度。图 16-6 所示为带

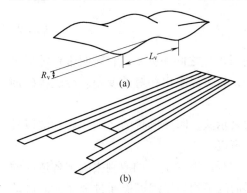

图 16-5　翘曲带钢及其分割
（a）带钢翘曲；（b）分割后的翘曲带钢

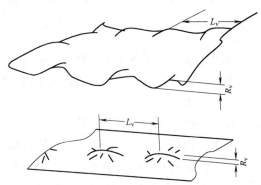

图 16-6　带钢翘曲的两种典型情况

钢翘曲的两种典型情况。将带材切取一段置于平台之上，如将其最短纵条视为一直线，最长纵条视为一正弦波，则如图 16-7 所示，可将带钢的翘曲度 λ 表示为：

$$\lambda = \frac{R_v}{L_v} \times 100\% \tag{16-8}$$

式中　R_v——波幅；
　　　L_v——波长。

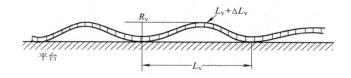

图 16-7　正弦波的波形曲线

这种方法直观、易于测量，所以许多人都采用这种方法表示板形。

设在图 16-7 中与长为 L_v 的直线部分相对应的曲线部分长为 $L_v + \Delta L_v$，并认为曲线按正弦规律变化，则可利用线积分求出曲线部分与直线部分的相对长度差。

因设波形曲线为正弦波，可得其方程为：

$$H_v = \frac{R_v}{2}\sin\frac{2\pi y}{L_v}$$

故与 L_v 对应的曲线长度为：

$$L_v + \Delta L_v = \int_0^{L_v} \sqrt{1 + \left(\frac{\mathrm{d}H_v}{\mathrm{d}y}\right)^2}\,\mathrm{d}y$$

$$= \frac{L_v}{2\pi}\int_0^{2\pi} \sqrt{1 + \left(\frac{\pi R_v}{L_v}\right)^2\cos^2\theta}\,\mathrm{d}\theta$$

$$\approx L_v\left[1 + \left(\frac{\pi R_v}{2L_v}\right)^2\right]$$

因此，曲线部分和直线部分的相对长度差为：

$$\frac{\Delta L_v}{L_v} = \left(\frac{\pi R_v}{2L_v}\right)^2 = \frac{\pi^2}{4}\lambda^2 \tag{16-9}$$

式（16-9）表示了翘曲度 λ 和最长、最短纵条相对长度差之间的关系，它表明带钢波形可以作为相对长度差的代替量。只要测量出带钢波形，就可以求出相对长度差。冷轧板的翘曲度一般应小于 2%。

除了上述表示法外还有矢量表示法、残余应力表示法、断面形状的多项式表示法以及厚度相对变化量差表示法。这些对板形控制都很有意义。

为了保证板形良好，必须遵守均匀延伸或所谓"板凸度一定"的原则去确定各道次的压下量。由于粗轧时轧件较厚，温度较高，轧件断面的不均匀压缩可能通过金属横向流动转移而得到补偿，即对不均匀变形的自我补偿能力较强，故不必过多考虑板形质量问题，当然由于其对精轧板形也有重要影响，所以也必须加以注意。而到了精轧阶段，特别是轧制较薄的板、带材时情况就不一样了，此时轧件刚端的作用不足以克服阻碍金属横向移动的摩擦阻力，亦即对于不均匀压缩变形的自我补偿能力很差，并且还由于厚度较小，即使是绝对压下量的微小差异也可能导致相对伸长率的显著不均，从而会引起板形变坏。板带厚度愈小，对不均匀变形的敏感性就愈大。故为了保证良好的板形，就必须按均匀变形或凸度一定原则，使其横断面各点伸长率或压缩率基本相等。

如图 16-8 所示，设轧制前板、带边缘的厚度等于 H，而中间厚度等于 $H+\Delta$，即轧前厚度差或称板凸量为 Δ；轧制后钢板相应横断面上的厚度分别为 h 和 $h+\delta$，即轧后厚度差或板凸量为 δ。而 Δ/H 及 δ/h 则为板凸度。钢板沿宽度上压缩率相等的条件，可以写成钢板边缘和中部伸长率 λ 相等的条件

$$\frac{H+\Delta}{h+\delta} = \frac{H}{h} = \lambda$$

由此可得

$$\frac{\Delta}{\delta} = \frac{H}{h} = \lambda ; \quad \frac{\Delta}{H} = \frac{\delta}{h} = \cdots = \frac{\delta_z}{h_z} = 板凸度$$

$$\delta = \frac{h}{H}\Delta = \frac{\delta_z}{h_z}h \tag{16-10}$$

式中 δ_z, h_z——成品板的厚度差及厚度。

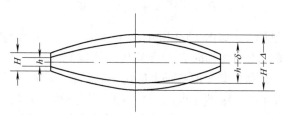

图 16-8 轧制前后板带厚度变化

由此可见，要想满足均匀变形的条件，保证板形良好，就必须使板带轧前的厚度差 Δ 与轧后的厚度差 δ 之比等于伸长率 λ。或者轧前板凸度（Δ/H）等于轧后板凸度（δ/h），即板凸度保持一定。本道次轧前的板厚也就是前一道次轧后的板厚，亦即前一道次轧制时辊缝的实际形状。因此，在均匀变形的原则下，后一道次的板厚差 δ 要比前一道次的板厚差 Δ 为小，即其差值为：

$$\Delta - \delta = (\lambda - 1)\delta \tag{16-11}$$

由于轧辊的原始辊型及因辊温差所产生的热辊型在前后道次中几乎是不变的，故此差值主要取决于轧辊因承受压力所产生的挠度值。这就是说，要保证均匀变形的条件，就必须后一道次轧制时轧辊的挠度小于前一次的挠度；也就是在轧辊强度相同的情况下，后一道次的轧制压力 P_2 必须小于前一道次的轧制压力 P_1。其小的差值可由挠度计算公式反推求出，即由

$$\Delta - \delta = \frac{2P_1}{K_R} - \frac{2P_2}{K_R} = \frac{2}{K_R}(P_1 - P_2)$$

得 $$P_1 - P_2 = K_R(\Delta - \delta)/2 = K_R(\lambda - 1)\delta/2 \tag{16-12}$$

式中 K_R——轧辊刚度系数。

由此可见,为了保证良好的板形,满足均匀变形的条件,在设备强度一定的情况下,使轧制力逐道减小是有科学根据的。这就是通常按逐道减小压力的压下规程设计方法的理论基础。

显然,这里说的板厚差 Δ 及 δ,实际就是前道和后道的中厚量或板凸量。由式(16-11)及式(16-12)可知,从均匀变形原则出发,后一道次的"中厚量"δ 比前一道次的"中厚量"Δ 要小 $(\lambda-1)\delta$ 的数值,或者前一道次的"中厚量"为后一道次"中厚量"的 λ 倍。由此可见良好的板形只有在随着轧制的进行,使"中厚量"也逐道次减小时才能获得。设实际轧制中轧件宽度中心处的辊型凹度,即轧件中厚量之半 t 为:

$$t = y - y_t - W \tag{16-13}$$

式中 y,y_t,W——分别为工作辊在轧件宽度上的弯曲挠度值、热凸度及原始辊型凸度值。

若将良好板形的条件和"中厚法"操作(主要为使轧制操作稳定,防止轧件跑偏)结合起来考虑,则由式(16-10)及式(16-12)可得:

$$t = y - y_t - W = \frac{\delta}{2} = \frac{\delta_z}{2h_z}h$$

由 $y = P/K_R$,经变换后可得

$$P = \frac{K_R\delta_z}{2h_z}h + K_R(y_t + W) \tag{16-14}$$

此方程式可用直线表示,如图 16-9 所示。此直线反映了板凸度保持一定时压力与板厚的关系,其斜度依成品板凸度(δ_z/h_z)及宽度(影响到 K_R)等而变化,即因产品不同而不同。各道次的压力 P 和板厚 h 值基本上应落在此直线的附近,才能保持均匀变形。但也应指出,实际生产中并非严格遵守板凸度一定的原则不可,尤其是粗轧道次更可放宽。轧件愈厚,温度愈高,张力愈大,则对不均匀变形的自我补偿能力愈强,就愈可不受限制。此时各道的 P 与 h 值只需落在图 16-9 阴影区内即可。但至精轧道次,则一般应收敛到此直线上,按板凸度一定原则确定压下量,以保证板形质量。钢板愈薄,这种道次应愈多。

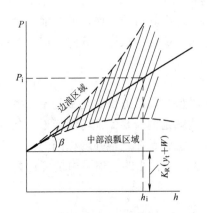

图 16-9 板形与压力及板厚的关系

$$\tan\beta = \frac{K_R\Delta}{H} = \frac{K_R\delta_z}{h_z}$$

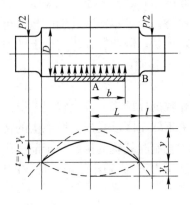

图 16-10 原始辊型凸度的确定

由图 16-10 可见，为了保证操作稳定，必须使轧制压力大于 $K_R(y_t + W)$ 值；为了保证均匀变形或良好板形，必须随 h 的减小而使压力 P 逐道次减小，即需使轧制压力 P 与轧出厚度 h 成正比减小。而压力减小即是轧辊挠度减小，因而使带钢"中厚量"逐道减小，亦即使板厚精度也逐道次得到提高。

16.2.2 影响辊缝形状的因素

既然板、带材横向厚差和板形主要决定于轧制时实际辊缝的形状，故必须研究影响实际辊缝形状的因素，并据以对轧辊原始形状进行合理的设计。

影响辊缝形状的因素主要有轧辊的弹性变形、轧辊的不均匀热膨胀和轧辊的磨损。

16.2.2.1 轧辊的不均匀热膨胀

轧制过程中轧辊的受热和冷却条件沿辊身分布是不均匀的。在多数场合下，辊身中部的温度高于边部（但有时也会出现相反的情况），并且一般在传动侧的辊温稍低于操作侧的辊温。在直径方向上辊面与辊心的温度也不一样，在稳定轧制阶段，辊面的温度较高，但在停轧时由于辊面冷却较快，也会出现相反的情况。轧辊断面上的这种温度不均使辊径热膨胀值的精确计算很困难。为了计算方便，一般采用如下的简化公式：

$$\Delta R_t = y_t = K_T\alpha(T_Z - T_B)R = K_T\alpha\Delta TR \tag{16-15}$$

式中　T_Z，T_B——辊身中部和边部温度；

　　　　R——轧辊半径；

　　　　α——轧辊材料的线膨胀系数，钢辊 α 可取为 $13 \times 10^{-6}/℃$，铸铁辊 α 为 $11.9 \times 10^{-6}/℃$；

　　　　K_T——考虑轧辊中心层与表面层温度不均匀分布的系数，一般 $K_T = 0.9$。

16.2.2.2 轧辊的磨损

轧件与工作辊之间及支撑辊与工作辊之间的相互摩擦都会使轧辊不均匀磨损，影响辊缝的形状。但由于影响轧辊磨损的因素太多，故尚难从理论上计算出轧辊的磨损量，只能靠大量实测来求得各种轧机的磨损规律，从而采取相应的补偿轧辊磨损的办法。

16.2.2.3 轧辊的弹性变形

轧辊的弹性变形主要包括轧辊的弹性弯曲和弹性压扁。轧辊的弹性压扁沿辊身长度分布是不均匀的，这主要是由于单位压力分布不均匀所致。此外，在靠近轧件边部的压扁也要小一些，使轧件边部出现变薄区，随着轧辊直径的减小，边部变薄区也减小，一般情况下这个区域虽然不很大，却也影响成材率。在工作辊与支撑辊之间也产生不均匀弹性压扁，它直接影响到工作辊的弯曲挠度。轧辊的弹性弯曲挠度一般是影响辊缝形状的最主要的因素。通常二辊轧机轧辊的弯曲挠度应由弯矩所引起的挠度和切力所引起的挠度两部分所组成，其辊身挠度差可按下式近似计算：

$$y = PK_w$$

$$K_w = \frac{1}{6\pi ED^4}[32L^2(2L + 3L) - 8b^2(4L - b) + 15kD^2(2L - b)] \tag{16-16}$$

式中各符号的含义见图 16-10；K_w 为轧辊的抗弯柔度，单位是 mm/kN。k 为考虑切应力分布不均匀系数，对圆断面 $k = \dfrac{32}{27}$。

对四辊轧机而言，支撑辊的辊身挠度差可以用上式进行近似计算（在保证 D_1/D_2 与 B/L 值正确配合的情况下）。长期以来，根据对轧辊挠度的分析，认为当支撑辊直径与工作辊直径之比值较大时，弯曲力主要由支撑辊承担，故工作辊的挠度也可以近似地认为与支撑辊的挠度相等。因而就认为辊型设计时可以用支撑辊的辊身挠度差来代替工作辊的辊身挠度差。但是实际上这样做是不正确的。理论和实验都表明，轧制时工作辊的实际挠度比支撑辊大得多。这主要是因为工作辊与支撑辊之间存在有弹性压扁变形，结果使位于板宽范围之外的那一部分工作辊受到支撑辊的悬臂弯曲作用，从而大大地增加了工作辊本身的挠度。轧件的宽度愈小，工作辊的挠度便愈大。因此，在进行辊型设计时，若不考虑工作辊这一弹性变形特点，而仅凭支撑辊辊身挠度差的计算来处理问题，其结果必然与实际不符。亦即四辊轧机工作辊的弯曲挠度不仅取决于支撑辊的弯曲挠度，而且也取决于支撑辊和工作辊之间的不均匀弹性压扁所引起的挠度。如果支撑辊和工作辊辊型的凸度均为零，则工作辊的挠度为：

$$f_1 = f_2 + \Delta f_y \tag{16-17}$$

式中　f_1——工作辊的弯曲挠度；

　　　f_2——支撑辊的弯曲挠度；

　　Δf_y——支撑辊和工作辊间不均匀弹性压扁所引起的挠度差。

根据有关资料介绍，工作辊挠度计算公式为：

$$f_1 = K_{w1}P; \qquad K_{w1} = \frac{A_0 + \varphi_1 B_0}{L\beta(1 + \varphi_1)} \tag{16-18}$$

支撑辊的挠度计算公式：

$$f_2 = K_{w2}P; \qquad K_{w2} = \frac{\varphi_2 A_0 + B_0}{L\beta H\varphi_2} \tag{16-19}$$

式中　P——轧制力；

　　K_{w1}——工作辊柔度；

　　K_{w2}——支撑辊柔度；

　φ_1，φ_2——系数，可按下式计算：

$$\varphi_1 = \frac{1.1n_1 + 3n_2\xi + 18\beta K}{1.1 + 3\xi}; \quad \varphi_2 = \frac{1.1n_1 + 3\xi + 18\beta K}{1.1n_1 + 3n_2\xi}$$

$$A_0 = n_1\left(\frac{a}{L} - \frac{7}{12}\right) + n_2\xi; \qquad B_0 = \frac{3 - 4u^2 + u^3}{12} + \xi(1 - u)$$

式中　a——两压下螺丝中心距；

　　　L——辊身长度；

　　$u = \dfrac{b}{L}$；

　　　b——轧件宽度。

工作辊和支撑辊之间不均匀弹性压扁所引起的挠度为：

$$\Delta f_y = \frac{18(B_0 - A_0)K\bar{q}}{1.1(1 + n_1) + 3\xi(1 + n_2) + 18\beta K}$$

其中

$$K = \theta \ln 0.97 \frac{D_1 + D_2}{\bar{q}\theta}; \quad \theta = \frac{1 - \gamma_1^2}{\pi E_1} + \frac{1 - \gamma_2^2}{\pi E_2}$$

式中 D_1，D_2——工作辊、支撑辊直径；

$\bar{q}$——工作辊与支撑辊间的平均单位压力，$\bar{q} = \frac{P}{L}$。

上列各式中 n_1、n_2、ξ 和 β 的计算公式列于表 16-2 中。

表 16-2　n_1、n_2、ξ 和 β 参数计算

轧 辊 材 料 E，G，γ 值 符号代表的参数	全部钢辊 $E_1 = E_2 = 215600\text{MPa}$ $G_1 = G_2 = 79380\text{MPa}$ $\gamma_1 = \gamma_2 = 0.30$	铸铁工作辊，锻钢支撑辊 $E_1 = 16660\text{MPa}$，$E_2 = 215600\text{MPa}$ $G_1 = 6860\text{MPa}$，$G_2 = 79380\text{MPa}$ $\gamma_1 = 0.35$，$\gamma_2 = 0.30$
$n_1 = \dfrac{E_1}{E_2}\left(\dfrac{D_1}{D_2}\right)^4$	$n_1 = \left(\dfrac{D_1}{D_2}\right)^4$	$n_1 = 0.773\left(\dfrac{D_1}{D_2}\right)^4$
$n_2 = \dfrac{G_1}{G_2}\left(\dfrac{D_1}{D_2}\right)^4$	$n_2 = \left(\dfrac{D_1}{D_2}\right)^4$	$n_2 = 0.864\left(\dfrac{D_1}{D_2}\right)^4$
$\xi = \dfrac{kE_1}{4G_1}\left(\dfrac{D_1}{L}\right)^2$	$\xi = 0.753\left(\dfrac{D_1}{L}\right)^2$	$\xi = 0.674\left(\dfrac{D_1}{L}\right)^2$
$\beta = \dfrac{\pi E}{2}\left(\dfrac{D_1}{L}\right)^4$	$\beta = 34600\left(\dfrac{D_1}{L}\right)^4$	$\beta = 26700\left(\dfrac{D_1}{L}\right)^4$
$\theta = \dfrac{1 - \gamma_1^2}{\pi E_1} + \dfrac{1 - \gamma_2^2}{\pi E_2}$	$\theta = 0.263 \times 10^{-5}\text{mm}^2/\text{N}$	$\theta = 0.296 \times 10^{-5}\text{mm}^2/\text{N}$

16.2.3　轧辊辊型设计

从以上分析可知，由于轧制时轧辊的不均匀热膨胀、轧辊的不均匀磨损以及轧辊的弹性压扁和弹性弯曲，致使空载时原本平直的辊缝在轧制时变得不平直了，致使板带的横向厚度不均和板形不良。为了补偿上述因素造成的辊缝形状的变化，需要预先将轧辊车磨成一定的原始凸度或凹度，赋予辊面以一定的原始形状，使轧辊在受力和受热轧制时，仍能保持平直的辊缝。

在设计新轧辊的辊型曲线（凸度）时，主要是考虑轧辊的不均匀热膨胀和轧辊弹性弯曲（挠度）的影响。由于轧辊热膨胀所产生的热凸度，在一般情况下与轧辊弹性弯曲产生的挠度相反，故在辊型设计时，应按热凸度与挠度合成的结果，定出新辊的凸度（或凹度）曲线。

（1）根据大量的实践资料统计，轧辊不均匀热膨胀产生的热凸度曲线，可近似地按抛物线计算：

$$y_{tx} = \Delta R_t\left[\left(\frac{x}{L}\right)^2 - 1\right] = -\Delta R_t\left[1 - \left(\frac{x}{L}\right)^2\right] \tag{16-20}$$

式中 y_{tx}——距辊中部为 x 的任意断面上的热凸度；

ΔR_t——辊身中部的热凸度，按式（16-15）计算；

L——辊身长度之半；

x——从辊身中部起到任意断面的距离，在辊身中部 $x = 0$；在辊身边缘 $x = L$。

（2）由轧制力产生的轧辊挠度曲线，一般也可以按抛物线的规律计算：

$$y_x = y \left[1 - \left(\frac{x}{L} \right)^2 \right] \tag{16-21}$$

式中　y_x——距辊身中部为 x 的任意断面的挠度；

　　　y——辊身中部与边部的挠度差，对于二辊轧机按式（16-16）计算。

将轧辊热凸度曲线和挠度曲线叠加起来（如图16-10），得出原为平辊身的轧辊在实际轧制过程中的辊缝形状的凸度（或凹度）曲线，即：

$$t_x = y_x - y_{tx} = \left[K_w P - K_T R \alpha \Delta T \right] \left[1 - \left(\frac{x}{L} \right)^2 \right] \tag{16-22}$$

当 $x = 0$ 时，即在辊身中部，则可得 $y_x = y$，$y_{tx} = \Delta R_t = y_t$，故得其最大实际凸度为：

$$t = y - y_t$$

式（16-22）即轧辊辊型的磨削凸凹曲线。如果 t 值为正值，说明由于轧制力引起的挠度大于不均匀热膨胀产生的热凸度，故此时原始辊型应磨成凸度，反之，则为凹度（例如叠轧薄板时）。轧辊必须预先磨制成这样的原始凸度，才能在实际轧制过程中使辊缝保持平直。

求出为了保持辊缝平直所需要的原始辊型总凸度以后，如何将这个总凸度分配到各个轧辊上去，以及为了补偿支撑轧辊的磨损又如何变化历次更换的工作辊的凸度？这就是辊型的配置问题。一般当凸度不大时（例如在四辊轧机和三辊劳特轧机等），由于工作辊和支撑辊的换辊周期不一样，因而完全有可能做到每更换一次工作辊时使其辊型凸度适当增加，以弥补支撑辊磨损带来的影响。例如1200mm可逆式冷轧机在轧制厚度为0.5mm以下的产品时，工作辊要换16次，支撑辊才换一次。因此当轧制宽度为1020mm的硅钢片时，配新换支撑辊的工作辊的凸度为0.07mm，以后随着支撑辊的逐渐磨损，工作辊凸度依次递增至0.13mm。对于三辊劳特轧机而言，实际生产中亦采用以不同的中辊凸度来补偿大辊的磨损的方法。

在实际生产中，原始辊型的选定并不是或者不完全是依靠计算，而主要是依靠经验估计与对比。在大多数的情况下，一套行之有效的辊型制度都是经过一段时期的生产试轧，反复比较其实际效果之后才最终确定下来的，并且随着生产条件的变化还要作适当的改变。检验原始辊型的合理与否应从产品质量、设备利用情况、操作的稳定性以及是否能有利于辊型控制与调整等方面来衡量。凸度选得过大，会引起中部浪形，并易使轧件横穿或蛇行乃至张力拉偏造成断带等问题；凸度过小又有可能限制轧机负荷能力的充分发挥，即为了防止边浪而不能施加较大的压力。当然在采用液压弯辊装置的现代化板、带轧机上，原始辊型凸度的选择可以大为简化，但由于弯辊装置的能力也有一定的限制，因而还需要有一定的原始辊型与之配合工作。辊型凸度选得合适时，液压弯辊在其能力范围内将能有效地消除板形缺陷。

按经验确定原始辊型凸度的方法，一般都是先参照国内外已有的同类或相似轧机的经验数据预选一个凸度值，再根据试轧效果逐次加以修订。至于理论计算，则多是参考性的。计算结果的参考价值决定于公式的正确性和原始参数的可靠程度。表16-3及表16-4分别为可逆式四辊冷轧机及宽带钢热连轧机的原始辊型凸度配置实例。它们的共同特点是：随着支持辊的逐渐磨损，工作辊凸度也渐次作相应的增加。不同之点则为：在连轧情况下，每一机架的支撑辊磨损速度都不一样，所以每一机架工作辊凸度的递增速度也有所不同。

表16-3　1200mm单机可逆式四辊冷轧机辊型配置实例

品　　　种		工作辊凸度值/mm	备　　注
$B = 1020$mm	T8A	$0.07 \sim 0.10$	
$B = 1020$mm	硅钢板	$0.07 \sim 0.13$	
$B = 800$mm	硅钢板	$0.28 \sim 0.32$	支撑辊前期用小值，后期用大值，只上工作辊有凸度，下工作辊凸度为零
$B = 760$mm	镀锡板	$0.25 \sim 0.28$	
$B = 820 \sim 870$mm	普通板	$0.15 \sim 0.18$	
$B = 1020$mm	普通板	$0.05 \sim 0.10$	

表16-4　宽带钢1700精轧机组的辊型配置实例

工作辊周期	机　架　号					
	3	4	5	6	7	8
	工作辊凸度/mm					
1	0.00	0.00	0.00	0.00	0.00	0.00
2	0.05	0.00	0.00	0.00	0.00	0.00
3	0.05	0.05	0.00	0.00	0.00	0.00
4	0.05	0.05	0.05	0.00	0.00	0.00
5	0.05	0.05	0.05	0.05	0.00	0.00
6	0.05	0.05	0.05	0.05	0.05	0.00
7	0.05	0.05	0.05	0.05	0.05	0.05
8	0.08	0.05	0.05	0.05	0.05	0.05
9	0.08	0.05	0.05	0.05	0.05	0.05

辊型设计习题：有一架二辊轧机，采用钢轧辊，辊身长度为930mm；辊径ϕ630mm；压力为600t；板材宽度为750mm；辊身中部与边缘的温度差为10℃；压下螺丝中心距1380mm。根据这些条件，试设计合理辊型。

16.2.4　辊型及板形控制技术

设计原始辊型时，只考虑正常生产中相对稳定的工艺条件。但实际上由于产品规格和轧制条件不断变化，且辊型又不断磨损，想用一种辊型去满足各种轧制情况的需要是根本不可能的。这就需要在轧制过程中根据不同的情况不断地对辊型和板形进行灵活调整和控制。控制辊型的目的就是控制板形，故辊型控制技术实际就是板形控制技术，但后者含义更广，它往往把板形检测以及许多旨在提高板形质量的新技术和新轧机都包括了进去。这方面的技术近年来发展很快，可以分为辊型控制技术及板形控制的新技术和新轧机两类。

16.2.4.1　辊型控制技术

辊型控制技术主要有调温控制法和弯辊控制法等。调温控制法是人为地向轧辊某些部分进行冷却或供热，改变辊温的分布，以达到控制辊型的目的。热源一般就是依靠金属本身的热量和变形热，这是不大好控制的。可作为灵活控制手段的就是调节轧辊冷却水的供量和分布。通过对沿辊身长度上布置的冷却液流量进行分段控制，可以达到调整辊型的目的。这种方法是在生产中早已应用的传统方法，虽然有效，但一般难以满足调整辊型的快速性要求。由于轧辊本身热容量大，升温和降温都需较长的过渡时间，而急冷急热又极易损坏轧辊。从发现辊型反常并着手调整辊温时开始，到调至完全见效时为止，要经过较长的时间，在这段时间里所轧产品实际是次品或不合格品，对于现代高速板、带轧机来说，这样缓慢的调整方法是绝不能满足要求的。但近年经过革新采用提高了冷却效率的分段冷却控制，作为弯辊控制或其他控制板形方法的辅助手段还是很有效的。

为了及时而有效地控制板材平直度和横向厚度差，需要一种反应迅速的辊缝调整方法。利用弯辊控制法，通过控制轧辊在轧制过程中的弹性变形可以达到这一目的。所谓液压弯辊技术就是利用液压缸施加压力使工作辊或支撑辊产生附加弯曲，以补偿由于轧制压力和轧辊温度等工艺因素的变化而产生的辊缝形状的变化，以保证生产出高精度的产品。

液压弯辊技术一般分为以下两种。

A　弯工作辊的方法（当 $L/D < 3.5$ 时用之）

这又可以分为两种方式，如图16-11所示：（1）弯辊力加在两工作辊瓦座之间，即除工作辊平衡油缸以外，尚配有专门提供弯辊力的液压缸，使上下工作辊轴承座受到与轧制压力方向相同的弯辊力 N_1，结果是减少了轧制时工作辊的挠度，这称为正弯辊；（2）弯辊力加在两工作辊与支撑辊的瓦座之间，使工作辊轴承座受到一个与轧制压力方向相反的作用力 N_1，结果是增大了轧制时工作辊的挠度，这称为负弯辊。热轧和冷轧薄板轧机多采用弯工作辊的方法。实际生产中由于换辊频繁，用（1）方式装置需要经常拆装高压管路，影响油路密封，而且浪费时间，故更倾向于采用（2）法。或者将油缸置于与窗口牌坊相连的凸台上，以避免经常拆装油管。比较理想的是（1）法与（2）法并用，即选用所谓的工作辊综合弯辊系统，可以使辊型在更广泛的范围内调整，甚至用一种原始辊型就

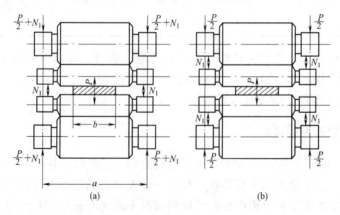

图16-11　弯曲工作辊的方法

（a）减小工作辊的挠度；（b）增加工作辊的挠度

可以满足不同品种和不同轧制制度的要求。

B 弯曲支撑辊的方法（工作辊 $L/D \geqslant 3.5$ 时用之）

这种方法是弯辊力加在两支撑辊之间。为此，必须延长支撑辊的辊头，在延长辊端上装有液压缸（图 16-12），使上下支撑辊两端承受一个弯辊力（N_2）。此力使支撑辊挠度减小，即起正弯辊的作用。弯曲支撑辊的方法多用于厚板轧机，它比弯工作辊能提供较大的挠度补偿范围，且由于弯支撑辊时的弯辊挠度曲线与轧辊

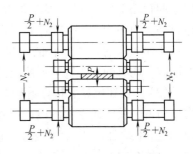

图 16-12 弯曲支撑辊

受轧制压力产生的挠度曲线基本相符合，故比弯工作辊更有效，对于工作辊辊身较长（$L/D \geqslant 4$）的宽板轧机，一般以弯支撑辊为宜。

液压弯辊所用的弯辊力一般在最大轧制压力的 10%~20% 范围内变化，液压缸的最大油压一般为 20~30MPa，近年还制成能力更大的液压弯辊系统。

16.2.4.2 板形控制（调节）技术

板形一般主要是指板带的平直度，板形控制的目的是要轧出横向厚度均匀和外形平直的板带材。板形控制的实质是对承载辊缝的控制，因此通过调节有载辊缝的形状，使其与来料断面形状保持一致，满足均匀变形条件，使板形平直。为了及时而有效地控制平直度和横向厚差，需要采用反应迅速的辊缝调节手段。前述液压弯辊控制技术虽是一种无滞后的辊型与板形控制的有力手段，但还不够，而且对于轧制薄规格产品，尤其是对于控制"二肋浪"等作用不大，有时还会影响所轧板带的实际厚度。因此尽管液压弯辊技术已得到广泛应用，而为了进一步提高板带的平直度，各种板形控制新技术和新轧机便应运而生，主要有以下几种。

A HC 轧机

HC 轧机为高性能板形控制轧机的简称，其结构如图 16-13 所示。当前日本用于生产的 HC 轧机是在支撑辊和工作辊之间加入中间辊并使之作横向移动的六辊轧机。在支撑辊背后再撑以强大的支撑梁，使支撑辊能作横向移动的新四辊轧机正在研究。HC 轧机的主要特点有：

（1）具有大的刚度稳定性，即当轧制力增大时，引起的钢板横向厚度差很小，因为它也可以通过调整中间辊的移动量来改变轧机的横向刚度，以控制工作辊的凸度，此移动量

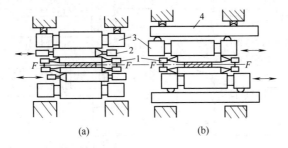

(a)   (b)

图 16-13 HC 轧机

(a) 六辊式（中间辊移动式）；(b) 支撑辊移动式

1—工作辊；2—中间移动辊；3—支撑辊；4—支撑梁

以中间辊端部与带钢边部的距离 δ 表示，当 δ 大小合适，即当中间辊的位置适当，即在所谓 NCP 点（non control point）时，工作辊的挠度即可不受轧制力变化的影响，此时的轧机的横向刚度可调至无限大；

（2）HC 轧机具有很好的控制性，即在较小的弯辊力作用下，就能使钢板的横向厚度差发生显著的变化，HC 轧机还设有液压弯辊装置，由于中间辊可轴向移动，致使在同一轧机上能控制的板宽范围增大了（图16-14）；

（3）HC 轧机由于上述特点因而可以显著提高带钢的平直度，可以减少板、带钢边部变薄及裂边部分的宽度，减少切边损失；

（4）压下量由于不受板形限制而可适当提高。由

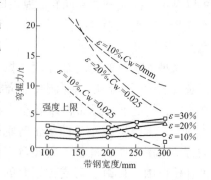

图 16-14　弯辊力与板宽的关系
实线为 HC 轧机资料；虚线为普通轧机
资料；C_W 为原始辊型凸度

于 HC 轧机的刚度稳定性和控制性都较一般四辊轧机好得多，因而能高效率地控制板形，因此 HC 轧机自 1972 年以后得到了较快的发展。

HC 轧机的出现从理论和实践上纠正了一个错误观念，即认为支撑辊的挠度决定于工作辊的挠度，因而为了提高其弯曲刚度，便不断增大支撑辊直径。但实际上尽管支撑辊很大且有快速弯辊装置，其板平直度仍然不理想。而且理论与实践表明：工作辊的挠曲一般大于支撑辊的挠曲达数倍之多。其原因一方面是由于工作辊与支撑辊之间以及工作辊与被轧板带之间的不均匀接触变形，使工作辊产生附加弯曲；另一方面则由于轧辊之间的接触长度大于板宽，因而位于板宽之外的辊间接触段，即图 16-15（a）中指出的有害接触部分使工作辊受到悬臂弯曲力而产生附加挠曲。最近几年来，基于这种分析和对轧机总体弹性变形分布的研究，创造出 HC 轧机。由图 16-15（b）可见，由于消除了辊间的有害接触部分而使工作辊挠曲得以大大减轻或消除，同时也使液压弯辊装置能

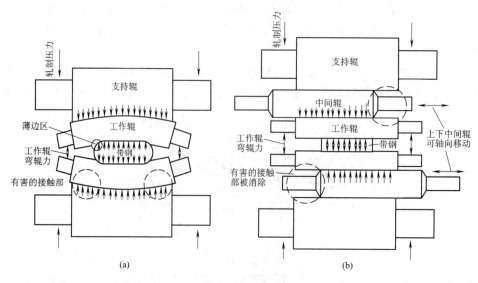

(a)　　　　　　　　　　(b)

图 16-15　一般四辊轧机（a）和 HC 轧机（b）的轧辊变形情况比较

有效地发挥控制板形的作用。这是 HC 轧机技术中心之所在，是板、带轧机设计思想的一个大进步。

B 带移动辊套的轧机（SSM）

日本新日铁公司在四辊轧机的支撑辊上装备了比轧辊辊身长度短的可移动辊套。辊套可旋转，而且可沿着辊身做轴向移动。调整辊套轴向位置，使支撑辊支撑在工作辊上的长度约等于带钢宽度（图 16-16），其原理与 HC 轧机相似。

C 大凸度支撑辊轧制法

日本君津厂自 1979 年在热连轧机 $F_4 \sim F_7$ 支撑辊辊身中部采用大的凸度曲线，增大了控制范围，曲线由 5 种并成 2 种，效果良好，仅 F_7 一架即可使凸度变化 0.035mm（图 16-17）。

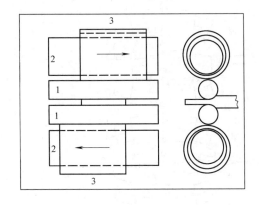

图 16-16 SSM 轧机

1—工作辊；2—支撑辊；3—辊套

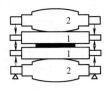

图 16-17 NBCM 轧制法

1—工作辊；2—支撑辊

D 支撑辊的凸度可变的（VC 辊）技术

VC 辊采用液压胀形技术。支撑辊带有辊套，内有油槽，用高压油来控制辊套鼓凸的大小以调整辊型。1977 年在住友金属鹿岛厂平整机上使用，此后，在冷轧机及和歌山热带轧机扩大应用。此支撑辊具有较宽范围的板形控制能力，在最大油压 49MPa 时，VC 辊膨胀量为 0.261mm，轧辊构造如图 16-18 所示。

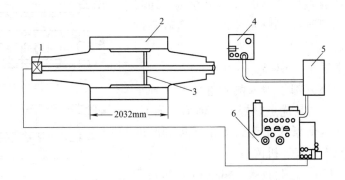

图 16-18 VC 辊的构造

1—回转接头；2—辊套；3—油沟；4—操作盘；5—控制盘；6—油泵

E 特殊辊型的工作辊横移式轧机

近年来德国西马克和德马克公司分别开发出工作辊横移式 CVC 轧机和 UPC 轧机，二者工作原理相同，只是 CVC 轧机辊型呈 S 形，UPC 轧机辊型呈雪茄形（见图 16-19（a）、(b)）。这种轧机工作辊横移时，辊缝凸度可连续由最小值变到最大值，所以调整控制板形的能力很强。

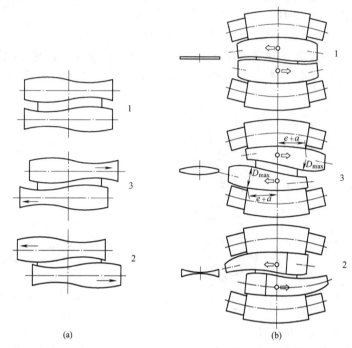

(a)　　　　(b)

图 16-19　CVC（a）与 UPC（b）轧辊辊缝形状变化示意图
1—平辊缝；2—中凸辊缝；3—中凹辊缝

F 辊缝控制（NIPCO）技术

NIPCO（Nip Control）技术是瑞士苏黎世 S-ES 公司最近开发的，如图 16-20 所示。其特点是四辊轧机的支撑辊由固定的辊轴、旋转辊套和若干个固定在辊轴上、顶部装有液压轴承的液压缸组成，通过控制液压缸的压力可连续调整辊缝形状，有较强的控制板形的能力。

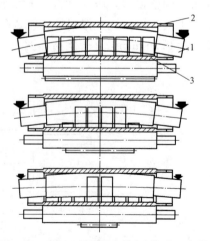

图 16-20　NIPCO 轧辊受力分布因板宽而变化
1—固定轴身；2—旋转辊套；3—安装在液压缸上的液压轴承

G 双轴承座弯辊（DCB）技术

将工作辊轴承座分割成为内侧和外侧两个轴承座，各自施加弯辊力。其优点是提高了轴承的强度，使弯辊时不逼劲，因而增大了弯辊效果及控制凸度的能力，同时也便于现有轧机改造。

H 对辊交叉（PC）轧制技术（Pair Cross Roll）

在日本新日铁公司广畑厂于 1984 年投产的 1840mm 热带连轧机的精轧机组上首次采用了工作辊

交叉的轧制技术。PC 轧机的工作原理是，通过交叉上下成对的工作辊和支撑辊的轴线形成上下工作辊间辊缝的抛物线，并与工作辊的辊凸度等效。等效轧辊凸度 C_r 由下式表示：

$$C_r = \frac{b^2 \tan^2 \theta}{2D_W} \approx \frac{b^2 \theta^2}{2D_W} \qquad (16\text{-}23)$$

式中　b——带材宽度，mm；

　　　θ——工作辊交叉角度，(°)；

　　　D_W——工作辊直径，mm。

因此，带材凸度变化量 ΔC 为：

$$\Delta C = \delta C_r$$

式中　δ——影响系数。

因此，如图 16-21 所示，调整轧辊交叉角度即可对凸度进行控制。PC 轧机具有很好的技术性能：（1）可获得很宽的板形和凸度的控制范围，因其调整辊缝时不仅不会产生工作辊的强制挠度，而且也不会在工作辊和支撑辊间由于边部挠度而产生过量的接触应力，与 HC 轧机、CVC、SSM 及 VC 辊等轧机相比，PC 轧机具有最大的凸度控制范围和控制能力；（2）不需要工作辊磨出原始辊型曲线；（3）配合液压弯辊可进行大压下量轧制，不受板形限制。

I　用辊心差别加热法控制辊型

德国赫施 Hoesch 钢厂为了补偿轧辊的磨损，采用在支撑辊辊心钻孔，插入电热元件，分三段进行区别加热的方法来修正辊凸度，取得很好的效果（图 16-22）。

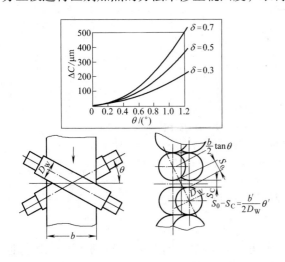

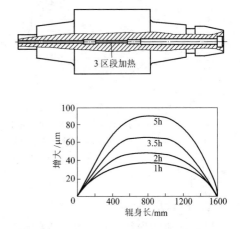

图 16-21　PC 轧辊交叉角与等效辊凸度　　　　图 16-22　可三区段加热的支撑辊

$b = 1500\text{mm}$；$D_W = 700\text{mm}$

J　泰勒轧机

1971 年美国出现了一种所谓泰勒轧机（图 16-23），用以冷轧薄板、带，其平坦度可达到拉伸矫直后的程度。这种轧机也有六辊式和五辊式两种，小工作辊为游动辊，靠上下轧辊摩擦带动。由于在一定形变程度下所需的轧制转矩一定，故如果上传动辊提供的转矩稍多点，则下传动辊就可提供少点。因小工作辊的辊径一定，故力矩的分配就变为两传动辊对小工作辊水平摩擦力 F_1 和 F_2 的分配（图 16-23（c））。若 $F_1 > F_2$，则小工作辊受水平力（$F_1 - F_2$）的作用而向入口侧旁弯；反之若 $F_1 < F_2$，则向出口侧旁弯；若负荷均匀分配，则 $F_1 = F_2$，小辊无旁弯产生。因此，可以通过合理地分配及控制上下传动辊的马达电流控制转矩，来分配 F_1 和 F_2 的大小，以达到控制小辊旁弯的目的。利用测定小辊旁弯的传感器，即可随时按照要求自动控制板形，得到很高的带钢平坦度及厚度精度。泰勒轧机适于轧制极薄带钢，也可使薄边及裂边减少，成材率提高。

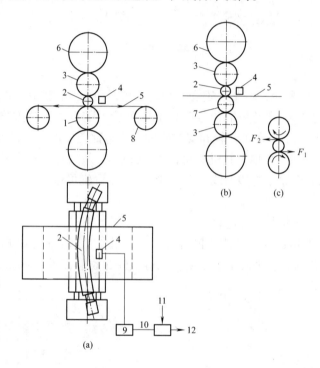

图 16-23　泰勒轧机

（a）五辊式；（b）六辊式；（c）水平力的分配

1—传动的大直径工作辊；2—非传动小直径工作辊；3—中间传动辊；
4—小辊弯曲传感器；5—带钢；6—支撑辊；7—非传动大直径
工作辊；8—卷取机；9—放大环节；10—测量间隙；
11—给定间隙；12—转矩调整

K　FFC 轧机

FFC 轧机为异径五辊轧机（图 16-24），中间小工作辊轴线偏移一定的距离，利用侧向支撑辊对小工作辊进行侧弯辊，以便配合立弯辊装置对板形进行灵活控制。1982 年日本出现的 FFC 轧机同时有异步轧机的功能，其中间的小工作辊也是传动辊。1983 年东北工学院（东北大学）与沈阳带钢厂研制成功的异径五辊轧机小工作辊为惰性辊，靠摩擦传动，故两工作辊速度相同，具有设备简单、异径比大、降低轧制压力幅度大的特点。

L　UC 轧机

UC 轧机是在 HC 轧机的基础上发展起来的，与 HC 轧机相比，辊系结构相似，除具有中间辊横移、工作辊弯曲作用外，又增加了中间辊弯曲及工作辊直径小辊径化。为防止小直径工作辊侧向弯曲，附加侧支撑机构（见图16-25）。由于UC轧机具有两个弯辊系统，一个横移机构，故控制板形能力很强，适宜轧制硬质合金薄带。

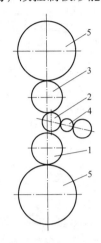

图16-24 FFC轧机示意图

1—大工作辊；2—小工作辊；3—中间支撑辊；

4—侧支撑辊；5—支撑辊

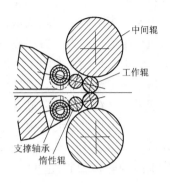

图16-25 UC轧机侧支撑机构

M Z型轧机

由图16-26所示，Z型轧机是在普通四辊或六辊轧机基础上吸收多辊轧机小辊径化技术而开发出来的一种新型轧机。该轧机中间辊装有液压弯辊装置，同时可横移，工作辊两侧设有侧支撑机构，故Z型轧机控制板形能力很强，适宜冷轧薄带钢。

N 自动补偿支撑辊系统

最近德国联合工程公司和国际轧机咨询公司联合开发了一种获得专利的自动补偿支撑辊系统。自动补偿（SC）辊的基本原理比较简单，目的是补偿由加载造成的支撑辊的挠度。SC支撑辊是由冷缩套在辊轴中间部位上的一个辊套装配而成的，如图16-27所示。在冷缩配合区外及辊轴和辊套间有一向轧辊两端逐渐增大的缝隙。当轧辊承受负载时，这一缝隙部分闭合，因而辊套的总挠度接近于辊轴的挠度。由于挠度是在相反的方向上，因而在支撑辊和工作辊之间接触面的整个挠度将大大降低。当在工作辊轴承座间施加正轧辊挠度时，由于工作辊端头的灵活性，工作辊上可产生较大的挠度。因此，增强了弯辊系统的

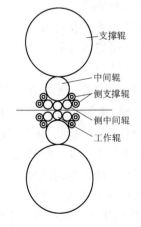

图16-26 Z型轧机的辊系配置

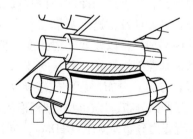

图16-27 自动补偿支撑辊

能力。

SC 轧辊设计中的重要特点之一是，它消除了与传统组合式轧辊有关的较普遍产生的问题。在传统组合辊中，辊套被套在辊轴的整个长度上。在轧制力作用下，上支撑辊将弯曲，辊轴上部将承受张力，而下部处于压缩状态。由于辊套阻碍辊轴的变形，因而在辊套和辊轴接触面区域产生剪切应力。剪切应力 τ_t 和 τ_b 分别作用在轧辊的上、下部，是相反的两个力的标记。支撑辊每转动半圈，这些标记改变一次。剪切应力 τ_t 和 τ_b 的绝对值在轧辊中部为零，在轧辊两端最大。在轧机承受过大负载时，剪切应力可超过最大屈服应力，使辊套滑动。一旦负载降低，蕴藏的径向应力，使辊套滑动而释放出来，导致所谓的轧辊偏心现象出现。采用 SC 轧辊后，由于冷缩配合区限制在轧辊的中间部位，其剪切应力比轧辊两端的剪切应力要小得多，出现轧辊偏心现象的可能性大大降低。SC 支撑辊可以大大改变工作辊和支撑辊接触区域径向应力的分布。正如图 16-28 所示，与典型的传统整体支撑辊径向应力分布图形相比，径向应力的峰值移到靠近带钢处，而且在带钢边缘处大大降低。

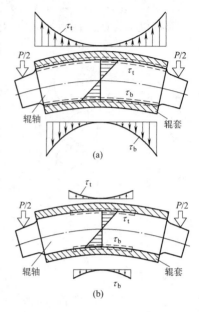

图 16-28　剪切应力 τ_t 和 τ_b 在辊套
冷缩配合区的分布
(a) 传统辊套辊；(b) SC 辊

这种径向应力的差异，说明了带钢外形质量的改善和提高可归功于使用 SC 支撑辊。

O　DSR 动态板形辊技术

20 世纪 90 年代由法国 VAI CLecim 公司在瑞士苏黎世 S-ES 公司 NIPCO 技术基础上推出的 DSR 动态板形辊，采用的是液压胀形技术，可对板形进行高精度在线控制。这种板形控制装置由静止辊芯、旋转辊套、7 个柱塞式液压缸、推力垫及电液伺服阀等部分组成。DSR 动态板形辊多用于四辊轧机的支撑辊，可成对使用，也可单独使用。其工作原理是通过 7 个在芯轴上内嵌、可单独调控的负荷液压缸滑块将压力传递至旋转的辊套上，沿整个带宽经旋转辊套给板带分布相应的轧制力，可实现对辊套形状的动态调节，实现高精度的板形（平直度）控制，可消除对称性和非对称性的板形缺陷。

DSR 辊和上述 NIPCO 与 VC 辊是液压胀形技术的代表性技术。在我国，DSR 技术率先在上海宝钢 2030mm 冷轧机上得到应用，中国铝业河南分公司郑州冷轧厂 2300mm 冷轧机也采用了该技术。

此外，轧机上采用冷却剂控制板形的技术也有新的发展，轧机上配备有数控的多段冷却剂集管，靠计算机进行板形控制。英国戴维公司还利用一种横流感应加热器对轧辊进行可调的局部加热，以改变轧辊凸度，控制板形。在冷轧带材时，近来出现的各种用张力分布控制法来控制板形是一种新的技术，其原理是利用张力的横向分布来影响轧制压力的横向（板宽方向）分布，影响轧辊弹性形变（压扁）的分布和金属的横向流动，从而影响金属纵向延伸的分布，以达到控制板形的目的。为此在轧机入口设置张力分布控制辊（TDC），出口设置张力分布检测辊（TDM），通过 TDM 的检测值来控制 TDC。此技术于 1979 年在日本福山厂得到生产应用，取得较好的效果，对于复合波可进行灵敏控制，并且将检测与控制手段都安置在轧机之外，与轧机无干扰，这也是这种轧机的一个重要特点。

表 16-5 所示为各种板形控制方法的控制特性比较。可见对辊交叉技术、移辊技术（HC、CVC 等）及弯辊技术和分段冷却方法（控制热凸度）等是行之有效的常用方法。

表16-5　各种板形控制方法的控制特性比较（分段冷却）

控制特性	弯 辊	阶梯辊	倒角支撑辊	大凸度支撑辊	双轴承座	移辊（HC）	交叉辊	张应力分布	热凸度	CVC
中边部质量	×				○	○○	○○			○○
形状修正能力	×					○	○		×	○○
板宽适应性		×	×			○				○
连续控制	○○					○○	○○	○○	○	○○
反应快	○○					○	○○		×	○
操作方便	○○	○○	○○	○○	○	○				○
与 AGC 相互影响小	×					×	○○	○	○○	×
消除局部凸度能力	×	×	×	×	×	×	×	×	○○	×

注：○○—性能优良；○—性能较好；空白—性能一般；×—性能不好。

16.2.4.3　板形自动控制系统

板形控制是一项综合技术和系统工程，生产中必须通过先进的控制手段与工艺设计参数的合理匹配，才能得到理想的板形。现代化轧机常采用板形自动闭环控制系统形式，一般由板形检测装置、控制器和板形调节（控制）装置三部分组成。现以某厂 2030mm 五机架冷连轧机的计算机闭环控制系统为例加以叙述。该冷连轧机在 1～4 架的板形控制为手动调节，各架都设有弯辊和乳化液流量分段控制装置，在成品机架上设置有板形自动控制系统。该系统由板形测量辊及其信号处理装置、板形控制计算机、板形调节机构以及带钢应力分布和板形曲线显示机器组成，如图 16-29 所示。工作时首先由板形测量辊进行在线实际检测。该测量辊由 36 个圆环组成，每个圆环测量段宽度为 52mm，每个圆环芯轴凹槽内装有 4 个互为 90°的磁弹力传感器。在轧制时带钢与测量辊相接触，由于带钢处于张紧状态，因而测量辊受到带钢张力作用在转动时产生激磁而发出电磁信号，信号的强弱反映了带钢压紧辊面的张力大小。电磁信号经信号处理装置处理，得出各段的应力和应力偏差值。各段应力偏差值组合即反映了带钢在宽度方向上应力分布的状况，由此反映带钢宽度

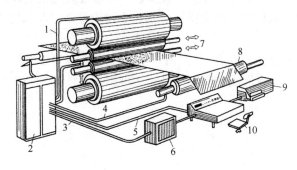

图 16-29　板形自动控制系统组成

1，3—控制指令；2—信号处理装置；4—输出信号；5—轧制参数；6—平直度显示装置；

7—CVC 控制；8—测量辊；9—记录器；10—操作台

方向的变形均匀程度。将此带钢应力偏差值传送给板形监视器显示和板形控制计算机进行计算。计算机根据主操作台给出的设定板形曲线算出板形设定值与检测的带钢实际值进行比较得到偏差值。由计算机通过数学模型和数学方法将偏差值回归成一个 4 次多项式，即

$$Y = A_0 + A_1 X + A_2 X^2 + A_3 X^3 + A_4 X^4 \tag{16-24}$$

式中　　　　　　　　　　　　A_0——常数项，由计算确定；

　　$A_1 X$，$A_2 X^2$，$A_3 X^3$，$A_4 X^4$——依次对应一次、二次、三次、四次板形缺陷的偏差调节分量。

由此分解出对应于不同次方板形缺陷的偏差调节分量，输送给各调节回路，执行相应的调节手段，以达到调节轧机有载辊缝形状的目的。

该系统配置有以下调节手段：

（1）轧辊倾斜调节，用来消除非对称带钢断面形状引起的板形缺陷，如楔形断面和单边浪，即上述多项式中的一次偏差调节分量 $A_1 X$，调节系统根据两边应力分布不对称，通过数学模型计算出轧辊倾斜调节量，通过操作侧和传动侧液压装置的迅速调整来改变轧辊两侧的压下位置进行调整；

（2）弯辊调节，用来消除对称带钢断面引起的板形缺陷，如中间浪、两边浪，即多项式中的二次和四次分量，数学模型根据应力的对称分布，算出实际需要的弯辊设定值，通过设置的正弯辊装置，利用其动作快、简单、没有滞后的特点，首先进行弯辊调节，当二次板形缺陷分量在弯辊调节能力的 40% ~ 80% 范围以内时，单独进行弯辊调节，当超出这个范围时，则投入 CVC 系统进行调节；

（3）CVC 调节，为了扩大对称板形缺陷的调节能力，通过上、下 CVC 轧辊的等量轴向移动，等效地使轧辊进行连续变化，从而达到无级调节轧辊凸度的效果，共同对二次板形缺陷进行联合调节；当单独进行弯辊调节时，只有弯辊力作用，辊缝调节能力只呈线性调节，当弯辊与 CVC 联合调节时则呈面调节，这就大大地扩展了辊缝曲线的调节能力，增强了辊缝适应带钢截面形状的能力，使板形控制得以完善；

（4）轧辊分段冷却控制。分段冷却控制主要是针对无法通过轧辊倾斜、弯辊或横移控制或消除的其他复杂的板形缺陷，如复合浪、二肋浪的控制。为此在机架入口侧分 9 段喷射乳化液，每段由喷嘴和控制阀门组成，并与板形仪测量段一一对应，控制系统根据每个测量段带钢应力的三次、四次分量按数学模型计算出每段的乳化液设定值，与轧制必需的基本流量（约 1/3 额定流量以保证润滑）叠加作为输出量来控制该段工作辊的热凸度，以调节辊缝形状。

生产实践表明，该冷连轧机由于采用了一系列板形检测和板形控制手段，并与优化的板形控制模型相结合，使板形质量明显提高，使带钢平直度达到 20I 左右，收到了很好的实际效果。

17 板、带材轧制制度的确定

板、带材轧制制度主要包括压下制度、速度制度、温度制度、张力制度及辊型制度等，其中主要是压下制度（它必然涉及速度制度、温度制度和张力制度）和辊型制度，它们决定着实际辊缝的大小和形状，也可以说由它们实际组成板、带钢的孔型，而板、带钢轧制制度或规程的设计也可称之为板、带钢孔型设计。它主要就是根据产品的技术要求、原料条件及生产设备的情况，运用数学公式（模型）或图表进行计算，决定各道的实际压下量、空载辊缝、轧制速度等，并根据产品特点确定轧制温度及辊型制度，以便在安全操作条件下达到优质、高产、低消耗的目的。

17.1 制定轧制制度的原则和要求

板、带材轧制制度的确定要求充分发挥设备潜力、提高产量、保证质量，并且操作方便、设备安全。一句话，就是要多快好省、方便安全地生产出优质产品。故合理的轧制规程设计必须满足下列原则和要求。

17.1.1 在设备能力允许的条件下尽量提高产量

充分发挥设备潜力以提高产量的途径不外是提高压下量、缩减轧制道次、确定合理速度规程、缩短轧制周期、减少换辊时间、提高作业率及合理选择原料增加坯重等。对可逆式轧机而言主要是提高压下量以缩减道次；而对连轧机则主要是合理分配压下并提高轧制速度。无论是提高压下量或提高速度，都涉及轧制压力、轧制力矩和电机功率。一方面要求充分发挥设备的潜力，另一方面又要求保证设备安全和操作方便，这就是只能在设备能力允许的条件下去努力提高产量。从设备能力着眼，限制压下量和速度提高的主要因素有以下几点。

17.1.1.1 咬入条件

粗轧阶段及连轧机组的前几架由于轧件厚、温度高、速度低、轧制压下量大，此时咬入条件可能成为限制压下量的因素。轧制板、带材时许用的最大咬入角在很大程度上取决于轧机型式、轧制速度、轧辊材质及表面状态、钢板的温度、钢种特性及轧制润滑情况等。一般特点是速度高，咬入能力变低。最大咬入角与轧制速度的关系为：

轧制速度/$m \cdot s^{-1}$	0	0.5	1.0	1.5	2.0	2.5	3.5
最大咬入角/(°)	25	23	22.5	22	21	17	11

由于可逆式轧机上的轧制速度是可调的，故可采用低速咬入，使允许最大咬入角 α_{max} 增大。已知 α_{max}，便可由下式求出最大压下量 Δh_{max}。

$$\Delta h_{max} = D(1 - \cos\alpha_{max}) = D\left(1 - \frac{1}{\sqrt{1 + f^2}}\right) \tag{17-1}$$

冷轧时也可用简化公式

$$\Delta h_{\max} = Rf^2 \tag{17-2}$$

式中　　D, R——轧辊的直径和半径;

$\quad\quad\quad f$——摩擦系数。

通常在现代的热轧四辊轧机上,咬入条件不是限制压下量的因素。但当轧辊直径小、速度高时,或在采用单辊传动时,咬入能力显著降低,此时便须考虑咬入条件的限制。此外,三辊劳特轧机的咬入条件也较差,常成为限制因素。劳特轧机对于中辊的 $\alpha_{\max}$ 一般为 $16° \sim 19°$。劳特轧机受咬入条件限制的最大压下量可由下列经验公式计算

$$\Delta h_{\max} = \frac{D_z}{D_d}(D_d + D_z)\sin^2\frac{21 - 2v}{1 + D_z/D_d} \tag{17-3}$$

式中　　D_z, D_d——分别为中辊及大辊直径;

$\quad\quad\quad v$——轧辊辊面线速度,m/s。

实际生产中的最大压下量较此公式之计算值为大。

17.1.1.2　轧辊及接轴叉头等的强度条件

最大允许轧制压力和最大允许轧制力矩一般取决于轧辊等零件的强度条件。通常在二辊和三辊轧机上最大轧制压力取决于轧辊辊身强度,此时轧辊许用弯曲应力计算的允许最大轧制压力 (P_{yx}) 一般按下式确定:

$$P_{yx} = \frac{0.4D^3R_b}{L + l - 0.5B} \tag{17-4}$$

式中　　D, L, l——轧辊直径、辊身长度及辊颈长度,mm;

$\quad\quad\quad B$——所轧钢板宽度,mm;

$\quad\quad\quad R_b$——轧辊许用弯曲应力,Pa,R_b 可如下选取:

轧辊材质	一般铸铁	合金铸铁	铸钢	锻钢	合金锻钢
R_b/Pa	$(7 \sim 8) \times 10^7$	$(8 \sim 9) \times 10^7$	$(10 \sim 12) \times 10^7$	$(12 \sim 14) \times 10^7$	$(14 \sim 16) \times 10^7$

在现代四辊轧机上,由于支撑辊辊身强度很大,P_{yx} 还往往取决于支撑辊辊颈的弯曲强度和轴承寿命。按支撑辊辊颈强度计算 P_{yx} 可取为:

$$P_{yx} = 0.4R_b d^3/l \tag{17-5}$$

式中　　d, l——轧辊辊颈直径与长度,mm。

最大允许轧制力矩 M_{yx} 除取决于电机额定力矩之外,从机械设备角度则通常取决于传动辊的辊颈强度及万向接轴的板头与叉头强度。按传动辊辊颈许用扭转应力计算的最大允许轧制压力 P_{yx} 为

$$P_{yx} = 0.4d^3[\tau]/\sqrt{R\Delta h} \tag{17-6}$$

式中　　d——传动辊辊颈直径,一般即工作辊辊颈直径,mm;

$\quad\quad[\tau]$——许用扭转应力,取 $[\tau] = (0.5 \sim 0.6)R_b$。

由于现代四辊轧机附加摩擦力矩很小,为简便起见可忽略不计,因此从辊颈强度出发

近似可得最大允许轧制力矩 M_{yx} 为

$$M_{yx} \approx P_{yx}\sqrt{R\Delta h} = 0.4d^3[\tau] \qquad (17\text{-}7)$$

由此可见，Δh 愈大，则轧制力矩愈大，故在压下量大的粗轧道次一般应考虑最大允许轧制力矩的限制因素。

17.1.1.3 电机能力的限制

此即电机过载和发热能力的限制。一般常以过载电流来限制最大压下量和加速度等动态电流，令过载时的最大功率 N_{max} 小于过载系数与额定功率 N_{od} 的乘积。通常用均方根电流校验电机的发热情况，要使均方根功率 N_z 小于电机额定功率 N_{od}，即

$$N_{max} < K_1 N_{od} \qquad (17\text{-}8)$$

$$N_z = \sqrt{\frac{N_{zh}^2 t_{zh} + N_K^2 t_j}{t_{zh} + t_j}} < N_{od} \qquad (17\text{-}9)$$

式中 N_{zh}，N_K——轧制功率及空转功率；

       t_{zh}，t_j——轧制时间和间隙时间；

       K_1——过载系数，通常可取 $K_1 = 2.5$。

由此可见，当电机发热过负载时，重新分配各道压下量并无多大补益，而只有通过增加道次和时间来解决。功率负荷主要取决于轧制力矩和轧制速度，故在确定压下量时，须综合考虑转矩与转速的乘积值。

此外，还应根据各种轧机的具体情况考虑其他限制因素。例如在连轧机组上还须注意各架轧制速度不能超出其允许速度范围，并应使速度留有 5%～10% 的余地，以供速度调整及适应轧制条件（如辊径）变化之用。

17.1.2 在保证操作稳便的条件下提高质量

17.1.2.1 保证操作稳便的钢板轧制定心条件

当轧辊辊身为圆柱形，即其辊型凸度为 ±0 时，若钢板由轧制中心线偏移 a 的距离，由图 17-1 可见，则轧辊两端轴承上所受的力就不再相等，于是两边牌坊及零件的弹性变形即弹跳也就不再相等，从而使两个轧辊轴线不再平行，即使上辊产生了倾斜。这样当然要使钢板两边的压下率不相等，使轧出的钢板两边厚度不相等。由图 17-1 可以求出由于钢板偏移 a 的距离而引起的钢板一侧较中部变厚值 Δ_1 为

$$\Delta_1 = \frac{4P}{A^2 K}\Big(a^2 + \frac{B}{2}a\Big) \qquad (17\text{-}10)$$

式中 P——轧制压力，kN；

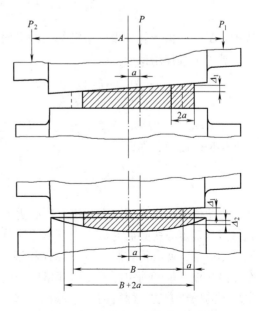

图 17-1 钢板由中心线偏移时的情况

B，a——钢板宽度及钢板由轧制中心线偏移的距离，mm；

$\qquad A$——两压下螺丝轴线之间的距离，mm；

$\qquad K$——轧机刚度（不包括轧辊刚度），kN/mm。

由轧制原理可知，压下率增大，将使金属出辊速度增加而入辊速度减小。既然钢板两边的压下量不相等，则压下较大的一边出辊速度较大而进辊速度较小，使带钢形成镰刀弯，向着压下较小的那边继续偏移。由此可见，在十分平直的辊缝中轧制时，因钢板偶然偏移而产生的这种轧辊倾斜在轧制过程中具有自动扩大的趋势，因而使轧件难以稳定，很易发生跑偏甚至刮框等事故，破坏轧制过程的正常进行。

为了轧制时能使轧件稳定于轧制中心线而不产生偏移，亦即当略有偏移时具有自动定心的力量，使小的偶然偏移不向着扩大而向着缩小的方向发展，必须使轧制时辊缝的形状亦即钢板断面的形状呈凸透镜形状，也就是要使实际辊面形状呈凹形。为使钢板有一定的自动定心力量，轧辊究竟应该具有多大的凹度才合适？为解决此问题，我们假定两个轧辊的凹度合并到一个轧辊上而使另一轧辊呈圆柱形。如图 17-1 所示，钢板在凹形轧辊内横向移动一个 a 的距离，将使钢板在偏移那一边的压下率增加，亦即使其厚度减小，而另一边则相反。这个作用正好与上述由于偏移引起轧辊倾斜，而使钢板那一边的压下率减小、厚度增大的作用完全相反。显然只有在这两种作用的影响能够互相抵消，或者前者比后者大时，才能使钢板具有自动定心的力量。设实际轧制中辊型呈抛物线状，则在轧件宽度中心处的辊型凹度 t 为

$$t = y - y_{\mathrm{t}} - W \qquad (17\text{-}11)$$

式中 $\quad y$，y_{t}，W——分别为工作辊在轧件宽度上的弯曲挠度值、热凸度值及原始辊型凸度值。

因此在 $B + 2a$ 处钢板边部的厚度要比在 B 处的厚度减小 Δ_2 值，即

$$\Delta_2 = (y - y_{\mathrm{t}} - W)\left[\left(\frac{B+2a}{B}\right)^2 - 1\right] \qquad (17\text{-}12)$$

式中 $\quad \Delta_2$——由于轧制辊面呈抛物线凹形而使偏移侧边部变薄的值。

若令两种作用抵消，则

$$\Delta_1 - \Delta_2 = \frac{4Pa(a+B/2)}{A^2 K} - (y - y_{\mathrm{t}} - W)\left[\left(\frac{B+2a}{B}\right)^2 - 1\right] = 0 \qquad (17\text{-}13)$$

令 $a = 0$，即偏移的距离极小时，经变化即可得出为了使轧件能自动定心所必需的最大原始辊型凸度值，亦即

$$\frac{4Pa(a+B/2)}{A^2 K} = (y - y_{\mathrm{t}} - W)\left[\left(\frac{B+2a}{B}\right)^2 - 1\right] \qquad (17\text{-}14)$$

由此便可求出为了产生此挠度所必需的最小轧制压力，再由轧制压力便可确定出为使轧件能自动定心所必需的最小压下量。这就是说，为了使轧件能自动定心，防止跑偏以保证操作稳定，便必须在制定压下规程和辊型设计时，要使轧制时辊缝的实际形状呈凸形，而轧出的板、带断面中部要比边部略厚一些。这是长久以来国内外工厂在实际生产中所经常采用的操作方法，即所谓"中厚法"或"中高法"。由式（17-14）可以推知，这个中厚量，即板凸度至少应该为 ΔH

$$\Delta H \geqslant \frac{PB^2}{KA^2} = \frac{4Pa}{A^2K}\left(a + \frac{B}{2}\right) \qquad (17\text{-}15)$$

由式（17-15）看出，中厚量与轧制压力及钢板宽度成正比，而与机架的刚度及压下螺丝中心线间的距离的平方成反比。这说明，为了提高钢板的厚度精度而又使操作稳便，就必须努力提高轧机的刚度。机架刚度不仅对钢板纵向精度有影响，而且对横向厚度精度有重要影响。

17.1.2.2 提高板形及尺寸精度质量

板、带材轧制的精轧阶段对于保证钢板的性能、表面质量、板形及尺寸精度质量有着极为重要的作用。为了保证板形质量及厚度精度，必须遵守均匀延伸或所谓"板凸度一定"的原则去确定各道次的压下量。

这里应该指出，按"板凸度一定"原则所确定的各道次的板凸量（即中厚量）绝对值是逐道减小的，而按式（17-15）确定的、为保证自动定心所需要的中厚量必须等于或大于一定值（$PB^2/(KA^2)$），因此二者之间往往要出现矛盾。而且上述为自动定心所需的中厚量，主要是针对单块轧制较长的中厚板，前后不带张力，且无导板夹持的自由轧制的情况下求出的，故其值较大。例如在中厚板轧机上轧制宽 2100mm 的钢板，若压下螺丝间距 A 为 3475mm，牌坊刚度 K 为 12000kN/mm，轧制压力 P 为 15000kN 时，中厚量等于 0.46mm。这在厚板一般还算可以，但对于薄板则超出了厚度公差范围，是不能允许的。因此，若不带张力且无导板夹持，要想单张轧出厚度精确且较长的薄板就十分困难。可见上述中厚量的计算不适于薄板轧制过程，也不完全适合于较短轧件单块轧制的情况。

此外，制定板、带轧制规程时，还应注意保证板材组织性能和表面质量。例如有些钢种对终轧温度和压下量有一定要求，都需根据钢种特性和产品技术要求在设计轧制规程时加以考虑。

17.2 压下规程或轧制规程设计（设定）

17.2.1 概述

板、带钢轧制压下规程是板、带轧制制度（规程）最基本的核心内容，直接关系着轧机的产量和产品的质量。压下规程的中心内容就是要确定由一定的板坯轧成所要求的板、带成品的变形制度，亦即要确定所需采用的轧制方法、轧制道次及每道压下量的大小，在操作上就是要确定各道次压下螺丝的升降位置（即辊缝的开度）。与此相关联的，还要涉及各道次的轧制速度、轧制温度及前后张力制度的确定及原料尺寸的合理选择，因而广义地说来，压下规程的制定也应当包括这些内容。

制定压下规程的方法很多，一般可概括为理论方法和经验方法两大类。理论方法就是从充分满足前述制定轧制规程的原则要求出发，按预设的条件通过理论（数学模型）计算或图表方法，以求最佳的轧制规程。这当然是理想的和科学的方法。但是，在实际生产中由于变化的因素太多，特别是温度条件的变化很难预测和控制，故虽事先按理想条件经理论计算确定了压下规程，但在实际中往往并不可能实现。因而在人工操作时就只能按照实际变化的具体情况，凭操作人员的经验随机应变地处理。这就是说，在人工操作的条件下，即使花费很大力气把合理压下规程制定出来了，却也不可能按理想的条件得到实现。

只有在全面计算机控制的现代化轧机上，才有可能根据具体变化的情况，从上述原则和要求出发，对压下规程进行在线理论计算和控制。

由于在人工操作的条件下，理论计算方法比较复杂而用处又不大，故生产中往往参照现有类似轧机行之有效的实际压下规程，亦即根据经验资料进行压下分配及校核计算，这就是所谓经验的方法。这种方法虽然不十分科学，但较为稳妥可靠，且可通过不断校核和修正而达到合理化。因此，这种方法不仅在人工操作的轧机上用得广泛，而且在现代计算机控制的轧机上也经常采用。例如，常用的压下量或压下率分配法、能耗负荷分配法等基本上都是经验方法。应该指出，即使是按经验方法制定出来的压下规程，也和理论的规程一样，由于生产条件的变化和人工控制的误差，很难在实际操作中实现原定规程。

基于上述情况，生产中通常采用原则性与灵活性相结合的方法来处理压下规程问题。这就是：

（1）根据原料、产品和设备条件，按前述制定轧制规程的原则和要求，采用理论或经验的方法制定出一个原则指导性的初步压下规程，或者只从保证设备安全出发，通过计算规定出最大压下率的限制范围，有了这个初步规程或限制范围，就基本上保持了原则性与合理性；

（2）在实际操作中，以此规程或范围为基础，根据当时的实际情况具体灵活掌握，这样就有了适应具体情况的灵活性。没有一个从实际条件出发并根据科学计算而定出的原则性规程或范围，就难以合理地充分发挥设备能力；而没有实际操作中的随机应变，便无法适应生产条件的变化，保证生产的顺利进行。这两方面相辅相成，体现为原则性与灵活性的结合。

在计算机控制的现代化轧机上，自然更便于根据具体情况，从理论原则和要求出发，进行合理轧制规程的在线计算和控制。这就更好地体现了原则性与灵活性的结合。事实上，在计算机控制的情况下也不可能在生产中完全按照最初设定的压下规程进行轧制，而必须根据随时变化的实测参数，对原压下规程进行再整定计算和自适应计算，及时加以修订，这样才能轧制出高精度质量的产品。

通常在板、带生产中制定压下规程的方法和步骤为：

（1）在咬入能力允许的条件下，按经验分配各道次压下量，这包括直接分配各道次绝对压下量或压下率、确定各道次压下量分配率（$\Delta h/(\Sigma \Delta h)$）及确定各道次能耗负荷分配比等各种方法；

（2）制定速度制度，计算轧制时间并确定逐道次轧制温度；

（3）计算轧制压力、轧制力矩及总传动力矩；

（4）校验轧辊等部件的强度和电机功率；

（5）按前述制定轧制规程的原则和要求进行必要的修正和改进。

由于有关轧制压力及力矩等各项计算的原理和方法已在加工原理等课程中讲授过，在此不再重复。下面只通过具体实例进一步阐述在几种典型轧机上常用的几种设计（设定）压下规程或轧制规程的方法。

17.2.2 中、厚板轧机压下规程设计

现代中、厚板轧机多为四辊可逆式轧机，因此这里主要讲述可逆式轧机轧制中、厚板

常用的压下规程设计方法，这种方法同样也适用于热连轧的粗轧机组及其他轧机。

例 1 已知原料规格为 115mm × 1600mm × 2200mm，钢种为 Q235；产品规格为 8mm × 2900mm × 17500mm；开轧温度为 1200℃，横轧时开轧温度为 1120℃；轧机为单机架四辊可逆式，设有大立辊及高压水除鳞；工作辊直径为 $\phi930 \sim 980$mm，支撑辊直径为 $\phi1660 \sim 1800$mm，辊身长度 4200mm，最大允许轧制压力为 4200×10^4N，扭转力矩为 $2 \times 224 \times 10^4$N·m，轧制速度为 $0 \sim 4$m/s，主电机功率为 2×4600kW，试制定其压下规程（计算从横轧开始）。

解：（1）轧制方法：先经立辊侧压一道及纵轧一道，使板坯长度等于钢板宽度，然后转 90°，横轧到底。

（2）采用按经验分配压下量再进行校核及修订的设计方法：先按经验分配各道压下量，排出压下规程如表 17-1 所示。

（3）校核咬入能力：热轧钢板时咬入角一般为 15° ~ 22°，低速咬入可取为 20°，故 $\Delta h_{max} = D(1 - \cos\alpha) = 55$mm，故咬入不成问题（$D$ 取 930mm）。

（4）确定速度制度：中、厚板生产中由于轧件较长，为操作方便，可采用梯形速度图（图 17-2）。根据经验资料取平均加速度 $a = 40$r/(min·s)，平均减速度 $b = 60$r/(min·s)。由于咬入能力很富余，故可采用稳定高速咬入，对 3、4 道，咬入速度取 $n_1 = 20$r/min，对于 5、6、7 道取 $n_1 = 40$r/min，对于 8、9、10 道取 $n_1 = 60$r/min。为减少反转时间，一般采用较低的抛出速度 n_2，例如取 $n_2 = 20$r/min，但对间隙时间长的个别道次可取 $n_2 = n_1$。

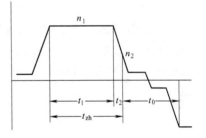

图 17-2 梯形速度图

（5）确定轧制延续时间：如图 17-2 所示，每道轧制延续时间 $t_j = t_{zh} + t_0$，其中 t_0 为间隙时间，t_{zh} 为纯轧时间，$t_{zh} = t_1 + t_2$。设 v_1 为 t_1 时间内的轧制速度，v_2 为 t_2 时间内的平均速度，l_1 及 l_2 为在 t_1 及 t_2 时间内轧过的轧件长度，l 为该道轧后轧件长度，则 $v_1 = \pi D n_1/60$，$v_2 = \pi D(n_1 + n_2)/120$，$t_2 = \dfrac{n_1 - n_2}{b}$，故减速段长 $l_2 = t_2 v_2$，而 $t_1 = (l - l_2)/v_1 = (l - t_2 v_2)/v_1$。$D$ 取平均值。

对于 3、4 道，取 $n_1 = 20 = n_2$（因轧件短），即 $t_2 = 0$，故 $t_{zh} = t_1 = \dfrac{l}{v_1} = 2.17$s 及 3.1s。

对于 5、6、7 道取 $n_1 = 40$，$n_2 = 20$；对 8、9、10 道取 $n_1 = 60$，$n_2 = 20$，分别算出结果。

再确定间隙时间 t_0：根据经验资料在四辊轧机上往返轧制中，不用推床定心时（$l < 3.5$m），取 $t_0 = 2.5$s，若需定心，则当 $l \leqslant 8$m 时，取 $t_0 = 6$s，当 $l > 8$m 时，取 $t_0 = 4$s。

已知 t_{zh} 及 t_0，则轧制延续时间便可求出。

（6）轧制温度的确定：为了确定各道轧制温度，必须求出逐道的温度降。高温时轧件温度降可以按辐射散热计算，而认为对流和传导所散失的热量大致可与变形功所转化的热量相抵消。由于辐射散热所引起的热轧板、带温度降，可用以下公式近似计算：

$$\Delta t = 12.9 \frac{Z}{h} \left(\frac{T_1}{1000} \right)^4 \tag{17-16}$$

有时为简化计算，也可采用以下经验公式

$$\Delta t = \frac{t_1^0 - 400}{16} \times \frac{Z}{h_1} \tag{17-17}$$

式中　t_1^0, h_1——分别为前一道轧制温度（℃）与轧出厚度，mm；

　　　　Z——辐射时间，即该道的轧制延续时间 t_j，$Z = t_j$；

　　　　T_1——前一道的绝对温度，K。

由于轧件头部和尾部温度降不同，为设备安全着想，确定各道温度降时，应以尾部为准。现按式（17-16）计算逐道温度降。例如第 3 道（横轧第 1 道），已知横轧开轧温度为1120℃，则第 3 道尾部温度为

$$t_3^{0'} = t_3^0 - \Delta t_3 = 1120 - 12.9 \frac{Z}{h} \left(\frac{T_1}{1000} \right)^4$$

$$= 1120 - 12.9 \times \frac{2.17}{90} \times \left(\frac{1120 + 273}{1000} \right)^4 = 1119℃$$

（7）计算各道的变形程度：由加工原理可知，若按图 17-3 所示的变形抗力曲线查找变形抗力时，需先求出各道的压下率（$\Delta h/H\%$），例如第 3、4 道的压下率分别为 28% 和30.5%（按已分配的各道压下量）。

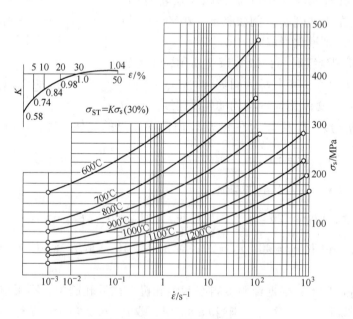

图 17-3　变形抗力曲线（Q235）

（8）计算各道的平均变形速度 $\bar{\varepsilon}$：可用下式计算平均变形速度

$$\bar{\varepsilon} = 2v \sqrt{\Delta h / R} / (H + h) \tag{17-18}$$

式中　R, v——轧辊半径及线速度。

例如第 3 道，轧制速度 $v = \pi Dn/60 = \pi \times 980 \times 20/60 = 1000\text{mm/s}$，故

$$\bar{\varepsilon} = \frac{2 \times 10^3}{90 + 65} \times \sqrt{\frac{25}{490}} \approx 3\text{s}^{-1}$$

（9）求各道的变形抗力：按图 17-3，由各道相应的变形速度及轧制温度即可查找出 30% 压下率时钢的变形抗力，再经换算成该道实际压下率时的变形抗力。例如第 3 道由 $\bar{\varepsilon} = 3\text{s}^{-1}$ 及 $t = 1119℃$，查出 30% 压下率时的变形抗力为 $8.2 \times 10^7\text{Pa}$，再由图 17-3 左上角的辅助曲线查得该道压下率为 28% 时的变形程度修正系数 $K \approx 1$，故可求出该道变形抗力为 $8.2 \times 10^7\text{Pa}$。

（10）计算各道的平均单位压力 $\bar{p}$：根据中、厚板轧制的情况，当 $l/h > 1$ 时，可按斋藤公式取应力状态影响系数 $n'_\sigma = 0.785 + 0.25 l/\bar{h}$，其中 $\bar{h}$ 为变形区轧件平均厚度，l 为变形区长度，单位压力大（$> 20 \times 10^7\text{Pa}$）时应考虑轧辊弹性压扁的影响，由于轧制中厚板时 $\bar{p}$ 一般在此值以下，故可不计压扁影响，此时变形区长度 $l = \sqrt{R\Delta h}$，例如第 3 道 $l = \sqrt{490 \times 25} = 111\text{mm}$，则

$$\bar{p}_3 = 1.15\sigma_s n'_\sigma = 1.15\sigma_s \left(0.785 + 0.25 \frac{l}{h}\right) = 1054 \times 10^5\text{Pa}$$

（11）计算各道总压力：各道总压力按下式计算

$$P = Bl\bar{p} = 2900 \times 111 \times 105.4 = 346 \times 10^5\text{N} \tag{17-19}$$

（12）计算传动力矩：轧制力矩按下式计算

$$M_z = 2P\psi \sqrt{R_1\Delta h} \tag{17-20}$$

式中　ψ——合力作用点位置系数（或力臂系数），中厚板一般 ψ 取为 $0.4 \sim 0.5$，粗轧道次 ψ 取大值，随轧件变薄则 ψ 取小值。

传动工作辊所需要的静力矩，除轧制力矩以外，还有附加摩擦力矩 M_m，它由以下两部分组成，即 $M_m = M_{m1} + M_{m2}$，其中 M_{m1} 在本四辊轧机可近似由下式计算：

$$M_{m1} = Pfd_z\left(\frac{D_g}{D_z}\right) \tag{17-21}$$

式中　f——支撑辊轴承的摩擦系数，取 $f = 0.005$；

　d_z——支撑辊辊颈直径，$d_z = 1300\text{mm}$；

D_g，D_z——工作辊及支撑辊直径，$D_g = 980\text{mm}$，$D_z = 1800\text{mm}$。

代入后，可求得　　　　　　　　$M_{m1} = 0.00354P$

M_{m2} 可由下式计算

$$M_{m2} = \left(\frac{1}{\eta} - 1\right)(M_z + M_{m1}) \tag{17-22}$$

式中　η——传动效率系数，本轧机无减速机及齿轮座，但接轴倾角 $\alpha \geqslant 3°$，故可取 $\eta = 0.94$，故得 $M_{m2} = 0.06(M_z + M_{m1})$。

故　　　　　　　$M_m = M_{m1} + M_{m2} = 0.06M_z + 0.00375P$

轧机的空转力矩（M_K）根据实际资料可取为电机额定力矩的 3% ~ 6%，即

$$M_K = (0.03 \sim 0.06) \times \frac{0.975 \times 2 \times 4600}{40} = (6.7 \sim 13.5) \times 10^4 \text{N} \cdot \text{m}$$

取 $M_K = 10^5 \text{N} \cdot \text{m}$。

由于采用稳定速度咬入，即咬钢后并不加速，故计算传动力矩时忽略电机轴上的动力矩。因此电机轴上的总传动力矩为：

$$M = M_z + M_m + M_K = 1.06 M_z + 0.00375 P + M_K \tag{17-23}$$

例如，第 3 道（取 $\psi = 0.5$）总力矩为：

$$M_3 = 1.06 \times 0.111 \times 3460 \times 10^4 + 0.00375 \times 3460 \times 10^4 + 10^5 = 43 \times 10^5 \text{N} \cdot \text{m}$$

其余各道计算结果列于表 17-1 中。

表 17-1 中厚板轧制压下规程设计示例（产品规格 3mm×2900mm×1700mm）

道次	轧制方法	机架型式	轧件尺寸/mm			压下量 Δh		轧制速度 /r·min⁻¹		轧制时间 /s	间隙时间 /s	轧制温度 /℃	变形程度 /%	变形速度 /s⁻¹	σ_{sp} /MPa	η 系数	变形区长度 /mm	总压力 /MN	总力矩 /MN·m
			h	b	l	mm	%	稳速	抛出										
0	除鳞	除鳞箱	115	1600	2200	—	—					1200							
1	轧边	立辊	115	1550	2260	50	3.1	20											
2	纵轧	四辊	90	1550	2900	25	21.7	20											
机后转90°开始横轧																			
3	横轧	四辊	65	2900	2150	25	28	20		2.15	2.5	1119	28	3	82	1.14	111	34.60	4.30
4	横轧	四辊	45	2900	3100	20	30.5	20		3.1	2.5	1115	30.5	3.7	88	1.23	99	35.70	3.99
5	横轧	四辊	33	2900	4230	12	27	40		3.1	6	1109	27	8.0	100	1.29	77	33.10	2.93
6	横轧	四辊	23	2900	6070	10	30	40	20	3.0	6	1098	30	10.2	110	1.41	70	36.20	2.92
7	横轧	四辊	16	2900	8724	7	30	60	20	4.3	4	1073	30	12.3	115	1.53	58	34.00	2.32
8	横轧	四辊	12	2900	11632	4	25	60	20	4.1	4	1048	25	19.4	130	1.57	44	30.00	1.61
9	横轧	四辊	9.5	2900	14693	2.5	21	60	20	5.1	4	1016	21	20	140	1.6	35	26.20	1.17
10	横轧	四辊	8	2900	17448	1.5	16	60	20	6.0		974	16	19.5	145	1.55	27	20.20	0.75

根据中、厚板轧制的特点，粗轧阶段的前期道次主要应校核咬入能力及最大扭转力矩的限制条件，而精轧阶段则主要应考虑板形尺寸及性能质量的限制，应使轧制压力逐道减小。由表 17-1 计算结果看来，此规程基本上可作实际操作时的参考。

当采用计算机控制时，压下规程的设定也同样有经验方法和理论方法两种。前者即是按经验分配压下量或负荷率并进行校核计算及修正，其步骤方法与以上所述基本相似，只是最后尚需计算出各道的空载辊缝，以便调定压下螺丝的位置。后者则是从制定规程的原则和要求出发，例如从力矩和板形的限制条件出发，计算出较合理的压下规程及各道次的空载辊缝。如前所述，理论计算方法比较复杂麻烦，只有在计算机控制的现代化轧机上，才有可能按理论方法进行轧制规程的在线计算和控制。近来国外对厚板轧制计算机控制技术及数学模型的研究发展很快。日本鹿岛及和歌山两制铁所的厚板厂研制了"板凸度一定"的压下规程计算方法及数学模型，其基本思路是精轧阶段前期按最大力矩限制条件进行设定计算，中间作过渡缓和处理；并且为了保证板型精度，采用由成品道次向上逆流计算各道次压下量的方式。其基本计算顺序如图 17-4 所示。

日本水岛制铁所厚板厂进一步发展了完全自动化的厚板生产系统，利用计算机控制可以将轧辊的热膨胀和磨损以及轧制过程中的板形凸度等组成控制模型，使板形及厚度达到更高的精度质量。如图 17-5 所示，计算压下规程时，在精轧的板形控制阶段并不一定要遵循"板凸度一定"的原则，而是尽量采用最大压下量，但是轧制压力仍然逐道减小，最终归结到成品板凸度所需要的压力（P_n）。这样在保证板凸度较小的基础上，使生产能力得到较大的提高。

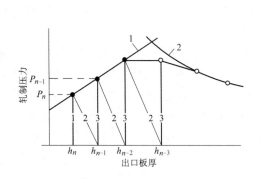

图 17-4　厚板轧制压下规程计算顺序
1—按板凸度一定原则确定 Δh；h_n—成品厚度；
2—按最大力矩限制确定 Δh

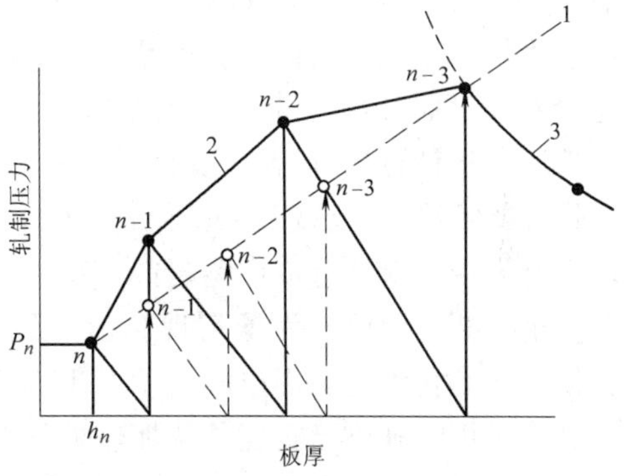

图 17-5　确定厚板轧制压下规程的新方案
1—按板凸度一定原则的 Δh；2—该厂实际压下方案；
3—按最大力矩限制条件的 Δh

17.2.3　热连轧板、带钢轧制规程设定

17.2.3.1　确定连轧机压下规程的一般方法

带钢热连轧机的粗轧机组一般不采用多机连续轧制，其轧制特点和压下规程的制定方法基本上和前述中、厚板者相类似。由于其主要任务只是开坯压缩，将板坯轧成带坯，故质量要求不高，而相对于轧件厚度和压下量来说，轧机的弹跳影响也较少，故其轧制规程的设定计算便可以采用更简单的方法进行。例如，轧制压力的计算往往可以采用单位轧件宽度的轧制压力估算值 $[(1.0 \sim 1.1) \times 10^4 \text{N/mm}]$ 乘以轧件宽度和钢种修正系数的简单办法大致求出，便可基本满足要求。因此本节只着重讲述连轧机组轧制规程设定的一部分主要问题。

连轧机组轧制规程设定的主要内容，是根据来料情况及产品要求确定各架轧机的空载辊缝和空载速度，也就是确定各架轧机的压下制度、速度制度和温度制度。其中主要是各架压下量或轧出厚度的设定。厚度设定之后，才能确定各架的轧制速度。由于各架轧出厚度实际等于空载辊缝值加上轧机的弹跳值，故欲确定各架的空载辊缝值，便必须由实际厚度减去轧机弹跳值。轧机的弹跳值又取决于很多因素，所以对弹跳值的估计很难精确，从而使空载辊缝的正确设定十分困难。在人工操作时对弹跳值只是根据经验来估计，因而只能采用逐步过渡的办法来进行调整，也就是在换辊后，先进行"试轧规格"的轧制。例如，我国某厂一般常用 4.0mm×1050mm 普碳钢作为试轧规格，因为考虑规格厚一些比较

好掌握一点。试轧时根据轧出的实测厚度不断调整修改原设定的辊缝值和速度，使实际厚度接近于额定值（4.0mm）。然后再在此基础上逐步改轧其他规格，改动的幅度一般不能太大，主要取决于工人的操作经验，通常每次板厚变动 ±（0.5～1.0） mm，板宽变动 ±（100～200） mm 左右。改换规格时调整轧机已经不再考虑各架辊缝和速度绝对值大小，而只根据改换规格的幅度考虑各架应作的调整值。这样改换规格后的开始 1～2 块料的成品厚度也还难以达到额定值，但通过调整即可逐步达到要求。达到要求以后对于同一批料，一般由于人工操作来不及调整，故不再作调整，因而人工操作时同批料的各板卷厚度差值就较大，甚至达 0.2mm 以上。人工操作时采用这种逐步过渡的办法，还容易导致各架负荷不均，造成负荷向前面机架或向后面机架积累的现象，从而不仅影响整个机组能力的充分发挥，而且影响带钢的质量。

采用电子计算机进行连轧机轧制规程设定控制，使人工操作时的这些困难问题有可能得到较好的解决。随着连轧机轧制速度的不断提高，人工操作更加困难，连轧机轧制规程设定偶有失误，就会造成堆钢事故，或引起张力过大，严重影响产品质量，使钢带拉薄、拉窄甚至拉断。因此，为了实现高速连轧并达到高产优质的要求，必须采用自动控制系统，提高自动化程度。而电子计算机控制的采用，使轧钢工业的自动化进入一个新的阶段。目前采用计算机已实现了从加热炉到卷取机整个生产过程的综合控制，不仅应用于轧制规程的设定，而且实现了厚度控制、宽度控制、温度控制、节奏控制乃至板形控制。电子计算机的应用不仅加强了对生产过程的实测反馈控制，而且利用数学模型实现了"预控"。因而目前电子计算机控制一般多采用"预控"和"反馈控制"相结合的方式，使控制精度得到显著提高。

连轧机组轧制规程设定是计算机控制的主要功能之一。连轧轧制规程设定的主要任务是根据来料条件（主要是钢坯温度、钢种、带坯厚度及宽度等）和成品要求（主要是厚度和终轧温度）去确定各架轧机的空载辊缝和速度。精轧设定的第一次计算是在粗轧以后根据实际检测结果（厚度、宽度、温度等）和成品规格要求，利用数学模型进行预测计算，以决定各机架的负荷分配、压下规程，算出轧制力，确定各架空载辊缝亦即压下螺丝的位置。此外，还要根据各架出口厚度，计算各架的活套张力及平衡锤的给定值，以进行给定。至于活套位置则已标准化，可根据图表值给定。第二次计算是在带坯到达精轧机入口时，根据从粗轧出口到精轧入口所实际经过的时间，再次利用计算温度降的数学模型算出温度，以进行轧制规程的再整定计算。如果其实际经过的时间与第一次计算所用的标准值出入不大，也可不作第二次计算。第三次当带钢进入精轧第一架和第二架后，利用轧制压力等实测数据进行自适应计算，以进一步修正以后各架的设定值。但带钢头部硬度不能代表整个带坯的硬度，穿带时也可能发生不平衡状态，因而虽然计算机有这种功能，但往往并不采用。最后当带钢通过整个精轧机组以后收集所测得的温度、厚度、压力、速度、电压、电流等各种数据，并将这些数据反馈给计算机作自适应和自校正计算，以改进下一块带钢的设定计算。为了提高计算机控制精度和扩大计算机控制的能力，近年来大力发展"自适应"的方法。自适应的基本思想是利用计算机的快速运算和逻辑判断能力，及时地用实测的反馈信号来检查效果，修正错误，及时校正数学模型，使下一次或下一道次的计算能更正确、更接近实际一些。自适应方法在厚度控制、宽度控制、温度控制等都得到应用，尤其是对轧制力的计算更是十分必要，因为众所周知，影响轧制力的因素太多，使轧制力的计算很难精确，只有根据实测结果反馈以不断校正数学模型，才可能使计算逐步符合实际情况。

连轧机组制定轧制规程的中心问题是合理分配各架的压下量，确定各架实际轧出厚度，亦即是确定各架的压下规程。制定连轧机组压下规程的方法很多，最常用的是利用现场经验资料直接分配各架压下率或厚度以及分配各架能耗负荷两种方法。这些都是经验方法。分配能耗负荷的方法（简称能耗法），实际也只是以分配能耗负荷为手段以达到分配各架压下量、确定各架轧出厚度的目的。连轧机组分配各架压下量的原则，一般也是充分利用高温的有利条件，把压下量尽量集中在前几架。对于薄规格产品，在后几架轧机上为了保证板形、厚度精度及表面质量，压下量逐渐减少。但对于厚规格的产品，后几架压下量也不宜过小，否则对板形不利。在具体分配压下量时，习惯上一般考虑：

（1）第一架可以留有适当余量，即是考虑到带坯厚度的可能波动和可能产生咬入困难等，而使压下量略小于设备允许的最大压下量；

（2）第二、三架要充分利用设备能力，给予尽可能大的压下量；

（3）以后各架逐渐减少压下量，到最末一架一般在 10% ~ 15% 左右，以保证板形、厚度精度及性能质量。连轧机组各架压下率一般分配范围如表 17-2 所示。

表 17-2　连轧机组各架压下率分配范围

机架号数		1	2	3	4	5	6	7
压下率/%	六机架	40 ~ 50	35 ~ 45	30 ~ 40	25 ~ 35	15 ~ 25	10 ~ 15	
	七机架	40 ~ 50	35 ~ 45	30 ~ 40	25 ~ 40	25 ~ 35	20 ~ 28	10 ~ 15

现代连轧机组轧制规程设定最常用的还是"能耗法"。这就是从电机能量（功率）合理消耗观点出发，按经验能耗资料推算出各架压下量。对于轧机强度日益增大，轧制速度日益提高的现代连轧机而言，由于电机功率往往成为提高生产能力的限制因素，采用这种方法是比较合理的。为了便于按能耗资料推算出各架压下量，必须找出能量消耗。即找出功率消耗（或马达电流）与压下量（或轧件厚度）之间的定量关系。这就是所谓单位能耗曲线。这种曲线靠单纯理论推导计算十分复杂而又很难符合实际，故都是根据工厂实测经验资料来建立。在生产条件下，根据实际测得的电压与电流值便可求出轧制时所实际需要的功率，再经过加工整理，绘成所轧规格的能耗曲线。当轧机型式、原料与产品规格及轧制温度与压下制度一定时，轧制功率与轧机的小时产量有关，亦即与轧制速度有关。为便于比较和应用，通常采用单位小时产量的轧制功耗 W，即所谓单位能耗，单位为 kW·h/t，相当于每小时轧制 1t 钢材所消耗的功率或能量。若令轧机每小时产量为 $Q(t)$，功率消耗为 $N(kW·h)$，则

$$W = \frac{N}{Q} = \frac{UI}{Q \times 10^3} \tag{17-24}$$

可见只要实测出电流（I）与电压（U）的数值，便不难求出 W 值。多年来各种轧钢机，尤其是带钢连轧机在轧制各种规格和钢种的钢材生产过程中已做了许多试验，积累了相当丰富的能耗实测资料。为了使试验数据具有通用性，从所测电机功率消耗中扣除了空转功率及电机铁损等非轧制功率，并将其画成曲线或整理成表格，以便于实际应用。我们常见

的能耗曲线形式如图 17-6 所示，其中图（a）常用于初轧机，型钢轧机；图（b）常用于钢板轧机。理论推导可以证明：单位能耗是延伸系数的对数函数。由于延伸系数 $\mu = H_0/h$，当坯厚 H_0 一定时，轧制厚度愈小，即是延伸愈大，所以习惯上用 h 表示横坐标，这样在使用上也比较方便。实际应用这些曲线时，应指出实际上这种曲线对于每套轧机都不可能完全一样，即使情况基本相同的轧机，也会有 10% 或更多一点的差异；并且轧制规程特别是温度规程对能耗的影响很大。例如轧不锈钢时，带钢温度若比标准温度降低 55℃，就会使轧制能耗增大约 25%；降低 166℃，则几乎增加 100%。因此，为便于实际应用，每套轧机最好要积累自己的实验资料，做出自己的单位能耗曲线。

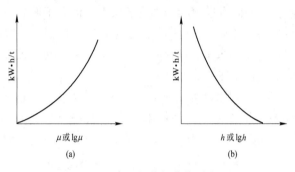

图 17-6 常见的能耗曲线形式

能耗曲线除可以用来制定压下规程以外，还可用以选择轧钢机的电机容量。由式（17-24）可得

$$N = WQ = 3600vbh\gamma W \tag{17-25}$$

式中 v，γ——轧制速度及钢的比重；

b，h——轧件的宽度和厚度。

已知总的单位能耗，便可求得总的电机功率，然后再根据需要分配到各架轧机上去，得到各架轧机的功率。

为了计算方便，有人还力图将能耗曲线数式化（参看参考文献[1]308页），例如我们可以将能耗曲线写成

$$a_i W_\Sigma = A\left[K_1\left(\ln\frac{h_0}{h_i}\right)^2 + K_2\left(\ln\frac{h_0}{h_i}\right) + K_3\right]$$

则得

$$h_i = h_0\exp\frac{K_2 - \sqrt{K_2^2 - 4K_1\left(K_3 - \dfrac{a_i W_\Sigma}{A}\right)}}{2K_1} \tag{17-26}$$

式中 K_1，K_2，K_3——由现场统计所得的系数；

a_i——i 架的累积能耗分配系数或负荷分配比；

W_Σ——总能耗；

A——取决于钢种和轧制温度的系数。

只要根据能耗曲线资料，给出各架的负荷分配比 a_i，即可求出各架的厚度 h_i 值。因此，厚度分配是否合理主要取决于 a_i 的分配是否合理。

用能耗曲线资料进行分配的方法，各厂并不完全一样。常用的负荷分配方法有以下几种。

（1）等功耗分配法。这就是让每架轧机轧制时所消耗的功率相等，因此只要求出轧制该种产品时在连轧机组的总单位能耗，然后除开最后 1~2 架由于考虑板形精度而采用较小的能耗（即较小压下量）以外，将所剩的全部能耗平均分配到其余各架轧机上去，便可求得其余各架轧后厚度。这种方法在冷连轧机组上，当各架电动机容量相等时，也可用作初分配的方法。

（2）等相对功率分配法。假如连轧机组各轧机的主电机容量并不相等，则能耗的分配就不能按等功耗原则，而必须按照各架轧机的相对电机容量来进行分配。设连轧机组的总电机功率为 $\sum\limits_{i=1}^{n} N_i$，相应的单位总能耗为 W_Σ，则应分配到各架轧机的能耗应为：

$$W_i = W_\Sigma \frac{N_i}{\sum\limits_{i=1}^{n} N_i}$$

这样，对于各架轧机的电动机来说，实际就是等相对负荷分配原则。而当各架电机容量相等时，实际就是等功耗的原则。

（3）按负荷分配系数或负荷分配比进行分配的方法。这也是根据生产实践的能耗经验资料总结归纳出来的比较实用和可靠的方法，在生产中经常被采用。这里负荷分配比是指累积负荷分配比，但有时也指单道的负荷分配比，在电子计算机控制的现代化轧机上，按各类规格品种的产品制定有标准负荷分配表，例如，表 17-3 为某厂轧制厚度 1.8~2.3mm，宽度 900~1200mm 的普碳带钢的标准负荷分配比，根据这些负荷分配比，即可求出各架的轧后厚度和压下量。

表 17-3 标准负荷分配比举例

各机架号	1	2	3	4	5	6	7
累积 a_i/%	14	28	46	64	78	90	100
单道 a_i'/%	14	14	18	18	14	12	10

17.2.3.2 热连轧机组轧制规程设定计算的一般过程和步骤（以 7 架连轧机为例）

（1）输入给定数据。带坯的厚度或宽度由粗轧最后一架 R_4 后面的 γ 射线测厚仪及光电测宽仪测得。出 R_4 轧机后亦即进入连轧机组前的带坯目标厚度，一般可根据成品厚度由规定表格查出，例如，某厂规定为：

成品厚度/mm	约 3.59	3.6~5.99	6~9.99	10~12.7
带坯厚度/mm	32	34	36	38

尚需确定精轧开轧温度：带坯经粗轧末架 R_4 后测得出口温度，然后根据带坯厚度和由粗轧末架到精轧机所需时间，利用在空冷区间辐射散热的理论模型计算出带坯头部到达精轧机入口时的温度预测值。等到带坯运送到飞剪前面，再经测温以进行校正。成品厚度、终轧温度等根据技术要求皆有一定目标值作为输入给定数据。

（2）确定轧制总功率。当精轧温度和钢种已知时，便可利用能耗曲线确定由带坯轧成成品所需要的总轧制功率。例如，如图 17-8 所示，当精轧第一架 F_1 入口带坯厚度为 30mm，精轧末架 F_7 出口成品厚度为 2.7mm 时，由能耗曲线便可查得所需总功率为 29.8kW·h/t。

（3）负荷分配。得到精轧机组的总功率消耗以后，要具体分配到各机架上去。这可以根据具体设备条件及前述制定规程的原则要求，采用上述负荷分配方法确定出各种产品在各机架上的负荷分配比。例如，轧制上述 2.7mm 厚、1000mm 宽的产品时，便可按标准负荷分配比表进行各机架的负荷分配（表 17-4）。

表 17-4 标准负荷分配比（带坯：$H=30$mm，$h=2.7$mm，$B=1000$mm 低碳钢）

机架号	1	2	3	4	5	6	7
单道负荷分配比/%	14	14	18	17	14	13	10
累积负荷分配比/%	14	28	46	63	77	90	100
累积能耗/kW·h·t^{-1}	4.176	8.35	13.72	18.8	22.97	26.85	29.83
轧出厚度/mm	18.5	12.0	7.5	5.2	3.8	3	2.7
压下量/mm	11.5	6.5	4.5	2.3	1.4	0.8	0.3
压下率/%	38.5	35.5	37.5	31	27	21	10

（4）确定各机架出口厚度。可以根据各机架的负荷分配比，用数学模型计算出各机架的出口厚度。也可由负荷分配比表计算出各机架的累积能耗，据此由图 17-7 及图 17-8 即可查出对应的各机架的轧出厚度，结果列入表 17-4。

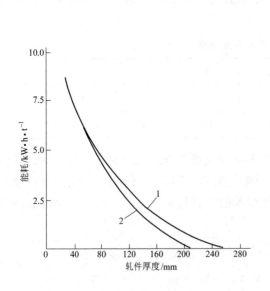

图 17-7 粗轧机能耗曲线

1—低碳钢板坯厚度250mm；2—低合金钢板坯厚度210mm

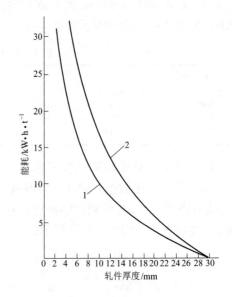

图 17-8 精轧机能耗曲线

1—低碳钢，$h=2.7$mm；2—低合金钢，$h=4.5$mm

（5）确定最末机架 F_7 的出口速度 v_7。末架出口速度的上限受电机能力和带钢轧后的冷却能力限制，并且厚度小于 2mm 的薄带钢在速度太高时，还会在辊道上产生飘浮现象，但速度太低又会降低产量且影响轧制温度，故应尽可能采取较高速度。一般穿带速度依带钢厚度之不同在 4~10m/s 之间。带钢厚度减小，其穿带速度增加；带钢厚度在 4mm 以下时，穿带速度可取 10m/s 左右。穿带速度的设定可有多种方式。

有的工厂按温度模型或其他经验统计公式由所需终轧温度和成品厚度去确定应有的轧制速度。

近年来出现另一种观点，就是末架速度应该在电机能力允许的条件下，根据最大产量来决定。而另为控制终轧温度专门设计了在轧制过程中采用大量冷却水来进行控制的系统。

（6）其他各机架轧制速度的确定。末架轧制速度确定之后，便可利用秒流量相等的原则，根据各架轧出厚度和前滑率，求出各架轧辊速度。前滑率 S 主要为压下率的函数，可以通过理论公式或经验统计公式进行计算。

连轧机各架轧制速度应有较大的调整范围。根据流量方程的一般形式（忽略前滑）

$$h_0 v_0 = h_1 v_1 = h_2 v_2 = \cdots = h_7 v_7 = C$$

可得

$$v_7/v_0 = h_0/h_7 = \mu_\Sigma$$

$$v_0 = v_1 \frac{h_1}{h_0} = v_1 \left(1 - \frac{\Delta h_1}{h_0}\right) = \frac{v_7}{\mu_\Sigma}$$

式中　h_0，v_0——第一架入口轧件厚度及速度；

　　　μ_Σ，C——连轧机组总延伸系数及连轧常数。

则连轧机组的速度范围（v_7/v_1）应为

$$v_7/v_1 = \left(1 - \frac{\Delta h_1}{h_0}\right)\mu_\Sigma \tag{17-27}$$

假设第一架的相对压下量为 30%~40%，则连轧机组的速度范围应该为最大总延伸的 60%~70%。根据国内外资料，7 机架热连轧机组金属最大总延伸可达 25~30，则速度范围约为：

$$v_7/v_1 = (0.6 \sim 0.7)\mu_\Sigma = 15(17.5) \sim 18(21)$$

假定 v_7 最大为 23m/s，则第一架最低出口速度应为 1.54~1.32m/s。当金属总延伸最小时，第一架便具有最大的出口速度。因此连轧机组的最高和最低速度范围是由最大和最小的金属总延伸的工艺要求和电机制造技术的可能条件来确定的。一般直流电动机的调速范围约为 3 左右，根据调速的可能，v_7 最小速度约为 7.6m/s。为了满足不同品种的要求，各架调速范围应力求增大。如图 17-9 所示，c、d 线为总延伸最大和最小的产品所需各架的速度，a、b 线为轧机应具有的最大速度和最小速度，阴影部分为轧机应具有的速度调节范围。由于其形状为锥形，故常称为速度锥。由轧制工艺要求所提出的总延伸及速度范围必须落入此速度范围之内，否则连

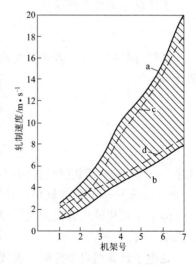

图 17-9　精轧机组各架速度范围

轧过程将无法实行。为了便于调整并考虑最小工作辊径的使用，a、b 线的范围应比 c、d 线的范围大些，即是轧机速度范围要比工作速度范围增大约 8% ~ 10%。此外，轧制试轧规格时的末架速度的选择还要照顾到整个前后品种的调速范围，使换规格时便于调整。速度调整的方法在旧轧机上常采用以机组中间的某一架（例如，第三架）作为基准架，速度不变，其他各架配合基准架进行调速；在现代新建的热连轧机上则允许各机架都可以自由调速，灵活性较大，自然在电气设备投资上要贵一些，因为它要求每架轧机都有自己的变压器，不像前者可以几个机架共用公用母线。

（7）功率校核。各机架轧制速度确定以后，用能耗曲线进行功率校核。各机架所需要的功率（N_i）为

$$N_i = (Q_i - Q_{i-1})V \times 3600 \tag{17-28}$$

式中　$Q_i - Q_{i-1}$——单位能耗，即每轧 1t 钢所消耗的电量，kW·h；

V——金属秒流量，$V = Bh_7 v_7 \gamma$（γ 为钢的密度）。

按此计算的各架所需功率校验各架电机能力是否充分利用或超过负荷。应使计算的 N_i 小于电机额定功率。

（8）轧制压力计算。轧制压力的计算方法基本上与中厚板轧制规程相类似。为了计算平均单位压力，必须计算金属变形抗力和应力状态影响系数，而为了计算金属变形抗力，又必须计算各架轧制温度、变形速度、变形程度，考虑轧辊压扁影响的变形区长度等。计算的内容及方法与中厚板的情况相类似，但有其不同特点。在热连轧及冷轧板、带钢的过程中，由于单位压力较大，故计算轧辊半径时必须考虑压扁的影响。考虑压扁以后的轧辊半径 R' 采用以下公式计算

$$R' = R\left(1 + \frac{2C_0 P}{b\Delta h}\right) \tag{17-29}$$

$$C_0 = 8(1 - \gamma^2)/(\pi E)$$

式中　E，γ——轧辊材料的弹性模数及泊松系数。

则压扁后的变形区长度

$$l = \sqrt{R'\Delta h}$$

在热连轧过程中，若不考虑冷却水影响，各机架轧制温度（t_i）可按以下经验公式近似计算

$$t_i = t_0 - C\left(\frac{h_0}{h_i} - 1\right)$$

$$C = (t_0 - t_n)h_n/(h_0 - h_n)$$

式中　t_0，h_0——精轧前轧件的温度及厚度；

t_n，h_n——轧件终轧温度及厚度。

但由于现代轧机各机架之间设有喷水冷却，故各机架的轧制温度计算必须考虑冷却水的影响。

在电子计算机自动控制的现代化热连轧机上，根据各连轧机的具体情况，通过数理统计方法得出回归系数各自不同的金属变形抗力和应力状态影响因素的各种复杂的数学模

型，用以计算出各道的轧制压力。并在实际轧制过程中，通过第一、二架轧机的实测压力进一步修正这些数学模型，亦即通过自适应计算使轧制压力能得出更加准确的结果。这些都只有在全面计算机控制的条件下才可能实现。例如，金属平均变形抗力 K 可用式（17-30）计算：

$$K = 1.15\sigma_f f_m g_\varepsilon \tag{17-30}$$

$$\sigma_f = \alpha_1 \exp(\alpha_2/T_i - \alpha_4/C + \alpha_3)$$

$$f_m = \frac{\alpha_5}{n}\left(\frac{\varepsilon}{\alpha_6}\right)^n - \alpha_7\left(\frac{\varepsilon}{\alpha_6}\right)$$

$$g_\varepsilon = (\dot\varepsilon/\alpha_8)^m$$

$$m = (\alpha_9 C + \alpha_{10})T_i + (\alpha_{11}C + \alpha_{12})$$

$$n = \alpha_{13} + \alpha_{14}C$$

式中　T_i，ε，$\dot\varepsilon$——该道带钢轧制温度、变形程度及变形速度；

　　　　C——碳当量；

　　$\alpha_1 \sim \alpha_{14}$——系数。

又如在热连轧板带钢时，计算应力状态影响系数 n'_σ 经常采用 Sims 公式的各种简化形式，其中如志田茂公式也可写成

$$n'_\sigma = \alpha_1\sqrt{R/H} + \alpha_2\varepsilon\sqrt{R/H} + \alpha_3\varepsilon + \alpha_4 \tag{17-31}$$

式中　$\alpha_1 \sim \alpha_4$——系数；

　　　R，H——轧辊半径及轧件轧前的厚度。

这些系数对每台轧机都各不相同。可见只有依靠电子计算机才可能准确及时地完成这样复杂的计算。如果在旧式轧机上仍然要由人工计算轧制压力以制定压下规程，则亦可根据热连轧板带的具体特点，采用前述中、厚板轧制所列举的类似方法进行轧制压力的大致计算。

（9）各机架压下位置即空载辊缝值的设定。在轧制过程中，轧机的弹跳反映到钢带上，就是使原来设定的压下量减少，轧出厚度增加，并且由于轧辊弯曲变形，使钢带的板形也产生变化，从而造成轧制规程设定和轧机调整上的困难。由于薄板、带的厚度和轧制时的压下量往往要比弹跳值还小，并且对不均匀的敏感性又很大，所以必须对轧机的弹跳值进行精确的估计，才能轧出符合要求的产品。

由于轧机的弹跳，使轧出的钢板厚度 h 等于原来的空载辊缝再加上弹跳，或者说原来空载辊缝等于轧出带钢厚减去弹跳，亦即由式（16-2）

$$S_0 = h - \frac{P - P_0}{K}$$

根据各架轧出厚度 h 和计算出来的轧制压力 P，并由已知的 P_0 及 K 值，便可求出各架的相当空载辊缝值 S_0。但应该指出，用上式计算空载辊缝的精度不高。为了提高预报精度，实际控制中还需要加进一些修正和补偿，即需要有：1）轧机刚度补偿：由于轧机刚度也依所轧板、带钢的宽度 B 而变化，故实际轧制刚度应等于 $[K - \beta(L - B)]$，其中 L 为辊身

长度，β 为该轧机的宽度修正系数，β 与 K 均可根据实测预先求出；2）油膜厚度补偿：由于在油膜轴承中油膜厚度随轧制速度和轧制压力而变化，即当加速时，油膜变厚，压力增大时则油膜变薄，因此需以调零时的轧辊转速 N_0 和轧制压力 P_0 为基准，用下式对油膜厚度 δ 进行修正

$$\delta = C(\sqrt{N/P} - \sqrt{N_0/P_0})\frac{D}{D_0} \tag{17-32}$$

式中 N, P——实际轧制时轧辊转速及轧制压力；

　　　　D_0, D——标准轧辊直径及实际轧辊直径；

　　　　C——常数。

此外，压下的零位还经常由于轧辊热膨胀和磨损而发生变化，从而影响到带钢的厚度。对于这种变化，可根据每个带卷实测厚度误差，用自学习反馈计算来监视修正。故往往将此修正项称为测厚仪常数项。因此，实际的压下位置设定值应为

$$S_0 = h - \frac{P - P_0}{K - \beta(L - B)} + \delta + G \tag{17-33}$$

式中 δ, G——油膜厚度修正项及测厚仪常数项。

综上所述，带钢热连轧轧制规程设定计算流程框图示意如图 17-10 所示。

应该指出，AGC 厚度控制系统主要用以解决带钢的纵向厚度均匀问题，如果精轧（连轧）机组的轧制规程设定不适当，S_0 过大或过小，使带钢头部厚度与给定值产生较大的偏差，此时若仍按原给定值作为 AGC 系统调整的标准，则将随着压下位置的不断调整，不仅使压下系统的负荷加重，而且将使带钢纵断面变成楔形，使板厚仍不均匀。因此，在实际操作中不得不采用"锁定控制"的方法，即是固定这头部的厚度，将它作为标准值来调整其余部分的厚度。结果使板厚虽然比较均匀，但整个带钢的板厚与要求的额定值的偏差，亦即整带厚度偏差却过大，这也不符合要求。可见要保证整带厚度的偏差合格，只依靠 AGC 系统难以控制，还必须依靠轧制规程的正确设定。过去轧制规程由操作工人根据经验去确定，困难较大。现在可以采用电子计算机来控制，使厚度质量指标大为提高。

实际生产时，首先要确定各机架"开轧规格"的空载辊缝和速度规程。手动操作时一般都用较厚的产品（例如 Q235 的 4mm×1050mm 产品）作为开轧规格再逐渐过渡到所要轧制的产品规格。采用计算机控制后，希望任意产品都可作开轧规格。因

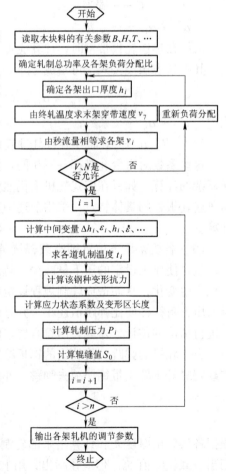

图 17-10　热连轧带钢轧制规程
设定计算流程框图

此可以利用精轧设定的数学分析模型对各种产品的开轧规程进行计算，并和现场实测资料相比较，最终确定其开轧规程（S_0 和 v），存入计算机中，以便以后需要时采用之。当换辊后第一块料由粗轧末架 R_4 出来时以及还在到达精轧入口时，利用带坯温度、宽度及厚度的实测数据，进行如前所述的第一次及第二次设定计算，用存于计算机中的标准规程数据为基础，计算出各架由于来料参数的变动而应有的 S_0 和 v 的调整值。当这块料进入第一、二架轧机后，立刻根据其实测压力和 S_0，与计算结果比较，找出修正轧制力计算公式的自适应系数，及时改正以后各架的计算值。此时应注意到第一、二架实际轧出厚度和原计算所用的厚度有出入，因此应根据实际轧出厚度来重新计算 Δh 和 P，并与实测压力相比较来求出这个修正系数。然后用此修正系数对以后各架辊缝设定进行再计算，并根据再计算结果对原设定值进行校正。最后，当带钢轧成成品，在出第七架（末架）以后，利用精轧出口处的 X 射线测厚仪检查带钢厚度差，根据其实测厚度，并利用各架轧机的实际速度，按秒流量相等原则，推算出各架较精确的轧出厚度，以此来检查辊缝设定的精度（包括由于轧辊热膨胀和磨损而使辊缝飘移所造成误差），而对原设计的辊缝进行自校正。如果带钢在检测区与精轧机之间因故耽误，使停留时间超过规定，则尚需根据温度降落每隔一定时间（例如 5s）作一次再整定计算，直到进入精轧机轧制为止。

17.2.4 冷轧板、带钢轧制规程制定

冷轧板、带钢轧制制度（规程）主要包括压下制度、速度制度、张力制度和辊型制度等。

冷轧板、带钢压下规程的制定还包括原料规格的选择、轧制方案的确定以及各道次的压下量的分配与计算。

冷轧带钢原料厚度的选择，通常要考虑成品板、带钢的质量要求，包括组织性能和表面质量的要求。板、带钢的物理机械性能是从冶炼开始经过轧制，到最终热处理为止的整个生产周期中各个生产环节综合影响的结果。在选择原料厚度时主要考虑的是冷轧总变形程度对性能及组织结构的影响。因为对一定钢种、规格的产品，必须有一定的冷轧总变形程度，才能通过热处理获得所需要的一定的晶粒组织和性能。例如，汽车板必须有30%以上（一般是 50% ~ 70%）的冷轧总压下率，才可以获得合适的晶粒组织和冲压性能。硅钢片等也是一样，都需要一定程度的冷轧变形才能保证其物理性能。为了保证表面质量，也必须有一定的冷轧变形程度相配合。此外，选择原料厚度时，当然还要考虑到轧机的生产能力的提高和热轧原料生产的可能性。从提高冷轧机生产能力着眼，原料薄些好，但这对热轧又不利甚至不可能。故应根据具体情况做出适当的选择。

冷轧带钢的主要特点之一是产生加工硬化，使变形抗力急剧增大而塑性降低。为了能继续进行轧制，便必须通过再结晶退火来降低变形抗力并恢复其塑性。这就带来一个冷轧轧程的确定问题。冷轧轧程的确定主要取决于所轧钢种的软硬特性，原料及成品的厚度、所采用的冷轧工艺方式与工艺制度以及轧机的能力等因素，并且随着工艺和设备的改进与革新，轧程方案也在不断变化。例如，改用润滑性能更好的工艺润滑剂，或采用直径更小的高硬度工作辊都能减少所需的轧程数。又如某些牌号的不锈钢，在采用150 ~ 200℃的温轧工艺时，变形抗力显著降低。还有近来发现采用不对称或异步轧制方式冷轧带钢时，可以使轧制压力和加工硬化大为减小，这些都有利于减少轧制道次和轧程。因此，在确定

冷轧轧程方案时，除了切实考虑已有的设备与工艺条件以外，还应当充分注意研究并挖掘各种提高冷轧效率的手段与可能性。冷轧板带钢许用的最大压下量取决于冷轧摩擦系数 f 值，可由式（17-2）确定出最大压下量。用研磨的轧辊冷轧钢板时，若无润滑，可取 $f = 0.12 \sim 0.15$；轧制速度 $v \geqslant 5m/s$ 时，摩擦系数可按表 17-5 取较小值。轧制有色金属时，摩擦系数比表列数值约大 10% ~ 20%。

表 17-5　冷轧时 f 值与轧制速度的关系

润滑剂	f 值			
	$v < 3m/s$	$v < 10m/s$	$v \leqslant 20m/s$	$v > 20m/s$
乳化液	0.14	0.10 ~ 0.12	—	—
矿物油	0.10 ~ 0.12	0.09 ~ 0.10	0.08	0.06
棕榈油	0.08	0.06	0.05	0.03

至于冷轧各道次或连轧各机架压下量的分配，基本上仍应遵循前述制定轧制规程的一般原则和要求。在第一道次由于后张力太小，而且热轧来料的板形与厚度偏差不均匀，甚至呈现浪形、瓢曲、镰刀弯或楔形断面，致使轧件对中难以保证，给轧制带来一定困难；此外，前几道有时还要受咬入条件的限制。故为了使来料得以均整及使轧制过程稳定，第一道次压下率不宜过大；但也不应过小，并且有的钢种（如硅钢）往往第一道宁可采用大压下量，以防止边部受拉，造成断带。中间各道次（各机架）的压下分配，基本上可以从充分利用轧机能力出发，或按经验资料确定各架压下量。最后 1 ~ 2 架（道）为了保证板形及厚度精度，一般按经验采用较小的压下率。但对于连轧机上轧制较薄的规格，例如，镀锡板，则应使最末两架之间的轧件要尽量厚一些，以免由于张力调厚引起断带，这样末架的压下率就可能增大到 35% ~ 40%。

制定冷轧带钢的轧制规程时，在确定各道（架）的压下制度及相应的速度制度以后，还必须选定各道（架）的张力制度。这也是冷轧带钢轧制规程的另一特点。

在设计冷轧板、带钢轧制规程时应考虑到上述特点。一种常用的压下规程设计法是：

（1）先按经验并考虑到规程设计的一般原则和要求，对各道（架）压下进行分配；

（2）按工艺要求并参考经验资料，选定各机架（道）间的速度和单位张力；

（3）计算轧制压力并校核设备的负荷及各项限制条件，并做出适当修正。

分配各机架的负荷，也可像热连轧带钢一样，采用能耗法，例如，若手头有类似的单位能耗曲线资料，则可直接按上述原则确定各架负荷分配比，算出压下量，其方法与热连轧带钢相类似。但有时不易找到正好合适的能耗资料，也可根据经验采用分配压下系数的表格（表 17-6），令轧制中的总压下量为 $\Sigma \Delta h$，则各道的压下量 Δh_i 为

$$\Delta h_i = b_i \Sigma \Delta h \qquad (17\text{-}34)$$

式中　b_i——压下分配系数。

表 17-6 各种冷连轧机压下分配系数举例

机 架 数	压下分配系数 b_i				
	道次（机架）号				
	1	2	3	4	5
2	0.7	0.3			
3	0.5	0.3	0.2	0	
4	0.4	0.3	0.2	0.1	
5	0.3	0.25	0.25	0.15	0.05

在确定各架压下分配系数，亦即确定各架压下量或轧后厚度的同时，还需根据经验分析选定各机架之间的单位张力。在计算机控制的现代化冷连轧机上，各类产品往往都有事先制定的压下分配系数表及单位张力表，供设定轧制规程之用。各架马达负荷率在选好张力以后，还要利用能耗曲线重新核算，其方法是用所选定的前后张力值代入下式

$$N_i = A_1 v_1 \left[3600\gamma W + (Q_0 - Q_1) \times 10^3 \right] \qquad (17\text{-}35)$$

式中　A_1，v_1——轧出带钢的断面积及速度；

　　γ，W——钢的比重及该架单位能耗；

　　Q_1，Q_0——前、后张力。

计算出各架轧制功率 N_i 以后，再看其与额定功率 N_{0d} 的比值是否合适，应使各架负荷较满并留有裕量。

当各机架马达功率不同时，也可以完全从等马达负荷率出发来初步分配各机架的压下，即为了使各架有相同的负荷率或相同的裕量，可按各架功率大小求出各架的单位能耗（W_i），即

$$W_i = C_i W_\Sigma \qquad (17\text{-}36)$$

$$C_i = \frac{N_{0di}}{\Sigma N_{0d}}$$

式中　W_Σ——轧制该种产品的单位总能耗；

　　ΣN_{0d}——各架额定功率的总和；

　　N_{0di}——第 i 架的额定功率。

得出各架的单位能耗以后，即可按能耗曲线查出各架的出口板厚。

分配好各架的压下量，求出各架的轧制速度，并进行功率校核以后，还要计算轧制力、校核设备强度及咬入等工艺限制条件，并按弹跳方程计算空载辊缝。这些都与热连轧机相似。

冷轧带钢时轧制压力的计算公式已在轧制原理中论述过。对于冷轧板、带钢的压力计算，一般说来，布兰德-福特公式及其简化形式 R. 希尔公式较为符合实际。故计算机控制的现代冷连轧机常用它作为轧制压力模型。但对于手工计算轧制压力的场合，此公式却过于复杂，不便计算。而 M. D. 斯通公式由于可用图解法确定考虑轧辊弹性压扁后的变形区长度，使计算简化，故常为人所乐用。斯通公式在轧制原理中已作详述。在这里不作介绍。

例 2 在 1200mm 四辊可逆式冷轧机上用 1.85mm × 1000mm 的原料轧制成 0.38mm × 1000mm 的带钢卷，钢种为 Q215，轧辊直径为 400/1300mm，最大允许轧制压力 18MN，卷取机最大张力 0.1MN，折卷机张力为 34kN，摩擦系数 f 因第 1 道不喷油，故取 0.08，以后喷乳化液取为 0.05 ~ 0.06。试设计其压下规程。

解 在可逆式轧机上至少要轧制 3 道，故参考经验资料，初步制定压下规程如表 17-7 所示。对此规程，主要只校核计算其轧制压力。

表 17-7 冷轧 0.38mm × 1000mm 带钢压下规程

道次号	H/mm	h/mm	Δh/mm	ε/%	轧速/m·s^{-1}	前张力/kN	后张力/kN	$\bar{p}$/MPa	总压力/kN
1	1.85	1.00	0.85	46	2.0	80	30	810	12200
2	1.00	0.50	0.50	50	5.0	50	80	1120	14100
3	0.50	0.38	0.12	24	3.0	30	50	1400	12300

Q215 钢种的加工硬化曲线如图 17-11 所示。

第一道 由退火原料开始轧制，压下量 $\Delta h = 0.85$mm，冷轧总压下率为 46%。求平均总压下率 $\Sigma\bar{\varepsilon}$：

$$\Sigma\bar{\varepsilon} = 0.4\varepsilon_0 + 0.6\varepsilon_1 = 0.6 \times 46\% = 28\%$$

由图 17-11 查出对应于 $\Sigma\bar{\varepsilon} = 28\%$ 的 $\sigma_{0.2} = 480$MPa。

求平均单位张力：由前张应力 $Q_1 = 80$MPa 及后张应力 $Q_0 = 16$MPa，得：

$$\bar{Q} = (80 + 16)/2 = 48\text{MPa}$$

故

$$1.15\bar{\sigma}_s - \bar{Q} = 1.15 \times 480 - 48 = 515\text{MPa}$$

计算

$$l = \sqrt{R\Delta h} = \sqrt{200 \times 0.85} = 13\text{mm}$$

计算

$$fl/\bar{h} = 0.08 \times 13/1.43 = 0.73$$

故

$$(fl/\bar{h})^2 = 0.73^2 = 0.53$$

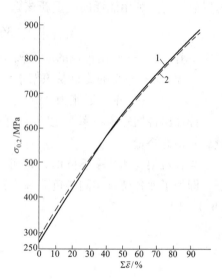

图 17-11 Q215 加工硬化曲线
1—纵向；2—横向

计算图 5-23 的第二个参数 $2af(1.15\bar{\sigma}_s - \bar{Q})/\bar{h}$，求出 $a = 0.022$，则得 $2af(1.15\bar{\sigma}_s - \bar{Q})/\bar{h} = 0.128$。

由图 5-23 查出 $\qquad\qquad x = fl'/h = 0.84$

由表 5-1 查出 $\qquad\qquad (e^x - 1)/x = 1.567$

故平均单位压力 $\qquad\qquad \bar{p} = 1.567 \times (1.15\sigma_s - \bar{Q}) = 810$MPa

由 $fl'/h = 0.84$ 可求出 $\qquad\qquad l' = 15$mm。

故得第 1 道总压力 $\qquad\qquad P_1 = Bl'\bar{p} = 12.2$MN

第 2 道 入口总压下率为 46%，出口总压下率为 73%；$\Delta h = 0.5$mm，平均总压下率为 62%；对应于 $\Sigma\bar{\varepsilon} = 62\%$ 的 $\sigma_{0.2} = 700$MPa。

前张应力 $Q_1 = 100$MPa，后张应力 $Q_0 = 80$MPa，故得 $\bar{Q} = 90$MPa。

由 $\sqrt{R\Delta h} = l = 10$mm，故 $fl/\bar{h} = 0.66$，则 $(fl/\bar{h})^2 = 0.43$。

由 $a = 2.2 \times 10^{-2}$，$f = 0.05$ 及 $\bar{h} = 0.75$mm，可求出 $2af(1.15\sigma_s - \bar{Q})/\bar{h} = 0.21$。

由图 5-23 查出 $x = \dfrac{fl'}{\overline{h}} = 0.84$，则 $l' = 12.6\text{mm}$。

由表 5-1 查出

$$\frac{\mathrm{e}^x - 1}{x} = 1.567$$

故得

$$\overline{p} = 1.567 \times (1.15\sigma_\text{s} - \overline{Q}) = 1120\text{MPa}$$

则总压力

$$P_2 = Bl'\overline{p} = 14.1\text{MN}$$

第 3 道计算类推。计算结果列于表 17-7 中。由压力分布情况来看，此规程可行。

第四篇练习题

4-1　推动板、带轧制方法与轧机型式演变的主要矛盾为何？

4-2　现代板、带热连轧生产中出现的新技术主要有哪些？

4-3　板、带平直度（板形）控制方法主要有哪些？板形控制系统是如何构成的？

4-4　已知 Q235 的板坯规格为 150mm × 1400mm × 2500mm，产品规格为 12mm × 3000mm × 14500mm，其他生产设备工艺条件与 17.2.2 节中的例 1 相同，试制定其压下规程。

4-5　中、厚板轧制过程分哪几个阶段？粗轧阶段有哪几种轧制方法，各适用于何种情况？

4-6　热带连轧机的粗轧机组有哪几种布置形式？各有何特点？我国近代以何种形式为主？

4-7　冷轧板带生产的主要工艺特点是什么？为何必须采用工艺冷润和大张力轧制？

4-8　板带轧制时厚度波动的原因有哪些？试用弹塑性曲线分析厚度调整过程。

4-9　轧辊缝形状与哪些因素有关？怎样控制辊型？

4-10　板形与横向厚差有何关系？怎样才能保证良好的板形？

第五篇

管材生产工艺和理论

管材的用途涉及所有的工业部门，所以各国对它的生产和发展都十分重视，各主要工业国家的钢管产量，一般约占钢材总产量的 10% ~ 15%，我国约占 8% ~ 10%。

管材生产基本上有两大类：一类为无缝管，无缝钢管以轧制方法生产为主，高合金钢种用挤压方式生产，有色金属无缝管以挤压方法生产为主；另一类为焊接管，这种管材生产的连续性强，效率高，成本低，单位产品的投资少，加之带材生产迅速发展，使得它在管材产量中的比重不断增长。目前，焊接钢管在各主要工业国家占钢管总产量的 50% ~ 70%，我国的焊接钢管比重约为 55%。随着焊接钢管的质量不断改善，现在已经不只是用于一般的输送管道，而且已用做锅炉管、石油管，并部分地取代了无缝钢管。

钢管根据不同用途，大致可分为以下几类：

(1) 配管：配管就是输送管，用来输送流体和一些固体，包括石油、天然气、水煤气输送管；以及煤炭、矿石、粮食的输送管体等；

(2) 结构管：结构管用来制作各种机器零件以及构筑物架体，包括自行车管、管桩、各种结构件用管和轴承管等；

(3) 石油管：石油管是指石油、天然气的钻采用管，包括钻杆、套管、油管等；

(4) 热交换用管：这种管道通过管壁进行热交换，包括锅炉管、热交换器用管等；

(5) 其他：其他用途包括电缆管、高压容器用管等。

目前无缝钢管主要用做石油管、锅炉管、热交换管、轴承管以及一部分高压输送管道等。

表 1、表 2 是现在热轧无缝钢管和焊接钢管的产品规格范围。

表 1   热轧无缝钢管的产品规格范围

机 组 名 称	产品规格范围		
	外径/mm	壁厚/mm	轧管机后的最大长度/m
自动轧管机组	$\phi 27 \sim 406$	3.2 ~ 40.5	10 ~ 16
周期轧管机组	$\phi 50 \sim 660$	2.25 ~ 80.0	16 ~ 28
浮动芯棒连轧机	$\phi 25 \sim 168$	2.0 ~ 23.0	约 20

续表1

机组名称	产品规格范围		
	外径/mm	壁厚/mm	轧管机后的最大长度/m
限动芯棒连轧机	$\phi48 \sim 340$	$3.0 \sim 25.0$	$20 \sim 40$
三辊斜轧轧管机	$\phi51 \sim 240$	$10.0 \sim 50.0$	约 15
	$\phi17 \sim 219$	$2.5 \sim 11.0$	$14 \sim 16$
顶管机组	$\phi210 \sim 1070$	$27 \sim 200$	约 9

表2　焊接钢管的产品规格范围

焊接法		成型法	产品规格范围	
			外径/mm	壁厚/mm
炉焊		连续辊式成型机	$21.7 \sim 114.3$	$1.9 \sim 8.6$
直缝连续高频电阻、感应焊		连续辊式成型机	$12.7 \sim 508.0$	$0.8 \sim 14.0$
电弧焊	埋弧焊接	直焊缝　连续排辊式成型机	$400 \sim 1200$	$6.0 \sim 22.2$
		辊式弯板机	$300 \sim 4000$	$4.5 \sim 25.4$
		UO 压力成型机	$400 \sim 1625$	$6.0 \sim 40.0$
		螺旋成型机	$300 \sim 3660$	$3.2 \sim 25.4$
	惰性气体保护电弧焊	TIG　连续辊式成型机	$10.0 \sim 114.3$	$0.5 \sim 3.2$
		MIG　压力成型机　辊式弯板机	$50 \sim 4000$	$2.0 \sim 25.4$

注：TIG 为惰性气体保护钨极的电弧焊接法；MIG 为惰性气体保护金属极的电弧焊接法。

随着工业技术的发展，钢管品种发展的总趋势是：高强韧性、对多种腐蚀性物质的高抗耐性，对高温强度和低温韧性也日益广泛地提出了更高的要求。这些因素正促使着管坯化学成分不断变化，冶炼、加工工艺不断地发展。为了提高钢管的强韧性，现在从炼钢起就采取了一系列措施，包括严格控制炼钢原、辅材料质量、脱硫、真空脱气、添加稀土金属和 Ca 等，使钢中的 MnS 变成对韧性没有恶劣影响的球状体。为了提高管材的强度，降低低温脆性转变温度，多在钢中添加铌、钒等元素，并在焊管坯、无缝管生产加工过程中，广泛采用了控制轧制方法。

由于冶炼技术的提高，连铸管坯已在无缝钢管生产中广泛使用，现在各主要工业国家无缝钢管生产中几乎100%使用连铸管坯。另外，薄板坯连铸技术的开发研究，也为降低焊管坯成本开辟了新的途径。

冷加工是获得高精度、高表面光洁度、高性能管材的重要方法，包括有冷轧、冷拔、冷张力减径和冷旋压等。就几个主要工业国家来说，每年冷加工钢管量约占钢管总产量的5%～10%，近年来还有增长的趋势，焊管冷加工增长尤快。

表3是目前冷加工钢管的规格范围。

表3 冷加工钢管的产品规格范围

冷加工方法	钢管产品的规格范围				
	最大外径/mm	最小外径/mm	最大壁厚/mm	最小壁厚/mm	外径/壁厚
冷 轧	450	4.0	60.0	0.040	60~250
冷 拔	765	0.2	20.0	0.001	2.1~2000
冷旋压	3000	20.0	38.1	0.040	>2000

管材冷加工的发展情况各国很不一致，大多数欧美工业国家以冷拔为主，如英国、日本冷轧钢管还不足冷加工钢管的25%。苏联半数以上是冷轧方法生产的。美国基本上两者并重。我国就全国范围来说是以冷拔为主。

18 热轧无缝管材的主要加工形式和基本工艺过程

热轧无缝管的加工过程基本可分为三步。

（1）穿孔。穿孔是将实心管坯制作成空心毛管。毛管的内外表面质量和壁厚均匀性，都将直接影响到成品质量的好坏。所以根据产品技术条件要求，考虑可能的供坯情况，正确选用穿孔方法是重要的一环。

（2）轧管。轧管是将穿孔后的毛管壁厚轧薄，达到成品管所要求的热尺寸和均匀性。轧管是制管的主要延伸工序，它的选型，它与穿孔工序之间变形量的合理匹配，是决定机组产品质量、产量和技术经济指标好坏的关键。所以，目前机组皆以选用的轧管机型式命名，以其设计生产的最大产品规格表示其大小。

（3）定（减）径。定径是毛管的最后精轧工序，使毛管获得成品管要求的外径热尺寸和精度。减径是将大管径缩减到要求的规格尺寸和精度，也是最后的精轧工序。为使在减径的同时进行减壁，可令其在前后张力的作用下进行减径，即张力减径。

另外，400mm外径以上钢管，设有扩径机组，扩径有斜轧和顶、拔管方式。

18.1 穿孔方法

18.1.1 斜轧穿孔

自1885年发明二辊斜轧穿孔机以来，至今仍不失为穿孔的主要方法之一。其工作运动情况如图18-1所示。

这种穿孔方法的优点是对心性好，毛管壁厚较均匀；一次延伸系数在1.25~4.5，可以直接从实心圆坯穿成较薄的毛管。问题是这种加工方法变形复杂，容易在毛管内外表面产生和扩大缺陷，所以对管坯质量要求较高，一般皆采用锻、轧坯。由于对钢管表面质量

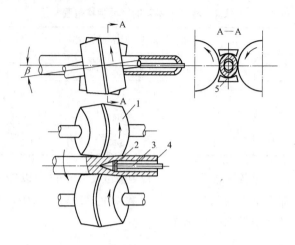

图 18-1　二辊斜轧穿孔工作运动示意图
1—轧辊；2—顶头；3—顶杆；4—轧件；5—导板

要求的不断提高，合金钢比重的不断增长，尤其是连铸圆坯的推广使用，现在这种送进角小于 13°的二辊斜轧机，已不能满足无缝钢管生产在生产率和质量上的要求，因而新结构的斜轧穿孔机相继出现，这其中有三辊斜轧穿孔机、主动导盘大送进角二辊斜轧穿孔机等。前者因只能穿制外径与壁厚之比小于 10 的厚管，限制了自己的推广，后者目前则发展较快。

主动旋转导盘大送进角二辊斜轧穿孔机 1972 年始见于德国，送进角 18°左右，导板被两主动旋转导盘所替代，导盘的切线速度在变形区压缩带比轧辊切线速度在轧制轴线上的分量大 20% ~ 25%。孔喉椭圆度可调近 1.0，这样使最大延伸系数达到 5.0，轴向金属滑动系数增加，毛管内外表面质量大为改善，从而提高了生产率，降低了单位能耗。新设计的这类轧机，机后第一组定心辊设在出口牌坊上，缩短与穿孔机中心的距离，以增强顶杆的稳定性，改善毛管壁厚均匀性。顶杆采用线外循环冷却，在机架出口，向一侧循环运送冷却，冷却后送回穿孔轧制线，由于是线外脱出穿孔毛管送往下道工序，避免了顶杆小车的往复运动，缩短穿孔周期，提高了效率。

20 世纪 80 年代又在上述结构特点的基础上，出现了主动旋转导盘、大送进角的菌式二辊斜轧穿孔机，如图 18-2 所示。轧辊为锥形，轧辊轴线与轧制线间除了有 18°左右的送进角 β 外，还有一个 15°左右的辗轧角 γ。这样不仅使穿孔轴向滑动系数达到了 0.9，而且改善了斜轧穿孔的变形，降低变形过程中的切向剪切应力，抑制旋转横锻效应，改善了毛管内外表面质量，使得许多难穿的高合金钢管坯都可以在这种轧机上顺

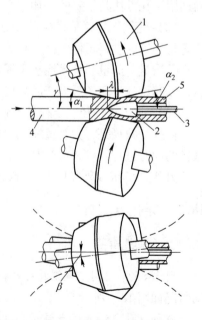

图 18-2　菌式二辊斜轧穿孔机工作示意图
1—轧辊；2—顶头；3—顶杆；
4—管坯；5—毛管

利轧制。该类型穿孔机最大延伸系数可达6.0,在变形量的分配上,可承担较大变形,从而减少了轧管机的变形,穿孔扩径量达到30%~40%,这就可以减少管坯规格,简化管理。

18.1.2 压力挤孔

图18-3为压力挤孔操作过程示意图,1891年问世,它是将方形或多边形钢锭放在挤压缸中,挤成中空杯体,延伸系数为1.0~1.1,穿孔比(空心坯长度与内径比)为8~12。

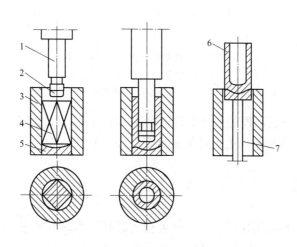

图18-3 压力挤孔操作示意图

1—挤压杆;2—挤压头;3—挤压模;4—方锭;5—模底;6—穿孔坯;7—推出杆

与二辊斜轧相比,这种加工方法的坯料中心处于不等轴全向压应力状态,外表面承受着较大的径向压力,因内、外表面在加工过程中不会产生缺陷,对来料没有苛刻要求,可用于钢锭、连铸方坯和低塑性材料的穿孔。此法加工主要是中心变形,特别有利于钢锭中心的粗大疏松组织致密化,虽然最大延伸只有1.1,但中心部分的变形效果相当于外部加工效果的五倍。主要缺点是生产率低,偏心率较大。

18.2 轧管方法

目前轧管的方法很多,各有特点和适用条件,现将几种主要轧制方法简介如下。

18.2.1 自动轧管机

自动轧管机是1903年由R.C.斯蒂菲尔发明,过去一直作为各国无缝钢管生产的主要方法,它能生产外径在400mm以下的中小直径钢管。操作过程见图18-4,钢管在轧机上一般轧制两道,变形集中在第一道,第二道用于消除上道孔型开口处管的偏厚量,所以第二道轧制前毛管需翻90°。两次总延伸系数不大于2.3。

自动轧管机的主要优点是:机组全部采用短芯头,生产中换规格时安装调整方便,易掌握,生产的品种规格范围广。缺点是:轧管机延伸率低,只能配以允许延伸较大的穿孔机;轧管孔型开口处毛管沿纵向的壁较厚,其后必须配以斜轧均整机;轧制管体长度受到

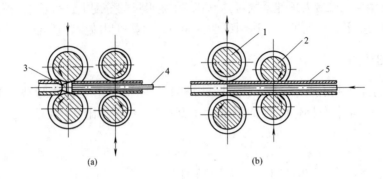

图 18-4   自动轧管机操作示意图

（a）轧制情况；（b）回送情况

1—轧辊；2—回送辊；3—芯头；4—顶杆；5—轧制毛管

顶杆的限制；突出的问题是短芯头轧制管体内表面质量差，尺寸精度差，辅助操作的间隙时间长，占整个周期的 60% 以上。这类轧机现已停止发展。

18.2.2   连续轧管机

1932 年张力减径机在美国问世后，随着张力减径技术的不断完善和电气控制技术的发展，连续轧管机首先在小型机组中迅速发展起来。现在连续轧管机只生产一两种规格的毛管，由张力减径机完成全部产品规格的生产，从而大幅度减少了连续轧管机的工具储备量。

图 18-5 为连续轧管机轧制过程示意图，连轧管的最大延伸系数可达 5.0，机架数 7~9 架，后部均设有张力减径机。它的主要优点是：长芯棒轧制，钢管内表面质量好；便于机械化、自动化生产，效率高；不要求大延伸穿孔，可降低对管坯塑性的要求。第一代钢管连轧机的芯棒随轧件运行，称为全浮动芯棒连续轧管机，它的主要缺点是芯棒长而重，生产时一般 12 根一组循环使用，所能生产的钢管的最大外径为 φ177.8mm，所以早期只能在小型机组中推广采用。另外壁厚均匀性无论是横剖面上还是纵向都很不理想。为克服这一缺点及扩大产品规格范围，1978 年限动芯棒连续轧管机在意大利正式投产，其轧制过程如

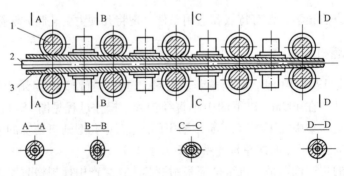

图 18-5   连续轧管机轧制过程示意图

1—轧辊；2—浮动芯棒；3—毛管

图 18-6 所示。限动芯棒就是轧制时芯棒自己以规定速度控制运行，它的操作过程如下：穿孔毛管送至连轧管机前台后，将涂好润滑剂的芯棒快速插入毛管，再穿过连轧机组直至芯棒前端达到成品前机架中心线，然后推入毛管轧制，芯棒按规定恒速运行。毛管轧出成品机架后，直接进入与它相连的三机架定径机脱管，当毛管尾端一离开成品机架，芯棒即快速返回前台，更换芯棒准备下一周期轧制。生产时只需四五根芯棒为一组循环使用。

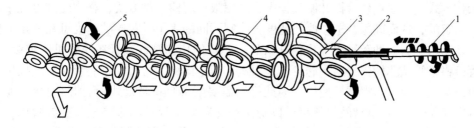

图 18-6 限动芯棒连续轧管轧制过程示意图

1—限动装置齿条；2—芯棒；3—毛管；4—连续轧管机；5—三机架脱管定径机

与全浮动芯棒连轧管机相比它具有以下优点：

（1）缩短了芯棒长度和同时运转的芯棒根数，降低了工具的储备和消耗，使得中等直径的钢管有可能在这种类型的轧机上生产；

（2）连轧管机与脱管定径机直接相连，无需专设脱棒工序；

（3）轧制时芯棒恒速运行，各机架轧制条件始终稳定，改善了毛管壁厚、外径的竹节性"鼓胀"；

（4）无需松棒、脱棒，可将毛管内径与芯棒间的空隙减小，使孔型开口处不易出耳子，可提前使用椭圆度小的高严密性孔型，控制金属的横向流动提高轧制产品的尺寸精度；可实现较大变形使轧机延伸系数达到 6.0；可采用较厚的穿孔毛管，提高轧后毛管的温度和均匀性。

主要缺点是回退芯棒延误时间，降低生产率，只适于中型以上机组使用。

1978 年在法国投产了一台半限动芯棒的小型连续轧管机、管坯在卧式大送进角狄赛尔穿孔机上穿成毛管后与顶杆一起拔出，送往七机架连续轧管机，17m 长的穿孔顶杆在此即作为轧管机的限动芯棒，轧制时芯棒以恒速运行，轧制结束时限动装置松开，让芯棒与毛管一起浮动轧出，线外脱棒。这样既可以节省芯棒回退时间，又利用了限动芯棒在轧制过程中的优点。用穿孔顶杆作轧管机芯棒，还可使穿孔毛管内径和芯棒间的空隙更小，连轧机第一架孔型便采用了小椭圆度的严密性高的孔型，提高钢管尺寸精度。该机组年产量33.3 万吨。

1992 年南非托沙厂建了一台少机架限动芯棒连续轧管机组（MINI-MPM），其特点是适当加大斜轧穿孔的变形量，连轧机减到 4～5 架，机架数量的减少使得设备重量显著减小，电机容量减小，降低了建设投资；采用液压压下装置，可以实现辊缝的动态调整，提高了钢管尺寸精度，改善了表面质量；机架由 45°倾斜交叉布置改为平立交叉布置，主传动电机等设备布置在机架同一侧，减少土建工程及管线敷设费用，使连轧管机结构更为合理；采用快速换辊装置，只需更换轴承座和轧辊，而机架固定不动，更换全套轧辊只需15min，无需成套备用机架。MINI-MPM 机组提高机组灵活性，能即时变换生产的品种规格，适应市场变化，年产量为 7 ~ 20 万吨。

为进一步提高钢管尺寸精度，意大利因西公司新开发了 ϕ426mm 三辊限动芯棒连续轧管机。三辊可调式连轧管机 PQF（Premium Quality Finishing）以三辊孔型设计工艺为核心，结合了典型二辊 MPM 限动芯棒技术，使热轧无缝钢管在轧制工艺上取得了重大的技术突破。

为了充分利用限动芯棒轧制壁厚精度高的优点，同时考虑提高机组生产能力，PQF 芯棒的操作方式是：在连轧管机轧制过程中，采用限动芯棒操作方式，整个轧制过程中芯棒速度是恒定的，从而确保管子壁厚的精度，轧制不同的管子时芯棒的速度可在一定范围内调节；轧制结束后，即荒管尾部出精轧机后，芯棒停止前进，荒管在脱管机内继续前进，由脱管机将荒管从芯棒中抽出，芯棒不是回送，而是向前运行，穿过脱管机后，拨出轧制线，再回送、冷却、润滑循环使用。为此机组需要配置具备辊缝快速打开/闭合功能的三辊可调辊缝脱管/定径机型的脱管机，以确保在轧制薄壁管时芯棒安全通过脱管机。其优势是保留了原有 MPM 工艺轧管壁厚精度高的特点，又提高了轧制节奏，提高了生产率。

与二辊 MPM 限动芯棒连轧管机相比，PQF 三辊连轧管机有以下几点主要优势：

（1）壁厚精度更高。轧辊的三辊布置使金属变形更加均匀、芯棒在孔型中的对中性更好、轧辊的磨损更加均匀，这些均使得钢管的壁厚精度得到明显提高。另外采用三辊可调技术，使得用同一规格芯棒轧制多种壁厚规格时引起的壁厚偏差有明显降低。

（2）钢管表面质量更高。由于三辊轧管机孔型轧槽底部与顶部各点间线速度差小，从而能够在稳定的条件下使金属不均匀流动减小，使不均匀变形产生的波纹状缺欠得到有效改善，加之金属的横向变形减小，大大减缓了因轧辊侧壁结瘤现象而在金属表面上留下的压痕缺欠，使钢管表面更加光洁。

（3）可轧制变形抗力更高的钢种。由于采用三辊轧制工艺和机架采用圆形结构设计，使机架的刚性更高、受力均匀、单辊受力减小。另外三辊形成封闭的孔型，使辊身长度变短，使轧制时的轧辊横向刚度增大，弯曲力矩减小。轧制时辊缝处金属的纵向拉应力降低、缺陷减少了，使轧制薄壁管和难变形钢的能力得到提高。

（4）金属收得率高。三辊孔型设计使得辊缝处凸缘区面积减小，约比二辊减少 30%，可使钢管尾端的飞翅大大的减小，切头尾损失比 MPM 轧机减少近 40%。

（5）可轧制更薄的钢管。由于采用三辊孔型设计，金属变形均匀、轧制稳定，轧制压力，特别是峰值压力减小，使轧制过程中因不均匀变形所引起的裂孔、拉凹缺陷基本消除，这使得热轧壁厚更薄的钢管成为可能，径/壁比 D/t 可达 50。

（6）工具消耗显著降低。轧辊孔型各点线速度差减少，轧件变形均匀，使得轧辊、芯棒磨损均匀；较低的平均轧制压力亦减小了轧辊、芯棒磨损，降低消耗；另外管子尾部形状的改善也减小了轧辊及芯棒的磨损。除了减小芯棒磨损外，较低的平均单位轧制压力还可允许使用较便宜的内空芯棒，通过内冷及外冷可有效地对其进行冷却，使芯棒寿命提高。

（7）具有更高的效率及适应能力。由于三个轧辊可同时或单独调整，即用一种芯棒可轧制更多规格，使得 PQF 轧机不但适用于少规格、大批量生产，也适于多品种、多规格、小批量轧制。减少因规格更换占用的生产时间，同时使轧制工具保有量减少，降低流动资金的占用。

现代的限动芯棒连续轧管机生产的钢管，壁厚偏差达 ±3% ~ 6%，外径偏差达 ±0.2% ~ 0.4%。

18.2.3　高精度轧管机

阿塞尔轧管机和狄塞尔轧管机是高精度
管材轧机。

阿塞尔轧管机 1933 年由 W. J. 阿塞尔发
明，轧制过程简示如图 18-7 所示。特点是
无导板长芯棒轧制，便于调整，生产换规格
方便，适于生产高表面质量、高尺寸精度的
厚壁管。最大轧出长度 12~14m，最大管径

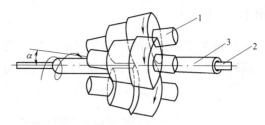

图 18-7　阿塞尔轧管机工作示意图
1—轧辊；2—浮动芯棒；3—毛管

270mm，壁厚公差可控制在 ±3%~5%，外径差为 ±0.5%。缺点是生产钢管的外径与壁
厚比在 3.5~11.0，下限受脱棒的限制，上限受到轧制时尾部出现三角喇叭口易轧卡的限
制。为扩大产品规格范围，1967 年法国瓦莱勒克公司推出德朗斯瓦尔轧管机，其特点是毛
管轧至尾端时，机架的入口牌坊绕轧制线旋转，以减小送进角，来扩大变形区孔喉直径，
阻止尾三角产生，使生产管材的外径与壁厚比达到 20 以上。20 世纪 80 年代初期曼内斯曼
米尔公司采用快速抬辊法消除尾三角，它是在轧制钢管接近尾端时，快速抬起轧辊，在钢
管尾部留下一段几乎不经轧制的管端，在后部工序中予以切除。此法尤适于旧轧机改造，
但增加了切损。20 世纪末德国又推出了预轧法来消除尾三角，它是在轧机入口侧牌坊上，
或机架入口前增设一预轧机构，当轧制钢管接近尾端 100mm 左右时，由预轧装置先给以
减径减壁，而主轧机只给少量压下量防止了尾三角的出现。该措施的优点是：保持了机架
原来的刚性，轧制过程中孔喉直径不变，变形条件稳定，保证了钢管的尺寸精度，减少了
尾端切损，提高了金属收得率。斜轧轧管机的轧件轴向运行速度与纵轧相比皆很低，因此
轧件的首尾温差严重影响着管壁尺寸精度和可能的轧出长度，所以三辊斜轧轧管机上生产
壁厚小于 5mm 的薄壁管时壁厚精度迅速恶化，且易出裂纹，因此一般生产钢管的外径和
壁厚比控制在 33 以下。所以三辊斜轧轧管机应保持它的高精度、多品种、小批量的特点，
以生产中、厚壁管为主。

狄塞尔轧管机 1929 年首先问世于美国，主动旋转导盘的二辊斜轧轧管机，主要用于
生产高精度薄壁管，外径与壁厚比可达 30，壁厚公差可控制在 ±3%~5%。主要缺点是：
允许伸长率小于 2.0，生产率低，轧制钢管
短，一直发展不大。20 世纪 70 年代以来，
由于增大导盘直径，改小辊面锥角，增大
送进角到 8°~12° 和采用限动芯棒等措施，
使生产率有所提高，毛管轧制长度达到
14~16m。80 年代以来，美国艾特纳-斯唐
达德公司又进一步将轧辊改为锥形，增设
辗轧角，改善了变形条件，使最大伸长率
达到 3.0，外径壁厚比达到 35，产品的表面
质量、尺寸精度均有提高，因此又引起人
们的注意。该轧机称为 Accu-Roll。图18-8
为其操作过程示意图。

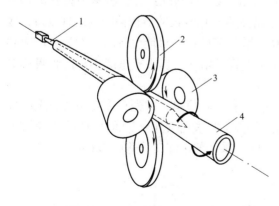

图 18-8　Accu-Roll 轧机示意图
1—芯棒；2—导盘；3—菌式轧辊；4—毛管

18.2.4 顶管机

图 18-9 是顶管机的操作过程示意图。就是在压力挤孔的空心杯体内插入芯棒，推过一系列环模（一般 10 道，最多 17 道），达到减径、减壁、延伸的目的。

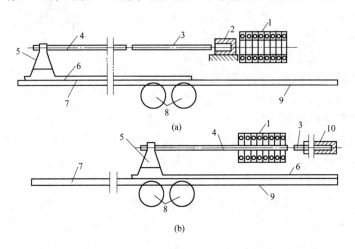

图 18-9 顶管机操作过程示意图

（a）起始位置；（b）加工终了位置

1—环模；2—杯形坯；3—芯棒；4—推杆；5—推杆支持器；6—齿条；

7—后导轨；8—齿条传动齿轮；9—前导轨；10—毛管

现代顶管机均为三辊或四辊构成的辊模，减面率比旧式环模增长了一倍以上；在压力挤孔后增设斜轧延伸机，加长管体、纠正空心杯的壁厚不均；并且可适当加大坯重，提高生产率。目前顶管后管长为 12 ~ 14m，张力减径后长度可达 21 ~ 77m，外径范围 21 ~ 219mm，壁厚 2.5 ~ 11.0mm。这种轧机的主要优点是单位重量产品的设备轻、占地少、能耗低；可用方形坯；操作较简单易掌握。适于生产碳钢、低合金钢薄壁管。主要缺点是坯重轻，一般在 500kg 左右，生产的管径、管长都受到一定限制；杯底切头大，金属消耗系数高。

20 世纪 70 年代末，为提高坯料重量，在欧洲出现了以斜轧穿孔代替压力挤孔的顶管生产方法，即所谓 CPE 法。此法是将斜轧穿透的荒管，用专设的器械挤压或锻打收口，成为缩口的顶管坯。这样使坯料最大重量从 500kg 增到 1500kg；可能生产的最大管径扩大到 240mm；壁厚公差从 ±7% ~8% 降为 ±3% ~6%；管长增加，切头重量减小，使收得率提高约 2%。

此法还可用于生产特大直径的厚壁管。工艺过程比较简单，首先将锭在挤孔机上挤成空心杯，然后通过几个环模顶出封头的管筒，切头后即得厚壁管。目前生产的管筒直径200 ~ 1500mm，壁厚 25 ~ 203mm，最大长度 9.0m，采用的钢锭最重达到 22t。

18.2.5 周期轧管机

这种轧机亦称皮尔格轧机，1891 年由曼内斯曼兄弟发明，1900 年芯棒移动才达到完全机械化，成为目前状态，其操作过程见图 18-10。

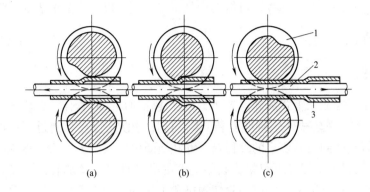

图 18-10 皮尔格轧管机的操作过程

（a）送进坯料阶段，箭头为送进方向；（b）咬入阶段；（c）轧制阶段，箭头为轧件运行方向

1—轧辊；2—芯棒；3—毛管

此轧机操作的基本特点是锻轧，轧辊旋转方向与轧件送进方向相反，轧辊孔型沿圆周为变断面，轧制时轧件反送进方向运行。送料由作往复运动的芯棒送进机构完成。这种轧制形式的延伸系数在 7~15，可用钢锭直接生产。目前主要用于生产大直径厚壁管、异形管，利用锻轧的特点还可生产合金钢管。生产的规格范围外径为 114~665mm；壁厚 2.5~100mm；轧后长度可达 40m。该轧机的主要缺点是：效率低，辅助操作时间占整个周期的 25%；孔型不易加工；芯棒长，生产规格不宜过多。现在设计的周期轧机皆采用线外插芯棒预锻头，再送往主机轧制，以减少辅助操作时间。为减少周期轧机加工的规格数，有的配以张力减径来满足机组生产规格范围的要求。

直径大于 660mm 的钢管多经扩径机生产。

18.2.6 管材热挤压

用挤压法生产管材始于 1894 年，但当时只生产有色金属，1925~1928 年开始在钢材生产上使用，但因钢的摩擦系数太高，工具磨损及能耗均很大，到 1941 年 J. 赛茹尔发明了玻璃润滑剂后，钢的热挤压才有可能进行工业性生产。图 18-11 是管材挤压过程示意图。

挤压冲头将金属挤过由模孔和芯杆组成的封闭孔型，生产出各种横断面形状的管材。也可通过模孔挤出各种型材。因为这种加工是在三向不等压应力状态下进行的，所以可以一次进行很大变形量，保证了产品内部质量很好，适合几乎全部品种钢管的生产，特别在高合金，难变形钢种和各种异型断面管的生产方面具有特殊加工优势。挤压生产的优点是：更换工具方便，灵活性强，适于小批量、多品种的管材生产；一次可挤压出 40~60m 长钢管，如其后配以张力减径机还会进一步提高效率，增加效益。缺点是钢材生产时要求工艺润滑剂性能很高，因它决定着工

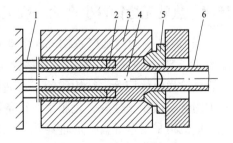

图 18-11 管材挤压过程示意图

1—挤压冲头；2—垫圈；3—挤压筒；
4—芯杆；5—模孔；6—管子

具的使用寿命，允许的挤压速度，可能的产品挤出长度，以及产品的表面质量等。

18.3　毛管精轧

18.3.1　减径机

　　减径机就是二辊或三辊式纵轧连轧机，只是连轧的是空心管体。二辊式前后相邻机架轧辊轴线互垂 90°，三辊式轧辊轴线互错 60°。这样空心毛管在轧制过程中所有方向都受到径向压缩，直至达到成品要求的外径热尺寸和横断面形状。为了大幅度减径，减径机架数一般都在 15 架以上。减径不仅扩大机组生产的品种规格，增加轧制长度，而且减少前部工序要求的毛管规格数量，相应的管坯规格和工具备品等，简化生产管理。另外还会减少前部工序更换生产规格次数，节省轧机调整时间，提高机组的生产能力。正是因为这一点，新设计的定径机架数，很多也由原来的 5 架变为 7 ~ 14 架以上，这在一定程度上也起到减径作用，收到相应的效果。减径机有两种基本形式，一是微张力减径机，减径过程中壁厚增加，横截面上的壁厚均匀性恶化，所以总减径率限制在 40% ~ 50%；二是张力减径机，减径时机架间存在张力，使得缩径的同时减壁，进一步扩大生产产品的规格范围，横截面壁厚均匀性也比同样减径率下的微张力减径好。所以张力减径近年来发展迅速，基本趋势是：

　　（1）三辊式张力减径机采用日益广泛，二辊式只用于壁厚大于 10 ~ 12mm 的厚壁管，因为这时轧制力和力矩的尖峰负荷较大，用二辊式易于保证强度；

　　（2）减径率有所提高，入口毛管管径日益增大，最大直径现在已达 300mm；

　　（3）出口速度日益提高，现已到 16 ~ 18m/s；

　　（4）近年来投产的张力减径机架数不断增加，目前最多达到 28 ~ 30 架。

18.3.2　定径机

　　定径机和减径机构造形式一样，一般机架数 5 ~ 14 架，总减径率约 3% ~ 7%。新设计车间定径机架数皆偏多。

　　三辊斜轧轧管机组，还设有斜轧旋转定径机，其构造与二辊或三辊斜轧穿孔机相似，只是辊型不同，在三辊斜轧轧管机组中与纵轧定径机连用，作为最后一道加工工序，控制毛管椭圆度，提高外径尺寸精度。

18.4　热轧无缝钢管生产的一般工艺过程

　　图 18-12 为国内某厂 ϕ273mm 限动芯棒连轧管机组生产工艺流程示意图，该机组设计能力年产 50 万吨，生产的钢管规格为 ϕ(133 ~ 340)mm × (5 ~ 40)mm，产品主要品种为管线管、输送流体用管、结构用管、石油套管管体、油井管接箍料、高压锅炉用管、低中压锅炉用管、液压支柱管、化肥生产设备用高压无缝钢管等。

　　该机组采用带导盘锥形辊穿孔、5 机架限动芯棒连轧、12 机架微张力定（减）径生产工艺。同时配备了先进的穿孔机工艺辅助设计系统（CARTA-CPM）、连轧工艺监控系统（PSS）、连轧自动辊缝控制系统（HCCS）、微张力定（减）径机工艺辅助设计系统（CARTA-SM）、物料跟踪系统（MTS）和在线检测质量保障系统（QAS）等工艺控制

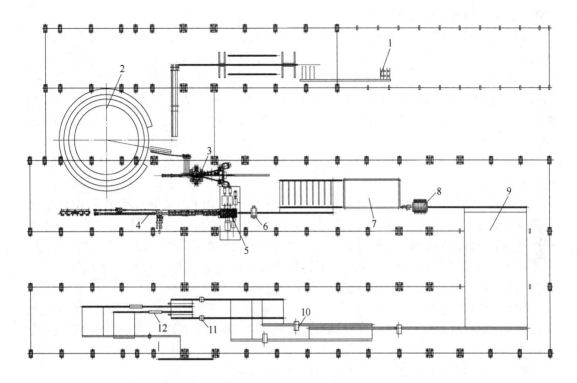

图 18-12　φ273mm 连轧管机组工艺平面布置图

1—管坯上料台架；2—环形加热炉；3—锥形辊穿孔机；4—芯棒循环区；5—连轧管机；

6—脱管机；7—再加热炉；8—微张力定（减）径机；9—冷床；

10—排管锯；11—矫直机；12—探伤机

技术。

工艺流程如下：φ220mm、φ280mm、φ330mm 连铸长圆坯运到原料仓库，由冷锯锯成 1.8~4.5m 的定尺长度，再逐根称重，合格管坯由环形加热炉加热到 1250~1280℃后，送往穿孔机穿轧成毛管。穿孔机为锥形辊穿孔机，轧辊上下垂直布置，导盘左右水平布置，轧辊直径 1250~1350mm，轧制力 7500kN，扭矩 1290kN·m，送进角 8°~15°，碾轧角固定 15°，轧制速度 0.6~1.0m/s，轧辊电机功率 2×5000kW，穿出毛管外径 246mm、336mm、410mm。穿孔后的毛管被送到内表面氧化铁皮吹刷站，由一喷嘴向毛管内部喷吹氮气和硼砂。吹刷后的毛管送往连轧管机前台，穿入芯棒，芯棒限动系统将芯棒前端送至连轧管机间的某预设定位置时，毛管和芯棒一起进入连轧管机轧制。毛管在进入连轧管机前用高压水对毛管表面进行除鳞。连轧管机轧辊直径 550~890mm，荒管外径 200mm、281mm、350mm，最大轧制速度 4.25m/s，最大轧制扭矩 120kN·m，轧辊电机功率 10900kW。

从连轧管机轧出的荒管直接进入 3 机架脱管机上脱管，脱管后芯棒返回前台，经冷却、润滑后循环使用。脱管后的荒管，送往步进式加热炉加热到 920~980℃后出炉，经高压水除鳞后送往微张力定（减）径机轧制到成品钢管要求的尺寸，再在冷床上进行冷却。微张力定（减）径机有 12 机架，机架为三辊矩形结构，采用新型传动方式，即每一个工作机架中 3 个轧辊分别用 3 台交流变频电机通过齿轮减速箱单独外传动，共计 36 台。轧制力 80kN，力矩 1910N·m，机架间距 650mm，轧辊名义直径 670mm，电机功率 135~

800kW，电机转速 400～1600r/min。

钢管冷却后，成排送往冷锯锯切成需要的定尺长度，再送往六辊矫直机进行矫直，矫直后的钢管经吸灰后进行管体无损探伤，对于有缺陷的钢管进行人工在线修磨、人工探伤、切管；对于无缺陷的合格钢管经测长、称重、人工最终检查，检查后一般管经喷印标志后进行收集，存入成品库。其他需要进一步加工的石油管管体、管线管、高压锅炉管等，收集后存放在中间库内，然后根据各自不同的加工工序送往相关生产线继续加工。

如上述，热轧无缝钢管生产流程和一般钢材生产相同，只是在具体环节上有它自己的特点和趋向。

轧制无缝钢管的坯料正向着连铸化发展，发达的工业国家连铸坯比重已近100%，连铸圆管坯的最大直径已达 ϕ400mm，中低合金钢种也已完全可以采用连铸圆坯生产了，低塑性高合金钢种目前尚需使用锻轧圆坯，但有些厂家已经掌握了轴承钢、奥氏体不锈钢圆管坯的连铸技术。为适应小型机组需要，我国自行研制的水平连铸机，已连续生产了 ϕ60～130mm 的圆管坯，为轧管供坯提供了新的途径。

管坯进厂后均需检查清理，这对斜轧穿孔机组尤为重要，因管坯上的缺陷会在斜轧过程中扩大。如成品表面质量要求高或高合金钢种，管坯还需全剥皮，剥皮后的表面光洁度不低于三级。

管坯切断方法，我国新建厂均采用冷锯或火焰切割。

为保证钢管壁厚均匀，穿孔时必须对准坯料轴心。因此，压力挤孔前，锭或方坯需定形，斜轧穿孔前圆坯须定心。定形就是用定形机压缩方坯或锭的角部，使对角线相等，定心即在圆坯端头轴心位置打一圆孔，确保穿孔时准确对心。如来料已能保证这一精度，也可省去这一工序。德国有的厂家认为，如果斜轧穿孔机前、后台对中好，管坯两端直径偏斜不大于1.5mm，只要适当增长辊身即可保证穿孔毛管的壁厚均匀性，不必定心。定心的方法有冷定心和热定心。

无缝钢管生产过程中有实心坯加热和毛管中间加热，定（减）径机前和轧管机前均可能设置再加热炉，采用控制轧制工艺时定径前加热也起着热处理炉的作用。用于管坯加热的炉型有环形炉、步进炉、分段快速加热炉以及感应炉等，应用较广的为环形炉、步进炉，分段快速加热炉在连轧机上已有使用。毛管中间再加热炉的炉型有步进式、分段快速加热式和感应式等，步进式、分段快速加热式应用较广。管坯加热制度视不同穿孔方法而异。压力挤孔与一般型钢轧制相同，斜轧穿孔由于变形激烈，穿孔过程皆伴有温升，这一点对温度敏感性强的合金钢种尤需注意。管坯出炉温度是否合适，必须以穿孔后毛管的内外表面质量和穿孔后温度是否在该钢种的最佳塑性温度区为准。一般出炉温度比最高塑性温度低20～40℃。合金钢、高合金钢的最高塑性温度区，斜轧穿孔多用扭转法、锥形试件斜轧法或斜轧穿孔法确定。再加热炉的主要问题是严格控制氧化铁皮的生成，所以必须快速加热，保持炉内正压和还原性气氛。再加热的出炉温度视所在工序而定，轧管机前应加热到最高塑性温度，减径机前应根据钢种和对产品性能的要求，按控制轧制制度或冷却制度而定，一般不超过1000℃。应当指出，正确控制终轧温度和冷轧制度，不仅能改善钢管性能，而且能充分利用轧后余热，节省能源，所以钢管生产过程中在线常化或在线淬火处理已普遍采用。现在还有定径前毛管先冷到600℃以下，然后再加热到合适温度出炉定径，这不仅多利用一次相变改善管体组织，还使得毛管全长温度均匀，准确控制终轧温度，更好地实施控制轧制，提高管材性能。

现代管材生产的工序多、连续性强、产量大、轧件运行速度日益提高，所以沿工艺流程多层次地设置在线检测装置，进行计算机自动控制，是保证优质、高产、低成本生产的关键。一般各检测装置的位置及主要功能有：

（1）称重，设在管坯定尺切断前、后，对管坯进行最佳化切割，使得切损最低，成品入库前称重，准确统计收得率；

（2）测温，在加热炉、各主轧机前后，测定管坯、轧件及芯棒的表面温度，确保合理设定的加热制度；对于焊管生产，焊缝焊接温度的检测和控制更是决定产品质量的关键；

（3）尺寸测量，测长设在管坯切断的前、后，各主轧机之后；测厚设在各主轧机之后，热态壁厚多用 γ 射线装置，精整线上冷态测量多用超声波测厚装置；测外径多用激光装置，设在各主轧机之后，以显示经各工序之后轧件尺寸的变化，核实各变形参数的执行情况；

（4）力能参数检测，用于检测各主轧机的电动机功率、轧制力、部分轧机的芯棒限制力等，各参数的检测和控制，确保设定工艺参数的执行和安全生产；

（5）无损探伤检测，用于管坯的检查和精整线上钢管内外表面的检查、管坯多用自动磁力探伤和涡流探伤，精整线上皆用由多种探伤技术组成的高精度和高效率的探伤系统，常用的有超声波探伤、复合磁场探伤、涡流探伤等。

最后，一般还需人工对内外表面和尺寸精度进行抽查。

以上在线测定的数据都及时地以反馈或前馈控制技术传送给控制计算机，对相应的各台设备进行动态调整、再设定或及环时消除故障，实施 AGC 系统的自动质量控制，减少金属和能源的消耗，保证优质、高产、低成本的生产。

19　斜轧原理与工具设计

19.1　斜轧过程的运动学

斜轧是热轧无缝钢管生产中的主要加工方法之一，现以菌式二辊斜轧机为例，对斜轧时轧件运动的基本规律作一分析。

斜轧过程中轧件的运动特点是螺旋前进，随着轧件的螺旋前进，逐渐完成加工变形。对这类轧机来说，形成这种运动的原因有二：（1）两辊同向旋转；（2）轧辊轴线相对轧制线倾斜——送进角 β。

图 19-1 是正常轧制条件下变形区内任一点的速度矢量分析图。设调整送进角时轧辊围绕旋转的点为回转中心 O，该中心向轧制线的垂线为回转轴，回转轴与轧制线组成的平面为轧制主平面，与轧辊轴线组成的平面为轧辊主平面，垂直回转轴包括轧制线在内的平面为主垂直平面。送进角 β 即轧辊轴线与轧制线在主垂直平面上投影的夹角。轧辊还围绕回转中心平行主轧制平面旋轧一辗轧角 ψ，则轧辊轴线在轧制主平面上的投影与轧制线的夹角即为辗轧角。分析可得变形区内任一点 O_x 的辊面旋转切线速度于轧件轴向、切向的分量为：

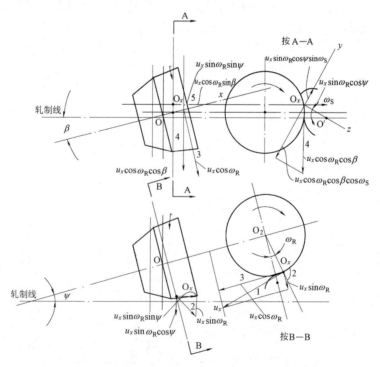

图 19-1　斜轧变形区内任一点的速度矢量分析图

$$u_{xx} = u_x\cos\omega_R\sin\beta + u_x\sin\omega_R\sin\psi \tag{19-1}$$

$$u_{xy} = u_x\cos\omega_R\cos\beta\cos\omega_S - u_x\sin\omega_R\cos\psi\sin\omega_S \tag{19-2}$$

式中　u_{xx}，u_{xy}——轧辊接触表面上任一点的切线速度在 x、y 轴上的分量；

　　　ω_R——O_x、轧辊轴心 O_2 连线与轧辊主平面在 B—B 剖面上的投影线的夹角；

　　　ω_S——O_x、轧件轴心 O' 连线与主轧制平面在 A—A 剖面上的投影线的夹角。

因为 ω_R、ω_S 均很小，在实际工程计算中对菌式辊型或桶式辊型均可按下式计算各分量为：

$$u_{xx} = u_x\sin\beta \tag{19-2a}$$

$$u_{xy} = u_x\cos\beta \tag{19-2b}$$

变形区内金属存在塑性变形，不可能与相应接触点等速运行，彼此间存在一定的相对滑动，这一般用金属的运动速度与辊面相应接触点的运动速度比表示，称为滑动系数。则金属在轧件轴向和切向的速度可表示为：

$$v_{xx} = S_{xx}u_{xx} \tag{19-3a}$$

$$v_{xy} = S_{xy}u_{xy} \tag{19-3b}$$

式中　v_{xx}，v_{xy}——接触表面任一点金属的速度在轧件轴向和切向的分量；

　　　S_{xx}，S_{xy}——接触表面任一点金属在轧件轴向和切向的滑动系数。

轧辊任一截面的轧辊表面切线速度已知为：

$$u_x = \frac{\pi D_x n}{60} \tag{19-4}$$

式中　D_x——变形区内轧辊任一截面的直径；

　　　n——轧辊转速，r/min。

因为轧件变形区内任一点的旋转切线速度亦可用轧件本身的转速 n_x、外径 d_x 来表示：

$$v_{xy} = \frac{\pi n_x d_x \xi_x}{60} \tag{19-5}$$

所以轧件任一剖面的转速，通过式（19-3b）与式（19-5）代入式（19-4）得：

$$n_x = \frac{D_x}{\xi_x d_x} n S_{xy}\cos\beta \tag{19-6}$$

轧件每被轧辊加工一次在 x 轴方向运行的单位螺距 Z_x 为：

$$Z_x = \frac{1}{m}\frac{60}{n_x}v_{xx} = \frac{1}{m}\pi\xi_x d_x \frac{S_{xx}}{S_{xy}}\tan\beta \tag{19-7}$$

式中　m——轧辊数目；

　　　ξ_x——斜轧孔型椭圆系数。

因为变形区出口剖面的尺寸皆已知，滑动系数又容易测量，所以常用出口剖面诸参数来表达上述各关系式。如忽略变形区内轧件的扭转变形，根据轧制轴线方向的金属秒流量相等的原则，可得：

$$v_{xx} = \frac{\pi D_{ch} n}{60} S_{chx}\sin\beta \frac{F_{ch}}{F_x} \tag{19-3a$'$}$$

$$v_{xy} = \frac{\pi D_{ch} n}{60} S_{chy} \cos\beta \tag{19-3b'}$$

$$n_x = \frac{D_{ch}}{d_{ch}} n S_{chy} \cos\beta \tag{19-6'}$$

$$Z_x = \frac{1}{m} \pi d_{ch} \frac{S_{chx}}{S_{chy}} \tan\beta \frac{F_{ch}}{F_x} \tag{19-7'}$$

式中 D_{ch}，d_{ch}，S_{chx}，S_{chy}——变形区出口相应各参数；

F_{ch}，F_x——变形区出口面积和变形区内任一剖面面积。

从式(19-3a)～式(19-7)不难看出，如提高轴向滑动系数，就可以缩短轧制时间，减少在变形区内的反复加工次数，直接影响到轧机的产量、质量和能耗。但变形区内金属相对工具接触表面的滑动问题，至今尚未求得实用的表达式，所以目前生产中选用滑动系数时，一般采用现有设备上的实测值，或条件相近的已有测定值，或利用条件类似的经验公式进行计算。

O. A. 勃略兹柯夫斯基建议按以下经验式计算：

对穿孔机 $$S_{chx} = 0.68\left(\ln\beta + 0.05\frac{d}{d_R}\varepsilon_0\right)f\sqrt{m} \tag{19-8}$$

对延伸机 $$S_{chx} = 0.9\left(\ln\beta + 0.05\frac{d}{d_m}\varepsilon_0'\right)f\sqrt{m} \tag{19-9}$$

式中 d——轧件外径，mm；

d_R，d_m——顶头和芯棒外径，mm；

f——摩擦系数；

β——送进角，(°)；

m——轧辊数；

ε_0——顶头前管坯外径的压缩率，%；

ε_0'——辊脊前毛管的外径压缩率，%。

斜轧穿孔机变形区内金属滑动的基本特点是整个变形区金属在轴向全后滑（$S_{xx}<1$），切向约在入口 10%～20%的变形区长度内出现前滑（$S_{xy}>1$），有时也可能在接近出口处出现切向前滑区。若轴向运行阻力小，如浮动芯棒三辊斜轧轧管机上，也可能在接近出口处存在轴向前滑区。就现有管材斜轧变形来看，切向滑动系数均大致近于 1.0，此值可用于工程计算。不同斜轧条件下变形区出口的轴向滑动系数大致如下：曼内斯曼穿孔机为 0.50～0.90；菌式二辊斜轧穿孔机为 0.80～0.95；二辊斜轧均整机为 0.50～0.95，辗轧量小取上限；三辊斜轧穿孔机约比二辊高 15%～20%；浮动芯棒三辊斜轧轧管机为 0.70～1.30。实践证明，加大送进角；降低轧辊转速；加大辊径；减小入口辊面对轧制线的张角；降低延伸系数等，都有利于提高斜轧的轴向滑动系数。穿孔机如适当增加顶头前径缩率；采用顶头润滑剂；或以主动旋转导盘代替导板等也能取得良好效果。顶杆直柱在保证正常穿孔的条件下，也应具有足够刚性，以减小穿孔时顶头在变形区内的摆动，增大轴向运行阻力。恶化厚均匀性和内表面质量。图 19-2 是金属成分和温度对轴向滑动系数的影响。对浮动芯棒斜轧管机温度的影响很小，但辊脊高度和咬入锥的减壁量影响很大，见图 19-3。

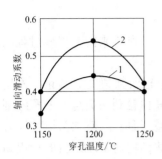

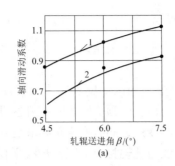

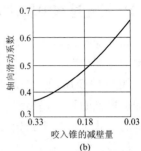

图 19-2 温度和钢种对轴向
滑动系数的影响
1—1Cr18Ni9Ti；2—Cr17Ni13Mo2Ti

图 19-3 影响阿塞尔轧管机轴向滑动系数的因素
（a）辊脊高度 h 和送进角 β 的影响；（b）轧辊咬入锥减壁量的影响
1—辊脊高 8mm；2—辊脊高 12.5mm

　　如上述，斜轧变形区内金属和接触辊面间的运动是个平面问题，因此正确确定接触辊面相对金属的运动方向很重要，因为摩擦力与辊面相对接触金属的运动速度同向。在送进角不大的情况下，变形区内任一点的速度关系可简示如图 19-4 所示。

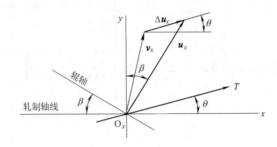

图 19-4 变形区内任一点的相对速度矢量分析图

　　变形区内接触辊面对金属的相对速度 Δu_x 为：

$$\Delta u_x = |\boldsymbol{u}_x - \boldsymbol{v}_x| = u_x \sqrt{\cos^2\beta(1 - S_{xy})^2 + \sin^2\beta(1 - S_{xx})^2} \qquad (19\text{-}10)$$

相对滑动速度与轧制轴线的夹角 θ 为：

$$\theta = \arctan\left(\frac{1 - S_{xy}}{1 - S_{xx}}\cot\beta\right) \qquad (19\text{-}11)$$

在该点的摩擦力 T 的方向如图 19-4 所示，与接触辊面对金属的相对速度 Δu_x 同向。

　　不难看出，在正常轧制条件下如果轴向阻力增高，轴向滑动系数随之下降，θ 角减小，于是摩擦力在轴向的分量相应增加，直至达到新的平衡继续轧制为止。这时摩擦力的切向分量相应减小，轧件转速随之下降，于是切向滑动中性线便向切向前滑区移动，使得切向前滑区的阻力矩不断下降，后滑区的旋转力矩不断上升，直至切向旋转力矩与阻力矩重新平衡为止。所以，切向前滑区的剩余摩擦力是斜轧轴向滑动系数小于 1.0 时，仍能继续轧制的条件，直至轧件在变形区内只旋转不前进为止。

19.2 斜轧过程中轧件的变形

斜轧穿孔是斜轧管体中变形比较复杂的一个工序,现通过这一过程来阐明斜轧过程的基本变形规律。

如图 19-5 所示,变形可分为四区:曳入区Ⅰ,从坯料接触辊面到顶头尖端止,作用是增加接触面积,提高曳入力以克服顶头阻力;穿轧区Ⅱ,从轧件触到顶尖至管壁压缩到规定的尺寸止,顶头开始参与变形,同时产生扩径和延伸;均整区Ⅲ,一般顶头尾部皆有一均整段,使顶头的工作母线与轧辊相应的工作母线平行,以达到均匀壁厚的目的;规圆段Ⅳ,从毛管内壁离开顶头到外表面离开辊面止,这时顶头和导板完全与轧件脱离接触,只靠轧辊的辗轧消除毛管的椭圆度,变形主要集中在前两段变形区,现对其加以讨论。

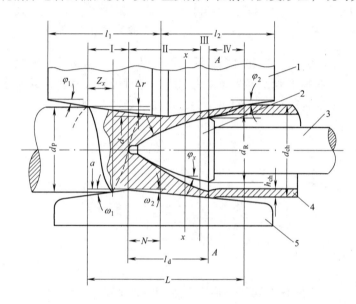

图 19-5 二辊斜轧穿孔变形区
1—轧辊;2—顶头;3—顶杆;4—轧件;5—导板

19.2.1 变形计算

斜轧轧件是螺旋运动前进的,轧件每与轧辊接触一次承受一次加工变形,令每次加工量为"单位压下量",在送进角不大的情况下可按图 19-5 计算如下:

曳入区
$$\Delta r_{x+z} = z_x \tan\varphi_1 \tag{19-12}$$

穿轧区孔喉前
$$\Delta h_{x+z} = z_x (\tan\varphi_1 + \tan\varphi_x) \tag{19-13}$$

穿轧区孔喉后
$$\Delta h_{x+z} = z_x (\tan\varphi_x - \tan\varphi_2) \tag{19-14}$$

可见斜轧是小压下量连续变形的积累过程,加工时无顶头区任一剖面的接触宽度 b_{x+z},按图 19-6 (a) 可近似地求得:

$$b_{x+z} \approx \sqrt{\frac{2R_{x+z}r_{x+z}}{R_{x+z} + r_{x+z}}\Delta r_{x+z}} \tag{19-15}$$

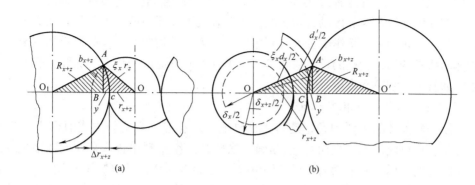

图 19-6 斜轧变形区轧件任一横剖面的接触宽度示意图

(a) 曳入区；(b) 穿轧区

使用结果证明此式未考虑切向变形和顶头存在的影响，与实际测定值相差甚大，因此建议采用以下计算方法。

按图 19-6（a）知：

$$b_{x+z}^2 = \xi_x^2 r_x^2 - (r_{x+z} + CB)^2 = R_{x+z}^2 - (R_{x+z} - CB)^2$$

解得

$$b_{x+z} = \sqrt{\frac{D_{x+z}^2}{4} - \left[\frac{D_{x+z}}{2} - \frac{\xi_x^2 d_x^2 - d_{x+z}^2}{4(D_{x+z} + d_{x+z})}\right]^2} \tag{19-16}$$

对于顶头参与变形时的接触宽度如图 19-6（b）所示。当轧件向前移动未接触轧辊时没有压下，但变形区内轧件外径在顶头的作用下不断扩大，直至碰到下一轧辊为止，此时轧件的外径由 d_x 扩为 d'_x。因为此时无延伸，可根据体积不变定律求得：

$$d'_x = \sqrt{(\xi_x d_x)^2 + \delta_{x+z}^2 - \delta_x^2}$$

式中 δ_x，δ_{x+z}——x 剖面和下一单位螺距横剖面的顶头直径。

按图 19-6（b）三角形 AOB 和 AO′B 求得，顶头参与变形后的接触宽度为：

$$b_{x+z} = \sqrt{\frac{D_{x+z}^2}{4} - \left[\frac{D_{x+z}}{2} - \frac{\xi_x^2 d_x^2 + \delta_{x+z}^2 - \delta_x^2 - d_{x+z}^2}{4(D_{x+z} + d_{x+z})}\right]^2} \tag{19-17}$$

式中，椭圆系数 ξ_x 在无顶头区取 1.1，有顶头区取 1.2。据统计，实际接触宽度还比上述方法计算的接触宽度平均大 1.2 倍。

变形区长度 L 按图 19-5 为：

$$L = \frac{d_p - d}{2\tan\varphi_1} + \frac{d_{ch} - d}{2\tan\varphi_2} \tag{19-18}$$

考虑送进角的影响可按下式计算：

$$L = \left(\frac{d_p - d}{2\tan\varphi_1}\right)^{\cos\beta} + \left(\frac{d_{ch} - d}{2\tan\varphi_2}\right)^{\cos\beta} \tag{19-18'}$$

19.2.2 变形特点分析

由式（19-14）~式（19-18），不难看出斜轧的单位压下量和坯料直径相比是很小的，接触宽度也很窄，所以在这种"集中"外力作用下，使得斜轧穿孔变形沿横剖面的分布很不均匀。这在曳入区和穿轧区的开始阶段，主要表现为高断面的表面变形；在穿轧区管壁渐薄，工具接触表面的摩擦影响变大，则主要表现为管壁切向、轴向的严重切变形。另外还有管体的扭转变形，管壁的反复弯曲等。正是这些变形促成和扩大了穿孔毛管的内外表面缺陷，如折叠、裂纹和离层等。

19.2.2.1 高断面斜轧变形区

高断面二辊斜轧的主要问题，是防止过早地出现孔腔，在毛管内表面形成"折叠"，对低塑性材料也可能出现"离层"。这是斜、横轧和连续横锻中普遍存在的物理现象。特点是一定成分的金属在一定工艺变形条件下（加工温度、变形速度、工具设计等），管坯径缩率达到一定临界值 ε_l 后，便沿轴心出现纵向微裂纹，进而形成孔腔。对这一现象的形成机理首先正确地加以系统阐述的是德国人 E. 锡贝尔，苏联 A. Д. 托姆列诺夫第一个给出分析表达式。

实际形成孔腔的原因有二：

（1）"外端"的影响。大量试验研究表明圆坯横锻的一次径向压缩率在6%以下时，最大塑性变形区仅发生在与工具接触的表面附近，轴心区变形很小，特点类似双鼓变形，见图19-7（a）。一次径缩率达到10%以上才出现类似单鼓变形的特点，见图19-7（b）。但这里的双鼓变形是发生在一个横截面的内部，于剧烈变形区Ⅰ、Ⅲ两侧还存在着变形很小的"外端"，这样Ⅰ、Ⅲ区内金属的横向流动，对两侧外端起了一种"楔入"作用，使轴心区Ⅱ承受很强的横向附加张应力。

（2）表层变形。斜轧条件下表层金属的塑性变形剧烈，金属连续不断地沿着轴向和切向流动，作为一个整体必然牵引着轴心区金属不断地流向表层，于轴心形成三向附加张应力。

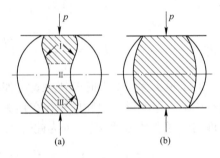

图 19-7 横锻圆坯的变形特点
（a）压缩率在6%以下；（b）压缩率在10%以上

这样，斜轧实心体轴心区的工作应力状态，是在外力作用方向为压应力，其他两向为张应力。因为两个因素在横向引起的附加应力同向，所以横向张应力的数值最高，增长速度最快。斜轧条件下金属每被轧辊加工一次后完全恢复再结晶是不可能的，故上述的附加应力都将部分地以残余应力形式保留下来，并随反复加工次数的增加而积累增大。不管轧件如何转动，这个应力场在轴心区的基本相位是不变的。于是当工作应力状态发展到一定极限值后，相对主应力约45°的最大切应力方向上便开始产生切变形。经多次反复，由于加工硬化和晶体内部缺陷的存在，这些部分便在最大横向张应力作用下出现裂纹，逐渐发展成轴心疏松区，形成孔腔。所以在二辊斜轧条件下临界径向压缩率是反映金属塑性的重要指标。要改善管材表面质量，就应按孔腔形成机理创造最佳变形条件，提高此临界极限值。为此应设法减少轧件在轧辊曳入锥的反复辗轧次数，限制残余应力的积累程度；提高纵横变形比，控制横向张应力的发展；关于单位压下量，长期以来都认为宜小不宜大，宜以分散小变形的方法来缓和横截面上的变形不均匀性，但是实践表明，采用大送进角减少金属在变形区内的反复辗轧次数，加大单位压下量使塑性变形迅速渗入坯料轴心，可使圆坯横断面上的变形均匀性大为提高。表现为坯端因表面变形造成的凹陷深度减小，临界径缩率提高。见图 19-8。

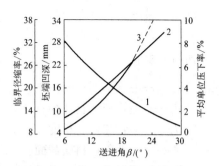

所以在生产中：（1）只要设备能力允许应采用大送进角轧制，目前最大已用到18°；（2）只要轧制过程运行正常，轧辊压缩带处的孔喉椭圆度应尽量小一些，如狄塞尔穿孔机主动旋转导盘的孔喉椭圆度现在已调到近于1.0，同时导盘的切线速度皆比轧件轴向运行速度高，也有利于提高变形区内金属的纵横变形比，这不仅可提高轧机生产率，在改善毛管内表面质量方面也取得了良好的效果；（3）穿孔顶头的作用也不可忽视，它的存在可降低轧件轴心的附加张应力，使临界径缩率有所提高。但这时附加张应力的最高值移至表面和轴心之间，对低塑性材料可能出现环裂，形

图 19-8 临界径缩率、坯端凹深、
平均单位压下率与送进角的关系
（试验钢种 Cr18Ni10Ti）
1—送进角对坯端凹深度太小的影响曲线；
2—送进角对平均单位压下率的影响曲线；
3—送进角对临界径缩率的影响曲线

成离层，顶头在变形区内的位置应使顶头前径缩率小于测定的临界径缩率；（4）变形区的总外径压缩率在保证正常轧制条件下，应尽量取得小一些，缩短变形区总长度，减少金属在变形区内的加工次数。

19.2.2.2 穿轧变形区

轧件进入穿轧区后，管壁迅速减薄，这时工具接触表面的摩擦力成为影响变形的主要矛盾，形成切向、轴向的附加切变形，以及管体的扭转变形等。这一阶段同样也可能造成裂纹、折叠和离层等缺陷，并且增加轧制能耗。这一阶段改善管体质量的关键在于如何降低附加切变形。显然在穿孔条件下要完全消除各向切变形是不可能的，但我们可以探讨最佳变形条件，使它降到最低限度。

图 19-9 为穿孔试样的纵、横剖面图，穿孔过程可看成是两部分变形组成：

（1）主要变形，即由圆坯穿成毛管的各向主变形，这包括有

径向主变形
$$\varepsilon_r = -\ln\frac{d_p}{2h_{ch}}$$

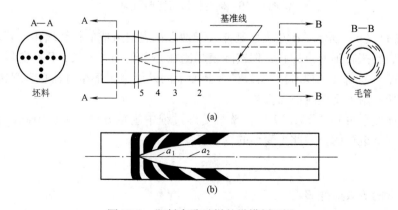

(a)

(b)

图 19-9 塑料穿孔试样的纵横剖面图
（a）试料横剖面切变形示意图；（b）试料纵剖面切变形示意图

轴向主变形　　　　　　　　　$\varepsilon_1 = \ln \dfrac{l_{ch}}{l_p} = \ln \dfrac{F_p}{-F_{ch}}$

切向主变形　　　　　　　　　$\varepsilon_c = \ln \dfrac{2(d_{ch} - h_{ch})}{d_p}$

式中　h_{ch}——毛管壁厚；

　d_{ch}, d_p——毛管和坯料外径；

　l_{ch}, l_p——毛管和坯料长度；

　F_{ch}, F_p——毛管和坯料横截面积。

（2）附加切变形，即在工具接触表面的摩擦力作用下造成的不均匀变形，包括有

轴向附加切变形　　　　　　$e_1 = \cot\alpha$　　　　　　　　（见图 19-9(b)）

扭转附加切变形　　　　　　$e_T = \tan\gamma = r\theta/l$　　　　（见图 19-10(a)）

切向附加切变形　　　　　　$e_c = (\Delta\theta - \phi)r/h$　　　　（见图 19-11(a)）

式中　　　　　　　$\theta = \dfrac{1}{3}\big[(\delta'_1 - \delta_1) + (\delta'_2 - \delta_2) + (\delta'_3 - \delta_3)\big]$　　（见图 19-10(b)）

　　　　　　　　　$\phi = \theta x/l$　　　　　　　　　　　　　（见图 19-11(b)）

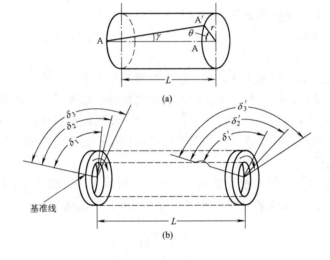

图 19-10　确定扭转切变形图示

如图 19-11（b）所示，ϕ 是表层延伸大于轴心在表层造成的扭转增角。若表层与轴心延伸相等，表层扭转到 F 点即止，但实际表层比轴心多延伸了 x 长，F 点实际上被扭到了 E 点，多扭转了 ϕ 角（∠ECG），所以任一截面上的外层金属都相对轴心多扭转一定角度。这在计算纯切向附加变形时应当去掉。

所有上述变形可归结于图 19-12，整个变形过程中主轴方向不变，因此认为变形是在比例加载条件下进行的，因此主变形的等效应变 E_1 为：

$$E_1 = \sqrt{\frac{2}{3}}(\varepsilon_r^2 + \varepsilon_1^2 + \varepsilon_c^2)^{1/2} \qquad (19\text{-}19)$$

考虑全部变形的等效应变 E_2 为：

$$E_2 = \sqrt{\frac{2}{3}}\{\varepsilon_r^2 + \varepsilon_1^2 + \varepsilon_c^2 + 2[(e_1/2)^2 + (e_c/2)^2 + (e_T/2)^2]\}^{1/2} \qquad (19\text{-}20)$$

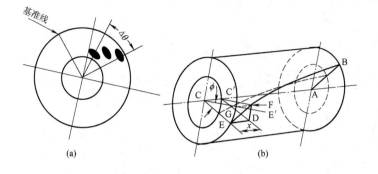

图 19-11　确定切向附加切变形图示　　　图 19-12　微分管体的变形图示

为了判别不均匀变形程度采用了以下各参数：

切向切变形系数　　　　　　　　$K_c = e_c/E_1$

轴向切变形系数　　　　　　　　$K_1 = e_1/E_1$

扭转切变形系数　　　　　　　　$K_T = e_T/E_1$

不均匀变形系数　　　　　　　　$K = E_2/E_1$

　　试验是在曼内斯曼穿孔机上进行的，前后辊面锥角 3.5°，顶头按球形顶头设计，轧辊转速为 40r/min。在工具和转速不变的条件下，试验研究了送进角 β、顶头超前量 C、径缩比 Z（管坯直径与孔喉处辊面距离比），以及顶头主动旋转对变形均匀性的影响。顶头主动旋转的方向与轧件相同，速度以超过轧件孔喉处啮合速度的 25% 旋转。试验结果见图 19-13～图 19-15。

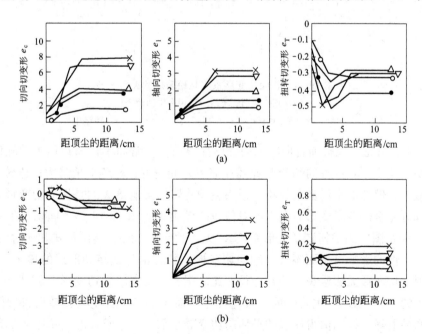

图 19-13　沿穿轧区附加切变形的分布图

（a）顶头随动旋转；（b）顶头主动旋转 $\beta=12°$；$c=1.32$cm；$n=40$r/min

Z	1.05	1.10	1.15	1.20	1.25
标记	○	●	△	▽	×

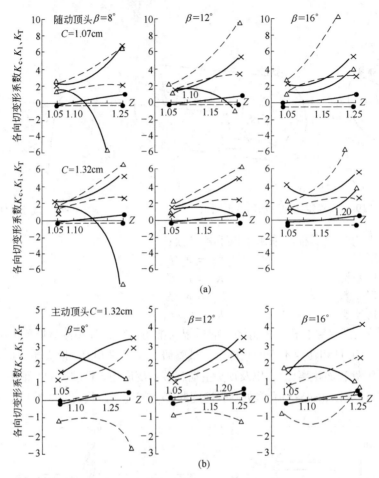

图 19-14 各向切变形系数与径缩比的关系曲线

(a) 顶头随动旋转；(b) 顶头主动旋转

△—K_c；×—K_1；●—K_T；——三辊穿孔；----二辊穿孔

由图 19-13 可见，顶头前各向附加切变形都很小，可略而不计。在顶头随轧件旋转的条件下，切向切变形 e_c、轴向切变形 e_1 随径缩率 Z 而正变；e_c 绝对值最大；扭转切变形在顶头中部最大，但总的来讲数值较小。顶头主动旋转后影响最大的是切向切变形 e_c，除顶尖外其他部分完全改变了变形方向，绝对值也降低很多。图 19-14 是各向切变形系数与径缩比 Z 间的关系图，图中扭转切变形系数 K_T 无论顶头采取什么转动形式其绝对值都很小，对变形不均匀性的影响可略而不计；轴向切变形系数无论什么转动形式的顶头全为正值，说明这项附加变形无法避免，而且随径缩比而正变。切向附加切变形对随动顶头来说也是不可避免的，因系数 K_c 也是正值，且随径缩比而正变。顶头主动旋转后各向附加切变形系数皆明显下降。特别值得注意的是切向切变形系数在一个较长的径缩比 Z 的范围内几乎与水平轴平行。这意味着只要主动旋转超前量选择合适，就可以使切向附加切变形系数在较大的径缩比范围内近于零。这对轧机调整提高毛管质量是很有利的。图 19-15 是反映曼内斯曼穿孔机的不均匀变形系数与径缩比、送进角的关系。显然，在保证正常轧制的条件下应使径缩比小一些、顶尖超前量大一些，以降低不均匀变形系数 K，并且一定的调整

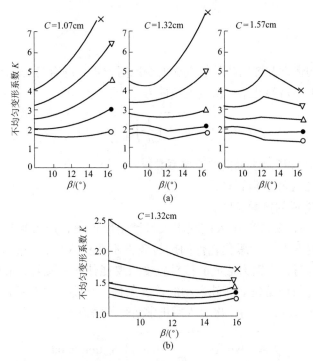

图 19-15　不均匀变形系数 K 与送进角 β 的关系曲线

（a）顶头随动旋转；（b）顶头主动旋转

Z	1.05	1.10	1.15	1.20	1.25
标记	○	●	△	▽	×

参数下，都有一个不均匀变形系数最低的送进角范围。芯头主动旋转也是显著降低不均匀变形系数的有效办法。

综上所述，为减少穿轧区附加切变形，降低不均匀变形系数，应采取以下措施：（1）保证稳定轧制条件下尽量降低径缩比 Z 缩短变形区长度，提高变形的均匀性，这是一条根本性措施，和曳入锥的变形要求也完全一致；（2）保证正常曳入的条件下，适当提高顶头超前量利于改善穿轧锥的变形均匀性，所以适当降低轧辊曳入锥面锥角，提高顶头超前量是合适的；（3）一定的顶头超前量和径缩比，有一个合适的送进角范围使变形的均匀性最好；（4）顶头主动旋转是改善斜轧穿孔变形均匀性的有效措施，值得进一步探讨其付诸实现的可能性。

19.3　斜轧的曳入条件

轧件曳入是实现变形的先决条件，管材生产常带有顶头或芯棒，因此，轧件除接触到轧辊时的一次曳入外，还有在变形区内碰到顶头或芯棒的二次曳入问题。后者，无论在轴向和切向的阻力均较大，容易轧卡，所以是能否实现斜轧过程的关键。轧件斜轧是螺旋形运动，因此曳入除要求在轧制轴线方向上曳入力 X 大于阻止力 X' 外，还要求切向的旋转力矩 M 大于阻力矩 M'，而且首先必须满足旋转条件。所以斜轧曳入的极限条件是：

$$\Sigma M \geqslant 0, \quad \Sigma X \geqslant 0$$

19.3.1　第一次曳入条件

如果忽略轧件的惯性和推料机接触端面的摩擦阻力矩，综合考虑轧制轴向和旋转切向的极限平衡条件，可求得斜轧第一次曳入条件为：

$$f \geqslant \sqrt{\sin^2\varphi_1 + \left(\frac{b}{d_p}\right)^2\left(\frac{d_p}{D} + 1\right)^2} \tag{19-21}$$

式中　f——轧辊与轧件接触表面间的摩擦系数；

D，d_p——接触点辊径和坯料直径；

b——送钢时造成的接触宽度。

由式（19-21）知，要改善曳入应减小入口锥辊面锥角，加大辊径。送钢力要适当，过大会因强迫接触宽度 b 太大恶化轧件的旋转条件不能曳入，这一点对空心管体尤需注意。所以第一次曳入时，送钢力造成的接触宽度只要能使坯料旋转，轧件自会螺旋前进，因为创造良好的旋转条件是建立斜轧运动的首要条件。如将式（19-7）、式（19-12）、式（19-15）代入式（19-21），可得一次曳入后正常运行的关系式：

$$f \geqslant \sqrt{\sin^2\varphi_1 + \frac{\pi}{m}\left(\frac{d_p}{D} + 1\right)^2 S_{xx}\tan\varphi_1\tan\beta} \tag{19-21'}$$

式中，设曳入开始时轧件的椭圆度、切向滑动系数均近于 1.0。由式（19-21'）可见只要入口辊面角选取合适，轧件一次曳入后均能正常运行，只是轴向滑动系数 S_{xx} 有大、小之别而已。

19.3.2　第二次曳入条件

轧件前端进入变形区接触到顶头或芯棒时便开始了第二次曳入，轧件除受到轧辊摩擦力和正压力的作用外，还受到顶头或芯棒的阻力和阻力矩作用。图 19-16 是二次曳入时轧件的受力分析。

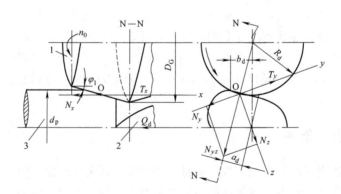

图 19-16　第二次曳入时轧件与工具接触表面的受力分析
1—轧辊；2—顶头；3—轧件

如忽略导板的阻滞作用，斜轧二次曳入的极限条件可示为：

$$T_y r_d - N_{yz} a_d \geqslant 0 \tag{19-22}$$

$$m(T_x - N_x) - Q_d \geqslant 0 \tag{19-23}$$

轧件对轧辊接触点的正压力 N 可分解为：

$$N_x = N\sin\varphi_1; \quad N_{yz} = N\cos\varphi_1$$

因 φ_1 很小，所以近似地取：$N_{yz} \approx N$。如近似地认为 d_p/D_d 与 d_d/D_d 相等，并以 i 表之，则：

$$a_d = \frac{b_d}{2}(1 + i)$$

因开始接触宽度很窄可近似认为：

$$T_y = Nf \sqrt{1 - \cos^2(T,x)}$$

代入式 (19-22) 求得：

$$\cos(T,x) \leqslant \sqrt{1 - \left(\frac{1+i}{2fr_d}b_d\right)^2} \tag{19-22'}$$

已知：

$$Q_d = \pi r_d'^2 p_d$$

$$N = pb_d L_d = pb_d \varepsilon_d r_p \frac{1}{\tan\varphi_1}$$

$$T_x = Nf\cos(T,x)$$

$$m(T_x - N_x) = mp\varepsilon_d r_d b_d \frac{1}{\tan\varphi_1}[f\cos(T,x) - \sin\varphi_1]$$

式中　p, p_d——轧辊和顶尖上的单位压力；

$\quad\quad\varepsilon_d$——顶前径缩率；

$\quad\quad r_d'$——顶头尖端半径；

$\quad\quad R_d$——顶头前变形区内轧辊的平均半径；

$\quad\quad r_d$——顶头前变形区内轧件的平均半径；

$\quad\quad r_p$——坯料半径；

$\quad\quad b_d$——顶头前的平均接触宽度；

$\quad\quad m$——轧辊数。

根据式 (19-23) 求得：

$$\cos(T,x) \geqslant \frac{1}{f}\left(\frac{\pi r_d'^2 p_d \tan\varphi_1}{mp\varepsilon_d r_p b_d} + \sin\varphi_1\right) \tag{19-23'}$$

联解式 (19-22')、式 (19-23') 得：

$$\varepsilon_d \geqslant \frac{\pi K_p K_r^2 \tan\varphi_1}{2m[\sqrt{f^2 - (1+i)^2\eta^2} - \sin\varphi_1]\eta} \tag{19-24a}$$

式中　$K_p = p_d/p$，二辊取 K_p 为 0.78，三辊取 K_p 为 0.83；

$\quad\quad K_r = r_d'/r_p$；

$\quad\quad\eta$——相对接触宽度，即 $\eta = b_d/d_p$。

由式（19-12）、式（19-15）、式（19-7）求得：

$$b_{d} = d_{p} \sqrt{\frac{\xi \pi \tan\beta \tan\varphi_1}{m(1+i)} \frac{S_{xx}}{S_{xy}}}$$

实际 S_{xy} 可取为 1.0，为研究最不利的曳入情况取 S_{xx} 也为 1.0，此时 b_{d} 最宽，轧件旋转条件最差 η 为：

$$\eta = \sqrt{\frac{\xi \pi \tan\beta \tan\varphi_1}{m(1+i)}} \tag{19-24b}$$

将式（19-24b）代入式（19-24a），求得第二次曳入的最小顶前径向压缩率：

$$\varepsilon_{d_{xi}} \geqslant \frac{K_{p} K_{r}^{2}}{2 \left[\sqrt{mf^{2} - (1+i)\xi\pi\tan\varphi_1\tan\beta} - \sqrt{m}\sin\varphi_1 \right] \sqrt{\dfrac{\xi}{\pi(1+i)} \dfrac{\tan\beta}{\tan\varphi_1}}} \tag{19-24}$$

由式（19-24）可知：增加辊数、减小入口辊面对轧制线的张角 φ_1、加大辊径、提高辊面摩擦系数、不使用过于磨损的顶头都有利于第二次曳入。送进角的影响如图 19-17 所示，有一个最小极限临界角 β_1。在临界值之前二次曳入的最小顶前径缩率随送进角而反变，在临界值之后则相反。

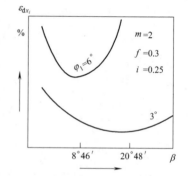

图 19-17　第二次曳入的顶前
最小径缩率与送进角的关系

如将式（19-24a）对 η 进行两次微分，可见存在一极小值，令一次微分为零，同样可求得 η 的极小值：

$$\eta = \frac{\sqrt{4f^{2} - \sin\varphi_1}\,\sqrt{4f^{2} + \sin\varphi_1}}{2\sqrt{2}(1+i)}$$

联解式（19-24a）、式（19-24b）求得：

$$\tan\beta_1 = \frac{m}{8\pi(1+i)\tan\varphi_1} \left(4f^{2} - \sin^{2}\varphi_1 - \sin\varphi_1 \sqrt{8f^{2} + \sin^{2}\varphi_1} \right) \tag{19-25}$$

由图 19-17 还可看出，入口辊面相对轧制轴线的张角 φ_1 愈小，最小顶前径缩率的临界送进角 β_1 愈大，最小顶前径缩率愈小。因此，从曳入这个角度看，采用较小的入口辊面张角 φ_1，不仅易于曳入，而且允许选用较大的送进角轧制，利于提高管体质量和轧机生产率。但应注意按式（19-25）计算的结果略偏大，因随送进角增加，实际入口辊面相对于轧制线的张角 φ_1' 也在增大，其关系如下：

$$\tan\varphi_1' = \frac{x\tan^{2}\beta}{\sqrt{x^{2}\tan^{2}\beta + (R_{y} + r_{y})^{2}}} + \tan\varphi_1 \tag{19-25'}$$

式中　R_{y}，r_{y}——压缩带轧辊半径和坯料半径；

　　　　x——讨论剖面距离辊轴回转中心的距离。

综上所述，二辊斜轧穿孔机生产调整时，应使顶头前实际径缩率 ε_{d} 满足以下条件，做到既顺利曳入，又保证穿孔件不过早出现孔腔：

$$\varepsilon_1 > \varepsilon_{d} > \varepsilon_{d_{xi}} \tag{19-26}$$

如果低塑性材料的临界径缩率小于二次曳入的顶前最小径缩率，则应深钻定心孔增加二次曳入时顶头前的接触区长度。

19.4 斜轧穿孔压力和力矩的计算

由于斜轧变形的复杂性，轧制压力计算还没有找到一个完整的理论公式。以下介绍的是实践证明比较近于实际的计算方法。

19.4.1 斜轧穿孔压力的计算

斜轧穿孔总压力 P 可简示如下：

$$P = F_1 \overline{P}_1 + F_2 \overline{P}_2 \tag{19-27}$$

式中 $\overline{P}_1$，$\overline{P}_2$——曳入锥和辗轧锥的平均单位压力；

F_1，F_2——曳入锥和辗轧锥的接触面积：

$$F_1 = l_1 \overline{b}_1', \quad F_2 = l_2 \overline{b}_2'$$

$\overline{b}_1'$，$\overline{b}_2'$——曳入锥和辗轧锥的平均接触宽度。

平均接触宽度按下式计算：

$$\overline{b} = \frac{1}{\sum\limits_{i=1}^{n} l_i} \sum_{i=1}^{n} b_i l_i \tag{19-28}$$

式中 l_i——截取各剖面间的距离；

b_i——相邻两剖面间的平均接触宽度。

单位压力计算分为两种情况考虑：一是曳入区的实心体部分；一是顶头参与变形的穿轧区。前者单位压力按式（19-29）计算：

$$p = 2k \left(1.25 \ln \frac{2r}{b} + 1.25 \frac{b}{2r} - 0.25 \right) \tag{19-29}$$

式中 r——计算剖面的坯料半径；

b——计算剖面的轧辊接触宽度；

k——纯剪的屈服切应力，$k = 0.57\sigma_s$，σ_s 为一定变形温度、变形速度下的变形抗力。

式（19-29）的使用条件是 $1 \leqslant \frac{2r}{b} \leqslant 8.5$。穿轧区建议使用普兰特公式计算：

$$p = 2k(1 + 0.5\pi) \approx 5.14k \tag{19-30}$$

平均单位压力按截取相邻剖面间单位压力成梯形分布考虑，用下式计算：

$$\overline{p} = \frac{1}{\sum\limits_{i=1}^{n} l_i} \sum_{i=1}^{n} p_i l_i \tag{19-31}$$

式中 p_i——两相邻剖面间的平均单位压力。

据实测统计低碳钢穿孔的平均单位压力为 $70 \sim 130\text{MPa}$，不锈钢为 $150 \sim 160\text{MPa}$。

19.4.2 斜轧穿孔力矩的计算

穿孔机的传动力矩由以下几部分组成：轧制力矩、顶头的附加阻力矩、对二辊斜轧穿孔机还应考虑导板的阻力矩。轧辊轴承的摩擦力矩和一般机械轴承的算法原则相同，这里不作介绍了。

19. 4. 2. 1 穿孔轧制力矩 M_z

垂直轧件轴线取截面，正常轧制条件下轧件对轧辊的压力方向如图 19-18（a）所示。

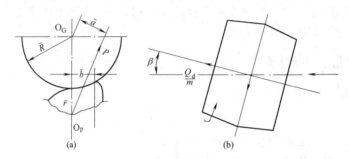

图 19-18 斜轧穿孔时轧件对轧辊的作用力方向图示
（a）轧件对轧辊的压力作用方向；（b）顶头阻力通过轧件作用在轧辊上的方向

每个轧辊上的轧制力矩 M_z' 为：

$$M_z' = P\bar{a} = P\frac{\bar{b}}{2}\left(1 + \frac{\bar{R}}{\bar{r}}\right) \tag{19-32}$$

式中 P——变形区内的总压力；

$\bar{b}$, $\bar{r}$, $\bar{R}$——变形区内的平均接触宽度、平均坯料半径、平均轧辊半径。

轧辊与轧件之间有一送进角 β，所以轧辊上的实际轧制力矩为：

$$M_z = M_z'/\cos\beta \tag{19-32'}$$

19. 4. 2. 2 顶头阻力对轧辊形成的阻力矩 M_d

如图 19-18（b）所示，每个轧辊上顶头阻力形成的阻力矩为：

$$M_d = \frac{Q_d}{m}(\bar{R} + \bar{r})\sin\beta \tag{19-33}$$

式中 Q_d——顶头轴向阻力，据实测统计其值波动如下：

对曼内斯曼穿孔机：穿制薄壁管 $\quad Q_d = (0.25 \sim 0.45)P$

穿制厚壁管 $\quad Q_d = (0.22 \sim 0.33)P$

对菌式二辊斜轧穿孔机： $\quad Q_d = (0.32 \sim 0.40)P$

对桶式三辊斜轧穿孔机： $\quad Q_d = (0.40 \sim 0.50)P$

对二辊斜轧延伸机： $\quad Q_d = (0.15 \sim 0.20)P$

对二辊斜轧均整机： $\quad Q_d = (0.35 \sim 0.50)P$

轧辊送进角对顶头阻力影响很大，送进角愈大阻力愈高，以上 Q_d 值是在送进角小于 13° 条件下测得的。

二辊斜轧穿孔机还必须考虑导板阻力矩，为简化计算设轧件表面的运动方向与压缩带接触辊面的速度相同，以此确定导板摩擦力对轧件的作用方向。据测定导板上的压力约为轧制压力的（0.13~0.27）。

根据计算的总力矩和轧辊转速即可求得功率和能耗。试验证明，伸长率愈大单位重量毛管的能耗愈高；同一伸长率毛管的管径愈大单位能耗愈低，轧辊转速影响不大；但送进角愈大单位能耗愈小。这里又一次反映出采用大送进角生产的效益。顶头位置一般认为，只要顶前径缩率能保证正常实现二次曳入即可，不宜过大，这样的单位毛管重量的能耗亦较低。

19.5　斜轧穿孔机的工具设计

工具设计的基本要求是：获得符合要求的几何形状和尺寸；良好的内外表面质量；曳入方便；轧制稳定；生产率高；单位产品重量的能耗小；工具磨损均匀耐用。

19.5.1　穿孔机轧辊设计

图 19-19（a）为目前常见的桶式穿孔机辊型图，分为三部分：曳入锥Ⅰ、辗轧锥Ⅱ和压缩带Ⅲ。轧辊压缩带和导板或导盘构成的孔型一般称之为孔喉，它的位置，只要使曳入锥能进行必要的径向压缩率，保证轧制稳定即可，不必过后。使辗轧锥在可能的条件下长一些，这将有利于提高毛管壁厚的均匀性和内外表面质量。正确确定辊面锥角是辊型设计好坏的关键，按曳入条件入口辊面锥角 φ_1 宜小不宜大，只要能满足生产规格范围的径向压缩率要求即可。送进角小于 13° 斜轧穿孔机入口辊面锥角多为 3°~3.5°。送进角在 13°以上时，因为入口辊面相对轧制线的实际张角 φ_1' 据式（19-25'）随送进角的增大而增加，所以入口辊面锥角 φ_1 需相应减小如图 19-19（b）。辗轧锥辊面锥角 φ_2 主要考虑毛管扩径量的要求，一般不宜取高，以免过分扩径增加了表面出现缺陷的概率。如采用毛管外径与来坯外径大致相等的等径穿孔原则，皆取 $\varphi_1 = \varphi_2$。如扩径需要也可取 $\varphi_2 = \varphi_1 + 1°~2°$。大送进角轧制时因为辗轧锥辊面相对轧制线的张角比实际的辊面锥角大，缩短了变形区长度，削弱了抛出力易发生后卡，因而采取多锥度辊型，距离轧辊回转中心愈远一般锥角应愈小，见图 19-19（b）。菌式辊型辊面相对轧辊轴线的辊面锥角 $\varphi_3 = \gamma + \varphi_1$，$\varphi_4 = \gamma - \varphi_2$，$\varphi_1$、$\varphi_2$ 为辊面相对轧制线的张角，γ 为辗轧角。大送进角时，辊面相对轧制线的张角 φ_1、φ_2 亦应加以修正。

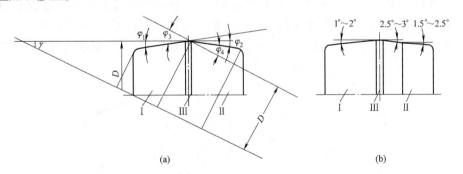

图 19-19　桶式和菌式辊型图

确定斜轧轧辊压缩带的直径 D 时，主要考虑毛管表面质量和曳入条件。试验证明辊径与最大轧制坯料外径比必须大于 3.5，不然会在毛管表面造成螺旋分布的断续"辊痕"，形成类似外折叠的缺陷。为了提高轧制过程的稳定性，改善大送进角轧制条件下的曳入和抛出能力，迫使斜轧穿孔的辊径日益增加。目前实际的辊径与最大坯料直径比在 3.5 ~ 6.8，大型机组因受到空间结构尺寸上的限制取下限。辊身长 L 应比要求的最长变形区大 100 ~ 200mm，一般辊身长为最大辊径的 0.55 ~ 0.70，新轧机有加长的趋势，多在上限。

斜轧机轧辊的材料选择，既要有一定的耐磨性，又要求有较高的摩擦系数，以利曳入和抛出轧件。这一点对斜轧穿孔更为突出，所以辊面硬度受到一定限制。目前多采用 55Mn、65Mn 以及 55 号钢为材料的锻钢辊或铸钢辊，热处理后的辊面硬度为 HB141 ~ 184。

三辊斜轧穿孔机的辊型设计原则与二辊相同，不同者就是它的最大辊径受到要求生产的最小毛管外径的限制。如图 19-20 所示，当辊面间间隙 Δ 趋于零时即为最大辊径 D 和孔喉处可能轧制的最小轧件直径 d_{xi} 的极限条件。最小辊面间隙为 3 ~ 4mm。

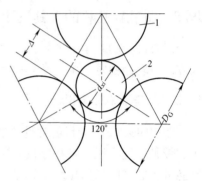

图 19-20　三辊斜轧穿孔机最大辊径与
孔喉处最小轧件直径的关系图
1—轧辊；2—轧件

按图 19-20 几何关系可求得三辊斜轧穿孔孔喉处的最大辊径 D 的计算式：

$$D = 6.5d_{xi} - 7.5\Delta \qquad (19-34)$$

三辊斜轧的最小辊径受到轧制最大直径钢管时的强度限制。

19.5.2　斜轧穿孔的顶头设计

图 19-21 是常见的斜轧穿孔球面顶头。构成一般有四部分：（1）穿轧锥是主要进行加工的部分；（2）均壁锥，它的主要作用是均整毛管壁厚，一般取为直线段，并且应与轧辊相应工作母线间形成等距缝隙，目前锥角多取与轧辊辗轧锥角相等，对大送进角轧机，顶头辗轧锥的锥角按式(19-25′)修正，长度一般取为毛管出口单位螺距的 （1.5 ~ 2.0）倍，出口单位螺距应按该顶头轧制的最薄毛管计算；（3）反锥，就是在顶头末端略带一定反向锥度，以免划伤毛管的内表面，对于穿孔时自由松动配合的顶头反锥较长（见图 19-21（b）），目的是使其单独放置在导板上时轴线保持水平；（4）鼻尖，作用是改变金属的流向，在顶头尖部形成间隙不与炽热的金属直接相接，有利于减缓尖部磨损提高使用

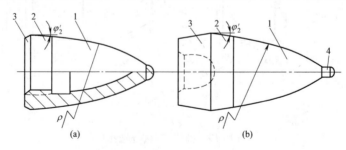

图 19-21　斜轧穿孔的球面顶头
（a）水内冷固接顶头；（b）水外冷可拆松动联结顶头

寿命。空心顶头还可以在间隙处打眼，将润滑剂、直接打入变形区，改进润滑条件提高穿孔效率和产品质量。我国使用较广的水内冷顶头。以螺纹与顶杆紧固联结，这种联结方法一定要严格要求顶头轴线与顶杆轴线的平行性和同心度，不然顶头相对顶杆轴线的任何倾斜和偏移，在管体上造成的螺旋壁厚不均，据试验结果证明将是可拆松动联结顶头的两倍左右。

顶头设计的好坏主要取决于穿轧锥的长度和它的轮廓曲线设计，因为这决定了变形的分布规律。穿轧锥的长度完全取决于变形区的实际长短，即主要取决于坯料的总缩径量，另外辊面锥角和送进角也有明显影响。从变形区总长度中减去实现二次曳入要求的顶头前最低径缩率长度，和必要的均壁锥、毛管规圆段长度外，剩下部分便是穿轧锥的最大可能长度。如从变形区总长度中减去临界径缩率要求的变形区长度，和均壁段、规圆段长度，剩下部分便是穿孔锥最小设计长度。两者之差便是顶头设计允许的长度变化范围，也是生产时顶头位置可能的调节范围。考虑到轧机调整的需要可取最大可能设计余长的85%左右作为顶头穿轧锥的设计长度。这样设计的顶头不易发生前、后卡，调整也比较方便。目前常见的工作锥轮廓曲线多为球面形顶头，见图19-21。整个穿轧锥是以单半径构成，为使表面过渡平滑圆弧与均壁锥相切，与顶尖圆柱底相交。这种设计方法简单，同一尺寸顶头只要毛管内径大致相等即可选用，可适应较大范围的毛管规格和轧机调整情况。问题是变形主要集中于前锥，磨损严重。近年来按拟定的变形分布原则设计顶头穿轧锥的方法又重新提出。试验证明，只要变形分布曲线合理，这种顶头使用过程中磨损均匀、穿孔效率高、节能，但主要缺点是一条穿轧锥曲线只适于一种规格产品和轧机调整参数，不然就完全失去原来的意义，所以长期以来生产中未能推广。但是张力减径出现后，使得穿孔机生产的毛管规格锐减，顶头材质性能日益提高，因此关于顶头合理轮廓曲线的研究又引起了人们的兴趣。顶头材料要求具有良好的高温强度和耐磨性；良好的导热性；耐激冷激热性。目前常用的有 $3Cr_2W_8$、$20CrNi_3A$，穿制高温强度高的材料时多采用钼基合金Mo-0.5Ti-0.02C。

19.5.3 斜轧穿孔的导向装置设计

导板是二辊斜轧穿孔机的导向装置之一，导板不仅能限制横向变形，增加孔型的封闭性，保证钢管的内表面质量，而且在一定程度上也影响到金属的运动学和动力学。设计应以同外径的薄壁管为准，因为薄壁管材要求导板与辊面吻合得更好。

图19-22是穿孔机导板的结构示意图，它与轧辊的相对位置见图19-5。设计主要确定进、出口斜面的倾角 ω_1、ω_2，导板中间过渡带相对轧辊压缩带的距离。导板横截面形状沿轧件运行轴线的变化，主要根据与辊面密切吻合的要求，完全按空间几何关系推导。导板过渡带一般相对轧辊压缩带向入口方向前移一定距离 N，对碳钢和低合金钢其值大致与顶尖超前量相近。实践证明，这样配置能提高滑动系数，降低能耗，提高导板使用寿命。但对低塑性高合金钢为控制轧辊压缩带的椭圆度，一般将导板前移量 N 取得小些，或将过渡带作成一定长度的平段。入口斜面的倾角 ω_1 应本着轧件先与轧辊接触 $1 \sim 2$ 个单位螺距后再与导板相遇的原则确定，以免发生前卡。小型机组的导板大多设有入口斜面。按上述考虑由图19-5，导板入口斜面倾角 ω_1 可按下式计算：

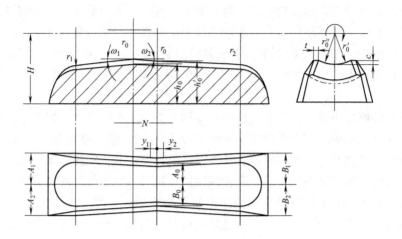

图 19-22　二辊斜轧穿孔机的导板图

$$\omega_1 = \arctan\frac{(d_p - a)\tan\varphi_1}{d_p - d - 2[(1 \sim 2)z_x + N]\tan\varphi_1} \tag{19-35}$$

导板出口斜面的倾角 ω_2 主要是控制变形区各断面的椭圆度，同时必须考虑在毛管内表面脱离顶头之前，外表面必须离开导板，防止后卡。按图 19-5，在极限条件下应在 A-A 剖面位置上，毛管内、外表面分别与顶头、导板脱离。据此 ω_2 按下式计算：

$$\omega_2 = \arctan\frac{2d_{ch} - (d_R + 2h_{ch}) - a}{2l_d} \tag{19-36}$$

导板工作面凹坑深 C 一般取 $5 \sim 30mm$，边宽 t 取 $6 \sim 15mm$，工作面圆弧半径一般在旋转毛管金属进入导板一侧的半径 r_0' 等于 $0.5d_p$，在金属离开导板一侧的半径 r_0'' 等于 $0.75d_p$，导板出口工作面圆弧半径 r_2 等于 $0.8 \sim 1.0d_{ch}$。导板长度无需过长，能满足最大变形区长度要求即可。其他参数完全按空间几何关系推导。导板在变形区内的安装位置，应靠近旋转毛管金属流进导板一侧的辊面，以防轧卡。

导盘也是二辊斜轧穿孔机的导向装置之一，由于它工作性能的优越性，因此在二辊斜轧穿孔机上应用日广，图 19-23 为导盘与轧辊的装配关系图，由几何关系求得：

$$H = D + b - \Delta_r - \Delta_{ch} - \sqrt{R^2 - \left(\frac{a}{2} - h_r\right)^2} - \sqrt{R^2 - \left(\frac{a}{2} - h_{ch}\right)^2} \tag{19-37}$$

由此可知，辊距愈小、孔喉椭圆度愈小、R 愈大，盘体厚度愈薄，所以一般应用最小辊距、最小孔喉椭圆度和最大辊径的条件设计导盘厚度，以利于操作调整。

为保证足够的变形区长度，导盘外径取轧辊压缩带直径的 $1.5 \sim 2.0$ 倍，导盘的工作表面取双半径构成，r_r 取生产管坯最小直径的 0.7 倍，r_{ch} 取 0.5 倍。采用单半径工作表面运转时振动较大。宝钢钢管公司 140mm 连轧钢管机组的穿孔机导盘直径取孔喉辊径的 $1.6 \sim 1.7$ 倍，孔喉椭圆度取 1.09，Δ_r 取 $2 \sim 3mm$，$\Delta_{ch} \geqslant \Delta_r$，$h_{ch} = 24mm$，$h_r = 21mm$，导盘工作表面用双半径构成。

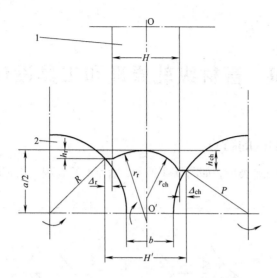

图 19-23　导盘与轧辊的装配关系
1—导盘；2—轧辊

20　管材纵轧原理和工具设计

20.1　管材纵轧变形区的特点

管材纵轧基本上有三种类型，如图 20-1 所示，有空心管轧制、长芯棒轧制和短芯头轧制。

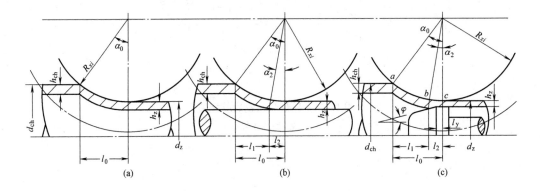

图 20-1　管材纵轧变形区的几种形式

（a）空心管轧制；（b）长芯棒轧制；（c）短芯头轧制

　　这三种轧制类型的工具接触表面投影大致有两大类：一是来料首先与孔型侧壁接触，与工具接触表面的投影如图 20-2（a）所示；二是来料首先与孔型槽底接触，与工具接触表面的投影如图 20-2（b）所示。无论哪一种工具接触表面情况，都是从点开始的，因此管件纵轧变形区可分为以下几个阶段：

　　（1）压扁，开始咬入时由于孔型形状与毛管横剖面不相适应造成局部点接触，压扁便首先在此开始，特点是只有断面形状的变化，周长、壁厚无变化，无延伸；

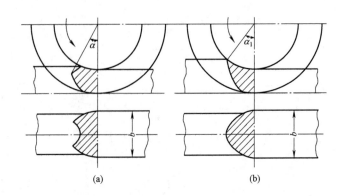

图 20-2　管材于孔型内接触表面的投影图

（a）与孔型侧壁首先接触的投影图；（b）与槽底首先接触的投影图

（2）减径，随着压扁的发展孔型壁与轧件接触表面不断增加，至一定程度后在径向接触应力作用下开始减径，特点是平均直径减小，毛管出现延伸，壁厚有所增减，因为孔型开口处金属沿径向流动的阻力较小，这里的壁厚较槽底为大，开始出现横剖面上的壁厚不均；这两个变形阶段各在变形区中占有的百分比，受到毛管原始相对壁厚（壁厚与外径比）和孔型限制展宽能力的影响，来料的相对壁厚愈小、孔型限制展宽的能力愈弱则压扁区愈长，愈不利于轧件延伸；

（3）减壁，这是带芯棒或芯头轧管的最后阶段，从轧件的内表面开始接触芯头到该剖面完全离开变形区为止是减壁阶段，特点是管体在孔槽和芯头组成的孔型加工下，外径继续减小，壁厚很快轧薄，毛管迅速延伸，由于孔型开口部分管壁得不到加工，槽底部分金属又横向宽展，使得孔型开口区的管壁更加偏厚，横剖面上的壁厚不均更加严重。这时孔型开口区的金属由于不均匀变形还承受着附加拉应力的作用，所以在孔型设计时必须认真改善宽向变形分布的均匀性，不然如孔型开口区的附加拉应力过大，就可能在管体上出现周期性横裂，这一点对低塑性材料尤需注意。

因为管体纵轧有相当一部分压扁存在，所以单纯的"压下"已不能完全反映实际变形，而应改用平均直径减缩率表示。孔型的宽度也不取决于金属的宽展，而完全取决于管体的压扁扩展程度。因为这时实际的金属宽展值与压扁的扩展值相比太小了，可以略而不计。不过金属宽展对轧件横剖面上壁厚不均的影响还是很大的，仍然是管材纵轧需要研究解决的问题之一。管材纵轧的基本变形参数应是减径率、减壁率和伸长率。

正确选用孔型形状是提高管材尺寸精度和表面质量的重要环节之一。目前管材纵轧常用的孔型基本上有椭圆孔型（见图20-3（a）、（b）），和圆孔型（见图20-3（c）、（d）、（e））两大类。圆孔型考虑留有宽展余地，皆设有开口角 φ，在此范围内以较大的半径作侧壁圆弧，形成一定的开口度。椭圆孔型必要时也可作此处理。要提高轧件尺寸精度，应尽量使变形沿孔型宽度方向分布均匀，降低宽展量，为此应努力提高孔型的严密性，椭圆孔型的严密性主要取决于孔型的宽高比，比值愈小严密性愈好。圆孔型除了决定于孔型宽

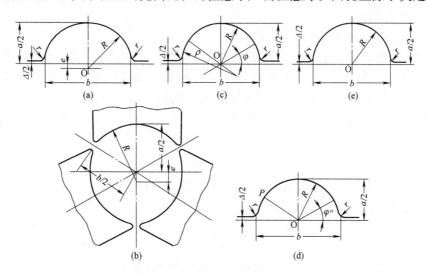

图 20-3　管材纵轧孔型图

（a）二辊椭圆孔型；（b）三辊椭圆孔型；（c）带侧壁圆弧圆孔型；（d）切线侧壁圆孔型；（e）圆孔型

高比之外，还受到孔型开口角的影响，小开口角利于提高孔型的严密性。如是同一孔型宽高比，带圆弧侧壁的圆孔型要比椭圆孔型限制展宽的能力强严密性好。

各种轧制条件下的变形区长度，如不计压扁影响，可按槽底接触长度计算如下，参看图 20-1，变形区总长度 l_0 为：

$$l_0 = \frac{d_{ch} - d_z}{2} \sqrt{\frac{4R_{xi}}{d_{ch} - d_z} - 1} \tag{20-1}$$

长芯棒减壁区长度 l_2 为：

$$l_2 = \sqrt{(h_{ch} - h_z)(2R_{xi} + h_{ch} + h_z)} \tag{20-2a}$$

短芯头减壁区长度 l_2 为：

$$l_2 = \cos\varphi \sqrt{(R_{xi} + h_{ch})^2 - (R_{xi} + h_z - l_y\tan\varphi)^2\cos^2\varphi} -$$

$$\frac{1}{2}(R_{xi} + h_z - l_y\tan\varphi)\sin2\varphi \tag{20-2b}$$

式中　R_{xi}——孔型槽底的轧辊半径；

　　　φ——短芯头锥角；

　　　l_y——短芯头圆柱段在变形区中的长度。

20.2　管材纵轧变形区的速度分析

管材纵轧变形区由于孔槽的存在使得前后滑区的分布比较复杂，为正确设计孔型和准确调整连轧机各机架转速，故首先必须弄清变形区内金属的运动特点。

变形区出口剖面上孔型内任一点的切线速度 v_x 可示为：

$$v_x = \frac{\pi D_x n}{60} \tag{20-3}$$

式中　n——轧辊转速，r/min；

　　　D_x——孔型内任一点对应的辊径。

因为沿孔槽各点的半径在变化，相应的切线速度也各不相同，槽底最小，槽缘最大，两者的速度差可达 20% ~ 30%。但轧件是以同一速度离开轧辊，因此在同一出口截面上就会存在前、后滑区。对称孔型中心线两侧必有两点的切线速度与轧件出口速度相等，此两点称为中性点，对应的直径称为"轧制直径" D_z。于是轧件出口速度可写为：

$$v_z = \frac{\pi D_z n}{60} \tag{20-4}$$

为研究管材纵轧变形区内金属滑动特点和确定轧制直径，设轧件出口速度与孔槽的平均切线速度比为条件滑动系数 S_{Ti}：

$$S_{Ti} = \frac{v_z}{v_{pi}} = \frac{D_z}{D_{pi}} \tag{20-5}$$

式中　v_{pi}——变形区出口沿孔型宽度方向的辊面平均切线速度；

　　　D_{pi}——孔型内切线速度等于 v_{pi} 点的辊径。

系数 S_{Ti} 受到如下一系列工艺因素的影响：变形区的前、后作用力；变形程度；沿孔型宽度的变形均匀性；轧件的相对壁厚；辊径大小；孔型的宽高比；顶头或芯棒的形状和使用方法；以及工具接触表面的摩擦系数等。实测证实，空心体微张力轧制和长芯棒浮动连轧条件下，条件滑动系数为 $1.02 \sim 1.07$，短芯头轧制时为 $0.95 \sim 1.02$，因此工程计算可取 D_z 近似地等于 D_{pi}，误差在 $2\% \sim 7\%$。

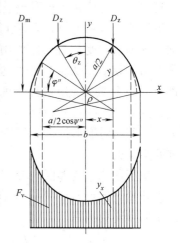

图 20-4　确定孔槽平均速度辊径图示

按式（20-3）孔型平均速度的辊径可写为：

$$D_{pi} = \frac{60}{\pi n} v_{pi} \qquad (20\text{-}6)$$

根据图 20-4，变形区出口孔型的平均切线速度 v_{pi} 可按以下方法计算：

$$v_{pi} = \frac{F_v}{b} \qquad (20\text{-}7)$$

式中　F_v——变形区出口沿孔槽轮廓线的切线速度积分值。

$$F_v = 2\int_0^{b/2} v_x \mathrm{d}x = \frac{\pi n}{30}\int_0^{b/2} D_x \mathrm{d}x$$

将式（20-7）代入式（20-6）得：

$$D_{pi} = \frac{2}{b}\int_0^{b/2} D_x \mathrm{d}x = D_m - \frac{2}{b}\int_0^{b/2} 2y\mathrm{d}x \qquad (20\text{-}6')$$

上式可简示为：

$$D_{pi} = D_m - \lambda b \qquad (20\text{-}6'')$$

式中　D_m——轧机的名义直径；

　　　λ——孔型的速度系数。

按不同孔型的几何形状特点列出各自的 y 表达式，代入式（20-6'）即可求得各自的孔型速度系数 λ。对二辊式纵轧机，孔型宽高比在 $1.05 \sim 1.12$ 的圆孔型和椭圆孔型，无张力轧制时系数 λ 可取为 0.75。

因为轧件速度与轧制直径的切线速度相同，所以反映出口截面孔槽各点金属滑动情况的系数可用下式表示：

$$S_x = \frac{v_z}{v_x} = \frac{D_z}{D_x} \qquad (20\text{-}8)$$

$D_x > D_z$，$S_x < 1.0$ 为后滑区，$D_x < D_z$，$S_x > 1.0$ 为前滑区，以孔槽底部的前滑值为最大。通常称管材纵轧的前滑系数即指此最大值而言。此值易于测定，可按下式计算：

$$S_{x\max} = \frac{D_z}{D_m - a} \qquad (20\text{-}9)$$

沿变形区的其他横剖面也同样存在着切线速度在轧制轴线方向上的分量与轧件速度相等的点，连接这些点便形成一空间曲线如图 20-5 所示，acb 曲线包含的面为前滑区，以外为后滑区。轧管机生产薄壁管时前滑区一般分布在减壁区，随着壁厚增加逐渐向减径带扩大。减径机前滑区的分布受到机架间作用力的影响，前张力增长前滑区相应扩大，后张力增长前滑区随之缩小，严重时完全消失，出现打滑现象，在毛管上留下印痕，这对产品的尺寸精度和表面质量都是极其不利的。后张力对变形区内金属变形和运动的影响皆比前张力为大。

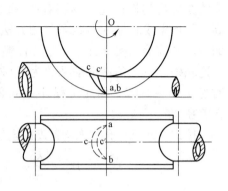

图 20-5　管材纵轧变形区内的前滑分布图

对于连轧机变形区内金属的运动还关系到机架间的作用力问题。要机架间无力存在，必需各机架的金属秒流量相等：

$$F_1 v_1 = F_2 v_2 = \cdots = F_x v_x = \cdots = 常数$$

如设计时使相邻两机架的下一架秒流量大于上一架，则机架间将产生张力，反之为推力。这一般用动态张力系数来衡量机架间秒流量不等的程度，称为动态张力系数，表达式如下：

$$C_x = \frac{F_x v_x - F_{x-1} v_{x-1}}{F_x v_x} \tag{20-10}$$

当 $C_x > 0$ 表示机架间存在张力，$C_x < 0$ 表示机架间存在推力。实际生产中因为计算和轧机调整上的误差，各架孔型磨损不均等原因往往不能保证 $C_x = 0$，因此为操作方便和避免堆钢，生产时一般皆取微张力状态。

最后需要说明一点：所谓动态张力系数只是反映了设计时人为地打破了金属秒流量相等的原则，在机架间产生了张力或推力。但实际轧制过程仍然是按着各机架金属秒流量相等的原则进行的。只是在新的条件下改变了变形区内的金属滑动情况、轧件出口速度和轧件横剖面面积等，达到了新的平衡罢了。

20.3　管材纵轧的咬入条件

管材纵轧的咬入问题，大致有以下几种情况：空心管体轧制，一次咬入后即可建立稳定的轧制过程；带短芯头或长芯棒轧制，除轧件外表面接触到轧辊的一次咬入外，毛管内表面接触到芯头或芯棒后还有第二次咬入问题。一般二次咬入的阻力较大，易发生前卡。

管材纵轧的咬入条件和一般纵轧一样，即在轧件运动方向上的咬入力必须大于或等于阻滞力。

对于各种情况下用后推力强迫送钢的第一次咬入条件，应满足以下经验公式：

$$\tan\alpha \leqslant \frac{2f}{1 - f^2} \tag{20-11}$$

式中　f——轧辊接触表面的摩擦系数；
　　　α——开始接触点的第一次咬入角，参见图 20-6，则：

$$\tan\alpha = \frac{\sqrt{(D_m - a\sin\psi)^2 - (D_m - \sqrt{d_{ch}^2 - a^2\cos^2\psi})^2}}{D_m - \sqrt{d_{ch}^2 - a^2\cos^2\psi}} \tag{20-11'}$$

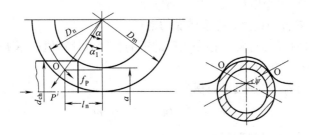

图 20-6 管材第一次咬入图示

定减径机一般皆为椭圆孔型系统，辊道自由送钢，皆孔槽底首先接触，则第一次咬入条件应为：

$$\tan\alpha_1 \leqslant f \tag{20-12}$$

式中 α_1——槽底首先接触时的第一次咬入角，按图 20-6，则

$$\tan\alpha_1 = \frac{\sqrt{(d_{ch} - a)(2D_m - d_{ch} - a)}}{D_m - d_{ch}} \tag{20-12'}$$

管材纵轧的第二次咬入受力情况比较复杂，促使轧件咬入的是轧辊在减径区对轧件作用的摩擦力在轧制线方向的分量 T_x。阻止咬入的力，有轧辊减径区的正压力 N、顶头上的正压力 N_d 和摩擦力 T_d 在轧制线方向上的分量（N_x、N_{dx}、T_{dx}）。所以保证实现二次咬入的条件是：

$$T_x \geqslant N_x + N_{dx} + T_{dx} \tag{20-13}$$

由上式可见，轧管时必须考虑一定的减径量，特别是小径管、厚壁管尤须注意加大毛管内径和顶头的外径差，扩大减径区提高咬入力。为减少顶头阻力还应选用合适的芯头和芯棒的润滑剂。

20.4 管材纵轧的轧制力和轧制力矩

纵轧管材有两种情况，一是带芯棒轧制，如长芯棒连续轧管机、自动轧管机，一是空心管轧制，如定减径机（图 20-1）。它们轧辊上的总压力，可简示如下：

$$P = P_1 F_1 + P_2 F_2 \tag{20-14}$$

式中 F_1，F_2——减径区和减壁区接触表面的水平投影，空心管轧制时后者为零；

P_1，P_2——减径区和减壁区的垂直平均单位压力。

20.4.1 接触表面水平投影面积计算

自动轧管机（图 20-1（c））孔型皆有开口侧壁，轧制圆形毛管时，变形区总接触表面的水平投影面积，B. П. 阿西伏罗夫建议用下式计算：

$$F = b\left(1 + \frac{D_m}{12D_{min}}\right)\sqrt{\frac{d_0 - a}{2}D_{min}} \tag{20-15}$$

式中 b——接触表面水平投影宽度，取为孔型宽度；

d_0——毛管外廓线高度，取为毛管计算外径；

D_m，D_{min}——轧辊名义直径和孔型槽底的辊径。

上式未考虑管体在变形过程中存在压扁的影响，所以计算值比厚壁管实测值小 15% ~ 20%，薄壁管小 25% ~ 40%。

自动轧管机减壁段的水平投影面积为：

$$F_2 = (1.06 \sim 1.10) b l_2 \qquad (20\text{-}16)$$

式中　l_2——孔型槽底的减壁区长度：

$$l_2 = \frac{D_{min} \tan\varphi}{2} \left[\sqrt{1 + \frac{4(\Delta h + l_y \tan\varphi)}{D_{min} \tan^2\varphi}} - 1 \right]$$

φ——短芯头锥角；

l_y——短芯头圆柱段向入口方向伸出轧辊中心连线的长度；

Δh——减壁区的轧壁量

$$\Delta h = h_0 \left[1 - \frac{d_0 - h_0}{\mu_z (d_z - h_z)} \right]$$

h_0，h_z——送入和轧后毛管壁厚；

d_0，d_z——送入和轧后毛管外径，后者可取为轧制孔型高度；

μ_z——伸长率。

减径区接触表面的水平投影面积为：

$$F_1 = F - F_2 \qquad (20\text{-}17)$$

对长芯棒连续轧管机 А. П. 阿涅西伏罗夫建议减径段接触表面的水平投影面积按下式计算

$$F_1 = \frac{1}{2} d_m \left[\sqrt{\frac{D_{min}}{2}(b_{x-1} - a_x)} - \sqrt{D_{min}\Delta h} \sin(\psi - \beta) \right] \qquad (20\text{-}18)$$

式中　d_m——连轧机芯棒直径；

D_{min}——孔型槽底的最小直径；

b_{x-1}——送入毛管的高度，可取为前一机架的孔型宽度；

a_x——讨论机架的孔型高度；

Δh——孔型槽底的减壁量；

ψ——孔型开口角；

β——孔型开口角范围内，管壁与芯棒接触区占据的部分中心角

$$\beta = \arccos\left(1 - 2\frac{\Delta h}{d_m} \right) \qquad (20\text{-}19)$$

减壁区接触表面的水平投影面积为：

$$F_2 = C(d_m + 2h_k) \sqrt{D_{min}\Delta h} \cos(\psi - \beta) \qquad (20\text{-}20)$$

式中　h_k——轧制毛管在孔型开口处的壁厚，可取为上一机架孔型槽底的壁厚；

C——系数，$\beta = 0$ 时等于 0.74，如孔型开口处的壁厚大于孔型槽底的壁厚则

为 1.1。

对空心管轧制，变形区接触表面的水平投影面积按 A. A. 舍夫钦柯建议为：

$$F = (0.80 \sim 0.85)b_n \sqrt{\frac{1}{2}(b_{x-1} - a_x)\left[D_{\min} - \frac{1}{2}(b_{x-1} - a_x)\right]} \tag{20-21}$$

式中　b_n，b_{x-1}——本机架和上一机架孔型宽度；

$\qquad a_x$——本机架孔型高度；

$\qquad D_{\min}$——孔型槽底的最小直径。

20.4.2　平均单位压力、芯棒轴向力计算

减径区的平均单位压力建议按下式计算：

$$p_1 = \eta k_f \frac{h_0}{d_{pi}} \tag{20-22}$$

式中　d_{pi}——减径区孔型高度的平均值；

$\qquad h_0$——来料管壁厚度；

$\qquad k_f$——轧制温度下不同变形速度的变形抗力，按图 20-7 查阅；

$\qquad \eta$——考虑非接触区影响的系数：

$$\eta = 1 + 0.9 \frac{d_{pi}}{l_1} \sqrt{\frac{h_0}{d_{pi}}}$$

$\qquad l_1$——减径区长度。

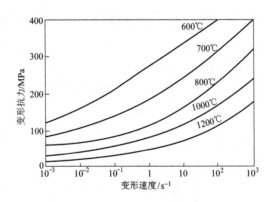

图 20-7　变形抗力与变形速度的关系

减径区的变形速度按下式计算：

$$\dot{\varepsilon}_1 = \frac{2v_{\min}}{d_{pi}} \sin \frac{\alpha}{2}$$

式中　$v_{\min}$——孔型槽底的辊面切线速度；

$\qquad \alpha$——第一次咬入角，见图 20-6。

减径区孔型的平均高度，带芯棒轧制时为：

$$d_{pi} = \frac{1}{2}\left[d_0 + D_m - \sqrt{(D_m - a)^2 - 4l_2^2}\right]$$

对于定、减径机变形区平均单位压力仍按式（20-22）计算，但非接触区影响系数应计算如下：

$$\eta_x = 1 + \frac{d_{x-1}}{2l_x}\sqrt{\frac{h_{x-1}}{d_{x-1}}} \tag{20-22'}$$

式中　　d_{x-1}，h_{x-1}——来料平均管径和壁厚；

　　　　　　l_x——变形区长度。

张力减径过程中的张力对变形区平均单位压力影响较大，平均单位压力应按下式计算：

$$p = 1.15\sigma_s\eta\frac{2h}{d_{pi}}\Big[1 - \Big(\frac{1}{3}Z_{qi} + \frac{2}{3}Z_{ho}\Big)\Big] \tag{20-23}$$

式中　　σ_s——轧制温度下金属的流动极限；

　　　　η——非接触区影响系数按式（20-22'）计算；

　　　　d_{pi}——变形区平均管径；

　Z_{qi}，Z_{ho}——前、后张力系数，该系数将在减径机一节中介绍。

减壁区的平均单位压力一般按图 20-8 的 А. И. 采利柯夫曲线查阅确定，有关参数计算如下：

$$K = 1.15k_f；\quad \delta = \frac{2fl_2}{\Delta h}；\quad \frac{\Delta h}{h_0} = \frac{\Delta h}{h_0}\times100\%$$

式中　　f——金属与辊面的摩擦系数，按式 C. 阿克隆法，$f = 1.05 - 0.0005t - 0.056v$；

　　　　t——轧制温度；

　　　　v——轧制速度；

　　　　k_f——轧制温度变形速度下的变形抗力，其变形速度为：

$$\dot{\varepsilon}_2 = \frac{2v_{min}}{h_0 + h}\alpha_2$$

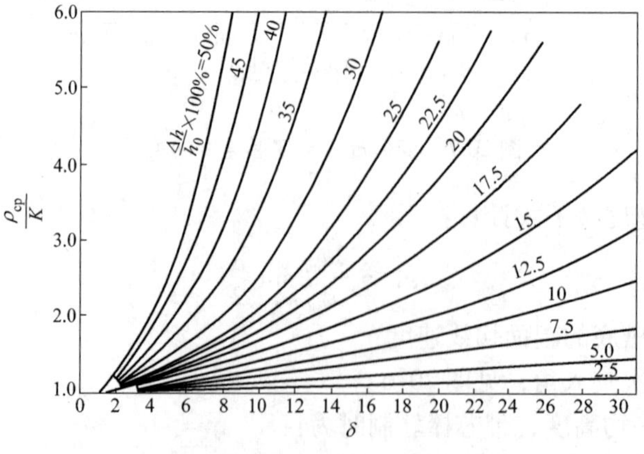

图 20-8　А. И. 采利柯夫曲线

α_2——第二次咬入角:

$$\sin\alpha_2 = \frac{2l_2}{D_m - a + 2h_0}$$

h_0——来料管壁厚度。

亦可按式（20-24）计算:

$$P_2 = K(1 + m) \tag{20-24}$$

式中　$K = 1.15k_f$;

$$m = \frac{2fl_2}{h_0 + h};$$

k_f——轧制温度和变形速度下的变形抗力,按图 20-7 查寻,对高合金钢可将求得值加大 1.5 倍,其变形速度按下式计算:

$$\dot{\varepsilon} = \frac{v}{l_2}\frac{\mu - 1}{\mu}$$

v——轧制速度;

μ——延伸系数;

h_0, h——孔型槽底来料毛管和轧后毛管的壁厚。

芯棒上的轴向力,按式（20-25）、式（20-26）计算:对长芯棒连轧机

$$Q = p_2\pi d_m l_2 f' \tag{20-25}$$

对自动轧管机

$$Q = p_2\pi(d_m - l_2\tan\varphi)l_2(\tan\varphi + f') \tag{20-26}$$

式中　d_m——芯棒直径;

f'——金属对芯棒的摩擦系数,对长芯棒连轧机取 $f' = 0.08 \sim 0.1$,对短芯头自动轧管机取与金属对轧辊的摩擦系数相等;

φ——锥形短芯头的锥角。

20.4.3　管材纵轧的力矩计算

计算轧辊的传动力矩时,必须考虑到所有阻滞轧辊旋转的作用力。图 20-9 为纵轧管材时各作用力的分布情况。

自动轧管机每个轧辊的传动力矩为（图 20-9（a））

$$m = P_1\left(l_2 + \frac{l_1}{2}\right) + P_2\frac{l_2}{2} + \frac{Q}{2}\frac{D_m}{2} \tag{20-27}$$

式中　P_1, P_2——减径区和减壁区金属对轧辊的作用力;

l_1, l_2——减径区、减壁区的变形区长度。

连续轧管机每个轧辊的传动力矩为（图 20-9（b））

$$m = P_1\left(l_2 + \frac{l_1}{2}\right) + P_2\frac{l_2}{2} + \frac{D_m}{4}(E_{ho} - E_{qi}) + \frac{1}{4}QD_m \tag{20-28}$$

式中　E_{qi}, E_{ho}——机架的前后张力或推力,张力取正值;

Q——芯棒对轧辊的轴向作用力,阻滞轧件运行的方向为正。

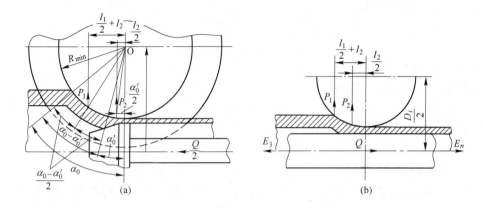

图 20-9　确定钢管轧制力矩的草图

(a) 自动轧管机；(b) 连续轧管机

对连轧机来说，我们只能计算轧辊传动必需的最大力矩，因为钢管连轧从毛管和芯棒开始送入连轧机组到离开机组各机架的变形条件一直都在变化。也可以用下式近似估算各辊的力矩值

$$m = P_1(l_2 + 0.65l_1) + P_2 0.65l_2 \qquad (20\text{-}28')$$

对张力减径机各机架的总传动力矩按下式计算：

对三辊轧机　　　　　$m_Z = fpd\sqrt{3}\left[\frac{D_m}{d}\left(\frac{\pi}{3} - 2\theta_Z\right) - \left(\frac{\sqrt{3}}{2} - 2\sin\theta_Z\right)\right] \qquad (20\text{-}29)$

对二辊轧机　　　　　$m_Z = fpd\left[\frac{D_m}{d}\left(\frac{\pi}{2} - 2\theta_Z\right) - (1 - 2\sin\theta_Z)\right] \qquad (20\text{-}29')$

式中　f——金属对轧辊的摩擦系数；

　　　p——金属在轧辊上的作用力；

　　　d——孔型直径；

　　D_m——名义轧辊直径；

　　θ_Z——轧制直径在孔型上对应的中心角。

需要说明的是计算机架和传动强度时，应当考虑在开始咬入时由于轧件和轧辊接触表面间的速度差，会使瞬时力矩达到上述计算值的 2 ~ 3 倍，有的甚至达到 5 倍。

对于无张力减径机每一辊上的力矩为：

$$m = P\frac{l}{2} \qquad (20\text{-}30)$$

式中　P——金属对轧辊的压力；

　　　l——孔型槽底接触长度的水平投影。

20.5　纵轧管机的工具设计和轧机调整

20.5.1　自动轧管机

自动轧管机是短芯头纵轧机，除了我国常见的往复送钢轧制外，20 世纪 70 年代中期出现了双机架串列式自动轧管机。这种轧机的顶杆位置，既可于出口侧，也有于入口侧的专利，后者顶杆受拉力轧制，不受压杆稳定性的限制，生产毛管可以有所增长。自动轧管机的主轧机目前皆采用单孔型轧机。工艺过程一般由斜轧穿孔机供料，轧管机延伸，斜轧均整机均匀壁厚，最后送往定径机。所以自动轧管机的任务是消除斜轧穿孔遗留下来的壁厚螺旋不均，同时尽量控制住本身在轧制过程中于孔型开口侧产生的纵向壁厚增值，使均整机能很好地进行均壁。

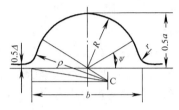

图 20-10 自动轧管机的孔型图

自动轧管机目前普遍采用的孔型是带侧壁圆弧的圆孔型，如图 20-10 所示。因为圆芯头配合这种孔型轧制时变形均匀性好。两侧开口角取在 30°~32°，侧壁大圆弧半径 ρ 可按几何关系求得为：

$$\rho = \frac{a}{4} \frac{G^2 - 2G\cos\psi + 1}{1 - G\cos\psi} \tag{20-31}$$

式中　G——孔型宽高比。

设计孔型的关键是正确选择孔型的宽高比 G。孔型高按机组变形分配的轧制表选取，孔型的宽度则应按能否获得最佳的壁厚均匀性而定。为此应在不出耳子的条件下采用小的孔型宽高比，所以目前对高精度的薄壁管采用 $G = 1.04 \sim 1.05$ 的专用孔型，因为试验证明孔型宽高比在此范围内效果最好。但同一成品管外径，不同壁厚的穿孔毛管外径不同，壁厚者大。因此为了提高孔型的公用性对一般精度要求的产品皆取 $G = 1.06 \sim 1.07$。所以设计孔型应以薄壁管为准，但在决定孔型宽度时应照顾到生产厚壁管的可能。生产中一般都在孔型磨损了一定程度后再生产厚壁管，轧制时适当抬高辊缝即可。因此厚壁管的穿孔毛管外径可比孔槽的正常宽度大 5~8mm。孔槽边缘皆以圆角过渡（见图 20-10）半径 $r = 7 \sim 15$mm，辊缝 $\Delta = 3 \sim 10$mm。回送辊的孔型结构与工作辊轧槽结构大致相同，只是开口角稍大为 32°~42°，孔型宽高比 1.13，辊缝为 10~75mm。

目前我国常见的自动轧管机芯头有锥形和球形两种，见图 20-11。减壁就是在球面和锥面上完成的，所以最短锥体长度应满足最大减壁量的要求：

$$l_1 \geqslant \frac{\Delta h}{\tan\varphi}$$

芯头直径 δ_z 按轧制表规定选取，圆柱段的作用在便于调整不宜取长。一般 $\delta_z \leqslant 140$mm，$l_2 = 10 \sim 20$mm；$\delta_z = 140 \sim 210$mm，$l_2 = 20 \sim 30$mm；$\delta_z \geqslant 210$mm，$l_2 = 30 \sim 40$mm。

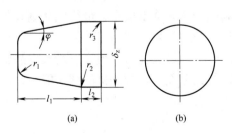

图 20-11 自动轧管机芯头
（a）锥形芯头；（b）球形芯头

为便于导入毛管 r_1 取 10~60mm；为防止划伤内表面 r_2 取 $(0.5 \sim 0.6)\delta_z$，r_3 取 5~10mm。顶头锥角 φ 是决定咬入难易，能耗大小，毛管内表面好坏和壁厚均匀性高低的关键。锥角过大芯头正压力在轧件轴向的分量太大不易咬入，过小会增长芯头的接触变形区长度，增加了轴向的摩擦阻力，提高能耗，恶化壁厚的均匀性。综合考虑上述因素认为：芯头正压力在轧件轴向的分量，和芯头变形区（不计圆柱段影响）摩擦阻力在轧件轴向的分量相等时，轧制条件最佳。由此求得：

$$\varphi = \mathrm{arctan} f_\mathrm{d} \tag{20-32}$$

式中 f_d——金属与顶头接触面间的摩擦系数，在食盐润滑条件下为 $0.15 \sim 0.25$。

将 f_d 值代入式（20-32），可算得 $\varphi = 8.5° \sim 14°$。生产实践表明 φ 取 $10° \sim 12°$，轧制情况较好。

球形芯头在青岛钢厂 76 自动轧管机组上首先使用，优点是：1）实现了机械化换芯头；2）芯头压轧带短，轧制压力、轴向力和功率均较低；3）球在轧制时于变形区内随意旋转，磨损均匀使用寿命长。但对 100 以上的大机组咬入困难，限制减壁量和轧机潜力的发挥。

轧辊设计一般根据工艺要求按经验公式选定名义直径 D_m，按重车量为 $10\% \sim 15\%$ 的最小直径进行强度校核。轧辊名义直径按轧制毛管的最大直径 d_zmax 确定，140 以下的小型机组 $D_\mathrm{m} = (4 \sim 6) d_\mathrm{zmax}$；250 中型机组 $D_\mathrm{m} = (3 \sim 4) d_\mathrm{zmax}$；400 大型机组 $D_\mathrm{m} = (2.6 \sim 3.2) d_\mathrm{zmax}$。单孔型轧机的辊径均有所降低。回送辊直径为工作辊径的 $0.77 \sim 0.79$。辊身长 L 对旧式的多槽辊而言：小型机组 $L = (2.35 \sim 3.0) D_\mathrm{m}$，中型机组 $L = (1.85 \sim 2.30) D_\mathrm{m}$，大型机组 $L = (1.45 \sim 1.55) D_\mathrm{m}$，单槽工作辊身长 $L = d_\mathrm{zmax} + (160 \sim 200) \mathrm{mm}$。应当指出，单槽自动轧管机不仅使轧机结构简化，而且换辊容易，采用液压换辊小车不足十分钟即可全部更换完毕；更主要的是这种轧机生产同样规格范围的产品使用的轧辊直径小，有利于轧件延伸；机架刚性好，轴承受力均匀使用寿命长，有利于控制和提高轧管的尺寸精度。

20.5.2 连续轧管机

连续轧管机多由二辊或三辊斜轧穿孔机提供毛管，经连轧机加工后送往张力减径机轧成要求的成品管热尺寸。穿孔机延伸为 $1.8 \sim 2.8$，连轧机延伸为 $2.5 \sim 6.4$，就是说这种机组的主要变形是在连轧机上完成的，所以连轧毛管的质量更加直接地影响着成品管材的形状和尺寸精度，因此正确设计连轧机的工具很为重要。连轧机孔型设计包括合理选择孔型系统；确定各道次孔型的宽高比；正确分配各机架的延伸系数；给定各机架间的运动张力系数，正确调速。设计应以减壁量最大的薄壁管为准，保证在横截面和纵截面上都获得要求的尺寸精度。

连续轧管机孔型设计的前提是首先确定连续轧管机组的孔型系列。连续轧管机组的孔型系列是以连续轧管机出口钢管的名义直径来定义的，它包括孔型大小和孔型数量。连续轧管机孔型应在保证成品规格范围和设备能力允许的前提下，采用尽量少的系列数，这有利于减少主要变形设备的备用工具和机架数量，提高生产率和降低成本，最终成品钢管外径的变化主要靠定减径机来保障。孔型系列的确定依据管坯规格、成品管规格、穿孔机类型、连轧机类型以及定减径机的类型和架数。连续轧管机的最大孔型系列应以最大成品管外径和定减径机以及脱管机的最小减径率来确定，以便充分发挥定减径机的减径能力，同时又能保证连轧管机架最少。孔型系列应从大到小进行设计。

孔型系列的确定有如下三种路线：

（1）由前向后，即从管坯尺寸开始按"穿孔→轧管→定减径"的次序分配各工序变形量，从而确定连续轧管机的孔型系列，这一方法主要适用于管坯尺寸已固定的机组；

（2）由后向前，即根据成品钢管的外径和壁厚，按照"定减径→轧管→穿孔"的次序来分配变形，从而确定连续轧管机的孔型系列，这一方法主要适用于管坯尺寸选择余地较大的机组；

（3）由中间向两头，即先确定连轧机的孔型系列，由此确定出穿孔和定减径的变形，这种方法主要适用于利用已有连续轧管机组。

实际上，确定孔型系列时，往往不是走单一种路线，而是将以上三种路线结合起来综合考虑。在设计新的连续轧管机组时，应以第二种路线为主，第一和第三种路线为辅的思路。确定基本步骤如下：

（1）明确产品大纲，将成品钢管转换为热尺寸，并列出外径和壁厚分布关系；

（2）根据成品管最大外径及其对应的壁厚范围，确定定减径机的最小减径率，从而可以计算出定减径机入口钢管的外径；

（3）根据定减径机入口钢管的外径，可以给出定脱管机的减径率（MPM 轧机），从而可计算出连轧机出口钢管的直径，该值可修正取整，即作为连续轧管机的第一个孔型系列（最大值）；

（4）根据连续轧管机的变形能力，给定连轧后钢管的最大径/壁比 D/S，由此可算出连轧机第一孔型系列轧后钢管的最小壁厚值；

（5）根据连续轧管机第一孔型系列轧后钢管的外径和最小壁厚，根据脱管机减径率和定减径机可能的最大减径率和最大减壁率，可计算出成品管可能的最小外径和最小壁厚；

（6）将步骤（5）计算出的成品最小外径和最小壁厚与产品大纲的最小外径和最小壁厚进行比较，会出现如下 4 种情况：

1）满足产品大纲要求，说明该机组只采用一个孔型系列即可满足产品大纲的要求；

2）壁厚满足大纲要求，外径不满足，可从产品大纲最小外径的规格开始，以定减径机的最大减径率向前推算连轧机出口钢管的外径，然后以定减径机最小减径率计算该外径对应的成品外径，看是否达到第一孔型系列可达的最小成品外径；如满足，则确定该机组需要两个孔型系列，且第二个孔型系列的大小可确定为第二次计算的连续轧管机出口钢管外径；若不满足，则如法类推出第三个孔型系列；

3）外径满足大纲要求，壁厚不满足，可从产品大纲最小规格开始，依照定减径机可能的最大减径率向前推算连轧后钢管的最小壁厚，然后根据连轧后钢管的最大径/壁比来计算相应的连轧后钢管外径，该外径即可作为第二孔型系列的数值；

4）外径和壁厚均不满足大纲要求，可综合情况 2）和情况 3）的算法，首先满足外径，然后验算壁厚是否满足，最终确定合理的孔型系列。

浮动芯棒连续轧管机目前常用的孔型有带圆弧侧壁或切线侧壁的圆孔型、椭圆孔型、带圆弧侧壁或切线侧壁的椭圆孔型等。椭圆孔侧的非接触区大，易脱棒，但对圆芯棒轧制来说沿孔型宽向变形很不均匀，毛管横剖面上的壁厚不均严重。圆孔型侧面非接触区小，沿孔型宽向变形比较均匀，产品壁厚均匀性好，尺寸精度高，但不易脱棒。所以现代连轧机皆采用不同孔型形状的组合系统，各取其长。如九机架连轧机组的头两架无需考虑松棒问题，孔型宽高比就可取得比较小为 1.20 ~ 1.25，提高延伸能力。但这里穿孔毛管尺寸常波动，开始两道的减径量大，毛管铁皮多孔槽易磨损，所以孔型采用的是带有圆弧侧壁或切线侧壁的椭圆孔，因这种孔型允许大减径量，铁皮易脱落，孔槽磨损比较均匀。中间机架是主要减壁区，提高变形沿宽度方向的均匀性很是重要，所以多取带圆弧侧壁的圆孔型。开始孔型椭圆度应较大，为1.25~1.30，以留有足够的宽展余地。以后椭圆度应较小为1.24~1.25，因这里是毛管最后确定管壁阶段，需力求提高管壁的均匀性。最后两架是定径成型和松开芯棒，孔型椭圆度均很小，为1.02~1.06。孔型可采用偏心值很小的椭圆孔，或采用开口角不大的有圆弧侧壁的圆孔，或圆孔。侧壁开口角一般前七架在40°~45°，后两架为30°。

图20-12为某9机架连续轧管机采用的孔型图。表20-1为此孔型系统表。穿孔毛管尺寸140mm×15mm，连轧后钢管尺寸108mm×3.5mm，芯棒直径98mm。

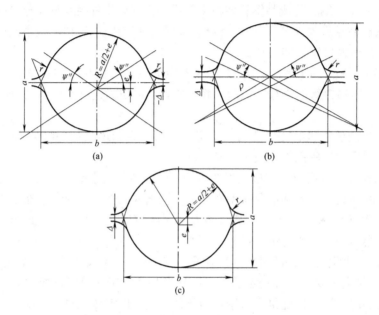

图 20-12　某 9 机架小型连续轧管机孔型图

（a）第 1 机架~第 2 机架孔型；（b）第 3 机架~第 7 机架孔型；（c）第 8 机架~第 9 机架孔型

表 20-1　9 机架连续轧管机 108×3.5 管材的孔型主要尺寸表

机架号	孔型尺寸/mm		孔型宽高比 G	开口角度 /(°)	偏心值 e/mm	孔型侧壁圆弧半径 ρ/mm	孔槽边角圆弧半径 r/mm	辊缝 Δ/mm	孔型槽壁厚 /mm	孔型槽底的减壁量	
	高 a	宽 b								绝对值 /mm	相对值 /%
1	119	143	1.20	30	6	—	20	8	10.5	4.5	30
2	113	138	1.40	28	5	—	20	5	7.5	7.5	50
3	110	140	1.27	42	—	332	22.5	5	6	4.5	42.8
4	108	136	1.26	43	—	228	27	5	5	2.5	33.3
5	106	136	1.28	43	—	290	20	5	4	2	33.3
6	105	130	1.24	42	—	288	20	5	3.5	1.5	30
7	105	130	1.24	42	—	288	20	5	3.5	0.5	12.5
8	109	119	1.09	—	5		20	5	3.5	—	—
9	109	119	1.09	—	5		20	5	3.5	—	—

试验研究证明，要防止轧制毛管出耳子，减少孔型横向壁厚不均，改善轧件表面质量，变形分配量应主要集中在前3架，从第四架开始变形量即迅速下降。第六架到第八架主要起定径作用，最后成型机架只是使管子松棒。所以前3架的总减壁量一般达到70%以上，以后各机架逐渐减小，最后两架基本没有减壁量。因为来料尺寸可能有波动，第一架减径量又较大，所以减壁量多取第二架的50%～70%。图20-13为八机架连续轧管机的变形分配的情况。

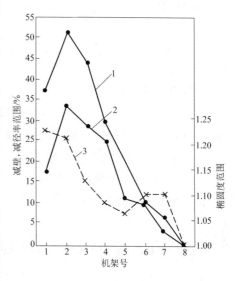

图 20-13　八机架连续轧管机的减壁、
减径及椭圆度的分配情况
1—减壁率；2—减径率；3—椭圆度

如上所示，连续轧管机上的延伸分配，原则上可按抛物线特征进行。孔型设计前可按经验先设定各机架的延伸系数或减壁率，也可按有关公式计算各道变形。式（20-33）是九机架连续轧管机第二架到第七架减壁量的经验计算式：

$$\Delta h_x = \left[0.0417 + \frac{(7-x)^2}{40}\right]\Sigma\Delta h \quad (20\text{-}33)$$

式中　Δh_x——第 x 架孔型顶部的减壁量；

$\Sigma\Delta h$——连轧管机的总减壁量，等于穿孔毛管壁厚 h_{ch} 与连轧管毛管壁厚 h_z 之差。近似地认为孔型侧壁处的管壁与前一机架孔型顶部的厚度相等。则：

$$\Sigma\Delta h = \Delta h_1 + \Delta h_3 + \Delta h_5 + \Delta h_7$$

$$\Sigma\Delta h = \Delta h_2 + \Delta h_4 + \Delta h_6$$

各孔型槽底的壁厚分别为：

$$h_9 = h_8 = h_7 = h_6 = h_z$$

$$h_5 = h_7 + \Delta h_7 = h_z + \Delta h_7$$

$$h_4 = h_6 + \Delta h_6 = h_z + \Delta h_6$$

$$h_3 = h_5 + \Delta h_5 = h_z + \Delta h_7 + \Delta h_5$$

$$h_2 = h_4 + \Delta h_4 = h_z + \Delta h_6 + \Delta h_4$$

$$h_1 = h_z + \Delta h_7 + \Delta h_5 + \Delta h_3$$

或

$$h_1 = h_{ch} - \Delta h_1$$

实际上孔型开口处轧件的壁厚与上一架槽底壁厚不等，因为变形过程中孔型开口处受到金属宽展和纵向附加张应力的影响。这一点轧制薄壁管时对计算轧件横剖面面积的准确性影响尤大，不予考虑就会打乱各机架实际的变形制度、轧制速度和机架间的作用力。试验研究表明延伸系数对孔型开口侧壁厚度变化的影响较大，孔型形状、断面收缩率、管壁与外径比、辊径等也有一定影响。以下是计算开口侧壁壁厚减薄率 y 的经验公式（应用范围：相对壁厚压缩率10%～40%）。

切线侧壁圆孔型：

$$y = \cfrac{1}{0.341 - 0.0073\cfrac{\Delta h}{h}} \tag{20-34}$$

圆弧侧壁圆孔型：

$$y = (0.12e^{\mu} - 0.35) \times 100\% \tag{20-34'}$$

式中　$\Delta h/h$——孔型槽底钢管的相对减壁量；

　　　μ——机架的延伸系数；

　　　e——自然对数底。

求得各道槽底壁厚即可计算孔型高 a_x，芯棒直径 $d_{\rm m}$ 已选定，则：

$$a_x = d_{\rm m} + 2h_x$$

最后一架孔型高度应保证毛管内表面与芯棒间存在一定间隙 Δ_z：

$$a_z = d_{\rm m} + 2h_z + \Delta_z$$

孔型宽度 b_x：

$$b_x = G_x a_x$$

式中　G_x——各机架孔型的宽高比。

但第一架孔型宽度应考虑穿孔毛管能否顺利咬入，需满足以下条件：

$$b_1 = (1.025 \sim 1.030)d_{\rm ch}$$

各道孔型的宽和高决定后作孔型图。圆弧侧壁半径 ρ 见式（20-31），椭圆孔型偏心度 e、圆弧半径 R 根据图 20-12（c）求得以下计算式：

$$\left.\begin{array}{l} e_x = \cfrac{a_x}{4}(G_x^2 - 1) \\[3mm] R_x = \cfrac{a_x}{4}(G_x^2 + 1) \end{array}\right\} \tag{20-35}$$

按孔型充满形状计算各孔型的横截面积，校核各架延伸系数。如算得各架延伸与开始设定相近则通过，不然需对孔型进行适当修正。

孔型完成后，关键在如何正确调整各机架的轧辊转速。首先在机架间要正确分布动态张力系数，使得既能保证产品尺寸精度又能方便脱棒。我们知道在张力作用下会使孔型延伸增加壁厚均匀，但轧件包裹芯棒较紧不易脱棒。在推力作用下会使孔型延伸降低，金属横向流动增加造成孔型开口侧壁厚度增大甚至过充满，但是轧件包裹芯棒较松易于抽出。所以浮动芯棒连轧机的前几架动态张力系数取 $1.0\% \sim 1.5\%$，保证产品尺寸精度。以后逐架减少直至最后几架将动态张力系数控制在 $0 \sim -1.0\%$，形成一定的推力轧制以便脱棒。据此来调整各机架的轧辊转速 n_x：

$$n_x = n_{x-1}\mu_x \cfrac{D_{zx-1}}{D_{zx}(1 - C_x)} \tag{20-36}$$

$$D_{zx} = D + \Delta_x - \lambda_x a_x$$

式中　n_x，n_{x-1}——x 机架和上一机架轧辊转速；

μ_x——x 机架的延伸系数；

C_x——x 机架的动态张力系数，见式（20-10）；

D_{zx}，D_{zx-1}，D——x 机架和上一机架的轧制直径，和各架的辊径；

Δ_x，a_x——x 机架的辊缝值和孔型高度；

λ_x——x 机架的孔型速度系数，按式（20-6'）计算或查图 20-14。

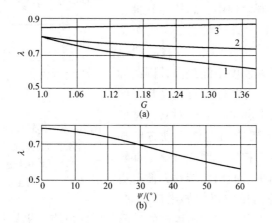

图 20-14 确定孔型速度系数

（a）孔型速度系数与孔型椭圆度的关系曲线；（b）切线侧壁圆孔型与开口角的关系曲线

1—椭圆孔型；2—圆弧侧壁圆孔型；3—三辊式轧机的椭圆孔型

浮动芯棒连轧机的芯棒工作长度 L_z，应为最大轧制毛管长度 l_{max} 减去轧制时毛管向前滑出棒端的距离 ΔL。

$$L_z = l_{max} - \Delta L \tag{20-37}$$

$$l_{max} = l_{ch}\mu_z$$

$$\Delta L = l_{max}\left(1 - \frac{1}{\gamma}\right)$$

所以

$$L_z = l_{ch}\mu_z\frac{1}{\gamma} \tag{20-37'}$$

式中 γ——毛管和芯棒平均速度的比值，为 $1.45 \sim 1.55$；

l_{ch}——穿孔毛管长度；

μ_z——连续轧管机延伸系数。

芯棒尾部还应留出一定长度作为轧后脱棒操作之用，具体长度视脱棒机构造而定，一般取 $1.0 \sim 1.5\text{m}$。

浮动芯棒连续轧管机轧制的毛管首尾，无论是直径、壁厚还是横截面积都有竹节性鼓胀现象，如图 20-15 所示。这是浮动芯棒连轧机产品纵向尺寸精度的主要问题。

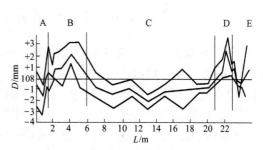

图 20-15 连轧钢管长度上的直径变化特点

竹节性鼓胀段 B、D，产生在轧件逐渐充满连轧机组和最后逐渐离开连轧机组的过程中，此时变形条件不稳定，尺寸波动较大。造成这种现象的原因有二：

（1）芯棒运行速度的影响，如图 20-16 所示，在首尾的不稳定轧制过程中，芯棒在轧件作用下先后共变化 $2n-1$ 次运动状态（n 为机架数），相对接触金属变化 $2n-2$ 次，只有 C 段是稳定轧制阶段。由于芯棒速度不断提高，因此如图 20-17 所示，轧制速度与芯棒运行速度相等的同步机架不断向出口方向移动。芯棒对管内壁的摩擦力方向，于同步机架前与轧件运动方向相同，后则与轧件运动方向相反，因此管材尾部轧制时，随着同步机架向机组的出口转移，便有更多的金属被芯棒的摩擦力拉向机组的出口方向，

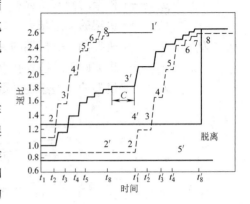

图 20-16 连轧管时芯棒的运行速度变化图
1'—毛管前端运行速度；2'—毛管尾端运行速度；
3'—浮动芯棒运行速度；
4'、5'—高速和低速限动芯棒的速度

造成尾部尺寸胀大。由于存在这种不稳定的变形条件，迫使各机架孔型不得不使用较大的椭圆度以防过充满，这样对钢管横断面的尺寸精度必然带来不良影响。

操作方式	时间	机 架 号						
		1	2	3	4	5	6	7
浮动芯棒	$t_1 \sim t_2$							
	$t_3 \sim t_4$							
	$t_3 \sim t_1'$							
	$t_2' \sim t_3'$							
限动/浮动芯棒	$t_1 \sim t_2$							
	$t_8 \sim t_1'$							
	$t_2' \sim t_3'$							
	$t_6' \sim t_7'$							脱离之后
限动芯棒								

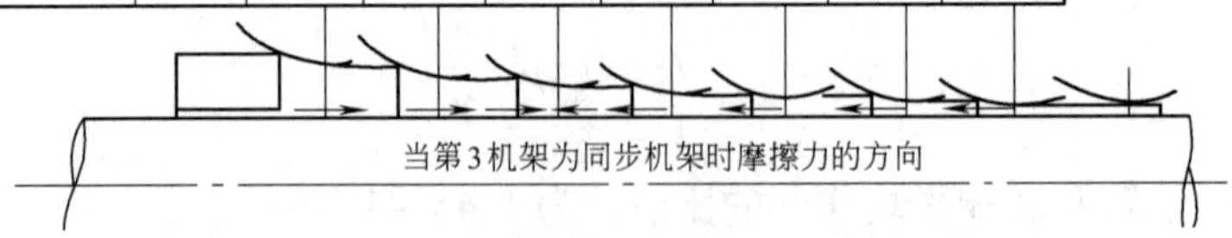

当第3机架为同步机架时摩擦力的方向

图 20-17 同步机架和芯棒摩擦力对轧管内表面的作用方向

（2）电机特性。在轧件头部依次进入连轧机各机架和尾部依次离开各机架的过程中，电动机都是处于过渡状态，运转不稳定。当轧件咬入轧辊时产生冲击负荷，在其作用下，电机由空载转速迅速下降，变形充满后再逐渐回升到此载荷下的转速值。因此在建立连轧过程中，每当轧件进入某一机架的瞬间，开始该架电机是以空载转速运行，而轧件头部受到一瞬时张力，于是出现外径、壁厚偏低的 A 段。在金属充满变形区的过程中，承载机架转速迅速下降，而上一机架转速已完全回升，于是在此两机架间张力迅速下降或推力上升，出现了外径、壁厚偏高的 B 段。尾部轧制时，随着轧件尾端依次离开各轧机，机架间

的张力相应不断减小，或推力不断增加，最后两三架则完全在推力下轧制，所以尾部又出现了尺寸偏大的 D 段。最后 E 段尺寸较小的原因是尾部在最后两架中轧制时机架间无力的作用，尺寸因此下降，并比较接近轧机的实际调整值。

为了改善浮动芯棒连轧管沿纵向壁厚的均匀性，目前主要从以下五方面着手：

（1）改善传动电动机的速度调节性能，使动态速度降和恢复时间尽量减小；

（2）采用自动控制系统按工艺要求即时改变轧机压下量，当首尾通过倒数第二、第三机架时，立刻加大压下，控制壁厚增量，稳定轧制时再恢复到正常压下位置；目前首尾轧制时增加的壁厚压下量，除应考虑轧管机组本身的壁厚增量外，还要考虑到张力减径的首尾壁厚增量；

（3）采用自动控制系统按工艺要求控制轧辊转速，如端部壁厚控制装置，就是在轧制钢管首尾时，将第一架降速 10%，第二架降速 5%，第三架以后各机架转速不变，从而增加前 3 个机架间的张力，控制钢管首尾壁厚增值；

（4）创造良好的工艺变形条件，如提高芯棒表面的光洁度，加强芯棒润滑减小摩擦系数，降低芯棒摩擦力方向变化时，对各机架变形稳定性的影响；

（5）采用限动芯棒。

1978 年在意大利和法国建成投产的限动芯棒连续轧管机，是连轧管机在改进工艺、提高产品尺寸精度上的一次突破。与浮动芯棒连轧机相比，这种轧制的主要特点是轧制过程中芯棒以规定的速度恒速运行，见图 20-16。这就避免了浮动芯棒在首尾轧制过程中不断加速和同步机架逐渐向机组出口方向转移的影响，从而较好地改善了首尾尺寸的鼓胀。由于各机架变形条件稳定，可以在前部机架较早地使用椭圆度较小严密性较好的圆孔型，提高轧管横截面的尺寸精度。由于严密性好的孔型延伸能力强，还可以提高机组的延伸，使用较厚的穿孔毛管，壁厚约比浮动芯棒连轧机增加近一倍。另外温度也有所提高，变形抗力、摩擦系数均有下降，因此轧制压力只有浮动芯棒连轧机的 30% ~50%；电能消耗降低 20% ~60%。同时辊径可以相对缩小，芯棒又较短，使得限动芯棒连续轧管机的规格范围得到进一步扩大。目前可生产外径达 400mm 的大径管，壁厚与外径比达 0.16 的厚壁管（浮动芯棒连轧壁厚与外经比值只有 0.12），轧制管长 40m 以上，将近浮动芯棒连轧管的一倍。

限动芯棒连续轧管机的孔型设计特点如下：

（1）机组的平均延伸系数约比浮动芯棒连轧机大 7% ~11%；

（2）为提高产品精度，取圆弧侧壁的圆孔型，各机架孔型的宽高比 G、开口角 φ、侧壁圆弧半径与圆孔型半径的比值 K 见表 20-2；

（3）二辊式脱管定径机的减径率按意大利达尔明公司提供的经验，管径在 293mm 以上取 3.5%，管径在 191mm 以下取 4.6%；

（4）芯棒长度取决于操作需要和轧制时芯棒的移送距离。

表 20-2　限动芯棒连轧管机的孔型参数表

机 架 号	1 ~2	3	4 ~8
φ	30	25	25
G	1.15	1.07	1.03
K	∞	3	1.5

限动芯棒轧制的操作程序如下：首先将芯棒穿过位于轧管机前的穿孔毛管，一直送到成品前机架附近，然后送钢轧制，芯棒按规定速度同时向前运行。因此芯棒的工作长度 L_z 应为：

$$L_z = l_{chmax} + (n - 1)A + m \qquad (20\text{-}38)$$

式中　l_{chmax}——穿孔机最大毛管长度；

　　　A，n——机架间距和机架数；

　　　m——轧制时芯棒的移动距离：

$$m = v_m \left(\frac{l_z}{v_n} + \sum_{x=1}^{n-1} \frac{A_x}{v_x} \right)$$

　　　v_x，v_n——任一机架和成品机架的轧制速度；

　　　l_z——轧管机的毛管长度；

　　　v_m——规定的芯棒速度。

规定芯棒速度的基本出发点是控制其表面温升，提高耐磨性。芯棒升温的热源主要有轧件对芯棒的传导热、变形热和变形时芯棒与轧件接触表面间的摩擦热。最近的研究证明，控制限动芯棒的温升也和浮动芯棒轧管一样主要在于限制芯棒和毛管接触表面之间的速度差，根据法国瓦卢雷克公司经验此差值的最大极限一般控制在 4.5m/s。如果机组的延伸大，机架数多，则芯棒的限动速度也应提高，以保证芯棒和毛管接触表面之间的速度差不超过最大极限值，目前多采用高速限动芯棒，芯棒的速度约和第一机架的入口速度相等，或高出 10% 左右。高速限动芯棒的温度实际比原来低速的温度低，因为高速时芯棒在最大热负荷作用下的时间缩短了。为延长芯棒的使用寿命，限动芯棒开始送入机架的原始位置，每次应变动一定距离。调节范围约半米左右。

20.5.3　减径机

减径机可分为：

（1）一般微张力减径机，作用就是减缩管径，生产机组不能轧制或加工起来很不经济的规格；

（2）张力减径机，作用是减径又减壁，使机组产品规格进一步扩大；并可适当加大来料的重量，提高减径率轧制更长的成品。单此一项，据统计即可提高机组产量 15% ~ 20%，所以近 30 年来张力减径机得到迅速发展。

减径机按主机架轧辊数分有三辊式和二辊式两种，三辊式应用较广，因三辊轧制变形分布较均匀，管材横剖面壁厚均匀性好，同样的名义辊径，三辊机架间距小可缩短 12% ~ 14%；二辊主要用于壁厚大于 10 ~ 12mm 的厚壁管。从传动形式看有集体传动、单独传动和差动传动等，后两种的传动形式见图 20-18，以差动传动采用最广，因其便于调整速度能满足现代轧机对产品规格范围和精度的要求，单独传动也能满足这一点，只是投资昂贵，但在高速运转条件下（>10~12m/s）比较安全可靠。集体传动已不使用。

20.5.3.1　减径机的一般工艺特点

普通微张力减径机因减径过程中管壁增厚和横截面上的壁厚不均严重，主要生产中等壁厚的管材，或以 5~11 架轧机作定径使用。

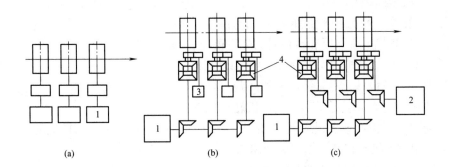

图 20-18　常用的减径机传动形式

（a）主轧机单独传动；（b）主电机集体传动差动调速的辅助电机单独传动；

（c）主、辅电机均集体传动

1—轧机主传动电机；2—集体传动的差动调速辅助电机；

3—单独传动的差动调速辅助电机；4—差动齿轮

现代张力减径机因为张力大所以不仅可以减径，同时可以减壁，而且横截面上壁厚分布比较均匀，延伸系数达到 6 ~ 8。但它有个突出的缺点，就是首尾管壁相对中部偏厚，增加了切头损失。所以如何降低减径管首尾壁厚偏高的程度和长度，成为研究的主要课题之一。

研究证明，张减管端偏厚的主要原因是轧件首尾轧制时都是处于过程的不稳定阶段，首先，轧件两端总有相当于机架间距的一段长度，一直都是在无张力状态下减径；其次，前端在进入机组的前 3 ~ 5 机架之后，轧机间的张力才逐渐由零增加到稳定轧制的最大值，而尾部在离开最后 3 ~ 5 机架时，轧机间的张力又从稳定轧制的最大值降到零。这样轧件相应的前端壁厚就由最厚逐渐降到稳定轧制时的最薄值，尾端又由稳定轧制的最薄值逐渐增厚到无张力减径时的最大厚度。因此首尾厚壁段的切损率，主要取决于以下因素：

（1）机架间距，机架间距愈小，厚壁端愈短。

（2）轧机的传动特性，传动速度的刚性愈好，恢复转速的时间愈短，首尾管壁的偏厚值愈小，长度愈短。

（3）延伸系数和减径率愈大首尾管壁的偏厚值愈大长度愈长。

（4）机架间的张力愈大，首尾相对中间的壁厚差亦愈大，切损愈高。但从另一方面看，加大张力可以使用较厚的毛管提高机组产率。所以实际生产中应当摸索合理的张力制度，以求得最佳的经济效果。实践证明，进入减径机的来料长度应在 18 ~ 20m 以上，在经济上才是合理的。因此张力减径机多用于连续轧管机、皮尔格轧机和连续焊管机组之后。

目前试图用分析公式计算管端偏厚段的长度尚有一定困难，实际生产中多以经验公式估算。式（20-39）适用于总延伸为 1.5 ~ 7.0 的情况：

$$l_{\mathrm{g}} = 2\mu_{\mathrm{j}}A\frac{d_{\mathrm{z}} - d_{\mathrm{j}}}{d_{\mathrm{z}}}\left(1 - \frac{h_{\mathrm{z}} - h_{\mathrm{j}}}{h_{\mathrm{j}}}\right) + 150 \tag{20-39}$$

式中　l_{g}——管端切头长度，mm；

μ_{j}——减径机的延伸系数；

　　　　A——机架间距，mm；

d_z，d_j——轧管机的毛管直径和减径后的直径，mm；

h_z，h_j——轧管机毛管壁厚和减径后的轧管壁厚，mm。

　　为了减少张力减径机的切头损失主要可以从以下几方面着手：

　　（1）改进设备设计，尽量缩小机架间距；

　　（2）改进工艺设计，尽量加长减径机轧出长度；

　　（3）通过电器控制改善轧机传动特性，如图 20-19 所示为张力减径机的一种调速方案，稳定轧制时各机架转速根据张力要求按 a 线分布；前端轧制时使轧辊转速按 b 线分布，令各机架转速的增值总是依次略高于上一机架；尾端轧制时使轧辊转速按 c 线分布，令各机架转速的降低值总是依次小于上一机架，目的使轧件首尾通过减径机组所受的张力变形效应，基本上与稳定轧制时相近，减少管端增厚的程度和长度，减少切损；

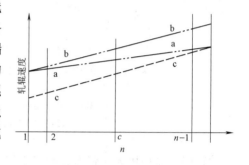

图 20-19　张力减径机的转速调节方案之一
a—正常轧制；b—轧件前端轧制；
c—轧件尾端轧制

　　（4）提供两端壁厚较薄的轧管料；

　　（5）"无头轧制"，这种轧制方法如能实现，将使偏厚端头的切损降到最低限度。但在实际生产中应用还存在一定问题，目前发展势头不大。现代张力减径机轧后成品长度一般在 120～180m，进入冷床前由飞锯或飞剪切成定尺。

　　20.5.3.2　减径机的变形制度和孔型设计

　　减径机组的总减径率和单机径缩率是减径变形过程的重要参数。不适当地加大单机径缩率，或单机径缩率不变增加机架数提高总减径率都会恶化成品管横剖面的壁厚均匀性，和加大首尾壁厚段的增厚程度。严重时在二辊轧机上出现"外圆内方"，在三辊轧机上出现"外圆内六角"。因此减径管的形状和尺寸精度限制了减径机的减径率和延伸值。目前微张力减径机的最大总减径率限制在 40%～45%；厚壁管限制在 25%～30%。张力减径机总减径率限制在 75%～80%，减壁率在 35%～40%，延伸系数达到 6～8。现代张力减径机机架数虽由 24 增加到 30，但主要是用于增加张力提升阶段和张力降低阶段的机架数，以保证轧制过程的稳定性和改善产品壁厚的均匀性。总的来说无论是提高单机径缩率还是总的机组径缩率都将使减径管的壁厚均匀性恶化，因此确定这些变形参数时，应认真考虑到产品的尺寸精度要求。目前微张力减径机的单机径缩率取值在 3%～5%，考虑到成品管尺寸精度常限制在 3.0%～3.5%。张力减径机单机径缩率可高达 10%～12%，为控制管壁均匀性一般多限制在 6%～9%，管径大取下限。对薄壁管单机的最大径缩率还应考虑到变形过程中轧件横截面在孔型中的稳定性，不然就会在孔型开口处出现凹陷和轧折。管件横截面在孔型内的稳定性主要随相对壁厚 h/d、机架内辊数、平均张力系数 Z（轧机前后张力平均值）而正变。此可根据有关的实测曲线确定不同变形条件下的最大允许单机缩径率。

　　减径机的孔型设计按以下步骤进行：首先向各机架分配径缩率；然后计算各架孔型的平均直径；再按各道平均直径具体设计各道孔型的形状和尺寸。

　　微张力减径机的管件径缩率一般第一架皆取机组平均径缩率的一半，保证顺利咬入，和防止来料沿纵向直径波动，局部径缩量过大造成轧折。成品前架也取平均径缩率的一半，成品机架不给压下，这主要为获得要求的尺寸精度。张力减径机除上述问题外，还应考虑提升和降低张力轧制过程的稳定性，以及控制管材首尾壁厚的增值。所以张力减径机开始第一架径缩率也取得很小，通过 1~2 架轧机后，再逐步增加径缩率，直到正常值，机架间的张力也相应提升到正常的张力系数。保证顺利地咬入和稳定地建立起张力轧制过程。最后 3~4 架的径缩率也是逐渐减小，直至成品机架取零，相应机架间的张力也由正常值逐渐降到零。其目的也是保证张力降低过程中变形区不打滑，过程稳定；保证良好的管材尺寸精度；减少孔型磨损延长使用寿命。中间各机架的径缩率原则上均匀分配。但实践表明，由于轧件温度愈来愈低，这样做轧机的负荷愈向出口愈高，轧辊也愈向出口磨损愈严重。所以合理的减径率分配应向出口逐渐下降，达到机架负荷与孔型磨损均匀化。一般皆使相邻机架间单机径缩率逐次降低 1.5%~2.0%。

孔型设计的第一步就是按上述原则向各机架分配径缩率，设任意机架的径缩率为 ε_x，按定义：

$$\varepsilon_x = \frac{d_{x-1} - d_x}{d_{x-1}}\%$$

所以
$$d_x = d_{x-1}(1 - \varepsilon_x) \tag{20-40}$$

式中　d_x，d_{x-1}——第 x 架和上一架轧机的孔型平均直径。

因为来料和成品管尺寸以及各机架的径缩率均已知，所以按式（20-40）可求得各自的平均直径。各机架的径缩率应满足以下关系式：

$$(1 - \varepsilon_1)(1 - \varepsilon_2)\cdots(1 - \varepsilon_x)\cdots(1 - \varepsilon_n) = \frac{d_j}{d_z}$$

式中　d_j，d_z——依次为减径后管径和减径前管径。

按式（20-40）求得各架孔型的平均直径后，便可计算各孔型的具体尺寸，如图20-20所示。计算孔型的关键是正确拟定孔型的椭圆度 G，求出孔型的轴长 a、b。Г. И. 古里雅夫推荐按下式计算孔型椭圆度：

$$G = \frac{1}{(1 - \varepsilon)^q} \tag{20-41}$$

q 是表示孔型内可能的宽展程度，$q = 1$ 表示无宽展，$q < 1$ 表示负宽展，$q > 1$ 表示有宽展。二辊式无张力减径机 q 取 1.5；不锈钢取 2.0~2.5。三辊式张力减径机 q 取 0.75~1.25；对于粘辊比较严重的钢种 q 取 1.8~2.0。

二辊轧机孔型的平均直径 d 为：

$$d = \frac{1}{2}(a + b) \tag{20-42}$$

按孔型椭圆度定义求得：

$$a = \frac{2d}{1 + G}; \quad b = \frac{2dG}{1 + G}$$

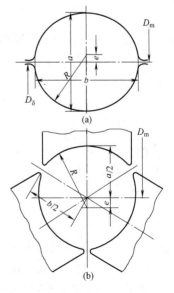

图 20-20　减径机孔型图

（a）二辊式孔型；（b）三辊式孔型

三辊轧机采用以下修正式：

$$d = \frac{1}{2\eta}(a + b) \tag{20-43}$$

$$\eta = 0.85 + 0.15G$$

按孔型椭圆度定义求得：

$$a = \frac{2d}{(1 + G)\eta}; \quad b = \frac{2dG}{(1 + G)\eta}$$

求得各孔型的轴长后，由图 20-20（a）求得两辊椭圆孔的主要尺寸：

$$\left.\begin{array}{l} e = \dfrac{a}{4}(G^2 - 1) \\[2mm] R = \dfrac{a}{4}(G^2 + 1) \end{array}\right\} \tag{20-44}$$

由图 20-20（b）求得三辊椭圆孔的主要尺寸：

$$\left.\begin{array}{l} e = \dfrac{a}{2}\dfrac{G^2 - 1}{2 - G} \\[3mm] R = \dfrac{a}{2}\dfrac{G^2 - G + 1}{2 - G} \end{array}\right\} \tag{20-45}$$

设计孔型时应以减径量最大，使用全部机架的产品为准。这样生产其他规格产品时，只需抽去中间不用的机架，安上成品机架和 1~2 台成品前机架即可。

20.5.3.3 减径机架的辊速调整

确定各机架轧辊转速的基本原则，就是保证各架的金属秒流量相等。按此原则求得各架的辊速系数 K_x：

$$K_x = \frac{n_x}{n_1} = \frac{D_{z1}\mu_{\Sigma x}}{D_{zx}\mu_1} \tag{20-46}$$

式中 $\mu_{\Sigma x}$，μ_1——第 x 机架和第一机架相对来料的总延伸系数。

第一机架的轧辊转速 n_1 按工艺流程的安排确定，一般来料速度 v_0 为 2.0~3.5m/s，则：

$$n_1 = \frac{60}{\pi}\frac{v_0\mu_1}{D_{z1}} \tag{20-47}$$

各机架的轧制直径 D_{zx} 对于无张力减径机可以直接按式（20-6″）和图 20-14 求得，也可近似地按下式计算：

二辊式 $$D_z = D_m - 0.75a \tag{20-48}$$

三辊式 $$D_z = D_m - 0.885d \tag{20-49}$$

式中 a——二辊孔型的高度；

d——三辊孔型的平均直径。

各机架的总延伸系数为：

$$\mu_{\Sigma x} = \frac{(d_z - h_z)h_z}{(d_x - h_x)h_x} \tag{20-50}$$

各架的壁厚 h_x 在无张力减径条件下，对于成品管壁厚小于 15mm 的碳钢和合金钢管，壁厚总变化为：

$$\Delta h = 0.0044(d_z - d_j) \tag{20-51}$$

对于成品管壁厚大于 15mm 的钢管为：

$$\Delta h = \frac{d_z - d_j}{14.9} \tag{20-52}$$

各机架的壁厚变化按外径减缩率成正比关系分配，所以各架的壁厚 h_x 为：

$$h_x = h_{x-1} + \Delta h \frac{d_{x-1} - d_x}{d_z - d_j} \tag{20-53}$$

代入式（20-50）即可求得任意机架的总延伸系数 $\mu_{\Sigma x}$。这样即可根据式（20-46）求得各机架的辊速系数 K_x。按式（20-47）求得第一机架的转速 n_1 后，即可求得各机架的转速 n_x。然后根据轧机的实际传动形式和传动比 i_x，计算电动机的转速 N_x。对于单独传动的减径机组，各电机的转速应为：

$$N_x = n_x i_x \tag{20-54}$$

生产中因为电机特性的差异，工具磨损等工艺因素的不均匀性，绝对无张力轧制是不存在的，设计时一般皆按微张力考虑，将机架间的动态张力系数控制在 0.3% ~ 0.5%，这样可防止出现堆钢轧制，也便于调整控制。

张力减径机的调速计算原则与微张力相同，只不过它的传动形式有的较为复杂，确定电动机转速计算比较烦琐罢了。只是计算轧制直径、延伸系数时应根据张力轧制条件下的变形特点考虑。现介绍一种经验计算法于下。

按图 20-21 所示，轧制直径 D_z 可表示如下式：

$$D_z = D_m - a\cos\theta_z \tag{20-55}$$

式及图中　θ_z, θ_{z0}——张力减径时孔型外廓线上相
　　　　　　　当于轧制直径的点所对应的
　　　　　　　中心角，和无张力时轧制直
　　　　　　　径的点所对应的中心角；

　　　　　$\Delta\theta_z$——在外力作用下轧制直径中心
　　　　　　　角的变量，令 $\Delta\theta_z$ 向孔型开
　　　　　　　口方向转动为正，向槽底方
　　　　　　　向转动为负，见图 20-21。

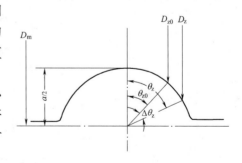

图 20-21　确定轧制直径

无张力减径时的轧制直径中心角 θ_{z0} 建议用下式计算：

$$\theta_{z0} = \frac{\psi_1}{2}\left(1 - \frac{l}{fD_m}\right) \tag{20-56}$$

式中　ψ_1——孔型对管件的包角，三辊轧机取 $\pi/3$，两辊取 $\pi/2$；

　　　l——孔型槽底的变形区接触长度；

　　　f——金属轧辊接触表面间的摩擦系数。

张力作用下产生的中心角变量按下式计算：

$$\Delta\theta_{zx} = \frac{\pi}{2n}\frac{d_{pix}\sin\psi_1}{2f\eta_x l_x\sin\dfrac{\pi}{n}}(Z_{qix} - Z_{hox}\mu_x) \tag{20-57}$$

式中　　　n——机架的辊数；

d_{pix}——进入该孔型的毛管平均直径；

μ_x——该机架的延伸系数；

η_x——考虑非接触区的影响系数：

$$\eta_x = 1 + \gamma\frac{d_{pix-1}}{l_x}\sqrt{\frac{h_{x-1}}{d_{pix-1}}}$$

γ——系数，减径机取 $0.5\sim0.6$；

Z_{qix}，Z_{hox}——前、后张力系数，$Z_{qix} = \dfrac{\sigma_{qix}}{K_f}$，$Z_{hox} = \dfrac{\sigma_{hox}}{K_f}$；

σ_{qix}，σ_{hox}——前、后张应力；

K_f——平面变形抗力，$K_f = 1.155\sigma_s$。

张力减径受到两方面的限制，一是轧制直径中心角变量 $\Delta\theta_z$ 只能变动在 $-\theta_{z0} < \Delta\theta_z < \psi_1 - \theta_{z0}$ 的范围内。二是前、后张力系数不得大于允许的塑性张力系数（轴向张应力与 K_f 的比值）。F. 诺曼、D. 汉克建议在 $800\sim1000$℃时塑性张力系数可取为 $0.75\sim0.85$，过大或温度过高则可能出现断裂。因此使用式（20-57）可以有两条途径：（1）选定各机架的轧制直径中心角变量 $\Delta\theta_z$，验算前、后张力系数和计算管材壁厚；（2）根据允许的塑性张力系数先选定各机架的张力系数，再验算轧制直径中心角变量和管壁厚度。

如按第一条途径，首先选定各机架的轧制直径中心角变量 $\Delta\theta_x$，其次从第一机架开始，依次向后计算各架的张力系数和壁厚。适当调换式（20-57）可得式（20-58）。

$$Z_{qix} = \frac{2f\eta_x l_x\Delta\theta_{zx}}{d_{pix}\dfrac{\pi\sin\psi_1}{2n\sin\dfrac{\pi}{n}}} + Z_{hox}\mu_x \tag{20-58}$$

式中有关参数计算如下：

$$Z_{hox} = Z_{qix-1}$$

$$\mu_x \approx \frac{d_{x-1} - h_{x-1}}{d_x - h_{x-1}}$$

各机架的管壁厚度为：

$$h_x = h_{x-1}\left(1 + \beta_x\frac{\Delta d_x}{d_{x-1}}\right) \tag{20-58'}$$

式中　$\beta_x = \dfrac{2\left(1 - \eta_x\dfrac{h_{x-1}}{d_x}\right)\left(1 - \dfrac{Z_x}{2}\right) - 1}{\left(1 - \eta_x\dfrac{h_{x-1}}{d_x}\right)\left(1 - \dfrac{Z_x}{2}\right) + 1}$；

$$Z_x = \frac{Z_{qix} + Z_{hox}}{2}。$$

如果计算的张力系数超过了允许的塑性张力系数值，则应在允许波动范围内重选 $\Delta\theta_{zx}$，校验张力系数。如最后壁厚不符合成品管要求，则需调整各架的 $\Delta\theta_{zx}$，重新计算。

实际机架间的张力在开始两三架由零逐渐升到最大值，在最后三四架由最大值降到零。在此过渡阶段一定要注意增长和下降的速率不要过急，以免轧制直径中心角变量 $|\Delta\theta_{zx}| > \theta_{zo}$ 或 $\psi_1 - \theta_{zo}$，出现变形区轧件打滑的现象。为保证轧制过程的稳定性一般取：

$$|\Delta\theta_z| \leqslant 0.9\theta_{zo} \tag{20-59}$$

如按第二条途径，首先选定各机架的张力系数，一般第一和最后一架张力系数取约 0.2，第二架和成品前两架约取为 0.4，其他各机架取在机组的平均塑性张力系数之上。按选定的张力系数计算各架的轧制直径中心角变量 $\Delta\theta_z$，如 $|\Delta\theta_z| > 0.9\theta_{zo}$，则应重新选定该架的张力系数，验算新的 $\Delta\theta_z$。各架张力系数初步确定后还需按式（20-58′）计算各架的管壁尺寸，如与成品管要求不合，则需重新调整各机架间的张力系数，重新计算。

定径机的孔型设计，轧辊转速的调整原则与减径机完全相同，只是单机径缩率较小，为 1% ~ 3%。

20.6 轧制表计算

20.6.1 轧制表的作用

热轧钢管生产的轧制表，就是分配各道的延伸，确定各道的横剖面形状，是以上各节工具设计的依据。无缝钢管热轧生产的特点是机组的型式一经选定，道次也基本确定了，因此合理的延伸分配在于保证产品质量，协调各轧机的节奏时间和降低消耗，而不是简单地减少道次。编制轧制表是以成品管的钢种、规格为依据，从车间现有的设备、工具和坯料规格出发，合理分配各道次的变形量，计算出相应的毛管尺寸、坯料尺寸、工具的主要尺寸和轧机的主要调整参数等。轧制表编制得正确与否，将影响整个机组的生产能力、钢管质量、工具寿命、能源及其他经济指标。编制后还应验算主要设备强度，测定验算各轧机上的节奏时间。如个别机组的节奏时间过长，或设备强度、能力不足，则应重新分配变形量，消除薄弱环节。

在编制轧制表时，应考虑车间生产和设备情况，例如轧机的结构、强度、工具设计和尺寸、冷床长度、管坯规格等，并经过反复修正和完善。编制轧制表目前主要以实际经验数据为依据。概括起来，计算方法大致有两种：一种是按逆轧制道次方向计算，由定径向前推算到坯料尺寸，此法主要适用于新设计车间的典型产品；另一种是从轧管机出发向两头工序推算，此法主要适用于已投产车间的新产品设计。因为投产车间总有一定规格数量的坯料、工具和轧管机孔型系统等，所以设计新产品应首先考虑已有工具和坯料规格，以及轧管机孔型系统是否能满足要求，以尽量减少工具和坯料储备。不管哪种计算方法，思考方法与计算内容是相同的。

20.6.2 连续轧管机组的轧制表计算举例

现仅以连续轧管机组为例将编制轧制表的一般原则介绍如下。

（1）设计按逆轧制顺序进行。连轧管机组通常只使用 1～3 种直径的管坯，穿孔和连轧后的外径大多是 2～3 种，壁厚也仅几十种，要得到各种管径和壁厚的钢管，则可以通过张减机来实现，这样可以减少顶头和芯棒的规格数，简化轧机的调整与生产管理。

（2）成品管外径 D_G、壁厚 h_G 上下限尺寸的平均值，作为轧制表编制的尺寸依据。

（3）确定钢管热状态尺寸：

外径
$$D'_G = D_G(1 + \alpha t)$$

壁厚
$$h'_G = h_G(1 + \alpha t)$$

式中　D_G, h_G——成品管相应冷尺寸外径、壁厚；

α——线胀系数，$(1 + \alpha t)$ 的值与金属的终轧温度有关，一般取在 1.010～1.013 范围内。

（4）张力减径。由张力减径机出来的钢管外径 D_j 和壁厚 h_j 是成品管的热尺寸。

钢管外径
$$D_j = D'_G$$

轧后壁厚
$$h_j = h'_G$$

减径量
$$\Delta D_j = D_z - D_j$$

减径率
$$\varepsilon_j = \frac{D_z - D_j}{D_z} \times 100\%$$

减径机上钢管直径的总减径率 ε_j 大小与减径机的机架数、减径机的工作制度和钢管规格有关。在现代张力减径机上，减径率为原始管径的 75%～80%。

张减机组一般由 20、30 架张减机组成，为了避免轧件在进入或离开时，轧件轴向没有张力作用而造成两个管端增厚现象，所以，在荒管进入张减机时，先设定能形成张力的几架机架，一般为 1～3 架，通过 1～3 架轧机逐步增加减径率，直到正常值，此时几架的张力系数也提升到正常值，在第一架中，采用较小的减径量，目的是有益于建立张力和圆整直径不均的荒管，同时，还可以防止因连轧荒管外径波动太大而产生轧折。为了获得较圆整的钢管，张减机的最后几架单架减径量需逐步减少，一般为 2～5 架，最后一架成品机架取为零，中间各工作机架，各单机减径量在 4%～12%，原则上均匀分配。由于轧制力、轧制力矩和轧制功率既随着减径量的增加而增加，又随着光管壁厚增加而增加，因此，光管壁厚越厚，工作机架减径量就选得越小，即：

减壁率
$$\varepsilon_{hj} = \frac{h_z - h_j}{h_z} \times 100\%$$

张力减径时钢管减壁率是靠轴向张力得到的。张减机总减壁率在 35%～40%，由于张减机架间存在着张力，张力系数的最大值主要取决于轧辊的曳入能力和钢管断裂条件，因此张力系数只能小于 1。实践证明，张力系数在 0.65～0.85；其平均张力系数必须大于零，以防止机架间产生轴向压力而出现堆钢的危险。

无张力减径时管壁增厚量　$\Delta h_j = 0.0044(D_z - D_j)$

减径机的延伸系数　　　　　$\mu_j = \dfrac{F_z}{F_j} = \dfrac{\pi(d_z + h_z)h_z}{\pi(d_j + h_j)h_j}$

（5）连轧管机。

轧后荒管外径　　　　　　　$D_z = D_j + \Delta D_j$

轧后荒管壁厚　　　　　　　$h_z = h_j \pm \Delta h_j$

连轧机上的钢管壁厚要按张力减径机所用张力大小而定。其平均张力系数按下式计算：

$$\overline{Z}_\Sigma = \frac{\varepsilon_{rz}(2 - \omega_m) + (1 + 2\omega_m)\varepsilon_{tz}}{\varepsilon_{rz}(1 - \omega_m) - 2(\omega_m - 1)\varepsilon_{tz}}$$

式中　　$\varepsilon_{rz} = \ln \dfrac{h_z}{h_G}$；

　　　　$\varepsilon_{tz} = \ln \dfrac{D_{mz}}{D_{mG}}$；

　　　　$\omega_m = \dfrac{1}{2}\left(\dfrac{h_z}{D_{mz}} + \dfrac{h_G}{D_{mG}}\right)$；

　　　　$D_{mz} = D_z - h_z$；

　　　　$D_{mG} = D_G - h_G$。

其中，D_z，D_G 分别为连轧后荒管和成品管的外径；h_z，h_G 分别为连轧后荒管和成品管的壁厚。使所选择的平均张力系数 $\overline{Z}_\Sigma$ 应在 $0 \sim 0.65$。这样可确定出每一个成品管壁厚相适应的荒管壁厚。

轧后内径　　　　　　　$d_z = D_z - 2h_z$

芯棒直径　　　　　　　$D_{tz} = d_z - \Delta_z = D_z - 2h_z - \Delta_z$

延伸系数　　　　　　　$\mu_z = \dfrac{F_m}{F_z} = \dfrac{(D_m - h_m)h_m}{(D_z - h_z)h_z}$

其中，Δ_z 为芯棒与钢管内径之间的间隙，依经验而定，一般取 $1 \sim 3mm$。

（6）穿孔机。

穿孔毛管外径　　　　　$D_m = d_m + 2h_m$

穿孔毛管内径　　　　　$d_m = D_{tz} + \Delta_m = d_z - \Delta_z - \Delta_m$

　　　　　　　　　　　$\Delta_z = 1 \sim 3mm$

　　　　　　　　　　　$\Delta_m = 5 \sim 12mm$

穿孔毛管壁厚　　　　　$h_m = \sqrt{\dfrac{d_m^2}{4} + \dfrac{F_z\mu_z}{\pi}} - \dfrac{d_m}{2}$

穿孔机顶头直径　　　　$\delta_m = d_m - \dfrac{K_m D_p}{100}$

连轧管机上的总延伸系数 μ_z 在 $2.5 \sim 7.0$ 范围内。其中 K_m 为轧制量，按表20-3选取。

表 20-3　穿孔时毛管的轧制量与荒管壁厚的关系

毛管壁厚/mm	轧制量 K_m/%		毛管壁厚/mm	轧制量 K_m/%	
	直径小于 140mm	直径大于 140mm		直径小于 140mm	直径大于 140mm
4 ~ 6	7 ~ 10	8 ~ 12	16 ~ 20	3 ~ 5	5.0 ~ 7.0
7 ~ 9	6 ~ 8	7 ~ 10	21 ~ 25	2.5 ~ 4.0	4.0 ~ 6.0
10 ~ 12	5 ~ 6	6	26 ~ 30	2.0 ~ 3.0	3.0 ~ 5.0
13 ~ 15	4	5.5 ~ 7.5	30 以上	1.5 ~ 2.0	2.0 ~ 4.0

（7）管坯。管坯尺寸是与毛管尺寸相对应的，因此，管坯外径选择为等于毛管外径或大于毛管外径 3% ~ 5%。

管坯直径
$$D_p = (1.03 ~ 1.05) D_m$$

管坯长度
$$L_p = \frac{\pi(n_G L_G + \Delta L)(D_G - h_G) h_G}{K_{sh} F_p}$$

式中　L_p——生产所需的管坯长度，mm；

　　　L_G——成品管长度；

　　　n_G——每根热轧管的倍尺数；

　　　ΔL——切头切尾长度，mm；

　　　K_{sh}——考虑管坯加热时烧损的系数，对环形炉 $K_{sh} = 0.98 ~ 0.99$。

穿孔机的延伸系数
$$\mu_p = \frac{D_p^2}{D_m^2 - d_m^2}$$

穿孔机的主要调整参数是：顶头前径缩率 ε_d；孔型椭圆度 ξ（即导盘和轧辊工作表面的最小距离之比）；轧辊送进角 β；顶头前伸量和顶杆位置；轧辊距离等。调整控制顶头前径缩率的目的是使其小于临界径缩率 ε_l。按图 20-22，顶头径缩率取决于顶尖位置 C 和顶尖处的辊面距离 b_d，$\varepsilon_d = \dfrac{D_p - b_d}{D_p} \times 100\%$，但 b_d 和 C 皆不易测量，故实际生产中又用最小辊面 b 和顶杆深入辊缝距离 y 来表示，按图 20-22 得。

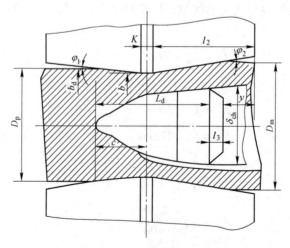

图 20-22　狄塞尔穿孔机变形区纵剖面图

$$b = D_{\mathrm{p}}(1 - \varepsilon_{\mathrm{d}}) \frac{\tan\varphi_2}{\tan\varphi_1 + \tan\varphi_2} + (\delta_{\mathrm{ch}} + 2h_{\mathrm{ch}}) \frac{\tan\varphi_1}{\tan\varphi_1 + \tan\varphi_2} -$$

$$2(l_{\mathrm{d}} - K) \frac{\tan\varphi_1 \tan\varphi_2}{\tan\varphi_1 + \tan\varphi_2}$$

$$y = l_2 - l_3 - \left(\frac{\delta_{\mathrm{ch}}}{2} + h_{\mathrm{ch}} - \frac{b}{2}\right)\frac{1}{\tan\varphi_2}$$

调整控制孔型椭圆度的目的是保持轧制过程正常运行的条件下使其适当小一些，限制横变形。太小也会出现过程运行不畅，轴向滑动系数降低，能耗加大。狄塞尔穿孔机由于导盘的速度高于轧件的出口速度，这样摩擦力中的一部分就成了作用于轧件的拉力，这种附加的纵向力就减少了轧件的轴向打滑，滑动系数可以从曼内斯曼穿孔机的 0.7~0.8 提高到 0.8 以上，椭圆度可适当减少。

送进角 β 的调整，只要设备能力允许应取上限值，这不仅可提高生产率，而且可改善管材表面质量，延长顶头使用寿命，降低单位产品的能耗。轧辊距离，从薄壁管到厚壁管的轧辊入口锥的总的压缩量应在管坯直径的 10%~16% 范围内变化。顶头前伸量 C，原则上顶头前置位置应尽可能大。

大导盘边缘与上下轧辊的间距各为 2mm，即一个导盘紧靠上辊，另一个导盘则紧靠下辊。这样，导盘的高度位置就会有所不同。轧辊直径越小，两个盘的高度差就会越大，其范围可达 ±12mm。为了使毛管壁厚均匀，要严格控制这个参数。在纵向上，右导盘可以沿轧制方向移动，左导盘则可逆向移动。一般轧辊轧制带中心点与导盘中心点位于一个平面上，以使毛管更好地轧出，壁厚更均匀。

轧管机调整与一般型钢纵轧要求一样，上下辊轴线需同在一垂直平面内，且互相平行，孔型对正。

减径机除按轧制表严格选择孔型系统和对好孔型外，还必须使各孔型中心保持在一条轧制线上。不然就会导致钢管轧折、弯曲、断面不正、刮伤等缺陷。

21 管材冷加工

21.1 管材冷加工概述

管材冷加工包括冷轧、冷拔、冷张力减径和旋压。因为旋压的生产效率低、成本高，主要用于生产外径与壁厚比在 2000 以上的特薄壁高精度管。冷轧、冷拔是目前管材冷加工的主要手段。冷轧的突出优点是减壁能力强，如二辊式周期冷轧机一道次可减壁 75%～85%，减径 65%，可显著地改善来料的性能、尺寸精度和表面质量。冷拔一道次的断面收缩率不超过 40%，但它与冷轧比，设备比较简单，工具费用少，生产灵活性大，产品的形状规格范围也较广。所以冷轧、冷拔联用被认为是合理的工艺方案。近年来冷张力减径工艺日益得到推广，与电焊管生产连用，可以大幅度减少焊管机组本身生产的规格，节省更换工具的时间，提高机组的产量，扩大品种规格范围，改善焊缝质量。它也可为冷轧、冷拔提供尺寸合适的毛管料，有利于这些轧机产量和质量的提高。目前在冷张减机上碳钢管的总减径率在 23%～60%，不锈钢管约为 35%，可能生产的最小直径为 3～4mm。

冷加工设备上进行温加工近年来引起普遍重视。一般用感应加热器将工件在进入变形区前加热到 200～400℃，使金属塑性大为提高，温轧的最大伸长率为冷轧的 2～3 倍；温拔的断面收缩率提高 30%。使一些塑性低、强度高的金属也有可能得到精加工。关键在于寻得合适的润滑剂。但对温加工温度范围内塑性反降低的材料不能使用。

图 21-1 是碳钢管和合金钢管的冷轧、冷拔生产工艺流程图。

21.1.1 管材冷拔的主要方法

冷拔可以生产直径 0.2～765mm，壁厚 0.015～50mm 的钢管，是毛细管、小直径厚壁管以及部分异形管的主要生产方式，目前直线运动冷拔机的最大拔制长度已达 50m。图 21-2 是现有冷拔管材的主要方法。

空拔（图 21-2（a））：它用于减径、定径，每道最大延伸系数 1.5。这主要受变形区内横断面上不均匀变形和材料本身强度的限制。对薄壁管还需考虑变形区内管体横断

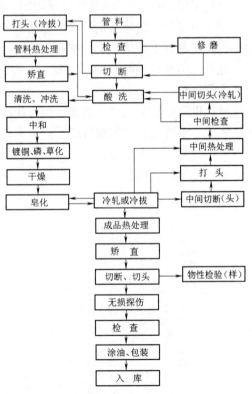

图 21-1　碳钢管和合金钢管的冷轧、冷拔生产工艺流程

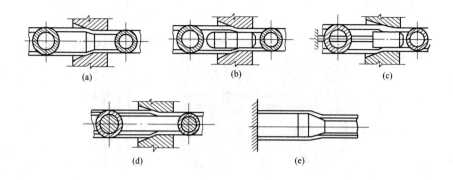

图21-2　各种冷拔管材方法的示意图

面形状稳定性的限制，所以无芯头拔制时壁厚与外径比不得小于 0.04。浮动芯头拔制（图21-2 （b））：它主要用于生产小径长管，每道延伸系数 1.2～1.8。它与上述空拔都是毛细管、小径厚壁管生产的主要方法，它们都便于采用卷筒拔制，卷筒拔制的最大管径，钢管 36mm，铜管 60mm；最大拔制速度，钢管达到 300m/min，铜管达到 720m/min；拔制长度在 130～2300m；卷筒直径视拔制的管径和壁厚而定，管径愈大管壁愈薄，卷筒直径应愈大，目前最大卷筒直径已达 3150mm。确定延伸系数时应注意，卷筒拔制要比直线拔制小 15%～20%。短芯头拔制 （图 21-2 （c））：这种拔制方法同时减径减壁，应用较广，一道的最大延伸系数 1.7 左右，主要受到被拔管体强度的限制，小直径管有时受到芯杆强度的限制。长芯棒拔制 （图 21-2 （d））：这种拔制方法的减壁能力强，可获得几何尺寸精度较高，表面质量较好的管材。小直径薄壁管 （外径小于 3.0mm，壁厚小于 0.2mm） 目前只有用此法生产。此法一道的最大延伸系数 2.0～2.2。为取消脱棒工序，现已研究出了冷拔和脱棒合并进行的方法，如冷拔的同时辗轧管壁，拔后便可自行脱棒。冷扩管 （图 21-2 （e））：冷扩管方法主要用于生产大直径薄壁管，进行管材内径的定径，制造双金属管等。一般钢管扩径量为 15%～20%。

　　管材冷拔目前发展的总趋势是多条、快速、长行程和拔制操作连续化。如曼内斯曼——米尔公司制造的链式高速、多线冷拔管机，拔制速度达到 120m/min；同时可拔 5 根；最大拔制长度 60m。该厂生产的履带式冷拔机可以连续拔制，最大拔制速度为 100～300m/min。

21.1.2　管材冷轧的主要方法

　　目前生产中应用最广的还是周期式冷轧管机，该机 1928 年研制，1932 年在美国首先使用。它们是获得高精度薄壁管的重要手段，也是外径或内径要求高精度的厚壁管和特厚壁管，以及异形管、变断面管等的主要生产方法。两辊式周期冷轧管机的生产规格范围为：外径 4～250mm，壁厚 0.1～40mm。并可生产外径与壁厚比等于 60～100 的薄壁管。图 21-3 是两辊式周期冷轧管机的工作过程示意图。

　　两辊式周期冷轧管机的孔型沿工作弧由大向小变化，入口比来料外径略大，出口与成品管直径相同，再后孔型略有放大，以便管体在孔内转动。轧辊随机架的往复运动在轧件上左右滚轧。如以曲拐转角为横坐标，操作过程如图 21-3 （b） 所示。开始 50°将坯料送

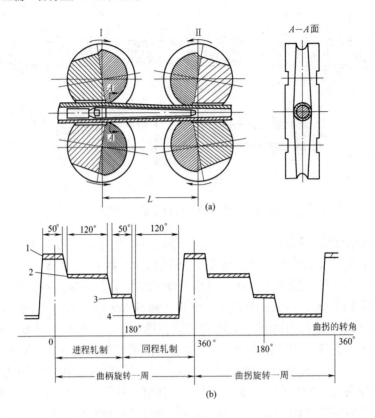

图 21-3　两辊式周期冷轧管机的工作过程示意图

（a）周期冷轧机运动示意图；（b）周期冷轧操作示意图

进，然后在 120°范围内轧制，轧辊辗至右端后，再用 50°间隙轧件转动 60°，芯棒也作相应旋转，只是转角略异，以求芯棒能均匀磨损。回轧轧辊向左滚辗，消除壁厚不均提高精度，直至左端止。如此反复。

图 21-4 为多辊式周期冷轧管机的工作示意图，1952 年由前苏联研制成功。这种轧机的操作过程和两辊式相同，不同的是对轧件 1 的加工是由安装在隔离架 2 内的 3~5 个小辊 3 进行的，小辊沿着固定在机头套筒 5 上的楔形滑轨 4 往返运动，依靠滑轨的摩擦力传动滚轧管材。机头套筒和小辊隔离架间的运动关系见图 21-4（b），摇杆在往复摆动的过程中，一般使套筒两倍于隔离架的速度运行。楔形滑轨的表面曲线按变形要求设计。这种冷轧机送进量小，一道次最大横截面收缩率 70% 左右。但它的辊径小，同样变形量的轧制压力小；用多辊组成孔型轧槽浅，轧件和工具之间的滑动小，因而这种轧机可以生产高精度的特薄壁管。目前生产的规格范围为直径 4~120mm，壁厚 0.03~3.0mm，外径与壁厚比为 150~250。近年来冷轧的发展趋势是多线、高速、长行程，坯料长度也不断增长。"多线"轧制目前已应用很广，2、3、4、6 线冷轧机均有投产。"高速"是指不断提高机头单位时间内的往复次数。为了减小主传动系统承受的周期性变化的负载幅度，这类轧机皆设有动力平衡装置，现在高速冷轧机的速度比旧式轧机提高一倍左右。"长行程"是指加大送进量，每次轧制的延伸长度也随之增加，因此要求轧机的行程长度与其相适应，不然就不能获得光洁的表面和尺寸精度。这样就从工具设计到轧机结构引起了一系列变化，

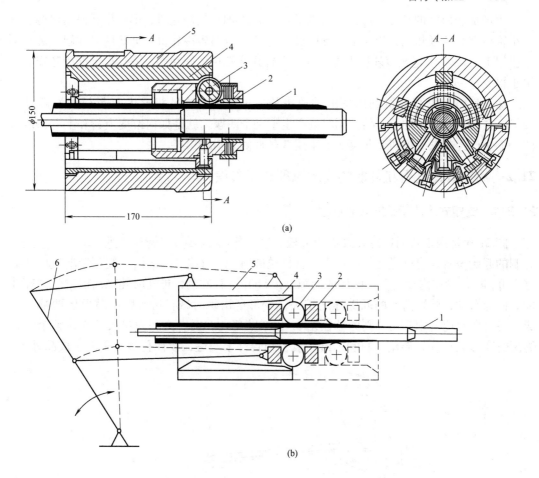

(a)

(b)

图 21-4 多辊式周期冷轧管机

(a) 机头套筒构造图；(b) 机头运动原理图

两辊式冷轧机出现了马蹄形轧槽和环形轧槽（见图 21-5），以充分利用圆周长度满足行程需要。应当指出，马蹄形和环形轧槽也是提高轧制速度和多线轧制的需要，因为同一行程使用这种轧槽的辊径小，降低轧制压力，能减轻整个机架结构。

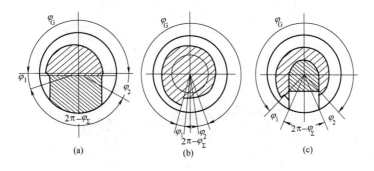

图 21-5 两辊冷轧管机的现有轧槽形式

(a) 半圆形轧槽块；(b) 环形轧槽块；(c) 马蹄形轧槽块

φ_Σ—总中心角；φ_G—工作中心角；φ_1—转料角；φ_2—送进角

为增加变形区的有效长度，还出现了：（1）附加辊架冷轧机，即在主轧机出口侧装置一小辊机架起定径作用，以增加变形区长度；（2）双对辊冷轧机，即将两对轧辊安装在同一机架上；（3）多辊式冷轧机出现了双排多辊式冷轧机，即在同一隔离架上前后各安装一组小辊。

加长坯料是提高轧机利用率的重要措施，近年来的冷轧机最大上料长度一般已达12.5m左右，几乎增加了一倍。同时也产生了一个问题，就是如何改变上料和上芯棒的方法，缩短已经很长了的机身长度。如采用双丝杠侧装料结构等。

21.2　周期式冷轧管机轧制的变形原理和工具设计

21.2.1　周期式冷轧管机的轧制过程

图 21-6 是两辊式周期冷轧管机的进程轧制工作图示。（a）管料送进，轧辊位于进程轧制的起始位置，也称进轧的起点 I，管料送进 m 值，I 移至 $I_1 I_1$，轧制锥前端由 II II 移至 $II_1 II_1$，管体内壁与芯棒间形成间隙 Δ；（b）进程轧制，进轧时轧辊向前滚轧，轧件随着向前滑动，轧辊前部的间隙随之扩大，变形区由瞬时减径区和瞬时减壁区两部分组成，各自所对应的中心角分别为减径角 θ_p 和减壁角 θ_0，两者之和为咬入角 θ_z，整个区域为瞬时变形区；（c）转动管料和芯棒，滚轧到管件末端后，设计孔型又稍大于成品外径，

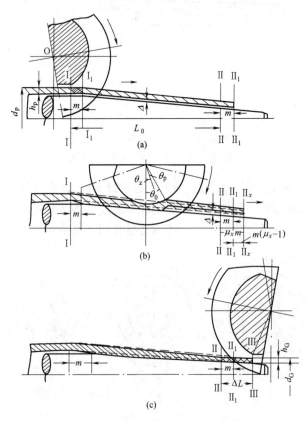

图 21-6　两辊式周期冷轧管机的进程轧制过程图

（a）送进；（b）滚轧；（c）转动管料和芯棒

将料转动 60°~90°，芯棒也同时转动，但转角略小，以求磨损均匀，轧件末端滑移至Ⅲ Ⅲ，一次轧出总长 $\Delta L = m\mu_\Sigma$（μ_Σ 总延伸系数），轧至中间任意位置时，轧件末端移至Ⅱ$_x$ Ⅱ$_x$，轧出长度为 $\Delta L_x = m\mu_{\Sigma x}$（$\mu_{\Sigma x}$ 为中间任意位置的积累延伸系数）；（d）回程轧制，又称回轧，轧辊从轧件末端向回滚轧，因为进程轧制时机架有弹跳，金属沿孔型横向也有宽展，所以回程轧制时仍有相当的减壁量，占一个周期总减壁量的 30%~40%；回轧时的瞬时变形区与进程轧制相同，也由减径和减壁两区构成，返程轧制时，金属流动方向仍向原延伸方向流动。

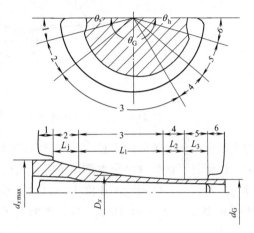

图 21-7　两辊式冷轧管机孔槽底部的展开图
1—空转送进部分；2—减径段；3—压下段；
4—预精整段；5—精整段；6—空转回转部分

每一周期管料送进体积为 mF_0（F_0 是管料横截面积），轧制出口横截面积为 F_1，延伸总长 ΔL，则按体积不变条件可得：

$$\Delta L = \frac{F_0}{F_1} m = \mu_\Sigma m \tag{21-1}$$

如按进程轧制展开轧辊孔型，可分为四段变形区：减径段、压下段、预精整段和精整段，见图 21-7。（1）空转管料送进部分。（2）减径段，压缩管料外径直至内表面与芯棒接触为止。因为减径时壁厚增加、塑性降低，横剖面压扁扩大了芯棒两侧非接触区，恶化了变形的均匀性，并且容易轧折，所以减径量愈小愈好。一般管料内径与芯棒最大直径间的间隙 Δ 取在管料内径的 3%~6% 以下。壁厚增量为

$$\Delta h_j \approx (0.7 \sim 0.8)h_0 \frac{\Delta d_0}{d_0} \tag{21-2}$$

式中，d_0，Δd_0，h_0 分别为管料的外径、外径减缩量和壁厚。（3）压下段，是主要变形阶段同时减径、减壁。正确设计这一段变形曲线和孔型宽度，是孔型设计的主要内容，设计应根据加工材料的性能和质量要求进行。（4）预精整段，在此段最后定壁主要变形结束。（5）精整段，主要作用是定径，同时进一步提高表面质量和尺寸精度。

21.2.2　变形区内金属的应力状态分布

变形区内各点的应力状态主要受以下因素影响：外摩擦、变形的均匀性、变形的分散程度。

21.2.2.1　外摩擦的影响

为了解外摩擦的影响应先弄清接触表面间金属与工具的相对滑动特点。图 21-8 是冷轧管机进程轧制时孔型内各点的速度分布。如图轧辊绕主动齿轮节圆周上一点 O_1 旋转，O_1 是瞬时中心，则变形区出口垂直剖面上各点的速度：轧辊轴心 G，$v_G = R_j\omega_G$；孔型槽底 C，$v_c = (R_j - \rho_c)\omega_G$；孔槽边缘 b，$v_b = (R_j - \rho_b)\omega_G$；孔型内任一点，$v_x = (R_j - \rho_x)\omega_G$。$R_j$

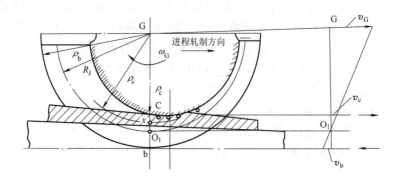

图 21-8   进程轧制时变形区出口垂直剖面上沿轧槽各点的速度分布

为主动传动齿轮的节圆半径，ω_G 为轧辊转速。

轧制时可认为整个垂直剖面上的金属以同一速度 v_m 向机架进程轧制的运动方向流动，设与机架运行方向相同的速度为正，则变形区出口垂直截面上轧槽各点对接触金属的相对速度 v_{xd} 如图 21-9（a）所示。接触辊面上任一点相对轧件的速度等于

$$v_{xd} = v_m - v_x = v_m - \omega_G(R_j - \rho_x) \tag{21-3}$$

$v_{xd} > 0$ 为前滑区；$v_{xd} < 0$ 为后滑区；在 $v_{xd} = 0$ 的各点为中性点，连接这些点为中性线，如图 21-9（b）所示中的 ABC，在曲线 ABC 以内为后滑区，出口剖面上 A、C 所对应的半径称为轧制半径 ρ_z。轧制半径应满足以下关系式：

$$v_m = (R_j - \rho_z)\omega_G \tag{21-4}$$

如减少变形量，变形区内金属流动速度随之下降，后滑区便相应扩大。变形区内工具给轧件接触表面的摩擦力方向如图 21-9（b）所示。那么根据周期冷轧管机金属只向机架进程轧制的运动方向流动，则在前滑区金属承受三向附加压应力，在后滑区承受轴向附加拉应力，其他两向为附加压应力。

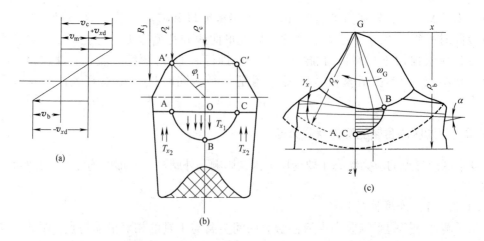

图 21-9   进程轧制时工具接触表面的相对速度和轧件上的摩擦力方向

回程轧制时金属仍按进程轧制的方向流动，轧辊作反向旋转，所以在变形区出口截面

内轧辊接触表面相对轧件的速度如图21-10（a）所示。设仍以与机架运行方向相同的速度为正，反之为负，则按式（21-3）可得回轧时前、后滑区的分布情况和摩擦力方向，如图21-10（b）所示，BDD′B′为后滑区。所以回轧时槽底部分金属在外摩擦力作用下受三向附加压应力，槽缘部分金属受轴向张应力，其余两向为压应力。恰好与正轧时相反。

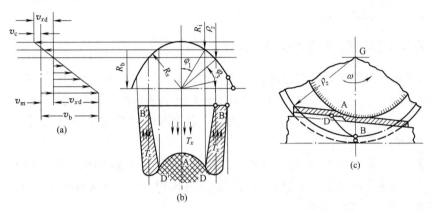

图21-10　回程轧制时工具接触表面对金属的相对速度和摩擦力方向

芯棒接触表面的摩擦力方向，因轧件始终向机架进程轧制的运行方向延伸，所以总是和回轧时机架的运行方向相同，对接触表面的金属造成三向附加压应力。

21.2.2.2　不均匀变形的影响

因为周期冷轧管孔型和一般纵轧孔型一样，也有一定的开口度以防啃伤、轧折，所以加工时在孔型开口处形成一定的非接触区，这样无论正轧或回轧，孔型开口部分的金属皆受到附加轴向张应力，槽底部分金属受到附加轴向压应力。

综上所述周期冷轧管的出口截面上最常可能出现的工作应力状态分布将如图21-11所示。孔型开口处始终承受着拉应力，严重时甚至可能出现横裂，这是限制冷轧管一次变形率的主要原因之一。

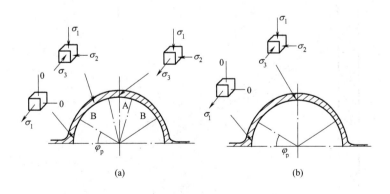

图21-11　周期冷轧管材的工作应力状态图

（a）进程轧制；（b）回程轧制

21.2.2.3　加工分散程度的影响

因为轧制时有附加应力，轧制后必然以残余应力状态保留下来。但是无论从正轧和回轧造成的残余应力状态来看，还是从不均匀变形来看，只要回轧前旋转 60° ~ 90°，这些残余应力都能互相抵消。所以如果减小每次加工量，增加加工次数，就会降低每次产生的残余应力，而且不断互相抵消，无疑这将促使轧件体内的残余应力均匀化，利于金属塑性的提高。但是增加分散程度又会降低生产率，所以压下段的分散系数应按不同材料规定一个允许的最低值，以控制产品质量。

21.2.3　周期轧制中各主要变形参数的计算

因为周期式冷轧管机是依次送进，逐渐轧到成品管尺寸，变形锥内任一横剖面总是经过若干周期轧制后才达到要求尺寸的。因此除需要计算从坯料尺寸轧到成品尺寸的总变形量外，还需要计算由坯料尺寸轧到变形锥内任一剖面时的"积累变形量"，和变形锥内任一剖面的"瞬时变形量"。

变形锥内任一横截面 F_x 的瞬时延伸系数等于与 F_x 相距 Δx 的前一横截面 $F_{\Delta x}$ 与 F_x 之比。此两截面间包含的体积等于该轧制周期的送进体积 mF_0。m 为每一周期的送进距离，F_0 为来料横截面积。现证明如下。

图 21-12 中的 AB 曲线是轧辊轧制直径接触点的轨迹，也可近似地视为变形锥的外廓线。现以纵坐标表示轧件横截面面积，横坐标表示轧辊行程，坯料尺寸和成品尺寸皆已知，确定任意截面 F_x 的瞬时延伸系数。给管料一送进量 m，曲线 AB 移到 A_1B_1，F_x 从 CD 移到 C_1D_1。管料从 A 点到 C 点在 x 水平长度上被压缩，使相当于 AC 及 A_1E_1 曲线包络的

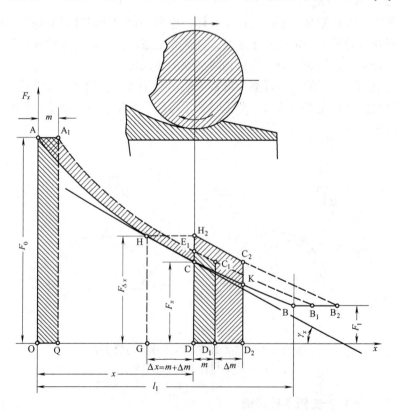

图 21-12　轧制毛管横断面面积沿轧辊行程的变化

金属体积右移，C_1D_1 被水平推移到 C_2D_2 移动 Δm。因此未轧部分坯料不再按 E_1B_1 而是按 H_2B_2 承受压缩，H_2B_2 相对 AB 移动 $\Delta x = m + \Delta m$。这样在 CD 位置上被压缩的断面不再是 E_1D，而是 H_2D，所以在 CD 位置的瞬时延伸系数 μ_x 应是 H_2D/CD。

按图 21-12 送进体积 mF_0 也可表示为体积 $v_{AA_1E_1C}$ 和 $v_{E_1C_1D_1D}$ 之和。在 AC 段上压缩时金属体积向右移动形成 $v_{E_1H_2C_2D_2D_1C_1}$，根据体积不变定律形成的体积 $v_{E_1H_2C_2D_2D_1C_1}$ 应与体积 $v_{AA_1E_1C}$ 相等，所以

$$v_{H_2C_2D_2D} = mF_0$$

由图 21-12 可知 $v_{H_2C_2D_2D}$ 相当于 v_{HGDC} 横移 Δx，H_2D 相当于 HG 向右移动 Δx，所以

$$\mu_x = \frac{HG}{CD} = \frac{F_{\Delta x}}{F_x} \tag{21-5}$$

因此只要求得 Δx 便可求得任一断面 F_x 的瞬时变形参数，按图 21-12 可得：

$$F_0m = \int_{x-\Delta x}^{x} F_x \mathrm{d}x \tag{21-6}$$

只要知道函数 $F_x = f(x)$，便可由上式求得 Δx 值，如 $F_x = f(x)$ 是无解析式表达的曲线，或解析式很复杂可将 HGDC 作梯形考虑。当机架一次进程中管壁绝对压下量很小时，可近似地求得：

$$\Delta x = \frac{F_0}{F_x}m = \mu_{\Sigma x}m \tag{21-7}$$

设管料的外径、内径、壁厚分别以 d_0、d_0'、h_0 表示，相应的成品管尺寸分别以 d_1、d_1'、h_1 表示，以 d_x、d_x'、h_x 表示 F_x 的尺寸，以 $d_{\Delta x}$、$d_{\Delta x}'$、$h_{\Delta x}$ 表示 $F_{\Delta x}$ 的相应尺寸，则各变形参数可分别表示如下：

$$\left.\begin{array}{l}
\text{瞬时延伸系数} \quad \mu_x = \dfrac{F_{\Delta x}}{F_x} = \dfrac{h_{\Delta x}(d_{\Delta x} + d_{\Delta x}')}{h_x(d_x + d_x')} \\[3mm]
\text{瞬时减壁量} \quad \Delta h_x = h_{\Delta x} - h_x \\[3mm]
\text{瞬时减壁率} \quad \dfrac{\Delta h_x}{h_{\Delta x}} = \dfrac{h_{\Delta x} - h_x}{h_{\Delta x}} \times 100\% \\[3mm]
\text{积累延伸系数} \quad \mu_{\Sigma x} = \dfrac{F_0}{F_x} = \dfrac{h_0(d_0 + d_0')}{h_x(d_x + d_x')} \\[3mm]
\text{积累减壁量} \quad \Delta h_{\Sigma x} = h_0 - h_x \\[3mm]
\text{总延伸系数} \quad \mu_{\Sigma} = \dfrac{F_0}{F_1} = \dfrac{h_0(d_0 + d_0')}{h_1(d_1 + d_1')} \\[3mm]
\text{总减壁量} \quad \Delta h_{\Sigma} = h_0 - h_1
\end{array}\right\} \tag{21-8}$$

瞬时减壁量按图 21-13，可按下式计算：

$$\Delta h_x = \Delta x(\tan\gamma_x - \tan\alpha) \tag{21-9}$$

式中　α——芯头锥角；

　　　γ_x——A 点横截面处的工作锥度。

以上计算的是一个周期的变形量，是由进程轧制和回程轧制来完成的，回程轧制的变形量占总变形量的 30% ~ 40%。

由式（21-7）可知变形区内任一断面，在每一轧制周期中向前移动 Δx，而 Δx 在变形区不同位置是逐渐增大的，所以计算任一断面在变形区内承受的加工次数比较复杂，不同的送进量、变形程度以及孔型形状等都会使各断面在变形区内的加工次数发生变化。如设孔型压下段的展开线为抛物线，则任意断面在变形区内承受的加工次数，即变形分散系数 n_1 可近似地按下式计算：

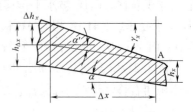

图 21-13　变形区 A 点瞬时减壁量图示

$$n_1 = \frac{3l_1}{m(1 + 2\mu_\Sigma)} \tag{21-10}$$

式中　l_1——变形区压下段的水平长度。

从生产率来看，n_1 愈小愈好，但过小会加大每一周期的变形量，易在成品管上于孔型开口处出现横裂等缺陷。为此，不同材料的管材应在实践中试验确定允许的最小变形分散系数 n_1，作为孔型设计的依据之一。表 21-1 列举了一些材料允许的最小分散系数。

表 21-1　几种材料的最小分散系数

孔型/mm × mm	材　料	变形程度/%	允许最小变形分散系数 n_{xi}
$68 \times 4 \rightarrow 41 \times 1.0$	Cu	85	6 ~ 7
$70 \times 6 \rightarrow 38 \times 2.0$	1Cr18Ni9Ti	81	11 ~ 12

21.2.4　二辊式周期冷轧管机的孔型设计

合理的孔型设计应能获得表面良好、尺寸精度高的管材；应使工具磨损均匀；轧机生产率高。设计内容包括：孔型轧槽各段长度的计算；设计孔型轧槽底部的展开线；计算轧槽横断面尺寸；设计计算芯头形状和尺寸。

21.2.4.1　计算孔型轧槽长度

孔型轧槽由工作段 L_G、送进段 L_s、回转段 L_h 构成。设计时应尽量缩短送进和回转段的长度，增加工作段的长度，因为一定的送进量，工作段增长可降低瞬时变形率，并可使用小锥度芯棒降低瞬时减径率改善不均匀变形，提高金属塑性，定径段得到适当加长也利于改善成品表面质量和尺寸精度。但送进、回转过快会使相应机构中的冲击负荷过大，部件磨损严重。目前此两段长度占总长度的 5% ~ 6%。

轧槽轧制时的回转角 γ_x 与机架行程 L_x 和主动齿轮节圆直径 D_j 间应保持以下关系：

$$\gamma_x = \frac{L_x \times 360° \times 3600}{\pi D_j} \tag{21-11}$$

由图 21-7 知轧槽的总回转角是由送进角 θ_s、回转角 θ_h 和工作角 θ_G 组成，目前常用的半圆形轧槽块最大回转角 γ_{max} 一般在 180° ~ 215°。如已知各段行程长度，代入式（21-11）可求得对应的轧槽回转角。反之也可先确定各段的转角，代入式（21-11）求得对应的行程长度，在不同情况下不管采取哪一种设计程序，都必须满足以下条件：

$$\theta_s + \theta_G + \theta_h \leqslant \gamma_{max} \tag{21-12}$$

$$L_s + L_G + L_h \leqslant \pi D_j \frac{\gamma_{max}}{360° \times 3600} \tag{21-12'}$$

21.2.4.2 设计轧槽槽底的纵向展开曲线

如图 21-7 所示轧槽底纵向展开曲线分为四段，减径段、预精整段为直线与轧制线成一定倾角；定径段是与轧制线平行的直线；压下段是按一定变形规律设计的光滑曲线，也是冷轧管孔型设计的核心。

减径段长度 l_j，按图 21-14 可由下式计算：

$$l_j = \frac{\Delta_j}{\tan\gamma_1 - \tan\alpha} \tag{21-13}$$

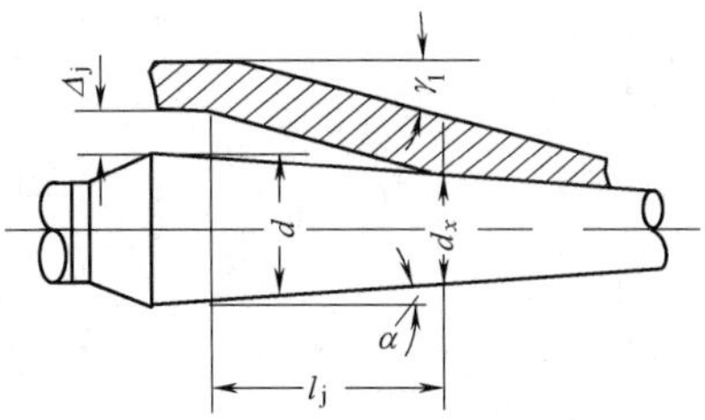

图 21-14 确定减径段长度

实际经验表明，减径段较合适的锥度为 $\tan\gamma_1 = 0.12 \sim 0.20$，轧制薄壁管时管料内径与芯棒直径间的最大间隙 Δ_j 为 $1.0 \sim 1.5\text{mm}$。

定径段亦称精整段的轧槽直径应与成品管材的直径相等。长度取决于进入预精整段管料直径与成品管材的直径差和入精整段管料的椭圆度大小。如果椭圆度较小，轧槽开口度不大，芯头锥度 $2\tan\alpha \leqslant 0.01$，精整次数就可以少一些，一般取 $1 \sim 2$ 次，所以定径段长度即为：

$$l_3 = (1.0 \sim 2.0)m\mu_\Sigma \tag{21-14}$$

预精整段长度确定，主要考虑管料每一断面可能受到的预精整次数，次数的多少主要看压下段的瞬时伸长率高低，特别是进入预精整段前的瞬时伸长率高低而定，压下段的瞬时伸长率大则预精整的次数就要高一些。现在压下段大多采用逐渐减缓瞬时伸长率的光滑曲线，则预精整段的精轧系数一般取为 $1.0 \sim 1.5$，所以预精整段长度取：

$$l_2 = (1.0 \sim 1.5)m\mu_{\Sigma2} \tag{21-15}$$

式中 $\mu_{\Sigma2}$——预精整段始点的积累延伸系数，一般取 $\mu_{\Sigma2} \approx (0.95 \sim 0.98)\mu_\Sigma$。

为保证纵向壁厚均匀性，应使该段的 $\tan\gamma_2 = \tan\alpha$。

压下段槽底纵向展开线的设计原则是尽可能地充分利用金属塑性。因为轧制过程中随着变形量的增加金属塑性相应下降，所以沿变形区长度方向的壁厚压下率应按逐渐减小的原则设计。从这一原则出发的设计方法很多，现介绍其一于下。

因为设计压下段槽底曲线的指导思想是减壁率逐渐减小，此曲线为减函数，所以它的一阶导数小于零，$f'(x) = -\dfrac{dh}{dx}$ 壁厚变量计算式可表达为：

$$\frac{\Delta h_x}{h_x} = f(x) = -\frac{\Delta x}{h_x}\frac{dh_x}{dx} \tag{21-16}$$

或

$$\Delta h_x = \varphi(x) = -\Delta x \frac{dh_x}{dx} \tag{21-16'}$$

按式(21-7)知：

$$\Delta x = m\frac{F_0}{F_x} = m\frac{(d_0 - h_0)h_0}{(d_x - h_x)h_x}$$

如芯头锥度小，减径量不大，可近似地取为：

$$\Delta x = m \frac{h_0}{h_x} \tag{21-17}$$

将式（21-17）代入式（21-16）、式（21-16′）得：

$$\frac{\Delta h_x}{h_x} = f(x) = -m \frac{h_0}{h_x^2} \frac{\mathrm{d}h}{\mathrm{d}x} \tag{21-18}$$

$$\Delta h_x = \varphi(x) = -m \frac{h_0}{h_x} \frac{\mathrm{d}h}{\mathrm{d}x} \tag{21-18′}$$

积分得：

$$h_x = \frac{mh_0}{\int f(x)\,\mathrm{d}x + C} \tag{21-19}$$

$$h_x = \mathrm{e}^{-\frac{\int \varphi(x)\,\mathrm{d}x}{mh_0} + C} \tag{21-19′}$$

根据生产经验，提出以下函数表达式：

$$f(x) = \frac{\Delta h_x}{h_x} = A\left(1 - 2n_1 \frac{x}{l_1}\right) \tag{21-20}$$

$$f(x) = \frac{\Delta h_x}{h_x} = A\mathrm{e}^{-n_2 \frac{x}{l_1}} \tag{21-21}$$

式中　A——待定系数；

　n_1，n_2——系数，依次取 0.1 和 0.64；

　　l_1——轧槽压下段长度。

将式（21-20）、式（21-21）分别代入式（21-19），利用边界条件（$x = 0$，$h_x = h_j$；$x = l_1$，$h_x = h_1$）积分得：

$$C = m \frac{A}{n_2}; \quad A = \frac{m\left(\dfrac{h_j}{h_1} - 1\right)n_2}{1 - \mathrm{e}^{-n_2}}$$

将以上求得的系数和函数代回式（21-19）分别得到：

$$h_x = \frac{h_j}{\dfrac{\dfrac{h_j}{h_1} - 1}{1 + n_1}\left(1 - n_1 \dfrac{x}{l_1}\right)\dfrac{x}{l_1} + 1} \tag{21-22}$$

或

$$h_x = \frac{h_j}{\dfrac{\dfrac{h_j}{h_1} - 1}{1 - \mathrm{e}^{-n_2}}\left(1 - \mathrm{e}^{-n_2 \frac{x}{l_1}}\right) + 1} \tag{21-23}$$

式（21-22）满足相对变形按线性关系逐渐减小的规律。式（21-23）满足相对变形按对数关系逐渐减小的规律。这样设计的孔型对低塑性材料较合适，主要缺点是压下段始端压力有峰值，相应部位的孔型磨损也较严重，只是在大型轧机上轧槽较长，这一矛盾才不太突出。所以对塑性较好的金属亦可按其他原则设计，如按压下段长度上轧制压力不变的原则设计孔型，据此提出的经验公式：

$$\varphi(x) = \Delta h_x = A\left(1 - n_3 \frac{x}{l_1}\right) \tag{21-24}$$

式中 n_3——按压下段轧制压力为常数确定的系数。

将式（21-24）代入式（21-19′）积分得：

$$h_x = \frac{h_j}{\dfrac{h_j}{h_1} \dfrac{2 - n_3 \dfrac{x}{l_1}}{2 - n_3 \dfrac{x}{l_1}} \dfrac{x}{l_1}} \tag{21-25}$$

式中 h_j——减径段管壁增厚以后的壁厚值。

21.2.4.3 孔槽横断面尺寸的设计

孔槽横断面尺寸过宽过窄都是不利的。过宽横向变形不均增大，孔型开口处管壁增厚严重化，易出裂纹。过窄易出耳子。所以要正确计算开口角 β，见图21-15。

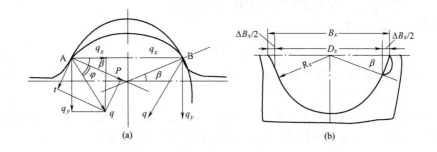

图 21-15 计算孔槽宽度示意图

（a）来料接触孔槽时的受力情况；（b）孔槽尺寸示意图

如图 21-15（a）所示，来料首先与孔型接触于 A、B 两点，引起正压力 P 和摩擦力 t，$t = Pf$（f 是接触表面摩擦系数），合力 $q = P\sqrt{1 + f^2}$。如将合力按水平方向和垂直方向分解则：

$$\left.\begin{array}{l} q_x = q\cos(\beta + \varphi) \\ q_y = q\sin(\beta + \varphi) \end{array}\right\} \tag{21-26}$$

式中 β，φ——孔型开口角和接触摩擦角。

由式（21-26）可见，当 $\beta + \varphi < 45°$ 时 $q_x > q_y$，来料按水平作用力向立椭方向压扁。当 $\beta + \varphi > 45°$ 时 $q_x < q_y$，来料按垂直作用力方向压扁，增加横向尺寸，易被挤入辊缝。所以应使 $\beta + \varphi < 45°$。冷轧时 $f = 0.06 \sim 0.1$，所以 $\varphi = 3° \sim 6°$，β 因此一般皆小于 $25° \sim 35°$。表 21-2 为现在实际的取用值。

表 21-2　轧槽开口角 β 值

轧辊直径/mm	开口角（或扩展度）$\beta/(°)$			
	减径段开始	压下段内	预精整段	定径段
300	35~32	32~29	29~27	27~25
364	31~24	31~27	27~25	25~23
434	25~20	25~22	22~20	20~18
550	18~16	22~20	22~20	17~15

如图 21-15（b）所示，孔槽开口为切线侧边，则：

$$\cos\beta_x = \frac{D_x}{\Delta B_x + D_x}$$

所以在 β_x 与 ΔB_x 之间，只要正确定出其中之一即可。ΔB_x 可按以下公式计算：

$$\Delta B_x = 2K_t m \mu'_{\Sigma x}(\tan\gamma_x - \tan\alpha) + 2K_d m \mu_{\Sigma x}\tan\alpha \tag{21-27}$$

式中　K_t——考虑强迫宽展和工具磨损的系数，约为 1.05~1.75，压下段开始部分取上限，向精整段渐趋下限；

　　　K_d——压扁系数取 0.7；

$\mu'_{\Sigma x}$, $\mu_{\Sigma x}$——壁厚积累延伸系数和横截面积累延伸系数。

一般也可用以下简化计算式：

$$\Delta B_x = 2Km\mu_{\Sigma x}\tan\alpha \tag{21-27'}$$

式中　K——考虑金属强迫宽展和工具磨损系数取 1.10~1.15，压下段开始部分取上限。

21.2.4.4　芯头尺寸设计

芯头设计的主要参数是锥度、外径、长度。芯头长度应满足轧辊整个工作段长度的要求，它的锥体总长至少应为减径段、压下段和预精整段长度的总和。

定径段起点的芯头外径 d_K 如图 21-16 所示，为：

$$d_K = d_1 - 2h_1 \tag{21-28}$$

式中　d_1, h_1——成品管的外径和壁厚。

芯头圆柱部分直径 d_n 为：

$$d_n = d_K + 2l_G\tan\alpha \tag{21-29}$$

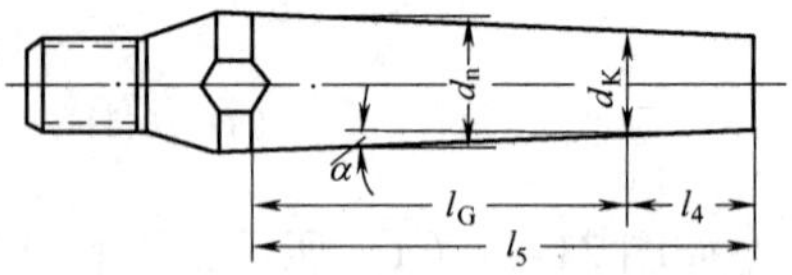

图 21-16　冷轧管芯头形状和尺寸示意图

同时应满足以下条件：

$$d_n = d_0 - 2h_0 - \Delta_0$$

式中　l_G——除定径段以外芯头的实际工作长度；

　　　d_0, h_0——来料的外径、壁厚。

芯棒的锥度可按下式计算：

$$2\tan\alpha = \frac{d_n - (d_1 - 2h_1)}{l_G} = \frac{(d_0 - d_1) - 2(h_0 - h_1) - \Delta_0}{l_G} \tag{21-30}$$

实践证明，采用小锥度芯棒可以减少不均匀变形，降低压力，减少轧制过程中的瞬时减径量，改善瞬时变形区内的金属流动。但过小的芯棒锥度，管料端头容易相互切入。经验认为：芯棒锥度的最小极限在 0.002 ~ 0.005，再小轧机调整就比较困难了。所以一般硬合金 $2\tan\alpha = 0.005 ~ 0.015$，软合金 $2\tan\alpha = 0.03 ~ 0.04$。轧制薄壁管材时芯棒锥角应取得更小，外径壁厚比等于 30 ~ 40 时，取 $2\tan\alpha = 0.007 ~ 0.014$，当外径壁厚比在 40 以上取 $2\tan\alpha = 0.0025 ~ 0.0035$。表 21-3 为我国两辊式周期冷轧管机芯头锥度的选用值。

表 21-3　芯头锥度

轧 机 型 号	管坯与管材直径之差/mm	芯头锥度 $2\tan\alpha$
LG-30	< 13	0.007 ~ 0.015
	> 13	0.02
LG-50	< 14	0.01
	14 ~ 18	0.015
	> 18	0.02 ~ 0.03
LG-80	12 ~ 16	0.01
	17 ~ 22	0.02
	23 ~ 28	0.03
	> 28	0.04

21.2.5　周期式冷轧管机的作用力

周期式冷轧管机的作用力有轧制压力和对轧件的轴向力。

21.2.5.1　轧制压力计算

金属对轧辊的压力大小与送进量、延伸系数等工艺参数成正比关系。可按下式计算讨论剖面上金属对轧辊的轧制压力 P：

$$P = pF \tag{21-31}$$

式中　F——管壁压下区接触表面的水平投影；

p——平均单位压力。

二辊式冷轧管机的平均单位压力可用 Ю. Ф. 舍瓦金公式计算。机架进程时金属对轧辊的平均单位压力：

$$p = \sigma_{bx}\left[1.05 + f\left(\frac{h_0}{h_x} - 1\right)\frac{\rho_{cx}}{R_j}\frac{\sqrt{2\Delta h_j\rho_{cx}}}{h_x}\right] \tag{21-32}$$

回程轧制时金属对轧辊的平均单位压力：

$$p = \sigma_{bx}\left[1.05 + (2 ~ 2.5)f\left(\frac{h_0}{h_x} - 1\right)\frac{\rho_{cx}}{R_j}\frac{\sqrt{2\Delta h_h\rho_{cx}}}{h_x}\right] \tag{21-33}$$

式中　σ_{bx}——金属在计算断面变形程度下的抗拉强度，MPa；

1.05——考虑中间主应力的影响系数；

h_0，h_x——来料壁厚和所取计算剖面的轧件壁厚；

R_j，ρ_{cx}——主动传动齿轮的节圆半径和讨论剖面上孔槽底部的轧辊半径；

f——摩擦系数，对钢和铝合金 $f = 0.08 ~ 0.10$；紫铜和黄铜 $f = 0.05 ~ 0.07$；

Δh_j，Δh_h——进程和回程时管壁的绝对压下量，$\Delta h_j = (0.7 \sim 0.8) \Delta h$，$\Delta h_h = (0.2 \sim 0.3) \Delta h$，

Δh 为管壁一道次的总压下量。

管壁压下区接触面的水平投影 F 按下式计算：

$$F = B_x \sqrt{2\rho_{cx}\Delta h_x} \tag{21-34}$$

式中 B_x——讨论剖面的孔槽宽度；

Δh_x——讨论剖面的管坯壁厚的绝对压下量。

21.2.5.2 作用于轧件的轴向力分析

周期式冷轧机轧件从变形区出来的速度不是决定于轧辊的瞬时轧制半径，而是取决于轧辊的主动传动齿轮的节圆半径，这一特点使得工具对轧件产生一定的轴向力，力的方向可能是压力也可能是张力。轴向力的存在相当程度上影响着冷轧管机的变形工艺参数和生产率。过大的轴向力会造成管体端头"挤摺"，管端对头切入等。提高送进和脱管力也会加快送进机构的磨损。

试验证明，这种轴向力在机架行程长度上的分布是不均匀的，如图 21-17 所示，最大轴向力产生在回程的末段。壁厚大于 1.0mm 的管材，轴向力约为总压力的 10% ~ 15%，壁厚小于 1.0mm 的约为 25% ~ 40%。

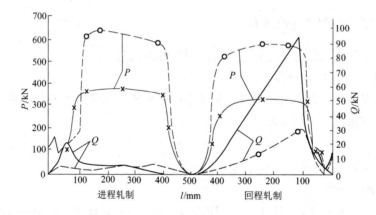

图 21-17 轧制压力 P 和轴向力 Q 沿轧机行程的变化

（轧机 LG—64；钢种 1Cr18Ni9Ti；虚线—孔型 58 × 3.5→38 × 1.20；$\mu_\Sigma = 4.3$；

$m\mu_\Sigma = 19\text{mm}$；实线—孔型 58 × 2.4→38 × 0.6；$\mu_\Sigma = 5.65$；$m\mu_\Sigma = 18.8\text{mm}$）

试验研究证明，对轴向力的影响因素很多，总的来说随总延伸系数、送进量、孔型锥度和接触表面的摩擦系数而正变，随管件壁厚而反变，增大孔型开口度将会使回程的最大轴向力升高。但是最有决定影响的是主动传动齿轮的节圆半径 R_j 与轧辊半径 ρ_b 之比。很显然，如果每一瞬时主动传动齿轮的节圆半径都与孔型的轧制半径相等，轴向力将趋于零。但周期轧制孔型的半径沿周长是变化的，而轧制半径本身还受到总延伸系数、宽展等变形参数的影响，所以要做到这一点是不可能的。理论计算分析也证明，轴向力为零的主动传动齿轮的理想节圆半径在轧机整个行程中都在变化，回程时的理想节圆半径约比进程小 5% ~ 10%；同一绝对压下量理想节圆半径随轧制管径而反变。因此目前只有根据不同型号冷轧机的辊径和轧制管材的规格范围确定出比较理想的辊径和主动齿轮节圆直径的比

值范围。据计算分析认为前苏联的 ХПТ-75 冷轧管机如生产外径为 40 ~ 75mm 钢管时，$\dfrac{\rho_b}{R_j} = 1.107$ 比较合适，生产外径 75 ~ 110mm 钢管时，$\dfrac{\rho_b}{R_j} = 1.18 \sim 1.22$ 比较合适。

另外在一个轧制周期中，于管料送进前再增加一次转料 60° ~ 90° 操作，是降低轧辊压力和轴向力的有效措施。因为增加一次转料可以在很大程度上降低管体内的残余应力，从而提高了塑性及降低轧制力和轴向力，如图 21-18 所示。在此试验条件下，轧制力降低了 8% ~ 12%，轴向力降低近 50%，节约能耗 8% ~ 10%。

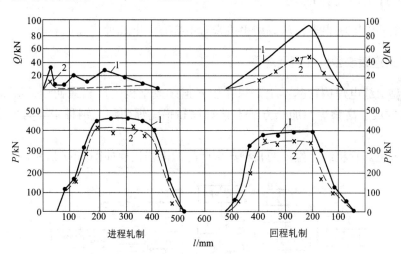

图 21-18 沿轧机行程轧制压力和轴向力的变化
1—每周期转料一次；2—每周期转料两次
（轧机 LG—64，钢种 1Cr18Ni9Ti，孔型 57 × 4→38 × 1.90，$m = 10$mm）

22 焊管生产工艺

22.1 电焊管生产方法概述

电焊管的生产方法很多，从成型手段来看主要有以下几种。

22.1.1 辊式连续成型机生产电焊管

中、小型直缝电焊钢管基本上都采用辊式连续成型机生产。最初用低频焊，20 世纪 60 年代以后发展了高频焊，加热方法有接触焊和感应焊两种。钢种主要有低碳钢、低合金高强度钢。

在连续式电焊管机组上生产的几种典型产品的工艺流程如图 22-1 所示。

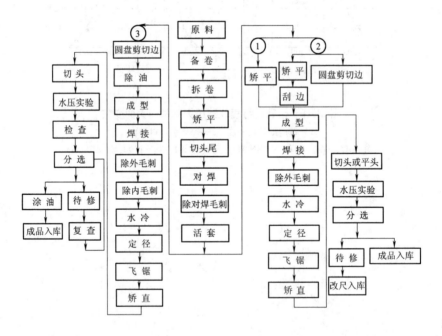

图 22-1 连续式电焊管机组上生产的几种典型产品的工艺流程
①—水煤气管；②——般结构管和输油管；③—汽车传动轴管

对不同钢种应根据不同工艺特性在成型、焊接、冷却等工序上采用不同的工艺规范，以保证焊接管质量。电焊管生产无论是有色管和黑色管都得到较大的发展，技术上也提高很快。如发展了螺旋式水平活套装置；机组上采用了双半径组合孔型；高频频率多在 350～450kHz，近年来又采用了 50kHz 超中频生产厚壁钢管；焊接速度最高达到了 130～150m/min；内毛刺清除工艺已可用于内径为 15～20mm 的钢管生产中；冷张力减径机组也日益引起重视；在作业线上和线外实行了多种无损探伤检验；如有需要（像厚壁管）在作业线上还设置了焊缝热处理设备；为提高焊缝质量和适应一些合金材料的焊接要求，还采用了直流焊、方波焊、钨电极惰性气体保护焊、等离子体焊以及电束焊等。在后部工序中不少机组均设有微氧化还原热镀锌、连续镀锌和表面涂层等工艺，并相应设有环保措施，控制污染。

22.1.2 履带式成型机生产电焊管

履带式成型机用于生产壁厚 0.5～3.25mm、外径 12～150mm 的各种薄壁管和一般用管。图 22-2（a）是成型过程示意图，图 22-2（b）是成型的原理图。

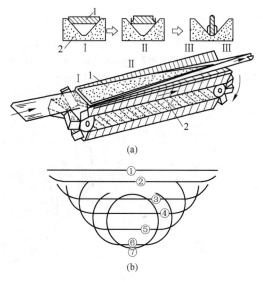

履带式成型机不需要成型辊，主要部分是两个侧面的 V 形槽 2 和三角模板 1。当带材进入倾斜的三角板和 V 形槽构成的孔型后，在 I 段带材比三角板窄，未接触 V 形槽面。进入 II 段带材开始宽于三角板压出弯边。而后依次通过各段形成管材，如图 22-2（b）所示。

履带式成型机是较新的成型工艺，我国银河仪表厂于 1978 年首次研制成功，生产了 85×1mm 的喷灌薄壁管。这种成型机的优点是：（1）变换管径方便，只要调整 V 形槽的开口度和角度，三角板的位置和相应的形状即可，适于多品种生产；（2）可生产辊式连续成型机不能生产的较大直径的薄壁管；（3）变形区可以短一些，设备

图 22-2 履带式成型机的工作示意图
（a）一般成型过程；（b）板带的变形过程

简单、轻巧，维修容易，占地面积小，消耗动力小，成本低廉；（4）成型后管材本身残余应力小；（5）可用于锥形管的成型焊接。

22.1.3 几种大口径钢管的生产方法

螺旋焊管是目前生产大直径焊管的有效方法之一。它的优点是设备费用少，用一种宽度的带钢可生产的钢管直径范围相当大。目前美国、德国已生产出直径 3m 以上厚度 25.4mm 的螺旋焊管。图 22-3 为螺旋焊管机组流程图。

UOE 法电焊管生产是以厚钢板做原料，经刨边和预弯边，先在 U 形压力机上压成 U 形，后在 O 形压力机上压成圆形管，然后预焊、内外埋弧焊，最后扩径以矫正焊接造成的管体变形，达到要求的椭圆度和平直度，消除焊接热影响区的残余应力。UOE 焊管可生产直径为 406～1620mm 的钢管。这种方法可能生产的最大直径受到板材能够生产的最大宽度的限制，设备投资也较大。但生产率高，适于大批量少品种专用管生产，是高压线输送管的主要生产方法。

排辊成型生产电焊管方法实质是由辊式连续成型机演变而来，图 22-4 是排辊的"下山"式成型过程和工作过程示意图。

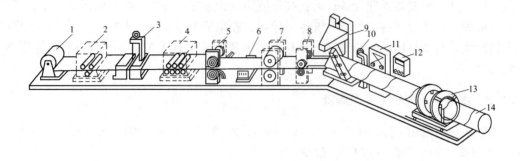

图 22-3　螺旋焊管机组工艺流程图

1—拆卷机；2—端头矫平机；3—对焊机；4—矫平机；5—切边机；6—刮边机；

7—主递送辊；8—弯边机；9—成型机；10—内焊机；11—外焊机；

12—超声波探伤机；13—走行切断机；14—焊管

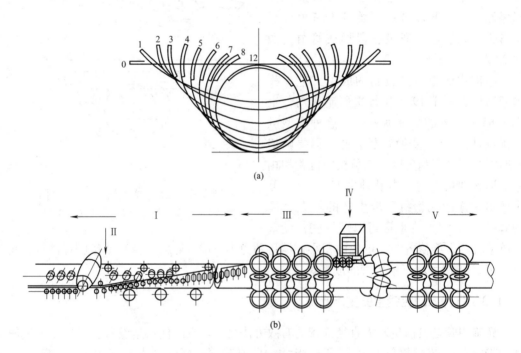

图 22-4　排辊成型过程简图

（a）"下山"式成型过程示意图；（b）排辊成型机的工作过程示意图

Ⅰ—预成型机架；Ⅱ—边缘弯曲辊；Ⅲ—带导向片辊的机架；Ⅳ—高频电焊装置；Ⅴ—拉料辊

这种生产方法可生产直径 457～1270mm、最大壁厚 22.2mm 的钢管。它的生产工艺流程如下：送进钢板或拆带卷→超声波检查→对焊→刨边或切边→排辊成型→高频预焊接→

定径→切定尺→脱脂→内焊（埋弧焊）→外焊→ 超声波检查全部焊缝 →扩径 →水压试┌─X 光检查─┐

验→超声波检查→ 管端平头 → 成品检查 →用户检查→打印→涂保护层→出厂。┌─X 光检查─┐

22.2　辊式连续成型机生产电焊钢管的基本问题

辊式连续成型机的电焊管机组在我国分布较广，现对它作一分析介绍。

22.2.1　机架的排列与布置

成型机架的排列与布置形式基本有两种：一种是水平辊和立辊交替布置；一种是在封闭孔前成组布置立辊群，如图 22-5 所示。其他组合形式均由此演变而来，常见类型列于表 22-1。

整个机组完全采用水平辊和立辊交替布置的形式正在逐步淘汰。因为这种布置在封闭孔前几架管坯的变形角相当大，上下辊之间的直径差很悬殊，因而辊

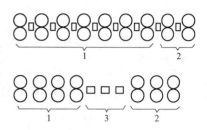

图 22-5　成型机布置的基本形式
1—开口孔；2—封闭孔；3—立辊组

面的速比可达到1.8~2.2，造成管坯表面划伤，轧辊磨损严重。因此新设计的机组将这几架以立辊组代替，既避免了划伤又简化了结构。国外最近还出现了一种布置形式，它仅仅头两架开口孔和封闭孔是水平机架，其余都是立辊机架。简称 VRF 法。该机组设备简单，重量轻，边缘延伸小，管坯成型质量好。

表 22-1　各种机架布置形式

轴　　径	排 列 方 式
51	H-V-H-V-H-V-H-V-H-V-H
75	H-V-H-V-H-V-H-V-H-H
90	H-V-H-V-H-V-H-V-H-V-H
89	H-H-H-V-H-V-V-H-V-H
127	H-V-H-V-H-V-H-V-V-H-H-H
155	H-H-H-V-H-V-H-V-H-H-H-H
228	H-H-H-V-H-T-T-Q-Q-Q
254	H-T-T-H-H-H-H-Q-Q-Q

注：H—水平机架；V—立辊机架；T—三辊式机架；Q—四辊式机架。

22.2.2　管坯成型的变形过程

管坯在成型机组中的变形包括纵向变形、横向变形和断面变形三部分。纵向变形是指管坯在轧制线方向上由平板变为圆筒形的过程而言，如图 22-6 所示。纵向变形过程是不均匀的，在前几架带钢边缘部分的延伸大于中心部分，在封闭孔型前两架时管坯中心变形角超过 180° 以后，中心部分的延伸又大于边缘，如图 22-7 所示。总的结果是，成型为圆筒以后，边缘的长度 L' 大于原来的长度 L，相对伸长率为：

$$\varepsilon = \frac{L' - L}{L} \times 100\%$$

$$(22-1)$$

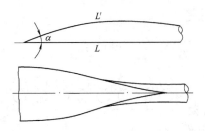

图 22-6　管坯成型的纵向变形示意图

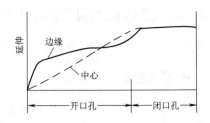

图 22-7　沿轧制线上管坯边缘和
中心延伸系数的变化

为保证成型质量的稳定性，应使延伸了的边缘压缩时能恢复原来的形状，不致引起波浪和鼓包，这样板带边缘的纵向积累拉伸变形应在弹性变形极限以内。根据虎克定律：

$$\varepsilon \leqslant \frac{\sigma_s}{E}$$

式中　ε——纵向变形的伸长率；

　　　σ_s——金属的流动极限，低碳钢为 200MPa；

　　　E——弹性模数 2×10^5MPa。

所以低碳钢的边缘相对伸长率必须是：

$$\varepsilon \leqslant 0.1\%$$

由此取边缘上升角 $\alpha = 1° \sim 1°25'$。因此该机组生产最大直径 d_{max} 产品时所需的最小变形区长度 l 是：

$$l = \frac{d_{max}}{\tan\alpha} = (40 \sim 57)d_{max} \tag{22-2}$$

小于此值成型焊接后易起鼓包，太大的增多机架也是浪费。

断面变形是指成型后（实际上还包括定径矫直的影响）壁厚变化而言。一般成型后壁厚总有所增加，管坯边缘部分的壁厚总比中间部分略小，但差值很小对质量无大影响，一般略而不计。

横向变形是指管坯在孔型中承受横向弯曲变形的问题，即轧辊的孔型设计，对此以后将专门讨论。

22.2.3　成型底线

成型底线是第一架至末架成型机的下辊孔型最低点的连线。成型底线的形式对于管坯成型的纵向变形过程有显著的影响。

成型底线的形式基本上有如图 22-8 所示的四种形式：

（1）上山法，底线在成型过程中逐渐上升；

（2）水平底线法，成型过程中底线为水平线；

（3）下山法，成型过程中底线逐渐下降；或者在预

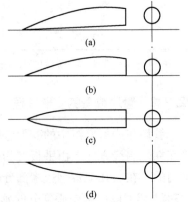

图 22-8　几种不同方式的成型底线
（a）上山法；（b）底线水平法；
（c）下山法；（d）边缘线水平法

成型各架中逐渐下降，至封闭孔型后底线保持水平；

（4）边缘线水平法，成型过程中边缘线保持水平，成型底线按下山法演变。

生产中多采用水平底线法和下山法，两者相比前者较差，因为前者同一垂直剖面上中心和边缘的延伸不均匀性严重，下山法则比较均匀，如图 22-9 所示。并且最后的积累变形也是前者的边缘延伸比后者大。

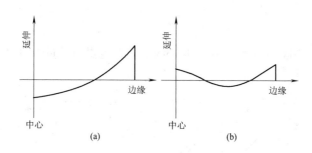

图 22-9　同一横剖面上各处的延伸分布情况

（a）底线水平法；（b）下山法

单机模拟下山成型的试验证明，要在成型过程中减少边缘延伸量，使得出口管坯件保持平直运行，送料时必须向下倾斜一定值，也就是使送料支撑点比下一机架的辊底线高出一下山值 S，如图 22-10（a）所示，设支撑点与机架中心线距离为 f，它们之间需保持一定关系：

$$S = Kf \qquad (22-3)$$

式中　K——根据变形量、板厚、管坯形状确定的系数，取 $0.05 \sim 0.15$。

图 22-10（b）是 S、f 与成型件离开成型辊时弯曲曲率 $\frac{1}{R}$ 的关系。正值表示向上弯曲，负值表示向下弯曲。可见一定的机架间距只有一定的下山值可使成型件离开成型辊时保持平直。所以，最好在机架之间增设下山成型的辅助装置，相对下一机架轧辊底线调整下山值以收到应有的效果。

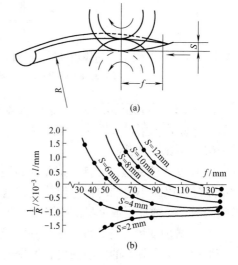

22.2.4　薄壁管成型

通常将壁厚与管径比小于 0.02 的管材称为薄壁管。薄壁管生产在工艺上存在一系列困难：如对焊质量、焊接管缝质量不稳定；成型困难容易起波浪和鼓包；容易搭焊；飞锯切断容易引起切口变形；钢管在运输和拨料时容易引起压坑、变形等。其中最关键的就是边缘相对延伸过大引起的鼓包问题。影响边缘延伸的因素

图 22-10　下山成型模拟装置示意图及其试验曲线

（a）下山成型模拟试验装置；（b）试验曲线图

很多，除了原料和成品规格本身带来的影响因素外，以下一系列设计原则都对边缘延伸带来重要影响，其中包括：成型底线的形式、成型机架的数目、轧辊直径、机架间距、孔型设计、轧辊布置方式和速度差等。由于影响因素太多所以目前对边缘延伸的计算都是近似的。日本的加藤健三提出在成型机架中边缘与中心延伸量差值 ΔL 与该架变形区的成型高度 h 平方成正比，与该架的变形区长度 l 成反比。所以他给出如下关系式：

$$\Delta L \propto \frac{h^2}{l} \tag{22-4}$$

日本的玛仓对圆周弯曲法设计孔型的边缘延伸差也提出了近似计算方法，计算结果示于图 22-11。

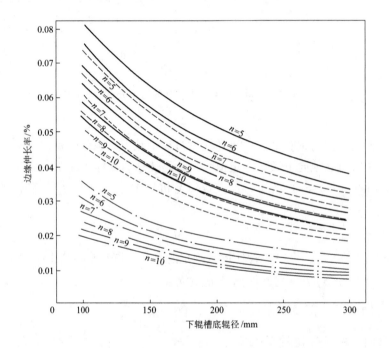

图 22-11 边缘相对伸长率和下辊槽底直径、机架数、钢管直径的关系
——$d = 139.8\text{mm}$ 钢管；－－－$d = 89.1\text{mm}$ 钢管；—·—$d = 34.0\text{mm}$ 钢管

由图 22-11 可见管径愈小、下辊孔槽底直径愈大、机架数 n 愈多，边缘伸长率愈小。为防止薄壁管成型时边缘伸长率过大一般可采用以下方法：

（1）下山法成型；

（2）管坯中部适当延伸，成型操作时在开口孔型成型弯曲的过程中，使坯料中部受到微量压延，以减小边缘的相对延伸量，这时调整压下应以出口轧件是否平直为准，但这种措施的缺点是增加了成型机的变形功，轧辊磨损严重容易产生辊印和划伤；

（3）增加变形区总长度，在可能的条件下增加变形的机架数目，减少相邻两机架之间的变形量，减少各架的成型高度，根据式（22-4）可显著减小边缘相对伸长率；

（4）缩小机架间距，即在变形区总长度不变的条件下增加机架数，因为管坯边缘在机架上受到压缩变形，可以部分抵偿边缘的相对延伸，而不是只靠最后几架成型机压缩吸收边缘的相对伸长率，改善成型条件；

（5）采用双半径孔型设计，原则上这也是边缘变形法，这种成型方法在变形过程中，边缘上任一点的轨迹长度比较短，有利于防止边缘出现波浪和鼓包；

（6）加大辊径，增大辊径就是加大每个机架的变形区长度，按式（22-4）边缘相对伸长率随之减小；

（7）改进轧辊布置方式适当地设置立辊组，水平辊机架是产生边缘相对延伸的机架，而立辊机架除起引导和防止弹回作用以外，还有压缩和吸收边缘相对延伸的作用，所以如在封闭孔前布置三四架立辊组，则可有效地压缩和吸收在预成型机架中产生积累的边缘相对伸长率，防止鼓包；

（8）调整机架间的速度，在成型机架间使下一架的速度略大于上一机架在机架间产生一定的张力，可以防止产生波浪，在集体传动的机组上，可以逐架增大下辊槽底直径 $0.6 \sim 1.0$ mm；

（9）适当加大封闭孔的压下量有利于吸收部分边缘相对延伸，因管坯在封闭孔型中不再有相对的边缘延伸，封闭孔利用导向环和孔型侧壁，或侧辊对管坯边缘进行压缩加工将吸收部分边缘相对延伸；

（10）在水平辊机架间设置小立辊群对边缘进行压缩加工；

（11）采用下辊传动上辊被动的传动方式，可改善横断面上各点延伸分布的均匀性，减少划伤。

有两种成型机在成型过程中较好地吸收边缘延伸，适用于薄壁管成型。一是排辊式成型机（图 22-4），此法在边缘弯曲辊后根据自然成型曲线，密集地排列许多小辊，使管坯在弯曲成型的过程中压缩带材侧边，吸收边缘的相对伸长率，排辊成型可生产壁厚外径比达 0.005 的大直径薄壁钢管；二是履带式成型机（图 22-2）其原理实质上是把排辊成型的排辊连续化，形成上下两块板，下板由履带组成用电机传动，传送管坯；上面是一块固定的三角板，三角板的纵向曲线和横向断面与下面的履带构成连续的成型孔型，带钢通过三角板与履带构成的孔型时产生的边缘相对伸长率，由三角板与履带对管坯的连续压缩而被吸收。另外三角板下端还对管底施加压力，使管底部分产生的延伸与三角板弯曲管坯时产生的边缘相对延伸平衡，防止波浪和鼓包产生。这种成型机用于小直径薄壁钢管生产，壁厚与直径比达到 0.01。

22.2.5 厚壁钢管生产

通常将壁厚与管径比在 0.1 以上的管材称为厚壁管，目前已部分取代无缝钢管，主要用作锅炉管、中高压输油输气管，以及机械制造结构用管等。因此在质量上有严格要求，工艺上也有一些特殊困难和要求。主要有：

（1）原料的屈服极限和强度极限较高（ $\sigma_s = 500$ MPa/m^2 、 $\sigma_b = 650$ MPa/m^2 ），要求机架有足够刚性；

（2）要求较高的主电机功率；

（3）由于钢种硬、壁厚大，弯曲的回弹大变形困难，边缘变形更是困难，所以要选用边缘变形或双半径孔型设计；

（4）由于壁较厚，钢管的内周长和外周长相差很大，要求在成型以前刨边，使焊接时两边缘端面平行或者呈 X 形，保证管壁中心部分焊透；

（5）必须清除内毛刺；

（6）对于外径大于 114mm 的钢管，因为强度高、厚壁和回弹大，要采用四辊式挤压辊；

（7）由于对钢管质量的要求高，在作业线上或线外必须设置焊缝热处理装置和无损检验装置；

（8）为保证焊缝处加热均匀，提高焊接质量，采用超中频频率焊接机较合适。与薄壁管相比，厚壁管生产受设备能力的限制较大，必须考虑设计厚壁管专用的成型机组，采用边缘变形的双半径孔型设计，加大封闭孔的压下量等。

22.3　辊式连续成型机的轧辊孔型设计

成型机轧辊孔型设计的基本问题，是正确选择变形区长度，合理分配各机架的变形量，设法消除带钢边缘可能产生的残余变形。孔型设计应满足以下要求：（1）成型时带钢边缘产生的相对伸长率最小，不致产生鼓包和折皱；（2）带钢在孔型中成型稳定；（3）变形均匀，成型轧辊磨损小，并且均匀；（4）能量消耗小；（5）轧辊加工方便制造容易。

22.3.1　带钢边缘弯曲法

边缘弯曲法的成型过程如图 22-12 所示，是从带钢的边缘部分开始弯曲成型，弯曲半径 R 恒定，其值等于挤压辊孔型半径，或第一架成型机封闭孔孔型半径，然后逐架增加边缘弯曲宽度，逐架增加弯曲角 θ，直至进入上辊带有导环的封闭孔型成为圆管筒。

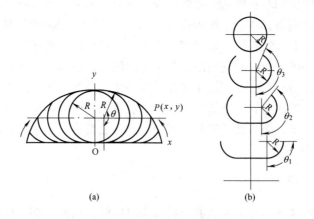

（a）　　　　　　　　　　（b）

图 22-12　带钢边缘弯曲变形法示意图

（a）边缘弯曲法变形图；（b）边缘弯曲过程

边缘弯曲法的特点是边缘上任一点 P 在成型过程中的运动轨迹 L 是一条摆线曲线，其运动方程为：

$$x = R(\pi - \theta) + R\sin\theta \qquad y = R(1 - \cos\theta)$$

$$L = R\int_0^\pi \sqrt{2(1 - \cos\theta)}\,\mathrm{d}\theta = 4R$$

这种成型方法的优点是：成型稳定；管坯边缘升起的高度小，其上任一点在成型过程中的轨迹长度 L 小，降低了边缘相对中心的伸长率，不易产生鼓包，成型质量较好；减小成型辊的切入深度，相应减少成型辊的直径；成型辊可分片组成，换辊轻便，中间平直部分可共用于不同规格的钢管成型，简化加工。缺点是：第一架变形辊咬入困难；整个孔型没有共用性，增加了轧辊加工、储备、管理的工作量。不适于在断续生产的短带焊管机组上使用。边缘弯曲法孔型设计适用于直径大于 200mm 的焊管生产和低塑性高强度钢种。在薄壁管的成型中可以有效地防止边缘鼓包，在厚壁管生产中可以减少边缘回弹，提高焊接质量。

22.3.2 带钢圆周弯曲法

圆周弯曲法或称周长变形法，其成型过程是沿管坯全宽进行弯曲变形，弯曲半径逐架减小。当中心变形角 $2\theta_i$ 小于 180°时，管坯与上下辊沿整个宽度相接触。当中心变形角大于 180°小于 270°时，管坯与下辊接触，上辊仅与管中间部分接触。当 $2\theta_i$ 大于 270°以后，管坯在上辊带有导向环的封闭孔型中成型。见图 22-13。

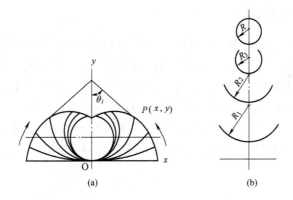

图 22-13 带钢圆周变形法示意图
(a) 圆周弯曲法变形图；(b) 圆周弯曲过程

圆周弯曲法的特点是，孔型弯曲半径在封闭孔前按正比例逐架减小，均匀分配在各开口孔机架上，半径和架次呈线性关系。带钢边缘上一点 P 在成型过程中的运动轨迹是一条螺旋线，长度为：

$$L = \pi R \int_0^\pi \left(\frac{1}{\theta} \sqrt{1 + \frac{2}{\theta^2} - \frac{2\sin\theta}{\theta} - \frac{2\cos\theta}{\theta^2}} \right) \mathrm{d}\theta = 4.44R$$

这种成型方法的优点是：变形比较均匀，轧辊加工制造简单，生产不同规格和壁厚的钢管时，轧辊有一定的共用性，可以减少轧辊储备、加工和管理的工作量，降低辊耗。缺点是：带钢边缘缺乏充分的变形，生产薄壁管时容易引起边缘鼓包；生产厚壁管时焊缝易呈现尖桃形；成型不稳带钢容易扭转、跑偏；边缘相对延伸比边缘弯曲法稍大。由于管坯在成型过程中采用了立辊作导向辊，克服了稳定性差的缺点，使这种变形方法得到较为广泛的应用，尤其适用于断续生产的短带焊管机组。也适用于外径在 114mm 以下，壁厚 2.5~5.5mm 的小直径焊管的生产。

22.3.3　带钢综合弯曲法

综合弯曲法或称双半径孔型设计法，首先以挤压辊孔型半径为管坯边缘的弯曲半径 r，将管坯边缘先弯曲到某一变形角，并在以后各成型架次中保持不变，这时管坯中间部分再按圆周变形法进行变形分配，弯曲成型过程如图 22-14 所示。双半径孔型设计方法吸取了边缘变形法和圆周变形法二者的优点，变形均匀；成型过程较稳定，边缘相对伸长率较小，成型质量较好。缺点是生产不同直径钢管时，成型辊共用性差，成型轧辊加工较复杂。长带卷连续焊管机组采用这种孔型设计是合理的。

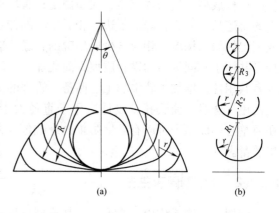

图 22-14　双半径孔型设计的变形示意图
（a）双半径弯曲变形图；（b）双半径弯曲的变形过程

22.3.4　双面弯曲侧弯成型法

双面弯曲侧弯成型法简称 W 成型法。它是先将管坯中间部分反向弯曲，同时成型管坯边缘，第二架水平辊采用双半径弯曲变形，以后几架开口水平辊采用中间变形辊，再进入带导向片的封闭孔型而成为圆管筒，弯曲成型过程如图 22-15 所示。它是双半径孔型设计法的发展。在 W 孔型中带钢边缘翘起的高度较双半径孔型中低，故减少了边缘变形直线段，有利于保证焊口平行；同时管坯边缘横向变形充分，升起高度小，避免了边缘纵向伸长引起的边部翘曲（鼓包）；弯曲变形成型稳定，成型质量好。

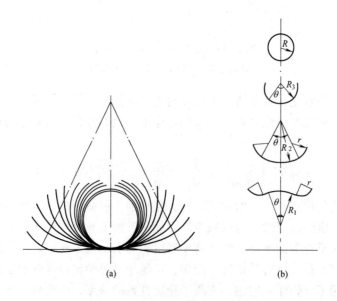

图 22-15　W 弯曲成型法示意图
（a）W 弯曲成型法管坯变形图；（b）W 弯曲的变形过程

22.4　带钢综合弯曲法的孔型设计

带钢综合弯曲法的孔型设计是带钢边缘与圆周组合弯曲法孔型设计，或称为双半径孔型设计，它吸取了边缘变形法与圆周变形法的优点，在辊式成型中，是应用较广的一种孔型设计方法。现以带钢综合弯曲法为例介绍焊管成型辊孔型设计的基本原则和方法。成型机孔型计算程序大致如下：（1）确定不同焊管直径所需的管坯宽度；（2）确定焊接挤压辊孔型半径；（3）分配各架次变形量，计算封闭孔和开口孔孔型半径；（4）计算各架上下辊的辊型尺寸；（5）计算立辊各架孔型尺寸和辊型尺寸；（6）计算定径和矫直头各架孔型再按结构确定辊型尺寸；（7）绘制管坯连续变形图，分析变形图，适当修正孔型设计；（8）根据辊型尺寸，绘制轧辊图。实际上这种直缝连续焊管的计算程序大致相仿，只是在个别环节上反映出各自的特点。

22.4.1　带钢宽度的计算

管坯宽度计算很重要，它的宽窄直接影响到焊缝质量和成品管能否符合规格标准要求。但原料宽度与管坯的材质、焊管机组的性能以及管坯厚度有关，所以不同的成型方法、不同类型的生产条件都各自有自己的经验计算方法。适合于双半径孔型设计的带钢宽度计算公式为：

$$B = \pi d_G - 2h_p + 1 + Z$$

式中　B——带钢宽度，mm；

d_G——成品管外径，mm；

h_p——管坯厚度，mm；

Z——系数，按表 22-2 选取。

表 22-2　Z 的选取

d_G/mm	≤ϕ18	ϕ18.1~25	ϕ25.1~40	ϕ40.1~50	>ϕ50.1
Z	0.4π (1.26)	0.48π (1.51)	0.56π (1.76)	0.6π (1.89)	0.72π (2.26)

22.4.2　挤压辊孔型计算

焊接挤压辊孔型有单半径和双半径两种，双半径孔型是使靠近焊接部分的管形呈扁平椭圆形，让焊接压力沿整个管壁分布均匀，提高焊接质量。如带钢边缘变形不充分，这种孔型还可消除焊缝呈尖桃状的缺陷。

如图 22-16 所示其各部分尺寸如下：$R_H = \dfrac{d_G}{2} + \Delta R_D$，$d_G$ 是成品管外径，ΔR_D 为定径减缩量。$d_G \leqslant 40$mm 时，$\Delta R_D = 0.25 \sim 0.3$mm；$d_G = 41 \sim 114$mm，$\Delta R_D = 0.3 \sim 0.7$mm；$d_G > 114$mm 时，$\Delta R_D = 0.7 \sim$

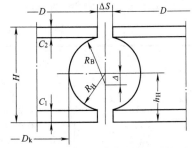

图 22-16　双半径挤压辊孔型图

1. 5mm。$h_H = R_H + C_1$，C_1 是辊环宽度取 10 ~ 15mm；$R_B = R_H + (3 ~ 4)$ mm；偏心量 $\Delta = 4 ~ 5$ mm。$m = \Delta - (R_B - R_H) = 0.5 ~ 1.5$ mm，m 称之为下压量，是上辊环对带钢边缘的压力，取大了易产生搭焊，上辊环受力大，又受焊接高温影响，辊环易产生裂纹以致剥落。上辊环 C_2 一般取 10 ~ 15mm，不宜取得太大，不然会引起焊接火花的喷出，操作工不易掌握焊接温度，会影响焊接质量。ΔS 取为 2 ~ 4mm。取大了加热的管坯边缘受压后会由此挤出，造成搭焊、裂纹；取小了辊环边缘易烧坏。

单半径辊型尺寸与双半径相同，只是孔型半径只取一个 R_H。

22.4.3 变形分配

焊管坯成型的变形分配通常采用均匀分配法，即按各机架成型功相等的原则来确定各架横断面冷弯形状和变形程度。成型做功量与被成型材料的屈服极限、弯曲角变量 $\Delta\theta$、板宽以及板厚的平方成正比。但在具体生产条件下，原料的钢质、规格和工具的型式和尺寸均已固定。因此所谓成型功相等的原则，实质上就是各架的弯曲角变量相等的分配原则。所以此法又称为均匀变形分配法。这种分配变形的原则，通常也适用于其他弯曲成型方法。

22.4.4 设计计算各机架的孔型

22.4.4.1 成型机水平辊孔型计算

成型机水平辊孔型计算就是合理地分配每一架的变形量，然后计算出每一架成型辊的孔型半径 R_x。成型机水平辊孔型由开口孔和闭口孔两部分组成。开口孔与一般简单断面的型钢孔型相仿，是由上下辊孔槽组成的孔型。闭口孔下辊轧槽与开口孔相似，上辊轧槽中部有一定厚度的圆环，称为导向环，这样上下辊轧槽组成了一个封闭的闭口孔型。

A 闭口孔孔型计算

（1）导向环厚度的计算。在计算闭口孔孔型半径之前，首先需先确定各闭口孔架次的导向环厚度 b_x，如图 22-17 所示。为了保证成型过程中管坯在孔型中的稳定性，一般情况下采用三架闭口孔。导向环厚度 b_x 可按下面经验公式选取：

$$b_x = K_{bx} d_G$$

式中　K_{bx}——系数，K_{bx} 的取值见表 22-3；

　　　d_G——成品管外径，mm。

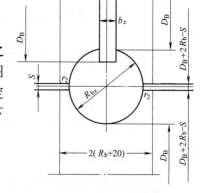

图 22-17 闭口孔型计算

表 22-3 K_{bx} 的选取

d_G/mm	封闭孔架次		
	第一架	第二架	第三架
	K_{b1}	K_{b2}	b_3
≤32	0. 20 ~ 0. 27	0. 158	3. 5
33 ~ 114	0. 28 ~ 0. 30	0. 16 ~ 0. 20	4 ~ 8
>114	>0. 31	0. 20 ~ 0. 23	>8

注：b_3 是第三架导向环厚度，不是系数，单位为 mm。

（2）孔型半径计算。当确定好导向环厚度 b_x 以后，可求出封闭孔成型半径 R_{bx}。

$$R_{bx} = \frac{B + b_x}{2\pi} + C_b$$

式中　R_{bx}——所计算的第 x 架封闭孔的半径；

　　　　C_b——导向片部分弦长、近似弧长及带钢宽度变化的修正值：

　　　　　　当 $d_G < 40\text{mm}$ 时，$C_b = 0.5 \sim 1.75$；

　　　　　　当 $d_G = 40 \sim 114\text{mm}$ 时，$C_b = 1.24 \sim 2.30$。

B　开口孔孔型半径计算

（1）管坯边缘弯曲半径（r）的计算：

$$r = R_j + (0 \sim 0.5) \quad \text{mm}$$

式中　R_j——挤压辊孔型半径。

计算特点是：各开口孔架次的边缘弯曲半径均相等，且管坯边缘的弯曲弧长等于边缘弯曲半径，因此边缘弯曲变形角 $\varphi = 57.3°$。

（2）管坯中间部分弯曲半径（R_x）的计算。管坯中间部分弯曲变形的孔型计算，按均匀变形法进行变形分配。对于管坯在第一架只进行边缘弯曲变形，而以后各开口架次进行中间部分变形时，其管坯中间部分的弯曲半径（R_x）的计算为：

$$R_x = \frac{N}{x} R_{b1}$$

式中　N——第一架封闭孔架次序号（包含立辊架次在内）；

　　　　x——包括立辊架次在内的第 x 架序号；

　　　　R_{b1}——第一架封闭孔孔型半径。

当用双半径成型法设计直径为 $1\frac{1}{2}$ 英寸以下焊管孔型时，一般第一架开口孔的边缘弯曲变形和中间部分弯曲变形同时进行。这时中间部分的弯曲半径 $R_1 = 10R_G$（R_G 为成品管半径）而第一架以后各开口孔架次的中间弯曲半径（R_x）用上式求得。

当计算中间部分的变形角 θ_x 时，管坯中间部分的弯曲变形弧长为管坯全宽的四分之三。因此，θ_x 可用下式求得：

$$\theta_x = \frac{57.3 \times \frac{3}{4}B}{R_x} = 43\frac{B}{R_x}$$

22.4.4.2　水平辊辊型设计

（1）边缘变形辊（见图22-18）：

$$r_下 = R_j + (0 \sim 0.5) \quad \text{mm}$$

$$r_上 = r_下 - h_p$$

式中　h_p——壁厚，计算时考虑到同一管径不同壁厚时的共用性，取壁厚分级中的上限正偏差。

$$B_上 = B - 2h_p$$

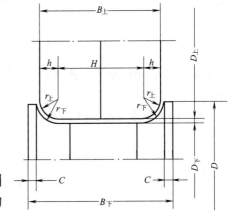

图22-18　边缘变形辊

$$h = r_{上}$$

$$H = B - 2r_{下} \quad 或 \quad H = B_{上} - 2h$$

$$B_{下} = B + 2C$$

$$\frac{D_{上}}{D_{下}} = i$$

$$D = D_{下} + 2r_{下}$$

式中　B——带钢剪切后宽度，mm；

　　　C——辊环宽度，一般取 10～20mm；

　　　i——所计算机架的传动速比。

（2）边缘与中间综合变形辊——双半径变形辊（见图 22-19）：

$$R_{下} = \frac{N}{x} R_{b1}$$

$$r_{下} = R_{j} + (0 \sim 0.5)$$

$$r_{上} = r_{下} - h_{p}$$

$$R_{上} = R_{下} - h_{p}$$

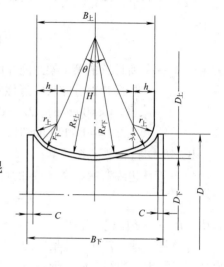

图 22-19　双半径变形辊

式中，h_{p} 的计算同前所述。

$$h = r_{上}$$

$$\theta = 43 \frac{B}{R_{下}}$$

$$H = 2(R_{下} - r_{下})\sin\frac{\theta}{2}$$

$$B_{上} = H + 2h$$

$$B_{下} = B_{上} + 2(h_{p} + C)$$

$$\frac{D_{上}}{D_{下}} = i$$

$$D = D_{下} + 2R_{下}\left(1 - \cos\frac{\theta}{2}\right) + 2r_{下}\cos\frac{\theta}{2}$$

$$= D_{下} + 2\left[R_{下}\left(1 - \cos\frac{\theta}{2}\right) + r_{下}\cos\frac{\theta}{2}\right]$$

当计算同一管径不同壁厚的孔型时，对以上两种辊型，下辊不变，仅计算与壁厚相适应的上辊。

（3）中间变形辊（见图 22-20）：

$$R_{x下} = \frac{N}{x} R_{x1}$$

$$R_{x上} = R_{x下} - h_{p}$$

$$\theta = 43 \frac{B}{R_{x下}}$$

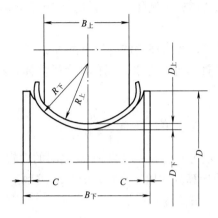

图 22-20 中间变形辊

当 $\theta_x < 130°$ 时

$$B_{x上} = 2R_{x下}\sin\frac{\theta_x}{2} - (5 \sim 10)$$

$$B_{x下} = 2R_{x下}\sin\left(\frac{\theta_x}{2} + \frac{\varphi_x r_下}{R_{x下}}\right) + 2C$$

$$D_x = D_{x下} + 2\left\{R_{x下}\left[1 - \cos\left(\frac{\theta_x}{2} + \frac{\varphi_x r_下}{R_{x下}}\right)\right] + r'\right\}$$

当 $\theta_x > 130°$ 时

$$B_{x上} = 2\left\{\left[(R_{x下} - r_下)\sin\frac{\theta_x}{2} + r_下\sin\left(180° - \varphi_x - \frac{\theta_x}{2}\right)\right] - \Delta\right\}$$

化简后，可近似得：

$$B_{x上} = 1.9R_{x下} - 2\Delta$$

$$B_{x下} = 2(R_{x下} + C)$$

$$\frac{D_{x上}}{D_{x下}} = i_x$$

$$D_x = D_{x下} + 2(R_{x下} + r')$$

式中　Δ——带钢端部与上辊侧边之间的间隙，一般取 5 ~ 10mm；

　　　φ_x——边缘变形角：

$$\varphi_x = \frac{57.3 \times \frac{1}{8}B}{r_下} = 7.1625\frac{B}{r_下}$$

22.4.5　立辊辊型计算

在成型机水平辊之间多装有立辊，其作用是：控制成型坯出水平辊后的弹回值；部分地参加两水平辊之间的过渡变形；限制住管坯边缘，防止管坯在孔型中发生偏转，起导向作用。

立辊孔型计算的方法很多，经常使用的有以下两种。

（1）均匀变形法。这种计算方法与水平辊孔型半径计算方法相同，适用于成卷带钢连续成型，按下式计算：

$$R_{x \sim x+1} = \frac{n}{x + 0.5} R_{bl}$$

式中　$R_{x \sim x+1}$——第 x 水平辊机架至 $x+1$ 架水平辊之间的立辊孔型半径。

（2）平均变形法。这种计算方法用于小直径短管坯成型，立辊易于咬入，也可用于闭口孔型之间立辊孔型计算。计算式为：

$$R_{x \sim x+1} = \frac{R_x + R_{x+1}}{2}$$

式中　R_x，$R_{x \sim x+1}$——x 水平辊机架和 $x+1$ 架水平辊的孔型半径。

1）中间变形辊 $\theta_x < 130°$ 的立辊辊型计算（见图 22-21）：

$$R_x = \frac{N}{x} R_{bl}$$

$$\theta_x = 43 \frac{B}{R_x}$$

$$H_2 = H' + R_x$$

$$\alpha_x = \frac{\theta_x}{2} + \frac{r_下 \times \varphi_x}{R_x} + (1° \sim 2.5°)$$

其他外形尺寸 D_1、D_2、D_k、H_1、H' 等根据立辊结构而定。

2）中间变形辊 $\theta_x > 130°$ 的立辊辊型计算（见图 22-22）：

$$R_x = \frac{N}{x} R_{bl}$$

$$H_2 = H' + R_x$$

其他外形尺寸 D_1、D_2、D_k、H_1、H' 等根据立辊结构而定。

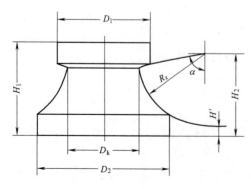

图 22-21　$\theta_x < 130°$ 立辊辊型

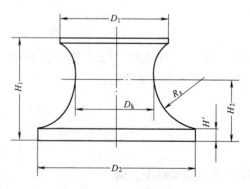

图 22-22　$\theta_x > 130°$ 立辊辊型

3）闭口孔之间的立辊。闭口孔之间的立辊孔型与单半径立辊孔型计算方法相同，即用平均变形法：

$$R_{x \sim x+1} = \frac{R_x + R_{x+1}}{2}$$

辊型计算同前。

22.4.6 定径机轧辊孔型计算

定径机水平辊孔型半径的计算如图 22-23 所示。

首先确定最后一架轧辊孔型的半径，考虑孔型磨损和轧辊的使用寿命，此半径应按成品管标准要求的负公差计算，即：

$$R = \frac{d_G}{2} - （负偏差值）$$

其他各架定径量可以有两种分配方法，均匀分配法和递减分配法。

均匀分配法的孔型半径按下式计算：

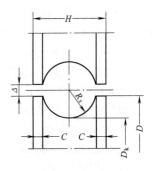

图 22-23 定径机水平辊
孔型计算图示

$$R_x = \frac{d_G}{2} + \frac{n - x}{n}\Delta R_D$$

式中 n——定径机水平机架数；

ΔR_D——定径机的减缩量。

辊身长度 $H \approx 2(R_x + C)$，应使各架辊身长度相等，使得轴套规格划一，有互换性。其他尺寸：辊缝 Δ 取 $1.0 \sim 2.0$mm；圆角半径 r 取 $0.5 \sim 1.5$mm；辊径 $D = D_k + 2R_x - \Delta$。

递减分配法的基本原则是使各架定径机负荷均匀。因为焊管定径是冷轧减径，加工硬化逐架增加，所以采用减径量逐架减小的原则分配是合理的。

定径机立辊孔型半径 $R_{x \sim x+1}$ 取与前一架水平辊孔型半径 R_x 相等。因为立辊只起导向和在水平方向起均整外径的作用，无需压缩。

22.4.7 矫直头孔型计算

八辊式粗矫直头由两组四辊组成，其辊型见图 22-24 和图 22-25。$R_n = \frac{d_G}{2} - 0.05$mm，

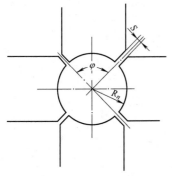

图 22-24 矫直头孔型计算

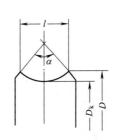

图 22-25 矫直头辊型计算

$\varphi = 90°$, $S = 0.8 \sim 1.5\text{mm}$, $\alpha = 90° - \dfrac{57.3S}{R_n}$, $l = 2R_n \sin\dfrac{\alpha}{2}$, $D = D_k + 2R_n\left(1 - \cos\dfrac{\alpha}{2}\right)$, $D_k = L - 2R_n$, L 是上下或左右辊的中心距，由机架结构决定。

第五篇练习题

5-1 生产管材使用的原料有几种？分别适用于哪种穿孔方式？

5-2 试述主动回转导盘、大送进角的菌式两辊斜轧穿孔机为什么是今后发展的趋势？

5-3 轧管方法有哪些？各有什么特点？

5-4 二辊斜轧时轧件、轧辊是如何运动的？矢量分析送进角小于13°的斜轧机轧件速度。

5-5 斜轧穿孔的咬入有什么特点？并分析两次咬入条件。

5-6 斜轧穿孔时实际的顶头前径缩率应在哪个区间内，才能保证轧制正常进行，且保证毛管内表面质量良好？试述其原因。

5-7 轧辊的主要参数有哪些？说明各参数对轧制的稳定性和毛管质量有何影响？

5-8 分析张力减径机的优缺点，如何改善？

5-9 周期式冷轧管机轧辊孔型分为哪几段？解释各段的作用。

5-10 焊管生产的成型底线如何分类？

参 考 文 献

[1] 王廷溥，等. 轧钢工艺学[M]. 北京：冶金工业出版社，1981.

[2] 赵志业，等. 金属塑性变形与轧制理论[M]. 北京：冶金工业出版社，1980.

[3] 杨守山，等. 有色金属塑性加工学[M]. 北京：冶金工业出版社，1982.

[4] 重庆钢铁设计院（线参组）编写组. 线材轧钢车间工艺设计参考资料[M]. 北京：冶金工业出版社，1979.

[5] 李连诗. 钢管塑性变形原理(上册)[M]. 北京：冶金工业出版社，1985.

[6] 李长穆，等. 现代钢管生产[M]. 北京：冶金工业出版社，1982.

[7] 首钢电焊钢管厂. 高频直缝焊管生产[M]. 北京：冶金工业出版社，1982.

[8] 曹鸿德. 塑性变形力学基础与轧制原理[M]. 北京：机械工业出版社，1979.

[9] 铃木弘. 塑性加工[M]. 東京裳華房发行，1980.

[10] 日本铁钢协会. 轧制理论及其应用[M]. 西安：重型机械，1975(6).

[11] 日本铁钢协会. 钢材生产[M]. 上海宝山钢铁总厂资料室翻译组译. 上海：上海科技出版社，1981.

[12] T. Z. Blazynski, Metal Forming-Toolprofiles and flow 1976.

[13] E. Siebl, Stahl und Eisen 1927, No. 4：213.

[14] Ф. А. Данилов идр. Горялая прокатка и прессоваллие труб, Изд-во Металлургия 1971.

[15] Ю. Ф. Шевакин. Калибровка и усилия при холодной прокатке труб, Металлуршздат 1963.

[16] П. И. Полухин, Прокатное производсвто, 1982.

[17] В. Б. Бахтиноь, Технология прокатного проидбидства, 1983.

[18] 王廷溥，等. 板带材生产原理与工艺[M]. 北京：冶金工业出版社，1995.

[19] 龚尧，等. 连轧钢管[M]. 北京：冶金工业出版社，1990.

[20] 董志洪. 世界 H 型钢与钢轨生产技术[M]. 北京：冶金工业出版社，1999.

[21] 白光润，等. 孔型设计[M]. 沈阳：东北大学出版社，1992.

[22] 李曼云. 钢的控制轧制和控制冷却技术手册[M]. 北京：冶金工业出版社，1998.

[23] 刘相华. 刚塑性有限元及其在轧制中的应用[M]. 北京：冶金工业出版社，1994.

[24] G. Salvador. 达涅利无头轧制工艺在长材轧机中的应用[J]. 北京：钢铁（增刊），1999，34(10)：643~648.

[25] 田乃媛，等. 薄板坯连铸及热装直接轧制[M]. 北京：冶金工业出版社，1994.

[26] 朱泉，等. 中国冶金百科全书金属塑性加工卷[M]. 北京：冶金工业出版社，1998.

[27] 王占学. 控制轧制与控制冷却[M]. 北京：冶金工业出版社，1998.

[28] M. Lestani, A. Poloni. The endless welding rolling process. MPT Inter-national. 1999：70~75.

[29] 张进之，等. 金属学报，1992，28(4)：164~168.

[30] 肖松良. 273mm 限动芯棒连轧管机组工艺设备特征[J]. 钢管，2006，36(5)：37~42.

[31] 严泽生，等. PQF 生产工艺[J]. 钢管，2006，35(1)：37~42.

[32] 严泽生. 现代热连轧无缝钢管生产[M]. 北京：冶金工业出版社，2009.

[33] 王廷溥. 对美国纽柯厂诺福克连铸连轧生产线的考察报告[J]. 辽宁冶金，1990(2)：43~48.

[34] 殷瑞钰，等. 中国薄板坯连铸连轧的发展特点和方向[J]. 钢铁，2007，42(1)：1~7.

[35] 王国栋. TMCP 技术的新进展——柔性化在线热处理技术与设备[J]. 轧钢，2010，27(2)：1~6.

[36] 王国栋. 新一代控制轧制与控制冷却技术与创新的热轧过程[J]. 东大学报，2009，30(7)：913~922.

[37] 陈应耀. 我国宽带钢热连轧工艺的实践和发展方向[J]. 轧钢，2011，28(2)：1~7.

[38] 殷瑞钰. 新形势下薄板坯连铸连轧技术的进步与发展方向[J]. 钢铁, 2011, 46(40): 1~9.

[39] 王廷溥. 关于连铸与轧钢连接模式的商榷[J]. 轧钢, 1987(2): 58~63.

[40] 柳谋渊. 金属压力加工工艺学[M]. 北京: 冶金工业出版社, 2008.

[41] 庞玉华. 金属塑性加工学[M]. 西安: 西北工业大学出版社, 2005.

[42] 许石民, 等. 板带材生产工艺及设备[M]. 北京: 冶金工业出版社, 2008.

[43] 孙一康. 带钢冷连轧机计算机控制[M]. 北京: 冶金工业出版社, 2002.

[44] 毛新平, 等. 薄板坯连铸连轧(微合金化技术)[M]. 北京: 冶金工业出版社, 2008.

[45] 任吉堂, 等. 连铸连轧理论与实践[M]. 北京: 冶金工业出版社, 2002.

[46] 王国栋, 等. 中国中厚板轧制技术与装备[M]. 北京: 冶金工业出版社, 2009.

[47] 孙一康. 带钢热连轧数学模型基础[M]. 北京: 冶金工业出版社, 1979.

[48] 翁宇庆, 等. 低合金钢在中国的发展现状与趋势[J]. 钢铁, 2011(9): 1~10.

[49] W. L. Roberts. 冷轧带钢生产(上、下册)[M]. 王廷溥, 等译. 北京: 冶金工业出版社, 1991.

[50] 陈守群, 等. 中国冷轧板带大全[M]. 北京: 冶金工业出版社, 2005.